DEUTSCHE DEMOKRATISCHE REPUBLIK
DEUTSCHE AKADEMIE DER LANDWIRTSCHAFTSWISSENSCHAFTEN ZU BERLIN
INSTITUT FÜR LANDWIRTSCHAFTLICHE INFORMATION UND DOKUMENTATION

Landwirtschaftliches Zentralblatt

ABTEILUNG III

TIERZUCHT · TIERERNÄHRUNG · FISCHEREI

AUTORENREGISTER

1963

AKADEMIE-VERLAG · BERLIN

LZ. III TIERZUCHT · TIERERNÄHRUNG · FISCHEREI · JG. 1963 · AUTORENREGISTER · BERLIN · OKTOBER 1964

LANDWIRTSCHAFTLICHES ZENTRALBLATT

ABTEILUNG TIERZUCHT · TIERERNÄHRUNG

AUTORENREGISTER

1963

LANDWIRTSCHAFTLICHES ZENTRALBLATT

ABTEILUNG TIERZUCHT · TIERERNÄHRUNG · FISCHEREI

Teil Tierzucht · Tierernährung

AUTORENREGISTER 1963

Seitenzahl in [ ] bedeutet ein Buch, [ ]* eine Buchbesprechung

Aam (A.) s. Rimeslåtten (H.).
Abbot (R. S.) s. Sandstedt (R. M.).
Abbott (J. C.) s. Stewart (G. F.).
Abbott (U. K.) s. Hoover (G. N.); Sengel (P.).
Abdeljlil (A. B.) s. Reboud (J. P.).
Abd Elmothy (I.) u. **Tölgyesy (G.)**, Untersuchungen über d. Resorption u. Ausscheidung v. Kupfersulfat bei Schafen 355.
Abdulla (A.) s. Barakat (M. Z.).
Abdullaev (P. C.), Die Zuckerrübe, ein hochwertiges Futtermittel 2541.
Abe (M.) s. Ichikawa (R.).
Abe (T.), **Kaneko (T.)**, **Otsuka (J.)** u. **Hosoda (T.)**, Änderungen in d. Phosphataseaktivitäten v. follikulären Membranen wachsender u. atret. Follikel bei legenden u. hungernden Hennen 2461.
Abel (W.), Rinderhaltung in Grünlandgebieten im Mittelalter 1422.
Abelein (R.), Moderne Verfahren d. Geflügelleistungszucht in Bayern 1657. — Krankheitsresistenzzüchtung in d. Hühnerzucht 2094.
Abgarowicz (F.), Fütterung v. Milchkühen mit unterschiedlichen Futtermittel-Zusammenstellungen 2160.
Abilay (J. P.) u. **Arganosa (V. G.)**, Einfluß d. Kastrationszeitpunktes auf d. Wundheilung u. Wachstumsrate v. kastrierten Schweinen 970.
Abplanalp (H.), **Marrou (L. F.)** u. **Goto (E.)**, Genotyp-Umwelt-Wechselbeziehung bei Legeleistungsprüfungen v. Hühnern 530.
—, Woodard (A. E.) u. **Wilson (W. O.)**, Einfluß unnatürlicher Tageslängen auf d. Geschlechtsreife u. Eiererzeugung bei d. Japan. Wachtel (Coturnix coturnix japonica) 2036.
Abraham (K. A.) u. **Bhargava (P. M.)**, Nucleinsäurestoffwechsel v. Säugetier-Spermatozoen 2242.
Abramov (M. D.), Nerzzucht [1227].
Abrams (J.) s. Kesner (L.).
Abrams (J. T.), Animal nutrition and veterinary dietics [834].
Abt (A. F.), **Schuching (S. von)** u. **Enns (T.)**, Umwandlung d. 1-^{14}C-L-Ascorbinsäure im Rhesusaffen 359.
Abusineina (M. E.), Farnartige Kristallisationsformen d. Cervical- u. Vaginalschleims bei Rindern 679.
Achapkin (A.) s. Babin (P.).
Achmedov (G.), Gesetzmäßigkeiten d. Wollwachstums bei Schafen unter d. Verhältnissen d. Zentralen Nichtschwarzerdezone 2089.
Achmedova (K. B.), Die Geographie d. Tierzucht im Gebiet Alma-Ata [2274].
Achundova (N.) s. Ganiev (M.).
Acker (D.), **Whiteman (J. V.)**, **Morris (E.)**, **Leverton (R.)**, **MacVicar (R.)** u. **Pope (L. S.)**, Einige Auswirkungen v. Stilboestrol u. verwandten Hormonen auf Zunahmen u. Schlachtkörperqualität v. Lämmern 362.
Ackermann (I.) s. Miller (E. R.).
Ackman (R. G.), **Bannerman (M. A.)** u. **Vandenheuvel (F. A.)**, Einfacher Apparat für präparative Skalen-Gas-flüssig-Chromatographie 788.
Acs (G.), **Neidle (A.)** u. **Schneiderman (N.)**, Einfluß v. Fettsäuren auf d. Aminosäureeinkorporation 578.
Adachi (K.), **Chow (D. C.)** u. **Rothman (S.)**, Glykogenstoffwechsel in d. Haut u. d. Einfluß v. Strahlen 134.
Adachi (R. A.) s. Hedin (P. A.).
Adalsteinsson (S.) s. Brænd (M.).
Adám (T.), Ergebnisse klimatolog. Vergleichsuntersuchungen in offenen u. massiven Kuhställen 694. —

Bioklimat. Gesichtspunkte bei d. Offen- u. Massivstallhaltung d. Kühe in Ungarn 1398.
Adám (T.) u. **Kazár (G.),** Komplexe Wirkung d. Lufttemperatur, d. relativen Luftfeuchtigkeit u. d. verstärkten Luftströmungsgeschwindigkeit auf Saugferkel 2251.
— u. **Szentmihályi (S.),** Kälberaufzucht mit „BÉTÉ I"- u. „BÉTÉ II"-Kälberfutter 2392.
Adams (A. W.) s. Carlson (C. W.).
Adams (C. E.), Künstliche Besamung beim Kaninchen 244. — Pränatale Mortalität beim Kaninchen, Oryctolagus cuniculus: Wirkung d. Übertragung verschied. Eizahlen 684. — s. Lutwak-Mann (C.).
Adams (E. P.) s. Wood (T.).
Adams (F. W.) s. Arscott (G. H.).
Adams (J. L.) s. Sullivan (T. W.).
Adams (R. L.), Andrews (F. N.), Gardiner (E. E.), Fontaine (W. E.) u. **Carrick (C. W.),** Einfluß d. Umwelttemperatur auf d. Wachstum u. d. Futterverwertung d. Küken 1150.
Adams (W. S.), Davis (F. W.) u. **Hansen (L. E.),** Neue Methode zur Bestimmung v. Kreatinin im Harn durch Ionenaustauschertrennung u. Ultraviolett-Spektrophotometrie 1480.
Addis-Smith (L. F.), Wechselnde Arten d. „Dopings" beim Pferderennen u. seine Kontrolle 948.
Addleman (H. E.) s. Day (B. N.).
Adkins (J. S.), Harper (A. E.) u. **Sunde (M. L.),** Lang- u. kurzfristige Untersuchungen mit Futtermischungen, d. freie Aminosäuren enthalten, an Legehennen 163. — L-Argininbedarf d. Legehenne 833.
—, **Sunde (M. L.)** u. **Harper (A. E.),** Eignung einer aus freien Aminosäuren bestehenden Diät für wachsende Küken 1942.
Adler (H. E.) s. Rosenwald (A. S.).
Adler (J. H.), Antioestrogene Wirkung d. Luzerne 2380.
— u. **Wertheimer (E.),** Reziproke Beziehung zwischen Blutzucker u. freien Fettsäuren d. Plasmas bei Milchkühen u. deren Bedeutung für Probleme d. Fettstoffwechsels bei Wiederkäuern 2590.
Admina (L. J.), Einfluß v. Spurenelementen auf d. Geschlechtsfunktionen d. Schweine 1710.
Adorján (A.) s. Hámori (D.).
Adrianov (K.) u. **Domračev (V.),** Vollmechanisierung einer Geflügelfarm 1616.
Adunc (G. T.) u. **Simonjan (A. A.),** Aktivitätsdynamik d. Phosphoproteinphosphatase während d. Entwicklung d. Hühnerembryos 2021.
Aehnelt (E.) u. **Grüner (E.),** Das sogenannte „Corpus luteum persistens" beim Rind in neuer Sicht 24.
— u. **Hahn (J.),** Rinderbesamung u. Nachkommenprüfung 1425.
Afanaśev (J. I.), C-Avitaminose bei Silberfuchswelpen 1226.
Afanaśev (N. I.), Faktoren, d. auf d. Tempo d. Skelettdifferenzierung d. Kälbergliedmaßen einwirken 229.
Affsprung (H. E.) u. **Gainer (A. B.),** Tetratolylstiboniumsulfat, ein neues Reagens für d. qualitative Analyse v. org. Säuren 2564.
Agababjan (A. A.) s. Dilanjan (Z. C.).
Agarwala (O. P.), Fortschritte in d. künstlichen Besamung. Verdünnung, Aufbewahrung u. Tiefgefrierung v. Bullensperma 466. — Fruchtbarkeits- u. Leistungsdaten einer Wasserbüffelherde 960. — Verwendung d. Körpergewichts im frühen Alter als Selektionsmaßstab für Schweine 1439. — Futterverwertung bei Desi-Schweinen v. Absetzen bis 6 Monate bei einer hohen Gabe v. pflanzlichem Protein, mit oder ohne tier. Eiweiß 2157.
Ahmad (F.) u. **Rose (A. H.),** Rolle d. Biotins bei d. Regulierung d. Enzym-Synthese bei d. Hefe 821.
Ahmed (K.) s. Judah (J. D.).
— u. **Judah (J. D.),** Bedeutung d. Phosphoproteine beim Ionentransport in Leberschnitten 348.
Ahn (P.) s. Caster (W. O.).
Ahuja (L. D.), Luktuke (S. N.) u. **Bhattacharya (P.),** Fortpflanzungsphysiologie bei weiblichen Rindern d. Harianarasse 677.
Aikawa (J. K.), Reardon (J. Z.) u. **Harms (D. R.),** Wirkung einer Magnesium-Mangeldiät auf d. Magnesiumstoffwechsel v. Kaninchen. Untersuchungen mit ^{28}Mg 2364.

Ailhaud (G.), Sarda (L.) u. **Desnuello (P.)**, Bildung v. Hydroxamaten d. Fettsäuren mit langen Ketten durch eine subcellulare Fraktion v. Darmmucosa 1253.
Ainsworth (L.), Carter (A. L.) u. **Common (R. H.)**, Chromatograph. Untersuchungen über einige Konversionsprodukte v. Oestron-16-^{14}C im Harn u. den Faeces v. legenden Hennen 1127.
Aithal (H. N.) u. **Sirsi (M.)**, Beständigkeit d. Vitamin B_{12} in Malzextrakt u. Honig 998.
Aitken (A.), Casey (J. C.), Penny (I. F.) u. **Voyle (C. A.)**, Trocknungstemperatur in d. beschleunigten Gefrier-Trocknung v. Schweinefleisch 709.
Aitken (J. N.) s. Preston (T. R.).
—, Preston (T. R.), Whitelaw (F. G.), Macdearmid (A.) u. **Charleson (E. P.)**, Intensive Fleischproduktion. *2.* Mitt. Einfluß v. *3-*, *12-* oder *16*-wöchigem Entwöhnen auf d. Leistung v. Aberdeen Angus-Kreuzungs-Rindern 2612.
Aitken (J. R.) s. Hunt (J. R.); O'Neil (J. B.); Walter (E. D.).
Ajzinbudas (L. B.) u. **Dovil'tis (P. P.)**, Elektrometr. Bestimmung d. Besamungstermins d. Kühe 2464.
— u. **Vagonis (Z. I.)**, Physiolog. Aspekt beim Studium d. Konstitution d. landwirtschaft. Nutzviehs 1606.
Akaevskij (D. I.), Krinicin (D. J.) u. **Melechin (P. I.)**, Anatomie u. Physiologie d. landwirtsch. Nutztiere [450].
Akedo (H.) u. **Christensen (H. N.)**, Übertragung v. Aminosäuren durch d. Darm: Neue Modellaminosäure 2132. — Charakter d. Insulinwirkung auf d. Aminosäureaufnahme durch d. isolierte Zwerchfell 2141.
Akester (A. R.) u. **Inkster (I. J.)**, Kineradiograph. Untersuchungen am Genitaltrakt d. Kaninchens 236.
Akimov (G. S.), Zuchtarbeit mit d. Rindern d. Braunen Lett. Rasse 2502.
Akkermans (J. P. W. M.) u. **Terpstra (J. I.)**, Durch bes. Species verursachte Pseudotuberkulose bei Chinchillas 1664.
Akopjan (N. S.) s. Savič (I. A.).
Akramovskij (M. N.) s. Kulikov (N. S.).
— u. **Kulikov (N. S.)**, Behandlung d. Faulbrut bei Bienen mit einer Kultur v. Mikroben-Antagonisten 1233.
Alais (C.) s. Jollès (P.).
—, Dumas (B. Ribadeau) u. **Saint-Lebe (L.)**, Reaktion d. Milchproteine mit Amidoschwarz. Anwendung zur Schnellbestimmung d. Stickstoffbestandteile in d. Milch 936.
Alaupović (P.) s. Crider (Q. E.).
Alberti (F.), Der Zehntelpfennig entscheidet in d. Geflügelwirtschaft 1888.
Alberti (G.), Dobici (F.), u. **Grassini (G.)**, Chromatographie auf mit anorgan. Ionenaustauschern präparierten Papieren. *3.* Mitt. Chromatographie anorgan. Ionen auf Zirkoniumphosphatpapier mit HCl, H_2SO_4, HNO_3, $HClO_4$ u. Essigsäure verschied. Konzentrationen 2131.
— u. **Grassini (G.)**, Chromatographie auf mit Zirkoniumphosphat imprägniertem Papier. *1.* Mitt. 2131. — Chromatograph. Trennung v. Alkalimetallionen auf mit Ammoniummolybdophosphat imprägniertem Papier. *2.* Mitt. 2131.
Albertsson (U.) u. **Samuelson (O.)**, Colorimetr. Methode zur Bestimmung v. Carbonylgruppen in Cellulose 1237.
Albright (J. L.) s. Brodie (B. O.).
Alcantara (P. F.), Eusebio (J. A.), Puyaoan (R. B.) u. **Supnet (M. G.)**, Wirkung gekochten u. ungekochten Futters auf wachsende Schweine 2378.
Alder (F. E.) s. Chambers (D. T.).
— u. **Richards (J. A.)**, Einsatz eines durch Motor angetriebenen Schafscherkopfes zur Messung d. Grasmenge auf d. Weide 1520.
Aldred (J. P.) s. Sammelwitz (P. H.).
Aldrich (P. J.), Brown (H. I.), Hayton (M. J.) u. **Charles (V.)**, Gehalt an knochenlosem Fleisch bei Rinder-Schlachtkörpern u. Teilstücken in d. Fleischklassen choice, good u. commercial 1852.
Aldridge (W. N.), Adenosintriphosphatase in d. Mikrosomen-Fraktion v. Rattenhirn 1007.
Aleandri (M.), Hygien. Umweltfakto-

ren im Hühnerstall unter bes. Berücksichtigung d. Geflügelzucht in Italien 1608.
Alejnikov (G. S.) s. Popov (A. M.).
Aleksandrov (O. I.), Vorteilhafte Methode d. Kälberaufzucht 1429.
Aleksandrovskij (V. A.), Methode d. Bewegungs- u. Tonusforschung d. Speiseröhre bei Tieren (Ösophagotonometrie u. Ösophagographie) 342.
Alekseev (V. A.), Vereinfachtes Verfahren d. Herstellung v. Futterantibiotica (Terramycin) in Betriebsverhältnissen 389.
—, **Magin (E. I.)** u. **Čeverda (M. G.)**, Versuch d. Herstellung u. Anwendung v. Futterterramycin im Schweinezuchtbetrieb 390.
Alekseeva (G. I.), Physiolog. Charakteristik d. Merinoschafe im Akklimatisationsprozeß in Usbekistan 2253.
Aleksiev (A.) s. Kumanov (S.).
Aletina (M. B.), s. Movsum-Zade (K. K.).
Alexander (D. P.) u. **Nixon (D. A.)**, Plasma-Absorbierung v. p-Aminohippursäure durch d. Nieren v. Schafen im fetalen, postnatalen u. ausgewachsenen Zustand 7.
Alexander (E. A.) s. Waddill (D. G.).
Alexander (G.), Energiestoffwechsel im hungernden neugeborenen Lamm 139. — Maximale Stoffwechselintensität bei jungen Lämmern in d. Kälte 806. — Temperaturregulierung bei neugeborenen Lämmern. *4.* Mitt. Einfluß v. Wind u. Wasserverdunstung im Vließ auf Stoffwechselrate u. Körpertemperatur 1025; *5.* Mitt. Stoffumsatzhöhepunkt 1025.
—, **Reid (R. L.)**, **Schikel (P. G.)** u. **Ferguson (K. A.)**, Ernährung d. tragenden Mutterschafes 1293.
— u. **Williams (D.)**, Temperaturregulierung bei neugeborenen Lämmern. *6.* Mitt. Wärmeaustausch bei Lämmern in heißer Umgebung 1026.
Alexander (G. I.), **Sutherland (D. N.)**, **Davey (G. P.)** u. **Burns (M. A.)**, Faktoren, die d. Fleischrinderproduktion unter subtrop. Bedingungen beeinflussen. *1.* Mitt. Geburtsgewicht 956.
Alexander (G. V.), Bestimmung v. Zink, Kupfer u. Eisen in biolog. Geweben, x-Ray-Fluoreszenzmethode 1689.
— u. **Nusbaum (R. E.)**, Zink im Knochen 1121.
Alexander (M.) s. Hurwitz (J.).
Alexander (R. A.) u. **Hentges jun. (J. F.)**, Physikal. Form u. Zusammensetzung v. Heu auf Laktation, Pansenentwicklung u. Verdaulichkeit 1249.
—, **Hentges jun. (J. F.)**, **McCall (J. T.)** u. **Ash (W. O.)**, Verdaulichkeit v. Nährstoffen im Grundfutter beim Rind u. Schaf 572.
Alexandru (V.) s. Barac (I.); Foti (N.).
Alfin-Slater (R. B.) s. Morin (R. J.).
Alger (E. A.) s. Boccabella (A. V.).
Ali (E.) s. Hashmi (M. H.).
Aliev (A. A.), **Bagdasarova (A. M.)** u. **Jusubova (T. E.)**, Wuchsstoff auf Erdölbasis als Leistungsstimulator bei Schweinen 2604.
Aliev (G. A.), Neue Tadshik. Untergruppe v. Fettschwanzschafen mit Wolleistung 1881. — Schaffung einer Fleisch-Fett-Woll-Schafrasse in Tadshikistan 2526.
Aliev (M. G.), Einfluß verschied. Fütterungssysteme auf d. Verdauung d. Rindviehs 2576.
Alieva (N.) s. Ganiev (M.).
Alim (K. A.), Rinderzucht im Sudan. Bericht *1957/59* 949. — Umwelt- u. genet. Faktoren, die d. Milchleistung d. Butanakühe im Sudan beeinflussen 1189.
Alimov (A.), Auslese d. Elternpaare nach Gewicht u. Breite d. Kokons beim Maulbeerseidenspinner 1906.
Alipov (V. V.) u. **Plotnikova (A. E.)**, Behandlung v. Maissilage mit Ammoniakwasser 1735.
Allen (E. H.) u. **Schweet (R. S.)**, Hämoglobinsynthese in einem zellfreien System. *1.* Mitt. Eigenschaften eines kompletten Systems 580.
Allen (R. C.), **Meier (H.)** u. **Hoag (W. G.)**, Verteilung v. Koagulationsproteinen in normalem Mäuseplasma 326.
Allen (R. S.) s. Hartmann (P. S.); Horn jun. (H. V. van).

Allenspach (A. L.) u. **Hamilton (H. L.)**, Histochemie d. Ösophagus während d. Entwicklung d. Hühnchens 1809.

Allfrey (V. G.) s. Naora (H.).

Allison (J. B.), Wannemacher jun. (R. W.), Banks (W. L.), Wunner (W. H.) u. **Gomez-Brenes (R. A.)**, Nahrungsproteine in ihrer Beziehung zu Ribonuclease, Ribonucleinsäuren u. Gewebeproteinen 2145.

Almen (M. C.) s. Drury (D. R.).

Almquist (J. O.), Verdünner für Bullensperma. *11.* Mitt. Einfluß v. Glycerin auf Fruchtbarkeit u. Beweglichkeit v. Spermien in homogenisierter Milch u. Magermilch 1142. — s. Amann (R. P.); Moyer (R. F.).

— u. **Wickersham (E. W.)**, Verdünner für Bullensperma. *12.* Mitt. Spermienfertilität u. -beweglichkeit in Magermilch bei nach verschied. Methoden zugesetzten unterschiedlichen Glycerinmengen 1143.

Al-Rabii (H. A.) s. Platt (B. S.).

Altenbrunn (H.-J.) u. **Kobbert (E.)**, Oxydative Phosphorylierung in strahlensensiblen Organen nach Bestrahlung 1494.

Altenkirch (W.), Lammzeit v. betriebswirtschaftlichen Standpunkt 524.

— u. **Kupatz (B.)**, Fütterungsversuch mit Maissilage an Hammeln. *1.* Teil 1053.

—, **Kupatz** u. **Gusovius**, Zwitterbildung u. Unfruchtbarkeit 299.

—, **Kupatz, Gusovius** u. **Briege**, Umwelt u. Erbgut 301.

—, **Kupatz (B.)** u. **Otto (E.)**, Ergebnisse d. Körpermessungen an Schafen auf d. Landwirtschaftsausstellungen in Leipzig-Markkleeberg seit *1950* 521.

—, **Otto (E.)** u. **Kupatz (B.)**, Lämmermast u. Schlachtwert v. Hammeln verschied. Rassen 977. — Fütterungsversuch mit Maissilage an Hammeln 1053.

Alterauge (W.), Entstehung u. Verhütung v. Muskelblutungen bei Schlachtschweinen 2052.

Al'tman (A. D.), Markova (K. V.) u. **Novikova (A. F.)**, Milchzusammensetzung bei den Kühen d. Farm d. Versuchsbetriebes in Leninskije Gorki 70.

Altmann (D.), Kaninchenrassen aus d. Sowjetunion 2099.

Altmann (H.), Bedeutung d. Schweines auf Neu-Irland u. d. Salomonen 964.

Altmann (H.-W.), Stöcker (E.) u. **Thoenes (W.)**, Chromatin u. DNS-Synthese im Nucleolus. Elektronenmikroskop., autoradiograph. u. lichtmikroskop. Untersuchungen an Leberzellen v. Ratten 1810.

Altona (R. E.), Tilley (T. J.) u. **Stiven (G.)**, Biolog. Wertigkeit d. Milch v. Kühen, d. auf gedüngten u. ungedüngten Flächen geweidet wurden 46.

Altschul (A. M.) s. Evans (W. J.).

Al-Ubaidi (Y. Y.) s. Sullivan (T. W.).

Amann (R. P.) u. **Almquist (J. O.)**, Fortpflanzungsleistung v. Bullen. *5.* Mitt. Nachweis mangelhafter Hodenfunktion u. d. experimentellen Voraussetzungen ihrer Einschätzung auf Grund d. Samencharakteristiken 456; *6.* Mitt. Einfluß einseitiger Vasektomie u. Ejakulationshäufigkeit auf d. Spermareserven; Aspekte d. Nebenhodenphysiologie 456; *8.* Mitt. Direkte u. indirekte Messung d. Spermienproduktion d. Hoden 1383.

Ambrosino (C.), Liberatori (J.), Ubertalle (A.) u. **Pianarosa (M.)**, Proteine d. Milchserums. *1.* Mitt. Elektrophoret. Aspekte d. therm. Denaturation d. Eiweiße d. Kuhmilchserums. *2.* Mitt. Elektrophoret. Untersuchungen d. Eiweiße d. Kuhmilchserums auf Agargel. *3.* Mitt. Immunoelektrophoret. Untersuchungen d. Eiweiße d. Kuhmilchserums auf Agargel 1620.

Ammerman (C. B.) s. Harms (R. H.); Waldroup (P. W.).

Amos (C. C.) s. Ward (R. J.).

Anand (B. K.), Chhina (G. S.) u. **Singh (B.)**, Einfluß v. Glucose auf d. Aktivität d. hypothalam. „Fütterungszentrums" 1369.

Anastasov (S. A.) s. Arifov (U. A.); Roždestvenskaja (L. F.).

Anastassiadis (P. A.) s. Grant (D. L.).

Anderko (E.) s. Szabó (K.).

Andersen (H. T.), Andersson (B.) u.

Gale (C.), Zentrale Kontrolle d. Kälte-Abwehr-Mechanismus u. d. Freisetzung v. „Endopyrogen" bei d. Ziege 446.

Andersen (J. O.), Jacobson (I.) u. **Winther (J. E.)**, Bestimmung des Proteingehaltes d. Milch durch eine Schnellmethode 44.

Anderson (B. B.), Robinson (L. Leon) u. **Hodgkins (J. E.)**, „Banco-Test": Schnellmethode für Fett in Fleisch u. eßbaren Fleischprodukten 1163.

Anderson (D. L.), Smyth jun. (J. R.) u. **Gleason (R. E.)**, Wirkung einer begrenzten Fütterung während d. Wachstums auf d. Fruchtbarkeit weißer großer Puten 2162.

Anderson (F.) s. Dorfman (L.).

Anderson (G. C.) s. Dozsa (L.); McLaren (G. A.).

Anderson (J. O.), Dobson (D. C.) u. **Wagstaff (R. K.)**, Wert v. Nacktgerste in Kükenmischungen u. Maßnahmen zur Steigerung d. Futterwertes 2167.

Anderson (L.), Jodophore als Desinfektionsmittel in d. Milchwirtschaft 1850.

Anderson (L. L.), Einfluß d. Uterusdehnung auf d. Geschlechtszyklus d. Sau 1382.

—, Neal (F. C.) u. **Melampy (R. M.)**, Hysterektomie u. Funktion d. Eierstöcke bei Fleischvieh-Färsen 1381.

Anderson (P. P.) s. Lacis (A. A.).

Anderson (R. H.) u. **Moran (D. F.)**, Schnellmethode zur Riboflavinbestimmung in angereicherten Getreideprodukten 2565.

Anderson (R. R.) u. **Turner (C. W.)**, Wirkung v. Adrenalektomie u. Corticoid-Ersatz auf d. Laktation bei Ratten 913.

Anderson (R. S.) u. **Pickering (E. C.)**, Wirkungen einer intravenösen Infusion v. Kaliumchlorid auf d. Kalium- u. Natriumausscheidung sowie auf d. Harnbildungsrate beim Rind 1585. — Renale Bikarbonatausscheidung beim Rind 1707.

Anderson (T. A.), Taylor (R. E.), Diven (R. H.), Hubbert jun. (F.) u. **Hale (W. H.)**, Zuverlässigkeit d. Leberbiopsietechnik zur Abschätzung d. Vitamin-A-Gehaltes d. Leber 596.

Anderson (W. F.) u. **Gill III (T. I.)**, Synthet. Polypeptidantigene. 5. Mitt. Einfache colorimetr. Reaktion zur Bestimmung d. γ-Globulingehaltes in Antigen-Antikörper-Präzipitaten 1914.

Andersson (A.) s. Hellström (V.).

Andersson (B.) s. Andersen (H. T.).

—, Ekman (L.), Gale (C. C.) u. **Sundsten (J. W.)**, Aktivierung d. Schilddrüse durch Unterkühlung d. präopt. Gebietes bei d. Ziege 449.

Ando (K.) s. Takemori (S.).

Ando (T.) u. **Sawada (F.)**, Untersuchungen d. Protamine. *10.* Mitt. Heterogenität v. Clupein einzelner Heringe 1913.

Andreae (U.) s. Comberg (G.).

—, Teute (H. W.) u. **Unshelm (J.)**, Apparatur zur kontrollierten Bewegung v. Rindern u. Schweinen 1246.

Andreatch (A. J.) s. Kuck (J. A.).

Andreev (A.), Baconmast d. Bulgar. Weißen Schweins, d. Großen Weißen Schweins u. deren Kreuzungen 1294. — s. Georgiev (I.).

Andreev (A. S.), System d. Namen d. Haustiere 248.

Andreev (K. P.) s. Nikitina (N. S.).

Andreev (M. M.) s. Kudrjavcev (A. A.).

Andreev (M. N.) s. Stepanov (E. M.).

Andres (J.), Ursachen d. Geburtsstörungen, bes. beim Rind 1638.

Andrews (E. D.) u. **Hart (L. I.)**, Vergleich d. Vitamin-B_{12}-Gehalts in Lebern u. Nieren v. Lämmern mit Kobaltzusatz u. leichtem Kobaltmangel 1712.

Andrews (F. N.) s. Adams (R. L.); Rogler (J. C.).

Andrusevič (E.) u. **Brodskij (V.)**, Vervollkommnung d. Rinder-Laufstallhaltung in Sibirien 1611.

Angel (A.) s. Zingg (W.).

Angeletti (P. U.) s. Lee (R. H.).

Angelo (S. A. d') s. Snyder (J.).

Angelov (J.), Prüfung d. Einflusses höchster Maismengen in d. Rationen bei d. Baconmast v. Schweinen 1744.

Anisimov (V. M.), Vasylenko (A. I.), Betina (A. P.) u. **Postnikov (N. A.)**, Qualität d. Maissilage beim Silieren über d. Erde 1727.

Aniško (E. N.), Spermaauffangbehälter im Warmwasserbad 2469.
Anke (M.) s. Graupe (B.); Gruhn (K.); Hennig (A.).
— u. **Gruhn (K.)**, Einfluß d. Molybdäns auf d. Zusammensetzung d. Pflanzen 1064.
—, **Sasum (K.)**, **Oll (Ü.)** u. **Graupe (B.)**, Zusammensetzung d. Luzerne auf Böden verschied. geolog. Herkunft 1063.
Annau (E.) s. Cochrane (D.).
Annison (E. F.), Nicht-veresterte Fettsäuren im Plasma v. Schafen 141. — s. Leng (R. A.); Scott (T. W.).
— u. **Lindsay (D. B.)**, Messung d. Resorptionsgeschwindigkeiten v. Propion- u. Buttersäure beim Schaf 2562.
Antal (J.), Kälberaufzucht bei reduziertem Milchfettverbrauch 1512.
Anthony (A.) s. Frehn (J. L.).
Antić (A.), Korrelation zwischen dem Lebendgewicht u. d. Milchleistung d. einheim. Roten Metohija-Rindes 282.
Antipin (S. D.), Örtlich-reaktive Haarwechsel bei Kaninchen 2450. — Dichte d. Kaninchenfelles 2450.
Antoine (J. D. de R. de Saint) = Saint Antoine (J. D. de R. de).
Antoni (J.) s. Richter (K.).
Antonov (S.) s. Lalov (C.).
Antonova (V.), Stallmast v. Kreuzungslämmern 1447.
Antuševa (R. I.) s. Stepanov (E. M.).
Anwar (A.), Bestimmung d. Proteine durch in vitro Pankreatin-Verdauung 1246. — Bestimmung d. Gesamtproteinwertes. *1.* Mitt. Eiweiße tier. Ursprungs 1287; *2.* Mitt. Proteine pflanzlichen Ursprungs 1719.
Aparicio Macarro (J. B.), Hautfarbe bei zur Fleischproduktion genutzten Hühnern 305.
Apelt (W.) s. Columbus (A.).
Apostolakis (M.), **Grimmer (G.)**, **Glaser (A.)** u. **Voigt (K. D.)**, Zusammensetzung d. Cholesterinester in Blut u. Lymphe v. Ratten 1116.
Apostolov (S.) u. **Totešev (I.)**, Massenvergiftung bei Rindern mit Futterrüben 370.
Appelgren (L.-E.), **Ericsson (Y.)** u. **Ullberg (S.)**, Vergleich über d. Verteilung v. radioaktivem Fluor u. Calzium durch Anwendung d. doppelten Isotopen-Autoradiographie 329.
Appert (H. E.) s. Herndon (J. F.).
Aprilova (N.) s. Chlebarov (G. S.).
Apsemetov (T.), Milchleistung feinwolliger Mutterschafe bei Zusatz v. Mineralstoffen zur Ration 2089.
Araki (J.) s. Futonaka (H.).
Aranovskij (J. V.), Verwendung v. Antibiotica als eine d. Maßnahmen zur Erhöhung d. Befruchtungsrate beim Rind 2020.
Arbobov (A.), Qualität d. Nachkommen bei unterschiedlicher Fütterung d. trächtigen Kühe 2071.
Archangel'skij (I. I.), **Beljaevskij (J. J.)** u. **Olenev (V. A.)**, Veterinärhygien. Überwachung d. Milchqualität beim maschinellen Melken 1192.
Archibald (D.) s. Simmer (H. H.).
Archipovec (A. I.), Methode zur graph. Registrierung d. Speichelabsonderung bei Schweinen 1. — Aufbewahrung v. Ebersperma unter Verwendung v. Ascorbin- u. Salicylsäure 246. — Künstliche Besamung d. Schweine u. d. Einfluß d. Aufbewahrungsdauer d. Eberspermas auf seine biochem. Veränderungen 467. — Amylolyt. Aktivität d. Speichels d. Schweine u. ihre Rolle im Verdauungsprozeß 2578.
Archypoveć (O. J.), Spermaaufbewahrung in organ. Säuren 32. — Fraktionsweise Gewinnung v. Ebersperma 244.
Arens (R.), Jungvieh-Gewichtszunahmen aus *30* Jahren in Rengen (Hocheifel) 1518.
Arganosa (V. G.) s. Abilay (J. P.).
Ariens (E. J.), Allgemeinbildung u. Spezialisierung im wissenschaftlichen Unterricht 2441.
Arifov (U. A.) s. Roždestvenskaja (L. F.).
—, **Klejn (G. A.)**, **Ščenkov (S. N.)**, **Anastasov (S. A.)**, **Pašinskij (S. Z.)** u. **Lapidus (L. A.)**, Verwendung v. Gammastrahlen bei d. primären Verarbeitung d. Kokons d. Seidenspinners 2114.
Aripdžanov (R. T.), Die Intensivaufzucht v. Schlachtputen 1662. — Putenbroiler 1662.
Aristova (V. P.) u. **Vlasova (S. E.)**,

Zusammensetzung d. Milchfettes bei Kühen d. Schwarzbunten u. d. Jersey-Rasse u. deren Kreuzungsprodukten 2043.
Ariyama (H.) s. Nonaka (Y.).
Arlinghaus (R. B.) s. Ogle (J. D.).
Armstrong (D. G.) s. Waite (R.).
Armstrong (D. V.) s. Brown (L. D.).
Armstrong (M. D.) s. Kakimoto (Y.).
Arnason (B. G.), Janković (B. D.) u. **Waksman (B. H.)**, Übersicht über d. Thymusdrüse u. ihre Beziehung zu Lymphocyten- u. Immunreaktionen 1373.
Arnold (G. W.), Wirkungen d. Reifegrades v. Weidefutter auf d. Futterverwertung bei Schafen 1064. – Einfluß einiger Faktoren bei d. Aufklärung d. Weideverhaltens v. Border Leicester × Merino-Schafen 1739. – s. Biddiscombe (E. F.).
Arnold (W. N.) s. Thompson (J. F.).
Arnott (D. R.) s. Jarvis (A. A.).
Arnoux (J.) s. Dumont (B. L.).
Arnreiter (A.), Einfache Zucht aus d. Ei 1901.
Arnstein (H. R. V.) u. **White (A. M.)**, Funktion d. Vitamin B_{12} im Propionatstoffwechsel d. Protozoe Ochromonas malhamensis 1036.
Arrhenius (E.) s. Leon (H. A.).
Aršakjan (A. V.) s. Karapetjan (S. K.).
Aršavskij (I. A.), Physiolog. Bedeutung d. Funktionswandlung des Skelett-, Muskel-, Atmungs- u. Kreislaufsystems bei verschied. Säugetieren im ontogenet. Prozeß 460.
Arscott (G. H.) s. Harper (J. A.).
– u. **Harper (J. A.)**, Einsatz v. Spelzweizen in Küken- u. Geflügelrationen 2616.
–, **Rachapaetayakom (P.), Bernier (P. E.)** u. **Adams (F. W.)**, Einfluß v. Ascorbinsäure, Calcium u. Phosphor auf d. spezif. Gewicht d. Eier 811.
Artemičev (M. A.) s. Nikulickij (I. V.).
Arthaud (V. H.) s. Gregory (K. E.); Swiger (L. A.).
Arthur (B. W.) s. Buttram (J. R.).
Artman (N. R.) s. Young (R. J.).
Arvidson (G.) u. **Olivecrona (T.)**, Fettsäurezusammensetzung d. Plasma- u. Gewebefette normaler u. mit Äthionin behandelter Ratten 1264.
Arx (E. v.) u. **Neher (R.)**, Einrichtung eines Labors für Papier- u. Dünnschicht-Chromatographie 1007.
Arzumanjan (E. A.), Gegenwärtiger Stand u. Aufgaben d. Inzucht in d. Tierzucht 1145.
Asaj (A.) s. Bauer-Sič (P.).
– u. **Vergles (V.)**, Direkte Sonnenbestrahlung d. Bullen u. d. allgemeine Qualität d. Bullenspermas 2480.
Asano (M.) s. Nezu (N.).
Ascarelli (I.) u. **Gestetner (R.)**, Chem. u. biolog. Bewertung einiger Eiweißfutterstoffe für Geflügel 1015.
– u. **Senger (M.)**, Vitamin-A-Verwertung durch Küken in Abhängigkeit v. d. Art d. Vitamin-A-Konzentrats u. anderer Nahrungsfaktoren 597.
Aschaffenburg (R.) u. **Sen (A.)**, Vergleich d. Caseine in Büffel- u. Kuhmilch 1845.
Aschkenasy (A.), Proteine u. Haemopoese 806. – s. Aschkenasy-Lelu (P.).
Aschkenasy-Lelu (P.) u. **Aschkenasy (A.)**, Wirkungen v. Androgenen u. Oestrogenen auf d. Proteinstoffwechsel u. d. Wachstum d. Gewebe 823.
Asdell (S. A.) s. Doornenbal (H.).
Ash (R. W.), Abgabe v. Futtermaterial aus d. Psalter d. Schafes 1370. – Magen-Darm aus- u. wieder eintretende Kanüle für Verdauungsstudien beim Schaf 2567.
Ash (W. J.), Fortpflanzung d. Enten. *1.* Mitt. Dauer d. Befruchtung u. Schlupffähigkeit d. Eier v. Weißen Pekingenten 1458.
Ash (W. O.) s. Alexander (R. A.).
Ashford (A.) u. **Michael (S. E.)**, Parenterales Kupfer bei Kupfermangelkrankheiten v. Tieren 1049.
Ashida (K.) s. Muramatsu (K.); Yoshida (A.).
Ashmore (J.) s. Shoemaker (W. C.).
Ashton (G. C.) s. McIntosh (J. I.); Sibbald (I. R.); Winget (C. M.).
–, **Bell (J. M.), Fredeen (H. T.), Knott (D. R.), Leefe (J. S.), Miller (M. H.), Nielsen (K. F.), Robinson (P.)** u. **Steppler (H. A.)**, Darstellung statist. Auswertungen in Beiträgen für d. Zeitschriften 665.
–, **Slinger (S. J.)** u. **Summers (J. D.)**, Beziehung d. Covarianzanalyse zur

Versuchsgenauigkeit u. Schlußfolgerungen für Kükenfütterungsversuche 2006.
Ashton (H. E.) u. **Fletcher (D. A.),** Entwicklung u. Gebrauch v. Farbstandards für Eidotter 2496.
Ashton (W. M.) s. Davies (E. G.).
— u. **Evans (C.),** Phosphatverbindungen d. Hafers. *3.* Mitt. Zusammensetzung d. „Phytins“aus Hafer u. a. Getreidearten 1520.
—, Evans (C.) u. **Williams (P. C.),** Phosphatverbindungen d. Hafers. *2.* Mitt. Verwertung d. Phytin-Phosphors bei heranwachsenden Küken 147.
Ashworth (I. S.) s. Erb (R. E.).
Asker (A. A.) s. Ragab (M. T.).
Aso (K.), Shibasaki (K.), Watanabe (T.) u. **Yamauchi (F.),** Untersuchungen über Zucker in Säure- u. enzymat. Hydrolysaten v. Polysacchariden. *3.* Mitt. Zuckerzusammensetzung d. Handelsglucose, erzeugt durch Säure- oder enzymat. Hydrolyse v. süßer Kartoffelstärke 554.
—, Shibasaki (K.), Yamauchi (F.) u. **Watanabe (T.),** Untersuchungen über Zucker in Säure- u. enzymat. Hydrolysaten v. Polysacchariden. *4.* Mitt. Über die β-gebundenen Zucker in d. Oligosaccharidfraktion d. Handelsglucose, erzeugt durch Säure- oder enzymat. Hydrolyse v. süßer Kartoffelstärke 555.
Asofsky (R.), Trnka (Z.) u. **Thorbecke (G. J.),** Serumproteinsynthese durch Embryonen u. frischgeschlüpfte Küken 1591.
Aspinall (K. W.), Entwicklung d. Rinderbestandes u. d. Eigentumsverhältnisse hinsichtlich d. Rinderherden in verschied. Gebieten d. Nyasalandes 949.
Asplund (J. M.), Grummer (R. H.) u. **Phillips (P. H.),** Resorption v. Gamma-Globulinen d. Colostrums u. v. Insulin durch d. neugeborene Ferkel 2137.
Assali (N. S.), Holm (L.) u. **Parker (H.),** Regionaler Blutzufluß u. Gefäßwiderstand nach Oxytocin beim trächtigen Schaf u. Hund 26.
Astrup (H.), Hvidsten (H.) u. **Aure (L.),** Heringsmehl, Antioxydanten u. Fleischgüte, Ergebnisse v. Fütterungsversuchen 2389.
Ašurov (Z. M.), Resultate d. Kreuzung Nordkaukas. Puten mit usbek. Landschlägen unter d. Bedingungen d. Halbwüstenzone 768.
Atakulova (R.), Wirksamkeit unterschiedlicher Herdenstrukturen in d. Geflügelzucht 1889.
Atanasiu (N.), Wirkung d. Spurenelemente im Thomasphosphat 376.
Atraškov (V. A.), Einfluß d. Haltung d. Kühe auf Leistungen, Fortpflanzungsfähigkeit u. einige klin.-physiolog. Merkmale 737.
Audran (R.), Moullec (J.) u. **Millot (P.),** Einfluß d. Schafrasse auf d. Bestimmung d. Hämolysewertes im Komplement 677.
Auerbach (T.) u. **Reichardt (W.),** Topograph. Verteilung v. Radiophosphor im Zentralnervensystem, in endokrinen Drüsen u. inneren Organen d. Kaninchens 1271.
Auermann (E.) u. **Borris (W.),** Einfluß v. fluorhaltigem Wasser auf den Fluorgehalt d. Kuhmilch 2045.
Aulerich (R.), Ringer (R. K.) u. **Schaible (P. J.),** Beobachtungen an „Bauchnässerfellen“ 771. — Fellschäden durch „Bauchnässen“ 771.
Aumaitre (A.), Salmon-Legagneur (E.), Rettagliati (J.) u. **Kmoisant (A.),** Bevorzugte Futterstoffe beim Ferkel. *5.* Mitt. Verschied. Arten d. Verteilung d. Futters 831.
Aunan (W. J.) s. Kolari (O. E.).
Aure (L.) s. Astrup (H.).
Aurell (B.) s. Raymond (S.).
Austin (C. R.), The mammalian egg. [453]*.
Austin (J. W.) s. Hupp (E. W.).
—, Hupp (E. W.) u. **Murphree (R. L.),** Vergleich d. Qualität v. Bullensperma, welches mit Hilfe d. künstlichen Vagina u. d. Elektroejakulation gewonnen wurde 30.
Austin (S.) s. Rosenthal (H. L.).
Auzinja (Z.), Akklimatisierung v. Schweinen d. Schwed. Landrasse in d. Lett. SSR 1877.
Averdunk s. Weniger.
Averjanov (I. J.), Methodik d. Planung u. Organisation d. Zuchtarbeit in d. Karakulschafzucht 2297.

Averkiev (I. S.), Hauptprobleme d. nördlichen Seidenraupenzucht u. Methoden zu ihrer Lösung 2111.
Avery (T. L.), Cole (C. L.) u. **Graham (E. F.)**, Transplantation v. Rindereizellen. *1.* Mitt. Synchronisation des Oestrus 908.
—, Fahning (M. L.) u. **Graham (E. F.)**, Transplantation v. Rindereizellen. *2.* Mitt. Superovulation 908.
—, Fahning (M. L.), Pursel (V. G.) u. **Graham (E. F.)**, Transplantation v. Rindereizellen. *4.* Mitt. Transplantation d. Eizellen 909.
— u. **Graham (E. F.)**, Transplantation v. Rindereizellen. *3.* Mitt. Gewinnung u. Befruchtung 909.
Avigan (J.), Steinberg (D.) u. **Berman (M.)**, Verteilung v. markiertem Cholesterin in tier. Gewebe 552.
Avšalumova (A. D.), Bestimmung d. Grades d. Fleischfrische mittels verteilender Papierchromatographie 263.
Awad (F. I.), Epidemiologie u. Typendifferenzierung d. Rindertuberkulose im Sudan 2075.
Awasthi (G. P.) s. Srivastava (A. S.).
Axelrod (A. E.), Trakatellis (A. C.) u. **Hofmann (K.)**, Antigeneigenschaften v. synthet. Polypeptiden mit bekannter Aminosäuresequenz 2585.
Axelrod (L. R.) s. Hernandezz jun. (R.).
Aylott (C.) s. Kingsbury (K. J.).
Aylward (F.) u. **Wills (P. A.)**, Lipidausscheidung. *1.* Mitt. Sterine u. Sterinester 1267.
— u. **Wood (P. D. S.)**, Lipidausscheidung. *2.* Mitt. Fraktionierung menschlicher Faeceslipide 1267.
Ayres (J. C.) s. Kraft (A. A.).
Azarjan (É. C.) s. Ter-Karapetjan (M. A.).
Azevedo (J. A.-R.), Bekämpfung d. Rindertuberkulose in Portugal 963.
Azimov (G. I.), Die Schilddrüse, Gärungsvorgänge im Pansen u. d. Fettgehalt d. Milch 2346.
—, Orlov (A. F.) u. **Belugina (O. P.)**, Reabsorption in d. Milchdrüse 462.
Azimov (G. J.) s. Cjupko (V. V.).
Azimov (S. G.), Biolog. u. wirtschaftl. Besonderheiten einiger Rassenkreuzungen für d. Hühnerfleischproduktion 762.
Azuma (I.) s. Hayano (K.).
Azuma (T.) s. Mamuro (T.).
Babel (F. J.) s. Kadis (V. W.).
Babič (I. A.), Versuch einer Schwarmverhinderung 1467.
Babin (P.), Kuznecova (M.), Chlebnikov (I.) u. **Achapkin (A.)**, Schweinemastfarm für Westsibirien 1616.
Babineau (L. M.) s. Berlinguet (L.).
Baboczhay (S.), Cseh (F.) u. **Takács (J.)**, Jahrbuch d. ungar. Stutbuchführung u. d. Pferde-Nachkommenschaftsprüfungen *1961* [2275]*.
Babuškin (V.) s. Landau (L.).
Bacharach (M. M.) s. Formica (S. D.).
Bachelard (H. S.) s. Vrba (R.).
—, Campbell (W. J.) u. **McIlwain (H.)**, Natrium u. a. Ionen in Säugetier-Cerebralgewebe, d. in vitro erhalten u. elektr. gereizt wurde 1030.
Bachhawat (B. K.) s. Balasubramanian (A. S.).
Bachmann (O.) s. Drawert (F.).
Bachmet (K. A.) u. **Čajka (M. P.)**, Wärmebedingungen bei Ferkelaufzucht 696.
—, Smirnov (I. V.) u. **Šomanskij (T. S.)**, Bau v. Gebäuden für Besamungsstationen 914.
Baciu (J.), Nervöse u. humorale Regulation d. Erythropoiese 2007.
Bacon (H. R.), Warren (J. M.) u. **Schein (M. W.)**, Umlernen bei Küken ohne räumlich-zeitliche Hilfen 2056.
Bačvanski (S.) s. Obračević (Č.); Vukavić (D.).
Bader (H.) u. **Morgan (H. E.)**, Gradienten-Elution v. Phosphatiden an Kieselsäure-Säule 559.
Badings (H. T.), Durch Gas- u. Dünnschicht-Chromatographie ermittelte Fettsäurezusammensetzung d. Kuhmilchphospholipoide 1846.
Badrelin (A. L.), El-Itriby (A. A.), Kamar (G. A. R.) u. **Mostageer (A.)**, Einfluß v. Kreuzungen auf einige Leistungsmerkmale bei Küken 2308.
Bährmann (R.), Wozu kören, u. wie komme ich zu einem gekörten Volk? 319. — Körarbeit *1962* 1668.
Bässler (K.-H.) s. Kieckebusch.
Baeumer (E.), Lebensart d. Haus-

huhns. *3.* Teil: über seine Laute u. allgemeine Ergänzungen 1419.
Baevskij (J. V.), Stadien d. Entwicklung d. Zobels im Mutterleib 1463.
Bagdasarova (A. M.) s. Aliev (A. A.).
Bagirov (N.), Gewicht u. Milchleistung bei Schweizer Braunvieh-Kühen 1872.
Bai (B. M.) s. Viswanathan (C. V.).
–, Viswanathan (C. V.) u. **Pillai (S. C.),** Aminosäuren im Abwasser während d. Behandlung 2116.
Baiburtzjan (A. A.), Neue Methode zur Erhöhung d. tier. Produktion (durch Teilkastration) 1821.
Bailey (C. B.), Grad d. Verdauung v. hinuntergeschlucktem u. nichthinuntergeschlucktem getrocknetem Gras im Pansen 1250.
–, Hironaka (R.) u. **Slen (S. B.),** Einfluß d. Temperatur d. Umgebung u. d. Trinkwassers auf d. Körpertemperatur u. d. Wasserverbrauch bei Schafen 1833.
Bailey (K.) s. Clegg (J. B.).
Bailey (R. W.), Farbreaktionen zwischen Zuckern u. Diphenylamin-Harnstoff u. Diphenylamin-p-Anisidin auf Papierchromatogrammen 1680. – Intrazelluläre α-Galaktosidase eines Pansenstammes v. Streptococcus bovis 2575.
– u. **Clarke (R. T. J.),** Bakterielle Dextranase 340.
–, Clarke (R. T. J.) u. **Wright (D. E.),** Carbohydrasen d. Pansen-Ciliate Epidinium ecaudatum. Wirkung auf pflanzliche Hemicellulose 796.
– u. **Howard (B. H.),** Präparieren v. Enzymen aus Pansenprotozoen durch Aufschluß mittels Indol 2344.
– u. **Roberton (A. M.),** Kohlenhydrate eines Pansenstammes Lactobacillus bifidus. *2.* Mitt. 340.
Bailey (S. W.) u. **Hackman (R. H.),** Elektrophoret. Apparatur 783.
Baillie (P.) u. **Morrison (S. D.),** Wesen d. Herabsetzung d. Futteraufnahme bei Ratten durch laterale Verletzungen am Hypothalamus 2133.
Baintner (K.), Bánk (A.) u. **Bánk (H.),** Sicherstellung d. Vitamin-A-Bedarfes v. Hühnern durch d. Präparat „Aquital" bzw. durch Luzernemehl 2392.
Baird (D. M.) s. Neville jun. (W. E.).
Bajburtcjan (A. A.), Kentikjan (M. L.) u. **Stepanjan (A. A.),** Nahrungswert d. Fleisches v. Schweinen, d. nach d. neuen Verfahren kastriert worden sind 1879.
Bajdevljatov (A. B.) s. Dachnovskij (N. V.).
Bajpai (P. K.), Wirkung d. Fotoperiodizität auf d. Kloakentemperatur v. ausgewachsenen Hähnen 2480.
Bakels (F.), Problematik d. Erbfehlerbekämpfung beim Rind im Rahmen d. künstlichen Besamung 1822. – Lebensleistung u. Nutzungsdauer d. Rindes aus d. Tierzucht-Institut in München 1862. – s. Bauer (H.).
Baker (D.), Fettsäurezusammensetzung d. Öles aus geschädigtem Mais u. Weizen 1741.
Baker (E. M.) s. Powell (R. C.).
Baker (G. N.) u. **Baker (M. L.),** Weizen für d. Mast v. Jährlingsbullen 1305.
Baker (F. H.) s. Oltjen (R. R.).
Baker (H.) s. Frank (O.).
Baker (H. K.) u. **Garwood (E. A.),** Wurzelentwicklung d. Futterpflanzen. *5.* Mitt. Jahreszeitliche Schwankungen d. Gehaltes an Fructosanen u. löslichem Zucker in Knaulgras, Knaulgrasstoppeln u. -wurzeln bei zwei unterschiedlichen Ernteverfahren 1730.
Baker (J. P.), Berry (T. H.), Becker (D. E.), Jensen (A. H.) u. **Norton (H. W.),** Wirkung v. Aminosäure-Zusätzen in einer aufgebesserten Casein-Lactose-Ration für früh abgesetzte Ferkel 1048.
Baker (M. L.) s. Baker (G. N.).
Baker jun. (W. L.), Schweinefütterung im Buchtenlaufstall 1444.
Bakos (K.), Bane (A.) u. **Thal (E.),** Mycoplasmen (PPLO) in Beziehung zur Fruchtbarkeit bei Bullen 505.
–, Karlsson (K.-A.) u. **Hanko (E.),** Milde Form d. infektiösen Laryngotracheitis (ILT) d. Huhnes in Schweden 308.
Balabin (V. E.), Gruppenhaltung ferkelführender Sauen 699.
Balakireva (S. J.) s. Denisova (I. A.).
Balašov (M. T.) s. Volkov (S. A.).
Balašov (N. T.), Bilanz u. Perspektive d. Arbeiten über d. Hybridisation

d. Haustiere im Ukrain. Institut für Tierzucht Askanija-Nowa 1820.
Balasubramanian (A. S.) u. **Bachhawat (B. K.)**, Bildung v. aktivem Sulfat während d. Bindegewebswachstums 349.
Balba (M. K.), El-Negoumy (A. M.) u. **Mohamed (M. S.)**, Verhältnis zwischen dialysierbarem Phosphor u. nichtdialysierbarer Citronensäure in Milch v. ägypt. Büffelkühen 706.
Balcarová (B.) s. Hynek (B.).
Balch (C. C.) s. Campling (R. C.); Freer (M.).
– u. **Campling (R. C.)**, Regulation d. freiwilligen Futteraufnahme bei Wiederkäuern 1018.
–, **Johnson (V. W.)** u. **Machin (C.)**, Stall u. Ausrüstung für Bilanzuntersuchungen mit Kühen 2338.
Balevska (R.) u. **Petkova (G.)**, Beleuchtungsfrage bei d. Althennenmast 1608. – Gantermast bei Zusatz v. Backhefe u. schwarzem Pfeffer 1725.
–, **Tomov (I.), Todorov (A.)** u. **Vŭlov (T.)**, Einfluß des verschied. Absatzalters auf d. allgemeine Wachstum, d. Hautstruktur u. d. Wolleistung d. feinwolligen Lämmer 88.
Baljozov (D.), Feststellung geeigneter Kombinationen für d. Gebrauchskreuzung einiger Hühnerrassen. Versuch zur Gebrauchskreuzung einiger Zwiehuhnrassen mit Cornish zur Erzeugung v. Fleischhühnern 2533. – s. Vŭlčev (P.).
Ball (C.) s. Dodsworth (T. L.).
– u. **Graham (T. C.)**, Silage-Selbstfütterung bei Fleischrindern 479.
Ball (E. G.) s. Hagen (J. H.); Jungas (R. L.).
– u. **Cooper (O.)**, Untersuchungen über den Stoffwechsel v. Fettgewebe. *3.* Mitt. Reaktion auf Insulin durch verschied. Typen v. Fettgewebe u. Anwesenheit verschied. Metabolite 135.
Balla (I.), Mikrobiolog. Beurteilung d. Vitamin B_{12} mit Hilfe neuer Bestimmungstabelle 123. – Dreijährige Erfahrungen über d. Fettanreicherung v. Futtermitteln 387.
Ballard (K. W.) s. Drury (D. R.).
Balloun (S.) s. Raun (N. S.).
Balloun (S. L.) s. Daghir (N. J.); Kraft (A. A.); Nichols (E. L.); Owings (W. J.).
Balmont (V. A.), Rassen in Kasachstan gezüchteter landwirtsch. Nutztiere [1421], [2058].
Balogh (I.) u. **Mészáros (I.)**, Jahrbuch *1959/60* d. ungar. Herdbuchführung für Schafe [980]*.
Bal'ozov (D.), Gebrauchskreuzung verschied. Hühnerrassen 1657. – s. Vŭlčev (P.).
Bals (A. K.) s. Ryan (C. A.).
Baltzer (B. V.) s. Miller (E. R.).
Baltzer (K.), Mechanisierung d. Innenwirtschaft 703.
Balyberdin (N.) u. **Beketov (M.)**, Verbesserung d. Entlüftung d. Viehställe 251.
Balzer (I.), Schlempequalität u. ihre prakt. Verwendung 1747.
Bambridge (R.), Jugenderfahrungen u. Sexualverhalten bei Küken des Haushuhnes 56.
Banay (M.) u. **Dimant (E.)**, Stoffwechsel d. L-Ascorbinsäure bei skorbut. Meerschweinchen 2153.
Bandemer (S. L.) s. Evans (R. J.).
Band (A.) s. Bakos (K.); Nicander (L.).
– u. **Hansen (H.-J.)**, Spinale Veränderungen bei Bullen u. ihre Bedeutung für d. Deckfähigkeit 1384.
Banerjee (V.), Experimentelle Untersuchungen zur Gültigkeit d. Variationskoeffizienten V in d. Natur, untersucht an zwei erbreinen Populationen einer Wasserläuferart (Limnotrechus lateralis var. costae H. S. *1833*) 226.
Banis (A. P.), Zuchtarbeit in d. Litauischen SSR 721.
Bánk (A.) s. Baintner (K.).
Bánk (H.) s. Baintner (K.).
Bańkivśkyj (B. V.) s. Irvaneć (O. M.).
Bankov (N.), Auswirkung d. Milbenbekämpfungsmittel auf Menge u. Güte d. Wolle 1449. – s. Nestorov (N.).
Banks (E. M.) s. Rasmussen (O. G.).
Banks (W. L.) s. Allison (J. B.).
Bannerman (M. A.) s. Ackman (R. G.).
Baptist (V. H.) s. Spaeth (E. E.).
Barac (I.) s. Foti (N.).
–, **Alexandru (V.)** u. **Bolcaş (A.)**, Un-

tersuchungen zur Festsetzung d. Überwinterungsmethoden v. Bienenvölkern unter den Steppenbedingungen d. Rumän. Volksrepublik 107.

Barac (I.), Bolcas (A.) u. **Alexandru (V.),** Wirksamkeit d. Wanderbienenzucht 111.

Barakat (M. Z.) u. **Abdulla (A.),** Kreatininkoeffizient d. normalen Schafes 669.

Baran, Nerzzucht in Dänemark 313.

Baranov (G. F.), Litvinenko (I. T.) u. **Šejchot (J. M.),** Rinderfarm neuen Typs 41.

Baratou (J.) s. Calet (C.).

Barber (C. W.) s. Kelly (J. W.).

Barber (R. S.), Braude (R.), Chamberlain (A. G.) u. **Mitchell (K. G.),** Wirkung d. Beifütterung v. Kupfersulfat an Baconschweine in verschied. Intervallen während d. Wachstums 593, 594.

—, **Braude (R.)** u. **Cooke (P.),** Vitamin-C-Ergänzung für Saugferkel 1501.

—, **Braude (R.)** u. **Mitchell (K. G.),** Kupfersulfat u. „Molasses distillers dried solubles" als Beigabe für wachsende Schweine 814. — Einfluß d. Einbaues eines Antimykoticums (Griseofulvin) in d. Futter auf wachsende Schweine 1282. — Wirkung v. in Wasser oder Magermilch eingeweichtem Trockenfutter wachsender Schweine 1723.

Barbier (E. C.) u. **Pangaud (C.-Y.),** Pflanzlicher Ursprung u. physikochem. Charakteristica d. Honigs 1468.

Barclay (M.) s. Skipski (V. P.).

Bárczy (G.), Selbsttätige Fütterung [479].

— u. **Czakó (J.),** Angaben über d. Verteilung einzelner Lebensvorgänge d. in Offen- u. Massivställen gehaltenen Kühe auf d. einzelnen Tageszeiten 701.

— u. **Veress (L.),** Mast v. Jungbullen v. Frühjahr bis zum Herbst im Offenstall 2072.

Barden (P. J.) u. **Robertson (A.),** Experimentelle Kupfervergiftung bei Schafen 165.

Bareš (M.), Zucht d. Bienenköniginnen bei d. Königin 2547.

Barfuss (E.), Stallbau u. Innenmechanisierung in d. Intensivgeflügelzucht 40. — s. Hofmann (F.); Löhle (K.).

Bargmann (W.), Über Bildung u. Abgabe d. Milch 462.

Bargoni (N.), Luzzati (A.), Rinaudo (M. T.), Rossini (L.) u. **Strumia (E.),** Leberglykolyse v. mit Schilddrüse gefütterten Ratten 1262.

Barkema (R. M.), Heterosis. Hintergründe einer ökonom. u. wissenschaftlich interessanten Erscheinung 1146. — Dreifarbigkeit beim holländ. Rind u. ihre Erklärung 1864. — Heterosis u. ihre Begründung 2474.

Barker (D. J. P.) u. **Crossley (J. N.),** Einfluß v. Testosteron auf d. durch Oestrogen bewirkte Knochenbildung bei Mäusen 156.

Barker (J.) s. Sorenson (A. L.).

Barker (J. S. F.), Rinderzucht 270.

Barker (W. F.), Analyse v. Spurenelementen 2338.

Barlett (B. E.), Futtermischungen für Legehennen 1215.

Barna (J.), Phänogenet. u. biolog. Transplantationsversuche bei Kaninchen 459.

Barnes (R. H.) s. Lowrey (R. S.).

Barnhart (C. E.) s. Robertson (J. C.); Varney (W. Y.); Whiteker (M. D.).

Baron (D. N.), Bell (J. L.) u. **Hadgraft (J. W.),** Tablettentest für Calcium im Harn 1483.

Barondes (S. H.), Dingman (C. W.) u. **Sporn (M. B.),** Stimulation d. Aminosäureneinbaus in Eiweiß durch Kern-RNS d. Leber in vitro 2143.

Barratt (M. A.) s. Wilson (P. N.).

Barraud (C.) s. Labie (C.).

Barreto (H. S. R.) s. Barreto (R. C. R.).

Barreto (R. C. R.) u. **Barreto (H. S. (R.),** Spektrophotometr. Test auf Wasser in organ. Lösungsmitteln 2329.

— u. **Cutrim (A. M.),** Papierelektrophorese durch dialysierende Barrieren 2122.

— u. **Mano (D. B.),** Verwendung v. zentrifugal beschleunigter Ultrafiltration für d. Konzentration v.

Proteinen in biolog. Flüssigkeiten 1009.
Barrett (G. C.), Jod als ein „nicht zerstörendes" Farbreagens in Papier- u. Dünnschicht-Chromatographie 1010.
Barrick (E. R.) s. Clawson (A. J.).
Barron (E. J.) u. **Stumpf (P. K.)**, Beweis für getrennte Stoffwechselwege bei d. Biosynthese v. gesättigten u. ungesättigten Fettsäuren durch ein Enzymsystem aus Avocado 1926.
Barron (N. S.), Schweinehaltung in Rhodesien 965.
Barrow (N. J.) u. **Lambourne (L. J.)**, Partition d. ausgeschied. Stickstoffs, Schwefels u. Phosphors zwischen Kot u. Harn d. mit Weidegras gefütterten Schafe 571.
Barsegjan (G. V.) s. Kamaljan (G. V.).
Barsukova (T. M.) s. Kolabskij (N. A.).
Bartee (J. D.) s. Brown (J.).
Bartels (H.), Wandlungen u. Bedeutung d. Fleischhygiene im Zeichen d. Bildung supranationaler Wirtschaftsräume 2490.
— u. **Klemm (G.)**, Hygien. Bedeutung des Schlachtens v. Rindern im Hängen 940.
Barth (K.), Praktischer Einsatz v. Fett in den Rationen landwirtsch. Nutztiere 167. — s. Brüggemann (J.).
Barth (K. M.) s. McLaren (G. A.).
Bartholome (H.) s. Spitzmüller (E.).
Bartlett (B. E.) u. **Podger (R. N.)**, Ansichten über Eiqualität 2096.
Bartlett (B. O.) s. Mercer (E. R.).
Bartlett (D.), **Morita (Y.)** u. **Munck (A.)**, Schnelle Inhibition d. Inkorporation v. Glukose in d. Thymus d. Ratte durch Cortisol in vivo 2140.
Bartlett (D. J.), Hundesperma. *1.* Mitt. Morpholog. Eigenschaften 915; *2.* Mitt. Biochem. Eigenschaften 916.
Bartlett jun. (F. D.) u. **Demark (N. L. van)**, Einfluß d. Temperatur auf d. Lebensdauer v. Rinderspermatozoen bei Aufbewahrung in CO_2-haltigen Verdünnern 1141. — Einfluß d. Zusammensetzung d. Verdünners auf d. Lebens- u. Befruchtungsfähigkeit v. Rinderspermatozoen bei Aufbewahrung mit CO_2-Zusatz 1142. — s. Demark (N. L. van).
Bartlett (J. W.) s. Wilcox (C. J.).
Bartley (E. E.) s. Fina (L. R.).
Barton (R. A.) s. Kirton (A. H.); Shorland (F. B.).
Bartoš (S.) s. Kafka (K.).
—, **Hanuš (K.)**, **Hatleová (A.)** u. **Ottová (L.)**, Umwandlung u. Ausnützung flüchtiger Fettsäuren bei Kälbern u. erwachsenen Rindern 1488.
Bartsch (K.-H.), Futteraufwand u. Nährstoffverwertung sowie Milchzusammensetzung v. Franken- u. F_1-Rindern während d. Aufzucht u. Laktation 161. — Kontinuierliche Entwicklung unserer Viehwirtschaft 1857.
Bartz (E. P.) s. Harrill (I.).
Baru (A. V.), Gehörsinn d. Wirbeltiere 2006.
Baryšnikov (I. A.), Physiologie u. Probleme d. Tierzucht 1113.
Baryšnikov (P. A.), Wege u. Methoden in der Zucht des Kurganer Rindes 61.
Basch (J. J.) s. Gordon (W. G.); Kalan (E. B.).
Basilio (C.) s. Lengyel (P.); Speyer (J. F.).
—, **Wahba (A. J.)**, **Lengyel (P.)**, **Speyer (J. F.)** u. **Ochoa (S.)**, Synthet. Polynucleotide u. d. Aminosäurecode. 5. Mitt. 2357.
Baširov (Ė. B.), Neues Verfahren d. Vorbereitung u. Nutzung v. männlichen Zucht- u. Probiertieren 2018.
Bassett (C. I.) u. **Warner (R. G.)**, Antibiotica u. Nerzgröße 1224, 2101.
Bassett (E. G.), Infiltration v. Eosinophilen in d. veränderte Bindegewebe v. Tieren im Oestrus u. in d. Gravidität 678.
Baßler (R.), Feuchtigkeitsgehalt v. Fischmehlen 2329.
Basu (S.), Einfluß d. Milchleistung auf d. Brunst nach d. Kalben bei Murrah-Büffeln 956.
Batcher (J. E.) s. Harris (L. E.).
Bateman (D. I.) s. Strauss (E.).
Batemann (J. V.) u. **Decker (G.)**, Ertrag, Zusammensetzung u. Aufnahme einiger Varietäten Elefantengras (Pennisetum purpureum Schum.) durch Rinder 381.
Bates (C. R.) s. Chen (J. H. S.).

Bath (D. L.) s. Lofgreen (G. P.).

Batjužev'škyj (J. N.) u. **Pjerkova (R. I.)**, Einfluß d. Eiweißfütterung auf d. altersmäßigen Änderungen d. Verwertung d. verdaulichen Stoffe in d. Ration 2163.

Bat'kaev (R. J.) s. Karpov (M. S.).

Batra (T. R.) u. **Desai (R. N.)**, Genet. Studie d. Geburtsgewichtes beim Sahiwal-Rind 1866.

Bauer (D. H.) s. Evans (R. J.).

Bauer (H.), Tätigkeit d. Arbeitsausschusses „Lebens- u. Nutzungsdauer beim Rind" d. Deutschen Gesellschaft für Züchtungskunde u. Ausblick 1359.

—, **Bakels (F.)**, **Gall (C.)** u. **Woerlen (F.)**, Darstellung d. Lebensleistung des Rindes auf energet. Basis 159.

Bauernfeind (J. C.) s. Bunnell (R. H.).

Bauer-Sič (P.), **Rako (A.)**, **Ivoš (J.)**, **Asaj (A.)**, **Mikulec (M.)** u. **Fašaić (V.)**, Akklimatisation d. importierten Rinder. *2.* Mitt. zytohämatolog. Beobachtungen 667.

Baum (W.) s. Jenichen (W.).

Bauman (T. R.) s. Turner (C. W.).

Baumann (H.), Farbvererbung bei d. Rhode Islands 1888.

Baumgärtner (H.), „Chemie d. Lebensmittel" im Jahre *1961* 1473.

Baumgardt (B. R.) s. Satter (L. D.).

Bauriedel (W. R.), Manometr. Bestimmung d. D-Aminosäure-Oxydase im Kükengewebe 2337.

Bautista (F. R.), **Thompson (R. H.)** u. **Cain (R. F.)**, Veränderungen im Gehalt an Aminostickstoff, insgesamt löslichem Stickstoff u. TCA-löslichem Stickstoff bei Rindfleisch, d. durch Erhitzen vor d. Bestrahlung, Bestrahlungsdosis u. Lagerung bei *34* °F auftreten 264.

Bawa (H. S.) u. **Gulati (K. R.)**, Einfluß d. Kreuzung auf d. Trächtigkeitsdauer v. Kühen bei Haltung im Hügelland 2282.

Bayer (J.), Schnelle papierchromatograph. Trennung v. Vitamin B_{12} 1012.

Bayley (H. S.) u. **Lewis (D.)**, Verdaulichkeit v. Fetten u. Fettsäuren beim Schwein 1696.

Bayne (H. G.) s. Garibaldi (J. A.).

Bazanova (N. U.) u. **Izmailov (T. U.)**, Einfluß azidophiler u. Milchpaste auf d. Gärprozesse im Pansen 2388.

Bazin (A. E.) s. Payne (W. J. A.).

Beal (J. L.) s. Winek (C. L.).

Beamer (P. D.) s. Reber (E. F.).

Beames (R. M.), „Bagomolasses" als Grundlage einer Mastration für Rinder 1746.

Bean (M. L.) u. **Hanson (H. L.)**, Gänse u. ihre Verwendung. *1.* Mitt. Ausbeute u. Zartheit d. Fleisches 1895; *2.* Mitt. Als vorgekochtes u. gefrorenes Nahrungsmittel 1895.

Beane (W. L.) s. Siegel (P. B.).

—, **Siegel (P. B.)** u. **Siegel (H. S.)**, Wirkung d. Lichtes auf d. Körpergewicht u. d. Futterverwertung bei Broilern 695.

Bear (W. F.), **Speer (V. C.)** u. **Hazen (T. E.)**, Einzelfütterungsboxen für Sauen 700.

Bearden (J. H.) s. Johnston (J. M.).

Beardwood (C.), **Gilbert (C.)** u. **Gillman (J.)**, Endokrine Kontrolle d. Albumin: Globulin-Verhältnisses im Plasma 1118.

Beare (J. L.), **Grice (H. C.)** u. **Hopkins (C. Y.)**, Gemeinsame Effekte v. Pflanzenfetten u. Cholesterin in d. Ration v. Kaninchen 142.

Bearn (A. G.) s. Berggård (I.).

Bearse (G. E.) s. Becker (W. A.); Berg (L. R.).

Beasley (A. B.) s. Dunn (L. C.).

Beath (M. M.) s. Benirschke (K.).

Beaton (J. R.) s. Maur (J. M.).

Beatty (R. A.), Genetik d. Säuger-Gameten 12.

Beaty (E. R.) s. Brooks (O. L.); Hogan (W. H.).

Becher (A.), **Prinz (W.)** u. **Schmidtborn (H.)**, Rationsprogrammierung für Fleischschweine 2390.

—, **Prinz (W.)**, **Schmidtborn (H.)** u. **Zucker (H.)**, Lineare Programmierung bei d. Mischfutterherstellung 2390.

Beck (G.), Bakteriolog. Fleischuntersuchung unter Berücksichtigung d. Anlage *1* zu § *20* Abs. *3* AB.A 2053. — Milchuntersuchung in d. Veterinäruntersuchungsämtern 2264.

Beck (J. S.), **Edwards (R. G.)** u. **Young (M. R.)**, Immunfluoreszenztechnik u. d. isoantigene Wirkung v. Säugerspermatozoen 1391.

Becker (D. E.) s. Baker (J. P.); Berry (T. H.); Dudley (W. A.); Rasmussen (O. G.).

Becker (K.), Ein Ja zur Vollintensivhaltung 1893. — s. Querner (H.).

Becker (R.), Verkürzter Umtrieb, höhere Produktion 761.

Becker (R. R.) s. King (C. G.).

Becker (W.) s. Schoop (G.).

Becker (W. A.), Gruppenvgl. in Stichprobenleistungsprüfungen 1210. — Einstufung alternativer Merkmale in Stichprobenleistungsprüfungen 1453.

— u. **Bearse (G. E.),** Sulfanilamide u. ihre Wechselwirkung auf d. spezif. Gewicht d. Eier 1170.

— u. **Chai (C. K.),** Auswahl d. Tiere u. Empfindlichkeit d. Versuche 117.

Becze (J.), Entwicklungsgrad d. Eierstöcke u. Gebärmutter v. Jungsauen bei d. Inzuchtnahme 231. — Untersuchung d. Geschlechtsapparates u. d. endokrinen Organe v. Mutterschafen d. Merinokammwoll-u. Zigajarasse bez. einer Fruchtbarkeitssteigerung 752. — Neuere Kenntnisse über den Pathomechanismus u. über d. Ursachen d. frühembryonalen Fruchttodes beim Schwein 912. — Ursachen f. Embryonalsterblichkeit in d. Schweinezucht 1387. — Fortpflanzungsprobleme d. Schweine vom Gesichtspunkt d. Tierzucht 2292.

Bedford (J. M.) s. Chang (M. C.).

— u. **Chang (M. C.),** Entfernung d. Decapitationsfaktors v. Seminalplasma durch Zentrifugieren bei hoher Umdrehungszahl 2023.

Bednekoff (A. G.), Datta (S. P.) u. **Stone (W. H.),** J-Substanz beim Rind. 7. Mitt. Immun-anti-J aus Kaninchen 1378.

Bedö (S.) s. Berke (P.).

Bedrak (E.) s. Perek (M.).

Bedrata (O. L.) s. Jaroslav (S. J.).

Bedwell (R. L.) u. **Shanklin (M. D.),** Umweltphysiologie u. Stallbau. Mit speziellem Bezug auf d. Haustiere. *65.* Mitt. Einfluß einer Senkung d. Strahlungswärme auf einen wärmeinduzierten Stress bei Milchkühen 2479.

Beeckler (A. F.) s. Davis (G. T.).

Beer (J.), Bedeutung bakterieller Krankheiten bei d. Haltung landwirtsch. Nutztiere in Großbeständen 933.

Beeson (K. C.) s. Binns (W.).

Beeson (W. M.) s. Gossett (W. H.); Perry (T. W.); Smith (W. H.).

Begin (J. J.) s. Griffith (F. D.).

Bégin (N.) s. Berlinguet (L.).

Behrens (H.), Bedeutung d. Eisens für d. Ferkelaufzucht u. d. Möglichkeiten d. Applikation 1272.

— u. **Horn (M.),** Verträglichkeit v. Stechapfelsamen beim Schwein 370.

Behrens (Hermann), Quellenkrit. Bemerkungen zu einigen neolith.-frühmetallzeitlichen Pferdeskelettfunden in Europa 946.

Beilharz (R. G.), Züchtung u. Fütterung beim Rind 951.

Beilharz (S.), Denton (D. A.) u. **Sabine (J. R.),** Auswirkung eines gleichzeitigen Wasser- u. Natriummangels auf d. Natriumappetit beim Schaf 1808.

Bein (L.), Patzschke (D.) u. **Trautmann (H.),** Viehwirtschaftlicher Betriebsvergleich einiger Betriebe im Bezirk Halle 59.

Bejan (G.) s. Pălămaru (E.).

Beker (M. E.) s. Putnynja (M. J.).

Bekersky (I.), Sprühtechnik für d. Herstellung v. Dünnschicht-Chromatographieplatten 2329.

Beketov (M.) s. Balyberdin (N.).

Bekseev (S. G.), Beschleunigung d. Selektionsprozesses [2248].

Belcher (R.) u. **Fildes (J. E.),** Titrimetr. Methoden für d. Mikrobestimmung d. Halogene in organ. Verbindungen durch schnelle Verbrennung. *2.* Mitt. Simultanbestimmung d. Halogene in Gegenwart anderer Elemente 1921.

Belda (A. Sanchez), Schafzucht in Spanien 296.

Belenki (N. G.), Demotation d. Schlachtviehs 1159.

Belg (E.) s. Voigtländer (K.-H.).

Belić (J.), Mitić (N.) u. **Vidanović (M.),** Über die Milchleistung d. F_1-Kreuzungsschafe Merino d'Arles x Piroter Zackelschaf 89.

Beljaev (D. K.) u. **Evsikov (V. I.),** Einfluß d. Heterozygotie d. Organismus

auf d. Lebensfähigkeit d. Nachkommen 1896.
Beljaevskij (J. J.) s. Archangel'skij (I. I.).
Beljajev (A. I.) s. Komarov (N. M.).
Beljančikov (N. I.), Melkapparat mit Zitzenschutz gegen Vakuum 2259.
Bell (D. J.) u. **Lake (P. E.)**, Vergleich d. Phosphomonoesterase-Aktivitäten im Samenplasma v. Hahn, Puter, Eber, Bulle, Rammler u. Mensch 916.
Bell (E. T.) s. Schmidt-Elmendorff (H.).
Bell (G. H.) s. McCance (R. A.).
Bell (J. L.) s. Baron (D. N.).
Bell (J. M.) s. Ashton (G. C.); Owen (B. D.); Troelsèn (J. E.).
Bell (K.), *1*-dimensionale Stärkegelelektrophorese v. Rindermagermilch 2121.
Bell (L. G. E.), Einige Mechanismen, d. mit d. Zellteilung im Zusammenhang stehen 900.
Bell (M. C.) s. Merriman (G. M.).
Bellani (L.), Fruchtbarkeit d. zur künstlichen Besamung benutzten Bullen. Einfluß v. gleich- oder fremdrassigen Paarungen auf d. Fruchtbarkeit bei Färsen 2508.
Belling jun. (T. H.), Trächtigkeitsdiagnose: Wertvolle Hilfe in d. Fleischrinderhaltung 956.
Bellis (D. B.), Bedarf d. Bacon- u. Speckschweine an bestimmten essentiellen Aminosäuren 349.
Bellows (R. A.), Pope (A. L.), Meyer (R. K.), Chapman (A. B.) u. **Casida (L. E.)**, Physiolog. Mechanismen bei ernährungsbedingten Unterschieden in d. Ovaraktivität geschlechtsreifer Mutterschafe 2236.
Belogub (D. K.) u. **Zagrebel'nyj (P.)**, Vorläufige Ergebnisse d. Züchtung v. Inzuchtebern 81.
Belous (I. S.), Mechanisierung mühevoller Arbeiten in d. Nerzzucht 771.
Belov (L.) s. Smetnev (S. I.).
Belov (L. M.), Auswahl d. Rassen bei d. Mastkükenproduktion 1452.
—, **Marčik (V. F.)** u. **Tjutjunnikov (V. N.)**, Die ersten Broiler d. Sowchos „Krasny" 1889.
Bel'skaja (I. P.) u. **Panfilova (L. A.)**, Physikal.-chem. Eigenschaften d. Eberspermas u. ihre Veränderung bei Lagerung 1825.
Belsunce (C. de) s. Pion (R.).
Belugina (O. P.) s. Azimov (G. I.).
—, **Orlov (A. F.), Pavlov (M. K.)** u. **Čigina (A. A.)**, Spurenelemente als Beifutter für Nerze 2542.
Bender (A. E.) s. Wood (T.).
— u. **Doell (B. H.)**, Diät u. Plasmaprotein-Zusammensetzung 585.
Bender (S. R.) s. Kroman (H. S.).
Bendrat (G.) s. Reck (J.).
Benechis (B. M.), Bullenbewertung nach d. Milchqualität ihrer Töchter 1432. — s. Kravčenko (N. A.).
Benecke (F. S.), Bienenbeuten, ihr Bauplan u. ihre Erhaltung 2322.
Benedict (H. M.) s. Mortenson (F. N.).
Bengsch (H. K.) s. Williams (C. V.).
Bengtson (H.) s. Björkman (G.).
Bengtsson (C.), Hanson (L. Å.) u. **Johansson (B. G.)**, Immunolog. Studien des modifizierten u. enzymat. abgebauten β-Lactoglobulins u. α-Lactalbumins 119.
Bengtsson (G.), Ewaldsson (B.), Hansson (E.) u. **Ullberg (S.)**, Verteilung u. Verhalten v. ^{131}J im Säugetierovar 2016.
Benirschke (K.), Brownhill (L. E.) u. **Beath (M. M.)**, Chromosomen d. Somazellen v. Pferd, Esel u. ihren Hybriden Maultier u. Maulesel 2014.
Benjamin (W.) s. Gellhorn (A.).
Benkov (B.), Fleisch- u. Fleisch-Fettmast des Bulgar. Weißen Schweins durch Trockenfütterung aus dem Futterautomaten 83. — s. Georgiev (I.).
Bennett (D.) s. Dunn (L. C.).
Bennett (J. A.), Forschung auf d. Gebiet d. Tierzuchtwissenschaft 1357.
Bennett (J. P.) u. **Boursnell (J. C.)**, Verbesserungen in d. Methode für d. elektrophoret. Trennung v. Proteinen auf Agargel 2332.
Bennett (J. W.) s. Hamilton (F. J.).
—, **Hutchinson (J. C. D.)** u. **Wodzicka-Tomaszewska (M.)**, Jahresrhythmus des Wollwachstums 88.
Benoit (J.) s. Leroy (P.).
Bensadoun (A.), Paladines (O. L.) u. **Reid (J. T.)**, Einfluß v. Verzehrshöhe u. physikal. Form d. Ration auf Blutzuckergehalt u. Resorption d. flüchtigen Fettsäuren bei Wiederkäuern 2134.

Bensadoun (A.) u. **Reid (J. T.)**, Bestimmung d. Rate d. portalen Blutflusses bei Wiederkäuern. *1.* Mitt. Wirkung d. Fütterung, d. Fastens u. d. Betäubung 1264.
Benson (A. A.) s. Strickland (E. H.).
Bentley (O. G.) s. Johnson (R. R.).
Bentley (R. E.), Parker (R. P.), Taylor (D. M.) u. **Taylor (M. P.)**, Jod-131 u. andere Spaltprodukte im Trinkwasser 813.
Benton (A. W.), Morse (R. A.) u. **Kosikowski (F. V.)**, Biolog. Test u. Standardisierung d. Giftes d. Honigbiene 2550.
Benzer (S.) s. Chapeville (F.).
Benzie (D.) s. Duckworth (J.).
—, Cresswell (E.), Duckworth (J.), Hill (R.) u. **Boyne (A. W.)**, Untersuchungen d. Skeletts bei Schafen. *5.* Mitt. Röntgenolog. u. chem. Untersuchungen d. Skelettes Schott. Schwarzkopfmutterschafe u. Hammel auf drei Gebirgsbetrieben in Schottland 230.
Berchtold (M.), Leidl (W.) u. **Haeger (O.)**, Einfluß d. Samenalters auf den embryonalen Fruchttod beim Rind 1139.
Berdiev (D. G.), Biolog. u. wirtschaftl. Eigenschaften d. Landhühner Aserbaidshans 757.
Berecz (A.) u. **Godin (C.)**, Inkorporation v. Tryptophananalogen in Rattenplasmaproteine 1022.
Berek (G.), Faserfeinheit v. Lammwolle im Vgl. zur Wolle ausgewachsener Tiere 1449. — s. Kertész (F.).
— u. **Farkas (M.)**, Vergleichende Untersuchung zur Ferkelaufzucht beim Absetzen im Alter von *30* bzw. *60* Tagen 970.
Berek (S.) s. Schandl (J.).
Beremski (S.) s. Georgiev (I.).
—, Venev (I.), Koldaški (C.) u. **Izvorski (T.)**, Zuchtverwendung v. Sauen d. Bulgar. Weißen Schweins in d. verschied. Jahreszeiten im Bereich d. Staatlichen Tierzuchtinspektion u. d. Stadt Knesha 1646.
Berenson (G. S.) u. **Dalferes jun. (E. R.)**, Identifizierung v. sauren Mucopolysacchariden durch Glaspapierchromatographie 1680.
Bereznev (A. P.) s. Milovanov (V. K.).
Berezovskij (A. A.) u. **Zubrilina (Z. A.)**, Einsatz eiweißfreier N-haltiger Stoffe beim Silieren 378.
Berezovyj (A. S.), Wirksamkeit verschied. Methoden der intensiven Aufzucht v. Jungbullen für d. anschließende Fleischmast 2071.
Berg (B. N.), Wolf (A.) u. **Simms (H. S.)**, Ernährung u. Langlebigkeit. *4.* Mitt. Nahrungsbeschränkung u. d. radikuläre Neuropathie älterer Ratten 2163.
Berg (F.), Weidemast mit Jungbullen 1870. — s. Weiland (G.).
— u. **Kreil (W.)**, Intensive Weidewirtschaft in rindviehstarken Großbetrieben. *14.* Mitt. Verbesserte Weidezentrale für Milchvieh mit stationärem Fischgrätenmelkstand 41.
Berg (L. van den), Kha (A. W.) u. **Lentz (C. P.)**, Qualität u. biochem. Veränderungen im Geflügelfleisch während d. Lagerung bei über dem Gefrierpunkt liegenden Temperaturen 1161.
Berg (L. R.), Bearse (G. E.) u. **Merril (L. H.)**, Einfluß v. Calciumgaben auf d. Entwicklung, Legeleistung, d. Schlupfergebnis d. Eier, d. Vitalität u. d. Gewichtszunahme d. erbrüteten Küken 811.
Berg (R. T.) s. Kuryvial (M. S.).
Berge (S.), Geschichtliche Entwicklung d. Tierzüchtung 441. — Verhältnis zwischen Eiweiß u. Fett in d. Milch verschied. Haustierarten 2261.
Berger (H.) s. Linkenheimer (W. H.).
Berger (L.) s. Lyhs (L.).
Berger (R.), Lüftungsproblem in d. Geflügelhaltung 472. — Zukunft d. Wirtschaftsgeflügelhaltung 1451.
Berger (Richard), Vermarktung d. Schweizer Eies in neuer Sicht 2496.
Berger (W.) s. Schliesser (T.).
Bergfeld (J.) u. **Koriath (G.)**, Eosinophilen-Blutbild wachsender Rinder 2448.
Berggård (I.) s. Lundblad (A.).
— u. **Bearn (A. G.)**, Exkretion v. Haptoglobin in normalem Harn 1493.
Bergmann (W.) s. Büchel (L.).
Bergner (H.), Hock (A.) u. **Lehmann (H.)**, Nährstoffbilanzen u. Qualität v. Maissilagen in Großsilos landwirtsch. Betriebe 2382.

Bergner (H.), Lehmann (H.) u. **Münchmeyer (R.),** Karotingehalt v. Maissilagen 1733.
Bergonzini (E.) s. Maymone (B.).
Bergströn (P. L.) s. Neeteson (F. A.).
Berke (P.) u. **Bedö (S.),** Verdaulichkeit d. Nährstoffe d. Silomaissilagen 1734. — Färsenaufzucht mit verringerten Vollmilch- u. Magermilchgaben 1945.
Berkovič (E. M.), Abhängigkeit d. Energiewechsels v. Wiederkäuern v. ihrer Körperzusammensetzung bei Stall- u. Weidehaltung 160.
Berlinguet (L.), Bégin (N.), Babineau (L. M.) u. **Laferté (R. O.),** Biochem. Untersuchungen an einer unnatürlichen u. Antitumor-Aminosäure: *1*-Aminocyclopentancarbonsäure. *2.* Mitt. Einflüsse v. Cellularrespiration u. Aminosäurestoffwechsel 1260.
—, Bégin (N.), Babineau (L. M.), Martel (F.), Vallée (R.) u. **Laferté (R. O.),** Biochem. Untersuchungen an einer unnatürlichen u. Antitumor-Aminosäure: *1*-Aminocyclopentancarbonsäure. *1.* Mitt. Toxizität u. Gewebeverteilung 1260.
Berman (M.) s. Avigan (J.).
Bernard (C.) s. Charton (A.).
—, Dufour (L.) u. **Lemay (J. P.),** Beziehungen d. Wachstums zwischen Geburt u. *240*-Tage-Alter u. ihre Verbindungen mit d. Futterverwertung bei Milchkälbern 2373.
Bernard (J. L.) s. Tomic (E. A.).
Bernard (R. A.), Halpern (B. P.) u. **Karo (M. R.),** Wirkung v. Vitamin-A-Mangel auf d. Geschmackssinn 152.
Berndt (H.) s. Holt (C. v.).
Bernhard (K.), Petignat (Y.) u. **Schwed (P.),** Abhängigkeit d. Fettsäurezusammensetzung d. Leber- u. Depotfettes v. d. Nahrung 2147.
Bernhardt (L.), Einige Ursachen d. ungenügenden Milchproduktion 950. — Sichert d. Einführung eines Planes d. Bedeckung ein kontinuierliches Marktaufkommen u. d. ausreichende Entwicklung d. Viehbestände? 969. — Entwicklung einer hochproduktiven Viehwirtschaft 1628.
Bernhardt (W.) u. **Priboth (W.),** Wirkung v. Terramycin Complement-Super im Futter auf d. Entwicklung u. d. Futterverbrauch bei an Ferkelgrippe erkrankten Ferkeln u. Mastschweinen 1282.
Bernheimer (A. W.), Auftrennung v. Proteinmischungen mit Hilfe d. Zonenelektrophorese in Sucrose-Gradienten 786.
Bernick (S.) s. Morin (R. J.).
Bernier (P. E.) s. Arscott (G. H.).
Berousek (E. R.) s. Mount (G. A.); Ronning (M.).
Berry (I. L.) s. Johnson (H. D.); Wayman (O.).
Berry (J. E.) u. **Burnham (R. J.),** Wechselwirkung zwischen d. Androgengehalt d. Blutes, d. Angriffslust u. Spermaeigenschaften bei Hähnen 1595.
Berry (J. F.) s. Cohen (M. M.).
Berry (J. W.) s. Kuck (J. A.).
Berry (R. O.) s. Warwick (B. L.).
Berry (T. H.) s. Baker (J. P.); Rasmussen (O. G.).
—, Becker (D. E.), Rasmussen (O. G.), Jensen (A. H.) u. **Norton (H. W.),** Die limitierenden Aminosäuren im Sojaprotein 1306.
—, Jensen (A. H.), Becker (D. E.) u. **Woods (G. T.),** Ernährung u. Haltung v. Schweinen, d. primär v. spezif. Krankheitserregern frei sind u. ohne Colostrum aufgezogen werden 2524.
Berschneider (F.) s. Rummler (H.).
Bertl (H.), Ergebnisse über d. Mast- u. Schlachtleistungsprüfung im Gruppendurchschnitt, *3.* u. *4.* Jahresviertel *1961* 77; dass.: *1.* u. *2.* Jahresviertel *1962* 78.
— u. **Laber (B.),** Rindermastversuch mit Braunvieh- u. Grauviehochsen u. Braunviehjungstieren 371.
Bertrand (J. E.), Rusoff (L. L.), Fletcher (J. L.), Hyde (C. E.), Branton (C.) u. **Farthing (B. R.),** Nährwertberechnung v. Weidegras mit Milchrindern 1738.
Bethcke (H. H.), Untersuchung v. Fleischwaren, Organen usw. im Rahmen d. neuen Fleischbeschaurechts 1415.
Bethsold (G. E.) s. Gubler (C. J.).
Betina (A. P.) s. Anisimov (V. M.).
Betteridge (K. J.) u. **Raeside (J. I.),**

Untersuchung v. Cervixschleim als einem Indikator für d. Ovaraktivität bei Schweinen 904.
Betzing (H.) s. Eberhagen (D.).
Beyer (H.), Aufgaben u. Probleme d. Milchkühlung 1849.
— u. **Webel (L.)**, Temperaturausgleich in Milchlagerbehältern 1850.
Beyer (R.) s. Langendorf (H.).
Beyer (R. E.), **Noble (W. M.)** u. **Hirschfeld (T. J.)**, Coenzym Q (Ubichinon)-Gehalte d. Gewebe v. Ratten während d. Akklimatisation an Kälte 584.
Bezkorovainy (A.) u. **Doherty (D. G.)**, Eigenschaften struktureller Proteine d. Rinder-Thrombocyten 327.
Bezman (A.), **Felts (J. M.)** u. **Havel (R. J.)**, Beziehung zwischen Inkorporation v. Triglyceridfettsäuren u. v. Fettgewebeschnitten durch Heparin entbundener Lipoproteid-Lipase 2140.
Beznosenko (O. G.) u. **Salgans'ka (L. O.)**, Geschlechtsdimorphismus u. saisonmäßige Veränderlichkeit d. peripheren Blutes bei d. Nutria (Myocastor coypus) 315.
Bezuglyj (I. P.), Kraftfutter für d. intensive Putenkükenaufzucht 1528.
Bhaduri (A.) s. Srere (P. A.).
Bhagat (B.) u. **Lockett (M. F.)**, Fehlende Nebennierenreaktion auf Kältestreß bei Thiaminmangel 11.
Bhalla (R. P. S.) s. Zemjanis (R.).
Bharadwaj (M. B.) u. **Calhoun (M. L.)**, Art u. Weise d. Bildung d. Präputialhöhle d. Haustiere 682.
Bhargava (P. M.) s. Abraham (K. A.).
Bhat (J. V.) s. Shyamala (M. B.); Sridhara (S.).
Bhatia (B.) u. **Rao (V. N.)**, „Muskelüberträgermethode" zur Aufzeichnung d. Atmungsbewegungen in kleinen Tieren 2568.
Bhatnagar (D. S.) u. **Chaudhary (N. C.)**, Klimatische Einwirkung auf physiolog. Tätigkeit bei Murrah-Büffelkälbern 694.
Bhatnagar (R. K.) s. Pant (H. C.).
Bhatnagar (R. P.) u. **Poonia (N. S.)**, Papierchromatograph. Studien einiger Kationen mit chloroformhaltigen Lösungsmitteln 1245.
Bhatnagar (V. K.) s. Kohli (M. L.).
Bhattacharya (P.) s. Ahuja (L. D.).
Bhaya (K. D.) s. Prabhu (S. S.).
Bhuyan (B. N.) s. Deodikar (G. B.).
Bianca (W.), Toleranz gegenüber starker Wärme u. d. Verhalten d. Atmungsminutenvolumens b. Rindern 696. — Relative Bedeutung im Trockenen u. in d. Feuchte gemessener Temperaturen für d. Hitzebelastung beim Rinde 1833.
Bica (M.) s. Gligor (V.).
Bichtler (E.), Leben d. Drohnen, ihre Ernährung u. Geschlechtsreife 1900.
Bickel (E.), Sandbad d. Chinchillas 2545.
Bickel (R.), Neuere Versuchsergebnisse aus d. Geflügelwirtschaft 1451.
Biddiscombe (E. F.), **Arnold (G. W.)** u. **Scurfield (G.)**, Wirkungen d. Gibberellinsäure auf Weideertrag u. tier. Produktion im Winter 603.
Bidwell (R. G. S.), Direkte Papierchromatographie löslicher Verbindungen in kleinen Gewebeproben, d. am Papier haften 787.
Biedermann (H.) s. Hofmann (F.).
Biedermann (M.), Honig, seine Nähr- u. Wirkstoffe 545. — Seltene Gäste in d. Tälermühle 994.
Biegert (K.), Schaffleischabsatz im EWG-Raum 1881.
Bieguszewski (H.), Das weiße Blutbild u. d. Aktivität d. reticuloendothelialen Systems d. Lämmer u. ausgewachsenen Schafe d. poln. Langwollschafes 2220. — Gesamt-Blutvolumen u. d. Erythropoiese bei Lämmern u. ausgewachsenen Schafen d. poln. Langwollschafes 2446.
Bieliński (K.), **Chomyszyn (M.)**, **Tabiszewski (J.)** u. **Żółkiewski (A.)**, Verwendung v. Platterbse (Lathyrus tingitanus) als Schweinefutter 1522.
—, **Tabiszewski (J.)** u. **Walczak (Z.)**, Luzernegrünfutter in d. Baconmast 172.
Biely (J.) s. Bray (D. F.); March (B. E.); O'Neil (J. B.).
—, **Wood (J. D.)** u. **Topliff (J. E.)**, Wirkung übermäßiger Mengen v. Vitamin A im Futter auf d. Eiproduktion bei Weißen Leghorn-Hennen 1033.
Bier (M.) s. Buck (F. F.).
Bierer (B. W.), Behandlung d. durch Escherichia coli künstlich induzier-

ten Luftsack-Infektion durch Nihydrazonefütterung 2312. — Anwendung v. Nihydrazone gegen Salmonella-typhimurium- u. S.-gallinarum-Infektion d. Puten 2540.

Bieri (J. G.) s. Krishnamurthy (S.).

Bigbee (D.) s. Dawson (L. E.).

Bigbee (D. G.), Dawson (L. E.), Davidson (J. A.), Mallmann (W. L.) u. **Houghtby (G. A.),** Verwendung einer Öl-Wasser-Emulsion zum Reinigen v. Eiern 2494.

Biggers (J. D.) s. Lucy (J. A.).

Bigley (N. J.) s. Dodd (M. C.).

Bihler (I.) u. **Crane (R. K.),** Mechanismus d. intestinalen Resorption d. Zucker. *5.* Mitt. Einfluß einiger Kationen u. Anionen auf d. aktiven Transport d. Zucker durch verschied. Dünndarmpräparate d. Hamsters in vitro 1252.

—, Hawkins (K. A.) u. **Crane (R. K.),** Mechanismus d. intestinalen Resorption d. Zucker. *6.* Mitt. Spezifizierung u. a. Eigenschaften d. Na^+-abhängigen Eintritts d. Zucker in intestinales Gewebe unter anaeroben Bedingungen in vitro 1252.

Bilaš (G.), Zuchtbienengruppe für d. mittlere Zone 106. — Rayonierung d. Bienen nach Rassen 2546.

Bilbey (D. L. J.) s. Nicol (T.).

Bilek (J.) u. **Janovský (M.),** Probleme d. neurohumoralen Regulation d. Laktation 685, 1368.

—, Janovský (M.), Makoč (Z.) u. **Kozlík (V.),** Oxytocinwerte im Blut beim Milch-Ejektionsreflex 2241.

Bilodeau (F.) s. Elliott (K. A. C.).

Bindon (B. M.) s. Lamond (D. R.).

Bindseil (W.), Bienenweide auf Waldkulturen 1469.

Binet (F. E.) u. **Morris (J. A.),** Über d. gesamte erbliche Varianz bei bestimmten Paarungssystemen 901.

Binnerts (W. T.), Lengemann (F. W.) u. **Comar (C. L.),** Radiojodstoffwechsel d. Ziege nach gemeinsamer Verabfolgung einer Einzeldosis u. täglichen Gaben 356.

Binns (W.), James (L. F.), Shupe (J. L.) u. **Beeson (K. C.),** Mißbildungen bei Kälbern 693.

Biran (L. A.) s. Renshaw (A.).

Bird (H. R.) s. Featherston (W. R.); Heth (D. A.).

Bird (M. W.) s. Smith (F. V.).

Birich (V. K.), Einige Angaben über d. Entwicklung d. Verdauungssyst. d. Rinderfeten im Mutterleib 240.

Birjuk (I. I.) s. Podoba (E. G.).

Birjukova (K. S.), Über Heterosis zwischen den Rassen u. innerhalb einer Rasse 503.

Birk (Y.), Reinigung u. einige Eigenschaften eines hoch aktiven Inhibitors v. Trypsin u. α-Chymotrypsin aus Sojabohnen 1243.

Bischoff (T.) s. Reisch (E.).

Bishop (D. H. L.), Pandya (K. P.) u. **King (H. K.),** Ubichinon u. Vitamin K in Bakterien 1006.

Bishop (D. W.), Bewegungsfähigkeit d. Spermien 466.

Bishop (E. A.) s. Margolis (J.).

Bishop (J. L.) s. Huber (J. T.).

Bishop (P. M. F.), Hormonale Kontrolle v. Fertilitätsstörungen 238.

Bishop (S. E.), Loosli (J. K.), Trimberger (G. W.) u. **Turk (K. L.),** Wirkung d. Pelletierens u. verschied. hohen Kraftfutterverzehrs auf Milchleistung u. -zusammensetzung 2379.

Biswal (G.) u. **Rao (A. M.),** Bedeutung d. Absetzens d. Kälber nach d. Geburt bei Red Sindhi-Kühen. *3.* Mitt. Einfluß d. Zahl d. Abkalbungen u. d. Service-Intervalls auf d. Fruchtbarkeit 504.

Bitman (J.) s. Okamoto (M.).

—, Cecil (H. C.), Connolly (M. R.), Miller (R. W.), Okamoto (M.), Thomas (J. W.) u. **Wrenn (T. R.),** Zufluß v. Natriumthiocyanat in d. cerebrospinale Flüssigkeit bei Normal- u. Vitamin-A-Mangelkälbern 818.

—, Cecil (H. C.), Connolly (M. R.), Miller (R. W.), Okamoto (M.) u. **Wrenn (T. R.),** Einfluß eines Vitamin-A-Mangels auf d. Verdrängung v. Natriumthiocyanat aus d. cerebrospinalen Flüssigkeit 818.

Bitteeva (M. B.), Taxonom. Stellung des d. Antibiotikum Aurantin produzierenden Actinomyceten 1716.

Bižev (B.), Bestimmung d. Einflusses d. Honigmenge auf d. Entwicklung d. Bienenvölker im Frühjahr 1671. — Ersetzen d. Pollens durch Eidotter bei d. Frühjahrsreizfütterung d. Bienen 1671. — s. Popov (I.).

Bižev (B.) u. **Ivančev (V.)**, Feststellung d. Einflusses d. Herbstzufütterung d. Bienenvölker 2550.
– u. **Rizvanov (K.)**, Einfluß v. Azotobacter chroococcum auf d. Frühjahrsentwicklung d. Bienenvölker 1672.
Björklund (N.-E.), Schnüffelkrankheit beim Schwein 85.
Björkman (G.) u. **Bengtson (H.)**, Tilgung d. Rinderbrucellose in Schweden 1192.
Black (A. L.), Kleiber (M.), Luick (J. R.) u. **Kaneko (J. J.)**, Übertragung d. Kohlenstoffs aus Formiat auf Aminosäuren d. Milchproteins bei d. gesunden Kuh 2585.
Black (D. L.) s. Hansel (W.); Howe (G. R.).
– u. **Davis (J.)**, Blockierungsmechanismus im Eileiter d. Kuh 1382.
Black (J. G.) s. Mahadevan (P.).
Black (L. A.) s. Brazis (A. R.).
Blackburn (P. S.) s. Waite (R.).
– u. **Castle (M. E.)**, Verwendung d. Konsistometers zur Trächtigkeitsdiagnose beim Milchrind 1385.
Blackburn (T. H.) s. Phillipson (A. T.).
– u. **Hobson (P. N.)**, Isolierung proteolyt. Bakterien aus d. Schafpansen 1489.
Blackwell (R. L.) s. Hulet (C. V.).
–, **Knox (J. H.), Shelby (C. E.)** u. **Clark (R. T.)**, Genet. Analyse ökonom. Merkmale junger Herefordrinder 1426.
Blackwood (C. A.), Bohren (B. B.) u. **McKean (H. E.)**, Mutation d. Locus I einer Inzuchtlinie Weißer Leghorn u. ihr Einfluß auf d. Wachstumsrate 1211.
Blaedel (W. J.) u. **Hicks (G. P.)**, Kontinuierliche Analyse durch Messung d. Geschwindigkeit v. enzymkatalysierten Reaktionen 330.
Blakely (R. M.) s. MacGregor (H. I.).
– u. **MacGregor (H. I.)**, Einfluß einer oralen Hypoglykämie auf den Blutzuckergehalt bei Truthähnen 2147.
Blanchart (W.), Betrachtung zur Enukleation des Corpus luteum persistens 23.
Blank (H.) s. Crounse (R. G.).
Blaser (R. E.) s. Carter (R. C.).
Blau (G.), Einfluß d. Milchmenge u. Euterkapazität auf d. Sekretionsdauer nach d. letzten Melken 1632.
Blaxland (J. D.), Überwachung u. Vorbeuge bei Geflügelkrankheiten 98. – Erkrankungen d. Atmungsorgane beim Geflügel 766.
Blaxter (K. L.), Muskeldystrophie bei Haustieren: Ihre Ursache u. Verhütung 2371. – Hungerstoffwechsel ausgewachsener männlicher Schafe 2588. – s. Gonzalez-Jimenez (E.).
– u. **Martin (A. K.)**, Verwertung d. Proteins als Energiequelle bei d. Schafmast 1286.
– u. **Wilson (R. S.)**, Freiwillige Futteraufnahme v. Ochsen u. Hammeln 1696. – Freiwillige Aufnahme v. Rauhfutter bei Ochsen 1923.
Bligh (J.), Möglicherweise vorhandene temperaturempfindliche Elemente in oder nahe d. V. cava bei Schafen 446. – Verzögerte Polypnoe als Hitzereaktion bei geschorenen Schafen 1120.
Bligh (P. H.) s. Taylor (D. M.).
Blincoe (C.) s. Bohman (V. R.).
Blinn (R. C.) s. Gunther (F. A.).
Blinova (K. M.) s. Solodkij (F. T.).
Blobel (H.) s. Platonow (I.).
Block (R. J.) s. Syamanada (R.).
Block (W. D.) u. **Hubbard (R. W.)**, Aminosäuregehalt v. Kaninchenharn u. Plasma 1006.
Bloemendal s. Tuyman (J. A.).
Bloom (B.) s. Foster (D. W.).
Blow (W. L.) s. Cook (R. E.).
Blrcjan (A. A.), Minasjan (R. O.) u. **Zoranjan (V. A.)**, Leistungsfähigkeit v. Kühen in Abhängigkeit v. ihrem Geburtsgewicht, d. weiteren Entwicklung u. d. Erstzulassungsalter 1864.
Blum (J.-C.) s. Valencia (R.).
Blumberg (B. S.) s. Farer (L. S.).
Blumenthal (D. S.) s. Sayeed (M. M.).
Blumenthal (H. T.) s. Sayeed (M. M.).
Blundstone (H. A. W.), Papierchromatographie v. organ. Säuren 1917.
Boaz (T. G.) u. **Elsley (F. W. H.)**, Wachstum u. d. Fleischqualität v. Bacon-Schweinen bei verschied. Aufzuchtgewichten im Alter von 56 Tagen 1443.
Bobby (F. C.), Markteierproduktion 757.
Bobkova (A. F.) s. Žarikov (I. S.).

Boboş (C.) s. Iordănescu (I.).
Bobylev (I.), Untersuchung d. typolog. Besonderheiten d. höheren Nerventätigkeit bei Sportpferden 499.
Bobyleva (Z. I.) s. Terechina (M. T.).
Bočarov (I. A.), Methoden d. Sterilitätsverhütung bei Kühen 505.
Boccabella (A. V.) u. **Alger (E. A.)**, Konzentrationsverhältnis v. Radiojodid zwischen Schilddrüse u. Serum während des Sexualzyklus d. Maus 21.
Bocci (V.), Trennung v. Kaninchenplasmaproteinen durch Zonenelektrophorese an „Pevikon C-*870*" 1477.
Boch (R.) u. **Shearer (D. A.)**, Identifizierung v. Geraniol als d. aktiven Komponente im Nassanoff Pheromon d. Honigbiene 316.
—, Shearer (D. A.) u. **Stone (B. C.)**, Identifizierung v. Iso-Amylacetat als einen aktiven Bestandteil d. Stachel-Pheromons d. Honigbiene 995.
Bock (H.-D.), Herstellung hochwertiger Eiweißmischfutter 367. — s. Nehring (K.).
Bocklage Bourne (B.) s. Boucek (R. J.).
Bocsor (G.) u. **Guba-Herditzky (E.)**, Einfluß einer reduzierten Nährstoffversorgung auf d. Entwicklungsphasen v. Zweinutzungsfärsen (Milch- u. Mastleistung) sowie auf d. Aufzuchtkosten 1185.
Boda (J. M.), Riley (P.) u. **Wegner (T.)**, Glykogenkonzentrationen im Gewebe in Beziehung zum Alter u. einiger Hilfsgrößen d. Pansenentwicklung v. Lämmern 588. — Gewebeglycogenspiegel in Beziehung zum Alter u. einigen Parametern d. Pansenentwicklung bei Lämmern 895.
Bodja (K.) s. Tomaš (J.).
—, Tomaš (J.) u. **Konja (E.)**, Einfluß d. Kohlenhydrate auf d. Stickstoffaustausch bei Wiederkäuern 2361.
Bögre (J.), Period. Entwicklung des Geflügels u. einige sich daraus ergebende Anwendungsbereiche 36.
Böhme (E.) s. Rothe (M.).
Böhme (G.), Krit. Betrachtungen über d. Geschlechtsdiagnose aus d. Blutbild bei d. Haussäugetieren am Beispiel d. Schafes 1375.
Bökönyi (S.), Entwicklung d. mittelalterlichen Haustierfauna Ungarns 2219.
Bömer (H.), Indigestion als Folge subklin. Tetanie. Beitrag zur Differentialdiagnose d. Vormagenstörungen d. Wiederkäuer 612.
Boer (F. de), Zelfvoedering bij melkvee in Engeland [1408].
Börger (H.), Aufgaben d. deutschen Ziegenzüchter 1884.
Börger (K.), Nitratreduktionstest 1846.
Boese (N.), Der Schwarm u. d. Gesetz 2320.
Boessneck (J.), Domestikation d. Graugans im alten Aegypten 2. — Haustierfunde präkeram.-neolith. Zeit aus Thessalien 1579. — Neue Tierknochenfunde aus d. kelt. Oppidum bei Manching im Vgl. mit d. früheren 2444.
Böttcher (H.), Schweinekontrollringe 288. — Funktionelle Lösung unterschiedl. Laufhofanlagen für d. Milchviehhaltung 931. — s. Krause (O.).
Bogart (R.) s. Church (D. C.); Nicholson (H. H.).
Bogatyreva (S. A.) s. Tolokonnikova (E. V.).
Bogdan (T.), Popa (A.) u. **Foti (N.)**, Forschungen über d. Möglichkeit d. Anwendung v. Kotuntersuchungen bei der Nosemadiagnose bei lebenden Weiseln 324.
Bogdanov (G. A.) s. Danilenko (I. A.).
Bogdanov (L. V.), Blutvolumen u. Merkmale d. roten Blutes im Zusammenhang mit d. Leistung u. d. Typ d. Körperbaues v. Milchkühen 667.
Bogdanov (M.) s. Stefanov (I.).
Bogner (H.), Aufgaben u. Ergebnisse einer Tierzuchtversuchsanstalt, dargestellt am Beispiel d. Bayer. Landesanstalt für Tierzucht in Grub 1577. — Zucht- u. Haltungsfragen bei d. Rindermast 2287.
Bogoch (S.) s. Faillace (L. A.).
Bogoljubskij (S. I.), Züchtungsarbeit mit Hühnern d. Legetyps 2306.
Bogoljubskij (S. N.), Hybridisation in d. Tierzucht 1135. — Entstehung d. Rassen- u. Leistungseigenschaften

bei landwirtsch. Nutztieren 1145. — Gewichtszunahme d. Skeletts, d. Muskeln u. der inneren Organe in d. Ontogenese nach d. Geburt bei d. sowjet. Merinos u. a. Schafrassen 1397.

Boguth (W.) u. **Czernicki (B.)**, Farbmetr. Untersuchungen an Eidottern nach Verfütterung verschied. Carotinoide 1892.

— u. **Sarl (Ö.)**, Frage d. Bedeutung d. Schilddrüse für d. Umwandlung v. β-Carotin in Vitamin A bei d. weißen Ratte 595.

Bohdal (M.) u. **Hrubá (F.)**, Vitamin-A-Ausscheidung im Gallensaft 819.

Bohlken (H.), Der Kouprey, Bos (Bibos) sauveli Urbain *1937* 1175. — Haustiere u. zoolog. Systematik 1359.

Bohman (V. R.), **Lesperance (A. L.)**, **Wade (M. A.)**, **Torell (C. R.)** u. **Speth (C. F.)**, Wirkung d. Energiequelle u. d. Höhe v. Luzerneheupellets auf Wachstum u. Gewebefett v. Mast-Kälbern 1950.

—, **Wade (M. A.)** u. **Blincoe (C.)**, Verteilung v. Strontium im Rinderskelett 2329.

—, **Wade (M. A.)** u. **Torell (C. R.)**, Wirkung v. Nahrungsfett u. v. abgestuften Luzernemengen auf Wachstum u. Gewebefette d. Rindes 589.

Bohne (H.), Mechan. Milchgewinnung in d. SU 1849.

Bohren (B. B.) s. Blackwood (C. A.); Crittenden (L. B.); Friars (G. W.).

Boisseau (J. M.) s. Rombauts (P.).

Bojko (A. K.), Futterantibiotica in d. Bienenzucht 111.

Bojko (O. A.) s. Kaplan (V. A.).

Bokser (L.) s. Larkin (V.).

Bolcaş (A.) s. Barac (I.).

Boldingh (J.) u. **Taylor (R. J.)**, Spurenbestandteile d. Butterfettes 494.

Boldt (R. E.) s. Graves (D. J.).

Bolio (V. W.), Koeffizienten d. normalen Blutzuckerregulation 227.

Bolin (D. W.) s. Dinusson (W. E.).

Boller (R.), **Liebscher (W.)** u. **Partilla (H.)**, Antibioticamast in d. Humanmedizin 2156.

Bolondź (G. V.) s. Kaljužnyj (M. J.).

Bolotov (K. D.), Futterbohne, eine wertvolle Silopflanze 383.

Bolton (W.), Verdauung im Geflügelkropf 1491.

Bolz (W.), Gerät zur Elektroejakulation beim Bullen 915.

Bommer (S.), Zivilisationskrankheiten u. Ernährung 2116.

Bonadonna (T.), Tierzucht in d. Mittelmeerländern u. im Nahen Osten 1420. — Zebu u. Rinder, ihre gegenwärtige u. zukünftige Bedeutung für d. tier. Produktion in Ländern mit heißem Klima 1423.

Bond (T. E.) s. Garrett (W. N.); Hahn (G. L.); Heitman jun. (H.).

Bondarev (G. F.) s. Ladan (P. E.).

Bondarev (J. F.) u. **Kononenko (N. V.)**, Entwicklung d. neuen milchfettreichen Zuchtlinie des Roten Steppenrindes Rybak SAN-*39* 65.

Bonhoeffer (K.) u. **Eigler (F. W.)**, Viscosität v. Rinderblut für Hämatokritwerte v. *0—90*% bei Temperaturen v. *8—38* °C 668.

Bonner (J.) s. Huang (Ru-chih C.).

Bonsall (G. W.) s. Cooke (P.).

Bontuyan (J. S.) s. Clamohoy (L. L.).

Boone (M. A.), **Morgan (C. L.)**, **Ferrier (W. T.)** u. **Miles (J. F.)**, Einfluß v. Jahreszeit u. östrogener Hormone auf den Vermarktungsgrad bei Puten 1162.

Booth (A. N.), **Robbins (D. J.)** u. **Wasserman (A. E.)**, Molkenhefe in d. Rattenfütterung 1953.

Booth (V. H.) s. Wilson (P. W.).

Borchers, Wie wird ein Stall warm u. trocken gehalten? 252.

Borchers (R.), Beitrag zur Verdaulichkeit d. Stärke v. Mais mit hohem Amyloseanteil durch Ratten 386.

Borek (E.) s. Fleissner (E.).

Borg (D. C.) s. Cotzias (G. C.).

Borgman (R. F.) u. **Underbjerg (G. K. L.)**, Einfluß v. Nebennierenrindenhormon, Parathyreoidhormon u. d. Entfernung d. Schilddrüse u. Nebenschilddrüse auf d. E-Avitaminose bei Kaninchen 361.

Borisenko (E. J.), Ausarbeitung v. Selektionsverfahren f. landwirtsch. Nutztiere, unter Berücksichtigung konstitutioneller Besonderheiten 2247.

Borisov (V. A.), Physiolog. Frühreife d. Gänse 1608.

Bormann (P.), Anwendung biomathemat. Methoden bei d. Auswertung d. Rennleistung v. Vollblutpferden 269.
Bornus (L.), Bienenkundliche Forschung in Polen 2102.
Borodina (L. N.) s. Smaragdova (N. P.).
Borovikov (K. A.), Erfolge bei d. Bekämpfung d. Sterilität durch d. Anwendung d. Präparates SShK (Serum trächtiger Stuten) [2246].
Borozdina (A. P.), Frage d. Einflusses d. Gewichtes junger Kuhkälber auf ihre spätere Leistung 2474. — s. Vsjakich (A. S.).
Borrill (M.) s. Davies (E. G.).
Borris (W.) s. Auermann (E.).
Borst (P.), Loos (J. A.), Christ (E. J.) u. **Slater (E. C.),** Trennungsaktivität langkettiger Fettsäuren 2581.
Borst Pauwels (G. W. F. H.) u. **Wesemael (J. C. van),** Neue Routinemethode zur Jodbestimmung in pflanzlichem Material 1245.
Bortolami (R.) u. **Veggetti-Aiuto (A.),** Über d. strukturelle Entwicklung d. Nabelstranges v. Bos taurus. *1.* Mitt. Morpholog. u. histochem. Erhebungen 229.
Bortree (A. L.) s. Stanley (D. E.).
Boržkovskij (S. E.), Unterschiedlicher Gehalt d. Kuhmilch an Fett u. fettfreier Trockenmasse u. deren Korrelation 2260.
Borzov (V. V.), Zuchtbuchführung in Gebrauchsherden mit Hilfe v. Rechenmaschinen 2032.
Botbaev (I. M.), Entwicklungsbesonderheiten d. Haarfollikel bei Schafen d. Wjatka-Rasse nach d. Geburt 1120.
Bothwell (P. W.), Fortschritt d. Milchwissenschaft. Sektion F. Durch Milch übertragene Krankheiten 2268.
Botto (V.), Auswertung d. Unterbringung v. Kühen im Laufstall d. Staatsgutes d. Landwirtsch. Hochschule in Nitra 1838.
Boucek (R. J.) u. **Bocklage Bourne (B.),** Catecholamine in d. Allantoisflüssigkeit während d. Embryonalentwicklung d. Huhnes 911.
Bouma (C.) s. Langston (C. W.).
Bounhiol (J. J.) u. **Front-Bourgoin (D.),** Funktionieren d. sexuellen Lockdrüsen bei Bombyx mori 1001.
Bourdel (G.), Champigny (O.) u. **Jacquot (R.),** Ernährungswirkung d. Prolactins, d. Progesterons u. Oestradiolbenzoats, allein oder in Verbindung an kastrierte Ratten verabreicht. Körper-Zusammensetzung 1042; dass.: N-Bilanz 1042.
Bourne (B. B.) = Bocklage Bourne (B.).
Bourrillon (R.) s. Got (R.).
— u. **Got (R.),** Lösliche Proteine v. foetalem Bindegewebe. *1.* Mitt. Herstellung u. Charakterisierung eines Glykoproteins in foetaler Kalbshaut 1475.
Boursnell (J. C.) s. Bennett (J. P.).
Bouvier (G.), Phosphorsäureester im Kampf gegen d. Dassellarvenbefall d. Rinder 1193.
Bouw (J.) s. Rendel (J.).
Bovard (K. P.) u. **Hazel (L. N.),** Entwicklung bei Snorter-Zwerg- u. normalen Herefordkälbern 2474.
Bow (T. M.) s. Spencer (R. P.).
Bowden (D. M.) u. **Church (D. C.),** Untersuchungen mit d. künstlichen Pansen. *1.* Mitt. Streuung d. Trokkensubstanz- u. Cellulose-Verdaulichkeit u. Bildung flüchtiger Fettsäuren 2570; *2.* Mitt. Korrelationen zwischen in vitro- u. in vivo-Maßen d. Verdaulichkeit u. chem. Bestandteilen v. Futterpflanzen 2571.
Bowen (H. F.) s. Perry (W. F.).
Bowers (W.), Pasture, hay, and silage for dairy cattle, beef cattle, sheep and hogs [1528].
Bowland (J. P.), Zusatz v. Lysin u./o. eines Tranquilizers zu proteinarmen, mit Sojaschrot supplementierten Rationen für wachsende Baconschweine 2376. — s. Bowman (G. H.); Kuryvial (M. S.).
Bowman (B. H.) u. **Moreland (H.),** Neue Hämoglobinvariante (Galveston) 227.
Bowman (G. H.), Bowland (J. P.) u. **Fredeen (H. T.),** Schätzung d. auf bestimmten Ursachen beruhenden umweltbedingten Variation für d. Fruchtbarkeitsleistung v. Yorkshire-Sauen 2521.
—, Whatley jun. (J. A.) u. **Walters (L.**

E.), Physikal. Kennzeichen d. Fleischigkeit beim Schwein 2290. — Zerlegungs- u. Meßfehler bei Schweinekörpern 2520.
Bowman (R. H.), Wirkung v. Langkettenfettsäuren auf d. Glucoseverwertung im isolierten, durchströmten Rattenherzen 1697.
Bowyer (D. E.) s. Howard (A. N.).
Boxsell (L. D.), Samenaufbewahrung in flüssigem Stickstoff in Graham Park 690.
Boyer (P. D.) s. Graves (D. J.).
Boyle (J. J.) u. **Ludwig (E. H.),** Fettsäureanalyse fortlaufend kultivierter Säugetierzellen durch Gas-flüssig-Chromatographie 2563.
Boyne (A. W.) s. Benzie (D.); Corbett (J. L.); Davidson (J.); Jones (A. S.); Lucas (I. A. M.).
Boza (J.) s. Varela (G.).
Boza López (J.), Das Mancha-Schaf in d. Provinz Granada 2297.
Bozina (E. D.), Vergleichsprüfungen mit verschiedenrassigen Königinnen auf ihre Fruchtbarkeit u. Lebensdauer 2548.
Bozó (S.) s. Horn (Artur).
Bradbury (C. J.) u. **Maclean (T. N.),** Verbandsmilchleistungsprüfungen *1959/60* in Victoria-Australien 61; dass.: *1962* 1631. — Standard-Herdenmilchleistungsprüfungen für reinrassige Milchkühe *1959/60* in Victoria/Australien 273; dass.: *1960/61* 1861.
Bradbury (R. O.), Finanzierung d. Tankmilcheinsammlung 1852.
Braden (A. W. H.) s. Southcott (W. H.).
Bradford (G. E.) s. Spurlock (G. M.).
Bradley (J. W.) s. Quisenberry (J. H.).
Braekkan (O. R.), Einfluß d. Nahrungsfettes auf d. Vitamin-A-Speicherung in d. Kükenleber 1277. — Speicherung d. oral verabreichten Vitamins A in d. Hühnerleber nach einmaliger u. geteilter Dosierung 2151.
Brænd (M.), Rendel (J.), Gahne (B.) u. **Adalsteinsson (S.),** Genet. Studien d. Blutgruppen, Transferrine u. Hämoglobine v. isländ. Rindern 1131.
— u. **Stormont (C.),** Hämoglobin- u. Transferrintypen beim amerikan. Bison 2233.
Brännäng (E.), Bullen oder Ochsen als Fleischtiere? 73.
Bräunlich (K.), Eidotterfarbe als Qualitätsfaktor 1457.
Brager-Larsen (O.), Sexuelle Gesundheitskontrolle in Nerzfarmen 2100.
Brakel (W. J.) s. Ware (G. M.).
Bramstedt (F.), Schwankungen d. Gehaltes an Nukleotiden, freien Aminosäuren u. Kohlenhydraten d. Fischmuskulatur für d. Qualitätsbeurteilung 1678.
Branaman (G. A.) s. Magee (W. T.); Young (L. G.).
Brande (P. F.) u. **Knobil (E.),** Weitere Beweise für d. Wirkung d. Wachstumshormons auf den Aminosäuretransport 897.
Brandejs (J.), Zuchtarbeit mit d. Großen Weißen Schwein aus Lettland 2288.
Brander (W. M.) s. Robinson (T. J.).
Brandes (H.), Depilator-Verfahren bei d. Schweineschlachtung unter Berücksichtigung d. Oberflächenkeimverminderung 52.
Brandsch (H.), Heritabilität u. Selektion in d. Geflügelherdbuchzucht einer LPG 91. — s. Jaeger (J.).
Branion (H. D.) s. Jenkins (K. J.); Olsen (E. M.).
Brannon (C. C.) s. King (W. A.).
Branton (C.) s. Bertrand (J. E.).
—, McDowell (R. E.), Frye (J. B.) u. **Johns (D. M.),** Wachstums- u. Leistungsmerkmale bei Holstein-Friesian, Braunvieh u. Red-Sindhi-Kreuzungskühen 1181.
Braschler (C.) s. Naumann (H. D.).
Bratanov (K.), Immunbiolog. Faktoren bei d. Befruchtung u. d. Unfruchtbarkeit d. Haustiere 1381.
— u. **Didov (V.),** Immunbiolog. Faktoren bei d. Befruchtung landwirtsch. Nutztiere 2233.
—, Marinov (P.), Gančev (T.) u. **Katerinov (J.),** Einfluß gewisser Faktoren auf d. Geschlechtsvererbung bei landwirtsch. Nutztieren 242.
—, Popivanov (R.), Vălčanov (V.) u. Ermenkova (L.), Studien über d. Rolle gewisser Immunkörper bei d. Befruchtung 23.
—, Radev (G.) u. **Dikov (V.),** Serum-

Eiweiße einiger Geflügelarten im Zusammenhang mit Befruchtung u. Vererbung 903.
Bratcher (G.) s. Nelson (A. B.).
Brătinoiu (E.) s. Pelimon (C.).
Bratjucha (S. I.), Störung d. Mineralstoff-Fütterung beim Rind als Ursache schwerer Erkrankungen 2373.
Bratton (R. W.) s. Davis (I. S.); Foote (R. H.); Hogue (D. E.).
Bratzler (L. J.) s. Lane (J. P.).
Braude (R.) s. Barber (R. S.).
—, **Chamberlain (A. G.), Kotarbińska (M.)** u. **Mitchell (K. G.)**, Eisenstoffwechsel d. Ferkel, welche markiertes Eisen oral od. injiziert erhielten 1272.
— u. **Harrington (G.)**, Vergleich v. Bacon- u. schweren Schweinen 748.
—, **Townsend (M. J.), Harrington (G.)** u. **Rowell (J. G.)**, Wirkungen v. Oxytetracyclin u. Kupfersulfat einzeln u. gemeinsam, in Rationen wachsender Schweine 148.
Brauer (R. W.) s. Carroll (H. W.).
Braund (D. G.) u. **Schultz (L. H.)**, Physiolog. u. umweltbedingte Faktoren, die d. California-Mastitis-Test unter Praxisbedingungen beeinflussen 2516.
Brauns (E.), Sachgemäße Bockaufzucht in d. Stammzuchten d. Deutschen veredelten Landschafs 1652.
Bray (D. F.), Biely (J.) u. **Pope (W. H.)**, Rationsbestandteile u. Genotyp × Umwelt-Wechselbeziehungen in British-Columbia-Broiler-Stichprobentesten 1453.
Bray (D. J.) u. **Gesell (J. A.)**, Studien mit Mais-Soja-Legemehlen. *4.* Mitt. Umgebungstemperatur, ein Faktor, der d. Leistung d. Hühner, d. mit Futtermischungen v. geringem Rohproteingehalt gefüttert wurden, beeinflußt 173.
— u. **Morrissey (D. J.)**, Studien mit Mais-Soja-Legemehlen. *5.* Mitt. Jahreszeitlicher Verlauf d. Legeleistung bei verschieden hoher Proteinzufuhr 1297.
Bray (R. W.) s. Meyer (J. A.).
Brazendale (E.), Milchwirtsch. Entwicklungsverlauf in Neuseeland 1623.
Brazis (A. R.) u. **Black (L. A.)**, Bakteriengehalt v. Tankmilch im innerstaatlichen Schifftransport. *1.* Mitt. Einfluß d. Probeentnahme 488; *2.* Mitt. Einfluß d. Milchbehandlung in d. Farm u. in Sammelstellen 707.
Bredehorn (H.) s. Brune (H.).
Bredon (R. M.) s. Marshall (B.).
— u. **Horrell (C. R.)**, Chem. Zusammensetzung u. Nährwert einiger in Uganda heim. Gräser. *2.* Mitt. Vgl. d. chem. Zusammensetzung u. d. Nährwertes im Laufe des Jahres mit bes. Berücksichtigung d. späteren Wachstumsstadien 381.
— u. **Marshall (B.)**, Selektive Futteraufnahme durch Milchvieh bei Stallfütterung u. d. Einfluß auf d. Ergebnisse eines Verdauungsversuches 131. — Beziehung zwischen d. chem. Zusammensetzung u. dem Futterwert bei verschied. Gräsern in Uganda 380. — Chem. Zusammensetzung einiger Nahrungs- u. Futtermittel in Uganda 1740.
Breidbach (S.), Fjordpferde in landwirtsch. Betrieben Rheinland-Nassaus 1422.
Breidenstein (B. B.) s. Zessin (D. A.).
Breidenstein (B. C.) s. Zessin (D. A.).
Breitenbach (R. P.), Einfluß d. ACTH auf d. Nebennierenrindensekretion u. d. Ascorbinsäureausbildung bei normalen u. testosteronbehandelten Hähnchen 1813.
Breitfeld (F.), Hannoversche Landwirtschaft u. Tierzucht 1628.
Bremer (E.), Erfahrungen beim „Einschlagen" v. Schwärmen 2320.
Bremer (J.), Carnitinvorstufen in d. Ratte 582. — Carnitin als Fettsäureübertäger im Intermediärstoffwechsel 2580. — Carnitin im Intermediärstoffwechsel. Stoffwechsel d. Fettsäureester d. Carnitins in d. Mitochondrien 2584.
Brennan (R.) s. Silvey (W. D.).
Brenner (M.), Niederwieser (A.), Pataki (G.) u. **Fahmy (A. R.)**, Reproduzierbarkeit d. R_F in d. Dünnschicht-Chromatographie 1008.
Bressani (R.), Elías (L. G.), Scrimshaw (N. S.) u. **Guzmán (M. A.)**, Nährwert v. zentralamerikan. Mais. *6.* Mitt. Varietal- u. Umwelteinfluß auf N, essentielle Aminosäure u. Fettgehalt v. *10* Varietäten 1004.

Bretschko (J.), Wirksamkeit d. Fumidi-Teiges bei Begattungs-Kästchen 324. — Schwarmproblem, anders gesehen. Betrachtung über d. ursächliche Entstehung d. Schwarmtriebes 543. — Rundmadenzeit d. Königin 1668. — Einfluß d. Futtersaftes auf d. Entwicklung d. Königinnen. Besteht ein Zusammenhang zwischen d. Anzahl d. Weiselzellen einer Zuchtserie u. d. Schlupfgewicht d. Königinnen? 2106. — Fumidil B-Eiweiß-Nosema 2326.

Bretschneider (L.), Weidegang für Zuchtsauen 519.

Breuer (H.-J.), Veränderungen d. Skelettmuskulatur bei d. Leukose d. Rindes u. ihre Bedeutung für d. fleischbeschaurechtliche Beurteilung 2053.

Breunig (H. L.) s. Hilty (W. W.).

Brevik (T. J.) s. Hayes (J. B.).

Bricteux-Grégoire (S.) u. **Florkin (M.),** Biochemie d. Seidenraupe. *26.* Mitt. Nutzung d. Glukose zur Synthese d. Fibroins v. Bombyx mori 2112.

Briege s. Altenkirch.

Briggs (M. H.) s. Kitto (G. B.).

Brink (P. M.), Südafrikan. einheim. Schwein gedeiht unter primitiven Umweltverhältnissen 513.

Brinkman (A. A. A. M.) s. Vries (G. de).

Brinks (J.) s. Magee (W. T.).

Brinks (J. S.), Clark (R. T.), Kieffer (N. M.) u. **Quesenberry (J. R.),** Reifegewicht bei Herefordkühen, Heritabilität, Wiederholbarkeit u. Beziehung zum Kälbergewicht 1190. — Genet. u. Umweltfaktoren, die d. Leistungen v. Hereford-Mastbullen beeinflussen 2287.

Briskey (E. J.) s. Meyer (J. A.).

Brisson (G. J.) s. Frederick (G. L.).

Britton (H. G.), Einige nicht reduzierende Kohlenhydrate in tier. Geweben u. Flüssigkeiten 2329.

Brković (M.) s. Delić (J.).

Brobeck (J. R.), Hormone u. Stoffwechsel. Futter u. Temperatur 566.

Brockmeyer (W.) s. Hartfiel (W.).

Brodauf (H.), Beitrag zur Diagnostik im Rahmen d. Eutergesundheitsdienstes 1420. — Wechselbeziehungen v. Milchleistung u. Mastitisanfälligkeit 1643.

Brodie (B. B.) s. Smith (R. L.).

Brodie (B. O.), Albright (J. L.), Ormiston (E. E.) u. **Witter (L. D.),** Penicillin in d. Milch nach intramuskulärer Injektion 707.

Brodovskaja (Z. I.), Entwicklung d. Knochenmarks beim Geflügel 2009.

Brodskij (V.) s. Andrusevič (E.).

Bröker (W.), Werden Bienen gegen Pflanzenschutzmittel widerstandsfähig? 323. — Die Biene u. ihre Umwelt 1667. — Ursprung unserer Honigbiene (Apis mellifica) 1899.

Bronner (F. E.) s. Comar (C. L.).

Bronsch (K.), Forderungen d. neuzeitlichen Veredlungswirtschaft an d. Veterinärmedizin 1618.

Brookes (A. J.) u. **Filmer (D. G.),** Fleischproduktion v. im Herbst geborenen Kälbern 283.

Brooks (J. R.), Pipes (G. W.) u. **Ross (C. V.),** Wirkung d. Temperatur auf d. Thyroxinsekretionsrate v. Schafböcken 926.

Brooks (O. L.) s. Hogan (W. H.).

—, Miller (W. J.), Beaty (E. R.) u. **Clifton (C. M.),** Leistung v. Milchkühen, d. mit pelletiertem u. geballtem Küsten-Bermudagras u. Luzerneheu gefüttert wurden 2165.

Brooksbank (N. H.) s. Morgan (D. E.).

Brothers (D. G.) s. Harrington (R. B.).

— u. **Whiteman (J. V.),** Unzweckmäßigkeit partieller Regressionskoeffizienten für Variable, die d. Zuwachsrate v. Lämmern beeinflussen 2301.

Brouwer (E.) s. Renkema (J. A.).

Brouwers (G. W. M. van Golstein) = Golstein Brouwers (G. W. M. van).

Brovina (N.) s. Ivanova (N. I.).

Brown (A. L.), Geplante Vorbereitung d. Schafschur 1883.

Brown (A. M.) u. **Dinsley (M.),** Homeostasie u. d. F_1-Kreuzungsprodukt 1813.

Brown (B. J.) s. Goldstein (A.); Goldstein (D. B.).

Brown (C. J.) s. Lewis jun. (P. K.).

— u. **Gacula (M.),** Genotyp-Umwelt-Wechselwirkungen bei d. Gewichtszunahme v. Fleischrindern nach d. Entwöhnen 2504.

Brown jun. (G. W.), Harnstoffcyclus u. cellulärer Desoxyribonucleinsäuregehalt 579.
– u. **Cohen (P. P.),** Vergleichende Biochemie d. Harnstoffsynthese. *1.* Mitt. Methoden zur quantitativen Bestimmung v. Harnstoffcyclus-Enzymen in d. Leber 562.
Brown (H.) s. Whiteker (M. D.).
Brown (H. I.) s. Aldrich (P. J.).
Brown (J.), Bartee (J. D.) u. **Lewis (P. K.),** Relationships among performance records, carcass cut-out data, and eating quality of bulls and steers [1435].
Brown (J. L.) u. **Johnston (J. M.),** Radioaktivitätsmessung v. Lipidkomponenten nach Auftrennung durch Dünnschichtchromatographie 2127.
Brown (J. R.) s. Jarvis (A. A.); Walsh (K. A.).
Brown (K. I.) s. Saeki (Y.).
Brown (L. D.) s. Lassiter (C. A.).
– u. **Lassiter (C. A.),** Protein/Energie-Verhältnis für Milchkälber 2373.
–, **Thomas (J. W.), Emery (R. S.), McGilliard (L. D.), Armstrong (D. V.)** u. **Lassiter (C. A.),** Wirkung hoher Kraftfuttergaben auf d. Milchleistung d. Milchkühe 2161.
Brown (L. R.) s. Hartmann (P. S.).
Brown (M.) s. Phillipson (A. T.).
Brown (M. M.) u. **Parsons (D. S.),** Änderungen d. Kaliumgehaltes während d. Resorption in d. Jejunal-Mucosa v. Ratten 1029.
Brown (R. E.) s. Davis (C. L.).
Brown (S. M.) u. **Chestnutt (D. M. B.),** Umwandlung einer Normalmelkmaschine in eine Viertelgemelksmaschine 479.
Brown (T. H.) s. Spedding (C. R. W.).
Brown (W.) s. Roberts (E. J.).
Brown (W. H.) s. Smith (V. R.).
–, **Stull (J. W.)** u. **Stott (G. H.),** Fettsäurezusammensetzung d. Milch. *1.* Mitt. Einfluß v. Rauhfutter u. Nahrungsfett 48.
Brownhill (L. E.) s. Benirschke (K.).
Browning (C. B.) s. Lusk (J. W.).
Brownrigg (D.) s. Thornton (P. A.).
Brubacher (G. B.) s. Fäßler (C.).
Brückner (F.), XVIII. Internationaler Bienenzüchterkongreß in Madrid 549. – Gründung d. Zuchtsektion d. OÖLBZV 1466.
Brüggemann (J.), Barth (K.) u. **Karg (H.),** Generationsversuche an Ratten zur Frage eventueller mittelbarer tox. Wirkungen v. Methylthiourazil nach Anwendung bei Masttieren 1503.
–, **Drepper (K.)** u. **Zucker (H.),** Quantitative Bestimmung d. Verwertung v. D-, L-, DL-Methionin u. Ca-DL- *2*-Hydroxy-*4*-methylthiobutyrat durch d. Hühnerküken 1049. – Harnstoff-Fütterungsversuche an Jungbullen 1705.
–, **Giesecke (D.)** u. **Drepper (K.),** Beeinflussung v. Zusammensetzung u. Leistung d. Pansenflora durch Verabreichung unterschiedlicher Stickstoffquellen 2343.
– u. **Zucker (H.),** Rationsgestaltung d. Nutztiere unter besonderer Berücksichtigung d. Energieträger 166.
Bruell (J. H.), Daroczy (A. F.) u. **Hellerstein (H. K.),** Stammes- u. Geschlechtsunterschiede im Serumcholesteringehalt d. Mäuse 325.
Bruenger (E.) s. Dickman (S. R.).
Brünner (F.), Wirkung verschied. Wechseldüngungen auf d. Ertrag v. Mähwiesen 1298.
Brumby (P. J.), Walker (D. E. K.) u. **Gallagher (R. M.),** Wachstumsrate beim Fleischrind 2505.
Brummerstedt-Hansen (E.), Immunolog. Verhältnisse d. Transferrintypen beim Rind 1813.
– u. **Hirschfeld (J.),** Gruppenverschiedenheiten im Schweineserum, nachgewiesen mit Hilfe d. Immunelektrophorese 17.
Brune (H.) u. **Bredehorn (H.),** Physiologie d. bakteriellen Calciumoxalatabbaues u. d. Verwertungsmöglichkeit v. Calcium aus Calciumoxalat beim Schwein 590.
Bruni (A.), Contessa (A. R.) u. **Luciani (S.),** Atractylosid als Inhibitor d. Energieübertragungsreaktionen in Lebermitochondrien 1929.
Brunkhorst (W.) s. Herranen (A.).
Brunnert (H.) s. Schmidt (Gerhard H.).
Brunson (C. C.) s. Davis (B. H.).

Brunthaver (C. G.), Meinung d. Verbraucher über Gefrierfleisch 943.
Brush (M. G.), Stoffwechsel v. injiziertem Progesteron beim Schaf 2457.
Bryant (M. P.) s. Dryden (L. P.).
– u. **Robinson (I. M.),** Inkorporation v. Ammoniak u. Aminosäuren-C während d. Wachstums v. selektierten Pansenbakterienarten 2574.
Brzeski (E.) u. **Sosnowski (A.),** Entwicklung d. Pferdes. *1.* Mitt. Döle-Pferd 947.
Brzuszkiewicz (H.) s. Opieńska-Blauth (J.).
Buch (W.), Rassemerkmale u. Wirtschaftlichkeit d. Deutschen Langschan 1887.
Buchanan (M. L.) s. Dinusson (W. E.).
Buchwalder (R.) s. Hiepe (T.).
Buck (F. F.), Vithayathil (A. J.), Bier (M.) u. **Nord (F. F.),** Mechanismus d. Enzymwirkung. *73.* Mitt. Trypsine v. Rind-, Schaf- u. Schweinepankreas 2154.
Bŭčvarov (A.) s. Donev (K.); Kožucharov (I.).
Budso (I.) u. **Krausp (V.),** Die Hauptrichtungen d. Automatisierung d. Produktionsprozesse in d. tier. Produktion [2258].
Budtz-Olsen (O. E.), Dakin (H. C.) u. **Morris (R. J. H.),** Methode für eine kontinuierliche Harnsammlung freibeweglicher männlicher Schafe u. anderer großer Tiere 338.
Budyka (I. Ch.), Krasnova (A. G.) u. **Leušin (S. G.),** Verdauungsvermögen d. Schafe bei unterschiedlichem Gehalt d. Rationen an Maissilage 572.
Budzier (H. H.), Über d. Vitaminstoffwechsel im Pansen. Sammelreferat Heft 4.
Büchel (L.) u. **Bergmann (W.),** Vereinfachung d. serienmäßigen Rohfettbestimmung 784.
Büchlmann (E.), Artspezif. Verhalten d. Pferdes als Grundlage seiner Erziehung 944.
Büdel (A.), Bienengenehme Imkertechnik 322. – Franz v. Hruschka. *75.* Todestag († *9.* Mai *1888*) 2545.
Büenfeld (V.), Winterfütterung d. Mastschweine 293.
Bühner (F.), Liebetrau (R.), Ludwig (K.-H.), Pfeifer (K.) u. **Uhlemann (G.),** Bekämpfung v. Sauen- u. Ferkelverlusten durch Einsatz v. Jod u. Vitamin D 164.
Bühring (H.) s. Holt (C. v.).
Bürke (R. P.) u. **Schwartz (H. M.),** Einfluß v. Kobalt u. Vitamin B_{12} auf d. Harnstoffverwertung durch Schafe 350.
Buerki (F. M.), Die Schweizer. Eierordnung [1854].
Bugakov (A. V.) s. Lemeš (V. F.).
Buhtz (E.), Einfluß v. Standort, Düngung u. Witterung auf d. Qualität v. Wiesenheu im Harz u. Thüringer Wald 1726.
Buisson (F. du Mesnil du) = Mesnil du Buisson (F. du).
Bujkis (I.), Verteilung d. Succinatdehydrogenase d. Nucleinsäuren u. d. Glykogens in d. Neuronen d. Zwischenwirbelknoten u. in d. Motoneuronen d. Rückenmarks beim Embryo u. Fetus d. Schafes 2452.
Bujko (A. N.), Geschlechtsfunktionen trächtiger Stuten 1137.
Bujlov (S. V.) u. **Džaparidze (T. G.),** Selektion d. Vatertiere nach d. Futterverwertung ihrer Nachkommenschaft in d. Schafhaltung bei Fleisch- u. Wollnutzung 1881.
Bujna (P. M.), Nutzung d. Heterosiseffekts bei d. Kreuzung, eines d. aktuellsten Probleme bei d. Steigerung d. Fleischproduktion 1426.
Bujnaja (P. N.) s. Mokeev (A. E.).
Bujnovskij (N. A.), Skelettveränderungen bei Herdenpferden in d. Nachembryonalgenesis 1121.
Bukenberger (M. W.) s. Meister (Å.).
Bukin (V. N.), Vitamine in d. Geflügelzucht 2392.
Bulgakov (N.) u. **Sadykov (G.),** Kein Sterilitätsfall in d. Herde 505.
Bunnell (R. H.), Marusich (W. L.) u. **Bauernfeind (J. C.),** β-apo-8'-carotenal als Eidotterpigment 2537.
Bunyan (J.) s. Diplock (A. T.); Edwin (E. E.).
Buonocore (C.), Vermeidung v. Fadenabblättern beim Seidenspinner durch Selektion 2553.
Burčenko (E. V.) s. Žerebcov (P. I.).
Burchard (G.) s. Künzel (E.).
Burckhardt, Bedeutung d. Betriebszweiges Hühnerhaltung im Spiegel

d. Aufzucht- u. Wirtschaftlichkeitskontrolle 92.
Burda (F.), Grundlagen d. Zucht landwirtschaftlicher Nutztiere [1146].
Burdin (M. L.) s. Howard (D. A.).
Burell (R. C.) s. Wierbicki (E.).
Burenina (E. P.) s. Fandeev (B. V.).
Burger (K.), Lösung d. Schwarmproblems! 2549.
Burger (R. E.) s. Polley (C. R.); Shoffner (R. N.).
—, Lorenz (F. W.) u. **Clegg (M. T.),** Wirkung v. Oestrogen auf d. Hypophysen-Schilddrüsenachse beim infantilen Haushuhn 2226.
Burgess (C. L.) s. Burgess (T. L.).
Burgess (T. L.), Burgess (C. L.) u. **Wilson (J. D.),** Wirkung v. MER-*29* auf d. Eiproduktion bei Hühnern 604.
Burgkart (M.) s. Schmid (D. O.).
Burk (D.) s. Woods (M.).
Burlakov (I. M.), Rationelle Struktur d. Rinderherde 2506.
Burlakov (N. M.), Neues in d. Züchtung u. Fütterung landwirtsch. Nutztiere [35].
Burley (R. W.) s. Cook (W. H.).
Burmester (B. R.) s. Waters (N. F.).
Burnham (R. J.) s. Berry (J. E.).
Burns (E. C.), Wilson (B. H.) u. **Tower (B. A.),** Wirkung d. Fütterung v. Bacillus thuringiensis an Käfighennen zur Fliegenbekämpfung 97.
Burns (M. A.) s. Alexander (G. I.).
Burns (R. O.) s. Freundlich (M.).
Burrill (L. M.) s. Carlson (C. W.).
Burroughs (W.) s. Chamberlain (C. C.); Christiansen (W. C.); Raun (N. S.); Theurer (B.); Woods (W.).
Burt (R. L.) s. Pulliam (R. P.).
Burton (J. D.) s. Mercer (E. R.).
— u. **Mercer (E. R.),** Diskriminierung zwischen Strontium u. Calcium beim Übergang v. d. Nahrung zum Knochen d. erwachsenen Menschen 1270.
Burton (P.), Broiler-Zucht auf Draht 2310.
Burton (P. A.) s. Kingsbury (K. J.).
Burton (V.), Keeler (R. F.), Swingle (K. F.) u. **Young (S.),** Ernährungsbedingte Muskeldystrophie bei Lämmern, Selenanalysen v. mütterlichen u. fetalen Geweben sowie solchen junger Tiere 2158.
Buruiana (L. M.) u. **Hadarag (E.),** Im Seminalplasma gefundene Kohlenhydrate 2470.
Busch (A.) s. Lübbers (D. W.).
Busch (B.), Gehäuftes Auftreten v. Ataxien bei den Jungtieren einer Rassekaninchenzucht 312. — Morpholog. Blutuntersuchung eines Rinderbestandes unter bes. Berücksichtigung d. Leukose 891. — Blutkörperchensenkungsreaktion in senkrechten u. in um 60° geneigten Westergren-Röhrchen bei Milchkühen 1117. — Morpholog. Blutuntersuchungen an Weißen Pekingenten amerikan. Zuchtrichtung 1366. — Blutgruppenserolog. Untersuchungen an Rinderzwillingen zur Klärung einer Mono- bzw. Dicygotie 1591.
— u. **Rasch (D.),** Konstitutionsforschung 248. — Karniometr. Untersuchungen an Schafen u. deren statist. Auswertung mit Hilfe d. Faktoranalyse. I. Material, Meßmethodik u. Schätzung d. Faktorladungen 975. — Vergleichende Blutuntersuchungen an Rindern in Offen- u. Massivstallhaltung über einen Zeitraum v. einem Jahr. *1.* Mitt. Einfluß d. Haltungsweise auf d. Erythrocytenzahl, d. Hämoglobinwert, d. Färbeindex u. d. Hämatokritwert 1118.
Busch (H.) s. Starbuck (W. C.).
Buschmann (H.), Blutgruppenforschung beim Schwein. Technik d. Blutentnahme u. Blutkonservierung 903. — Der *8.* europäische Kongreß über Blutgruppen bei Tieren in Laibach *1962* 1133. — Blutgruppengenet. Untersuchungen an süddeutschen Rinderrassen 2459.
Bush (L. J.) s. Gilliland (R. L.); Yang (M. G.).
Buslaeva (É. I.) s. Masliev (I. T.).
Bustad (L. K.) s. McClellan (R. O.); Marks (S.).
Butcher (J. E.) u. **Raleigh (R. J.),** Wirkung v. Oxytetracyclin, Stilboestrol u. pelletiertem Futter auf d. Mast v. Weißkopf- u. Schwarzkopf-Kreuzungs-Schaflämmern 2379.

Butler (C. G.), Zusammenwirken eines Bienenvolkes 2105.
Butler (G. W.) s. Peterson (P. J.).
— u. **Peterson (P. J.),** Gesichtspunkte d. fecalen Selen-Ausscheidung beim Schaf 357.
Butler (J. A. V.) s. Johns (E. W.).
Butterfield (R. M.), Muskelzusammensetzung v. Schlachtkörpern v. Ochsen 713.
Butters (H. E.) s. Scott (M. L.).
Butterworth (M. H.) s. Wilson (P. N.).
Buttram (J. R.) u. **Arthur (B. W.),** Absorption u. Metabolismus v. Bayer 22 408 durch Milchkühe u. Rückstände in d. Milch 49.
Buysse (F.), Wirtschaftliche Bedeutung d. Kälbermast 715. — Verlustziffern bei d. Vakuum-Silage 1949. — Beziehungen zwischen d. Wurfgröße u. d. Geburtsgewicht d. Ferkel 2292. — Blutarmut bei Ferkeln 2525.
Buzás (G.) s. Gerencsér (V.).
Buzas (L.) s. Smiley jun. (K. L.).
Buzun (I. A.) s. Kniga (M. I.).
Bychowsky (B. E.), Monogenetic trematodes. Their systematics and phylogeny [1789]*.
Byrdy (S.), Wirkung d. *2,4*-D-Präparates „Pielik" auf Bienen 2326.
Byrnes (R. V.) s. Moffatt (B. W.).
Bžežinskij (S. K.) u. **Gevedze (V. I.),** Bekämpfung d. infektiösen atroph. Rhinitis d. Schweine 2524.

Čabak (V.), Gresham (G. A.) u. **McCance (R. A.),** Schwere Unterernährung bei wachsenden u. erwachsenen Tieren. *10.* Mitt. Haut u. Haar bei Schweinen 1943.
Cabanne (F.) s. Michel (R.).
Cabib (E.) s. Piras (R.).
Cachariev (C.) u. **Dinčeva (E.),** Mikroflora frischer u. konservierter Hühnereier 1418. — Antibakterielle Eigenschaften frischer u. konservierter Hühnereier 1419.
Cadenhead (A.) s. Jones (A. S.).
Cahill jun. (G. F.) s. Lee (J. B.).
Cahn (R. D.), Kaplan (N. O.), Levine (L.) u. **Zwilling (E.),** Natur u. Entwicklung d. Lactodehydrogenasen 822.
Caillard (B. D. E.) s. Renkema (J. A.).
Cailleau (R.) s. Lee (M.).
Cain (R. F.) s. Bautista (F. R.).
Čajka (M. P.) s. Bachmet (K. A.).
Calbert (H. E.) s. Segner (W. P.).
Calder (Alec), Nahezu durch Gras allein 1051.
Calder (Alex), Produktion v. Porker-Schweinen, verglichen bei Mais-, Hirse- u. Kleiefütterung 294. — Brit. Schweinefleischindustrie u. züchter. Vorhaben 740. — Ad libitum-Fütterung mit energiereichen Rationen 1723.
Calet (C.), Neuere Ergebnisse über d. Wirkung d. Fette im Zusammenhang mit ihrer verschied. Anwendung in d. Geflügelfütterung 172.
— u. **Baratou (J.),** Einfluß d. Beschaffenheit stickstoffhaltiger Substanzen im Futter auf d. Kalorien-Eiweißverhältnis 610.
— u. **Melot (M.),** Wirksamkeit v. Methionin u. Calcium-Hydroxymethylthiobutyrat auf d. Wachstum v. Küken 366.
Calhoun (M. C.) s. Richards (C. R.).
—, **Fleeger (J. L.)** u. **Richards (C. R.),** „Insulin-like"-Aktivität im Serum normaler u. hungernder Milchkühe sowie bei Ketosis 155.
Calhoun (M. L.) s. Bharadwaj (M. B.).
Călinescu (E.), Verstärkung u. Entwicklung d. Arbeitsfähigkeit für Zug u. Last beim Huzulen 1172. — s. Grünberg (R.).
Calkin (V. I.), Materialien zur Geschichte d. Tierzucht u. Jagd in d. alten Rus [1]. — Veränderlichkeit d. Metapodien bei Schafen 445.
Callow (E. H.), Vergleichende Untersuchungen v. Fleisch. *8.* Mitt. Prozent. Fettgehalt im Fett- u. Muskelgewebe bei Ochsen u. d. Jodzahl d. extrahierten Fettes in Abhängigkeit v. Rasse u. Futtermenge 263. — Beziehungen zwischen d. Gewicht d. Keulenbestandteile u. dem Gesamtgewicht d. betreffenden Gewebepartien in d. Schlachthälfte beim Rind 2054.
Calo (L. L.) s. Mabasa jun. (C. A.).
Calotoiu (A.) s. Gondoş (M.); Pălămaru (E.).
Calvert (C. C.), Nesheim (M. C.) u. **Scott (M. L.),** Wirkung v. Selen zur Vorbeuge gegen fütterungsbe-

dingte Muskeldystrophie beim Küken 368.
Cama (H. R.) s. Deb (A. K.); Jungalwala (F. B.).
Camerino (P. W.) u. **Wright (L. D.),** Biosynthese d. Cholesterins im Hühnerembryo während d. Entwicklung 2148.
Camerlynck (R.), Das Pietrainschwein außerhalb Belgiens 1196. – s. Dehaye (L.).
Cameron (C. D. T.), Säure-Fischabfall-Silage als Eiweißfuttermittel in Rationen v. wachsenden u. in d. Endmast befindlichen Bacon-Schweinen 1954.
– u. **Hamilton (L. S.),** Einfluß d. Absatzalters v. Shropshire-Lämmern auf Gewichtszuwachs u. Schlachtkörperbeurteilung 525.
Cameron (E. C.) s. Copp (D. H.).
Cameron (N. G.) s. Robinson (T. J.).
Cameron (N. W.) s. Fosgate (O. T.); Miller (W. J.).
Cammarata (P. S.) s. Mazur (R. H.).
Campagne (R. N.) u. **Gruber (M.),** Aminosäure- u. Energiebedarf d. Proteinsynthese im Pankreasgewebe d. Ratte in vitro 347.
Campbell (A. G.), Phillips (D. S. M.) u. **O'Reilly (E. D.),** Elektron. Instrument zur Bestimmung d. Weideleistung 1520.
Campbell (A. J.) u. **Hill (F. W.),** Wirkung d. Eiweißquelle auf d. wachstumsfördernden Einfluß v. Sojaöl u. d. Wirkung v. Glycerin in einer Ration mit geringem Fettanteil 1295.
Campbell (E. A.), Trächtigkeitsdiagnose bei d. Sau 969.
Campbell (F.) s. Shelton (M.).
Campbell (J. A.), Abschätzung d. für regulator. Zwecke in Nahrungs- u. Futterstoffen verfügbaren Eiweißes 162. – s. McLaughlan (J. M.); Murray (T. K.).
– u. **Pelletier (O.),** Bestimmung d. Niacin (Nikotinamid) in Getreideprodukten 1012.
Campbell (J. E.) s. Marthy (G. K.).
Campbell (J. R.), Howe (W. M.), Martz (F. A.) u. **Merilan (C. P.),** Wirkungen d. Fütterungshäufigkeit auf d. Harnstoffverwertung u. Wachstumskriterien v. Färsen 2610.
Campbell (T. C.), Loosli (J. K.), Warner (R. G.) u. **Tasaki (I.),** Ausnutzung v. Biuret durch Wiederkäuer 2573.
Campbell (W. J.) s. Bachelard (H. S.).
Campeti (F. L.) s. Dougherty (R. W.).
Campling (R. C.) s. Balch (C. C.); Freer (M.); Rook (J. A. F.).
– u. **Freer (M.),** Einige Faktoren, die d. uneingeschränkte Aufnahme v. Rauhfutter bei Rindern beeinflussen 568. – Einfluß d. spezif. Gewichtes u. d. Größe v. zugesetzten stumpfen Teilchen auf d. mittlere Aufenthaltsdauer im Verdauungstrakt d. Kuh 1694.
–, **Freer (M.)** u. **Balch (C. C.),** Faktoren, die d. freiwillige Futteraufnahme bei Kühen beeinflussen. *3.* Mitt. Wirkung v. Harnstoff auf d. freiwillige Aufnahme an Haferstroh 567.
Campos (A. C.) s. Padilla (J. S.).
–, **Wilcox (F. H.)** u. **Shaffner (C. S.),** Einfluß v. konstanter u. langsam gesenkter Stalltemperaturen auf d. Legeleistung 1150.
Candela s. R-Candela.
Cann (J. R.), Elektrophoret. Beweis d. spezif. Enzym-Substrat-Komplexes zwischen Pepsin u. Serumalbumin. *2.* Mitt. Hemmung d. Komplexbildung durch Acetyl-L-tryptophan u. Fettsäuren 1236.
Cannon (R. Y.) s. Hawkins (G. E.).
–, **Hawkins (G. E.)** u. **Wiggins (A. M.),** Ausscheidungsdauer v. bakteriostat. Drogen in Milch. *1.* Mitt. Penicillin, nach oraler u. parenteraler Verabreichung 1156.
Capenko (G. V.), Graue Ukrain. Rinderrasse muß erhalten werden 60. – Verbesserung d. Leistungen u. d. Exterieurs beim Ukrain. Grauvieh durch Einkreuzung d. Lebediner Rasse. *1.* Mitt. 1427.
Caprino (G.) s. Stirpe (F.).
Capstick (E.), Die brit. Milchindustrie u. d. Verbrauch, ein Vgl. mit dem Kontinent 490.
Caramia (F. G.) s. Lee (R. H.).
Carballido (A.) s. Puchol (J. R.).
Carbaugh (B. T.), Schein (M. W.) u. **Hale (E. B.),** Einfluß morpholog. Veränderungen an Hühnermodel-

len auf d. Sexualverhalten v. Hähnen 2056.
Čardakliev (V.) s. Ibrišimov (N.).
Cardoso (A. C. S. Q.) s. Carneiro (J.).
Care (A. D.) u. **Ross (D. B.),** Resorption v. ^{28}Mg im Magen- u. Darmkanal bei Schafen 353.
Carew jun. (L. B.) u. **Hill (F. W.),** Einfluß d. Methioninmangels auf d. Energieverwertung beim Küken 2371.
— u. **Nesheim (M. C.),** Wirkung d. Pressens auf d. Nährwert v. gemahlenen Sojabohnen für Küken 1062.
—, Nesheim (M. C.) u. **Hill (F. W.),** In vitro-Methode zur Bestimmung d. Verwertbarkeit d. Sojabohnenöls in unextrahierten Sojaprodukten beim Huhn 1524.
Cargill (B. F.), Stewart (R. E.) u. **Johnson (H. D.),** Umweltphysiologie u. Stallbau. *63.* Mitt. Einfluß d. Feuchtigkeit auf d. Gesamtraumwärme u. d. Wasserverdunstung v. Holstein-Kühen bei *65, 80* u. *90* °F 2479.
Carius (G.), Königinnenzucht durch Verwendung eines Zweiwabenkästchens 1668.
Carles (J.) s. Magny (J.).
Carlson (A. S.) s. Siegelman (A. M.).
Carlson (C. W.), Puten in Süd-Dakota nach zehnjähriger Forschung d. staatlichen Hochschule 2540. — s. Wilcox (R. A.).
—, Adams (A. W.), Wilcox (R. A.), Gastler (G. F.) u. **Burrill (L. M.),** Diätet. Energie, d. Geschlecht, d. Zuchtstamm u. d. Lagerung in ihrem Einfluß auf d. Zusammensetzung u. Schmackhaftigkeit d. Breitbrüstigen Bronzepute 493.
—, Guss (P. L.) u. **Olson (O. E.),** Selen-Gehalt im Gewebe v. Küken unter d. Einfluß v. Arsen 2366.
Carlström (G.), Phosphor, Magnesium u. pH im Blutserum normaler, abgekalbter u. an Gebärparese erkrankter Rinder 444.
Carmon (J. L.) s. Hess (C. W.); Huston (T. M.).
Carnaghan (R. B. A.) s. Sargeant (K.).
Carneiro (J.) u. **Cardoso (A. C. S. Q.),** Einfluß v. Chlorpromazin auf nucleare u. cytoplasmat. Aufnahme v. ^{35}S-Methionin 804.
Carney (S. A.), Lawrence (J. C.) u. **Ricketts (C. R.),** Kohlenhydrat-Substrate für Hautzellen 1254.
Carney (W. B.) s. Evans (W. J.).
Carnio (J. A.) u. **Porteous (J. W.),** Löslichkeit, Thermolabilität, chromatograph. Reinigung u. intracelluläre Verteilung einiger Glykosidasen in Kaninchendünndarm 2566.
Carpenter (K. J.), Morgan (C. B.), Lea (C. H.) u. **Parr (L. J.),** Chem. u. Nährwertveränderungen in gelagertem Heringsmehl. *3.* Mitt. Wirkung d. Erhitzung bei kontrollierten Feuchtigkeitsgehalten auf d. Bindung v. Aminosäuren in gefriergetrocknetem Heringspreßkuchen 1307.
Carpenter (L. M.) s. Swanson (E. W.).
Carr (T. E. F.), Harrison (G. E.), Sutton (A.) u. **Comar (C. L.),** Verfügbarkeit d. in d. Kuhmilch enthaltenen Strontiums für den Menschen 593.
Carranza (J.) s. Pozo-Lora (R.).
Carrick (C. W.) s. Adams (R. L.); Rogler (J. C.).
Carrol (P.) s. Magny (J.).
Carroll (E. J.), Molkenproteine im Sekret d. Trockenperiode, d. Mastitismilch u. d. Kolostrums, d. durch Ionenaustauscher-Cellulose erhalten werden 242.
Carroll (F. D.) s. Rollins (W. C.).
Carroll (H. W.) u. **Brauer (R. W.),** Rest-Bestrahlungsschaden: ungleiches Weiterwachsen wieder vollwertig ernährter, hypocalor. aufgezogener Ratten 18.
Carroll (K. K.), Fettsäuren v. Rinderhirn- u. Rückenmark-Sphingolipoid-Präparationen 552.
Carruthers (P. J.) s. Shoemaker (W. C.).
Carter (A. L.) s. Ainsworth (L.).
Carter (H. B.) u. **Slee (J.),** Ungewöhnlicher Doppelsprung beim Schaf 1652.
Carter (H. W.), Wirksamkeit d. KB hinsichtlich d. züchter. Verbesserung d. Milchviehs 1867. — s. Vleck (L. D. van).
Carter (M. W.) s. Heidenreich (C. J.).

Carter (R. C.) s. Flock (D. K.); Jamison (H. M.).
—, Ward (C. Y.), McClaugherty (F. S.), Blaser (R. E.) u. **Copenhaver (J. S.),** Intensive Produktion v. Frühjahrslämmern auf d. Weide 1946.
Carver (M. J.) u. **Paska (R.),** Aminosäuren im Harn bei mit Phenylalanin u. Tyrosin ergänzten Diäten 2586.
Casady (R. B.), Everson (D. O.), Harvey (W. R.) u. **Suitor (A. E.),** Entgossypolisiertes Baumwollsamen-Extraktionsschrot als eine Pflanzenprotein-Quelle in Futtermitteln für Kaninchen 2387.
Casey (J. C.) s. Aitken (A.).
Casida (L. E.), Der gegenwärtige Stand d. repeatbreeder cow-Problems 239. — s. Bellows (R. A.); Collins (W. E.); Coneally (P. M.); First (N. L.); Gardner (M. L.); Menge (A. C.); Rigor (E. M.); Zimmerman (D. R.).
Casimir (J.) s. Severin (M.).
Cassin (S.) u. **Vogh (B.),** Automat. Kleintiervolumeter 1692.
Caster (W. O.), Ahn (P.), Hill (E. G.), Mohrhauer (H.) u. **Holman (R.),** Bestimmung d. Linolatbedarfs d. Schweines durch eine neue Methode d. Bestimmung d. Ernährungsbedarfs 2590.
Castilla-Cortazar (T.) s. R-Candela (R.).
Castillo (L. S.), Futterwert gemahlener Maiskolben mit u. ohne Lieschblätter 1743. — s. Labadan (M. M.).
—, Gerpacio (A. L.), Dulay (T. A.) u. **Gruela (A. M.),** Vergleich d. Milchfettbestimmung nach Babcock mit anderen Testmitteln 2263.
—, Ramin (B. B.), Perez (C.), Cruz (E.), Clamohoy (L. L.) u. **Palad (O. A.),** Wirkung hoher Kopramehlgaben auf Quantität u. Qualität d. Milch bei Kühen u. Carabaos 1525.
—, Trimberger (G. W.), Henderson (C. R.), Herrington (B. L.) u. **Turk (K. L.),** Vergleich v. Orange G-Farbstoff, Formoltitration u. Kjeldahlmethoden für Milchproteinbestimmungen 1846.
Castle (M. E.) s. Blackburn (P. S.).
—, Drysdale (A. D.) u. **Watson (J. N.),** Vergleich v. Weidelgras- u. Fuchsschwanzheu für d. Milchproduktion 1737.
Castle (W. B.) s. Herbert (V.).
Catchpoole (V. R.) s. Lanigan (G. W.).
Catron (D. V.) s. Zimmerman (D. R.).
Cava (M. P.) s. Winek (C. L.).
Cavalieri (R. R.) s. Pitts-Rivers (R.).
Cavallini (D.) s. Marco (C. de).
Cavazos (L. F.) s. Feagans (W. M.).
—, Jeffrey (J. E.) u. **Feagans (W. M.),** Wirkungen v. DL-Äthionin auf Histochemie d. männlichen Genitaltraktes 671.
Cawley (A. J.) s. Winget (C. M.).
Čebotarev (I.) u. **Kuznecova (E.),** Fleischeigenschaften v. Kreuzungstieren d. Don-Pferderasse 499.
Čečetkin (A. V.), Nukleinsäure in d. Leber d. Huhnes in Abhängigkeit v. Entwicklung u. physiolog. Zustand d. Organismus 1027. — s. Savroń (E. S.).
Čechovský (J.) s. Tyleček (J.).
Cecil (H. C.) s. Bitman (J.); Okamoto (M.).
Čenov (S.), Einfluß d. hohen Grundwassers auf d. Bienenvölker 775.
Cerbulis (J.) s. Zittle (C. A.).
Cerich (F. A.), Halbleitergerät für d. zentrale Registrierung v. Lufttemperatur u. Luftfeuchtigkeit in Brutapparaten 258.
Čerkaščenko (I.) s. Rostovcev (N.).
Čermák (J.), Rinderställe mit sparsamer Einstreu u. Aufstallung ohne Einstreu 928.
Čermák (O.), Einige Angaben über den Vitamin-C-Metabolismus beim Geflügel 359. — Wirkung v. Gonadotropinen u. Ablagerung v. Vitamin C in endokrinen Drüsen 1280.
Černecova (N. T.), Einfluß unterschiedlicher Haltungsbedingungen während d. Embryonalperiode auf d. nachfolgenden Entwicklungsstadien d. Seidenspinners 1907.
Černev (P.), Zusammensetzung d. Schafmilch u. ihre gesetzmäßigen Veränderungen in Abhängigkeit v. d. Melkzeit u. Laktationsperiode 935.
Černjavskij (F. B.), Vermehrung u. Wachstum d. Schneeschafes (Ovis nivicola Ecsh.) 2296. — Taxonom. Wechselbeziehungen u. d. Geschichte d. Schneeschafe (Ovis ni-

vicola) d. alten u. d. neuen Welt 2444.
Černobrovkin (A. V.) s. Olejnikov (N. S.).
Cernohorský, Flechtensäuren als Indikatoren d. verwandtschaftlichen Beziehungen bei Flechten [2]*.
Česnokov (V. A.), Physiolog. Aspekte d. Leistungsvergrößerung einzelliger Wasserpflanzen (Chlorella) 1527.
Česnokova (E. G.) s. Lobašev (M. E.).
Cessi (C.) u. **Serafini-Cessi (F.),** Bestimmung v. D-Galactosamin in Gegenwart v. D-Glucosamin 120.
Četyrkin (V. S.) u. **Četyrkin (V. V.),** Gebrauchskreuzung in d. Schweinezucht u. Kontrollmast d. Läufer 1646.
Četyrkin (V. V.), Kontrollmast v. Läufern, d. aus verschied. Varianten d. Gebrauchskreuzung erhalten wurden 2081. — s. Četyrkin (V. S.).
Čeverda (M. G.), Prüfung d. Effekts v. Futterterramycin an Saugferkeln 364. — s. Alekseev (V. A.).
Chabibullin (C.), Frostbeständigkeit d. Bullenspermas in Abhängigkeit v. deren Alter 468. — Längere Aufbewahrung d. Bullenspermas 2026.
Chačirašvili (G. A.), Sojnikov (F. A.) u. **Seryj (G. P.),** Großgeflügelställe mit Komplex-Mechanisierung 253.
Chadnovič (I. V.), Fütterung d. Schafe mit Silage bei ganzjähriger Stallhaltung 300.
Chadžidimitrov (P.), Blutlinienwahl d. Plewener Stutbuchhengste u. -stuten auf d. VEG „Georgi Dimitrow", Plewen 724.
Chai (C. K.) s. Becker (W. A.).
Chaikoff (I. L.) s. Fitch (W. M.); Tong (W.).
Chain (E. B.) s. Cohen (M. M.).
Chajrullin (Š. Š.) u. **Prachov (L. P.),** Neue Fütterungs- u. Haltungstechnologie in d. Milchviehzucht 2041.
Chakraborty (B. K.) s. Puri (T. R.).
Chalenev (A. L.) s. Olenov (V. A.).
Chalimon (A.) s. Kramerenko (N.).
Chamberlain (A. G.) s. Barber (R. S.); Braude (R.).
Chamberlain (C. C.) u. **Burroughs (W.),** Wirkung v. Fluor-, Magnesium- u. Mangan-Ionen auf d. in vitro-Cellulose-Verdauung durch Pansenmikroorganismen 1489.
Chamberlain (N.) s. Lumb (M.).
Chamberlin (V. D.), McCartney (M. G.) u. **Touchburn (S. P.),** Einfluß d. Fütterungsweise auf d. Wachstum u. d. Futterverwertung mehrerer Putenstämme u. -kreuzungen 1514.
Chambers (D. T.) u. **Alder (F. E.),** Kälberhaltung. *3.* Mitt. Aufzucht v. Herbstkälbern auf d. Weide 962.
Champigny (O.) s. Bourdel (G.).
Chan (S. K.) s. Fisher (J. R.).
Chandler (P. T.) u. **Cragle (R. G.),** Beziehungen v. Calcium, Phosphor u. Vitamin D_3 bei Ratten mit d. Verfahren d. multiplen Regression 2150.
Chang (L. O.), Srb (A. M.) u. **Steward (F. C.),** Elektrophoret. Trennungen d. löslichen Proteine v. Neurospora 118.
Chang (M. C.) s. Bedford (J. M.).
— u. **Bedford (J. M.),** Befruchtungsfähigkeit v. Kanincheneiern nach Entfernung d. Corona radiata 1598.
Chang (M. L. Wu) u. **Johnson (B. C.),** Stoffwechsel d. ^{14}C-Nicotinsäure beim Schwein u. beim Schaf 2599.
Chang (Ta-Chuang Lo) u. **Sweeley (C. C.),** Studien an Hundenebennierenpolyensäuren: Lokalisierung d. Doppelbindungen durch Perjodatpermanganatoxydation u. Gasflüssig-Chromatographie 559.
Ch'ang (T. S.) u. **Rae (A. L.),** Variationsursachen im Absatzgewicht v. Romney-Marsh-Lämmern 2526.
Chapeville (F.), Lipmann (F.), Ehrenstein (G. v.), Weisblum (B.), Ray jun. (W. J.) u. **Benzer (S.),** Funktion d. löslichen Ribonucleinsäure als Kode für d. Aminosäuren 802.
Chapman (A. B.) s. Bellows (R. A.).
Chapman jun. (H. L.) s. Crockett (J. R.).
—, Nelson (S. L.), Kidder (R. W.), Sippel (W. L.) u. **Kidder (C. W.),** Toxizität v. Kupfersulfat für Mastrinder 2595.
Chapman (R. E.), Short (B. F.) u. **Hyland (P. G.),** Abnorme Kräuselung bei Merino- u. Polwarth-Wollen 1450.
Charęziński (M.) s. Opieńska-Blauth (J.).

Charin (A.) u. **Jankov (A. P.),** Mechanisierung d. prophylakt. Badens d. Schafe 1883.
Charitonova (A. M.), Wirkung d. Aurantins auf d. endokrine System 2156.
Charitonova (S. M.) s. Trošin (I. P.).
Charles (V.) s. Aldrich (P. J.).
Charleson (E. P.) s. Aitken (J. N.); Preston (T. R.).
Charlet-Lery (G.) u. **Zelter (S. Z.),** Neue Ergebnisse über d. Ausscheidung v. Darmverluststickstoff (DVN) u. endogenem Harnstickstoff (EHN) beim Schwein 587.
Charnock (J. S.) s. Opit (L. J.).
— u. **Opit (L. J.),** Wirkung v. Salicylat auf d. Adenosintriphosphataseaktivität v. Rattenlebermitochondrien 1702.
—, **Opit (L. J.)** u. **Hetzel (B. S.),** Einschätzung d. Wirkung v. Salicylat auf d. oxydative Phosphorylierung in Rattenlebermitochondrien 1701.
Charton (A.), Faye (P.), Hervy (A.), Bernard (C.) u. **Gueslin (M.),** Schwankungen d. Na- u. K-Wertes u. ihre Wechselbeziehungen im Serum laktierender Mutterschafe 2149.
Chaskin (V. V.), Biophysikal. Grundlagen d. Brut 768.
Chatagner (F.) u. **Trautmann (O.),** „Lösliche“ Cysteindesulfurase d. Rattenleber als ein adaptives Enzym 599.
Chatterjee (I. B.) s. Kar (N. C.).
Chaudhary (N. C.) s. Bhatnagar (D. S.).
Chauton (J. C.), Verfahren d. Chromatographie auf Papier zwischen Glasplatten. Auftragung zur Trennung v. *3,5*-Dijodthyroxin u. *3,5,3'*-Trijodthyroxin 124.
Chauvin (R.), Verfärbung v. altem Wachs 999. — Ernährung d. Bienen 2107. — *13* Jahre Bienenforschung in Bures-sur-Yvette. Versuch einer Zusammenfassung 2317.
Chemnitius (K. H.), Wechselwirkung zwischen Cortison u. Vitamin B_{12} 2153. — Zur getrennten Gewinnung v. Harn u. Kot bei Stoffwechselversuchen an Ratten 2338.
Chen (J. H. S.) u. **Bates (C. R.),** Beobachtungen an Pipelinemelkanlagen bezüglich ihres Einflusses auf d. Milchsäuerung 480.
Chen (M. L.) s. Muelenaere (H. J. de).
Cheney (B. A.) s. Copp (D. H.).
Cherms jun. (F. L.), Herrick (R. B.), McShan (W. H.) u. **Hymer (W. C.),** Prolactingehalt d. Hypophysenvorderlappens v. Truthühnern in unterschiedlichen Phasen d. Fortpflanzungsgeschehens 1126.
Chervenka (C. H.), Differenzierung zweier Formen Chymotrypsin durch ihre Raten d. Harnstoffdenaturierung 2147.
Chesbro (W. R.) u. **Evans (J. B.),** Aminosäurenaufnahme u. -transaminierung durch Streptococcus faecium 1023.
Chestnutt (D. M. B.) s. Brown (S. M.).
Chhina (G. S.) s. Anand (B. K.).
Chiazze (E. A.) s. Peterson (E. A.).
Chichester (C. O.) s. Yokoyama (H.).
Chiesa (L.) s. Gallo (G. G.).
Chikushi (H.) s. Doira (H.).
Chilson (O. P.) s. Fisher (J. R.).
Chin (W.-T.) u. **Kroontje (W.),** Leitfähigkeitsmethode zur Bestimmung d. Urease-Aktivität 1481.
Chinkovski (C.), Untersuchung über d. Verwendungsmöglichkeit d. Württemberger Schafes zum Aufbau einer mittelfeinwolligen Schafzucht in Bulgarien 296. — s. Tanev (I.).
Chiofalo (L.) s. Pino (N.).
Chiriac (A.), Verkürzung des Larvenstadiums, ein Faktor zur Erhöhung d. Rentabilität d. Seidenraupenzucht 113. — Ersatzstoffe für Maulbeerblätter in d. Ernährung d. Seidenraupen 114.
Chisholm (J.) s. Munro (H. N.).
Chit Maung (M.) s. Norton (S. J.).
Chižnjak (V.), Silierung nach d. „Hügelverfahren“ 1061.
Chlebarov (G. S.), Savov (T.) u. **Aprilova (N.),** Bulgar. Schrifttum d. Tierzucht [1].
Chlebnikov (I.) s. Babin (P.).
Chmorov (V. A.), „Universal“ muß ein ausgezeichneter Brutapparat werden 43.
Chodžaev (M.), Period. Abkühlung d. Eier bei d. Brut 2539.
Chomiak (T.) s. Prince (R. P.).
Chomkovič (G.) u. **Gabriš (J.),** Ver-

änderungen d. Körperformen d. Slowak. Fleckviehs in d. Wachstumsperiode 2475.
Chomyszyn (M.) s. Bieliński (K.).
Choong (C. H.) u. **Wales (R. G.),** Kälteschock-Wirkung auf Spermien 1141.
Chorev (M. I.), Schweinemast mit Zuckerrüben unter Zusatz v. Erbsen u. Bohnen 2615.
Chort (R. V.) s. Holm (L. W.).
Chou (Shao-Chia) s. Goldstein (A.).
Chow (B. F.) s. Fox (M. R. S.).
—, Okuda (K.) u. **McCollum (E. B.),** Vitamin B_{12} u. Schilddrüse im Fortpflanzungsgeschehen weiblicher Ratten 154.
Chow (D. C.) s. Adachi (K.).
Chow (T. J.) u. **Johnstone (M. S.),** Bestimmung v. Nitrat in Seewasser 1245.
Chowdhary (S. N.) s. Deodikar (G. B.).
Chowdhury (D. R.) s. Sadhu (D. P.).
Chowdhury (S. N.), Genetik d. Tasar-Seidenspinners 2327. — Neuere Studien am Eri-Seidenspinner (Philosamia cynthia ricini.) 2327.
Chowdhury (T. M.) s. Goswami (S. K.).
Chramosta (M.), Landwirtsch. Bauten in Tabellen u. Ziffern [1154].
Chraszcz (T.) s. Paczkowski (T.).
Chrenov (I. I.), Gärungsprozesse im Pansen, Gaswechsel u. Milchfettleistung d. Kühe 2384. — s. Skvorcova (A. A.).
Christ (E. J.) s. Borst (P.).
— u. **Hülsmann (W. C.),** Synthese v. Langkettenfettsäuren durch Mitochondrial-Enzyme 1258.
Christensen (A. C.) s. Lofgreen (G. P.).
Christensen (G. M.), Zuckern in Königinnenfuttersaft 775. — s. Simo (K.).
Christensen (H. N.) s. Akedo (H.).
Christensen (N. O.), Engelund (A.), Handler (J. A.) u. **Terp (P.),** Resorption v. Vitamin A. *4.* Mitt. Resorption u. Verteilung v. tritiummarkiertem Vitamin A bei Ratten 1033.
Christian (L. C.) s. Ohno (S.); Stenius (C.); Trujillo (J. M.).
Christiansen (W. C.), Quinn (L. Y.) u. **Burroughs (W.),** Mehrfachröhrchen, Laboratoriumstechnik zum Studium d. Produktion flüchtiger Fettsäuren durch Pansenprotozoen 2342.
Christov (D.), Biologie d. in Bulgarien untersuchten sowjet. Weißspinnerrassen 777. — s. Kožucharov (I.).
Christov (K.), Soll man d. Bienenvolk durch Brut verstärken? 774. — Abhandenkommen unbegatteter Bienenköniginnen 1230.
Christov (V.), Wachstum u. Entwicklung v. Simmentaler Keuzungskälbern bei Ernährung mit verschied. Milchmengen 1429. — s. Kadijski (E.).
— u. **Eftimova (L.),** Versuch d. Ersetzens eines Teiles d. Maisschrots in d. Ration v. Milchkühen durch Gärfutter 2375.
Chronopulo (N. P.), Über d. Merzen erstmalig werfender Metzen d. Nutria 772.
Chubb (L. G.) u. **Cooper (D. M.),** Aminosäuren in Geflügelsamenplasma 1140.
Churáček (J.), Bewertung d. bisher bekannten Methoden d. chromatograph. Trennung v. niederen Fettsäuren 1480.
Church (D. C.) s. Bowden (D. M.); Ralston (A. T.).
—, Jessup jun. (G. L.) u. **Bogart (R.),** Über d. Magenentwicklung beim Sauglamm 447.
Churchwell (L. M.) s. Feldman (G. L.).
Cifra (J.), Der verbesserte einheitliche Bienenstock 2322.
Čigina (A. A.) s. Belugina (O. P.).
Cigna (A.) u. **Polvani (C.),** Aufnahme v. Jod-*131* aus Milch in Italien während d. Periode Okt.—Dez. *1961* 812.
Čilingarjan (A. A.), Hybridisierungsversuche zwischen Moschus- u. Peking-Enten 459. — Wachstumsintensität u. Heterosiserscheinungen in d. Embryogenese bei Enten 681.
— u. **Magakjan (J. A.),** Frühe Entwicklungsstadien d. Peking- u. Moschusenten u. ihrer Hybriden 1600.
—, Pavlov (E. F.) u. **Mkrtčjan (L. P.),** Erbliche Transformation d. Farbe

u. d. Veränderung d. DNS-Menge bei Pekingenten, d. durch Injektionen v. isolierten Erythrocytenkernen v. Enten einer anderen Art hervorgerufen wurden. *2.* Mitt. 2458.

Ciocoiu (A.) s. Puşcaru (D.); Vermeşanu (N.).

Ciolcă (N.) s. Ştefănescu (C.); Timaru (S.).

Cipera (J. D.) u. **Willmer (J. S.)**, Zusammensetzung v. Epiphysenknorpel. *3.* Mitt. Unterschiede in d. enzymat. Aktivitäten v. Epiphysen- u. Articularknorpeln v. rachit. Hühnchen 1679.

Cirel'son (N. B.), Lisicin (J. P.), Kerov (M. A.) u. **Zolotina (V. A.)**, Qualität d. Fleischprodukte v. Schweinen, d. „Gibberellinfutter" erhalten haben 2604.

Čirić (M.) s. Tadić (R.).

Čirkov (D. I.), Beziehung zwischen d. Alter u. d. Leistung d. Schweine 2521.

Citti (J. E.), Sandine (W. E.) u. **Elliker (P. R.)**, Hull-Methode zum Messen d. Proteolyse in Milch 2264.

Čižek (J.), Düngungseinfluß auf d. Ertrag, botan. Zusammensetzung u. d. Futterwert d. Wiesengemeinschaft Chrysopogonetum grylli, Horv.-Hić. 1060. — s. Kovačević (J.).

Cizek (L. J.), Beziehung zwischen Futter- u. Wasseraufnahme beim Kaninchen 1515.

Cjupko (V. V.), Azimov (G. J.) u. **Kaplan (V. A.)**, Flüchtige Fettsäuren im Blute laktierender Kühe u. ihre Absorption im Euter 1388.

Claesson (O.), Zwillingsforschung 64. — Weitere Melkversuche. Wirkung des Ausfalls einer Abendmelkzeit im Laufe einer Woche auf d. Milchleistung u. d. Zusammensetzung d. Milch 75.

Claggett (F. E.) s. March (B. E.).

Clamohoy (L. L.) s. Castillo (L. S.); Felix (A. E.).

— u. **Foote (R. H.)**, Einfluß verschied. Farben auf d. Überleben v. Bullenspermien in Eidotter- u. Milchverdünnern bei +*5* u. −*79* °C 2244.

—, **Nazareno (L. E.), Bontuyan (J. S.)** u. **Ordinario (P. L.)**, Futterwert v. Maiskleber in Futterrationen für Milchkühe u. Färsen 1746.

Clamohoy (L. L.) u. **Palad (O. A.)**, Versuch mit aufbewahrtem, verdünntem Rinder- u. Büffelsamen mit bekannten Verdünnern bei Kühlschrank-, Brunnenwasser- u. Raumtemperatur 689.

Clandinin (D. R.) s. Robblee (A. R.).

Clanton (D. C.), Variation in den Chromoxydmethoden zur Bestimmung d. Verdaulichkeit v. Rationen handgefütterter Mastrinder 563.

Clapperton (J. L.), Sauerstoffverbrauch v. Schafen, d. sich in kalter u. warmer Umgebung bewegen 1702.

Clark (B.) [Birmingham] u. **Hübscher (G.)**, Glycerokinase in d. Dünndarmmucosa d. Katze 1370.

Clark (B.) [Durham] u. **Keener (H. A.)**, Wirkung häufigerer Fütterung auf d. Gewichtsentwicklung junger Milchviehfärsen 2284.

Clark (C. H.), Einfluß d. Kalbemonats auf d. Leistung v. Milchkühen in Queensland 2072.

Clark (G.) s. Jacobson (E. D.).

Clark (I. J.), Analyse v. essentiellen Ölen. *1.* Mitt. Injektionssystem für eine Gas-flüssig-Chromatographie-Apparatur 121.

Clark jun. (J. M.) u. **Eyzaguirre (J. P.)**, Tyrosinaktivierung u. Übertragung auf lösliche Ribonucleinsäure. *1.* Mitt. Reinigung u. Studium d. Enzyms v. Schweinepankreas 2356.

Clark (R. D.) u. **Touchberry (R. W.)**, Wirkung v. Körpergewicht u. Kalbealter auf d. Milchleistung v. Holsteinkühen 2512.

Clark (R. G.) s. Wilcox (F. H.).

Clark (R. T.) s. Blackwell (R. L.); Brinks (J. S.).

Clark (W. R.) s. Jackson (R. H.).

Clarke (R. T. J.), Proteolyt. Pansen-Anaerobier 131. — s. Bailey (R. W.).

Clarkson (T. B.) s. Lofland jun. (H. G.).

Claus (A.), Aktuelle Konstitutionsprobleme in d. Schweinezucht 2030.

Clausen (H.) s. Jørgensen (G.).

—, **Haagen Petersen (F.), Højgaard-Olsen (N. F.), Hansen (V.), Madsen (A.), Nielsen (H.)** u. **Eggum (B. O.)**,

Einfluß d. Zeitpunktes d. Kastration auf d. Schlachtqualität 517. — Versuche mit Schlachtschweinen. Oleandomycin 824; dass.: Bacitracin 825; dass.: Casein 1526; dass.: Citronensäure 808; dass.: Milchzucker 808; dass.: Hygromycin B 824; dass.: Aminosäuren 827; dass.: Dän. oder amerikan. Sojaschrot an Stelle v. Magermilch 1293; dass.: Sojabohnen, roh oder getoastet 1522; dass.: Einwirkung verschied. Eiweißfuttermittel auf d. Fleischfülle v. Schweinen 1750; dass.: Magermilchpulver 1750. — Versuche mit Sauen u. Saugferkeln. Eisenzugaben bei Saugferkeln 814.

Clausen (H.) u. **Nørtoft Thomsen (R.)**, *49*. Bericht über d. Nachkommenprüfungen bei Schweinen aus staatlich anerkannten Zuchtzentren *1959—60* 2289.

—, **Nørtoft Thomsen (R.)** u. **Pedersen (O. K.)**, *51*. Bericht über d. Nachkommenprüfungen bei Schweinen aus staatlich anerkannten Zuchtzentren *1961/62* 2518.

Clawson (A. J.) s. Kernkamp (H. C. H.).

—, **Smith (F. H.)** u. **Barrick (E. R.)**, Anhäufung v. Gossypol in d. Leber u. Faktoren, die d. Toxizität v. injiziertem Gossypol beeinflussen 2385.

Clayton (G. A.), A system of turkey breeding [536].

Clegg (A.) s. Morgan (D. E.).

Clegg (C.), **Hopkinson (P.)** u. **Pickles (V. R.)**, Wirkungen v. Ca^{2+} u. Mg^{2+} auf d. Gebärmuttermuskulatur beim Meerschweinchen 810.

Clegg (J. B.) u. **Bailey (K.)**, Trennung u. Isolierung v. Peptidketten d. Fibrins 1478.

Clegg (L. F. L.) s. Mei (H. M.).

Clegg (M. T.) s. Burger (R. E.); Ellington (E. F.); Spurlock (G. M.).

—, **Cole (H. H.)**, **Howard (C. B.)** u. **Pigon (H.)**, Einfluß d. fetalen Genotyps auf d. Gonadotropin-Sekretion beim Pferd 1599.

Clegg (R. E.) s. Miller (B. F.); Nelson (S. J.).

— u. **Ericson (A. T.)**, Verteilung radioaktiven Phosphors in d. elektrophoret. Bestandteilen v. Hühnerblutseren 1119.

Clegg (R. E.) u. **Malik (S. K.)**, NH_2 als terminale Aminosäure d. Komponente *6* d. Blutserums bei Hähnchen, d. mit Diaethylstilboestrol behandelt wurden 1027.

Clément (G.) s. Loriette (C.).

Clément (J.) s. Favresse (S.).

Clermont (Y.), Quantitative Analyse der Spermatogenese bei d. Ratte, ein revidiertes Bild über d. Erneuerung d. Spermatogonien 1817.

Clifton (C. M.) s. Brooks (O. L.); Miller (J. K.); Miller (W. J.).

Cmelik (S. H. W.), Fettsäurezusammensetzung d. Milchfettes d. Elen-Antilope 2553.

Coates (J. I.) s. Hallsworth (E. G.).

Coates (M. E.), Fortschritte in den Ernährungskenntnissen durch Untersuchungen an Vögeln 376.

Cobb (W. R.) s. Polin (D.).

Cobbett (W. G.), **Kenchington (A. W.)**, u. **Ward (A. G.)**, Bestimmung d. Tyrosingehalts v. Gelatinen 2561.

Coburn (S. P.) u. **Packett jun. (L. V.)**, Calcium-, Phosphor- u. Citratwechselwirkungen auf d. Bildung v. Oxalatkonkrementen bei Ratten durch Phosphormangel 2593.

Cochrane (D.) u. **Annau (E.)**, Elektrophoret. Unterschiede in d. Eiproteinen d. Henne 1914.

Cochrane (R. L.) s. Shackelford (R. M.).

— u. **Shackelford (R. M.)**, Einflüsse v. Oestrogen allein u. in Kombination mit Progesteron auf d. Trächtigkeit gesunder Nerze 1385.

Cockerham (C. C.) s. Cook (R. E.).

Coey (W. E.) s. Hale (R. W.).

Cohen (M. M.), **Simon (G. R.)**, **Berry (J. F.)** u. **Chain (E. B.)**, Umwandlung v. Glutaminsäure in Asparaginsäure in Cerebral-Cortex-Schnitten 2354.

Cohen (P. P.) s. Brown jun. (G. W.); Degroot (N.).

Cohen (S.) s. Daniel (L. J.).

Cohn (D. V.) u. **Forscher (B. K.)**, Einfluß v. Parathyreoidea-Extrakt auf d. Oxydation v. Glucose u. d. $^{14}CO_2$-Produktion durch Knochen u. Niere in vitro 1926.

Cohn (W. E.), Pseudouridin, ein C-C-

gebundenes Ribonucleosid in Ribonucleinsäuren: Isolierung, Struktur u. chem. Charakteristik 554.

Colburn (O.), Fortschritte in d. Schafhaltung 520.

Cole (C. L.) s. Avery (T. L.).

Cole (H. H.) s. Clegg (M. T.).

Coleman (G.) s. Elliott (W. H.).

Coleman (R.) u. **Hübscher (G.),** Stoffwechsel d. Phospholipide. *5.* Mitt. Untersuchungen über d. Phosphatidsäurephosphatase 553.

Coles (B. L.) u. **McDonald (I.),** Einfluß d. Nahrungskohlenhydrate auf d. Serumproteine 589. – Einfluß d. Verzehrs v. Kohlenhydraten auf d. Proteinspiegel d. Serums 2147.

Coles (R.), Neuere Entwicklungstendenzen in d. Geflügelindustrie 303. – Stand d. Geflügelindustrie 756.

Coletta (M.) s. Marco (C. de).

Čolić (T.) s. Vukavić (D.).

Collier (R.), Trennung v. Lecithin u. Phosphatidyläthanolamin durch Chromatographie auf mit Zinkchlorid imprägniertem Papier 789.

Collins (W. E.), Inskeep (E. K.), Dreher (W. H.), Tyler (W. J.) u. **Casida (L. E.),** Einfluß d. Alters auf d. Fruchtbarkeit v. Besamungsbullen 2023.

—, Inskeep (E. K.), Tyler (W. J.) u. **Casida (L. E.),** Schwankungen in d. Konzeptionsrate v. Guernsey-Rindern 2281.

Collins (W. M.) s. Moyer (S. E.); Zervas (N. P.).

Colodzin (M.) s. Neptune jun. (E. M.).

Colov (V.) s. Popov (V.).

Columbus (A.) u. **Apelt (W.),** Mastversuch an Jungbullen mit Tranquilizern 158.

—, Apelt (W.) u. **Harnisch (N.),** Anwendung d. kombinierten Konservierung v. Futterkartoffeln. *2.* Mitt. 1523.

— u. **Gebhardt (G.),** Einsatz arsenhaltiger Mittel in d. Tierernährung. *1.* Mitt. Einfluß v. arsenhaltigen Mitteln auf Wachstum u. N-Bilanz 149.

—, Trautmann (H.), Wagner (J.) u. **Holzschuh (W.),** Maisarin als Mischfutterkomponente 1523.

Colvin (J. R.), Synthese v. Cellulose aus äthanollöslichen Vorstufen in grünen Pflanzen 118.

Comar (C. L.) s. Carr (T. E. F.); Binnerts (W. T.); Lombardi (M. H.).

— u. **Bronner (F.),** Mineral metabolism, an advanced treatise [2366]*.

Comberg u. **Pechert,** Stallklima in Schweineställen 695.

Comberg (G.), Andreae (U.) u. **Meyer (H.),** Mineralstoffgehalt d. Milch bei eineiigen Rinderzwillingen 2279.

— u. **Meyer (H.),** Mineralstoffgehalt d. Milch beim Schwarzbunten Niederungsrind 705.

Combrink (P. M.), Vergleiche v. Schweinen d. Lokalrasse, d. Landrasse u. ihrer Kreuzungsprodukte 1200.

Combs (G. E.) s. Meacham (T. N.).

— u. **Wallace (H. D.),** Wachstums- u. Verdaulichkeitsstudien an jungen Schweinen, denen Calcium in verschied. Höhe u. unterschiedlicher Herkunft verabreicht wurde 2351.

Common (R. H.) s. Ainsworth (L.); McCully (K. A.).

Comotti (G.), Stand d. Tuberkulosebekämpfung beim Rind in Italien 962.

Comporti (M.) s. Stirpe (F.).

Comstock (R. E.) s. Vogt (D. W.).

Conev (P.) u. **Vasilev (A.),** Das kurzhornige Rhodopenrind u. Ergebnisse aus dessen Kreuzung mit Sofioter Braunvieh [1194]*.

Coneva (E.), Einfluß d. chron. Mastitis d. Kühe auf d. Eignung d. Milch zur Käsebereitung 75.

Conneally (P. M.), Patel (J. R.), Morton (N. E.) u. **Stone (W. H.),** Die J-Substanz beim Rind. *6.* Mitt. Multiple Allele im J-Locus 1591.

—, Stone (W. H.), Tyler (W. J.), Casida (L. E.) u. **Morton (N. E.),** Genet. Ladung, ausgedrückt in fetalen Todesfällen beim Rind 2467.

Conner (G. H.) s. Pelt (R. W. van).

Conner (R. M.) s. Langston (C. W.).

Connolly (J. D.) s. Richards (C. R.).

Connolly (M. R.) s. Bitman (J.); Okamoto (M.).

Conrad (H. R.) s. Dehority (B. A.); Johnson (R. R.); Somasundaram (A.); Vandersall (J. H.).

Constantinescu (D.) s. Lunca (N.).

Contessa (A. R.) s. Bruni (A.).

Contopoulos (A. N.) s. Ellington (E. F.).
Cook (H. M.) s. Dougherty (R. W.).
Cook (R. E.), Blow (W. L.), Cockerham (C. C.) u. **Glazener (E. W.),** Untersuchungen bei Puten über d. Nutzanwendung v. Körpermessungen auf d. Reproduktionsleistung 1221.
— u. **Warnick (A. C.),** Einflüsse v. Progesteron u. progestationellen Verbindungen auf d. Produktion legender Hühner 1590.
Cook (V. A.), Verfliegen v. Bienen. Wirkung d. Beutenaufstellung im Kreise 2104.
Cook (W. C.) s. O'Dell (G. D.).
Cook (W. H.), Burley (R. W.), Martin (W. G.) u. **Hopkins (J. W.),** Aminosäurezusammensetzung d. Eigelblipoproteine u. ein statist. Vgl. ihrer Aminosäureverhältnisse 2328.
Cooke (P.) s. Barber (R. S.).
—, **Jones (M. R.), Mather (K.), Bonsall (G. W.)** u. **Nelder (J. A.),** Schätzung d. Komponenten d. kontinuierlichen Variation. *1.* Mitt. Statist. 1376.
— u. **Mather (K.),** Schätzung d. Komponenten d. kontinuierlichen Variation. *2.* Mitt. Genet. 1376.
Coolman (F.), Mechanization of poultry keeping [1222].
Coombe (J. B.) u. **Tribe (D. E.),** Wirkung einer Harnstoffergänzung auf d. Verwertung einer Melasse-Strohration bei Schafen 2375. — Fütterung v. Harnstoffergänzungen an Schafe u. Rinder: Ergebnisse v. Pferchfütterungs- u. Weideversuchen 1053.
Coon (E.) s. Wiese (H. F.).
Coop (I. E.), Energie-Forderungen d. Schafe für Erhaltung u. Zuwachs. *1.* Mitt. Im Pferch gefütterte Schafe 160.
— u. **Hill (M. K.),** Energie-Forderungen d. Schafe für Erhaltung u. Zuwachs. *2.* Mitt. Weidende Schafe 160.
Cooper (A. H.), Harris (G.) u. **Neal (G. E.),** Einbau v. markierten Aminosäuren in d. subcellularen Fraktionen v. Brauereihefe 2587.
Cooper (B. A.) s. Herbert (V.).
Cooper (D. M.) s. Chubb (L. G.).
Cooper (G. H.) u. **Shone (D. K.),** Kontrolle d. Geflügelparasiten 309.
Cooper (J. P.), Tilley (J. M. A.), Raymond (W. F.) u. **Terry (R. A.),** Auslese auf Verdaulichkeit bei Futtergräsern 1922.
Cooper (O.) s. Ball (E. G.).
Copenhaver (J. H.) u. **Gawienowski (A. M.),** Papierchromatograph. System für Oestrogene 1244.
Copenhaver (J. S.) s. Carter (R. C.).
Copp (D. H.), Cameron (E. C.), Cheney (B. A.), Davidson (A. G. F.) u. **Henze (K. G.),** Nachweis v. Calcitonin, ein neues Hormon d. Parathyreoidea, welches d. Blutcalcium vermindert 360.
Copp (H. D.) u. **Davidson (A. G. F.),** Direkte humorale Kontrolle d. Nebenschilddrüsenfunktion beim Hund 10.
Coppock (J. B. M.) u. **Daniels (N. W. R.),** Einfluß d. Fütterung u. Haltung auf d. Nährwert d. Hühnereies 986.
Corbett (J. L.), Langlands (J. P.) u. **Boyne (A. W.),** Bestimmung d. ausgegebenen Energie für Erhaltung bei Milchkühen auf Portionsweide 1738.
Corbin (A.) u. **Schottelius (B. A.),** Neurohormonale Wirkstoffe des Hypothalamus u. d. Geschlechtsreife infantiler weiblicher Ratten 19.
Cordukes (W. E.) u. **Shearer (D. A.),** Konservierung d. Nährstoffe u. Schmackhaftigkeit v. Silage, d. mit Natriummetabisulfit bei unterschiedlicher Verdichtung u. verschied. Trockensubstanzgehalt bereitet wurde 1299.
Cordukes (W. F.) s. Shearer (D. A.).
Corfield (M. C.) u. **Robson (A.),** Automat. Analysen v. Aminosäuren durch polarograph. Bestimmung ihrer Kupferkomplexe 1240.
Corley (E. L.) s. Fairchild (T. P.); Frieze (B. J.).
—, **Duckwall (J. W.)** u. **Heizer (E. E.),** Einfluß d. künstlichen Besamung auf d. Leistung in Wisconsin 2073.
Cormick (J.) s. Schroeder (W. A.).
Cornatzer (W. E.), Sandstrom (W. A.) u. **Reiter (J. H.),** Chromatographie

v. Phosphatiden auf kieselsäureimprägniertem Glasfaserpapier 559.

Cornelius (C. E.) s. Kaneko (J. J.); Swingle (K.).

Čornomaz (L. A.) s. Zvjerjeva (G. V.).

Cornwell (D. G.) s. Horrocks (L. A.).

—, **Kruger (F. A.)** u. **Robinson (H. B.)**, Resorption v. β-Carotin u. d. Verteilung v. Gesamtcarotinoiden in menschlichen Serum-Lipoproteinen nach oraler Verabreichung 1277.

Cosgrove (A. S.), Wirkungen eines neuen Nitrofuran-Futterzusatzes auf d. Leistungshöhe bei Hühnern 1508.

Costain (R. A.) s. Lloyd (L. E.).

— u. **Lloyd (L. E.)**, Wirkung v. Zinkbacitracin in Rationen früh abgesetzter Ferkel 2368. — Einfluß d. Calcium-, Oxytetracyclin- u. Terephthalsäurespiegels d. Futterration auf d. Leistungszustand wachsender Schweine 2593.

Cotterill (O. J.) s. Seideman (W. E.).

Cottier (M.), Milchkontrolle bei Schafen im Becken v. Roquefort 297.

Cotton (T. E.) s. Huston (T. M.).

Cotzias (G. C.), **Borg (D. C.)** u. **Selleck (B.)**, Der eigentliche Mangel bei Änderungen d. Cadmiumstoffwechsels. ^{109}Cd Studien bei d. Maus 1274.

Couch (J. R.) s. Deyoe (C. W.); Eoff (H. J.); Jones (M. L.); Rigdon (R. H.).

Coulon (E. M.) s. Nebel (B. R.).

Coulson (E. J.) s. Jackson (R. H.).

— u. **Jackson (R. H.)**, Mukoprotein d. Fett-Plasma-Grenzfläche d. Kuhmilch. 2. Mitt. Immunochem. Charakterisierung 1379.

Courcon (J.) s. Kaškin (K. P.).

Courrier (R.) s. Thiébold (J. J.).

Cova (R. R.) s. Mabasa jun. (C. A.).

Covaliu (C.) s. Gligor (V.); Grigoriu (M.).

Cowan (R. L.), Cobaltknappheit ist leicht abstellbar 2159.

Cowie (A. T.) s. Konand (S. K.).

Cowlishaw (B.), Oxydation v. Lipoiden d. Erythrocyten 1021.

Cowlishaw (S. J.), Auswirkung d. Besatzdichte auf d. Leistung weiblicher Jährlingsschafe 1739.

Cox (C. P.), Kovarianzanalyse u. Einzelkurvenanalyse bei Versuchen mit Trendwirkungen 1358.

Cox (D. F.), Vorkommen v. Frühmortalität beim Schwein 1205. — Beziehungen zwischen Geschlecht u. Überlebensrate beim Schwein 1647. — s. Willham (R. L.).

— u. **Willham (R. L.)**, Systemat. Aufzuchtversuche bei Schweinen 453. — Strahleninduzierte genet. Wirkungen auf d. Frühsterblichkeit v. Schweinen 1592.

Cox (D. H.) u. **Hale (O. M.)**, Eisenentleerung d. Leber ohne Kupferverlust v. Schweinen bei übermäßiger Zinkfütterung 2594.

Cox (F. E. G.) s. Nicol (T.).

Cox (W. S.), Verbessertes Testpapier zum Nachweis v. Säugetierharnrückständen 2120.

Cragle (R. G.) s. Chandler (P. T.); Kamal (T. H.).

Craiciu (M.), Studium über einige Seidenraupensortimente aus d. Sowjetunion u. d. Chines. Volksrepublik 113.

Craig (A. W.) s. Fox (B. W.).

Craig (J. V.) s. Justice (W. P.); McDaniel (G. R.).

Crampton (E. W.) s. Donefer (E.); Lloyd (L. E.).

—, **Donefer (E.)** u. **Lloyd (L. E.)**, Calor. Äquivalent d. Nahrungswert-Index 1050.

Crane (E.), Bienenzucht in d. ČSSR 2103.

Crane (R. K.) s. Bihler (I.).

Cranz (K. L.) s. Richter (K.).

Crasemann s. Merk (W.).

Crawford (R. D.), Wirkung d. Haltung v. Hähnchen in Einzelkäfigen auf Fruchtbarkeit, Körpergewicht u. Sterblichkeit 2097.

Creek (M. J.) s. Nestel (B. L.).

— u. **Nestel (B. L.)**, Geburtsgewichte v. Charollais-Kreuzungskälbern im Hinblick auf d. Fehlen v. Geburtsschwierigkeiten 2068.

Creek (R. D.) s. Schumaier (G.).

— u. **Vasaitis (V.)**, Nachweis einer antiproteolyt. Substanz in rohen Weizenkeimen 1304.

—, **Vasaitis (V.)**, **Pollard (W. O.)** u. **Schumaier (G.)**, Beweis für d. Vorhandensein eines thermolabilen

Wachstumsinhibitors in unbehandelten Weizenkeimen 1304.
Cresswell (E.), Energiestoffwechsel-Studien mit Romney Marsh- u. Cheviot-Schafen in Neu-Seeland 161. — s. Benzie (D.); Duckworth (J.).
Crider (Q. E.), Alaupović (P.) u. **Johnson (B. C.)**, Über d. Funktion u. d. Stoffwechsel v. Vitamin E. *3.* Mitt. Vitamin E u. Antioxydantien bei d. Ernährung d. Ratte 152.
Crişan (G.) s. Iordănescu (I.).
Crittenden (L. B.) u. **Bohren (B. B.)**, Genet. u. umweltbedingte Einflüsse d. Schlupfzeit, d. Eigewichts u. d. Lagerungszeit auf d. Schlupffähigkeit 1212. — Einfluß v. Legeleistung, Stand d. Produktion, Alter d. Hennen, u. dem Inzuchtgrad auf den Zeitpunkt d. Schlupfes sowie auf d. Schlupffähigkeit 1214.
Crockett (J. R.), Koger (M.) u. **Chapman jun. (H. L.)**, Genet. Variationen d. Hämoglobins bei Fleischrindern 2233.
Cromarty (A. S.) s. Hall (H. S.).
Crombach (J. J. M. L.), Aspekte d. Verhaltens v. Milchviehbullen. Effekt d. Stimulation auf d. Ejakulate 457.
Crook (E. M.) u. **Johnston (I. R.)**, Analyse d. Zellwände ausgewählter Arten v. Pilzen 779.
Cross (B. A.) u. **Silver (I. A.)**, Neurovaskuläre Kontrolle d. Sauerstoffspannung im Hoden u. Nebenhoden 905. — Sauerstoffspannung in d. Milchdrüse u. d. Milchejektions-Mechanismus 1601.
Cross (T.) s. Lumb (M.).
Crossley (J. N.) s. Barker (D. J. P.).
Crounse (R. G.), Maxwell (J. D.) u. **Blank (H.)**, Inhibierung d. Haarwachstums durch Mimosin 369.
Crowley (T. A.), Pasvogel (M. W.), Kemmerer (A. R.), Vavich (M. G.) u. **Kurnick (A. A.)**, Einfluß v. Phosphorergänzungen auf d. Zusammensetzung v. Eierschalen 147.
Crown (R. M.) s. Damon jun. (R. A.).
Cruft (H. J.), Elektrophorese v. Histonen in Polyacrylamidgelen 1912.
Cruz (E.) s. Castillo (L. S.).
Cruz (E. C.) s. Eusebio (J. A.); Felix (A. E.).
Csaba (G.), Törö (I.), Horváth (C. Th. A.) u. **Mold (K.)**, Thymusdrüse u. Stress 897.
Cseh (F.) s. Baboczhay (S.).
Csire (L.), Zentrale Mastleistungsprüfungen v. Mangalicas erforderlichen Zahl v. Tieren 2078. — s. Holdas (S.); Kertész (F.).
— u. **Farkas (M.)**, Möglichkeit d. Ersatzes v. Gerste durch Mais in d. Baconschweinemast. *1.* Mitt. Einfluß d. Maisverfütterung auf d. Masterfolg u. auf d. Zusammensetzung d. Schlachtware 2376.
—, **Holdas (S.)** u. **Farkas (M.)**, Möglichkeit d. Ersatzes v. Gerste durch Mais in d. Baconschweinemast. *2.* Mitt. Einfluß d. Maisfütterung auf d. Fleisch- u. Speckqualität 2376.
Csiszár (V.), Melken u. maschinelles Melken [1435].
Csöndes (J.) s. Szajkó (L.).
Csomós (Z.), Zeitgemäße Organisierung d. züchter. Arbeit auf d. Rinder-Besamungsstation d. Komitates Heves 1389.
Csukás (M.) s. Czakó (J.).
Čuchrij (B. M.) s. Zvjerjeva (G. V.).
Čudakov (V.), Was bringt d. Verkürzung d. Tageslichteinflusses bei Füchsen? 2316.
Cuenca (C. L. de), Ernährung d. Schafe 752.
Čukanov (I.), Neues Mittel zur Bekämpfung d. Bienenlaus 1673.
Cullington (J. M.), Amerikan. Enten 99.
Cullison (A. E.), Wirkung d. physiolog. Form d. Ration auf d. Leistung v. Bullen u. einige Pansenphänomene 132.
Cullity (M.), Untersuchungen zum Wachstum v. Fleischrindern in d. Wokalup-Forschungsstation, Projekt *6* 509.
Culp (T. W.) s. Feldman (G. L.).
Culpin (C.), Entwicklungstendenzen d. Methoden zur Heubelüftung 1949.
Culpin (S.), Futterwert v. Silage u. scheunengetrocknetem Heu 838.
Čumin (N. P.) s. Ermekov (M. A.).
Cumings (J. N.), Kupferstoffwechsel u. d. „Wilson disease" 1288.
Čumlivsky (B.), Frage d. reziproken

Kreuzung d. Fleischmerinos mit d. Stawropoler Merino 976. — Milchleistung u. Widerstandsfähigkeit d. F_1-Kreuzungsprodukte aus Wallach. Mutterschafen u. sowjet. Zigajaböcken 976. — Wolleigenschaften v. F_1-Kreuzungstieren aus Muttern d. Wallach. Schafes u. Böcken d. Sowjet. Zigajaschafes 1651.

Cunha (T. J.) s. Meacham (T. N.); Shirley (R. L.).

Cunningham (H. M.) s. Friend (D. W.); Nicholson (J. W. G.).

—, Friend (D. W.) u. **Nicholson (J. W. G.)**, Auswirkung elektr. Reizung auf d. Muskelentwicklung u. d. Stickstoffansatz wachsender Schweine 2520. — Überlauffistel für Verdauungsstudien beim Schwein 2567.

Cunningham (N. F.), Insulinaktivität im Blutplasma v. Rind u. Schaf. *1.* Mitt. Biolog. Bestimmung v. Insulin mit Hilfe d. isolierten Rattenzwerchfelles 1588; *2.* Mitt. Insulinähnliche Wirkung v. Rinder- u. Schafplasmaextrakten 1588.

Čupka (V.), Vergleich d. Abhängigkeit zwischen d. Muskel- u. Speckfläche auf d. Kotelettzuschnitt u. Schlachtwertmerkmalen d. Schweine 967. — s. Majerčiak (P.).

— u. Majerčiak (P.), Einfluß v. ad-libitum-Fütterung auf d. Lebendgewichtszunahmen u. den Schlachtwert v. Mastschweinen 2083.

Cupps (P. T.) s. Rahlmann (D. F.).

Currey (J. D.), Festigkeit d. Knochens 895.

Currie (D. C.) s. Robinson (J. F.).

Curth (H.), Biolog. Bekämpfung d. Milbenseuche 1674.

Čuškov (P.) s. Gerov (K.).

— u. Gerov (K.), Altersbedingte Besonderheiten d. Eiweißfraktionen des Blutserums gesunder u. kranker Kälber 4.

Custer (J. H.) s. Zittle (C. A.).

Čuta (J.) s. Matoušek (J.).

Cuthbertson (A.) s. Leat (W. M. F.).

Cuthbertson (D. P.) u. **Hobson (P. N.)**, Mikrobiologie d. Verdauung 570.

Cutrim (A. M.) s. Barreto (R. C. R.).

Cutts (N. A.), Behandlung u. Verpakkung v. Honig 2321.

Cvetkova (C.) s. Ikonomov (L.).

Cvetkova (V. A.), Einfluß d. gonadotropen Hypophysenhormone auf d. Eierstöcke bei Schweinen 2016.

Cymbal (T. G.), Frage d. altersmäßigen Besonderheiten d. Baues d. Epithelkörperchen beim Rind 10.

Cynkov (M. J.), Organisation d. Tierzucht. Am Beispiel d. Betriebe d. Nichtschwarzerde- u. Zentralen Schwarzerdezone [57].

Czakó (J.), Anwendung v. Vitaminen u. Antibiotica bei d. Fütterung v. Jungkälbern 615. — Milchvieh-Offenstallhaltung in ungar. Großbetrieben 1405. — s. Bárczy (G.).

— u. Csukás (M.), Daten über die notwendige Zahl v. Untersuchungen zur Bestimmung d. für d. Laktation charakt. Milcheiweißprozente 282.

— u. Illés (A.), Untersuchung v. Faktoren, d. Schwankungen u. Verringerung d. Milchleistung hervorrufen im Offenstall d. Versuchsbetriebes v. Herceghalom 1433.

Czarnocki (Jadwiga), Sibbald (I. R.) u. **Evans (E. V.)**, Bestimmung v. Chromoxyd in Futter- u. Exkretproben durch Säureaufschluß u. Spektrophotometrie 564.

Czarnocki (Jan) s. Flak (W.).

Czernicki (B.) s. Boguth (W.).

— u. Weiser (H.), Beeinflussung d. Dotterfarbe durch einige reine Carotinoide sowie durch Paprika 1893.

Czok (G.) s. Kieckebusch.

Czub (E.), Vormagen- u. Stoffwechselstörungen bei Rindern u. deren Behandlung 1510.

Dachnovskij (N. V.), Bajdevljatov (A. B.) u. **Doroško (I. N.)**, Ultraviolettbestrahlung d. Hühner in Intensivgeflügelställen 1832.

Dachnovškyj (M. V.), Methoden intensiver Hühnerhaltung 1660.

Dade (H. A.), Flug d. Honigbiene 542.

Daft (F. S.) s. Gustafsson (B. E.).

Daghir (N. J.) u. **Balloun (S. L.)**, Einfluß v. Fetten u. Cholin auf Leber- u. Serumcholesterol beim Küken 350. — Vitamin-B_6- u. Cholesterin-Stoffwechsel beim Küken 2152.

Dagley (S.), White (A. E.), Wild (D. G.) u. **Sykes (J.)**, Synthese v. Pro-

tein u. Ribosomen durch Bakterien 137.
Dahl (G. M.) s. Good (D. L.).
Dahl (O.), Kreatingehalt, Index d. Fleischwarenqualität? 1165.
Dahse (F.), Mechanisierung d. Fütterung u. Entmistung in Altställen für Rinder mit Anbindehaltung 934.
Daigo (M.) s. Morita (S.).
Dajani (R. M.) u. **Orten (J. M.)**, Nutzbarmachung v. Äthanol auf d. Wege d. Citronensäurecyclus in d. Ratte 2353.
Dakin (H. C.) s. Budtz-Olsen (O. E.).
Dakshinamurti (K.) s. Mistry (S. P.).
— u. **Mistry (S. P.)**, Gewebe- u. intracelluläre Verteilung v. Biotin-^{14}COOH in Ratten u. Küken 2117. — Aminosäureinkorporation u. Biotinmangel 2141. — Ascorbinsäuresynthese u. Biotinmangel 2367.
Dalo (M. B.) s. Williams (W. T.).
Dalferes jun. (E. R.) s. Berenson (G. S.).
Dalgarno (A. C.), **Hill (R.)** u. **McDonald (I.)**, Vitamin D im Blut v. Schafen 598.
Dallman (M. F.) s. Yates (F. E.).
Dallmann (H.), Arbeit d. Bienenschutzstelle d. DDR im Jahre *1962* 1906. — Toxizität v. Wuchsstoff-Herbiziden auf d. Honigbiene 2325.
Dalton (D. C.), Merkmale v. wirtschaftlicher Bedeutung bei d. Welsh-Mountain-Schafen 975.
Dam (H.), Cholesterin-Stoffwechsel u. Gallenstein-Bildung im Tierversuch. Einfluß v. Fetten u. Kohlenhydraten 137. — s. Funch (J. P.); Hølmer (G.).
Dam (R.) u. **Norris (L. C.)**, Einfluß einiger antibakterieller u. antifungaler Mittel auf d. Wachstum u. d. Eierproduktion v. Hühnern 1505.
Damm (K.), Durchsetzung d. Stallordnung, Bestandteil d. Wettbewerbs in d. Viehwirtschaft aller LPG 1614.
Damon jun. (R. A.), **Crown (R. M.)**, **Singletary (C. B.)** u. **McCraine (S. E.)**, Schlachtkörpermerkmale v. Reinzucht- u. Kreuzungsochsen d. Fleischrassen im Golfküstengebiet 961.
Dan (I. R.) s. Pălămaru (E.).
Danasoury (M. S.) s. Osman (H. E.).
Dancu (D.) s. Ştefănescu (C.).
Daniel (L. J.), **Cohen (S.)** u. **Yesair (D. W.)**, Cholesterin bei Kükenembryonen mit Vitamin-B_{12}-Mangel 27.
Danieljan (S. G.), Ohrwurm, Überträger v. Infektionskrankheiten 1905. — Meleose d. Bienen in d. Armen. SSR 2110.
Daniels (N. W. R.) s. Coppock (J. B. M.).
Danielson (L.) u. **Ernster (L.)**, Fehlen einer Beziehung zwischen mitochondrialer oxydativer Phosphorylierung u. dem Dicumarol-empfindlichen Flavinenzym „DT-Diaphorase“ oder „Vitamin K-Reduktase“ 138.
Danilenko (I. A.), Einfluß d. Umwelt auf d. Leistungsfähigkeit u. Gesundheit d. Tiere bei Stallhaltung 250.
— u. **Bogdanov (G. A.)**, Wert d. Zuckerrüben bei d. Schweinefütterung 2613.
—, **Bogdanov (G. A.)** u. **Maksakov (V. J.)**, Qualität d. Schweinefleisches bei d. Fleischmast mit Zuckerrüben u. Mais 2615.
Danilova (A.), **Nikonov (M.)** u. **Kočer (S.)**, Torfstreu für d. Rinderstall 2514.
Dannemann (H.) u. **Fischer (H.)**, Typenvorschläge für Abkalbeställe 928.
Dannenburg (W. N.) s. Pulliam (R. P.).
Danov (D.), Zuchtreife bei Jungbullen 733. — Mikromorpholog. Untersuchungen d. Hoden u. Nebenhoden bei Jungbullen 896.
Dansky (L. M.), Wachstumsfördernde Eigenschaften v. Menhaden-Fischöl unter d. Einfluß verschied. anderer Fette 1954.
Darchen (R.) s. Lensky (J.).
— u. **Louis (J.)**, Züchtung d. Meliponen (Melipona, Trigona, Lestremelitta) 1465.
Dardžonov (T.), Wachstum u. Entwicklung d. Tiere u. d. zootechn. Praxis 694. — Vitamin-A- u. Carotingehalt in d. auf dem VE Versuchsgut „Wrana“ gewonnenen

Kuhmilch 1034. – s. Paliev (C.); Platikanov (N.).
Daroczy (A. F.) s. Bruell (J. H.).
Das (B. R.), Isolierung u. teilweise Charakterisierung v. α_1-Mucoprotein aus Schaf-Plasma 1681.
Dasgupta (P. R.), Verteilung v. Prä-corticotropin im Blut 1806.
Dassat (P.) u. **Sartore (G.),** Hämoglobin- u. Kalium-Bluttypen bei sardin. Schafen in Italien 2448.
Datta (S. P.) s. Bednekoff (A. G.).
Dattilio (M.) s. Maymone (B.).
Daumer (K.), Kontrastempfindlichkeit d. Bienen für „weiß" verschied. UV-Gehalts. Beitrag zur Frage, woran d. Bienen d. Sonnenstand hinter einer Wolkendecke erkennen 1899.
Davey (G. P.) s. Alexander (G. I.).
Davey (R. J.) u. **Stevenson (J. W.),** Pantothensäurebedarf v. Schweinen für d. Reproduktion 1937.
David (D. J.) s. Williams (C. H.).
Davidson (A. G. F.) s. Copp (D. H.).
Davidson (J.) u. **Boyne (A. W.),** Methionin- u. Lysinergänzung v. Erdnußmehl in Versuchsrationen für Legehennen 1718.
– u. **McDonald (I.),** Kalzium- u. Phosphorgehalt d. Milch v. Mutterschafen d. Bergrasse 1410.
–, **Mathieson (J.)** u. **Williams (R. B.),** Relative Werte v. Getreideproteinen für d. Kükenwachstum 1941.
Davidson (J. A.) s. Bigbee (D. G.).
Davidson (J. M.) u. **Feldman (S.),** Hemmung d. Adrenocorticotropin-Sekretion durch Hydrocortison-Implantation in den Hypothalamus 897.
Davies (E. G.), Ashton (W. M.) u. **Borrill (M.),** Verteilung v. Kumarin u. verwandter Substanzen während d. Wachstums u. d. Entwicklung d. Blätter v. Anthoxanthum-Species 2166.
Davies (R. E.) s. Deyoe (C. W.); Eoff (H. J.); Jones (M. L.).
Davies (W. E.) u. **Tyler (B. F.),** Ertrag u. Zusammensetzung v. Luzerne, Gras u. Klee unter verschied. Anbau- u. Erntebedingungen. *4.* Mitt. Weitere Untersuchungen über d. Einfluß d. Schnitthäufigkeit bei Luzerne u. -grasgemisch 2382.
Davin (W. F.) s. Formica (S. D.).
Davis (B. H.) u. **Brunson (C. C.),** Wirksamkeit einer Öl- oder Cellophanschutzhülle für Eier 717. – Schlachtkörperzusammensetzung v. jungen Puten nach Verabreichung v. Diaethylstilboestrol u. Thiouracil 2156.
Davis (C. L.) u. **Brown (R. E.),** Verwertung u. Stoffwechsel v. verschied. Substraten durch Wiederkäuer. *4.* Mitt. Glucose-Stoffwechsel im jungen Kalb u. wachsenden Stier 588.
Davis (C. N.) s. Herndon (J. F.).
Davis (F. F.), Fraktionierung v. Hefe-Ribonucleinsäure mit Natriumchlorid 1480.
Davis (F. W.) s. Adams (W. S.).
Davis (G. K.) s. Easley (J. F.); Feaster (J. P.); Shirley (R. L.).
Davis (G. T.) s. Myers (P. W.).
– u. **Beeckler (A. F.),** Plastikverpakkung v. Eiern. *1.* Mitt. Verpakkungsmethoden 1625.
Davis (I. S.), Bratton (R. W.) u. **Foote (R. H.),** Lebensfähigkeit v. Bullenspermien bei *5* °C in Eidotter-Glycerin-Verdünnern, d. mit „Tris" u. Citrat gepuffert wurden 2243. – Lebensfähigkeit v. Bullenspermien bei *+5°*, *–25°* u. *–85* °C in Tris- u. Citrat-gepufferten Eigelb-Glycerin-Verdünnern 2243.
Davis (J.) s. Black (D. L.).
Davis (R. E.), Folsäuremangel u. Ausscheidung v. Formiminoglutaminsäure im Harn bei Ratten 164. – s. Elam (C. J.); Putnam (P. A.).
Davis (R. R.) s. Johnson (R. R.).
Davis (S. P.) s. Spurlock (G. M.); Warwick (B. L.).
Davletova (L. V.), Vergleichscharakteristik d. Histogenese v. Magen- u. Darmwand bei Feten v. Schafen d. Rassen Sowjet. Merinos u. Hissar 1123. – Besonderheiten d. postnatalen Wachstums d. Magen-Darm-Kanals bei d. Sowjet. Merinos, Dagestan. Bergschafen u. d. Hissar-Rasse 1123.
Davoren (P. R.), Isolierung v. Insulin aus einem einzelnen Katzenpankreas 1688.
Dawson (A. McL.) s. Mould (D. L.).
Dawson (C. R.) s. Tokuyama (K.).

Dawson jun. (J. S.) u. **Siegel (H. S.),** Einfluß d. Kammabschneidens u. d. Testosterons auf Auseinandersetzungen zwischen Junghähnchen 720.

Dawson (L. E.) s. Bigbee (D. G.); Makens (J. C.).

—, **Bigbee (D.)** u. **Sobel (N.),** Eßbarer Überzug aus einem azetylierten Monoglyzerid für d. Präservation v. Geflügelfleisch 2490.

Dawson (R.) u. **Holdsworth (E. S.),** Proteinverdauung mit ^{14}C-markiertem Protein. *1.* Mitt. Das allgemeine Muster d. ^{14}C-Inkorporation in Körpergeweben u. Flüssigkeiten d. Ratte bis *3* Std. nach d. Fütterung 1247.

— u. **Porter (J. W. G.),** Proteinverdauung mit ^{14}C-markiertem Protein. *2.* Mitt. Transport v. ^{14}C-markierten N-Verbindungen in Ratte u. Katze 1247.

Dawson (T. J.) u. **Evans (J. V.),** Typen d. Hämoglobins u. d. Kaliumgehalts d. Erythrocyten beim Schaf u. deren Einfluß auf d. Sauerstoffdissoziation u. Hämoglobindenaturation 1363.

Day (B. N.) s. Romack (F. E.).

—, **Lasley (J. L.), Addleman (H. E.)** u. **Tribble (L. F.),** Leukocytenreaktion auf Stilboestrol u. Progesteron-Oestradiol - Kombination beim Schwein 444.

Day (E. J.) s. Ratcliff (R. G.).

Dean (B. T.) u. **Tribble (L. F.),** Fütterungseinfluß therapeut. Antibioticagaben auf d. Zuchtleistung bei Schweinen 458. — Wirkung d. Verfütterung therapeut. Mengen v. Antibioticis bei d. Aufzucht auf d. Fortpflanzungsleistung d. Schweines 1282.

Deans (R. J.) s. Young (L. G.).

Deb (A. K.) u. **Cama (H. R.),** Untersuchungen d. menschlichen Laktation. Nahrungs-N während d. Laktation u. Verteilung d. N in d. Muttermilch 140.

Debecker (F.) s. Snick (G. van).

Debro (J. R.) s. Lee (M.).

Debruyckere, Lage des landwirtsch. Bauwesens in Belgien 927.

Debruyckere (M.), Verbesserung d. Lüftungsberechnung in Ställen 1399.

Debruyne (R.), Gewinnung v. Bullensperma durch Massage d. Samenleiterampullen u. d. Brauchbarkeit dieser Methode für d. Zwecke d. künstlichen Besamung 1390.

Dechary (J. M.) s. Evans (W. J.).

Decker (G.) s. Batemann (J. V.).

Decker (P.) s. Gärtner (K.).

—, **Gärtner (K.), Hörnicke (H.)** u. **Hill (H.),** Fortlaufende Messungen v. Harnstoffbildung u. Harnstoffrückfluß in den Pansen in Abhängigkeit v. Harnfluß mit Hilfe v. ^{14}C-Harnstoff bei Ziegen 588.

— u. **Höller (H.),** Zeitgradientenverfahren zur Fraktionierung v. körnigen Materialien, insbes. Ionenaustauscherharzen, durch Sedimentation 334.

Dědečkova-Šálová (J.), Einfluß eines unterschiedlichen Stallmilieus auf d. Futterausnützung bei Kälbern u. Jungvieh 1512. — Einfluß d. verhaltenen Fütterung auf Wachstum u. Entwicklung d. Färsen im Zeitabschnitt v. *1—2* Jahren 2475.

Dedić (K.) u. **Kielwein (G.),** Tierärztliche Lebensmittelüberwachung im Milchtierbestand 2047.

Dedov (M.), Fütterung trockenstehender Kühe 170.

Deenen (L. L. M. van) s. Veerkamp (J. H.).

Deev (V. N.), Konstitution Salsker Feinwollschafe verschied. Boniturklassen u. Grundgruppen entsprechend d. Hautfaltenbildung 297.

Degerbøl (M.), Ur u. Hausrind 270.

Degroot (N.) u. **Cohen (P. P.),** Aminosäure aktivierende Enzyme u. Pyrophosphatase in Frosch- u. Kaulquappenleber 2141.

Dehaye (L.) u. **Camerlynck (R.),** *10* Jahre Selektion u. Beobachtungen an Piétrain-Schweinen in u. außerhalb Belgiens 1435.

Dehm (R.), Ursachen- u. Zeitproblem in d. Stammesgeschichte 2218.

Dehority (B. A.) s. Johnson (R. R.); Moore (J. E.); Nelson (E. C.).

—, **Johnson (R. R.)** u. **Conrad (H. R.),** Verdaulichkeit d. Hemicellulose u. d. Pectins aus Futterstoffen durch Pansenbakterien in vitro u. ihre

Beeinflussung durch d. Lignifizierung 794.
Deimel (M.) u. **Maurer (W.)**, Konzentration u. Austauschrate d. freien Methionins in Muskel u. Leber d. Ratte 2142.
Delbrück (M.), Vererbungschemie 2015.
Delić (J.), **Palušek (J.)**, **Puača (V.)** u. **Brković (M.)**, Versuchsergebnisse mit zwei Alleinfuttermischungen verschied. Zusammensetzung in d. Fütterung mit *30* Tagen abgesetzten Ferkeln 374.
Demarez (D.) s. Thoonen (J.).
Demark (N. L. van), Künstliche Besamung beim Rind 29. — s. Bartlett jun. (F. D.).
— u. **Bartlett jun. (F. D.)**, **Faktoren**, die d. CO_2-Gehalt u. d. Lebensfähigkeit v. Rinderspermatozoen in CO_2-haltigen Verdünnern beeinflussen 1604.
Demark (P. J. van) s. Smiley jun. (K. L.).
Dembnicki (E. F.) s. Hess (C. W.).
Demčenko (I. V.), Produktivität v. Hochleistungskühen in Abhängigkeit v. ihrer Vorbereitung zum Abkalben 71.
Demin (J. P.) s. Volik (G. P.).
Demiruren (A. S.) s. Slen (S. B.).
Demjančuk (V. P.), Calcium- u. Phosphorstoffwechsel hochproduktiver Kühe bei D-Hypovitaminose 144.
Dempsey (H. A.) s. McDaniel (L. S.).
Denamur (R.) u. **Martinet (J.)**, Wirkung d. Hypophysektomie u. d. Durchtrennung d. Hypophysenstieles auf d. Trächtigkeit d. Schafes 239; dass.: auf d. Laktation d. Schafes 243.
Dencker, Das Vollblut in d. Oldenburger Zucht 723.
Denenberg (V. H.) s. Ross (S.); Zarrow (M. X.).
—, **Zarrow (M. X.)**, **Kalberer (W. D.)**, **Farooq (A.)**, **Ross (S.)** u. **Sawin (P. B.)**, Mütterliches Verhalten beim Kaninchen: Einfluß d. Umweltveränderung 1855.
Dengler (B.) s. Wagner (H.).
Denisov (V. F.), Angaben über d. Charakter d. Vererbung d. Milchfettleistung beim Rind 2065.
Denisova (I. A.) u. **Balakireva (S. J.)**, Elektrophoret. Untersuchungen d. Blutserumeiweiße v. Säugetieren (vorwiegend Nagetiere) 2221.
Dennes (E.), **Tupper (R.)** u. **Wormall (A.)**, Studien d. Zinkes im Blut. Transport d. Zinkes durch d. Leukocyten 1273.
Dennis (S. M.), Spermicide Wirkung bakterieller Endotoxine 1603.
Denton (A. E.) s. Keane (K. W.).
Denton (C. A.) s. Lillie (R. J.); Miller (E. C.).
Denton (D. A.) s. Beilharz (S.).
Deodikar (G. B.), **Chowdhary (S. N.)**, **Bhuyan (B. N.)** u. **Kshirsagar (K. K.)**, Cytogenet. Untersuchungen an ind. Seidenspinnern. *2.* Mitt. Chromosomenzahl beim Muga-Seidenspinner Antheraea assamensis Westwood 1003.
— u. **Thakar (C. V.)**, Cytogenet. Untersuchungen an ind. Seidenspinnern. *1.* Mitt. Vorläufige Bemerkungen zur Spermatogenese v. Attacus ricini 550.
Depelchin (A.) u. **Koopmansch (W.)**, Rationelle Ernährung d. Labortiere 1515.
Deriaz (R. E.) s. Tayler (J. C.).
Derivaux (J.) s. Leclercq (M.).
Derse (P. H.), Bewertung d. Proteinqualität (Biolog. Methode) 565.
Desai (I. D.) u. **Patel (B. M.)**, Physiolog. Effekt nach Verfütterung v. L-Thyroxintriturat an Milchkühe 823. — Einfluß d. Thyroxinfütterung auf d. Milchsekretion 1389.
Desai (R. N.) s. Batra (T. R.); Singh (B. P.); Singh (S. B.).
Descours (J.), Seidenraupenzucht *1961* in Polen 2110.
Desjardins (C.) s. Hafs (H. D.).
Desnuello (P.) s. Ailhaud (G.); Reboud (J. P.).
Detkens (S.) s. Sobczak (Z.).
Deuticke (B.) s. Gerlach (E.).
Devi (A.), Isolierung u. Charakterisierung v. Ribonucleinsäure aus Rattenlinsen 2556.
Devjatnin (V. A.) s. Meljukov (A. N.).
Devos (A.) s. Geurden (L. M. G.).
Dewitz (F.), Industrialisierung landwirtsch. Produktionsprozesse 1839.
Dexheimer (J.) s. Jenichen (W.).

Deykin (D.) u. **Goodman (DeW. S.),** Hydrolyse v. langkettigen Fettsäureestern d. Cholesterins mit Rattenleberenzymen 2353.

Deyl (Z.) s. Pavlíček (M.); Rosmus (J.).

— u. **Rosmus (J.),** Zentrifugal-Chromatographie. *3.* Mitt. Chromatographie einiger Substanzen d. Vitamin-B_6-Gruppe 1918.

Deym (C.), Sage, Wahrheit u. Ursprung d. arab. Rassepferde 1421.

Deyoe (C. W.) s. Jones (M. L.).

—, **Davies (R. E.), Krishnan (R.), Khaund (R.)** u. **Couch (J. R.),** Geschmacksvorlieben bei Hühnerküken 719.

Dhanda (M. R.) s. Kalra (D. S.).

Dhandapani (M. N.), Erstkalbealter u. Zwischenkalbezeit bei Kreuzungskühen mit verschied. Red-Sindhi- u. Jersey-Blutanteilen 504.

Diamantstein (T.) u. **Ehrhart (H.),** Dünnschichtchromatograph. Trennung einiger Stoffwechselprodukte d. Tryptophans 1916.

Dickerson (G. E.), Stichprobenleistungsprüfung bei Hühnern in den USA 529.

Dickerson (J. W. T.) s. McCance (R. A.).

Dickman (S. R.) u. **Bruenger (E.),** Einbau v. Aminosäuren in Protein durch intracellulare Partikeln aus d. Pankreas v. Hunden 2359.

Dickmann (Z.), Zwischenartliche Spermienpenetration durch d. Zona pellucida 2019.

— u. **Noyes (R. W.),** Zona pellucida zum Zeitpunkt d. Implantation 26.

Dickson (I. A.) s. Noller (C. H.).

Dickson (J. G.) u. **Lords (J. L.),** Fraktionierung v. Stickstoffverbindungen aus Maisblättern 1911.

Didov (V.) s. Bratanov (K.).

Diehl (J. F.), Einfluß v. Vitamin-E-Mangel u. Hunger auf d. in vivo-Oxydation ^{14}C-markierter Verbindungen beim Kaninchen 2608.

— u. **Sanders (L. L.),** Wirkung v. Vitamin-E-Mangel auf die Proteinsynthese im Skelettmuskel des Kaninchens 164.

Diekmann (A.) s. Stouffer (J. R.).

Diekmann (A.) u. **Smidt (D.),** Transportabler Zwangsstand für Schweine 258.

Diekmann (R. H.), Frühgeschichtliche Klotzbeuten im Germanenhof (*1.* Jahrhundert) zu Oerlinghausen im Teutoburger Walde 1463.

Dieten (S. W. J. van) s. Loen (A. van).

Dietrich, Fütterung d. tragenden u. säugenden Sauen 293.

Dietsch (R.), Wie soll d. Planung d. Futterflächen in sozialist. Landwirtschaftsbetrieben erfolgen? 1512.

Dietz (G.), Moderne Blaufuchsgehege 104.

Dijkshoorn (W.) u. **Lampe (J. E. M.),** Verteilungschromatographie d. organ. Säuren v. Lolium perenne L. an Silikagelsäulen 2563.

Dijkstra (N. D.), Futterwert v. getoastetem Guarmehl 2387.

Dikmak (E.) s. Kinoshita (J. H.).

Dikov (V.), Lehre d. Blutgruppen landwirtsch. Nutztiere 676. — Beitrag zu quantitativen Bestimmungsverfahren d. bei d. Papier- u. Agarelektrophorese erhaltenen Eiweißfraktionen 2559. — s. Bratanov (K.).

Dilanjan (Z. C.) u. **Agababjan (A. A.),** Untersuchung d. Kuhmilch u. d. Colostrums 1845.

— u. **Mnacakanjan (L. B.),** Zusammensetzung u. d. Eigenschaften d. Milch v. Kühen verschied. Kreuzungsgenerationen 2281.

Diller (E.) s. Loo (Y. H.).

Diller (E. R.), Korzenovsky (M.) u. **Harvey (O. A.),** Endogene Hypercholesterosis in Kaninchen mit einer fettfreien Diät u. d. Effekt ungesättigter Lipide 142.

Dima (G.) s. Lunca (N.).

Dimant (E.) s. Banay (M.).

Dimitrov (C.), Konstitutionelle Dyspepsie 1434.

Dimitrov (D.), Feststellung v. Typenrationen u. Futternormen für feinwollige männliche Keuzungszuchtlämmer 1513. — s. Jordanov (Stojan); Nejčev (O.).

Dimitrov (G.) s. Kadijski (E.).

Dimitrov (I. I.), Heilung d. v. Faulbrut befallenen Bienen mit Molke 111.

Dimitrov (P.) s. Donev (K.).

Dimitrov (S.), Nutzungszeiten d. Futterpflanzen im grünen Fließband 1064.
Dimitrov (V.) s. Venev (I.).
Dimler (R. J.) s. Jones (R. W.).
Dimopoullos (G. T.), Verhältnis v. Polysacchariden u. Protein im Serum normaler Rinder 444.
Dimov (A.), Schnellmast zuchtuntauglicher Hähnchen 1456. – Feststellung v. Typenrationen u. Futtermengen für Newhampshire- u. Leghornküken u. -junghühner in Nordwestbulgarien 2372. – Feststellung geeigneter Kombinationen für d. Gebrauchskreuzung einiger Hühnerrassen. Versuche zur Gebrauchskreuzung v. Leghorn u. New-Hampshire 2533.
—, Todorov (A.) u. **V lov (T.),** Mikrostruktur d. Haut v. Einzel- u. Zwillingslämmern u. deren Veränderung bis zum 4- bis 5-Monate-Alter 1119.
Dimov (J.), Einfluß d. Ernährung auf d. Ovulationsgrad u. d. Entwicklung d. Frucht bei wachsenden Muttersauen d. Bulgar. Weißen Schweins 1203.
Dinčeva (E.) s. Cachariev (C.).
Dingman (C. W.) s. Barondes (S. H.).
Dingman (W.) u. **Sporn (M. B.),** Isolierung u. physikal. Charakterisierung v. Kern- u. Mikrosomen-Ribonucleinsäure aus Rattengehirn u. -leber 1918.
Dinsley (M.) s. Brown (A. M.).
Dinu (F.) s. Lunca (N.).
Dinu (I.) s. Puşcaru (D.).
Dinu (M.), Vermeşanu (N.) u. **Păduraru (I.),** Einfluß d. Eiweißnatur in d. Rationen mit einem erhöhten Maisgehalt auf d. chem.-physikal. Eigenschaften d. Fettes u. Fleisches d. Schweine 2161. – Einfluß d. Maisanteiles in d. Ration auf d. chem.-physikal. Eigenschaften d. Schweinefleisches u. Fettes 2167.
Dinusson (W. E.), Bolin (D. W.), Erickson (D. O.), Haugse (C. N.) u. **Buchanan (M. L.),** Physikal. Formen v. Heu für Mastochsen 1729.
—, Erickson (D. O.), Buchanan (M. L.) u. **Bolin (D. W.),** Vergleich v. pelletiertem, gehäckseltem u. langem Heu als Winterfutter für Ochsen 1061.
Diomidova (N. A.), Entwicklung d. Haut u. d. Wolle bei Schafen [12]. – Entwicklung d. Wollfasern bei Feinwollschafen 1449.
Diplock (A. T.) s. Edwin (E. E.).
—, Bunyan (J.), Edwin (E. E.) u. **Green (J.),** Tocopherol, Selen u. Ubichinon bei Truthahn u. Taube 599.
Dishington (I. W.) s. Ender (F.).
Dishmon (G.) s. Heimberg (M.).
Dittmar (J.), Klin. Untersuchung d. Bullen als Grundlage d. Selektion auf Fruchtbarkeit 1178.
Dittrich (W.), Entwicklung d. sozialist. Bildungswesens in d. Milchindustrie 1577.
Diven (R. H.) s. Anderson (T. A.).
Dixon (J.) s. Ehlers (M. H.).
—, Ehlers (M. H.) u. **Erb (R. E.),** Gehalt des Bullenspermas an Lipidphosphor u. Nucleinsäurephosphor während aerober u. anaerober Inkubation 31.
Djakov (L.) s. Vačev (B.).
Dmitriev (N.), Einfluß d. Transportbedingungen auf d. Spermaqualität 467.
Dmitrieva (E. L.), Was ist über d. ersten Haustiere d. Krim bekannt? 2445.
Dmitročenko (A. P.), Einfluß d. Futterbedingungen auf einige Seiten d. Wachstums u. d. Entwicklung landwirtsch. Nutztiere 250.
Dmitrotschenko (A. P.), Wichtigste neuere Untersuchungsergebnisse bei d. Fütterung landwirtsch. Nutztiere 614.
Doberenz (A. R.), Schneider (D. L.), Kurnick (A. A.), Vavich (M. G.) u. **Kemmerer (A. R.),** Physikal. Veränderungen bei Eiern, gelegt v. Hennen, d. Zugaben v. Sterculia foedita Öl bekamen 494.
Dobici (F.) s. Alberti (G.).
Dobie (J. B.) s. Ronning (M.).
Dobos (S.) s. Kállai (L.).
Dobrev (D.), Körperentwicklung u. Wolleistung feinwolliger Lämmer 754. – Halbblutzucht in Bulgarien 723. – Genealogie u. Zuchtverwendung d. Hauptbeschäler in d. Halb-

blutherde d. bulgar. Staatsgutes „Stefan Karadsha" 1628.
Dobreva (I.) s. Kacarov (J.).
Dobreva-Vŭlčanova (I.) u. **Vŭlčanov (D. J.)**, Erträge u. Nährwert d. Körnermaises in Abhängigkeit v. d. Reife u. d. Erntebergung 1521.
Dobrynina (A. F.), Größe d. Fettkügelchen, d. Vitamin-A-Wert u. d. technolog. Wert d. Milch v. Kühen d. Jerseyrasse, d. Schwarzbunten Rasse u. deren Kreuzungsprodukten 1845.
Dobrynina (A. J.), **Zubareva (L. A.)**, **Kostin (I. G.)**, **Kušner (C. F.)**, **Samoletov (A. I.)** u. **Salgannik (M. G.)**, Einfluß d. Bestrahlung d. Embryonen auf d. postembryonale Wachstum, d. Entwicklung u. d. Leistungen d. Hühner 1592.
Dobson (D. C.) s. Anderson (J. O.).
Dobson (M. J.) s. Phillipson (A. T.).
Dočekal (J.), Verwendung d. Elektrophorese zur chromatograph. Bestimmung d. Aminosäuren in Futtermitteln 1916.
Doctor (V. M.), ^{131}J-Aufnahme in Rattenorganen u. Körperflüssigkeiten nach Injektion v. verschied. ^{131}J-Präparationen 594.
Dodd (M. C.), **Bigley (N. J.)**, **Geyer (V. B.)**, **McCoy (F. W.)** u. **Wilson (H. E.)**, Autoimmunreaktionen v. Kaninchen nach Injektionen v. Ratten- u. Kaninchen-Leberribosomen 1379.
Dodsworth (T. L.), Fleischproduktion in Milchrinderherden. Kreuzung v. Shorthorn mit Ayrshire 1426.
— u. **Ball (C.)**, Beifütterung v. Mastkälbern auf d. Weide 370. — Einflüsse v. ungeschältem Baumwollsamenkuchen zugesetzt zu einer an Schafe verfütterten Grasration 1749.
Döcke (F.), Superovulation u. Eitransplantation beim Haustier 1819. — Einfluß d. neuro-endokrinen Systems auf verschied. Zyklus- u. Paarungsabläufe beim Rind 2462.
Doehler (G.), Ökonomische Gesetze u. ihre Beachtung in d. Tierzucht 741.
Doell (B. H.) s. Bender (A. E.).
Doell (R. G.) u. **Kretchmer (N.)**, Untersuchungen über d. Dünndarm während d. Entwicklung. *1.* Mitt. Verteilung u. Aktivität v. β-Galactosidase 2555.
Dölling (W.) s. Marx (H.-J.).
Doepfmer (R.) s. Krampitz (G.).
Doerfler (W.), **Zillig (W.)**, **Fuchs (E.)** u. **Albers (M.)**, Biosynthese d. Proteine. V. Die Funktion v. Nucleinsäuren beim Einbau v. Aminosäuren in Proteine in einem zellfreien System aus Escherichia coli 2141.
Doevelaar (F. H.) s. Hadorn (H.).
Doherty (D. G.) s. Bezkorovainy (A.).
Dohy (J.), Bestimmung d. „relativen Lebensleistung" d. Kuh 282. — s. Horn (Artur).
Doira (H.) u. **Chikushi (H.)**, Genet. u. biochem. Analyse d. Merkmale für „oily skin" bei B. mori. *1.* Mitt. 2111.
Doisy jun. (E. A.) s. Matschiner (J. T.).
Dojčev (S.), Involution d. Geschlechtsapparats bei Kühen u. d. Prophylaxe d. akuten Gebärmuttererkrankungen 2454.
Dojčeva (M.) s. Radev (G.).
Dole (V. P.), Insulinähnliche Wirkung v. Ribonucleinsäure, Adenylsäure u. Adenosin 1255.
— u. **Hamlin (J. T.)**, Fettpartikel in Lymphe u. Blut 2219.
Doležahl (B.), Neue Technologie in d. tschechoslowak. Fleischwirtschaft 1169.
Dolling (C. H. S.), Behornung u. Hornlosigkeit beim Schaf. *3.* Mitt. Vererbung d. Behornung bei Dorset-Horn-Müttern 2297; *4.* Mitt. Das Hornwachstum beeinflussende Dreifachallele beim Merinoschaf 2297.
Dolnick (E. H.) s. Reineke (E. P.).
Domańska (J.), Jahreszeitbedingte Veränderungen im peripheren Blut v. Schafen 2220.
Domenech (J.) s. Grangaud (R.).
Dominic (C. J.), Follikelatresie im Ovar d. Haustaube 678.
Domračev (V.) s. Adrianov (K.).
Donald (H. P.), Einfluß d. Geschlechtes, d. Mehrlingsgeburt u. d. Alters d. Muttertiere in einer Weideherde auf d. Leistungsprüfergebnisse beim Lamm 2297.

Donaldson (W. E.), Reaktion v. Küken auf tier. Fett als Futterzusatz in neuer u. alter Umgebung 1294. — Fettverträglichkeit bei Legehennen. *1.* Mitt. Wirkungen v. zugeteilter Futtermenge mit hohem Anteil an tier. Fett 1296. — s. Olney (C. E.).

Done (J.) u. **Payne (P. R.)**, Verwendung v. Isotopen in d. Ernährungsforschung unter bes. Berücksichtigung d. Tritiums 566.

Donefer (E.) s. Crampton (E. W.).

—, **Lloyd (L. E.)** u. **Crampton (E. W.)**, Vorhersage d. Nährwertindex v. gehäckseltem bzw. gemahlenem Futter mit Hilfe einer Methode d. in vitro-Rumenfermentation 2610.

Donelson (J. R.) u. **Yamazaki (W. T.)**, Schnelle Methode zur Bestimmung d. Stärkebeschädigung in feinen Weizenmehlen 2330.

Donev (K.), Einfluß einiger Strahlenarten d. Sonnenspektrums auf d. Raupenentwicklung beim Seidenspinner 778. — Aufzucht v. Seidenraupen d. einheim. Gelbspinners bei wechselnder Tages- u. Nachttemperatur 1676. — Einfluß d. Pflanzschnitts auf d. Anwachsen d. Maulbeerbäume 1677. — s. Stoev (P.).

— u. **Bŭčarov (A.)**, Kreuzung d. einheim. Gelbspinners mit korean., chines. u. japan. Seidenraupenrassen. Vorl. Mitt. 1676.

— u. **Ermenkov (K.)**, Untersuchung d. Calciumeinflusses auf d. Lebensfähigkeit u. Produktivität d. Seidenraupe (Bombyx mori L.) 551.

—, **Lazarov (E.)** u. **Dimitrov (P.)**, Einfluß d. Ammoniaks auf d. Lebensfähigkeit u. Produktivität d. Seidenraupe 778.

—, **Stoev (P.)** u. **Ovesenska (L.)**, Einfluß d. Lichtstärke auf Wachstum, Entwicklung u. Leistung d. Seidenraupe 779.

Doney (J. M.) u. **Munro (J.)**, Einfluß d. Säugens, d. Haltung u. d. Jahreszeit auf d. Milchleistung bei Schafen, gemessen am Wachstum d. Lämmer 978.

— u. **Smith (W. F.)**, Markstränge in Wollhaaren 755. — Vlies d. Schott. Schwarzkopfschafes. *1.* Mitt. Jahreszeitliche Änderungen in d. Wollleistung u. Vliesstruktur. *2.* Mitt. Unterschiede in d. einzelnen Vlieskomponenten an d. Körperpartien d. Tiere 2528.

Dongindoo (É.), Zustand d. Verdauungsprozesse bei Kühen in Zusammenhang mit d. Melkprozeß 2576.

Donoso (G.), **Lewis (O. A. M.)**, **Miller (D. S.)** u. **Payne (P. R.)**, Einfluß d. Hitzebehandlung auf d. Nährwert d. Proteins: Chem. Bilanzstudien 608.

Donovan (B. T.), Bedeutung d. Uterus für d. Regulation d. Brunstzyklus 237.

Donovan (G. A.), **Price (K. E.)**, **Sherman (W. C.)** u. **Zolli jun. (Z.)**, Antibiot. Potenzierung. *1.* Mitt. Einfluß v. Anionen u. Fettsubstanzen auf d. Erniedrigung d. Calciumhemmung d. intestinalen Antibioticaresorption v. Küken 1045.

Doornenbal (H.), **Asdell (S. A.)** u. **Wellington (G. H.)**, Chrom^{51}-Bestimmung d. roten Blutkörperchen-Volumens als Index für d. „Fleischanteil" bei Schweinen 943.

—, **Wellington (G. H.)** u. **Stouffer (J. R.)**, Methoden zur Bestimmung d. Schlachtkörperzusammensetzung bei Schweinen 713.

Doran (B. M.) s. Moore (J. H.).

Dorfman (A.) s. Schiller (S.).

Dorfman (A. S.) s. Dorfman (R. I.).

Dorfman (L.), **Oeckinghaus (R.)**, **Anderson (F.)** u. **Robertson (G. I.)**, Automat. Schnellmethode zur Mikrobestimmung v. Stickstoff 1238.

Dorfman (R. I.) s. Kincl (F. A.).

— u. **Dorfman (A. S.)**, Testierung v. Androgenen mittels Auftragen auf d. Kükenkamm 1585. — Testierung oral verabreichter Androgene am Kükenkamm 1585.

Dorier (P.) u. **Verelle (L.)**, Glukose-Gehalt in veränderter Milch 2045.

Dorn (P.), Junghennenkrankheiten u. ihre Bekämpfung. Teil *2* 767. — Bruthygiene 1658. — Legehennenkrankheiten u. ihre Bekämpfung. Teil I 2538.

Dorošenko (N. J.), Einkreuzung in d. Fleisch-Wollschafzucht 522.

Doroško (I. N.) s. Dachnovskij (N. V.).
— u. **Gerja (G. I.)**, Einrichtung für d. Desinfektion v. Geflügelställen 2311.
Doroškov (V. B.), Befruchtung bei Schweinen, d. mit gemischtem Sperma verschiedenrassiger Eber experimentell besamt wurden 1203. — Einfluß v. Gewebepräparaten auf d. Funktion d. Eierstöcke u. d. Fruchtbarkeit d. Sauen 2020. — Biolog. Aktivität v. Placenta-Gewebepräparaten 2603.
Dosorez (D. P.) s. Frunkin (M. L.).
Dougall (B. M.) s. Halley (R. J.).
Dougall (H. W.), Einfluß v. Terramycin auf d. Zusammensetzung d. Schafkotes 131.
Dougherty (R. W.) s. Shipe (W. F.).
— u. **Cook (H. M.)**, Wege d. Abführung v. Rülpsgas im Rind. Quantitative Studie 2343.
—, **Hill (K. J.), Campeti (F. L.), McClure (R. C.)** u. **Habel (R. E.)**, Arbeiten über d. pharyngeale u. laryngeale Aktivität während d. Ructus bei Wiederkäuern 569.
—, **Shipe (W. F.), Gudnason (G. V.), Ledford (R. A.), Peterson (R. D.)** u. **Scarpellino (R.)**, Physiolog. Mechanismen zur Übertragung v. Geruch u. Geschmack auf d. Milch. *1.* Mitt. Mitwirkung ausgerülpster Gase auf den Milchgeschmack 483.
—, **Stewart (W. E.), Nold (M. M.), Lindahl (I. L.), Mullenax (C. H.)** u. **Leek (B. F.)**, Pulmonale Resorption v. aufgestoßenen Gasen bei Wiederkäuern 569.
Douglas (C. R.) s. Harms (R. H.).
Dovil'tis (P. P.) s. Ajzinbudas (L. B.).
Downes (A. M.) s. Till (A. R.).
Downey (G.) s. Murray (J. G.).
Downey (L. A.), Bacon-Wettbewerb *1962* in Victoria/Australien 1197.
Downing (S. J.) s. Rosenberg (L. E.).
Doyle (B. J.), Probleme d. KB beim Milchvieh in Neusüdwales. *1.* Mitt. 687; *2.* Mitt. 687. — s. Sedgwick (F. J.).
Doyle (F. A.) s. Feldman (G. L.).
Doyle (L. L.), Gates (A. H.) u. **Noyes (R. W.)**, Asynchrone Übertragung v. Mäuseeizellen 2239.
Dózsa (I.), Kemenes (F.) u. **Szent Iványi (T.)**, Untersuchungen über d. artbestimmende Rolle d. Erythrocyten d. Säugetiere 226.
Dozsa (L.), Anderson (G. C.) u. **McLaren (G. A.)**, Rumen-Biopsie-Technik 1925.
Dozy (A. M.) s. Huisman (T. H. J.).
Draper (P.) u. **Kent (P. W.)**, Biosynthese intestinaler Mucine. *4.* Mitt. Verwertung v. 1-^{14}C-Glucose durch d. Colonmucosa d. Schafes in vitro 2139.
Drawer (K.), Verwendung d. Doppeljoches bei Zugrindern in Deutschland aus d. Sicht d. Tierschutzes 961.
Drawert (F.), Bachmann (O.) u. **Reuther (K.-H.)**, Dünnschicht-Chromatographie v. ^{14}C-Dinitrophenylaminosäuren 1682.
Dražan (J.), Die Tuberkulose d. landwirtsch. Nutztiere [511].
Dreher (K.), Erfahrungen mit d. Carnica in Deutschland 541, 1464. — Tätigkeit d. Landes- Lehr- u. Versuchsanstalt für Imkerei in Mayen 1905.
Dreher (W.), Zucht im überstarken Sammelableger 2548.
Dreher (W. H.) s. Collins (W. E.).
Dreisbach (R. H.) s. Gerlach (E.).
Drejare (L.), Trächtigkeit beim Schwed. Rotbunten u. beim Schwed. Hornlosen Rind in Norrland 1428.
Drel' (K. A.), Gehalt an Adenosintriphosphorsäure in Hühnereiern im Verlauf d. Brutperiode 531.
Drepper (K.) s. Brüggemann (J.).
Drescher, Bienenzüchtung in d. USA 773.
Dressler (J.) s. Zelenka (J.).
Drewes (P. A.) s. Gal (E. M.).
Drews (M.) s. Esche (E.).
Driggers (J. C.) s. Edwards jun. (H. M.); Noles (R. K.).
Drobná (V.) s. Landau (L.).
Drozdova (L. P.) s. Sokolovskaja (I. I.).
Drury (A. N.) u. **Tucker (E. M.)**, Veränderungen d. Hämoglobins bei neugeborenen Lämmern 804.
Drury (D. R.), Almen (M. C.) u. **Ballard (K. W.)**, Mechanismus d. Harnstoffexkretion durch d. Niere bei Kaninchen 1809.
Dryden (L. P.), Hartman (A. M.), Bryant (M. P.), Robinson (I. M.) u.

Moore (L. A.), Bildung v. Vitamin B_{12} u. Vitamin-B_{12}-Analogen durch Reinkulturen v. Pansenbakterien 1279.
Drye (K. J.) s. Gilbreath (J. C.).
Drysdale (A. D.) s. Castle (M. E.).
Dubinin (N. P.) u. **Grozdova (T. J.)**, Streptomycin, radioaktive Strahlung u. d. natürliche Mutabilität 2232.
Dubiska (Z.) u. **Wójciak (M.)**, Untersuchungen über Keratine. *6.* Mitt. Verdaulichkeit u. Assimilierbarkeit d. Hornmehls u. seines Hydrolysats durch Hühner u. seine Wirkung auf die Befiederung v. Küken 388.
Dubouloz (P.), **Fondarai (J.)** u. **Pavone-Marville (R.)**, Colorimetr. Mikrobestimmung v. Cystein u. Cystin 120.
Ducay (E. D.) s. Mandeles (S.).
Duckwall (J. W.) s. Corley (E. L.).
Duckworth (J.) s. Benzie (D.).
—, **Benzie (D.)**, **Cresswell (E.)** u. **Hill (R.)**, Untersuchungen an Schafskeletten. *6.* Mitt. Bericht über d. Anwendung einer Knochenbiopsietechnik für Skelettuntersuchungen bei Schafen 1121.
Ducos (P.), Biolog. Überlegungen beim recenten Hausrind für d. Untersuchung d. Geschichte seiner Domestikation 1579.
Dudarev (M. A.) s. Pljaščenko (S. I.).
Dudareva (T.) s. Il'inskaja (T.).
Dudin (S. J.), Züchtung hornloser Rinder 276.
Dudkin (M. S.) u. **Medvedeva (E. I.)**, Anzucht v. Futterhefen auf Schilfrohrhydrolysaten 1524.
Dudley (W. A.), **Becker (D. E.)**, **Jensen (A. H.)**, **Terrill (S. W.)** u. **Norton (H. W.)**, Kristalline Aminosäuremischungen als einzige Stickstoffquelle für d. Saugferkel 1047.
Duduk (V.) s. Potsubay (J.).
Düring (T.) s. Hansson (A.).
Dufour (L.) s. Bernard (C.).
Dugal (L. P.) s. Perrault (M. J.).
Duggan (M. H.) s. Taylor (D. M.).
Duijn jun. (C. van), Tox. u. photodynam. Wirkungen v. Toluidinblau auf lebende Bullenspermien 917.
Duisberg (H.) s. Warnecke (B.).
Dujunov (É. A.) s. Sergeev (V. A.).
Dukes (H. H.) s. Glazier (D. B.).
Dulay (T. A.) s. Castillo (L. S.).
Dumanovsky (F.) s. Oklješa (B.); Rako (A.).
Dumas (B. R.) s. Alais (C.).
Dummer (M.), Zuchtschafebestand in England u. Wales 974.
Dumont (B. L.), Selektion auf Fleischproduktion beim Rind 954.
—, **Le Guelte (P.)**, **Arnoux (J.)** u. **Schmitt (O.)**, Biometr. Untersuchungen an Schlachtrindern. *1.* Mitt. Variabilität d. anatom. Zusammensetzung des Schlachtkörpers v. Charollais-Rindern 73; *2.* Mitt. Schätzung d. Gewichtes d. Muskulatur v. Charollais-Rindern 2286.
Dun (R. B.) u. **Morrant (A. J.)**, Indentifizierung v. homozygot hornlosen Merinoböcken 2526.
Dunay (A.) s. Horn (Artur).
Dunbar (O.) s. McCance (R. A.).
Dunbar jun. (R. S.) s. Norman (C.).
Duncan (G. R.), Übertragung v. Ergebnissen d. Dünnschichtchromatographie auf Trennungen in größerem Maßstab auf Adsorptionssäulen. Apparat zur Erzeugung v. Dünnschichten 783.
Duniec (H.) u. **Kostyra (T.)**, Mast- u. Schlachtleistungsprüfung im *1.* Vierteljahr *1962* 2518.
Dunkerley (A.) s. Heimberg (M.).
Dunkin (A. C.) s. McDowall (F. H.).
Dunn (H. O.) s. Hickman (C. G.); Norman (C.).
Dunn (L. C.), **Bennett (D.)** u. **Beasley (A. B.)**, Mutationen u. Rekombinationen in d. Nachbarschaft eines komplexen Gens 16.
Dupenko (O. A.) s. Morozov (V. A.).
Dupuis (Y.) s. Fournier (P.).
Durbin (P. A. J.) u. **Heard (C. R. C.)**, Corticosteroid-Ausscheidung bei experimentell erzeugtem Protein-Calorien-Mangel bei Schweinen 1502.
During (C.) u. **McNaught (K. J.)**, Auswirkung d. Urins v. Kühen auf d. Wachstum d. Weidepflanzen u. deren Nährstoffaufnahme 384.
Dušek (Jaromír), Ausnutzung d. Zugkraft v. Pferden verschied. Nutzungstypen bei landwirtsch. Gespannarbeiten 2274.
— u. **Dušek (Josef)**, Bewegungsmerkmale d. Pferde bei verschied. Arbeitsbelastung 948.

Dušek (Josef) s. Dušek (Jaromír).
Dušev (T.) u. **Kanarev (G.)**, Vergleichende Untersuchungen über d. Heterosiseffekt bei d. Generationen einiger Polyhybridkombinationen d. Maulbeerseidenspinners 2327.
Dutt (M.) s. Sing (S. B.).
Dutt (R. H.) s. Evans (J. S.).
Dutton (A. M.) s. Peck (W. A.).
Duyne (C. M. van) s. Havel (R. J.).
Duyvené de Wit (J. J.) s. Balon (E. K.).
Dvořáček (M.) s. Karásek (V.).
Dvořák (M.), Vitamin-A-Resorption aus d. Verdauungstrakt d. Kälber 2597.
Dvornikova (P. D.) u. **Pečenova (T. N.)**, Aktivität einiger Fermente d. Glykogenolyse in verschied. Muskeln erwachsener Kaninchen u. Embryonen 600.
Dyer (I. A.) s. Merriman (G. M.).
— u. **Harris (G. A.)**, Angeborene, ernährungsbedingte Mißbildung bei Rindern 248.
Dynna (O.) s. Havre (G. N. N.).
Džabrailov (D. M.) u. **Sel'kin (I. I.)**, Die CO_2-Sättigung d. verdünnten Spermas v. Zuchtböcken 2025.
Džajani (O. I.), Haltungs- u. Fütterungsbedingungen d. Kükenmast 762.
Džambazov (G.) s. Kalev (G.).
Džaparidze (T. G.) s. Bujlov (S. V.).
Działoszyński (L.) s. Maciejewska (M.).
Dziuk (H. E.), **Sellers (A. F.)** u. **Stevens (C. E.)**, Biolog. Untersuchungen v. Extrakten aus Luzerne v. Blähsucht hervorrufenden Weiden 176.
Dziuk (P. J.) u. **Norton (H. W.)**, Einfluß v. Arzneipräparaten, die d. autonome System d. Samenausschüttung beeinflussen 1596.
Dzjubenko (P. K.), Verbesserung d. Lüftung in Schweineställen 1609.
Džurkov (D.), Einfluß d. Weidefütterung d. Milchkühe auf d. Vitamin-A- u. Carotingehalt d. Milch u. d. Blutes 705. — s. Ignatov (I.); Totev (T.).

Eadie (J. M.), Wechselwirkungen zwischen bestimmten Pansenciliaten 2135. — Herausbildung d. mikrobiellen Pansenpopulation bei Lämmern u. Kälbern unter verschied. Haltungsbedingungen 2135.
Eadie (J. M.) u. **Hobson (P. N.)**, Wirkung d. Gegenwart oder Abwesenheit v. Ciliaten-Pansenprotozoen auf d. Gesamtzahl v. Pansenbakterien bei Lämmern 129.
Eapen (K. J.), Einfluß v. Glyzerinmenge u. Äquilibrierungszeit auf d. Überlebenserfolg v. Bullenspermien nach Tiefkühlung u. Lagerung bei −79 °C 1605.
Easley (J. F.) s. Shirley (R. L.).
—, **Shirley (R. L.)** u. **Davis (G. K.)**, Einfluß v. Nahrungsfett u. -biotin auf d. Oxalessigsäure-Carboxylase-Aktivität verschied. Rattengewebe 1038.
Eaton (H. D.) s. Grifo jun. (A. P.); Hazzard (D. G.).
— u. **Rousseau (J. E.)**, Beziehung zwischen dem Druck d. Cerebrospinalflüssigkeit u. dem Vitamin-A-Gehalt im Plasma v. Holsteinkälbern, d. mit bestimmten Carotinmengen gefüttert wurden 1276.
Ebenbauer (F.), Leistungsabschlüsse-Alpenfleckviehzuchtverband Steiermark u. Kärnten, *1961* 69.
Eberhagen (D.) s. Klenk (E.).
— u. **Betzing (H.)**, Verbesserte Technik zur Dialyse v. Fetten 1683.
Eberhardt (W.), Gedanken zur Streßsituation 94.
Ebert jun. (A. A.), Verbessertes System zur Fraktionierung u. Registrierung bei d. kombinierten Gaschromatographie, Massenspektrometrie 329.
Ebertus (R.), Ergebnisse d. Bullengesundheitsdienstes in d. DDR in den Jahren *1958* u. *1959* 497. — Verdünnung v. Hengstsperma mit Rindervollmilch 1394.
Ebhardt (H.), Ponies u. Pferde im Röntgenbild 1628.
Ebner (D.) s. Hiepe (T.).
Eccles (S. S.) s. Stitch (S. R.).
Eckardt (H.), Kernprobleme d. Chinchilla-Zucht 105. — Richtiges Pelzen als Schlußpunkt für den Züchter 105, 772.
Eckhoff (H.), Große Fortschritte in d. Fleischschwein-Züchtung 1876.
Edelman (G. M.) s. Gally (J. A.).

Eden (A.), Zusätze in Futtermitteln 357. — Sauen- u. Ferkelfütterung 748.
Ederstrom (H. E.) s. Larson (A. L.).
Edgerly (C. G. M.) u. **Jensen (C.)**, Der TDN-Gehalt in Trockenfuttergemischen für Kälber 615.
Edmondson (J.), Wirkung eines neuen Carotinpigments auf d. Eidotterfarbe 1217. — Wechselnde Grundfuttermengen in Legemischungen 1297.
Edmondson (L. K.) s. Marthy (G. K.).
Edmunds (H.), Verkauf v. Mastrindern nach Gewicht 1871.
Edwards (A. W. F.), Zahl d. erforderlichen Nachkommen, um leidlich sicher zu sein, eine v. zwei Hypothesen verwerfen zu können 226. — Selektion durch Migration 2015.
Edwards jun. (H. M.), Fettsäuren-Bestandteile im Fett v. Geflügel-Schlacht-Abfällen 266. — s. Hess (C. W.); Huston (T. M.).
—, **Marion (J. E.)** u. **Driggers (J. C.)**, Beeinflussung d. Serum- u. Ei-Cholesterolgehaltes bei Legehennen durch verschied. Futterprotein- u. Fettgaben 1028. — Reaktion v. deutektomierten Küken auf Fettergänzung im Futter 1268.
—, **Nugara (D.)** u. **Driggers (J. C.)**, Schicksal v. endogenem ^{28}Mg bei Legehennen 2150.
Edwards (J.) s. Gordon (I.).
— u. **O'Connor (L. K.)**, Zucht v. Hochleistungskühen durch künstliche Besamung 2282.
Edwards (M. J.), Gewicht v. Gelbkörpern in Zyklus u. Trächtigkeit bei Milchkühen 1593.
Edwards (R. G.) s. Beck (J. S.).
Edwards (R. W. H.), 2dimensionale Chromatographie v. Corticosteroiden 124.
Edwin (E. E.) s. Diplock (A. T.).
—, **Bunyan (J.)**, **Green (J.)** u. **Diplock (A. T.)**, Einfluß v. Vitamin A auf Ubichinon u. Ubichromenol bei Ratten u. d. Beziehungen zur Vitamin-E-Wirkung 596.
Eernstman (T.), Einfluß d. Mikro- u. Makroklimas u. d. Isolierungsmaßnahmen auf d. Auftreten d. enzoot. oder Viruspneumonie bei Schweinen. Krit. Literaturübersicht. *1.* Mitt. 973.
Éfimov (A. E.) s. Gorjašin (V. A.).
Eftimov (B.), Einfluß einiger Faktoren auf d. Konstitution d. Rindes 693.
Eftimova (L.) s. Christov (V.).
Eggûm (B. O.) s. Clausen (H.).
Egorov (E. A.) s. Ptaškin (A. A.).
Egorov (J. E.), Zweckmäßigkeit d. Kreuzung in d. Zuchtarbeit mit farbigen Nerzen 770.
Egorov (J. G.) s. Žarikov (I. S.).
Eguchi (Y.), Wechselbeziehungen zwischen fetalen Nebennieren u. mütterlichen Ovarien: Atrophie d. fetalen Nebenniere nach Kastration des Muttertieres 910.
Ehlers (M. H.) s. Dixon (J.).
—, **Dixon (J.)** u. **Erb (R. E.)**, Säurelösliche Phosphoranteile d. Bullenspermas in bezug auf Fructolyse u. Konzentration d. Spermien 2470.
Ehrenstein (G. v.) s. Chapeville (F.).
Ehrhart (H.) s. Diamantstein (T.).
Ehrlich (C.), Ursachen fütterungsbedingter Fruchtbarkeitsstörungen in Rinderbeständen Westfalens 1510.
Ehrlich (G.), Einfluß d. Witterung auf d. Legeleistung d. Hühner 986.
Ehrsam (H.), Antibiotika u. Wirkstoffe 1507.
Eibl (K.), **Zoder (H. F.)** u. **Hahn (R.)**, Bedeutung d. Keimbefalls im Ebersamen nach d. Verdünnung mit eidotterhaltigem Puffer 2024.
Eichel (H.) u. **Schicketanz (W.)**, Darmflora im Vitamin-B-Haushalt unserer Haustiere 359.
Eichhorn (H.) u. **Sedlmeier (M.)**, Neues Boxenlaufstall-System für Rinder 2255.
Eickmeyer (K.-A.), Wichtiges Betriebsmittel zur Ertragssteigerung 107. — Wandern mit Bienen 1470.
Eigler (F. W.) s. Bonhoeffer (K.).
Eisen (H. N.) u. **Pearce (J. H.)**, Natur v. Antikörpern u. Antigenen 1378.
Eisenstein (A. B.), Nahrungsfaktoren u. adrenocorticale Hormonsekretion 1714.
Eisfeld (F.), Bienenprodukte v. medizin. Bedeutung 546.
Éjdrigevič (E. V.), Zuchtwahl unter d. Bedingungen d. künstl. Besamung

730. — Theorie d. Züchtungswesens 1828.
Ejlersen Hansen (H.), Ganzjähriger Versuch mit Rindvieh. *2.* Mitt. 1180.
Éjsner (F.), Leistungsverbesserung d. Rinder in d. Ukraine 1422.
Ekić (S.) u. **Pajanović (R.),** Beitrag zur Kenntnis d. Anpassungsfähigkeit d. Tiroler Grauviehs 501.
Ekman (L.) s. Andersson (B.).
Elam (C. J.) u. **Davis (R. E.),** Beeinflussung v. Pansenmerkmalen u. d. Auftretens d. Blähsucht bei Rindern durch Fütterung synthet. Speichelsalze u. Natriumchlorid 570. — Panseneigenschaften u. beim Rind vorkommende alimentäre Trommelsucht sowie deren Beeinflussung durch pflanzliches Öl, Mineralöl u. tier. Fett 1490.
—, Reynolds (P. J.), Davis (R. E.) u. **Everson (D. O.),** Verdauungsuntersuchungen mit Hilfe v. Chromoxyd, Lignin u. nach d. konventionellen Methode an Schafen 564.
Elder (E. M.) s. Watson (R. H.).
Eldridge (A. C.) s. Smith (A. K.).
Elghamry (M. I.) s. Shihata (I. M.).
Elías (L. G.) s. Bressani (R.).
Eliseev (K. M.), Stationäre Duschanlage „SDU-G“ für mechanisiertes Baden d. Tiere 1618.
Elistratova (M. G.), Kreuzung d. Sauen d. Beloruss. Schwarzbunten Rassengruppe mit Ebern d. Breitowoer Rasse 2081.
El-Itriby (A. A.) s. Badrelin (A. L.).
El Kabir (D. J.), Bestimmung v. thyreotropem Hormon in Blut 1920.
Ellenbogen (L.) s. Highley (D. R.).
Ellfolk (N.), Kristallines Leghämoglobin. *6.* Mitt. Vergleich d. zwei Hauptkomponenten durch Analyse d. Peptidmuster nach trypt. Hydrolyse 1913.
Elliker (P. R.) s. Citti (J. E.).
Ellington (E. F.), Contopoulos (A. N.) u. **Clegg (M. T.),** Konzentration v. hypophysärem Gonadotropin u. Wachstumshormon im Schafplasma 1811.
Elliot (R. P.), Bestimmung von Pyoverdin auf d. Oberfläche v. Geflügelfleisch 1624.
Elliott (K. A. C.) u. **Bilodeau (F.),** Einfluß v. Kalium auf Atmung u. Glykolyse v. Gehirnschnitten 1262.
Elliott (R. C.) u. **Fokkema (K.),** Bestimmung d. Futteraufnahme bei Weidetieren 1015. — Verwendung v. Chromoxyd zur Bestimmung d. Kotausscheidung bei Weidetieren 1015.
Elliott (W. H.) u. **Coleman (G.),** Methode zur Untersuchung d. Aminosäureaktivierung in rohen Enzympräparaten 557.
Ellis (B. W.) s. Mazur (R. H.).
Ellis (W. C.) s. Sutherland (T. M.).
Ellis (W. W.) s. Miller (G. J.).
Ellrich (T.) s. Kolb (E.).
El-Negoumy (A. M.) s. Balba (M. K.).
Elpat'evskij (D. V.), Chem. Strohaufschluß 1061. — Fragen zur Beurteilung d. Nährwertes v. Futtermitteln 2610.
El-Rakhawy (M. T.), Bernsteinsäuredehydrogenase in d. Zunge v. Säugetieren, unter bes. Berücksichtigung d. Geschmacksepithelien 230.
Elsässer (T.) u. **Mattern (B.),** Mikrobiolog. Bestimmungsmethoden d. Antibiotica. Sammelreferat Heft *1.*
El-Samman (S.), Biolog. Wertigkeit d. Proteine in gemischten Wiesengrasheuproben 606.
El Shammaa (Z. A.), Vorkühlung d. für d. Totversand bestimmten Schweinefleisches 2490.
Elsley (F. W. H.), Leichte oder schwere Absatzferkel? 518. — s. Boaz (T. G.).
Elton (G. A. H.) u. **Ewart (J. A. D.),** Apparatur zur automat. Elution v. Weizenproteinfraktionen während d. Stärkegel-Elektrophorese 2331.
Elwyn (D. H.) s. Shoemaker (W. C.).
Embo (P.) s. Vanschoubroek (F.).
Emeleus (V. M.) s. Morgan (A.).
Emery (R. S.) s. Brown (L. D.); Lewis (T. R.).
Emlen jun. (J. T.) s. Schaller (G. B.).
Emmerson (R.) s. Kingsbury (K. J.).
Enčev (S.) s. Šiškov (N.).
Enda-Marah (A.), Paakkola (O.) u. **Merten (D.),** Diskriminierungsfaktor beim Übergang d. Strontiums-*90* vom Gras zur Milch 1270.
Ender (F.), Dishington (I. W.), Helgebostad (A.) u. **Martinsons (E.),** Ge-

bärparese u. in Beziehung stehende Formen hypocalcäm. Störungen, d. experimentell bei Milchkühen hervorgerufen wurden. *2.* Mitt. Untersuchungen über d. ätiolog. Bedeutung v. Rationen mit hohem Ca- u. niedrigem P-Anteil v. d. Abkalben auf d. Entstehung v. Milchfieber 2372.

Enfield (F. D.) u. **Rempel (W. E.)**, Erblichkeit d. Zitzenzahl u. Beziehungen d. Zitzenzahl zu verschied. Eigenschaften bei Schweinen **1198.**

Engel (B.), Deutsche Geflügelwirtschaft benachteiligt? **1655.** — Broilerproduktion in d. USA **2530.**

Engel (H.) s. Wellmann (G.).

Engel (R. W.) s. Wisman (E. L.).

Engeler (W.), Prüfung u. Selektion auf Milchleistungseigenschaften beim Rind 501. — Das Schweizer. Braunvieh [2288].

Engelhard (J.) u. **Thiele (E.)**, Kälberaufzucht mit herabgesetzten Vollmilchgaben. *3.* Mitt. **1640.**

Engelhardt (W. v.), Untersuchungen am Schwein über d. Systolen- u. Diastolendauer d. Herzens u. über d. Blutdruck in d. Ruhe u. während d. Erholung nach körperlicher Belastung 2224.

—, Hoeller (H.) u. **Hoernicke (H.)**, Pumpe zum schnellen Mischen d. Panseninhalts während d. Experimentierens mit kleinen Wiederkäuern 2343.

Engelke (F.), Mastendgewicht u. Fütterungsmethode in ihrem Einfluß auf d. Schlachtwert d. Mastkalbes 2514. — s. Weniger (J. H.).

Engelmann (C.), Über d. Legetätigkeit u. ihre Beeinflussung, insbes. durch d. Tageslänge 95. — Geschmackssinn unserer großen Haustiere 1368. — Ist einjähriger Umtrieb erstrebenswert? 1656. — Einfluß v. Zuckerzusätzen auf Körpergewicht u. Futterverzehr bei Hühnerküken u. Gänsen 1724.

Engelund (A.) s. Christensen (N. O.).

Engfeldt (B.) u. **Hjertquist (S.-O.)**, Knochen- u. Zahnstruktur bei Vitamin-D-Mangel 612.

Englert (E.), Imkerei in Südafrika. *1.* Folge 1665; *2.* Folge **1665;** *3.* **Folge** 1666.

Englisch (H.-G.) s. Möbius (G.).

Engstrom (G. W.) u. **De Luca (H. F.)**, Einfluß v. Vitamin D in vivo u. in vitro auf d. Freisetzung von Calcium aus Nierenmitochondrien 592.

Enkelmann (D.) s. Hilpert (H.).

Enns (T.) s. Abt (A. F.).

Enomoto (Y.) s. Matsuoka (O.).

Enos (H. L.) s. Moreng (R. E.).

Entenman (C.) s. Skidmore (W. D.).

Eoff (H. J.), Davies (R. E.), Ferguson (T. M.) u. **Couch (J. R.)**, Wirkung verschied. hoher Calcium- u. Phosphorgaben auf d. Resorption v. Chlortetracyclin u. d. Leistung v. Käfighennen 1044. — Wirkung verschied. Calcium- u. Phosphorquellen auf d. Legeleistung u. Antibioticapotenzierung bei Käfighennen 1045. — Einfluß v. Terephthalinsäure u. Breitspektrum-Antibiotica auf d. Legeleistung u. d. Eischalenfarbe bei Käfighennen 2310.

Epling (G. P.) s. Mather (F. B.).

Eppel (S.), Entenmast in d. Freiwasserhaltung in Verbindung mit d. Karpfenzucht 1661.

Eränkö (O.), Kokko (A.) u. **Söderholm (U.)**, Trennung v. substratspezif. Hirnesterasen durch Stärkegelelektrophorese 123.

Erasmus (J. E.) s. Swart (L. G.).

Erb (R. E.) s. Dixon (J.); Ehlers (M. H.); Holtz (E. W.); Johnson (K. R.).

— u. **Ashworth (I. S.)**, Einfluß d. Laktationsstadiums auf d. Genauigkeit d. Milcheiweißbestimmung bei Anwendung d. Orange-G-Farbmethode **486.**

—, Nofziger (J. C.), Stormshak (F.) u. **Johnson (J. B.)**, Beziehungen des Progesterongehaltes von Corpora lutea, Ovarien u. Nebennieren bei trächtigen Sauen zur Zahl der Früchte 1597.

Ercanbrack (S. K.) s. Hulet (C. V.).

Erhard (L.) s. Schmid (D. O.).

Erhart (G.), Qualitätsbezahlung d. Rohmilch 1851.

Erickson (D. O.) s. Dinusson (W. E.).

Ericson (A. T.) s. Clegg (R. E.).

Ericsson (Y.) s. Appelgren (L.-E.).

Eriksson (S.) s. Hellström (V.).

Ermekov (M. A.) u. **Gladkov (P. F.)**, Vitalität u. Anpassungsfähigkeit d. Tiere **1834.**

Ermekov (M. A.), Gladkov (P. F.) u. **Čumin (N. P.),** Fettschwanzschafe in Zentralkasachstan 2086.
— **u. Skorobogatov (J. A.),** Neue Rassengruppe mittelfeinwolliger Fleisch-Wollschafe im Süden Kasachstans 2086.
Ermenkov (K.), Physiologischer u. biolog. Kennwerte bei Kälbern im Zusammenhang mit der Verfütterung d. Spurenelemente Cobalt, Kupfer, Mangan u. Jod 817. — Physiolog. u. biochem. altersbedingte Merkmale bei Kälbern 2446. — Einfluß d. Zinks auf d. Mineralwechsel (Ca und P) u. d. ^{45}Ca-Aufnahme bei heranwachsenden Küken 2592. — s. Donev (K.).
— u. **Ermenkova (L.),** Physiolog. u. biochem. Kennwerte bei den Stawropoler, Ostfries. u. feinwolligen Schafen d. Lehr- u. Versuchsgutes d. Zootechn. Fakultät 1366.
Ermenkova (L.) s. Bratanov (K.); Ermenkov (K.).
Ermolaeva (A. L.), Fragen d. Haltung v. Zwiehühnern in Käfigen 765.
Ermolov (B. N.), Einfluß v. Methylthiouracil auf die Milchleistung u. Schilddrüsenfunktion bei Ziegen 156. — Einfluß d. thyreotropen Hormons auf d. Milchleistung d. Ziege 685.
Ernst (A.), „Russenglas" als Futterglas 1903.
Ernst (L. K.), Vergleichende Untersuchungen des Wachstums, d. Entwicklung u. einiger morpholog. u. physiolog. Merkmale an ostfries. Jungtieren u. an Kreuzungstieren aus Ostfriesen × Hereford 922. — Anwendung v. Rechenmaschinen bei d. Aufstellung eines Zuchtplanes 2032.
Ernster (L.) s. Danielson (L.); Tata (J. R.).
Esche (E.) u. **Drews (M.),** D. Europäische Milchmarkt [2056]*.
Eschrich (A.), Entwicklung d. Form u. d. Farbenzucht d. weißen Wyandotten 304.
Esfeld (G.), Höhere Leistungen in d. Rinderzucht durch richtige Grünlandbewirtschaftung 2040.
Eskin (I. A.) u. **Michajlova (N. V.),** Altersmäßige Hypophysen- u. Nebennierenrindenfunktionsänderungen u. d. Bedeutung d. Nervensystems bei ihrer Entwicklung 2451.
Essenson (A. R.), Geflügelzucht Estlands 2304.
Esser (J.), „Acker-Kräuterweide". Wert d. Wegwarte (Cichorium intybus) als Futterpflanze 1740.
Eto (M.) s. Ichikawa (R.).
Eusebio (J. A.) s. Alcantara (P. F.).
—, **Lopez (A. B.), Cruz (E. C.), Llorico (B. F.)** u. **Puyaoan (R. B.),** Wirkungen v. weißem Mais in d. Ration für trächtige Sauen u. ihr Vitamin-A-Bedarf 2166.
Evang (A.) s. Pihl (A.).
Evans (C.) s. Ashton (W. M.).
Evans (E. V.) s. Czarnocki (Jadwiga); Sinclair (D. G.).
Evans (J. B.) s. Chesbro (W. R.).
Evans (J. S.), Dutt (R. H.) u. **Simpson (E. C.),** Fruchtbarkeit v. Schafen nach Brunstsynchronisation durch Verfütterung v. 6-Methyl-17-acetoxyprogesteron 2463.
Evans (J. V.) s. Dawson (T. J.).
Evans (L.) s. Patton (S.).
— u. **Patton (S.),** Lipoidaustausch zwischen Rinderserumlipoproteiden in vitro 346.
Evans (R. E.), Aminosäure-Ergänzung v. Rationen mit hohem Maisschrotanteil für Absatzferkel 162. — Rations for livestock [834].
Evans (R. J.), Bandemer (S. L.) u. **Bauer (D. H.),** Einfluß d. Erhitzens d. Sojabohnenproteine im Autoklaven auf d. Freisetzung v. Cystin u. Methionin durch mehrere Verdauungsverfahren 1953.
Evans (W. J.), Carney (W. B.), Dechary (J. M.) u. **Altschul (A. M.),** Zonenelektrophorese v. Conarachin, α-Conarachin u. Rinderserumalbumin an Polyacrylamidgel 785.
Evans (W. M. R.), Heterosis bei Schweinen 2521.
Evcichevič (L. E.) s. Popov (V. G.).
Evdokimov (E. S.), Verwendung v. Biovetin u. Biovit-*40* bei Lungenerkrankungen v. Schafen 2091.
Evenius, Lage d. Bienenzucht im Bundesgebiet 541. — Regelung d. Bienenwanderung durch Gesetz oder Bestimmungen d. Imkerverbände 1471.

Everitt (G. C.), Entwicklungen bezüglich Produktion u. Verkauf v. Rind- u. Kalbfleisch 2054. — Implantation v. Oestrogenen bei Mastrindern. *1.* Mitt. Wirkungen d. nachteiligen Winterernährung nach einer Hexoestrol-Implantation im Herbst und nach einer erneuten Implantation im Frühjahr 2603.
Everson (D. O.) s. Casady (R. B.); Elam (C. J.).
Evseev (N. K.) s. Paršutin (G. V.).
Evsikov (V. I.) s. Beljaev (D. K.).
Evtimov (B.), Konstantinov (G.), Vasileva (J.) u. **Venev (I.)**, Nachkommenschaftsprüfungen einiger Sofioter Braunviehbullen 1633.
Evtimova (L.) s. Savov (T.).
Ewald (T.) s. Feagans (W. M.).
Ewaldsson (B.) s. Bengtsson (G.).
Ewart (J. A. D.) s. Elton (G. A. H.).
Ewy (Z.) s. Jełowicki (S.).
Eyles (D. E.), Saatmischungen für Schweineweiden 749.
Eyssen (H.), Prins (V. de) u. **Somer (P. de)**, Wachstumsfördernde Wirkung v. Virginiamycin u. dessen Einfluß auf d. Kropf-Flora v. Hühnern 1506.
Eyzaguirre (J. P.) s. Clark jun. (J. M.).
Ezekiel (E.) u. **Morgan (E. H.)**, Eisen in d. Milch u. sein Stoffwechsel in d. laktierenden Ratte 1936.

Faber (H. v.), Stress u. Allgemeines Anpassungssyndrom bei Haustieren 923. — Zeitunterschiede in d. Reaktion d. sekundären männlichen Geschlechtsmerkmale auf Androgene: Gesichtskarunkeln u. Penis d. Moschusente (Carina moschata) 2238.
Fabian (G.) s. Künzel (E.).
Fabianek (J.) u. **Herp (A.)**, Einflüsse einer vitaminfreien Kost auf d. Ascorbinsäurestoffwechsel d. Meerschweinchens 1037.
Fabiunke (E.), Vitamin-E-Mangelkrankheiten 767.
Fabro (S.), Papierchromatographie v. Cholesterin u. Desmosterin nach Bromierung 1917.
Fábry (P.), Fette in d. Fehlernährung 1497.
Fäßler (C.), Vuilleumier (J. P.) u. **Brubacher (G. B.)**, Stabilität v. natürlichen Carotinoiden in Futtermitteln unter normalen Lagerbedingungen 2151.
Fahim (M. S.), Mayer (D. T.) u. **Lasley (J. F.)**, Wirkung d. weiblichen Sexualhormone, d. Thyroxins u. d. Vitamin B_{12} auf d. embryonale Mortalität bei Ratten 461.
Fahmy (A. R.) s. Brenner (M.).
Fahning (M. L.) s. Avery (T. L.).
Faillace (L. A.) u. **Bogoch (S.)**, Quantitative Trennung v. Menschenhirnglykolipiden: Isolierung eines Aminoglykolipids 121.
Fairchild (T. P.), Corley (E. L.) u. **Werner (G. M.)**, Zuverlässigkeit eines Bewertungsschlüssels für Heu 2166.
Fajtel'berg-Blank (V. R.), Einfluß v. Radiowellen im Zentimeter-Wellenbereich auf d. Resorption v. Aminosäuren, Chloriden u. Wasser in Magen u. Darm 2342.
Falconer (D. S.), Auslesezucht in verschied. Umwelten. Versuch mit Mäusen 675, 1377. — Introduction to quantitative genetics [677]*.
Falconer (I. R.), Jodstoffwechsel d. Thyreoidea u. d. Milchdrüse während d. Laktation beim Schaf 1812.
Faliu, Ernährung laktierender Mutterschafe 1054.
Falke (H.), Gewichtsentwicklung weiblicher Jungrinder auf einer intensiv genutzten Umtriebsweide 168. — s. Franzke (H.).
Falkenburger, Bedeutung d. Lamarck-Gegners George Cuvier für d. menschliche Paläontologie [2]*.
Falland (H.) s. Mende (G.).
Fallon (G. R.), Ermittlung d. Brunst, ein Sterilitätsfaktor bei Rindern 1382.
Faludin, Ektogen. Theorie d. biogenenet. Rekapitulation [2]*.
Fandeev (B. V.) u. **Burenina (E. P.)**, Milchleistung d. Kreuzungskühe aus Schwarzbuntem u. Rotem Gorbatow-Rind 2281.
Fanelli (H. H.) s. Heinemann (W. W.).
Fankhauser (R.) u. **Klingler (K.)**, Aviäre Enzephalomyelitis (Epidemic tremor) in d. Schweiz 1219.
Farber (E.) s. Villa-Trevino (S.).
Farer (L. S.), Robbins (J.), Blumberg (B. S.) u. **Rall (J. E.)**, Thyroxin-

Serumprotein-Komplexe bei verschied. Tieren 9.
Farish (P. T.), Salmon (W. D.) u. **Sauberlich (H. E.),** Einfluß v. Cholinmangel u. Äthioninfütterung auf den Nucleinsäuregehalt v. Rattenlebern 140.
Farkas (E.) u. **Kecskés (S.),** Jahrbuch *1959/60* d. ungar. Rinderherdbuchführung u. Nachkommenschaftsprüfung [964]*.
Farkas (M.) s. Berek (G.); Csire (L.); Kertész (F.).
Farmer (B.), Losestall mit Einzelständen 1404.
Farner (D. S.) s. George (J. C.).
Farooq (A.) s. Denenberg (V. H.); Zarrow (M. X.).
Farrar (C. L.), Maßnahmen für eine erfolgreiche Überwinterung 321.
Farries (F. E.), Nährwertberechnungen v. Futterrationen u. ihre Überprüfung im Tierversuch 1717.
Farthing (B. R.) s. Bertrand (J. E.).
Fašaić (V.) s. Bauer-Sič (P.).
Fauconneau (G.) u. **Gausseres (B.),** Die Menge d. freien Pansenbakterien u. -protozoen in Abhängigkeit v. Fütterung u. Futterzusammensetzung 571.
Faust (R. G.), Einfluß v. Anoxie u. Lithium-Ionen auf d. Resorption v. d-Glucose durch d. Jejunum d. Ratte in vitro 1017.
Fava (A.) s. Springhetti (A.).
Favresse (S.) u. **Clément (J.),** Produktion v. Baby-Beef 280.
Fawaz (E. N.) u. **Fawaz (G.),** Inhibierung d. Glykolyse im Skelettmuskel v. Ratten durch Malonat 1263.
Fawaz (G.) s. Fawaz (E. N.).
Faye (P.) s. Charton (A.).
Feagans (W. M.) s. Cavazos (L. F.).
—, Cavazos (L. F.) u. **Ewald (T.),** Morpholog. u. histochem. Studie d. oestrogeninduzierten Läsionen im Genitaltrakt d. männl. Hamsters 1810.
Feaster (J. P.) s. Howes (J. R.).
— u. **Davis (G. K.),** Wirkung einer niedrigen Eiweißaufnahme auf d. Einbau u. d. plazentare Übertragung v. ^{35}S 2150.
Featherston (W. R.), Bird (H. R.) u. **Harper (A. E.),** Fähigkeit d. Kükens, N aus d. d-Isomeren u. einem Überangebot essentieller l-Aminosäuren zur Synthese nicht essentieller zu verwenden 2161. — Wirksamkeit v. Harnstoff u. Ammonium-Stickstoff für d. Synthese entbehrlicher Aminosäuren durch d. Küken 2589.
Fechheimer (N. S.) s. Treece (J. M.).
Fedij (J. M.), Rolle d. Vormägen d. Jungrinder bei d. Verdauung 2137.
Fedij (S. M.), Wirksamkeit steigender Kochsalzmengen in d. Rationen d. Enten 1696.
Fedoriščev (K. K.) s. Il'inič (P. V.).
Fedorov (V.), Ebenerdiges Silieren d. Futters 1516.
Fedorovskij (N. P.), Neues in d. Geflügelzucht [100].
Feeley (J.) s. Marcus (A.).
Fehse (F.) s. Schwarz (L.).
Fehse (R.), Lämmermastversuche 1882.
Feiginson, Kritik d. modernen Neodarwinismus [2]*.
Feils (G.), Rinderbrucellosebekämpfung in Rheinland-Pfalz u. Vorschläge zur Überwachung amtlich anerkannter brucellosefreier Betriebe 287.
Feist (E.) s. Feller (D. D.).
Fejgel'man (N. L.) s. Padučeva (A. L.).
Fekete (L.), Neue Untersuchungen über die Wirkung v. unterschiedlichem Wasserverbrauch der Mastschweine 84.
Fekete (T.) u. **Hönsch (P.),** Versuche zur Untersuchung der Futterverwertung v. Milchkühen 372.
Feldheim (W.), Antiskorbut. Wirksamkeit v. L- u. D-Ascorbinsäure an Meerschweinchen 1037. — Vitamin-Analyse: Vitamin E 1686. — s. Procházka (Ž.).
—, Gažo (M.) u. **Sladka (O.),** Vitamin-Stoffwechsel bei Geflügel. *1.* Mitt. Vitamin-A-Gehalt im Serum u. in d. Leber in Abhängigkeit v. Alter bei Hähnen 597; 2. Mitt. 598.
— u. **Procházka (Z.),** Antiskorbut. Wirksamkeit v. synthet. Ascorbigen. Ascorbigen-Metabolismus bei Menschen u. bei Meerschweinchen 1037.
Feldman (G. L.), Churchwell (L. M.), Culp (T. W.), Doyle (F. A.) u. **Jons-**

son (H. T.), Lipoidgehalt d. subcutanen Fettorgane d. Kükenembryos 1268.
Feldman (G. L.), Doyle (F. A.), Lawler jun. (M. R.), Rodgers (R. S.) u. **Churchwell (L. M.)**, Enzymat. Aktivität sich ausbildender subcutaner Fettorgane d. Kükens 1269.
Feldman (M). s. Globerson (A.).
Feldman (S.) s. Davidson (J. M.).
Feliński (L.), Einfluß v. Harnstoff auf d. Motorik d. Verdauungskanals v. Schafen 132.
Felix (A. E.), Villegas (V.), Cruz (E. C.) u. **Clamohoy (L. L.)**, Untersuchung über d. Menge u. d. chem. Zusammensetzung d. Colostralmilch bei Mutterschafen 259.
Felkl (H.) s. Marx (H.-J.).
Feller (D. D.) u. **Feist (E.)**, Umwandlung v. Glycin in Fettsäuren durch Fettgewebe 1807. — Umwandlung v. Leucinkohlenstoff in CO_2, Fettsäuren u. a. Produkte durch Fettgewebe 2358.
Fels (H. E.), Ernährung d. Mutterschafe vor u. während d. Bockzeit 2299.
Felts (J. M.) s. Bezman (A.); Havel (R. J.).
Fender (M.), Zuverlässigkeit d. Abschätzung d. Fleisch- u. Fettanteiles bei Schweinen aufgrund v. Ausschlachtungsbefunden 743. — s. Fewson (D.); Kirsch (W.).
Feredan (T.) u. **Slăvescu (E.)**, Künstliche Besamung bei Schweinen: Spermaentnahme, -verdünnung, -konservierung u. Sameneinführung 1390.
Feredean (I.) s. Gligor (V.); Pălămaru (E.).
Ferencz (G.), Steigerungsmöglichkeiten d. Fruchtbarkeit d. Sau, Eigenschaft geringer Heritabilität 1441.
Ferenczy (S.) s. Balogh (I.).
Ferguson (K. A.) s. Alexander (G.).
Ferguson (T. M.) s. Eoff (H. J.); Rigdon (R. H.).
Fernández (A. L.) = López Fernández (A.).
Ferneyhough (R. H.) s. Kernkamp (H. C. H.).
Ferrando (R.) *β*-apo-8' carotenal u. d. Färbung d. Eigelbes 532.
Ferrando (R.), Henry (N.) u. **Vaiman (M.)**, Untersuchungen über d. Nährwert v. Fleischmehlen. *1.* Mitt. 365.
Ferreira, (I. L.) s. Merwe (F. J. van der).
Ferreira-Marques (J.) u. **Gomez (S. C.)**, Identifizierung u. Bestimmung d. Ascorbinsäure (Vitamin C) mit Janus Grün u. ihre Lokalisierung in d. Mitochondrien 2129.
Ferrer (J.) s. Varela (G.).
Ferrier (W. T.) s. Boone (M. A.).
Ferrise (A.) s. Patrick (H.).
Festin (A.) s. Ivanova (N. I.).
Festy (B.) s. Talaer (J. Y.).
Février (R.), Einfluß v. *2* Antibiotica (Aureomycin, Spiramycin) auf d. Körperzusammensetzung beim Schwein bei geringen Eiweißgaben 602.
Fewson (D.), Neugliederung d. Zuchtmethoden 1395.
—, **Fender (M.)** u. **Kirsch (W.)**, Prüfungsanstalten als Hilfsmittel für d. Selektion in d. Schweinezucht. *2.* Selektionsversuch zur Prüfung d. Effektivität d. Eigenleistungsprüfung v. Ebern 965.
Fiala (J.) u. **Šafář (P.)**, Erbwertermittlung für Bullen im Jahre *1961* 2276.
Fickentscher (W.), Stallklimat. Untersuchungen in Rinderställen des Landkreises Wunsiedel 37.
Fiegenbaum (G.) s. Gütte (J. O.).
Field (A. C.), Studien d. Magnesiums bei d. Wiederkäuerernährung. *4.* Mitt. Bilanzversuche bei Schafen, d. verschied. Mengen getrocknetes Gras bekamen 1499.
Field (R. A.), Varney (W. Y.) u. **Kamp (J. D.)**, Veredlungskosten, Marktwerte u. Verbraucherwünsche bei Schweinen mit normalem u. niedrigerem Endgewicht 1167.
Figueroa (E.) u. **Pfeifer (A.)**, Einfluß d. Glykogengehaltes auf d. Wirkung v. *2,4*-Dinitrophenol auf d. Inkorporation v. Glucose-^{14}C in d. Glykogen in Leberschnitten d. Ratte 1255.
Fildes (J. E.) s. Belcher (R.).
— u. **MacDonald (A. M. G.)**, Titrimetr. Methoden für d. Mikrobestimmung d. Halogene in organ.

Verbindungen durch schnelle Verbrennung. *1.* Mitt. Bestimmung d. einzelnen Halogene 1921.
Filip (J.) s. Morávek (J.).
Filmer (D. G.) s. Brookes (A. J.).
Fina (L. R.), Keith (C. L.), Bartley (E. E.), Hartman (P. A.) u. **Jacobson (N. L.)**, Modifizierte in vivo-künstliche Pansen (vivar)-Technik 2340.
Finch (L. R.), Nichtreversibilität in d. Aufnahme v. Aminosäuren durch isolierte Abschnitte d. Rattendarms 2359.
Fincher (M. G.), Kosikowski (F. V.), Guthrie (R. S.), Hodges (H. G.) u. **Johnson (S. D.)**, Relative Bedeutung d. Persistenz, d. Übertritts u. d. Melktechnik bei Milch, d. mit Antibioticaresten kontaminiert ist 1410.
Finland (M.) s. Merler (E.).
Finlayson (A. J.) u. **McConnell (W. B.)**, Weizenpflanzen durch Anwendung v. ^{14}C-Verbindungen. *16.* Mitt. Fraktionierung eines perameisensäureoxydierten Proteins 1239.
Fiore-Donati (L.) s. Globerson (A.).
Firestone (D.) s. Friedman (L.).
Firsova (L. N.), Wirksamkeit verschied. Haltungsmethoden beim Huhn 2537.
Firsova (T. N.), Zusammensetzung d. Milch v. Kreuzungstieren d. *2.* Generation u. v. Schwarzbunten Kühen 2511.
First (N. L.) s. Gardner (M. L.); Rigor (E. M.).
—, **Stratman (F. W.)** u. **Casida (L. E.)**, Einfluß d. Spermienalters auf d. Überleben d. Embryonen beim Schwein 2240.
—, **Stratman (F. W.), Rigor (E. M.)** u. **Casida (L. E.)**, Faktoren, die d. Ovulation u. Bildung v. Follikelzysten bei mit *6*-Methyl-*17*-acetoxyprogesteron gefütterten Sauen u. Jungsauen beeinflussen 2461.
Fischer (D. S.) u. **Price (D. C.)**, Möglicher humoraler Regulator d. Eisenabsorption 2594.
Fischer (F.), Trachtverhältnisse im Alpenland 1469.
Fischer (H.) s. Dannemann (H.).
Fischer (H.-D.) u. **Seifert (H.)**, Zusatzeinrichtungen zur Anlage zur Gewinnung v. bidestilliertem Wasser 1474.
Fischer (J.) s. Szigeti (J.).
Fischer (W. A.), Mehr Eier mit weniger Futter. Nach *500* Tagen, Absonderlichkeiten 39.
Fischnich (O.), Pätzold (C.) u. **Heilinger (F.)**, Verluste stärkereicher Kartoffeln im Verlaufe d. Lagerung 1728.
Fisher (E. W.), Hämatokrit d. Rindes 2449.
Fisher (H.) s. Shapiro (R.); Summers (J. D.).
—, **Hollands (K. G.), Weiss (H. S.)** u. **Griminger (P.)**, Umgebungstemperatur u. Zusammensetzung d. Körperfettes 1834.
— u. **Shapiro (R.)**, Aminosäurenunausgeglichenheit: Rationen arm an Tryptophan, Methionin oder Lysin u. d. Grad d. N-Verwertung in unausgeglichenen Rationen 162.
—, **Summers (J. D.), Wessels (J. P. H.)** u. **Shapiro (R.)**, Weitere Bewertung v. Proteinen für wachsende Küken nach d. Ganzkörper-Untersuchungsmethode 1922.
Fisher (H. J.), *63.* Bericht über d. Untersuchung v. Lebensmitteln u. *51.* Bericht über d. Untersuchung v. Drogen *1958* 551.
Fisher (J. R.), Chilson (O. P.) u. **Chan (S. K.)**, Adenosin-Desamidase beim Hühnerembryo 1699.
Fishman (W. H.), Green (S.) u. **Inglis (N. I.)**, Organspezif. Verhalten d. alkal. Phosphatase d. Darmes u. d. Leber d. Ratte 2143.
Fitch (W. M.) u. **Chaikoff (I. L.)**, Richtung u. Schema induzierter Adaptation d. Leberenzyme diabet. Ratten infolge Verfütterung v. Glucose u. Fructose 344.
Fitzgerald (R. J.) s. Gustafsson (B. E.).
Fitzsimmons (R. C.) s. Snetsinger (D. C.).
— u. **Waibel (P. E.)**, Bestimmung d. begrenzenden Aminosäuren in Rationen mit Mais u. Sojaextraktionsschrot für Putenküken 827.
Flak (W.) u. **Czarnocki (Jan)**, Topograph. Verteilung u. d. Schwankungen d. Haupttemperatur v.

Schweinen d. Großen Weißen u. d. Puławy-Rasse 1149.

Flanagan (W. P.) s. Hamdy (M. K.).

Fleeger (J. L.) s. Calhoun (M. C.).

Fleissner (E.) u. **Borek (E.),** Neues Enzym d. RNS-Synthese; RNS-Methylase 1700.

Flejšman (D. G.) s. Šachidžanjan (L. G.).

Fletcher (D. A.) s. Ashton (H. E.).

Fletcher (J. C.) u. **Robson (A.),** Methode zur Bestimmung v. Cystin plus Cystein in Proteinen 2335.

Fletcher (J. L.) s. Bertrand (J. E.).

Fletcher (L. B.) u. **McCorkle jun. (C. O.),** Entwicklung u. Ordnung d. Milchverteilung v. Los Angeles 2267.

Fletcher (R.) u. **Maas (H. J. L.),** Akute Geflügelcholera in einem Hühnerbestand in Connecticut: Beschreibung d. Isolierung v. Pasteurella multocida 2312.

Fliegel (H.) s. Oslage (H. J.).

Flipse (R. J.), Stoffwechsel d. Rinderspermas. *11.* Mitt. Faktoren, die d. Transport v. Fructose in d. Rinderspermien beeinflussen 688; *12.* Mitt. Galaktose als ein Indikator für d. Hexosetransport durch Bullenspermien 1603.

Flock (D.), Aktuelle Fragen d. Rindfleischproduktion in d. USA 1175.

Flock (D. K.), Carter (R. C.) u. **Priode (B. M.),** Lineare Körpermaße u. a. Beobachtungen zum Geburtszeitpunkt bei Mastkälbern als Mittel zur Vorhersage d. Wachstumsrate vor d. Absetzen u. d. Typs 1179.

Flodin (P.) u. **Killander (J.),** Fraktionierung v. Humanserumproteinen durch Gelfiltration 2123.

Florea-Ciocoiu (V.) s. Sager (O.).

Florentin (P.) u. **Lauvergne (J.-J.),** Neue erbliche Mißbildung beim Rind. Merkmal „Hammelkopf" 1396.

Florescu (S.) s. Gligor (V.); Popescu (F.).

—, Popescu (F.), Tacu (A.) u. **Nedelniuc (V.),** Motor. u. sekretor. Tätigkeit d. Verdauungsorgane bei mit Gras gefütterten Schafen 1695.

Florkin (M.) s. Bricteux-Grégoire (S.).

Florsheim (H. A.), Makineni (S.) u. **Shankman (S.),** Isolierung, Identifizierung u. Synthese eines Peptid-Wachstumsfaktors für P. cerevisiae 1013.

Floyd (E. H.) s. Tower (B. A.).

Flückiger (G.), Ursachen d. Verwerfens in Kuhherden 277. — Fleischschau bei Geflügel 2491.

Flux (D. S.) s. Wong (E.).

Fohrman (M. H.) s. Matthews (C. A.).

Fokina (Z. V.) s. Masliev (I. T.); Volkov (D. I.).

Fokkema (K.) s. Elliott (R. C.).

Folk jun. (G. E.) s. Grindeland (R. E.).

Folkes (J. P.) s. Gale (E. F.).

Follett (M. J.) u. **Ratcliff (P. W.),** Bestimmung v. Nitrit u. Nitrat in Fleischprodukten 2338.

Fomin (A. I.), Wirksamkeit d. Mast v. Fleischküken 1889.

— u. **Gal'pern (I. L.),** Einfluß v. fremdrassigem Sperma auf d. Qualität d. Nachkommenschaft v. Hühnern d. Fleisch- u. Legerassen 458.

Fondarai (J.) s. Dubouloz (P.).

— u. **Richert (C.),** Neue papierchromatograph. Technik zur Bestimmung schwefelhaltiger Aminosäuren 2125.

Foni (L.) s. Sager (O.).

Fontaine (W. E.) s. Adams (R. L.).

Foot (A. S.), Milchviehzucht in Großbritannien 500.

Foote (R. H.) s. Clamohoy (L. L.); Davis (I. S.).

—, Bratton (R. W.), Henderson (C. R.), Shantz (E. M.) u. **Pollard (J. K.),** Überleben v. Bullenspermien bei Zimmertemp. in Citrat-, Cornell University- u. Dreifachverdünnern, d. vollwertige u. fraktionierte Kokosmilch enthalten 2025.

—, Hafs (H. D.), Staples (R. E.), Gregoire (A. T.) u. **Bratton (R. W.),** Ovulationsraten u. Wurfgrößen bei paarungsbereiten u. nicht paarungsbereiten künstlich besamten Kaninchen, d. verschied. Dosen von luteinisierendem Hormon erhielten 2239.

— u. **Heath (A.),** Einfluß v. Spermienverlusten bei d. Spermagewinnung auf d. geschätzten Spermienausstoß v. Bullen 2242.

Forbes (R. M.) s. McAleese (D. M.).

Ford (E. J. H.), Wirkung einer Nahrungseinschränkung auf einige Le-

berbestandteile v. Schafen gegen Ende d. Trächtigkeit u. zu Beginn d. Laktation 1264.

Ford (J. E.), Mikrobiolog. Methode zur Bestimmung d. Nährwertes v. Proteinen. *2.* Mitt. Messung d. „verfügbaren" Methionins, Leucins, Isoleucins, Arginins, Histidins, Tryptophans u. Valins 1691.

Ford (T. M.), Nerzkrankheiten 2102.

Forman (S. A.) u. **Sauer (F.)**, Einige Veränderungen im Harn bei Schafen nach Verfütterung kieselsäurereichen Heues 2149.

Formica (J. V.), Verwertung d. Citronensäure-Kohlenstoffs für d. Biosynthese langkettiger Fettsäuren 1253.

Formica (S. D.), **Smidt (M. J.)**, **Bacharach (M. M.)**, **Davin (W. F.)** u. **Fritz (J. C.)**, Calcium- u. Phosphorbedarf wachsender Puten u. Küken 1030.

Forni (G.), Domestikation, Tierzucht u. Religion 1362.

Forsberg (J.-G.) u. **Lindh (J.)**, Geschlechtschromatin bei adulten u. fetalen Ratten 1375.

Forscher (B. K.) s. Cohn (D. V.).

Forss (D. A.) s. Stark (W.).

Forsyth (R. J.) u. **Walker-Love (J.)**, Dungbeseitigung in deutschen Kuhställen 1151.

Forsythe (R. H.) s. Kraft (A. A.).

Fortušnyj (V. A.) s. Kovyndikov (M. S.).

Forword (J. E.) s. Funk (E. M.).

Fosgate (O. T.), **Cameron (N. W.)** u. **McLeod (R. J.)**, Einfluß v. *17α*-Hydroxyprogesteron-n-caproat auf d. postpartale Fortpflanzungsleistung beim Rind 2014.

Fossel (A.), Ergebnisse u. Fragen d. Waldtrachtbeobachtung unter bes. Berücksichtigung d. Fichtenlecanien 111. — Große Pflaumenblattlaus; Biologie, Beflug, Bekämpfung 776. — Kulturpflanzen als Nektarspender 2109.

Foster (D. W.) u. **Bloom (B.)**, Synthese v. Fettsäuren in Tritiumwasser durch Rattenleberschnitten 2583.

Foster (T. S.) s. Willmer (J. S.).

Foti (N.) s. Bogdan (T.).

—, **Barac (I.)**, **Alexandru (V.)** u. **Mîrza (E.)**, Überwinterung v. Weiseln außerhalb d. Traube u. ihre Verwendung in d. Produktion 1231.

Fourman (P.) u. **Morgan (D. B.)**, Chron. Magnesiummangel 369.

Fournier (P. L.) u. **Dupuis (Y.)**, Relation zwischen d. Resorption u. Verwertung v. Calcium 1934.

Fovte (A. G.) s. Murray (J. G.).

Fowden (L.) s. Gray (D. O.).

Fowler (L. R.), **Richardson (S. H.)** u. **Hatefi (Y.)**, Schnelle Methode z. Herstellung v. hoch gereinigter Cytochromoxydase 1481.

Fox (B. W.), **Jackson (H.)**, **Craig (A. W.)** u. **Glower (T. D.)**, Wirkung alkylierender Agentien auf d. Spermiogenese beim Kaninchen 2464.

Fox (K. K.), **Harper (M. K.)**, **Helsinger (V. H.)** u. **Pallansch (M. J.)**, Colorimetr. Bestimmung v. Lactose in Milchprodukten 2118.

—, **Holsinger (V. H.)** u. **Pallansch (M. J.)**, Fluorimetrie als Methode zur Bestimmung d. Proteingehaltes d. Milch 2485.

Fox (M. R. S.) u. **Chow (B. F.)**, Bedeutung d. Vitamin B_{12} für d. Ernährung. *1.* Mitt. Stoffwechselfunktionen in Versuchstieren. *2.* Mitt. Mechanismus d. Vitamin-B_{12}-Resorption. **3.** Mitt. Vitamin B_{12} in Gesundheit u. Krankheit 154.

— u. **Ludwig (W. J.)**, Ausscheidung v. Formiminoglutaminsäure als Index für Vitamin-B_{12}-, Folsäure- u. Methioninmangel 1712.

Fox (R. R.), Konservierung v. Rammlersperma: Befruchtungsresultate mit Gefriersperma 469.

Fox (T. W.) s. Hawes (R. O.).

Fraenkel (G.) s. Nayar (J. K.).

Fraenkel-Conrat (H.) s. Tsugita (A.).

Frahm (H.), **Greggersen (H.)** u. **Lembke (A.)**, Stoffwechsel u. Darmflora. *1.* Mitt. Einfluß d. Polyensäuren auf d. Darmflora u. d. Fettstoffwechsel d. Arteriosklerotikers bei einer vorwiegend Butter als Nahrungsfett enthaltenden Diät 1932.

Frame (H. D.) s. Sabacky (M. J.).

Frampton (V. L.) s. Martinez (W. H.).

Francis (D. W.), Herzfrequenz v. *1* Tag alten S. C. Weißen-Leghorn-Küken 2224.

François (A. C.), Wirkungsmechanismus d. Antibiotica auf d. Wachs-

tum 157. — Wirkungsweise d. Antibiotica auf d. Wachstum 1939.
François (C.), Marshall (R. D.) u. **Neuberger (A.)**, Kohlenhydrate im Protein. *4.* Mitt. Bestimmung v. Mannose im Hühnereialbumin durch Radioisotopenverdünnung 1234.
Frank (O.), Baker (H.) u. **Sobotka (H.)**, Blut- u. Serumspiegel v. wasserlöslichen Vitaminen bei Mensch u. Tieren 1909.
Franke (E. R.), Vollmilcharme Kälberaufzucht richtig durchgeführt 2283.
Franke (W.), Bildung v. Vitamin C in Grünfutter, d. im Keimschrank produziert wird 599.
Frankena (H. J.), Weidewirtschaft in d. Sowjetunion 1838. — Milchproduktion in d. Sowjetunion 2051.
Frankland (A. W.), Behandlung v. Bienenstichreaktionen 2547.
Franklin (J. R.), Reinigung v. Tanks u. Tankwagen 1843.
Franklin (T. J.), Hemmung d. Proteinsynthese durch Chlortetracyclin in zellfreien Systemen 2588.
Frankovič (S.) s. Ilančić (D.).
Franks (D.), Unterschiede in d. Stärke d. Erythrocytenantigene beim Pferd bedingt durch Geninteraktion 1132.
Frankul (W.) s. Platt (B. S.).
Franzer (A. C.), Sharratt (M.) u. **Hickmann (J. R.)**, Biolog. Einflüsse v. Nahrungszusätzen. *1.* Mitt. Nisin 159.
Franzke (C.), Lipide 1498.
Franzke (H.), Futterangebot, Weidegrasrückstände, Futteraufnahme u. Leistungen auf einer Jungviehweide 1519. — Richtiger Einsatz d. Drahtarten an Elektrozaunanlagen 2483.
—, **Falke (H.)** u. **Grimm (H.)**, Kosten verschied. Verfahren d. Einsatzes v. Elektro-Wanderzäunen 1613.
— u. **Schöps (G.)**, Intensive Weidewirtschaft in rindviehstarken Großbetrieben. XVI. Einrichtung u. Betrieb v. Intensivweiden in Mittelgebirgslagen, Beispiel d. Weidekombinates d. LPG „Oberland“ in Lobenstein/Thür. 1613.
Fraps (R. M.) s. Opel (H.).
Fraser (J. G.), Blähungen im Rind. *21.* Mitt. Variation im Lipoid-Gehalt d. Weide u. d. Pansenflüssigkeit 570.
Fraser (M. J.), Empfindliche Methode zur Messung d. Aminoacyl-Ribonucleinsäure-Synthetase-Aktivität 789.
Frauendorfer (S.), Agrarwirtschaftliche Dokumentation 666.
Frazer (A. C.) s. Gurr (M. I.).
Frazier (W. C.) s. Segner (W. P.).
Fredeen (H. T.) s. Ashton (G. C.); Bowman (G. H.).
— u. **Jarmoluk (L.)**, Fotografie als Hilfe in d. Schlachtkörperbewertung 1418.
— u. **Newman (J. A.)**, Rippen- u. Wirbelzahlen bei Schweinen. *1.* Mitt. In einer großen Population beobachtete Variation 2290; *2.* Mitt. Genet. Aspekte 2291.
Frederich (W.) s. Schumm (H.-R.).
Frederick (G. L.) u. **Brisson (G. J.)**, Beobachtungen über d. Beziehungen zwischen Vitamin B_{12} u. d. Fortpflanzung d. Schweine 153.
Frederik (G. H.) u. **Hooft (A. J. G.), van't)**, Spast. Parese beim Rotbunten Niederländ. Rind sowie einige röntgenolog. Aspekte 276.
Fredholm (H.), Frischfleisch in evakuierten Plastverpackungen 1162.
Free (J. B.), Verhalten v. Honigbienen, d. Feldbohnen (Vicia faba) besuchen 2105. — Anreize für d. Stechen bei Honigbienen 2546.
— u. **Spencer-Booth (Y.)**, Wirkung d. Fütterung v. Zuckerlösungen bei Bienenvölkern 544.
Freedman (S. L.) s. Sturkie (P. D.).
Freeman (A. E.), Situationsbericht über eine „geschlossen“ gezüchtete Milchviehherde d. Staates Iowa 2507.
Freer (M.) s. Campling (R. C.).
— u. **Campling (R. C.)**, Faktoren, die d. freiwillige Futteraufnahme bei Kühen beeinflussen. *5.* Mitt. Beziehungen zwischen d. freiwilligen Futteraufnahme d. Panseninhalts u. d. Rate d. Verschwindens d. Digesta aus d. Verdauungstrakt bei Fütterung v. Heu, Trockengrünfutter oder Konzentraten 2578.
—, **Campling (R. C.)** u. **Balch (C. C.)**, Faktoren, die d. freiwillige Futteraufnahme bei Kühen beeinflussen.

4. Mitt. Verhalten u. reticulare Motilität v. Kühen, d. Heu, Haferstroh sowie Haferstroh u. Harnstoff erhielten 1250.
Freerksen (E.) u. **Lauterbach (D.),** Untersuchungen mit verdünnten Tuberkulinen 286.
Frehn (J. L.) u. **Anthony (A.),** Respiration u. Phosphorylation v. Lebermitochondrien v. Kälte ausgesetzten Ratten u. Eichhörnchen 2340.
Freire (J. G.) = Garcia Freire (J.).
Frejman (G. É.), Zusammensetzung d. Milch des Lettischen Braunviehs u. Wege zur Erhöhung ihrer Qualität 46.
French (G. P.) u. **Wertz (A. W.),** Tryptophanstoffwechsel im Menschen 804.
French (G. T.) s. Turner (H. G.).
Fresnaye (J.), Zwei neue Einrichtungen zum Wägen v. Bienenbeuten 2322. — Einrichtung zum schnellen Bestimmen d. Wabenoberfläche im Stock 2322.
— u. **Lensky (Y.),** Bestimmungsmethoden für d. Wabenoberfläche in Bienenstöcken 2318.
Freund (M.), Beziehungen zwischen charakterist. Merkmalen menschlichen Spermas u. d. Spermaproben beeinflussenden Faktoren 1391.
Freund (R. J.) s. Washburn (K. W.).
Freundlich (A.), Richtige Herstellung einer Tiefstreu 2537.
Freundlich (M.), Burns (R. O.) u. **Umbarger (H. E.),** Kontrolle d. Isoleucin-, Valin- u. Leucin-Biosynthese. *1.* Mitt. Multivalente Repression 1926.
Frey (J.) u. **Krupp (G.),** Neuer Laufstall zur Milchviehhaltung (Hecklinger Boxenstall) 2038.
Friars (G. W.) s. Jerome (F. N.).
—, **Bohren (B. B.)** u. **McKean (H. E.),** Zeittrends bei Schätzungen genet. Parameter in einer nach mehreren Merkmalen selektierten Hühnerpopulation 2532.
Frichot-Riera (M.), Histolog. Untersuchung d. verfärbten u. verdickten Wände aus alten Waben 995.
Frick (H.), Die Kosten- u. Ertragsverhältnisse in Geflügelhaltungsbetrieben in d. drei Jahren *1960* bis *1962* 1885.
Frick (Hans) s. Herre (W.).
Fricker (D. J.) s. Jones (J. C.).
Friede (H. J.), Rieger (H. J.) u. **Gütte (J. O.),** Steigerung d. Milchfettgehaltes nach Futterabzug bei *2* Milchkühen 1052.
Friedemann (K.), Khaki-Campbell-Ente, eine wirtschaftliche Entenrasse 2098.
Friedhoff (K.), Therapie d. Capillariabefalles beim Geflügel 2097.
Friedman (D. I.) s. Papermaster (B. W.).
Friedman (L.), Horwitz (W.), Shue (G. M.) u. **Firestone (D.),** Erhitzte Fette. *2.* Mitt. Nutritive Wirkungen v. erhitztem Baumwollsamenöl u. v. durch Destillation gewonnenen, erhitzten Baumwollsamenölfraktionen u. ihre Komplexbildung mit Harnstoff 143.
Friedmann (L.) s. Morris jun. (W. W.).
Friedrich (H.) s. Züngler.
Friedrich (W.), Weichzerkleinerung v. Nahrungs- u. Futtermitteln 1300.
Friend (D. W.) s. Cunningham (H. M.); Nicholson (J. W. G.).
—, **Cunningham (H. M.)** u. **Nicholson (J. W. G.),** Wirkung eines Enzyminhibitors auf Gewichtszunahme, Futterverzehr u. Schlachtkörpercharakteristica v. Schweinen 146. — Bildung organ. Säuren im Schwein. *1.* Mitt. Einfluß d. Ration auf d. Verhältnis d. flüchtigen Fettsäuren im Schweinekot 1251.
Friend (J. D.) s. Gilliland (R. L.).
Friend (M. T.) s. Livingston (H. G.).
Friesecke (H.), Versorgung d. Schweines mit B-Vitaminen 2152. — s. Kirchgessner (M.); Wöhlbier (W.).
Frieß (A.) s. Grau (R.).
Frieze (B. J.) u. **Corley (E. L.),** Vergleich d. *305-* u. d. *365*-Tageleistungen bei verschied. Herdendurchschnitten 2503.
Frisch (K. v.) u. **Kratky (O.),** Beziehung zwischen Flugweite u. Tanztempo bei d. Entfernungsmeldung d. Bienen 2546.
Fritz (J. C.) s. Formica (S. D.).
Fritzsche (H.) s. Rudolph (W.).
Fritzsche (K.), Zuchthygien. Aufgaben in Geflügelbeständen 1457. — s. Trautwein (K.).

Fritzschi (E.), Organisation u. Durchführung d. Rindertuberkulose-Bekämpfung in d. Schweiz 1193.
Fröhlich (A.), Some nutritional effects on chick growth [1059].
Frölich (A.), Amerikan. u. engl. Fütterungsberatung 1185.
Froesch (E. R.) u. **Ginsberg (J. L.)**, Fructosestoffwechsel d. Fettgewebes. *1.* Mitt. Vergleich d. Stoffwechsels d. Fructose u. Glukose im epididymalen Fettgewebe normaler Ratten 2139.
Froning (G. W.) u. **Swanson (M. H.)**, Geölte gegenüber ungeölten Eiern bei Kurzzeitlagerung. *1.* Mitt. Wirkung d. Zeit u. d. Methode d. Ölung 2495.
Front-Bourgoin (D.) s. Bounhiol (J. J.).
Froyd (G.), Auffinden v. Cysticercus bovis bei d. Fleischuntersuchung 941. – Gleichzeitiges Vorkommen v. lebenden u. abgestorbenen Finnen (Cysticercus bovis) beim Rind 942.
Frumkin (M. L.), Oxydationshemmung in Fettgewebe d. gammabestrahlten Geflügels 1164.
—, **Pawlowa (G. L.)** u. **Dosorez (D. P.)**, Proteolyt. Aktivität d. bestrahlten Fleisches bei d. Lagerung u. Wärmebehandlung 1161.
Fry (J. L.) s. Goertz (G. E.); Mukerji (P. C.); Rasplicka (L. D.).
—, **Rao (O. S.)** u. **Rasplicka (L. D.)**, Faktoren, die d. Ausbeute an Teilstücken bei Puten beeinflussen 769.
Frye (J. B.) s. Branton (C.).
Fu (Hwei C.) s. Reiser (R.).
Fuchs (K.) s. Rothe (M.).
Fudulov (D.) s. Tomov (I.).
Füchsel (K.), Zusetzen einer Königin mit d. Begattungskästchen 1902.
Fuerst jun. (W. F.) u. **Kare (M. R.)**, Einfluß des pH-Wertes auf d. Erträglichkeit u. d. Vorliebe für Schmecklösungen 894.
Fugmann (R.), Ordnung, oberstes Gebot in d. Dokumentation 1359.
Fujii (K.), **Mizota (S.)**, **Takama (T.)**, **Miyamoto (S.)** u. **Ozaki (T.)**, Hochspannungspapierelektrophorese v. freien u. konjugierten Oestrogenen 790.
Fujimoto (D.) u. **Tamiya (N.)**, Inkorporation v. ^{18}O d. Luft in Hydroxyprolin v. Hühnerembryo 2354.
Fujita (A.) s. Mamuro (T.).
Fuks (R.) s. Ilančić (D.).
Fukuda (T.), **Suto (M.)**, **Kameyama (T.)** u. **Kawasugi (S.)**, Synthet. Kost für d. Aufzucht v. Seidenraupen 1004.
Fulka (J.) s. Valenta (M.).
— u. **Pavlok (A.)**, Im Erschöpfungsversuch festgestellte Menge u. Qualität d. Ejakulate v. Zuchtbullen bei unterschiedlicher Ernährung u. verschied. Alter 1186.
—, **Pavlok (A.)** u. **Novotný (S.)**, Einfluß d. Ernährung d. Zuchtbullen auf d. Samenproduktion 1430.
Fuller (H. L.) s. Massey (J. H.).
— u. **Morris (G. K.)**, Wirkungsweise v. d. Getreidebegasungskomponenten Äthylen-Dibromid auf d. Legeleistung 1215.
Funahashi (S.). s. Murakami (M.).
Funatsu (M.) s. Tokuyasu (K.).
Funch (J. P.), **Kristensen (G.)** u. **Dam (H.)**, Einfluß verschied. Nahrungsfette auf Serumcholesterin, Leberfette u. Gewebepathologie beim Kaninchen 1706.
Funk (E. M.) s. Kahlenberg (O. J.); Kinder (Q. B.); Seideman (W. E.).
— u. **Forward (J. E.)**, Einfluß d. Vorbrut auf d. Schlupffähigkeit v. Hühnereiern 1214.
Funnell (H. S.) s. Oliver (W. T.).
Furman (A. E.), Herausbildung einer dialekt. Konzeption d. Entwicklung in d. Biologie [2235].
Furth (J. J.) s. Hurwitz (J.).
Furthmann (G.), Lebendbeurteilung u Schlachtkörperbewertung d. Rinder bei d. DLG-Schlachtviehschau in Stuttgart 714.
Futonaka (H.), **Mochizuki (A.)**, **Takahashi (T.)**, **Araki (J.)** u. **Miyamoto (S.)**, Jodeinbau in Schilddrüsenhormone durch Hochspannungs-Papierelektrophorese 1038.
Futschik (J.), Vergleichende Haltbarkeitsversuche mit kurzzeit- bzw. hocherhitzter Milch 1850, 2048.
Futterman (S.), Enzymatische Oxydation v. Vitamin-A-Aldehyd zu Vitamin-A-Säure 820.

Fyg (W.), Pathologie d. Sackbrut 999. — Anomalien u. Krankheiten d. Bienenkönigin 2551.

Gaál (J.) u. **Kasó (P.),** Jahrbuch *1959/1960* d. ungar. Schweinherdbuchführung u. Nachkommenschaftsprüfung [973]*.
Gaál (L.) s. Horváth (L.).
Gaál (M.), Prüfung v. Schafbock-Aufzuchtverfahren 300. — Trockensubstanzgehalt d. Schafmilch im Hinblick auf d. Zuchtwahl 755. — Winterhaltung v. Mutterschafen mit Silagefütterung u. Hüten auf Schaf-Winterweiden 2088; dass.: verschied. große Gruppen 2091.
Gaalaas (R. F.) u. **Plowman (R. D.),** Verhältnis zwischen Langlebigkeit u. Leistung bei Holstein-Friesian-Rindern 2065.
Gabriel (R. F.) s. Wilcox (C. J.).
Gabriel (Z.) s. Miloš (H.).
Gabriš (J.), Züchtung eines kleinen Gebirgspferdes 946. — Zusammenhang zwischen Schlachtleistung, Gewicht u. einigen Maßen d. Schlachtschweine 967. — Wachstum d. Fohlen d. kleinen Gebirgspferdes in d. Gegend v. Muráň 2032. — s. Chomkovič (G.).
— u. **Kolde (K.),** Leistungen v. Edelschwein-Sauen bei Linienkreuzung im Ostslowak. Bezirk 81.
Gacula (M.) s. Brown (C. J.).
Gadd (R. E. A.) s. Tsuyuki (H.).
Gadžiev (G. M.), Wachstum u. Schlachteigenschaften d. Küken verschied. Rassen in d. Aserbaidshan. SSR 760.
Gärtner (K.), Größe d. Verteilungsraumes v. Harnstoff bei Ziegen 587. — Transportmechanismus v. Harnstoff-Stickstoff durch d. Pansenschleimhaut v. Rindern in vitro 2572. — Untersuchungen in vitro über d. Ammoniakpassage durch d. Pansenschleimhaut v. Rindern u. deren Beeinflussung durch pH-Wert u. antidiuret. Hormon 2572. — s. Decker (P.).
—, **Decker (P.)** u. **Hill (H.),** Untersuchungen über d. Passage v. Harnstoff u. Ammoniak durch d. Pansenwand 588.
Gahne (B.) s. Brænd (M.); Rendel (J.).
Gaier (R.), Tuberkulosetilgungsprogramm in d. Rinderzucht Österreichs 1193.
Gaillard (B. D. A.) s. Renkema (J. A.).
Gaillard (B. D. E.), Beziehung zwischen d. Zellwandbestandteilen v. Rauhfutterstoffen u. d. Verdaulichkeit d. organ. Substanz 2350.
Gainer (A. V.) s. Affsprung (H. E.).
Gaines (J. A.) s. Jamison (H. M.).
Gajdaj (V. M.), Gehalt u. Zusammensetzung d. Nucleinsäure in d. Testes u. Muskeln d. Pekingenten während d. winterlichen Geschlechtspause 2230.
Gajewoj (E. W.), Schaffell-Konservierung 1170.
Gajvoronskij (G. S.) s. Ostaško (F. I.).
Gal (E. M.) u. **Drewes (P. A.),** Stoffwechsel v. 5-Hydroxytryptamin (Serotonin). *1.* Mitt. Einfluß v. Hungern u. Thiaminmangel 1939; *2.* Mitt. Einfluß v. Tryptophanmangel bei Ratten 2142.
Gale (C.) s. Andersen (H. T.).
Gale (C. C.) s. Andersson (B.).
Gale (E. F.) u. **Folkes (J. P.),** Assimilation v. Aminosäuren durch Bakterien. *27.* Mitt. Beziehung zwischen Glycerin u. d. „Einbaufaktor" 804.
Galesloot (T. E.) u. **Hassing (F.),** Beobachtungen, die d. Verhalten v. Startern in entkalkter Milch u. in Milch mit Ca-bindenden Mitteln betreffen 487. — Schnelle u. empfindliche Papierscheiben-Methode zur Bestimmung v. Penicillin in Milch 487.
Galgan (M. W.) s. Jacobson (M.).
Gall (C.), Umweltgestaltung für Zucht auf hohe Lebensleistung u. lange Nutzungsdauer d. Milchkuh 1636, 2280. — s. Bauer (H.).
— u. **Weissweiler (P.),** Labfähigkeit d. Milch u. ihre Beziehung zur Mineralstoff-Fütterung d. Kühe 737.
Gallagher (R. M.), Empfehlungen d. Forschungsanst. Ruakura zur Selektion v. Fleischvieh-Bullen 731. — s. Brumby (P. J.).
Gallasz (E.) s. Rüegsegger (A.).
Gallo (G. G.), Chiesa (L.) u. **Sensi (P.),** Rifamycin. *23.* Mitt. Polarograph. Verhalten v. Rifamycin B, Rifamy-

cin O, Rifamycin S u. Rifamycin SV 1688.
Galloway (J. H.), Pulvirenti (G.) u. **Silberman (G.)**, Wirkung einer Hormonimplantation auf d. Wachstumsrate u. d. Wollwachstum bei Lämmern 824.
Gallup (W. D.) s. Ronning (M.); Woods (W. R.).
Gally (J. A.) u. **Edelman (G. M.)**, Einfluß d. Temperatur auf d. Fluoreszenz v. einigen aromat. Aminosäuren u. Proteinen 2333.
Gal'pern (I. L.) s. Fomin (A. I.).
Galukande (E. B.) s. Mahadevan (P.).
— u. **Mahadevan (T.)**, Milchleistung beim Ostafrikan. Zeburind 1641.
Gamble jun. (J. L.), Retention v. Natrium u. Chlorid durch die Mitochondrien 1933.
Ganĉev (T.), Untersuchungen über d. Novocainwirkung auf d. Spermaproduktion u. d. Befruchtungsfähigkeit v. Bullen mittleren Alters mit normaler Geschlechtstätigkeit 23. — Versuch zur Künstlichen Besamung v. Schafen mit *10*- bis *20*-fach verdünntem Sperma 467. — s. Bratanov (K.).
Gander (G. W.) s. Patton (S.).
Gandhi (J. R.) s. Saxena (K. N.).
Ganev (G.), Massenvergiftung v. Pferden mit getrocknetem Heu v. Ackersenf (Sinapis arvensis) 1511.
Ganguly (J.) s. Murthy (S. K.).
Ganiev (M.), Achundova (N.), Alieva (N.) u. **Kadyrov (A.)**, Frage d. Anwendung d. erdölhaltigen Wuchsstoffes in d. Tierzucht 2604.
Ganovski (C.) u. **Stojkov (D.)**, Einfluß d. nach Eiweißzusammensetzung unterschiedliche Nährstoffe tier. Herkunft enthaltenden Futterrationen auf d. Physiologie d. Verdauung u. Spermaproduktion bei Zuchtbullen 2375.
Ganter (G.), Ausblutungsgrad v. Schweinefleisch mit Rücksicht auf d. Betäubungsmethoden 2269.
Garanin (A.), Erfahrung in d. Bekämpfung d. Kannibalismus bei Läuferschweinen 2085.
Garcia Freire (J.) s. Sarazá (R.).
Gardiner (E. E.), Beziehung zwischen d. Phosphorwerten im Futter u. d. Gehalt an anorgan. Phosphor im Plasma v. Küken 812. — Vergleich d. Toxizität eines bestimmten Erdnußölmehles für Puten- u. Hühnerküken 1307. — s. Adams (R. L.).
Gardiner (E. E.) u. **MacIntyre (T. M.)**, Einfluß zugeteilter Futteraufnahme intensiv gehaltener Hühner auf d. Legeleistung während d. Legeperiode 1297.
Gardiner (J. E.), Radioaktiv markierte Tinte 1923.
Gardner (B.) s. Jones (N. C. H.).
Gardner (K. E.), Starke Körnerfütterung vor dem Kalben. Wirkung auf Eutererkrankung u. Milchleistung 1292.
Gardner (M. L.), First (N. L.) u. **Casida (L. E.)**, Wirkung exogener Oestrogene auf d. Erhaltung d. Corpus luteum bei Jungsauen 2237.
Gardner (R. E.) s. Wellington (J. S.).
Garibaldi (J. A.) u. **Bayne (H. G.)**, Wirkung v. Eisen auf den Verderb durch Pseudomonas bei gewaschenen Farmeiern 494.
Garland (P. B.), Newsholme (E. A.) u. **Randle (P. J.)**, Wirkung v. Fettsäuren, Ketonkörpern, Diabetes u. Hunger auf d. Pyruvatstoffwechsel in Rattenherzen u. Zwerchfellmuskel 1697.
— u. **Randle (P. J.)**, Schnelle enzymat. Bestimmung v. Glycerin 2566.
Garlich (J. D.) s. Nesheim (M. C.).
Garrelds (H. H.), Künftige Entwicklung d. Eier- u. Schlachtgeflügelerzeugung im EWG-Raum aus niederl. Sicht 1885.
Garren (H. W.) s. Hill (C. H.).
Garrett (W. N.), Kelly (C. F.) u. **Bond (T. E.)**, Bedarf v. Mastrindern an Gesamtfläche u. überdachter Fläche bei hohen Temperaturen in Abhängigkeit v. d. Fütterung 2254.
Garrigan (D. S.) s. Zessin (D. A.).
Gartner (R. J. W.) s. Ryley (J. W.).
Garwood (E. A.) s. Baker (H. K.).
Garwood (V. A.) s. Heidenreich (C. J.).
Gary (N. E.), Chem. Begattungslockstoffe bei d. Bienenkönigin 317.
Gasse (H.), Bekämpfung d. Rindertuberkulose in Frankreich 510.
Gaßmann (B.), Janicki (J.) u. **Kaminski (E.)**, Standardisierung d. Vita-

min-B_1-Bestimmung in Getreide u. Getreideprodukten 2129.
Gaßmann (B.), Ketz (H.-A.) u. **Haenel (H.)**, Beeinflussung d. Vitamin-B_1-Resorption durch Antibiotica 1712.
Gassner (F. X.) s. Hopwood (M. L.).
Gastler (G. F.) s. Carlson (C. W.).
Gastmeier (W.) s. Lemcke (B.).
—, Otto (E.) u. **Steger (H.)**, Schlachtergebnisse 40 kg schwerer Schweine verschied. Rassen u. Kreuzungen 78.
Gates (A. H.) s. Doyle (L. L.).
Gatherum (D. P.) u. **Lawrie (R. A.)**, Intra- sowie Inter-Wurfunterschiede in d. Zusammensetzung d. M. longissimus dorsi bei zwei Schweinerassen 1166.
Gaumont (R.) u. **Raynaud (P.)**, Lebendkultur v. Ciliaten-Kommensalen d. Schafpansens 130.
Gausseres (B.) s. Fauconneau (G.).
Gautier (J.) s. Mesnil du Buisson (F. du).
Gavrikov (A.), Verhinderung v. Sterilität 2465.
Gawęcki (K.), Ilecki (J.) u. **Ponikiewska (T.)**, Ölkürbis als Futter für Milchkühe 2168.
Gawienowski (A. M.) s. Copenhaver (J. H.).
Gažo (M.) s. Feldheim (W.); Klimeš (B.).
—, Landau (L.) u. Marcinka (M.), Stoffwechsel d. Calciums u. d. Phosphors bei Legehennen 1500.
Gazzaniga (P. P.) s. Sonnino (F. R.).
Geamăn (N.) s. Gligor (V.); Pălămaru (E.).
Gebert (H.) s. Meyer (H.).
Gebhardt (G.) s. Columbus (A.).
— u. **Zausch (M.)**, Verdaulichkeit u. Eiweißverwertung v. getrocknetem Belebtschlamm aus Reinigungsanlagen für industrielle Abwässer 1527.
Géczy (G.), Verfahren zur quantitativen Bestimmung d. Vitamin A 2128.
Gee (M.), Dünnschichtchromatographie v. einigen methylierten Glykosiden 2118. — Dünnschichtchromatographie v. Saccharoseestern u. Mischungen v. Raffinose u. Saccharose 2118.
— u. **Walker jun. (H. G.)**, Gas-flüssig-Chromatographie einiger methylierter Mono-, Di- u. Trisaccharide 117.
Geerken (H. F.) s. Shipe (W. F.).
Geidel (H.), Vorzeichentest als Sequentialtest 2442.
Geissler (G.) u. **Steche (W.)**, Natürliche Trachten als Ursache für Vergiftungserscheinungen bei Bienen u. Hummeln 1000.
Gellhorn (A.), Benjamin (W.) u. **Wagner (M.)**, Die in-vitro-Inkorporation v. 1-^{14}C-Acetat in individuelle Fettsäuren d. Fettgewebes aus jungen u. alten Ratten 1492.
Genčev (P.) s. Kalev (G.).
Genge (R.), Einsatz v. Fischsilage in d. Geflügelfütterung 1954.
Genin (G.), Milch in d. Welt 940, 1414.
Georgantas (P. D.), Anwendung v. Terramycin in verschied. Verhältnis gegen d. europäische Faulbrut 2110.
George (J. C.), Iype (P. T.) u. **Farner (D. S.)**, Lipaseaktivität in d. Kükenleber während d. Entwicklung 684.
George (W. H. S.), Trennung v. Strontium aus Milch u. Proteinlösungen durch Gel-Filtration 1157.
Georgescu (D.) s. Popescu (F.).
Georgiev (G. P.), Ribonucleoproteide d. Zellkerns 2457.
Georgiev (I.), Silierung v. Maisschlempe 1727. — Einsäuerung v. Eichensommertrieben mit Grünroggen 1728.
— u. **Kirov (N.)**, Fischsilage aus Fischabfällen u. nichtmarktgängigen Fischen 1727.
—, Popov (I.) u. **Milanov (D.)**, Einsäuerung v. Runkelrüben mit d. Blattmasse 1727.
—, Sjarov (J.), Beremski (S.), Andreev (A.) u. **Benkov (B.)**, Ergebnisse d. Ferkelmast mit trockenen Kraftfuttergemischen bei unterschiedl. Fütterungsweise während d. Säugeperiode u. nach d. Absetzen 832.
— u. **Vangelov (K.)**, Schweinemast in leichten Schweinehütten aus Wirtschaftsmaterial 1445.
Georgiev (I. V.), Veränderungen in d. Zusammensetzung u. d. Eigenschaften d. Schafmilch während d. Laktation 704.
Gerard (M.) s. Noyes (R. W.).

Gerasimov (S. J.), Anreicherung d. Futtermittel mit Vitaminen, Spurenelementen u. Antibiotica [1509].
Gerasimov (S. N.) s. Kudrjavcev (A. A.).
Gerasimova (S. A.) s. Stepanov (E. M.).
Geraśkov (N. I.) s. Slavin (R. M.).
Geratz (J. D.), Einfluß v. aliphat. Aminosäuren auf d. Aktivierung v. Trypsinogen u. auf d. Stabilität v. Trypsinlösungen 561.
Gerencsér (V.) u. **Buzás (G.),** Faktoren, die d. erste Laktationsleistung beeinflussen 960.
Geri (G.), Untersuchungen über d. Auftreten v. Tieren mit Mißbildungen bei d. Romagnola-Rinderrasse u. d. Problem d. züchter. Ausmerzung 34.
Gericke (A. M.), Australorps in Südafrika 1887.
Gericke (S.), Wirkung d. Thomasphosphatdüngung auf den Kobaltgehalt v. Wiesenheu 376.
Gerja (G. I.) s. Doroško (I. N.).
Gerlach (E.), Dreisbach (R. H.) u. **Deuticke (B.),** Entstehung v. Nucleosiden, Purinen u. Pyrimidinen in d. Rattenniere bei Sauerstoffmangel 137.
Gerov (A. P.) u. **Krüstanov (C. V.),** Vollmilcheingeschränkte Typenrationen für weibliche Zuchtkälber aus der Kreuzung v. Grauem Landrind u. Braunvieh 68.
Gerov (K.) s. Čuškov (P.).
— u. **Čuškov (P.),** Cholinesterase bei neugeborenen u. heranwachsenden Tieren 360. — Ursachen d. nichtansteckenden Verdauungsstörungen bei Ferkeln u. ihre Vorbeugung 972. — Physiolog. Unreife u. konstitutionelle Dyspepsie bei Kälbern 2077.
Gerpacio (A. L.) s. Castillo (L. S.); Labadan (M. M.).
Gerrie (W. A. G.), Stallungen für Sauen bei Freihaltung 700.
Gerriets (E.) s. Haenel (H.).
—, **Haenel (H.), Müller-Beuthow (W.)** u. **Plessing (H.),** Nutritive Wirkungen synthet. senfölbildender Verbindungen bei Hühnerküken. *2.* Mitt. 603.
Gerritsen (J. G. C.), Arbeitszeitaufwand u. -bedarf im Anbindestall 1839.
Gerstenfeldt (H.), Absorptionsflammenphotometr. Bestimmung v. Zink in pflanzlichem u. tier. Material, Düngemitteln u. Böden 1691.
Gertner (M.) s. Szép (I.).
Gesell (J. A.) s. Bray (D. J.).
Gesteland (R.) s. Suttie (J. W.).
Gestetner (R.) s. Ascarelli (I.).
Getty (R.) s. Tamate (H.).
Geurden (L. M. G.) u. **Devos (A.),** Todesfälle bei Nerzen im Zeitraum *1956—1960* 2101.
—, **Devos (A.), Viaene (N.)** u. **Staelens (M.),** Aujeszky'sche Krankheit bei Nerzen 1897.
Geurink (J. H.) s. Kemp (A.).
Gevedze (V. I.) s. Bže'žinskij (S. K.).
Geyer (V. B.) s. Dodd (M. C.).
Ghalioungbi (Y.) s. Monnier (D.).
Ghosh (N. C.) s. Kar (N. C.).
Giacomini (A.) s. Maymone (B.).
Gibb (A.) s. McCance (R. A.).
Gibbons (R. A.) s. Tampion (D.).
Gibbs (J. A.) s. Rapkim (E.).
Gidranovič (V.) s. Nazarova (G.).
Giesbrecht (F. G.) u. **Nordskog (A. W.),** Schätzung d. Alters bei Geschlechtsreife aus Herdenleistungen 2307.
Giesecke (D.) s. Brüggemann (J.).
Gifford (E. D.) s. Harrill (I.).
Giginejšvili (N. S.), Method. u. organisator. Fragen d. Farbkarakulzucht 2086.
Gilbert (A. B.), Sedimentationsrate d. Erythrocyten beim Haushahn 893.
— u. **Lake (P. E.),** Terminale Innervation v. Uterus u. Vagina d. Haushenne 2225.
Gilbert (C.) s. Beardwood (C.).
Gilbert jun. (P. T.), Direkte flammenphotometr. Analyse gepulverten Materials 1689.
Gilbreath (J. C.) s. Maloney jun. (M. A.); Rudolph (J. W.); Welch (Q. B.).
—, **Welch (Q. B.), Drye (K. J.)** u. **Waggoner (R. E.),** Einfluß v. Reserpin auf erwachsene Hühner 603.
Gilbreath (R. L.) s. Welch (J. G.).
Gilchrist (F. M. C.) s. Kistner (A.).
— u. **Kistner (A.),** Bakterien d. Schafpansens. *1.* Mitt. Zusammensetzung d. Population bei Ernährung mit schlechtem Teff-Heu 1250.

Gilchrist (J. A.), Rindermast im Südwesten Schottlands 1174.
Gill III (T. I.) s. Anderson (W. F.).
Gillespie (J. M.), Isolierung u. Besonderheiten einiger löslicher Proteine in d. Wolle. *2.* Mitt. Bevorzugte Extraktion schwefelreicher Proteine 1853; *3.* Mitt. Heterogenität d. schwefelarmen Wollproteins SCMKA*2* 1854.
—, **O'Donnell (I. J.)** u. **Thompson (E. O. P.),** Wechselwirkung zwischen aus α-Keratin extrahierten Proteinen mit hohem u. niedrigem Schwefelgehalt 2116.
Gillespie (P. J.), Radioaktiver Gehalt v. einigen Rinderschilddrüsen nach den neuen russ. Kernwaffentests 127.
Gilliland (R. L.), Bush (L. J.) u. **Friend (J. D.),** Zusammensetzung d. Ration u. d. Pansenentwicklung frühentwöhnter Milchkälber mit Beobachtungen v. Pansenparakeratose 2134.
Gillis (M. B.) s. Nelson (T. S.).
Gillman (J.) s. Beardwood (C.).
Gilmore (L. O.) s. Treece (J. M.).
Gilmour (D. G.) s. Ogden (A. L.).
Ginsberg (J. L.) s. Froesch (E. R.).
Gírethová (G.) s. Paulov (Š.).
Gitlin (D.) s. Merler (E.).
Gjønnes (B.) s. Helgebostad (A.).
Gladkov (P. F.) s. Ermekov (M. A.).
Gladyseva (L. E.) s. Mamednijazov (O. N.).
Glaeser (H.), Pflanzennahrung für Chinchillas 1664.
Glaser (A.) s. Apostolakis (M.).
—, **Grimmer (G.), Jantzen (E.)** u. **Oertel (H.),** Methode zur Bestimmung d. Fettsäuren d. Human-Blutes unter bes. Berücksichtigung d. in geringen Mengen vorkommenden Fettsäuren 2128.
Glasser (H.), Ruhe im Legehennenstall 1835.
Glauser (E. M.), McCance (R. A.) u. **Widdowson (E. M.),** Experimentelle Atmungshindernisse bei neugeborenen Ferkeln 251.
Glawischnig (E.), „Fütterung" v. Pansenfistelkühen mit Langheu 568.
Glazener (E. W.) s. Cook (R. E.).
Glazier (D. B.) u. **Dukes (H. H.),** Untersuchung d. normalen EKG d. Pferdes 2223.
Glazrova (Z.) s. Matoušek (J.).
Glazunov (V. V.) s. Šachidžanjan (L. G.).
Gleason (R. E.) s. Anderson (D. L.).
Gleichauf (R.), Eiform u. Zuchtwahl 758. — Eiform als Auslesefaktor 982. — Auf- u. Abstieg in d. Kennhuhnzüchtung 2307.
Glenister (D. W.) s. Leeman (S. E.); Yates (F. E.).
Glew (G.), Einflüsse ionisierender Strahlen auf d. alkal. Phosphatase in Kuhmilch 938.
Glick (B.), Einfluß v. Rinderwachstumshormon, Desoxycorticosteronacetat u. Cortisonacetat auf d. Leukocytenwerte *2* Wochen alter Küken 361. — Einfluß v. Amphenon beim Küken 1283. — Weiße Blutzellen als Krankheitsabwehr 2449. — s. Sadler (C. R.).
Gligor (V.), Pălămaru (E.), Geamăn (N.), Feredean (I.), Roşca (N.), Radu (A.), Tacu (A.), Florescu (Ş.), Nedelniuc (V.), Bica (M.), Raicu (E.), Vermeşanu (N.), Popescu (F.), Harşian (E.), Saghin (F.), Maior (I.), Covaliu (C.) u. **Ionescu (D.),** Einfluß v. Spurenelementen auf d. Schweinezucht 816.
—, **Radu (A.), Covaliu (C.)** u. **Plăpămaru (V.),** Erste Ergebnisse d. Landrasse-Zucht u. d. damit erfolgten Veredlung d. Schweinerassen in d. Rumän. Volksrepublik 1200.
—, **Radu (A.)** u. **Iordănescu (I.),** Schweinezucht [1649]*.
Glimp (H. A.) s. Kunkel (H. O.).
Globerson (A.), Fiore-Donati (L.) u. **Feldman (M.),** Rolle d. Thymusdrüse bei d. Erholung v. immunolog. Reaktionen nach Röntgenbestrahlung 1380.
Glodek (P.), Züchtung eines Deutschen Fleischschweines unter d. Einfluß Holländ. veredelter Landschweine 2517.
Gloor (U.) s. Weber (F.).
Glover (T. D.), Spermien aus dem isolierten Nebenhodenschwanz des Kaninchens u. einige Wirkungen des künstlichen Kryptorchismus 22.
Glower (T. D.) s. Fox (B. W.).

Gluck (L.) u. **Kulovich (M. V.)**, RNS: ein Anzeiger für d. embryolog. Differenzierung 1374.
Glushkov (N. M.), Bienenforschung in d. UdSSR. Übersicht über d. *1960* veröffentlichten Arbeiten 993. — Leitfaden d. Imkers [1676].
Gnám (K.) s. Szajkó (L.).
Gnanadesikan (R.) s. Smith (H).
Godfrey (J. E.) s. Mihalyi (E.).
Godglück (G.), Mißbildungen d. Herzens bei Tieren 470.
Godin (C.) s. Berecz (A.).
Godnev (T. N.) u. **Rotfarb (R. M.)**, Möglichkeit einer reziproken Transformation v. Karotinen u. Karotinolen 2597.
Godwin (J.) s. Richardson (L. R.).
Godwin (K. O.), Haut, Haare u. Nägel bei Eiweißunterernährung 1943.
Göbel (F.) u. **Zeeb (K.)**, Primitivpferde u. ihre Haltung 1422.
Göbel (G.), Junggeflügelmast u. -aufzucht 306. — Untersuchungen über Nährstoffbedarf, Futterverwertung u. Legeleistung nach Versuchen an Legehennen bei Auslauf- u. Batterienhaltung 1058.
Göllnitz (L.), Kälberaufzucht mit vollmilchsparenden Mitteln [57]*.
Goertz (G. E.), **Hooper (A. S.)** u. **Fry (J. L.)**, Eßbarer Anteil v. gebratenem Brust- u. Schenkelfleisch bei Bronze- u. Weißen Puten 536.
Goetsch (G. D.) s. Jackson (H. D.).
Goettsch (M.), Lebernekrose bei erwachsenen u. jungen Ratten, die eine proteinfreie, Vitamin-E-arme Ration erhielten 1719.
Götz (E.) s. Götz (U.).
Götz (U.) u. **Götz (E.)**, Ihre Majestät, d. Königin 318. — Wundersames Bienenleben 1229.
Goetze (E.) s. Winkler (H.).
Goetze (G.), Auslese auf Langrüßligkeit 2319.
Goffaux (M.), Technik des Einfrierens v. Bullensperma mit flüssigem Stickstoff 921.
Gola (E.), Tierärztliche Maßnahmen zur Senkung d. Ferkelverluste 1649.
Gola (F.), Probleme u. Erfahrungen beim Frühabsetzen d. Ferkel in d. Praxis 292.
Gol'cblat (A. I.), Reaktion feinwolliger Schafe verschied. Konstitution auf Änderung d. Schurtermine 2528.
Goldberg (E.), Milch- u. Äpfelsäure-Dehydrasen in Spermien d. Menschen 2470. — s. Norman (C.).
Goldstein (A.) s. Goldstein (D. B.).
— u. **Brown (B. J.)**, Aminosäuremangel bei einer auxotrophen Escherichia coli. *3.* Mitt. Inkorporation v. ^{32}P in Ribonucleinsäure u. andere Zellkomponenten 579.
—, **Goldstein (D. B.)**, **Brown (B. J.)** u. **Chou (S.-C.)**, Aminosäuremangel bei einer auxotrophen Escherichia coli. *1.* Mitt. Wirkungen auf Protein-, Nucleinsäuresynthese u. Zellteilung 578. — s. Goldstein (A.).
—, **Brown (B. J.)** u. **Goldstein (A.)**, Aminosäuremangel bei einer auxotrophen Escherichia coli. *2.* Mitt. Säurelösliche Purin- u. Pyrimidinderivate in normalen u. Mangel-Zellen 578.
Goldstein (G.), **Manning (D. L.)** u. **Zittel (H. E.)**, Konduktometr. Bestimmung d. Sulfates nach d. Bariumacetatmethode 1689.
Goldstone (P.), Wirtschaftliche Vorteile aus d. Haltung v. Boer-Ziegen 1654.
Golikov (K. K.), Einfluß d. Vitamin D auf d. Aktivität d. Alkali-Phosphatase d. Blutes u. d. Knochen v. Albinoratten, die Diäten mit unterschiedlichem Fettgehalt erhielten 2152.
Gololobov (A. D.), Photometr. Bestimmung d. Eiweißes in d. Milch 260.
Golovač (V. N.), Stickstoffgehalt im Panseninhalt d. Rinder 133.
Goloviznin (J.), UV-Bestrahlung d. Tiere 1399.
Golovko (J. B.) s. Serdjuk (S. I.).
Golsch (E.) s. Zahn (H.).
Golstein Brouwers (G. W. M. van), Huisvesting voor varkens in Denemarken [1445]. — s. Tacken (P. H. W.).
Golubničaja (V. J.), Broileraufzucht in Käfigen u. auf Tiefstreu bei Trockenfütterung 1218.
Gomez (S. C.) s. Ferreira-Marques (J.).
Gomez-Brenes (R. A.) s. Allison (J. B.).

Gondoş (M.) s. Maxim (V.); Pălămaru (E.).
—, **Petcu (D.), Maxim (V.)** u. **Calotoiu (A.)**, Verwertung v. Carotin durch Milchkühe 1501.
Gontarski (H.), Werterhaltung d. Deutschen Honigs 2321.
Gonzalez-Jimenez (E.) u. **Blaxter (K. L.)**, Stoffwechsel u. d. therm. Regulation v. Kälbern im ersten Lebensmonat 825.
Good (A. L.) s. Stowe (C. M.).
Good (D. L.), Dahl (G. M.), Wearden (S.) u. **Weseli (D. J.)**, Lebend- u. Schlachteigenschaften bei selektierten Schlachtochsen 1190.
Good (R. A.) s. Papermaster (B. W.).
Goodman (B. L.) s. Jaap (R. G.).
Goodman (DeW. S.) s. Deykin (D.).
Goodwin (T. L.), Mickelberry (W. C.) u. **Stadelman (W. J.)**, Einfluß v. Kühlung, Kochmethode u. Lagerungszeit auf d. Zartheit v. bereits gekochtem u. frischem Putenfleisch 943. — Methoden d. Alterns u. d. Muskeldehnung u. ihr Einfluß auf d. Zartheit d. Putenfleisches 1416.
—, **Wilson (M. L.)** u. **Stadelman (W. J.)**, Einfluß d. Zeitpunktes d. Ölung auf d. Art d. Lagerung, d. Lagerungsdauer sowie auf d. Eischalenbeschaffenheit 1170.
Goor (V. S.), Tilgung u. Überwachung d. Rindertuberkulose in Israel 1193.
Goranov (N.) s. Grigorov (C.); Šaličev (J.).
Gorb (T. W.) u. **Maksakow (W. J.)**, Einfluß oxalatreicher Futterrationen auf den Mineralstoffwechsel u. physiolog. Kennwerte bei Wiederkäuern 352.
Gorbuncov (M. S.) s. Piskovoj (F. R.).
Gordienko (G.), Genormte Futterzuteilung im Fischgrätenmelkstand 2510.
Gordienko (M. F.), Merkušin (V. V.) u. **Kuzovenkova (E. G.)**, Fleischqualität u. Schlachtungstermine bei Kaninchen 2541.
Gordon (C. H.) s. Langston (C. W.).
Gordon (H. T.), Thornburg (W. W.) u. **Werum (L. N.)**, Schnelle papierchromatograph. Fraktionierung v. Komplexmischungen wasserlöslicher Substanzen 1689.
Gordon (I.), Williams (G.) u. **Edwards (J.)**, Verwendung v. Serumgonadotropin (PMS) für d. Auslösung v. Zwillingsträchtigkeit bei d. Kuh 1818.
Gordon (R. S.) s. Machlin (L. J.).
Gordon (W. A. M.), Umweltuntersuchungen bei Schweineunterkünften. *1.* Mitt. Luftbewegung 1832; 2480; *2.* Mitt. Ventilation u. ihre Messung 2480.
Gordon (W. G.), Hydrolyse v. Proteinen für d. Aminosäureanalyse 1682. — s. Kalan (E. B.).
—, **Ziegler (J.)** u. **Basch (J. J.)**, Isolierung eines Eisen bindenden Proteins aus Kuhmilch 2333.
Gorišek (J.), Stoffwechselstörungen bei Milchkühen nach Fütterung v. Zuckerrübenblatt u. oralen Saponingaben 1720.
Gorjašin (V. A.), Anwendung v. Rechenmaschinen in d. Zuchtarbeit 35.
— u. **Efimov (A. E.)**, Reserven d. Steigerung d. Fettgehaltes d. Milch beim Schwarzbunten Rind 2506.
Gorjunov (N. A.), Neue Methode in d. Entenzucht 310.
Gorochov (L. N.) s. Milovano (V. K.); Sokolovskaja (I. I.).
Gorochov (V. V). s. Petuchova (E. A.).
Gorodeckaja (T. K.), Anwendung d. Tensometer-Methode zum Aufzeichnen v. Plethysmogrammen d. Zitze beim Rind. *1.* Mitt. 2022.
Gorodeckij (A. A.), Ersatz v. Fischmehl durch Cholin u. Vitamin B_{12} bei d. Ferkelaufzucht 1953.
Goržakova (I.) s. Matoušek (J.).
Gosnell (A. B.) s. Smith (E. D.).
Gossett (W. H.), Perry (T. W.), Mohler (M. T.), Plumlee (M. P.) u. **Beeson (W. M.)**, Ergänzungswert v. Lysin, Methionin, einem Methioninanalogon u. Spurenelementen auf harnstoffreiche Mastrationen für Mastochsen 585.
Gosslee (D. G.) s. Grifo jun. (A. P.); Hazzard (D. G.).
Goswami (S. B.) u. **Narain (P.)**, Einfluß d. Lufttemperatur u. d. relativen Feuchtigkeit auf einige physiologische Daten bei Büffelbullen (Bubalus bubalus) 2481.

Goswami (S. K.) u. **Chowdhury (T. M.)**, Unfruchtbarkeitsursachen bei einheim. Kühen auf Grund d. Untersuchung v. Schlachttieren in Kalkutta 1866.
Got (R.) s. Bourrillon (R.).
– u. **Bourrillon (R.)**, Lösliche Proteine v. foetalem Bindegewebe. *2.* Mitt. Herstellung u. Charakterisierung einer albuminähnlichen Komponente aus foetaler Kalbshaut 1476.
Gotev (R.), Einfluß d. Zentralnervensystems auf d. Stoffwechselprozesse bei Geflügel 1121. – ZNS-Einfluß auf d. ^{32}P-Wechsel bei Geflügel 2593. – s. Ivanov (N.).
Gotlib (G. F.), Fettgehalt d. Milch v. Kühen des Schwarzbunten Uralviehs 70.
Goto (E.) s. Abplanalp (H.).
Goto (I.) s. Okamoto (S.).
Goto (T.) s. Johke (T.).
Gottlieb (G.), Nachfolgereaktion u. Prägung bei wilden u. domestizierten Entenküken d. gleichen Art 496.
Gottlieb (S. F.) u. **Jagodzinski (R. V.)**, Körper-Plethysmograph für respirator. Messungen an unbetäubten kleinen Tieren 2568.
Gottschalk (I.) s. Zelfel (S.).
Gottschewski (G.), Diskussiosbemerkung über d. Präadaptationsproblem 1361.
Gottschewski (G. H. M.), Genet. u. entwicklungsphysiolog. Ursachen d. Sterilität 1135.
Goudie (A. J.) u. **Rieman (W.)**, Chromatograph. Trennung u. Bestimmung v. Fruchtsäuren 2128.
Gouws (L.) s. Kistner (A.).
Govindan Nayar (K. N.) s. Nambiar (K. T. K.); **Venkatayan (S.)**.
Gowe (R. S.) s. Taneja (G. C.).
Grabar (P. N.) s. Kaškin (K. P.).
Grabovyj (M. V.) s. Zvjerjeva (G. V.).
Grabowski (C.), Quantitative Untersuchung d. letalen u. teratogenen Wirkungen d. Hypoxie auf den *3* Tage alten Kükenembryo 241.
Gradaščević (H.) s. Maksimović (D.).
Graden (A. P.) s. Pardue (F. E.).
Gradinarski (G.), Spontane Sekretion d. Ohrspeicheldrüse u. Ursachen ihres rhythm. Charakters bei Wiederkäuern 1373.
Graevskij (É. J.), Theoret. Aspekte d. chem. Schutzes d. Säugetiere gegen ionisierende Strahlung 1815.
Graf (G. C.) s. Noblitt (C. G.).
Graham (E. F.) s. Avery (T. L.).
Graham (N. McC.), Energieabgabe v. weidenden Schafen 1717.
– u. **Williams (A. J.)**, Wirkung d. Trächtigkeit auf d. Passage d. Futters durch d. Verdauungstrakt v. Schafen 1694.
Graham (T. C.) s. Ball (C.).
Grainger (R. B.) s. Griffith (F. D.).
Gramatzki (F.), Legehennenalleinfutter oder kombinierte Fütterung v. Legemehl u. Körnern? 2308.
Granát (J.), Studium v. Körperform u. Typ d. Kühe d. Slowak. Fleckviehs unter Berücksichtigung d. quantitativen Milchleistung 2511.
Grangaud (R.), **Nicol (M.)** u. **Domenech (J.)**, Steroidhormone u. Biosynthese v. Mucopolysacchariden bei Vitamin-A-Mangel-Ratten. In vitro-Vgl. d. Wirkung v. Pregnenolon u. Progesteron 12.
Granger (W.) u. **Walsh (J. D.)**, Bestimmung d. Zusammensetzung v. Fleischrinder-Populationen unter bes. Berücksichtigung d. Fluktuation in d. Anzahl d. Züchter 1864.
Grant (D. L.) u. **Anastassiadis (P. A.)**, Wirkungen v. Fortpflanzungsstadium, Geschlecht u. Gonadenhormonen auf d. Höhe d. Hexosamin- u. Proteingehaltes in Vogel- u. Rinderseren 1592.
Grant (S. A.) s. Hunter (R. F.).
Grashuis (J.), Einfluß einer reichlichen N, P- u. K-Düngung auf d. Eiweiß- u. Mineralstoffversorgung d. Rinder 351.
Grassini (G.) s. Alberti (G.).
– u. **Ossicini (L.)**, Papierchromatographie anorgan. Ionen. System d. Identifizierung unter Benutzung d. Trennung, d. Ionenaustausches u. d. Papierelektrophorese 1691.
Graßmann (W.), **Hannig (K.)** u. **Schleyer (M.)**, Aminosäuresequenz d. Kollagens. II. 327.
Grau (R.) u. **Frieß (A.)**, Einfluß d. Trocknung v. Fleisch u. d. Lagerung v. Trockenfleisch auf Leitfä-

higkeit, Extraktivstoffe, Asche, Phosphor, Stickstoff, Farbe u. Muskelproteine in wässerigen Extrakten 942.
Grau (R.) u. **Günther (H.),** Wirkung v. Chlortetracyclin als Futterzusatz auf d. Glykolyse im Schweinemuskel 1282.
Graudyń (N. I.), Semenow (S. I.), Timašev (I. Z.) u. **Ovčinnikov (M. A.),** Züchter. Arbeit mit Feinwollschafen im Nordkaukasus 2298.
Grauer (R. C.) s. Kuchler (R. J.).
Graupe (B.) s. Anke (M.); Gruhn (K.); Sternkopf (G.).
—, Anke (M.) u. **Rother (A.),** Verteilung d. Mengen- u. Spurenelemente in verschied. Ackerpflanzen 837.
Gravert, Forschung auf dem Gebiet d. Rinderzucht 442. — Nachkommenprüfungen auf Mastleistung u. Schlachtwert beim Rind in Schleswig-Holstein 1425.
Graves (D. J.), Boldt (R. E.) u. **Boyer (P. D.),** Fehlen d. Inkorporation v. Canavanin in Kaninchenmuskelprotein in vivo 577.
Gray (D. O.) u. **Fowden (L.),** 4-Methylenprolin: neues natürlich vorkommendes Prolinderivat 328.
Gray (F. V.) s. Weller (R. A.).
—, Weller (R. A.), Pilgrim (A. F.) u. **Jones (G. B.),** Scharfe Prüfung für den künstlichen Pansen 795.
Grayson (A. R.), Hengstkörung in Victoria/Australien. *42.* Jahresbericht 2059.
Greaves (J. P.), Proteinverdaulichkeit u. -aufnahme 2570.
Greb (R. J.) u. **Morgan (W.),** Fall eines verzweigten Oviduktes 2454.
Grebeń (L. K.), Dem Andenken des Akademie-Mitgliedes Michail Fjodorowitsch Iwanow 1.
Grechov (F. A.), Liskier Woll-Fleischschaf mit halbfeiner, langer, glänzender Wolle 2296.
Grečišnikov (N. N.) s. Volkopjalov (B. P.).
Greco (A. E.) s. Maver (M. E.).
Green (J.) s. Diplock (A. T.); Edwin (E. E.).
Green (N. K.), Spaltfußbodenställe für Rinder 475.
Green (S.) s. Fishman (W. H.).
Greenbaum (A. L.) s. Wang (D. Y.).
Greene (D.) s. Stephenson (E. L.).
Greene (D. E.), Scott (H. M.) u. **Johnson (B. C.),** D. Aufgabe d. Prolins u. bestimmter nicht essentieller Aminosäuren bei d. Ernährung v. Küken 828.
Greenhalgh (J. F. D.) u. **Runcie (K. V.),** Grasverzehr u. Milchleistung v. Kühen bei Portionsweide u. Stallfütterung 1303.
Greenway (C. V.) u. **Verney (E. B.),** Wirkung v. ACTH auf d. Sekretion v. Corticosteroiden bei isolierter u. perfundierter Nebenniere d. Hundes 823.
Greenwood (A. W.), Einfluß konstanter Umweltverhältnisse auf d. Hausgeflügel 924. — Langdauernde Oestrogenverabfolgung an Hühner 1503.
Greenwood (D. A.) s. Harris (L. E.).
Greer (M. A.) s. Yamada (T.).
Greggersen (H.) s. Frahm (H.).
Gregoire (A. T.) s. Foote (R. H.).
Gregorović (V.), Skušek (F.) u. **Šenk (L.),** Adlerfarn (Pteris aquilina) als Ursache einer Massenvergiftung in Kälbermastgroßbetrieb 1721.
Gregory (K. E.) s. Swiger (L. A.); Wiltbank (J. N.).
—, Arthaud (V. H.), Koch (R. M.) u. **Swiger (L. A.),** Vererbung eines spast. Letalfaktors beim Rind 2247.
Gregory (K. F.) s. Plagemann (P. G. W.).
Gregory (M. E.) s. McGillivray (W. A.).
Grella (P.) u. **Pittoni (A.),** Cholinoxydase, Betain-Homocystein-Transmethylase u. essentielle Fettsäuren 1492.
Greppi (M.) s. Springhetti (A.).
Gresham (G. A.) s. Čabak (V.); Howard (A. N.); Leat (W. M. F.).
Greuel (E.), Ansteckende Gehirn-Rückenmark-Entzündung d. Geflügels 766.
Grice (H. C.) s. Beare (J. L.).
Griem (W.) s. Kieckebusch.
Griesbach (L.), Körpergewichte v. Gold- u. Silberspaltprodukten bei Broilerküken 1211.
Griffin (E. L.) s. Winget (C. M.).
Griffin (G. E.) s. Kesner (L.).
Griffin (J. G.) u. **Thomas (C. H.),**

Bleibende Legeleistung auch bei Reduzierung d. Hennenplatzes 2096.
Griffin (S. A.), Henneman (H. A.) u. **Reineke (E. P.)**, Schilddrüsensekretionsrate bei Schafen in Beziehung zur Jahreszeit, zur Rasse, zum Geschlecht u. zur Spermaqualität 448.
Griffing (B.), Folgen d. Selektion durch Stutzung auf Grund v. Kombinationen d. Eigenleistung u. d. allgemeinen Kombinationseignung 1377.
Griffith (F. D.), Grainger (R. B.) u. **Begin (J. J.)**, Einfluß v. Fett u. Cellulose auf d. scheinbare Calcium-Ausnutzung bei Küken 352.
Griffith (G. ap) s. Jones (D. I. H.).
Griffith (J. L.) s. Ronning (M.).
Griffith (M.) s. Marinetti (G. V.).
Grifo jun. (A. P.) s. Hazzard (D. G.).
—, Rousseau jun. (J. E.), Eaton (H. D.) u. **Gosslee (D. G.)**, Umwandlung v. Carotin aus Luzernegrünmehl u. aus wäßriger Gelatine-Dispersion in Vitamin A bei Kälbern 1276.
Grigořev (I. G.), Altersbedingte Veränderungen d. Blutserumeiweiße v. Fohlen verschied. Rassen 892.
Grigoriu (M.), Covaliu (C.) u. **Hasdeu (I.)**, Stallkomplexe für Schweine u. kontinuierliche Produktion 2483.
Grigorov (B.), Vergleichende Versuche zur Aufzucht v. Weißspinnerrassen in Bulgarien 1003.
Grigorov (C.) s. Šaličev (J.).
—, Šaličev (J.) u. **Goranov (N.)**, Gehalt an Vitamin A, Carotin u. Vitamin C in d. Kuh-, Büffel-, Schaf- u. Ziegenmilch 1034.
Griminger (P.), Arsanilsäure u. d. Blutkoagulation 821. — s. Fisher (H.); Hurwitz (S.).
Grimm (H.), Tafeln d. negativen Binomialverteilung 1802. — s. Franzke (H.).
Grimmer (G.) s. Apostolakis (M.); Glaser (A.).
Grindeland (R. E.) u. **Folk jun. (G. E.)**, Effekte einer Kälteexposition auf d. Geschlechtszyklus d. Goldhamsters 1383.
Grinkevič (I. I.) s. Kovalevskaja (N. K.).
Groeneveld (B. J. B.), Beurteilung d. Zuchtwertes v. Hengsten mit Hilfe d. Mutter-Tochter-Vergleiches 268.
Groenewold (H.), Nachkommenschaftsprüfungen am neutralen Ort beim Rind 1634.
Grogan (C. O.) s. Ratcliff (R. G.).
Gromov (A. M.) s. Nikol'skij (B. S.).
— u. Poleckij (V. A.), Einfluß v. heterogenem Blut auf d. Organismus d. Hühner 2015.
Gromychin (P. S.) s. Komarov (N. M.).
Gromyko (V. K.), Gruppenhaltung v. säugenden Sauen u. Ferkeln 1880.
Groot (T. de), Magnesium-Aufnahme u. -Verwertung 592.
Gross (D.), Ungewöhnliche Ninhydrinreaktion mit anorgan. Kationen 2131.
Gross (F.) s. Sackmann (W.).
Groß (Friedrich), Einfluß der Düngung auf Pflanzenbestand, Futterwert u. Ertrag einer Goldhaferwiese 1060.
Groß (K.), D. gemeinsame Markt u. d. deutsche Landwirtsch. unter bes. Berücksichtigung d. tier. Veredlung 2043.
Gross (W. B.) s. Washburn (K. W.).
Grossberg (A. L.), Stelos (P.) u. **Pressman (D.)**, Struktur d. Fragmente v. Antikörpermolekülen, wie sie sich bei d. Reduktion freier Disulfidbindungen zeigten 1687.
Grosse (F.), Ansatzleistungen bei Jungebern v. Geburt bis zum Tage ihrer Körung. *1.* Mitt. 78; *2.* Mitt. 966. — Einfluß d. Kastrationsalters auf d. Ansatzleistungen beim Schwein 1442. — s. Wussow (W.).
— u. Pfeiffer (H.), Schlachtleistungsmerkmale u. Meßwerte am Querschnitt zwischen *5.* u. *6.* Rippe beim Schwein u. ihre Beziehungen zueinander 1438. — Einfluß d. Umgebungstemperatur auf d. Ansatzleistung, d. Futterverbrauch u. d. Energieverwertung beim Schwein 2253.
Grosvenor (C. E.), Schilddrüsenhormon-Sekretions-Rate u. Milchertrag laktierender Ratten 685.
Grote (R.), Melkbarkeitsprüfung wesentlich vereinfacht 2276.
Groth (W.), Zur histolog. Diagnostik einiger Erkrankungen des Nervensystems d. Hühner (Newcastle Krankheit, Mareksche Geflügellähmung, infektiöse Encephalomyelitis,

Encephalomalacie) 98. — s. Schoop (G.).
Grove (D.) s. Ließ (J.).
— u. **Tiefenbach (B.)**, Zur „Elektroejakulation“ beim Eber 30.
Grozdova (T. J.) s. Dubinin (N. P.).
Groževskaja (S. B.) u. **Malyšev (G. G.)**, Einfluß v. Spurenelementen auf Gaswechsel, Blutzusammensetzung u. Gewichtszunahme bei Kälbern 150.
Grube (H.-J.), Methoden d. Jungbullenmast bei d. Nachkommenprüfung auf Mastleistung v. Zweinutzungsrindern 730.
Gruber (M.) s. Campagne (R. N.).
Gruber (P. J.), Einfluß einiger wirtschaftseigener Futtermittel auf d. Bildung niederer flüchtiger Fettsäuren im künstlichen Pansen 340.
Grudcyn (G. N.) s. Peršina (S. N.).
Gruela (A. M.) s. Castillo (L. S.).
Grün (E.) s. Kolb (E.).
Grünberg (E.) s. Moldoveanu (X.).
Grünberg (R.) u. **Călinescu (E.)**, Veredlung d. Donauniederungspferdes 1172.
Grüneberg (G.), Produktivkraft Agrarwissenschaft 1357.
Grüner (E.) s. Aehnelt (E.).
Grünewald (T.), Behandlung v. Fleisch u. Fleischprodukten mit ionisierenden Strahlen 2052.
Gruev (V.) s. Ivanov (P.).
Gruhn (K.), Aminosäuregehalt verschied. Weidepflanzen in Abhängigkeit v. Weideumtrieb 176. — Wert junger Grünfutterpflanzen u. ihr rationeller Einsatz 1731. — s. Anke (M.); Hennig (A.).
—, **Graupe (B.)** u. **Anke (M.)**, Wirkung einer Molybdändüngung auf Futterertrag u. Futterwert d. Luzerne in Mangelgebieten 2164.
Gruhn (R.) s. Haring (F.).
Grumbach (M. M.) s. Morishima (A.).
Grummer (R. H.) s. Asplund (J. M.).
Grundey (J. K.) s. Shepperson (G.).
Gruner (W.), Problem d. industriemäßigen Produktion in d. Landwirtschaft 1857.
Guba-Herditzky (E.) s. Bocsor (G.).
Gubicza (A.) s. Lukacsovics (F.).
— u. **Lukacsovics (F.)**, Biolog. u. wirtschaftliche Kennzeichen d. aus d. Ukrain. Sozialist. Sowjetrepublik stammenden Rassen v. Bombyx mori L. 1000.
Gubler (C. J.) u. **Bethsold (G. E.)**, Physiolog. Funktionen v. Thiamin. 2. Mitt. Wirkung v. Sorbit auf Wachstum u. Stoffwechsel d. α-Ketosäuren bei Ratten mit Thiaminmangel bzw. bei Verabreichung v. Antagonisten 2599.
Gudė (Z. Ž.), Frage d. Einflusses d. Mangan auf d. Vitamin-B_1-Bedarf v. Tieren 1710.
Gudkin (A. F.), **Murusidze (D. N.)** u. **Smirnov (I. A.)**, Anwendung künstlicher UV-Strahlen bei d. Bebrütung v. Eiern 1832.
Gudnason (G. V.) s. Dougherty (R. W.).
— u. **Shipe (W. F.)**, Auf d. Aktivität u. Hitzeempfindlichkeit d. Xanthinoxydase d. Milch einwirkende Faktoren 2046.
Gueguen (L.), Wert verschied. Phosphor-Mineralien für d. Versorgung d. Tiere mit Phosphor 353.
Günther (H.), Papierchromatograph. Bestimmung v. natürlich im Fleisch vorkommenden Zuckern 942. — s. Grau (R.).
Günther (M.), Eutergesundheit bei d. maschinellen Milchgewinnung unter bes. Berücksichtigung d. Gelben Galtes [1435].
Günzler (O.), Pathogenese u. Therapie d. Ovarialcyste des Rindes 907, 1597.
Gürtler (H.) s. Kolb (E.).
Gueslin (M.) s. Charton (A.).
Güther (A.), Ökonom. Untersuchungen zur Jungbullenmast im Anbinde- u. Offenlaufstall unter bes. Berücksichtigung d. Arbeits- u. Futterkosten 280. — Wirtschaftliche Betrachtungen zum Einsatz v. Maiskolben-Kartoffel-Silage in d. Schweinemast 840.
Gütte (J. O.), Über den Stärkewert u. seine Anwendbarkeit bei d. Milchvieh-Fütterung 613. — s. Friede (H. J.); Lantzsch (H. J.); Lenkeit (W.).
— u. **Fiegenbaum (G.)**, Einfluß v. „Verdauungsstörungen“ auf den N-Umsatz bei früh abgesetzten Ferkeln 609.
Guha (B. C.) s. Kar (N. C.).
Guillaume (J.), Variationsfaktoren d.

Calorien: Eiweiß-Verhältnisses bei d. Ernährung d. Kükens 2163.
Guinée (P. A. M.) s. Kampelmacher (E. H.).
Gulati (K. R.) s. Bawa (H. S.).
Gunther (F. A.), Blinn (R. C.) u. **Ott (D. E.),** Colorimetr. Schnellbestimmung v. DDT in Milch u. Butter 45.
Gupta (J.) u. **Nichols (R. E.),** Mögliche enzymat. Ursache d. Verklebung d. Panseninhaltes. Ihre Beziehung zum Aufblähen bei Leguminosenfütterung 611.
Gupta (P. S.) s. Mahadevan (V.).
Gupta (S. R.) s. Platt (B. S.).
Gurău (L.) u. **Nica (T.),** Histolog. Untersuchung über d. Hautstruktur beim veredelten Spanka-Schaf 1206.
— u. **Popescu (C.),** Studium d. Follikelgruppen bei fein-, halbfein- u. grobwolligen Schafen im Verhältnis zur Qualität der Wolle 527.
Guraya (S. S.), Histochemie des sogenannten „Golgi-Komplexes" bei Säugetierspermatiden 245.
Gurina (V. F.), Besonderheiten d. motor. Funktion d. Pansens bei Kälbern in d. postnatalen Periode 2347.
Guroff (G.) u. **Udenfriend (S.),** Aufnahme v. aromat. Aminosäuren durch Rattenhirn in vivo. Aufnahme v. Phenylalanin u. Tryptophan, Hemmung u. Stereoselektivität in d. Aufnahme v. Tyrosin durch Hirn u. Muskel 1259.
Gurr (M. I.), Pover (W. F. R.), Hawthorne (J. N.) u. **Frazer (A. C.),** Zusammensetzung u. Turnover v. Phospholipiden in d. Dünndarm-Mucosa v. Ratten während d. Fettresorption 2341.
Gurtner (O.), Einfluß d. Futtergetreidepreises auf d. Rentabilität d. Schweinemast 1724.
Gusejnov (F. C.), Gruppenhaltung v. säugenden Sauen 2293.
Gusovius s. Altenkirch.
Guss (P. L.) s. Carlson (C. W.).
Gustafsson (B. E.), Daft (F. S.), Mc Daniel (E. G.), Smith (J. C.) u. **Fitzgerald (R. J.),** Einflüsse v. Vitamin-K-aktiven Komponenten u. intestinalen Microorganismen bei keimfreien Vitamin-K-Mangelratten 2600.
Gustafsson (K. E.), Schweinezucht in Japan 1643.
Guthrie (R. S.) s. Fincher (M. G.).
Gutierrez (J.) s. Putnam (P. A.).
Gutknecht (H.), Winterfütterung in d. Trockengebieten 1721.
Gutman (K. J.), Senkung d. Selbstkosten für Schweinefleisch 1875.
Gutsche (H.-J.), Problematik d. Einführung d. Weidelammzeit 977. — s. Mertins (S.).
Guzmán (M. A.) s. Bressani (R.).
Gyévai (A.) s. Pósalaky (Z.).
Gyles (N. R.) s. Kan (J.).
—, Kan (J.) u. **Smith (R. M.),** Heritabilität für Brustblasenbildung u. Brustfederndecke in White-Rock-Broilerzucht 530.
Gylstorff (I.), Mitarbeit d. Tierarztes b. deutschen Zuchtprogramm 2306.
Gysae (M.) s. Splittgerber (H.).
Gysel (A.), Temperatur u. Luftfeuchtigkeit in Schweineställen samt einigen Unterlagen zur Gestaltung d. Stallklimas auf Grund ausländ. Angaben 1401.

Haagen Petersen (F.) s. Clausen (H.); Jørgensen (G.).
Haas (J.) s. Münchberg (F.).
Haase (H.), Ankaufsbullen d. sächs. Besamungsstationen 1868.
Haase (Hans), Neuzeitliche arbeits- u. kostensparende Schweinezucht u. -haltung [2295].
Habeeb (A. F. S. A.) u. **Smith (D. B.),** Aminosäure-Gehalt v. Pferdeglobin u. seinen Polypeptidketten 3.
Habel (R. E.), Kohlenhydrate, Phosphatasen u. Esterasen in d. Schleimhaut d. Vormägen d. Wiederkäuer während d. postnatalen Entwicklung 2224. — s. Dougherty (R. W.).
Habermehl (K. H.), Besitzt d. weibliche Hausschwein permanent wachsende Hakenzähne? 1584.
Hackbarth (J.), Süßlupinen als wirtschaftseigenes Kraftfutter 2383.
Hackett (P. L.) s. Marks (S.).
Hackman (R. H.) s. Bailey (S. W.).
Hadarag (E.) s. Buruiana (L. M.).
Hadgraft (J. W.) s. Baron (D. N.).
Hadjiioannou (S. I.) s. Malmstadt (H. V.).
Hadorn (H.), Zürcher (K.) u. **Doevelaar (F. H.),** Über Wärme- u. La-

gerschädigungen v. Bienenhonig 998.

Häckert (W.), Bullenmastleistungsprüfung an Nachzuchten Deutscher Rotviehbullen 951.

Haeger (O.) s. Berchtold (M.).

Häggman (J.) u. **Nikkilä (O. E.),** Chemische Konservierung v. Nahrungsmitteln. *5.* Mitt. Wirkung v. Benzoesäure auf d. Sporenbildung v. Bacillus megaterium 835.

Hähnel (B.), Aufgaben d. Tierzuchtforschung zur weiteren Entwicklung d. Viehwirtschaft 441. — Gewinnung hygien. einwandfreier Milch in Fischgrätenmelkstandanlagen 938.

Haendler (E.), Weinen Rinder aus Angst? 1626.

Haendler (H.), Einflüsse d. Zuchthennenernährung auf d. Bruterfolg 2308. — s. Scholtyssek (H.).

Haenel (H.) s. Gaßmann (B.); Gerriets (E.).

—, Gerriets (E.) u. **Rieche (A.),** Nutritive Wirkungen synthet. senfölbildender Verbindungen bei Hühnerküken. *1.* Mitt. 159. — Synthet. senfölbildende Verbindungen mit wachstumsfördernden Eigenschaften 603.

Haenlein (G. F. W.) s. Richards (C. R.).

Häseler (F.), Abferkelstand, eine Einrichtung zur Vermeidung d. Erdrückungsverluste. *2.* Mitt. 700.

Häßler (J.), Entwicklung d. Edelpelztierzucht in d. DDR 990.

Hafez (E. S. E.), Experimental-Studie über d. Eiaufnahme u. einige damit zusammenhängende Phänomene beim Kaninchen 239. — „Unterschiedliche Teilungsrate" bei *2*tägigen Wurfgeschwistern v. Kaninchenembryonen 1386. — Wirkung v. Antibiotica auf d. Lebensfähigkeit befruchteter Kanincheneier in vitro 2020.

— u. **Sugie (T.),** Reziproke Übertragung v. Rinder- u. Kaninchenembryonen 2466.

Hafs (H. D.) s. Foote (R. H.); Sevinç (M. A.).

— u. **Knisely (R. C.),** Einige Normen über d. Spermaproduktion bei Bullen d. Milch- u. Fleischrassen 237.

—, Knisely (R. C.) u. **Desjardins (C.),** Spermienausstoß v. Milchvieh-Bullen bei verschiedengradiger geschlechtlicher Vorbereitung 915.

Hagen (J. H.) u. **Ball (E. G.),** Untersuchungen über den Stoffwechsel v. Fettgewebe. *4.* Mitt. Einfluß v. Insulin u. Adrenalin auf d. Glucoseverwertung, d. Lactatproduktion u. den Nettogasaustausch 576.

Hagens (F. M.) s. Schaaf (A. van der).

Hahn (E.), D. Herausbildung d. sozialist. Bewußtseins d. Klasse d. Genossenschaftsbauern [57]*.

Hahn (G. L.), Thom (H. C. S.) u. **Bond (T. E.),** Beziehungen zwischen Klima u. Stallbau in d. USA 2476.

Hahn (H.), Mit Hilfe v. Nachzuchtüberprüfungen auf wissenschaftlicher Grundlage zur Erkennung der Elite-Tiere 63.

Hahn (J.) s. Aehnelt (E.).

Hahn (LeRoy) s. Heitman jun. (H.).

Hahn (P.), Bildung u. Utilisierung v. Glukose u. Glykogen. Perspektive Aspekte 2590.

Hahn (R.), Konservierung d. Ebersamens 2245. — s. Eibl (K.).

Hahne (K.), Königinnenzucht auf richtigen Wegen? 2319.

Haiger (A.), Phänotypische Variation u. Korrelationen zwischen Mast- u. Schlachteigenschaften v. Schweinen 832, 1438.

Hailman (J. P.) u. **Klopfer (P. H.),** Bestimmen d. „krit. Lernperioden" bei Vögeln 1854.

Haines (P. C.) u. **Lyman (R. L.),** Beziehung zwischen Pankreasenzymsekretion u. Wachstumshemmung bei Ratten, denen Sojabohnentrypsininhibitor gefüttert wurde 821.

Hajdu (Š.), Liquidierung d. Brucellose bei d. Rindern im mittelslowak. Bezirk 1873.

Halama (A. K.), Geflügelmastversuch mit kombinierten Antibiotikagaben 1507.

Haldane (J. B. S.), Selektion v. zweifach heterozygoten Individuen 675.

Halden (W.), Milch hat Vorrang 939.

Halder (K.) u. **Platt (B. S.),** Wirkungen einer dreitägigen Kohlenhydrat-Zwangsfütterung während d. Trächtigkeit auf d. neugeborene Ratte 1496.

Hale (E. B.) s. Carbaugh (B. T.).

Hale (O. M.) s. Cox (D. H.).

Hale (P. A.) s. Pantelouris (E. M.).
Hale (R. W.) u. **Coey (W. E.),** Zwei Feuchtigkeitsgehalte, verglichen in einem Versuchsmaststall 926.
Hale (W. H.) s. Anderson (T. A.); Russell (E. L.).
—, Hubbert (F.) u. **Taylor (R. E.),** Leistung u. Vitamin-A-Gehalt im Gewebe v. Stieren bei Fütterung v. hohen Vitamin-A-Mengen 2366.
Hall (C. E. van), Safranko (J.) u. **Stenger (V. A.),** Schnellmethode zur Bestimmung v. organ. Substanzen in wäßrigen Lösungen durch Veraschung 2566.
Hall (G. A.), Möglichkeiten u. Probleme d. Broilerindustrie in Australien 265.
Hall (H. S.) u. **Cromarty (A. S.),** Kombinierung v. Milchkühlen u. Wassererhitzen 481.
Hall (K.), Hoare (M.) u. **Turner (C. B.),** Relaxingehalt im Blut trächtiger Schafe 1599.
Hall (R.), Nucleinsäuresynthese in d. Schilddrüse 2581.
Halley (R. J.) u. **Dougall (B. M.),** Futteraufnahme u. Leistung v. geschnittenem Gras bei Milchkühen 1722.
Hallgren (W.), Mangelkrankheiten bei Pflanzen u. Tieren 368.
Hallmann (I.) s. Holt (C. v.).
Hallsworth (E. G.) u. **Coates (J. I.),** Entwicklung d. Verdauungstraktus d. Hühner u. d. Gänse 1019.
Halpern (B. P.) s. Bernard (R. A.).
Halverson (A. W.) s. Larson (R. L.).
Hamamura (Y.), Hayashiya (K.), Naito (K.-I.), Matsuura (K.) u. **Nishida (J.),** Nahrungswahl d. Seidenraupen 1004.
Hamdy (M. K.), May (K. N.), Flanagan (W. P.) u. **Powers (J. J.),** Bestimmung des Alters v. Quetschwunden bei Broilern 55.
Hamilton (F. J.), Manusu (P.), Bennett (J. W.) u. **Hutchinson (J. C. D.),** Schiffstransport v. Schafen durch d. Tropen 1208.
Hamilton (H. L.) s. Allenspach (A. L.).
Hamilton (L. S.) s. Cameron (C. D. T.).
Hamlin (J. T.) s. Dole (V. P.).
Hamm (R.), Biochemie d. Fleischreifung. *4.* Mitt. Postmortale Änderung d. Bindung v. Magnesium, Calcium, Zink u. Eisen im Rindermuskel 264. — Wasserbindungsvermögen d. Säugetiermuskels. *9.* Mitt. Reversibilität d. pH-Einflusses auf d. Wasserbindungsvermögen 711; *10.* Mitt. Einfluß v. Salzen auf Proteinladung u. Wasserbindungsvermögen 712; *11.* Mitt. Einfluß d. Muskel-Plasmas u. d. in ihm enthaltenen Mineralstoffe auf d. Wasserbindungsvermögen d. Rindermuskels 712; *12.* Mitt. Unterschiedliches, nicht auf pH-Differenzen beruhendes Wasserbindungsvermögen d. Rindermuskels 942. — Fleischforschung in d. Vereinigten Staaten v. Nordamerika. IV. Laboratorien d. Industrie 716.
— u. **Iwata (H.),** Chem. u. physikal. Veränderungen beim Erhitzen v. Fleisch. *1.* Mitt. Wirkung des Erhitzens in Gegenwart v. Natriumchlorid auf Wasserbindungsvermögen u. pH-Wert des Rindermuskels 54.
Hammar (C.-H.) s. Kieckebusch.
Hammer (W.), Neuzeitliche Arbeitsverfahren d. Rinder- u. Schweinehaltung in den USA 478. — Fütterung u. Arbeitstechnik bei d. Schweinemast 1647.
— u. **Rüprich (W.),** Spaltenbodenställe eine Modeerscheinung? 475.
Hámori (D.), Atresia ani et recti bei Schweinen 912.
— u. **Adorján (A.),** Rassenkreuzungsversuche mit Warm- u. Kaltblutpferden 2275.
Hanáček (S.), Verfütterung d. acetonbutanolen Schlempe an Schlachtschweine 2168.
— u. **Tyleček (J.),** Verfütterung v. eingedickter aceton-butanoler Roggenmelasseschlempe bei d. Schweinemast 2168.
Hanc (O.), Hormone, Einführung in ihre Chemie u. Biologie [782]*.
Hancock (D. M.) s. Mullan (F. A.).
Hancock (J. L.), Befruchtung bei d. Haustieren 1596.
— u. **Hovell (G. J. R.),** Künstliche Besamung v. Schweinen vor u. nach dem Einsetzen d. Brunst 33. — Eitransplantation bei d. Sau 1820.

Handler (J. A.) s. Christensen (N. O.).
Hanke (B.), Heizungssystem verbessert Stallklima in Ferkelställen 2253.
Hanko (E.) s. Bakos (K.).
Hanna (B. L.), Sawin (P. B.) u. **Sheppard (B. L.),** Rezessiver Buphthalmus beim Kaninchen 470.
Hannemann (W.) s. Schaaf (A.).
Hannig (K.) s. Graßmann (W.); Kühn (K.).
Hannover (R.) s. Langendorf (H.).
Hansel (W.), Brunstzyklus u. Ovulationskontrolle beim Rind 455. — s. Hogue (D. E.); Schmidt (G. H.).
—, Malven (P. V.) u. **Black (D. L.),** Regulation d. Brunstzyklus beim Rinde 22.
Hansen (A. E.) s. Wiese (H. F.).
Hansen (E. H.) = Ejlersen Hansen (H.).
Hansen (H. E.) = Ejlersen Hansen (H.).
Hansen (H.-J.) s. Bane (A.).
Hansen (H. L.) = Levin Hansen (H.).
Hansen (L. E.) s. Adams (W. S.).
Hansen (R. R.) s. Nordin (J. H.).
Hansen (V.) s. Clausen (H.).
Hansen (W. J.), Selektion zur Verbesserung d. Wolle 750.
Hanset (R.), Genetik in Populationen v. beschränktem Umfang. *1.* Mitt. Inzuchtkoeffizient 673.
Hanson (H. L.) s. Bean (M. L.).
Hanson (L. A.) s. Bengtsson (C.).
Hanson (L. E.) s. Kolari (O. E.).
Hansson (A.), Untersuchungen an eineiigen Rinderzwillingen 731. — Prakt. Ergebnisse d. Zwillingsforschung beim Rind 2279.
—, Düring (T.) u. **Zólkowski (J.),** Einfluß d. speziellen Kombinationseignung (Nicking) u. d. Inzucht auf d. Milchleistung v. Kühen 2280.
Hansson (E.) s. Bengtsson (G.).
— u. **Rasmusson (Y.),** Saure Phosphatase d. Milch 2263.
Hanuš (K.) s. Bartoš (S.).
Happ (H.), Milchanfuhr zur Molkerei in Tankwagen 1154.
Harada (T.), Neue Farbreaktion v. Zuckern mit Äthylmalonat 1911.
Haragsimova (L.), Einfluß der in d. ČSSR im Pflanzenschutz gebräuchlichen chem. Mittel auf d. Honigbiene (Apis mellifica L.) 2324.
Harbers (L. H.) u. **Tillman (A. D.),** Flüssigkeitsdauerkultur v. Pansenmikroorganismen 1486.
—, Tillman (A. D.) u. **Visek (W. J.),** Wirkung v. Barbitursäure auf Harnstoffrationen für Wiederkäuer 2362.
Harding (J. P.), Einfache Methode zum Wägen einer Beute 321.
Hardison (W. A.) s. Noblitt (C. G.).
Hargrave (H. J.) s. Peters (H. F.).
Haring (F.), Verlängerte Kälbermast 2374.
— u. **Schubert (G.),** Wirkung antibiot. Futterzusätze in Zuchtschweinebeständen 364, 1715.
—, Weniger (J. H.), Gruhn (R.) u. **Langholz (H. J.),** Einsatz v. Saftfutter u. Trockenfutter in d. Mast v. Jungbullen. Beitrag zur Methodik d. Nachkommenprüfung auf Mastleistung u. Schlachtwert beim Rind 2277.
Harkess (R. D.), Verdaulichkeit v. Weidegras 1951.
Harkins (J.), Fleischerzeugung mit Friesian-Rindern 737.
Harmon (B. G.) s. Miller (E. R.).
Harms (D. R.) s. Aikawa (J. K.).
Harms (R. H.) s. Waldroup (P. W.).
—, Douglas (C. R.) u. **Waldroup (P. W.),** Methioninergänzung zur Futterration d. Legehennen 1514.
— u. **Waldroup (P. W.),** Abstammungsunterschiede im Proteinbedarf bei Legehennen 2163.
—, Waldroup (P. W.) u. **Douglas (C. R.),** Menhaden-Fischmehl u. sein Wert in Futtermischungen für Broiler 388.
—, Waldroup (P. W.), Shirley (R. L.) u. **Ammerman (C. B.),** Verfügbarkeit v. Phytinphosphorsäure für Küken 812.
Harnett (P.), Rindertuberkulosetilgung in Irland 962.
Harnisch (N.) s. Columbus (A.).
Harnisch (W.) s. Jahn (S.).
Harper (A. E.) s. Adkins (J. S.); Featherston (W. R.); Kumta (U. S.); Muelenaere (H. J. H. de); Nath (N.); Peraino (C.); Rogers (Q. R.); Sanahuja (J. C.).
Harper (J. A.) s. Arscott (G. H.).
— u. **Arscott (G. H.),** Salz als ein Stress-Faktor in bezug auf Hänge-

kropf u. Aortenriß bei Truthühnern 810.
Harper (J. A.) u. **Parker (J E.),** Wirkung d. Herbstschlupfdaten u. d. Länge d. Lichtbegrenzung auf d. photoperiod. Reaktion v. Truthennen 1609.
Harper (M. J. K.), Mechanismen, d. an d. Bewegung d. frisch ovulierten Eizellen durch d. Ampulle d. Kanincheneileiters beteiligt sind 236.
Harper (M. K.) s. Fox (K. K.).
Harper (N.) s. Whittlestone (W. G.).
Harries (J. M.), Hobson (E. A.) u. **Hollingsworth (D. F.),** Individuelle Variationen in d. Energieabgabe u. -einnahme 1510.
Harrill (I.), Gifford (E. D.) u. **Bartz (E. P.),** Wirkung v. Methionin u. Riboflavin auf freie Aminosäuren, Riboflavin u. Fette in ausgewählten Rattengeweben 2589.
Harrington (G.) s. Braude (R.).
Harrington (R. B.), Brothers (D. G.) u. **Whiteman (J. V.),** Heritabilität d. Zunahme v. Lämmern, d. über verschied. Perioden u. mit verschied. Methoden gemessen wurden 298.
Harris (C. L.) s. Swendseid (M. E.).
Harris (G.) s. Cooper (A. H.); Dyer (I. A.).
Harris jun. (G. C.) s. Hobbs (T. D.).
— u. **Wilcox (F. H.),** Kohlenhydratstoffwechsel v. Geflügelsperma 1826.
Harris (L. E.) s. Moir (R. J.).
—, **Raleigh (R. J.), Madsen (M. A.), Shupe (J. L.), Butcher (J. E.)** u. **Greenwood (D. A.),** Wirkung v. verschied. hohen Gaben v. Fluor, Stilboestrol u. Oxytetracyclin in Mastrationen für Lämmer 1946.
Harrison (F. A.), Gallensekretion beim Schaf 1124.
— u. **Hill (K. J.),** Sekretion v. Verdauungssäften u. Durchfluß d. Speisebreies durch d. Duodenum beim Schaf 1123.
Harrison (G. E.) s. Carr (T. E. F.).
Harry (E. G.), Bakteriengehalt im Eierstock u. Eileiter d. Geflügels 2454.
Harşian (A.) s. Popescu (F.).
Harşian (E.) s. Gligor (V.); Popescu (F.).
Hart (B.) s. Pryor (W. J.).
Hart (D. S.), Einfluß v. Licht-Dunkel-Perioden auf d. Wollwachstum 1399.
Hart (L. I.) s. Andrews (E. D.).
Hart (P. C.), Unterschiedliche Eiweißzusammensetzung normalen u. degenerierten Schweinefleisches 1163.
— s. Minkema (D.); Neeteson (F. A.).
Hartfiel (W.), Bewertung v. Futtermitteln im Tierversuch mit Hühnern. 2. Mitt. Energie- u. Kohlenstoffbestimmungen in frischen u. unterschiedlich getrockneten Exkrementen bei Verwendung v. nassem Ausgangsmaterial 127.
— u. **Brockmeyer (W.),** Chem. Qualitätsbestimmung v. Sojaschroten 2340.
Hartley (F. G.) s. Lee (M.).
Hartman (A. M.) s. Dryden (L. P.).
Hartman (D. A.) s. Pond (W. G.).
Hartman (P. A.) s. Fina (L. R.).
Hartmann (P. S.), Johnson (R. H.), Brown (L. R.), Jacobson (N. L.), Allen (R. S.), Shellenberger (P. R.) u. **Horn jun. (H. H. van),** Beziehung v. fakultativen Anaerobiern d. Pansens zur fütterungs- u. weidebedingten Blähsucht 795.
Hartung (T. E.) u. **Stadelman (W. J.),** Einfluß v. Metall-Kationen auf d. Durchlässigkeit d. Eischalenmembranen für Pseudomonas fluorescens 2536.
Harvey (A. L.) s. Kolari (O. E.).
Harvey (J. M.) s. Ryley (J. W.).
Harvey (N.), Anwendung d. Selbstfütterung 1616.
Harvey (O. A.) s. Diller (E. R.).
Harvey (W. R.) s. Casady (R. B.).
Hasdeu (I.) s. Grigoriu (M.).
Hase (J.) s. Kobashi (K.).
Hašek (A.), Einfluß beschränkter Futterrationen auf Wachstum u. Fleischqualität d. Mastschweine 1648.
Hashiguchi (T.), Hormonähnlicher Faktor, der d. Manifestierung d. „black pupa“ beim Seidenspinner Bombyx mori kontrolliert 2326.
Hashmi (M. H.), Ali (E.) u. **Umar**

(M.), Kjeldahlbestimmung v. Stickstoff ohne Destillation 1911.
Hasselbach (W.), Mechanismen d. Muskelkontraktion u. ihre intrazelluläre Steuerung 2452.
Hassing (F.) s. Galesloot (T. E.).
Haßkamp (H.), Markt für Schlachtkälber u. Kalbfleisch u. seine Beziehungen zu anderen Schlachtvieh- u. Fleischmärkten [2272].
Hatano (T.) s. Kondo (F.).
Hatcher (B. W.) s. Jackson (H. D.).
Hatefi (Y.) s. Fowler (L. R.).
Hatina (G. V.) s. Lupien (P. J.).
Hatleová (A.) s. Bartoš (S.).
Hattenhauer (H.), Kenntnis d. wirksamen Prinzips d. Pferdealtstreu für d. Kükenaufzucht 760.
— u. **Lehmann (I.),** Höhe d. tier. Eiweißanteils im Mischfutter für Legehennen 1059.
Haubold (H.), Heuer (E.), Loew (W.) u. **Rohuschinskyj,** Histolog. Beiträge zur Resorption v. Fetten u. Fettemulsionen 589.
Hauck (E.), Mehrjährige prakt. Erfahrungen mit d. freien Bauen d. Bienenvölker 543. — Zusammenarbeit d. Imkers mit d. Behörden bei d. Bearbeitung v. Giftschäden 2552.
Haufe (W. O.), Control of cattle lice [1435].
Haugen (A. E.), Proteingehalt d. Kuhmilch. Einfluß d. Überganges v. d. Stall- zur Weidefütterung 1157.
Haugse (C. N.) s. Dinusson (W. E.).
Hauke (H.), Vorschläge für ein Geflügelbeschaugesetz 54. — Hygien. Beschaffenheit v. Milch aus Rinderoffenställen 1413. — Übertragung v. Geflügelkrankheiten auf d. Menschen 1415. — Bestimmung d. Chlor- u. Zellgehaltes maschinengemolkener Milch als Beitrag zur Eutergesundheit d. Rinder bei d. maschinellen Milchgewinnung 1621.
— u. **Richter (B.),** Hygien Beschaffenheit maschinengemolkener Milch unter bes. Berücksichtigung d. TGL *8064* für Rohmilch 488.
Hauner (F.), Erforschung d. geeignetsten Methoden zur Beurteilung u. Bewertung d. Fruchtbarkeit, Mastfähigkeit u. d. Schlachtwertes d. Nachkommenschaft v. Zuchtebern 289.
Hauptman (J.), Technologie d. Großproduktion in d. Milchviehhaltung d. ČSSR 1405. — Offenaufstallung d. Milchkühe 1836. — Bewertung d. Unterbringung v. Milchkühen in Laufställen nach d. Ergebnissen einer versuchsmäßigen Beobachtung 2039. — s. Koubek (K.).
Hauptmann (J.), Technologie d. Rinderhaltung im Großbetrieb [1194].
Hauser (G.) s. Le Baron (F. N.).
Hauswirth (A.), Geflügelwirtschaft in Israel 2303.
Havel (R. J.) s. Bezman (A.).
—, **Felts (J. M.)** u. **Duyne (C. M. van),** Bildung u. Schicksal v. endogenen Triglyceriden in Kaninchenblutplasma 1698.
Haven (D. van der) s. Hoogerbrugge (A. J.).
Havermann (H.), *100.* Geburtstag Geh. Regierungsrates Prof. Dr. phil., Dr. agr. h. c., Dr. med. vet. h. c. Johannes Hansen 1801.
— u. **Rüter (H. W.),** Kälber- u. Jungbullenmast mit aufbereiteter Magermilch (Zusatz v. Vitaminen u. Antibiotika) unter bes. Berücksichtigung antibiot. Zusätze auch über *12* Wochen Lebensalter hinaus u. ihre mögliche Einwirkung auf d. Verwertung wirtschaftseigener Futterstoffe 371.
Havre (G. N. N.) u. **Dynna (O.),** Auftreten v. bedingtem u. einfachem Kupfermangel bei Rindern und Schafen im Setesdalen, einem Tal im südlichen Norwegen. *2.* Mitt. 612.
Hawes (R. O.) u. **Fox (T. W.),** Einfluß v. Riboflavin u. ausgedehnt schwarzer Pigmentierung auf einen Daunendefekt beim Haushuhn 1454.
Hawk (H. W.), Turner (G. D.) u. **Sykes (J. F.),** Leukotax. Eigenschaften v. Uterusexsudaten in Beziehung zum endokrin-abhängigen uterinen Abwehrmechanismus 1134.
Hawkins (G. E.), Fehlerquellen bei Studien d. Energieausnutzung durch laktierendes Milchvieh 1940. — s. Cannon (R. Y.).
—, **Paar (G. E.)** u. **Cannon (R. Y.),**

Prozentsatz u. Konzentration v. Furacin in d. Milch nach Euterinfusionen 936.
Hawkins (K. A.) s. Bihler (I.).
Hawkins (R. P.), Bienen in Beziehung zum Samenertrag beim Rotklee 2323.
Hawthorne (J. N.) s. Gurr (M. I.).
Hay (M. F.) s. Lutwak-Mann (C.).
Hayano (K.), Tsubone (T.), Azuma (I.) u. **Yamamura (Y.),** Verhütung v. Orotsäurefettleber durch Darreichung v. 5-Aminoimidazolcarboxamid 1926.
Hayashi (K.), Kanoh (T.), Shimizu (S.), Kai (M.) u. **Yamazoe (S.),** Untersuchungen über d. Hirnphospholipide. *1.* Mitt. Inkorporation v. ^{32}P in Phospholipide v. Meerschweinchenhirnschnitten 575; *2.* Mitt. Einfluß v. elektr. induzierten Konvulsionen auf d. Inkorporation v. ^{32}P in Kaninchenhirnphospholipide 575.
Hayashi (M.) s. Miyao (N.).
Hayashiya (K.) s. Hamamura (Y.).
Haydak (M. H.), Überwinterung 321. — Altersbedingte Veränderungen im Aussehen einiger innerer Organe d. Honigbiene 2546.
Hayes (J. B.), Brevik (T. J.), Sunde (M. L.), McGibbon (W. H.) u. **Todd (A. C.),** Legeherde: Fütterung, Organisation, Haltung 1455.
Hayes (R. S.), Kükenaufzucht für d. Legehennen-Käfighaltung unter beeinflußbaren Umweltbedingungen 924.
Hayman (R. H.) s. Turner (H. N.).
Haynes (C.), Ausbildung v. jährlich *40* Schweinepflegern am Riseholme-Landwirtschaftsinstitut 2079.
Haynes (J. W.) s. Maur (J. M.).
Hays (V. W.) s. Leibholz (J. M.); Zimmerman (D. R.).
Hayton (M. J.) s. Aldrich (P. J.).
Hayward (J. S.), Nordan (H. C.) u. **Wood (A. J.),** Einfaches elektrolyt. Respirometer für kleine Tiere 2568.
Hazel (L. N.) s. Bovard (K. P.).
Hazen (T. E.) s. Bear (W. F.).
Hazzard (D. G.), Grifo jun. (A. P.), Rousseau jun. (E. J.), Woelfel (C. G.), Eaton (H. D.), Nielsen (S. W.) u. **Gosslee (D. G.),** Einfluß verschied. hoher Futterrationen u. Dauer eines Vitamin-A-Mangels auf einige biochem. Bestandteile d. Serums, im Liquor cerebrospinalis u. d. wäßrigen Körperflüssigkeit bei Holstein-Kälbern mit festgelegter Carotinaufnahme 358.
Heald (P. J.), Oxydation v. Fructose in d. Leber d. Hausgeflügels 1123.
Heap (R. B.), Chem. Bestandteile v. Uteruswaschungen: Analyt. Methode mit Ergebnissen v. verschied. Species 454.
Heard (C. R. C.) s. Durbin (P. A. J.); Platt (B. S.).
Heath (A.) s. Foote (R. H.).
Heath (T. J.) u. **Morris (B.),** Resorption v. Fett beim Schaf u. Lamm 2133.
Heck (M. C.) s. Lewis jun. (P. K.).
Heckl (R.), Richtlinien für den neuzeitlichen Stallbau 474. — Güllewirtschaft in Österreich 1407; dass.: u. Schwemmentmistung 1615. — Kotgrabenrost u. Schwemmentmistung? 2484.
Hedin (P. A.) u. **Adachi (R. A.),** Wirkung v. Diät u. Futterzeit auf d. Gasproduktion im Verdauungstrakt v. Ratten 1696.
— u. **Schultze (M. O.),** Exkretion u. Stoffwechsel v. Aminosäuren in Ratten 2588.
Hedrick (T. I.) u. **Kondrup (E.),** Extrem hohe Temperaturen bei d. Verarbeitung v. Milchprodukten. *2.* Mitt. Molke u. Quark 2487.
Heermann (K. H.) u. **Leßmann (G.),** Untersuchung v. Möglichkeiten d. Beeinflussung v. Mast- u. Schlachtleistung beim Schwein durch geeignete Futterzusammensetzung u. optimale Fütterungstechnik unter bes. Berücksichtigung des Rohfaseranteils im Gesamtfutter [86]. — Untersuchungen d. Mast- u. Schlachtleistung v. Schweinen bei Aussetzen d. Fütterung an Sonntagen [86]. — Untersuchungen über d. Beeinflussung d. Mast- u. Schlachtleistung, insbesondere d. Schlachtqualität u. d. Fleisch-Fettverhältnisses bei Mastschweinen durch d. Verwendung v. Fertigfutter [86].
Hegarty (A.) s. Levitt (M. S.).
Hegsted (D. M.) s. Hellerstein (E.); Reddy (W. J.).
Heidenreich (C. J.), Garwood (V. A.)

u. **Carter (M. W.)**, Saisonmäßige Beeinflussung d. Serum-Cholesterolspiegels bei Schweinen 142.
Heidhues (T.), Notwendigkeit u. Möglichkeit d. Selektion auf mehrere Leistungseigenschaften beim Rind 502. — Probleme bei d. Zuchtplanung durch Besamungsgenossenschaften 506. — Planung in d. Rinderzucht, Besamung u. Nachkommenprüfung. *1.* Teil 728; *2.* Teil 2277.
— u. **Henderson (C. R.)**, Beitrag zum Problem des Basisindex 902.
Heidler (G.) s. Heidler (W.).
Heidler (W.) u. **Heidler (G.)**, Kolorimetr. Bestimmung d. Eiweißgehaltes d. Milch mit Amidoschwarz *10* B 1411.
Heilinger (F.) s. Fischnich (O.).
Heimans (J.), Hugo de Vries u. der Gen-Begriff 13.
Heimberg (M.), **Weinstein (I.)**, **Dishmon (G.)** u. **Dunkerley (A.)**, Wirkung v. Tetrachlorkohlenstoff auf d. Transport u. Stoffwechsel d. Triglyceride u. Fettsäuren in d. isolierten durchströmten Rattenleber u. d. Beziehung zur Ätiologie d. Fettleber 2584.
Heine, *1.* Symposium über Fragen d. Versuchstierkunde in Hannover 343. — Stand d. Erfassung u. Vermarktung v. Eiern u. Schlachtgeflügel im Bundesgebiet 717.
Heineman (H. E. O.) u. **Miller (C. B.)**, Schädliche Reinigungsrückstände u. d. Milchindustrie 49.
Heinemann, Legeleistungskontrolle *1961/62* in d. Tierzucht- u. Mastprüfstation Altmorschen 983.
Heinemann (F.), Fruchtresorptionen, Steinfrüchte u. seuchenfreies Verkalben bei Kühen u. Färsen 1427.
Heinemann (W. W.) s. Keuren (R. W. van).
— u. **Fanelli (H. H.)**, Wirkungen d. Fütterung v. Stilboestrol, Chlortetracyclin u. Penicillin mit grüner Luzerne auf d. Leistung u. Schlachtqualität v. Ochsen 1946.
— u. **Keuren (R. W. van)**, Einfluß v. Progesteron-Oestradiol auf Ochsen, d. auf bewässerten Leguminosen-, Gras-Leguminosen u. reinen Grasweiden gehalten wurden 602. — Wirkungen einer Progesteron-Oestradiol-Implantation, Getreidefütterung u. verschied. Arten v. bewässerten Weiden auf Leistung u. Schlachtqualität v. Ochsen 1280.
Heinicke (W.), Auswertung zuchthygien. Untersuchungen 471.
Heitkamp (J.), Automat. Fütterung d. Schweine 83.
Heitman jun. (H.), **Hahn (L. R.)**, **Bond (T. E.)** u. **Kelly (C. F.)**, Vergleich v. ununterbrochener mit period. Beobachtung bei Verhaltensstudien an Schweinen in Freigehegen 718. — Verhalten v. Schweinen im Sommer gegenüber veränderten Umweltbedingungen 926.
Heizer (E. E.) s. Corley (E. L.).
Hejtmánek (J.), Exterieur d. Bienen d. slowak. Zucht 316.
Hejzlar (M.) u. **Výmola (F.)**, Korrelation d. Wirkung v. Penicillinpräparaten in vitro mit d. Wirkung in vivo 2603.
Held (A.) u. **Jenni (E.)**, Tätigkeitsbericht d. Schweiz. Simmentaler Fleckvieh für d. Jahr *1961* 1425.
Held (J.), Melkbarkeitsprüfung 2062.
Helgebostad (A.), Krankheiten bei Mutationsnerzen 1222. — s. Ender (F.).
—, **Gjønnes (B.)** u. **Svenkerud (R. R.)**, Fütterungsanämie beim Nerz. Symptome, Pathologie u. Therapie 1462.
Hellberg (A.), Proteinversuche mit Schweinen 171. — Eiweißbedarf v. Schlachtschweinen 374. — Reaktionen d. Schweine auf niedrige Temperaturen 584. — Versuche mit Baconschweinen bei unterschiedlicher Fütterung 971. — s. Hellström (V.); Winkler (H.).
Hellerstein (E.), **Nakamura (M.)**, **Hegsted (D. M.)** u. **Vitale (J. J.)**, Wechselbeziehungen zwischen Magnesium, Qualität u. Quantität v. Fett, Hypercholesterolämie u. Lipidosis 351.
Hellerstein (H. K.) s. Bruell (J. H.).
Hellerung (J.), Leistungsprüfungsordnung für Hengste d. Rasse Edles Warmblut 1172.
Hellman (B.) s. Wallgren (A.).
Hellström (V.), **Hellberg (A.)**, **Andersson (A.)** u. **Eriksson (S.)**, Wert

v. trocken stabilisierten Vitamin-A-Produkten in bezug auf Stabilität u. Verwertung d. Vitamins A 175. — Stabilität u. Ausnutzung d. A-Vitamins in pulverförmigen A-Vitaminkonzentraten 1711.

Helmer (R. L.) s. May (K. N.).

Helsinger (V. H.) s. Fox (K. K.).

Hemingway (R. G.), Einfluß d. Düngung auf Magnesium-, Kalium-, Natrium- u. Calciumgehalt im Gras in *3*jährigen Untersuchungen 834. — Beeinflussung d. Kupfer-, Molybdän-, Mangan- u. Eisengehaltes d. Weidefutters durch d. Düngung während einer dreijährigen Periode 1298.

— u. **Ritchie (N. S.),** Hypomagnesaemie bei Schafen 2150.

Hemken (R. W.) s. King (R. L.).

Henderickx (H.) u. **Martin (J.),** Über den bakteriellen Maiskleberabbau im Pansen 571.

Henderson (C. R.) s. Castillo (L. S.); Foote (R. H.); Heidhues (T.); Vleck (L. D. van).

Henderson (E. W.), Vererbung d. Eigewichtes nicht durch geschlechtsgebundene Gene beeinflußt 1454. — Brutkraft v. Eiern unbeeinflußt durch d. Schalenfarbe 1890. — Zwischen Eigewicht u. Schalenfarbe besteht kein Zusammenhang 1892.

Hendrickx (H.) u. **Moor (H. de),** Einfluß d. Lichtes auf d. Milch in gewöhnlichen u. in farbigen Flaschen 2049.

Hendrikse (J.), Hämospermie bei einem Bullen 1596.

Henneman (H. A.) s. Griffin (S. A.).

Hennig (A.), Analyt. Untersuchungen an parakeratoseerkrankten Schweinen 165. — Unsere Saugferkel leiden an Eisenmangel 355.

—, **Gruhn (K.), Anke (M.)** u. **Jeroch (H.),** Zusammensetzung u. Futterwirkung eines mit verschied. Zusätzen versehenen Futters für Masthähnchen 833.

— u. **Kracht (W.),** Schweinemastversuche mit Rationen ohne tier. Eiweißfutter u. Antibiotikazusätze 158.

—, **Schlegel (W.), Ritter (E.), Wittig (H.)** u. **Schmidt (W.),** Untersuchungen zur Verbesserung der Eisenversorgung d. Saugferkel 147.

Hennig (H. D.), Leistungseigenschaften v. Kuhfamilien d. Höhenfleckviehs in Thüringen u. Sachsen-Anhalt. *1.* Mitt. Inter- u. intra-familiäre Leistungsvariation unter Berücksichtigung d. Einflusses d. Familiengröße auf Leistungshöhe u. Leistungsrichtung 272.

Henning (N.) s. Rässler (B.); Schön (H.).

Henrickson (R. L.) s. Tuma (H. J.).

Henricson (B.), Zytogenet. Untersuchungen d. Samenepithels bei Bullen u. Ebern 458.

Henry (K. M.) u. **Toothill (J.),** Vergleich zwischen d. Körperwasser- u. d. Stickstoff-Bilanzmethode zur Bestimmung d. Nährwertes v. Proteinen 338.

Henry (N.) s. Ferrando (R.).

Hensel (H.), Spezif. u. unspezif. Receptorfunktion peripherer Nervenendigungen 229.

Hentges jun. (J. F.) s. Alexander (R. A.); Howes (J. R.).

Henze (K. G.) s. Copp (D. H.).

Hepburn (W. R.) s. Jones (A. S.).

Heran (H.), Orientierung d. Bienen 542.

Herbert (V.), Cooper (B. A.) u. **Castle (W. B.),** Ort d. Aktivität d. Vitamin-B_{12}-Intrinsic-Faktor-Komplexes „Releasing-Faktor" im Rattendünndarm 1278.

Herbst (A.-M.), Vitamin- u. Aminosäuregehalt v. Maisquellwasser 2555.

Hergenhahn (C.), Chinchillas 1462. — Pelzbenagen, Gründe u. Gegenmaßnahmen 2102.

Herion (J. C.) s. Walker (R. I.).

Herkola (E.) s. Paloheimo (L.).

Hermann (H.), *47.* Jahresversammlung d. Internationalen Milchwirtschaftsverbandes *1962* 1803.

Hermans (A. C.) s. Westerfeld (W. W.).

Hernández (M. T.) = Tovar Hernández (M.).

Hernandez jun. (R.) u. **Axelrod (L. R.),** Chromatograph. Trennung d. Steroide aus Gesamtlipidextrakten 1917.

Herndon (J. F.), Appert (H. E.), Touchstone (J. C.) u. **Davis (C. N.)**, Apparatur für beschleunigte Horizontalchromatographie. Beschreibung v. Apparatur u. Anwendung 1240.
Héroux (O.) u. **Willmer (J. S.)**, Respirationsrate (QO_2) v. Leberschnitten v. im Sommer u. Winter gefangenen wilden Ratten (Rattus norwegicus) 584.
Herp (A.) s. Fabianek (J.).
Herranen (A.) u. **Brunkhorst (W.)**, Einfluß v. pH u. Ionen auf d. Inkorporation v. Leucin in Thymus nuclei 2144.
Herre (W.), Ist Sus (Porcula) salvanius Hodgson *1847* eine Stammart v. Hausschweinen 511. — Institut für Haustierkunde d. Christian-Albrechts-Universität zu Kiel; sein Werden u. seine Ziele 889. — Problematik d. Verhältnisses innerartlicher Ausformungen zu zwischenartlichen Umbildungen 1361.
—, **Frick (H.)** u. **Röhrs (M.)**, Ziele, Begriffe, Methoden u. Aussagen d. Haustierkunde 1114.
Herrenkind (J.), Versuche über Superphosphat-Einstreu in Mastschweineställen 255.
Herrick (J. B.), Fruchtbarkeitsprüfung beim Schafbock 21. — Krankheitsprobleme d. Mastlämmer 302.
Herrick (R. B.) s. Cherms jun. (F. L.).
—, **McGibbon (W. H.)** u. **McShan (W. H.)**, Gonadotrope Aktivität v. Hühnerhypophysen 1586.
Herrington (B. L.) s. Castillo (L. S.).
Herrmann (G.) s. Zelfel (S.).
Herrmann (I.), Wirkung elektromagnet. Strahlen auf Lebensmittel, insbes. in Abhängigkeit v. d. Wellenlänge 2484.
Herrmann (J.), Konservierung 1728.
Hershey (J. W. B.) s. Woolley (D. W.).
Hertelendy (F.) s. Taylor (T. G.).
— u. **Taylor (T. G.)**, Einfluß v. Calcium- u. Vitamin-D-Mangel auf d. Knochenwachstum mit Sexualhormonen behandelter Küken 1499.
Hertrampf (J.), Erkennung d. Schlachtqualität v. Jungbullen bei d. Nachkommenprüfung auf Fleischleistung v. Zweinutzungsrindern 952.
Hervy (A.) s. Charton (A.).
Herzig (J.) u. **Sedláček (J.)**, Einfluß d. freien Bewegung d. Versuchstiere auf d. Verdaulichkeit d. Futtermittel 2579.
Hess (C. W.), Dembnicki (E. F.) u. **Carmon (J. L.)**, Einfluß d. Aufzuchtform u. Örtlichkeit auf d. Körpergewichtsentwicklung d. Broiler 92.
—, **Edwards jun. (H. M.)** u. **Dembnicki (E. F.)**, Wachstumsveränderung bei einer Methioninmangelration 1288.
—, **May (K. N.)** u. **Dembnicki (E. F.)**, Abnorm geringe Eiergrößen 763.
Hess (E.), Bekämpfung d. Rindertuberkulose in d. Schweiz 962.
Hesselbach (J.), Melkmaschine oder Melkanlage? 1619.
Hesselbarth, Beifütterungsversuche mit Samenkörnern d. Stechapfels (Datura stramonium) bei Rindern u. Schweinen 1522, 1745.
Heth (D. A.) u. **Bird (H. R.)**, Wachstum v. Küken, die in d. Jahren v. *1950* bis *1961* mit Antibiotica gefüttert worden sind 1505.
Hetzel (B. S.) s. Charnock (J. S.).
Hetzer (H. O.), Selektionspläne zur Verbesserung unserer landwirtsch. Nutztiere 674. — Ausnutzung d. Heterosis in d. landwirtsch. Tierzucht 692.
Heuer (E.) s. Haubold (H.).
Hewitt (A. C. T.), Milch- u. Wollziegen 303. — Wie d. Rinder zerlegt werden 1168.
Hey (A.), Chem. Pflanzenschutz als wirtschaftlicher Faktor d. Ernährung 1511.
Heyes (T. D.) s. Kingsbury (K. J.).
Heyndrickx (G. V.), Hormone in d. Euterlymphe u. im Plasma d. Rindes 1939.
Heywang (B. W.) s. Kemmerer (A. R.); Lowe (R. W.).
—, **Kemmerer (A. R.)** u. **Lowe (R. W.)**, Dotterverfärbungen durch Baumwollsaat bei Eiern, d. vor d. Lagerung geölt wurden 764.
— u. **Lowe (R. W.)**, Beeinflussung d. Eischalenqualität durch heiße Witterung bei Verabreichung v. Calciumgluconat in d. Futterration 2309.

Heywang (B. W.) u. **Vavich (M. G.),** Energiegehalt einer Legehennenfuttermischung mit einem Rohproteingehalt v. *16%* in einem semiariden, subtrop. Klima 1948.

Hibbs (J. W.) s. Somasundaram (A.); Vandersall (J. H.).

Hickey (F.), Nervöser „Stress" bei Schafen; sein Einfluß auf Gesundheit u. Leistung 2009.

Hickman (C. G.), Wirkungen d. Herdenumwelt. *1.* Mitt. Beziehungen zwischen Leistung u. Alter 729.

— u. **Dunn (H. O.),** Unterschiede im Non-return-Prozentsatz zwischen den Transferrintypen v. Bullen 17.

Hickmann (J. R.) s. Franzer (A. C.).

Hicks (G. P.) s. Blaedel (W. J.).

Hiepe (T.), Ebner (D.) u. **Buchwalder (R.),** Vorkommen, Schadwirkung u. Bekämpfung d. Megninia-Befalls bei Enten. Beitrag zum Federmilbenbefall in Geflügelbeständen 311.

— u. **Splisteser (H.),** Vorkommen u. Diagnostik d. durch Chorioptes ovis bedingten Fußräude in Schafherden 980.

Highley (D. R.) u. **Ellenbogen (L.),** Mechanismus d. Vitamin-B_{12}-Resorption: in vivo-Übertragung v. Vitamin B_{12} auf d. Intrinsic-Faktor 1938.

Hilbrich (P.), Bekämpfung d. Geflügeltuberkulose? 766.

Hildinger (M.) s. Phillipps (G. R.).

Hildreth (H. O.) s. Scott (J. D. J.).

Hill (C. H.) s. Kelly (J. W.).

— u. **Garren (H. W.),** Höhe d. Proteinanteils u. d. Überlebenszeit v. Küken, d. mit Salmonella gallinarum infiziert sind 166.

Hill (D.), Erfahrungen mit Gemeinschaftskuhställen 1611.

Hill (D. C.) s. Jenkins (K. J.); Olsen (E. M.).

Hill (D. L.) s. Noller (C. H.).

Hill (E. G.) s. Caster (W. O.).

Hill (F.), Xanthophyllpigmentation im Schaffett 801. — Faser-Zusammensetzung v. zähen u. zarten Muskeln v. Fleisch-Tieren 1166.

Hill (F. W.) s. Campbell (A. J.); Carew jun. (L. B.).

Hill (H.) s. Decker (P.); Gärtner (K.); Höller (H.).

Hill (J. E.) s. Ratcliff (R. G.).

Hill (K. J.) s. Dougherty (R. W.); Harrison (F. A.).

Hill (M. K.) s. Coop (I. E.).

Hill (R.), Versorgung u. Stoffwechsel v. Calcium u. Phosphor bei Wiederkäuern 1933. — s. Benzie (D.); Dalgarno (A. C.); Duckworth (J.); McRoberts (M. R.).

Hill (R. L.) u. **Schmidt (W. R.),** Vollständige enzymat. Hydrolyse v. Proteinen 2124.

Hill-Cottingham (D. G.) u. **Wagner (S. A.),** Verbesserte Methode zur Bestimmung v. Stickstoff in Pflanzenmaterial durch Anwendung v. stabilem Neßler-Reagens 2558.

Hilliard (J.) s. Simmer (H. H.).

Hillier (J. C.) s. Taggart (W. F.).

Hilpert (H.) u. **Enkelmann (D.),** Papierelektrophoret. Charakterisierung v. Molkenproteinen verschied. Tierspezies 1681.

Hilty (W. W.) u. **Breunig (H. L.),** Mikrobiolog. Nachweis v. Tylosin in Futtermitteln 336.

Himeno (K.) u. **Turner (C. W.),** Einfluß eines Kropfbildners im Futter auf d. Thyroxinsekretionsrate bei Hähnchen 823.

Hinds (H. B.) s. Kurnick (A. A.).

Hiner (R. L.) u. **Thornton (J. W.),** Einige Lämmer- u. Schlachtkörper-Faktoren 714.

Hinks (N. T.) s. Reid (R. I.).

Hinton (G. G.) u. **Stevenson (J. A. F.),** Einfluß d. Hypothalamusektomie auf d. Wachstum 1586.

Hinton (S. A.) s. Swanson (E. W.).

Hironaka (R.) s. Bailey (C. B.).

— u. **Slen (S. B.),** Einfluß d. Höhe d. Futteraufnahme auf Gewichtszunahme u. Futterverwertung durch Jungochsen, die eine nur aus Gerste bestehende Ration erhielten 1512.

Hirose (Y.) u. **Yamada (Kōichi),** Untersuchungen über d. Aminosäuregärung v. Pentosen. *2.* Mitt. Bildung v. Aminosäuren aus Pentosen u. Hexosen durch Brevibacterium pentoso-aminoacidicum nov. sp. 346.

Hirschfeld (J.) s. Brummerstedt-Hansen (E.).

Hirschfeld (T. J.) s. Beyer (R. E.).

Hirschfelder (H.), Einfüttern, langsam oder schnell? 543.
Hizikuro (S.) s. Yoshida (M.).
Hjarde (W.), Entnahme u. Prüfung v. Kleeproben zur Bestimmung d. Tocopherol- u. Carotingehaltes 2564.
Hjelm (L.) u. **Oscarsson (G.)**, Analyse d. schwed. Milcherzeugung 2069.
Hjertquist (S.-O.) s. Engfeldt (B.).
Hladík (V.) s. Najman (L.).
Hladký (J.), Beziehung einiger Brust- u. Rumpfmaße zur Milchleistung d. Kühe 2285. — Veränderungen d. Körperdimensionen bei d. Weißen Edelschweinen in d. Slowakei 965. — Veränderlichkeit d. Lebendgewichtes u. d. Körpermaße v. Zuchtsauen d. Weißen Edelschweins 1877.
Hoag (W. G.) s. Allen (R. C.).
Hoare (M.) s. Hall (K.).
Hobbs (C. S.) s. Merriman (G. M.).
Hobbs (T. D.) u. **Harris jun. (G. C.)**, Einfluß d. Gefrierpunktserniedrigung u. d. pH auf d. Beweglichkeit u. Fruchtbarkeit v. Hühnerspermien, d. in Natriumcitratverdünnern aufbewahrt wurden 2471.
Hobson (E. A.) s. Harries (J. M.).
Hobson (P. N.) s. Blackburn (T. H.); Cuthbertson (D. P.); Eadie (J. M.).
Hoch (F. L.), Biochem. Aktivität d. Schilddrüsenhormone 1813.
Hock (A.) s. Bergner (H.).
Hodges (H. G.) s. Fincher (M. G.).
Hodgkins (J. E.) s. Anderson (B. B.).
Hodgkinson (A.) s. Zarembski (P. M.).
Hodgson (A. S.) s. Holtz (E. W.).
Hodgson (E.) s. Stephen (W. A.).
Hodgson (G. C.) s. Kondra (P. A.); O'Neil (J. B.); Sell (J. L.).
Hodnett (G. E.) s. Smith (C. A.).
Hoeck (H.) s. Pfau (A.).
Hoefer (J. A.) s. Miller (E. R.); Rice (R. W.); Seerley (R. W.); Sprague (J. I.); Waddill (D. G.).
Höges (J.), Züchter. Beeinflussung d. Fettmenge beim Schwein 289.
Högl (O.) s. Padmoyo (M.).
Højgaard-Olsen (N. F.) s. Clausen (H.).
Højgaard-Olsen (N. J.) s. Clausen (H.).
Hoekstra (P.), Tierhaltung in d. Entwicklungsländern 1856.
Hoekstra (W. G.) s. Meyer (J. A.).
Höll (Č.), Einfluß d. Zahl d. Laktationen auf d. Milchleistung u. einige weitere Eigenschaften bei Milchkühen d. Rotfleckviehs 2284. — s. Lizal (F.).
Höller (H.) s. Decker (P.); Engelhardt (W. v.).
— u. **Hill (H.)**, Eiweißstoffwechsel d. Schweines. 7. Mitt. Aminosäurenzusammensetzung d. Muskelfleisches v. Schweinen nach langdauerndem Eiweißmangel 1265.
Hølmer (G.), **Kristensen (G.)**, **Søndergaard (E.)** u. **Dam (H.)**, Polyenfettsäuren u. Cholesterin bei Küken nach Verabfolgung v. *9*-cis-*12*-cis-Linolat, *9*-trans-*12*-trans-Linolat oder *9*-trans-*11*-trans-Linolat 1497.
Hölzl (J.) s. Wagner (H.).
Hönsch (P.) s. Fekete (T.).
Höpken (H.), Ist d. Eiersammelband rentabel? 479.
Hörhammer (L.) s. Wagner (H.).
Hörnicke (H.), Methoden zur Bestimmung d. Körperzusammensetzung lebender Tiere unter bes. Berücksichtigung d. Schweines. *3.* Mitt. Berechnung d. Körperzusammensetzung aus Körperwasser, extracellulärem Wasser u. Körperdichte 791; *4.* Mitt. Grundlagen für d. Berechnung d. Körperzusammensetzung beim Schwein 792; *5.* Mitt. Körperzusammensetzung normal ernährter Schweine im Verlauf d. Wachstums 792. — s. Decker (P.); Engelhardt (W. v.).
Hörter (R.), Mykot. Besiedlung d. Bullenpräputiums 1585.
Hofer (A. A.) u. **Mohler (H.)**, Aufnahmetechnik v. Sorptionsisothermen u. ihre Anwendung in d. Lebensmittelindustrie 1679.
Hoffman (E. N.) s. Nicholson (H. H.).
Hoffman (M.), Aktuelle Schweine- u. Rinderfütterung 1442.
Hoffmann (J. H.) u. **Swartz (F. J.)**, Einfluß d. Geschlechtshormons auf d. Leberpolyploidie bei kastrierten früh-abgesetzten u. hypophysektomierten spät-abgesetzten Ratten 2227.
Hoffmann (L.) s. Nehring (K.); Schiemann (R.).
—, **Schiemann (R.)** u. **Nehring (K.)**,

Verwertung reiner Nährstoffe. *3.* Mitt. Versuche mit Ochsen u. Hammeln 605.

Hoffmann (M.), Hinweise für d. Grünfütterungsperiode d. Rinder in den LPG u. VEG 506.

Hoffmann-Berling (H.), Mechanismen v. Zellbewegungen 2445.

Hoflund (S.) u. **Nordqvist (M.),** Pansenfunktion beim Renntier. Experimentelle Studie bes. d. Pansenflora im Hinblick auf d. Entwicklung geeigneten Ersatzfutters für Renntiermoos 572.

Hofmann (A. F.), Trennung v. *1-* u. *2-* Monoglyceriden durch Dünnschichtadsorptionschromatographie an Hydroxylapatit 1684. — Dünnschicht-Adsorptionschromatographie v. Proteinen an Hydroxylapatit 2331.

Hofmann (F.), System d. Weideganges für Zuchtschweine 295. — Grundsätze u. Methoden d. Schweinehaltung einer Volkskommune 739. — Ferkel- u. Läuferverluste 1649. — Wettbewerb um d. höchsten Nutzeffekt d. Schweinehaltung 1879.

— u. **Barfuss (E.),** Wertmaßstäbe d. Körperbaues u. d. Schlachtleistungen beim Deutschen veredelten Landschwein im Fleischschweintyp. Vorl. Mitt. 289. — Veränderung d. Mast- u. Schlachtleistungen in verschied. Gewichtsklassen bei verschied. Rassen 1437.

—, **Biedermann (H.)** u. **Seng (W.),** Vergleichende Untersuchungen über Fütterungsweise u. Schlachtleistungsergebnisse 515.

—, **Löhle (K.)** u. **Barfuss (E.),** Bericht über d. Durchführung einer Mastleistungsprüfung bei Hühnern in d. Hühnerleistungsprüfungsanstalt Altenberga-Kahla 90.

—, **Löhle (K.), Mulsow (D.)** u. **Richter (W.),** Leistungen einer Hy-Line-Herde im VE Lehr- u. Versuchsgut Altenberga *1960/61* 1656.

— u. **Peter (W.),** Ermittlung objektiver Maßstäbe über d. Wachstum d. Schweine 290.

— u. **Ritter (E.),** Röntgenolog. Rippenzählung beim Schwein 744.

Hofmann (P.), Futterwert v. Kartoffeltrockenschnitzeln 1305. — Verbesserung d. Masterfolges bei Schweinen 1204. — Schweinemastversuch mit Zuckerrübenvollschnitzeln 1746. — Einfluß v. Maissilage- u. Futterrübenfütterung auf d. Milchleistung v. Kühen 1869.

Hofstra (K.) s. Kampelmacher (E. H.).

Hogan (W. H.), Brooks (O. L.), Beaty (E. R.) u. **McCreery (R. A.),** Einfluß d. Pelletierung v. Coastal Bermudagras auf d. Zunahmen des Tierbestandes 175.

Hoglund (C. R.), Wirtschaftlichkeit d. Verfütterung v. Maissilage gegenüber Grassilage in d. Rindermast 1734.

Hogreve (G.), Konstitution u. Lebensleistung beim Rind. Abgeschlossene Lebensleistungen geschlachteter Herdbuchkühe aus Südhannover-Braunschweig, ein Hilfsmittel zur Konstitutionsbeurteilung d. weiblichen Zuchtmaterials 2505.

Hogue (D. E.) s. Jones (J. R.).

—, **Hansel (W.)** u. **Bratton (R. W.),** Fruchtbarkeit natürlich u. künstlich befruchteter Schafe nach Synchronisation d. Geschlechtszyklus durch ein Progesteronmittel 1383.

Hohls (H. W.), Frage d. Stickstoffverlustes bei Küken u. Ratten 1287. — Qualität v. Sojaextraktionsschroten 1748.

Hoijer (D. J.) s. Smith (R. E.).

Hojovec (J.) u. **Zeman (J.),** Zoohygien. Forderungen für d. Aufbau u. Betrieb v. großen zentralen Kälberstallungen 1153.

Holcomb (L. C.), Schaible (P. J.) u. **Ringer (R. K.),** Einfluß d. Lichts auf d. Fortpflanzung d. Nerze 2101.

Holdas (S.), Einfluß v. Mischfuttermitteln mit verschied. Luzernemehlgehalt auf d. Qualität d. Schweinefleisches 1294. — s. Csire (L.); Tóth (S.).

—, **Tóth (S.)** u. **Csire (L.),** Zusammenhang zwischen d. qualitativen Kennziffern d. langen Rückenmuskels (M. longissimus dorsi) u. d. Geleegehalt d. Büchsenschinkens 1416.

Holden (M.), Trennung v. Chlorophyll a u. b u. einige seiner Abbauprodukte durch Papierchromatographie 1244.

Holdsworth (E. S.) s. Dawson (R.); Sallis (J. D.).
Holdsworth (R. P.), Bekämpfung v. die Kühe belästigenden Gesichtsfliegen 75.
Hole (G.) s. Hvidsten (H.).
Holitschek (H.), Moderne u. wirtschaftl. Wärmegeräte für d. Ferkelaufzucht 704.
Holke (R.), Schweineleistungsprüfungen u. Produktivitätskontrolle im sozialistischen Großbetrieb 513.
Holland (L. A.) s. Wheat (J. D.).
Hollander (W. F.) u. **Walther (P. L.),** Das rezessive Merkmal „Lavendel" bei d. Türkenente 2098.
Hollands (K. G.) s. Fisher (H.).
Holleman (K. A.) s. Sullivan (T. W.).
Hollenberg (C. H.), Inkubationswirkung auf d. charakterist. Eigenschaften d. lipolyt. Aktivität d. Rattenfettgewebes 1502.
Hollingsworth (D. F.) s. Harries (J. M.).
Hollmann (S.) s. Südhof (H.).
Holm (L.) s. Assali (N. S.).
Holm (L. W.) u. **Short (R. V.),** Progesteron im peripheren Blut v. Guernsey- u. Fries. Kühen bei verlängerter Trächtigkeitsdauer 2021.
Holman (R.) s. Caster (W. O.).
Holme (J.), Charakterisierungsstudien über d. löslichen Proteine u. Pentosane v. Kuchenmehl 780.
Holmes (C. R.), Künstliche Besamung des Schafes 30.
Holmes (E. G.), Proteinbedarf d. erwachsenen Menschen 1719.
Holmes (W.), Weidebewirtschaftung mit Milchvieh 1738.
Holmqvist (N.), Ökonom. u. techn. Beurteilung von Versuchen mit Spaltenböden für Rinder u. Schweine in Schweden 1403.
Holsinger (V. H.) s. Fox (K. K.).
Holt (A. F.), Einfluß d. Umtriebes auf Fruchtbarkeit d. Rindes 734.
Holt (C. v.) s. Voelker (I.).
—, Bühring (H.), Berndt (H.), Hallmann (I.) u. **Morgenstern (H.),** Umsatz v. Glucose u. Fettsäuren im Rattendiaphragma 1254.
Holtz (E. W.), Erb (R. E.) u. **Hodgson (A. S.),** Verhältnis zwischen d. Wachstumsrate v. d. Geburt bis zu *6* Monaten Alter u. d. späteren Leistung bei Milchkühen 508.
Holub (A.), Quantitative Verhältnisse d. Ferkelernährung in d. Säugeperiode 2082.
Holzer (H.), Intrazelluläre Regulation d. Stoffwechsels 2445.
Holzinger (F.), Tätowierungsfragen in d. Chinchillazucht 540. — Internationale Chinchilla-Tätoliste 2316.
Holzschuh (W.), Nährstoffökonom. Grundsätze in d. prakt. Fütterung [57]*. — Industriemäßige Gestaltung d. Produktion in d. Viehwirtschaft 1421. — s. Columbus (A.); Hutschenreuther (G.); Wetterau (H.).
—, Knape (G.) u. **Schmidt (W.),** Bereitung u. Verfütterung v. Grassilage. *1.* Mitt. Verdaulichkeit v. Grassilage 1301; *2.* Mitt. Orientierende Kälberaufzuchtversuche mit Grassilage 1945. — Verfütterung v. Grassilage 1734.
— u. **Schmidt (W.),** Hinweise zur ordnungsgemäßen Bereitung v. Grassilage in LPG u. VEG 379.
— u. **Wetterau (H.),** Jungbullenmast im Anbindestall u. Offenlaufstall unter Verwendung v. Amidschnitzeln als Kraftfutter 169. — Abbau v. Nicht-Protein-Stickstoff-Verbindungen im Pansen d. Wiederkäuer. *1.* Mitt. 1018.
—, Wetterau (H.) u. **Knape (G.),** Futterrüben u. Maissilage in d. Winterfütterung d. Milchkühe 171.
Homeyer (P.) s. Raun (N. S.).
Homeyer (P. G.) s. Martin (T. G.).
Homler (B. E.) u. **Stadelman (W. J.),** Wirkung d. Ölens d. Eischale vor u. nach d. Reinigung auf d. Erhaltung d. Eiweißbeschaffenheit 2495.
Homma (K.) u. **Kato (S.),** Lipoproteinspiegel im Plasma v. Hühnern 1116.
Hooft (A. J. G. van't) s. Frederik (G. H.).
Hoogerbrugge (A. J.) u. **Haven (D. van der),** Schlachtreifmachen v. Jungbullen 736.
Hooper (A. S.) s. Goertz (G. E.).
Hooper (K. C.), Katabolismus v. einigen physiolog. aktiven Polypeptiden durch Homogenat v. Hunde-Hypothalamus 1927.
Hoorens (J.) s. Thoonen (J.).
Hoover (G. N.), Smith (A. H.) u. **Ab-**

bott (U. K.), Mechan. Eigenschaften d. Schalendrüse bei Vögeln 1125.
Hoover (S. R.), Beseitigung v. Strontium 90 aus Milch 49.
Hopkins (C. Y.) s. Beare (J. L.).
Hopkins (D. T.) s. Nesheim (M. C.).
Hopkins (J. W.) s. Cook (W. H.).
Hopkinson (P.) s. Clegg (C.).
Hopwood (M. L.) u. **Gassner (F. X.),** Stoffwechsel von ^{14}C-Diäthylstilböstrol bei Küken: Umbildungen in vivo 899; dass.: Retention u. Exkretion 899.
Horák (K.), Kälberaufzucht mit Milch v. konstantem Fettgehalt [1643].
Horie (Y.) u. **Ito (T.),** Vitaminbedarf d. Seidenraupe 2553.
Hormann (K.) s. Axelrod (A. E.).
Horn (Arthur) u. **Koželuha (V.),** Erfahrungen aus d. züchter. Arbeit in d. Rinderhaltung [2288].
Horn (Artur), Bewertung d. Heterose u. d. Kreuzungen auf Grund d. Ergebnisse d. Jersey-Kreuzungsversuche in Ungarn 1636.
— u. **Bozó (S.),** Mast- u. Schlachtergebnisse v. aus Jersey-Kreuzungen stammenden Jungbullen 732.
— u. **Dohy (J.),** Einfluß d. Jersey-Kreuzung auf d. Abkalben ungar. Fleckviehkühe 504.
—, **Dohy (J.), Bozó (S.)** u. **Dunay (A.),** Zeitgemäß entwickeltes morpholog. Bewertungsverfahren für Rinder 1424.
Horn jun. (H. H. van) s. Hartmann (P. S.).
—, **Kassir (S. M.), Jacobson (N. L.), Shellenberger (P. R.), Hotchkiss (D. K.)** u. **Allen (R. S.),** Relative Wirksamkeit v. verschied. Antiblähsubstanzen für d. Therapie d. Blähsucht 1944.
Horn (M.) s. Behrens (H.).
Horning (E. C.) s. Lukkainen (T.).
Horrell (C. R.) s. Bredon (R. M.).
Horrocks (D.) s. Payne (W. J. A.).
Horrocks (L. A.) u. **Cornwell (D. G.),** Bestimmung v. Glycerin u. Fettsäuren in Glyceriden durch Gasflüssig-Chromatographie 558.
Horst (P.) s. Kliesch (J.).
Horstmann (V. G.) s. Marks (S.).
Horszczaruk (F.), Einfluß v. unterschiedl. Rohfasergehalt in Futtergaben auf d. Verdauungsvorgänge bei Schweinen. *1.* Mitt. Verdauung u. Verwertung d. Nährstoffe 2351.
Horváth (C. T. Á.) s. Csaba (G.).
Horváth (L. L.) u. **Gaál (L.),** Schafzucht [528].
Horwitz (W.) s. Friedman (L.).
Hoser (S.), Auswirkung unterschiedlicher Fütterung auf Lebendgewichtszunahmen u. Qualität d. Schlachtprodukte in d. Baconmast 2293.
Hoshii (H.) s. Yoshida (M.).
Hoshita (T.) s. Okada (S.).
Hoskam (E. G.) s. Wensvoort (P.).
Hosoda (T.) s. Abe (T.).
Hosokawa (M.) s. Takemori (S.).
Hotchkiss (D. K.) s. Horn jun. (H. H. van).
Houghtby (G. A.) s. Bigbee (D. G.).
Hovell (G. J. R.) s. Hancock (J. L.).
Hovorka (F.), Gesetzmäßigkeiten des Wachstums landwirtschaftl. Nutztiere. *3.* Mitt. Einfluß des Chlortetracyclins auf d. quantitative Wachstum des Körperproteins, -calciums u. -phosphors bei Weißen Edelschweinen 922; IV. Studium d. quantitativen Unterschiede im Wachstum v. Protein, Calcium u. Phosphor bei Schweinen männlichen (Kastraten) u. weiblichen Geschlechtes 1284.
Howad (S.), Schweinezucht in Großbritannien 740.
Howard (A. N.) s. Leat (W. M. F.).
—, **Leat (W. M. F.), Gresham (G. A.), Bowyer (D. E.)** u. **Jennings (I. W.),** Patholog. u. biochem. Veränderungen bei Schweinen, denen halbsynthet. Rationen ohne Fett, mit Rindertalg u. Maisöl gegeben wurden 1497.
Howard (B.) s. MacFarlane (W. V.); Morris (R. J. H.).
Howard (B. H.) s. Bailey (R. W.).
Howard (C. B.) s. Clegg (M. T.).
Howard (D. A.) s. Lampkin (K.).
—, **Burdin (M. L.)** u. **Lampkin (G. H.),** Schwankungen im Gehalt v. Mineralstoffen u. Rohprotein d. Weiden v. Muguga im Hochland v. Kenya 1737.
Howard (M. M.), Frühe Domestikation d. Rindes u. d. Identifizierung v. Skelettresten 443.

Howe (G. R.) u. **Black (D. L.)**, Wanderung v. Ratten- u. artfremden Spermien durch d. Uterus-Tubenverbindung bei d. oestr. Ratte 2237.
Howe (W. M.) s. Campbell (J. R.).
Howell (D. E.) s. Mount (G. A.).
Howes (J. R.), Feaster (J. P.) u. **Hentges jun. (J. F.)**, Vergleich d. ^{131}J Freisetzung d. Schilddrüse v. Hereford- u. Brahman-Kühen, d. unter gleichen Umgebungsbedingungen gehalten wurden 601, 898.
—, Hentges jun. (J. F.) u. **Feaster (J. P.)**, Blutvolumen v. Brahman- u. Herefordkühen, gemessen durch Injektion v. mit radioaktivem Jod markiertem Rinderserumalbumin 2445.
Howey (R. I.), Verschied. Tankarten zur Milchaufbewahrung 1412. — Qualität d. Milch 1622.
Hozumi (K.) u. **Kirsten (W. J.)**, Neue Methode für d. Ultramikrobestimmung v. Stickstoff 556.
Hrasnica (F.) u. **Ogrizek (A.)**, Tierzucht, allgemeiner Teil. Ein Lehrbuch [498]*.
Hromadová (Z.) u. **Ondrouch (A.)**, Problem d. langfristigen Blutentnahme bei Schweinen 1367.
Hrubá (F.) s. Bohdal (M.).
Hrubeš (A.) s. Kadlec (V.).
Hrudka (F.), Popesko (P.) u. **Komárek (V.)**, Grundlagen d. Morphologie landwirtschaftl. Nutztiere [2229].
Hruška (E.) s. Šebela (F.).
Hruška (K.) u. **Kazda (J.)**, Wirkung d. Stoffwechselprodukte eines Enterobakterienstammes auf d. Respiration u. anaerobe Gasproduktion v. Bullensperma 2472.
Huang (Ru-chih C.) u. **Bonner (J.)**, Histon, ein Unterdrücker d. chromosomalen RNS-Synthese 1491.
Hubbard (R. W.) s. Block (W. D.).
Hubbe (W.), Wabenbau d. Honigbiene Apis mellifica L. 2546.
Hubbert (F.) s. Hale (W. H.).
Hubbert jun. (F.) s. Anderson (T. A.); Russell (E. L.).
Hubenov (M.), Kontraktionstätigkeit d. Gebärmutter d. Kuh bei manueller Reizung des Kitzlers 21.
Huber (J. T.) s. Noblitt (C. G.).
— u. **Bishop (J. L.)**, Ausscheidung v. Heptachlorepoxid in d. Milch v. Kühen, d. mit im Freiland getrocknetem Heu v. mit Heptachlor behandelten Böden gefüttert wurden 165.
Hůdec (M.) s. Zelinka (J.).
Hübscher (G.), Stoffwechsel d. Phospholipoide. *6.* Mitt. Einfluß v. Metallionen auf d. Einbau v. L-Serin in Phosphatidylserin 800. — s. Clark (B.); Coleman (R.).
Hügel (M.-F.), Pollenbestandteile 2323.
Hügli (H.), VI. Tätigkeitsbericht d. Schweine-Versuchs- u. Prüfanstalt d. niederösterreich. Landes-Landwirtschaftskammer für d. Berichtsjahr *1961* 514.
Hülsmann (W. C.), Fettsäuresynthese in Herzsarkosomen 1256. — s. Christ (E. J.).
Hülße (H.), Beurteilung v. Eiern im Rahmen d. tierärztlichen Lebensmitteluntersuchung 2272.
Hürzeler (H.), Wert d. Antibiotika in d. modernen Geflügelhaltung 1716.
Huffman (C. F.), Wie d. Ernährung d. Zuchterfolge beim Rindvieh beeinflußt 278.
Hughes (G. P.), Bedeutung v. Knaulgras in d. Grünlandbewirtsch. in Britannien 836.
Hughes (J. B.) s. Smith (H.).
Hughes (L. G.), Automat. Wasserversorgung für Geflügel 43. — Lagerung d. Eier in prakt. Kühlsafes 266.
Huhn (J. E.) s. Wettke (K.).
Huis in 't Veld (L. G.), Louverens (B.) u. **Reilingh (W.)**, Neutrale *17*-Ketosteroide im Harn d. Schweines 231.
Huisman (L.), Bau moderner Anbindeställe 1408.
Huisman (T. H. J.) u. **Dozy (A. M.)**, Untersuchungen über d. Heterogenität v. Hämoglobin. *4.* Mitt. Chromatograph. Verhalten verschied. menschlicher Hämoglobine auf Anionenaustauschercellulose (DEAE-Cellulose) 331.
Hulet (C. V.), Blackwell (R. L.), Ercanbrack (S. K.), Price (D. A.) u. **Humphrey (R. D.)**, Einfluß d. Fütterung u. d. Dauer d. Stimulation auf d. Lämmerproduktion bei Mutterschafen bei Stallfütterung 2299.
—, Blackwell (R. L.), Ercanbrack (S. K.), Price (D. A.) u. **Wilson (L. O.)**,

Paarungsverhalten d. Mutterschafes 2237.
Hulet (C. V.), Ercanbrack (S. K.), Blackwell (R. L.), Price (D. A.) u. **Wilson (L. O.),** Paarungsverhalten d. Schafbockes im Mehr-Vatertier-Stall 2238.
—, Ercanbrack (S. K.), Price (D. A.), Blackwell (R. L.) u. **Wilson (L. O.),** Paarungsverhalten d. Schafbockes im Ein-Vatertier-Stall 2238.
Hultin (T.) s. Leon (H. A.).
Humbel (R. E.) s. Taylor (K. W.).
Humphrey (R. D.) s. Hulet (C. V.).
Humphreys (E. R.) u. **Scott (P. P.),** Verwendung v. Indikatoren zur Bestimmung d. Futterdurchgangszeiten bei d. Katze 563.
Hundt (K. W.), Vorzügliche Felleigenschaften in d. deutschen Karakulvollblutzucht 527.
Hunsaker (W. G.) u. **Sturkie (P. D.),** Blutdruck v. Hennen vor, während u. nach d. Eiablage 7.
Hunt (F. A. E.) s. Smetana (P.).
Hunt (J. R.) u. **Aitken (J. R.),** Einfluß d. Ascorbinsäure auf d. Schalenqualität 1216. — Wirkung v. Ammonium- u. Chlorid-Ionen im Hennenfutter auf d. Eischalenqualität 1660.
Hunt (K. E.), Vermarktung v. Schlachtgeflügel in Europa 2269.
Hunter (R. F.) u. **Grant (S. A.),** Bestimmung d. „Grüntrockenmasse“ in einer Grasprobe durch methanollösliche Pigmente 783.
Hupp (E. W.) s. Austin (J. W.); Pace (H. B.); Parish (N. R.).
—, Austin (J. W.), Parish (N. R.) u. **Murphree (R. L.),** Spermaproduktion v. Hereford-Bullen bei unterschiedl. Intensität d. Entnahme 906.
Huppertz (J.), Frühe Pferdezucht in Ostasien 722.
Hurd (L. M.), Modern poultry farming [2258].
Hurst (D. C.) s. Siegel (P. B.).
Hurst (V.) s. Kelly (J. W.).
Hurwitz (J.), Furth (J. J.), Malamy (M.) u. **Alexander (M.),** Desoxyribonucleinsäure in d. Ribonucleinsäuresynthese. *3.* Mitt. Hemmung d. enzymat. Synthese d. Ribonucleinsäure u. Desoxyribonucleinsäure durch Actinomycin D u. Proflavin 1257.
Hurwitz (S.) u. **Griminger (P.),** Ermittlung d. Calcium- u. Phosphorbedarfs d. Legehennen durch Bilanzversuche 145. — Eiproduktion u. Schalenqualität in Abhängigkeit v. kontrollierten u. unkontrollierten Temperatur- u. Lichtverhältnissen 1660.
Hussain (M. A.) s. Rao (G. R.).
Hussar (N.) u. **Robblee (A. R.),** Einfluß d. Preßvorgangs auf d. Futterverwertung bei heranwachsenden Küken 1950.
Hussel (L.), Tiergesundheitspflege im Offenstallkombinat u. in d. Schweinemastanlage 1407.
— u. **Schindler (W.),** Komplettierung v. Offenställen 477.
Huston (T. M.) u. **Carmon (J. L.),** Einfluß hoher Raumtemperaturen auf den O_2-Verbrauch erwachsener Haushühner 473.
—, Cotton (T. E.) u. **Carmon (J. L.),** Einfluß hoher Raumtemperaturen auf d. Schilddrüsengröße beim Haushuhn 473.
—, Edwards jun. (H. M.) u. **Williams (J. J.),** Wirkung einer hohen Umgebungstemperatur auf d. Schilddrüsensekretion d. Hausgeflügels 697.
Hutcheson (L. M.) s. Jenkins (K. J.).
Hutchinson (H. G.) u. **Robb (J. M.),** Anwendung v. Hexoestrol für d. Fleischproduktion mit Zebus unter Weidebedingungen Tanganyikas 1503.
Hutchinson (J. B.), Moran (T.) u. **Pace (J.),** Proteinreiche Brotsorten u. d. Wachstum entwöhnter Ratten 163.
Hutchinson (J. C. D.) s. Bennett (J. W.); Hamilton (F. J.).
— u. **Taylor (W. W.),** Motor. Koordinationen beim Picken d. Hühner 720. — Beeinflussung d. motor. Koordinationen pickender Hühner durch Hitze 926.
Hutchinson (J. S. M.) s. Robertson (H. A.).
Hutchinson (K. J.), Messungen d. Wollproduktion u. ihrer physiolog. Grundlagen bei einer Gruppe südaustral. Merinoschafe 1448.
Hutchison (G. H.), Woof (R.), Mabon

(R. M.), Salehe (I.) u. **Robb (J. M.),** Verhalten d. Zebus in Tanganyika 2273.
Hutchison (H. G.) s. Payne (W. J. A.).
Hutchson (W. C.) s. Munro (H. N.).
Hutschenreuther (G.), Fragen d. Offenstallbaues im Gebirge 1404.
—, Zausch (M.) u. **Holzschuh (W.),** Verbesserung d. Haltung u. Fütterung sowie Rationalisierung d. Aufzucht d. Saugferkel 253.
Hutt (F. B.) s. Nesheim (M. C.).
Hutton (J. B.), Nährwert neuseeländischer Milchviehweiden. *1.* Mitt. Jahreszeitliche Schwankungen einiger chem. Komponenten d. Weidefutters 385.
Hvidsten (H.), Haltung v. Milchkühen im Offenstall im Vgl. zum Massiv-Anbindestall 1406. — s. Astrup (H.).
— u. **Hole (G.),** Zusatz v. Zinkbacitracin u. Penicillin bei Kälbern mit geringen u. großen Vollmilchmengen 1715.
Hyde (C. E.) s. Bertrand (J. E.).
Hyland (P. G.), Mastlämmerproduktion in Victoria/Australien 749. — Jahreszeitliche Schwankungen im Wollwachstum 2528. — s. Chapman (R. E.).
Hymer (W. C.) s. Cherms jun. (F. L.).
Hynek (B.) u. **Balcarová (B.),** Künstliche Besamung d. Gänse 988.

Ibraev (N. I.) s. Petrov (A. I.).
Ibrahim (M. K. E.) u. **Shipe (W. F.),** Faktoren, d. auf d. Korrelation zwischen d. Resultaten bei d. Butterfett-Bestimmung mit d. Methoden nach TeSa, Schain u. Babcock einwirken 2046.
Ibrišimov (N.) u. **Čardakliev (V.),** Massenvergiftung d. Schafe nach Aufnahme v. Weizenähren 1050.
Ibrovic (M.) s. Nesic (P.).
Ibsen (K. H.), Urist (M. R.) u. **Uyeno (S.),** Komplexe v. Calcium u. Magnesium mit Oxytetracyclin 1031.
Ichikawa (R.), Eto (M.) u. **Abe (M.),** ^{90}Strontium- u. ^{137}Cäsiumabsorption durch Reispflanzen in Japan, *1960* 565.
Ignatov (I.), Šaličev (J.), Džurkov (D.) u. **Stojanov (T.),** Versuche zur Feststellung v. Typenrationen für Milchkühe d. Sofioter Braunviehs 279.
Ignatov (I.) u. **Todorov (D.),** Stall- u. Stall-Weide-Mast v. Sofioter Braunviehjungbullen 1187.
Ignatowsky (I. G.) s. Neschew (I. A.).
Ihlenburg (H.) s. Thamm (H.).
Iino (S.) s. Yamada (T.).
Iismaa (O.) s. Williams (C. H.).
Ikonomov (L.), Todorov (D.) u. **Cvetkova (C.),** Chem. Zusammensetzung u. d. Eigenschaften d. Milch bei Silagefütterung d. Kühe 1619. — Kalzium- u. Phosphorgehalt in d. Milch v. Braunviehkühen 1620.
Iksanov (G.), D. staatliche Hengstdepot v. Ufa 2059.
Ilančić (D.) u. **Fuks (R.),** Follikelgröße u. Epithelgröße d. Schilddrüse bei Schweinen bestimmter Rassen- beziehungsweise Produktionstypen 232. — Monobrachie, ein degenerativer Fehler d. Schweine 2031. — Korrelative Beziehungen zwischen einigen Schlachtwerten bei verschied. Rassen bzw. Produktionstypen 2520.
—, Pandža (F.) u. **Frankovič (S.),** Einfluß d. Myofers auf d. Entwicklung u. d. Bluteigenschaften d. Saugferkel 2360.
Ilecki (J.) s. Gawecki (K.).
Iliev (I.), Wirtschaftliche Ergebnisse aus d. Anwendung therapeut.-prophylakt. Maßnahmen gegen d. Fasciolose bei Schafen 1450.
Il'in (N. M.), Versuch d. Fütterung v. Küken mit minimalem Einsatz v. Futtermitteln tier. Herkunft 1296.
Il'ina (E. D.), Züchtung farbiger Nerze 2100.
— u. **Volčenko (K. D.),** Erhöhung d. Fruchtbarkeit bei farbigen Nerzen 2314.
Il'ina (K. A.) s. Karpov (M. S.).
Il'ina (L. D.), Einfluß v. Konservierungsmitteln auf d. Gärprozesse in d. Silage 1299. — Einfluß d. Zusatzes v. schwefelsaurem Ammonium u. Harnstoff auf d. Silierprozeß 1300.
Il'inič (P. V.) u. **Fedoriščev (K. K.),** Zusätzliche Reserve zur Senkung d. Ferkelsterblichkeit 2294.
Il'inskaja (T.), Osipova (N.) u. **Dudareva (T.),** Besamung d. Kühe mit Tiefgefriersperma 2027.

Iljina (E. D.), Fütterung d. Pelztiere nach Normen 771.
Illés (A.), Gestaltung d. Maße u. d. Melkbarkeit d. Euterstriche d. ungar. Kuhbestandes 2062. — s. Czakó (J.).
Imranov (N. S.) s. Karpov (M. S.).
Ingalls (J. E.) s. Wiltbank (J. N.); Swiger (L. A.).
Inger (E.) u. **Müller (W.-D.),** Deckverhalten v. Bullen mit übersteigerter Libido 906.
Ingle (J.), Methode für d. verbesserte Trennung löslicher Nucleotide durch Ionenaustauscherchromatographie 1683.
Ingle (R. B.) u. **Minshall (E.),** Quantitative Bestimmung v. Papierchromatogrammen durch direkte Photometrie. *1.* Mitt. Relative Vorzüge d. Anwendung durchfallenden u. reflektierten Lichtes u. d. Anwendung v. trocknem u. transparentem Papier 1007.
Inglis (N. I.) s. Fishman (W. H.).
Ingram (D. L.) u. **Whittow (G. C.),** Wirkung einer Erwärmung d. Hypothalamus beim Ochsen 7.
Ingram (P. L.) s. Shillam (K. W. G.).
Inkster (I. J.) s. Akester (A. R.).
Innes (R. R.), Verhalten frei weidender Rinder in d. westafrikan. feuchten Tropen: Untersuchungen an einer Herde Westafrikan. Shorthorns d. Accra Plains, Ghana. *1.* Mitt. Regenzeit 2056.
Inoué (S.) u. **Sato (H.),** Anordnung d. DNS in lebenden Spermien. Eine biophysikal. Analyse 451.
Inskeep (E. K.) s. Collins (W. E.).
Iofe (N. S.), Modernisierung d. Zuchtarbeit 1452.
Ionescu (D.) s. Gligor (V.); Popescu (F.).
Iono (S.) s. Shizume (K.).
Iordănescu (I.), Untersuchungen über d. Rote Mangalicaschwein 1196. — s. Gligor (V.).
—, Popovici (F.), Crişan (G.) u. **Boboş (C.),** Leistungskontrolle d. in d. RVR gezüchteten Schweinerassen 514.
Ipatenko (N. G.), Veterinärhygien. Maßnahmen bei d. Laufstallhaltung d. Tiere 1612.
Irie (M.) s. Shizume (K.).
Irons (L. I.) u. **Perkins (D. J.),** Wechselwirkung v. Magnesium-, Calcium- u. Strontiumionen mit nativem u. chemisch verändertem menschlichem Serumalbumin 1493.
Irvaneć (O. M.), Bestimmung d. Feuchtigkeit d. Futtermittel vor ihrer Silierung 2556.
— u. **Bańkivśkyj (B. V.),** Einfluß ultravioletter Bestrahlung auf Ferkel 1609.
Irwin (G. D.) u. **McKee (D. E.),** Standmelkanlage, Fischgrätenmelkstand oder keine Milchviehhaltung 2259.
Isaac (E.), Domestikation v. Rindern 443.
Isaev (V. I.), Pharmakolog. Bewertung einiger Antigärungsmittel 131.
Ishaq (S. M.), Ökonom. Analyse über den Einfluß verspäteten Bedeckens auf Milchproduktion u. Kosten beim Dhanni-Rind 281.
Ishihama (A.) s. Otaka (E.).
Ishii (Jun) s. Shizume (K.).
Ishii (Junko) s. Narita (K.).
Ishikawa (H.), Schubert (W. J.) u. **Nord (F. F.),** Untersuchungen v. Lignin u. Lignifikation. *27.* Mitt. Enzymat. Abbau v. Weichholz-Lignin durch „whiterot fungi“ 1911.
Iskandarjan (A. K.), Intensivierung d. Rotfärbung d. Fleisches während d. Pökelung 1161.
Iskandarjan (M.), Milchreinheit beim Einsatz v. Reinigungszentrifugen 2266.
Isselbacher (K. J.) s. Senior (J. R.).
Ito (K.), Vergleich d. Güte zweier Tests in d. multivariablen Varianzanalyse 1578.
Ito (T.) s. Horie (Y.).
Ivančev (V.) s. Bižev (B.).
Ivanov (A.), Neue Melkapparate 2259.
Ivanov (A. V.) s. Šerstobitov (D. V.).
Ivanov (C.) s. Ivanov (N.).
Ivanov (I. F.) s. Tichomirov (N. P.).
Ivanov (K.) s. Vŭlčev (P.).
Ivanov (M.), Mŭdrov (C.) u. **Jolov (I.),** Gewebebiopräparate 1281.
Ivanov (N.) u. **Gotev (R.),** Außensekretor. Tätigkeit d. Bauchspeicheldrüse bei Hühnern 1019, 2350.
— u. **Ivanov (C.),** Eiweißresorption in Hühnerdarm in Abhängigkeit v. Wasserstoffionenkonzentration im Darm u. d. Kohlendioxydgehalt d.

Blutes 1018, 2349. — Eiweißresorption in d. Därmen v. Geflügel. *1.* Mitt. Resorption d. Casein-Hydrolysats u. einige Monoaminomonocarbon-Säuren in Anwesenheit v. Harnstoff 2349.
Ivanov (P.), Gruev (V.) u. **Kadijski (E.),** Tierzucht [2274].
— u. **Ivanova (E.),** Alter u. Lebendgewicht für d. Zulassung d. Rotviehfärsen in Bulgarien 733.
— u. **Ivanova (S.),** Mast kastrierter u. nichtkastrierter Bullenkälber d. Sofioter Braunviehs 1641.
— u. **Zachariev (Z. I.),** Aufstellung eines Fütterungsschemas für Büffelkälber während d. Milchperiode 831. — Intensivmast v. Jungbullen in d. Volksrepublik Bulgarien 1721.
Ivanov (V. K.), Altersmäßige u. jahreszeitliche Veränderungen des Gesamteiweißspiegels u. d. Verhältnisse d. Eiweißfraktionen im Blutserum v. Kälbern d. Roten Steppenrasse u. ihrer Kreuzungsprodukte mit Milch-Shorthorn 902.
Ivanova (A. F.) s. Zacharčenko (I. M.).
Ivanova (A. S.), Königinnenaufzucht in weiselrichtigen Völkern 319.
Ivanova (E.), Blutlinie d. Bullen Schirok *811* 729. — Zuchteigenschaften d. Roten Sadowoer Rindes 1860. — s. Ivanov (P.).
Ivanova (M. I.) s. Movsum-Zade (K. K.).
Ivanova (N. I.), Brovina (N.) u. **Festin (A.),** Veränderlichkeit d. chem. Zusammensetzung d. Milch u. d. Blutes bei d. Schwarzbunten Kühen u. ihren Kreuzungen mit d. Jersey-Rasse 2281.
Ivanova (O. A.), Theoret. Probleme d. Linienzüchtung landwirtsch. Nutztiere 2029. — Theoret. Probleme d. Linienzucht landwirtsch. Nutztiere [2248].
Ivanova (S.) s. Ivanov (P.).
Ivanova (T. G.) s. Šemenov (V. A.).
Ivanuch (R. A.) s. Popovič (I. V.).
Ivoš, Offenstallhaltung d. Milchkühe 928.
Ivoš (J.), Bioklimatologie bei Rindern u. Schweinen 1399. — s. Bauer-Sič (P.).
Ivoš (R.) s. Sljivovečki (K.).
Iwaida (M.) u. **Tsugo (T.),** Homogenisierungseffekt auf d. Stickstoffverteilung in Magermilch u. Ca-Caseinat-Lösungen 115.
Iwanoff (P.), Offenstallhaltung v. Rindern in Bulgarien 1406.
— u. **Kostoff (S.),** Offenstallhaltung d. Rinder in d. Volksrepublik Bulgarien 930.
Iwanow (I.), Listeriose d. Schafe in Bulgarien 980.
Iwata (H.) s. Hamm (R.).
Iya (K. K.) s. Nair (P. G.).
Iype (P. T.) s. George (J. C.).
Izawa (M.) s. Naora (H.).
Izmailov (T. U.) s. Bazanova (N. U.).
Izvorski (T.) s. Beremski (S.).

Jaap (R. G.), Smith (J. H.) u. **Goodman (B. L.),** Genet. Analyse v. Wachstum u. Legeleistung bei Masthühnern 1453.
Jacenko (O. J.), *10*jährige Zuchtarbeit u. Maßnahmen zur weiteren Verbesserung d. Lebediner Rinderrasse 727. — Zuchtarbeit mit Linien d. Lebediner Rasse 2507.
Jachimowicz (T.), Pflanzenschutzmaßnahmen als Gefahrenquelle für d. Bienenzucht 1673. — Internationales Symposium über Bienenkrankheiten *1962* 1674.
Jackson (H.) s. Fox (B. W.).
Jackson (H. D.), Pappenhagen (A. R.), Goetsch (G. D.) u. **Noller (C. H.),** Wirkung v. Nebenschilddrüsen-Hormon auf Calziumgehalt u. andere Plasmabestandteile bei Milchkühen nahe d. Kalbetermin 672.
—, **Vault (R. L. de), McNairy jun. (S. A.), Hatcher (B. W.)** u. **Goetsch (G. D.),** Trommelsucht beim Rindvieh. Ihre Beziehung zu einem respirator. Inhibitor im Ladinoklee u. zum Phosphorgehalt d. Bodens 611.
Jackson (R. H.) s. Coulson (E. J.).
—, **Coulson (E. J.)** u. **Clark (W. R.),** Mucoprotein d. Fett-Plasma-Grenzfläche d. Kuhmilch. *1.* Mitt. Chem. u. physikal. Kennzeichnung 482.
Jackson (W.) s. Sheets (E. W.).
Jacob (H.), Kastrationsversuch mit Jungmastbullen 1639.
Jacobs (G.) s. Thorn (W.).
Jacobsen (J.) u. **Mogensen (B.),** Hygromycin B, ein neuer Futterzusatz bei Schweinen 157.

Jacobson (D. R.) s. Miller (W. M.); Pardue (F. E.).
Jacobson (E. D.), Kallal (T. J.) u. **Clark (G.),** *17*-Hydroxycorticosteroide im Magen 1041.
Jacobson (I.) s. Andersen (J. O.).
Jacobson (M.), Weller (M.), Galgan (M. W.) u. **Rupnow (E. H.),** Faktoren d. Geschmackes u. d. Zartheit v. Lamm-, Rind- u. Schweinefleisch u. Methoden d. Bestimmung 1165.
Jacobson (N. L.) s. Fina (L. R.); Hartmann (P. S.); Horn jun. (H. H. van); Martin (T. G.); Sutton (J. D.); Tamate (H.).
Jacobson (W. C.) s. Langston (C. W.).
Jacquot (R.) s. Bourdel (G.); Salmon-Legagneur (E.); Valencia (R.).
Jaehne (H.) s. Schlegel (W.).
Järnefelt (J.), Eigenschaften u. möglicher Mechanismus d. Na^+- u. K^+-stimulierten microsomalen Adenosintriphosphatase 2154.
Jaffé (W. G.), Blutagglutinierende u. tox. Eiweißfraktionen aus Bohnen 115.
Jaffe (W. P.) u. **McDermid (E. M.),** Blutgruppen u. Splenomegalie bei Hühnerembryonen 1133.
Jagodzinski (R. V.) s. Gottlieb (S. F.).
Jagtenberg (W. D.), Trockensubstanzgehalt v. Weidegras 1737.
Jahn (S.), Welche Anforderungen stellen wir an d. Mischfutter? 389. — — Futterwert v. Mais- u. Mischsilagen nach Versuchen an Milchkühen 840.
— u. **Harnisch (W.),** Nährstoffbilanzen bei d. Herstellung v. Mais- u. Mischsilagen 839.
— u. **Seffner (W.),** Auswirkung d. Verfütterung v. Senfkuchen an Schafe 386.
— u. **Waschkeit (R.),** Schweinefütterung 1647.
Jahr (K.) s. Kieckebusch.
Jain (K. B. L.) s. Singh (D.).
Jain (S. K.), Discriminanzanalyse in d. biometr. Genetik 225.
Jakabfi (M.) s. Tangl (H.).
Jakabfy (M.), Einfluß d. Paprika-Fütterung auf d. Farbe u. d. Vitamin-A-Gehalt d. Hühnereidotters 1217.
Jakimčuk (I. L.) u. **Tichomirova (O. N.),** Optimale Besamungstermine nach dem Abkalben d. Kühe 1427.
Jakobsen (P. E.), Energiewert d. Futtermittel im Verhältnis zu ihrer Verdaulichkeit u. ihrer chem. Zusammensetzung 614.
Jakovac (M.) s. Rako (A.).
Jakovlev (V. G.), Biochemie d. Laktation [2246].
Jakovljevic (D.), Vereinfachte Färbung v. Bakterienflagellen u. Spermatozoen-Filamenten 2023.
Jakubec (V.), Einfluß d. Lebendgewichts auf d. Schweißwollproduktion beim Merinofleischschaf 2300.
Jalihal (M. R.), Kundalkar (O. G.), Rangara (D. S.) u. **Narayana (N.),** Größe d. Versuchsfehler bei d. Bestimmung verschied. Vliesmerkmale 979.
James (A. T.) s. Marsch (J. B.).
James (J. W.) s. McBride (G.).
James (L. F.) s. Binns (W.).
Jamison (H. M.), Carter (R. C.), Gaines (J. A.) u. **Kincaid (C. M.),** Einfluß d. rassenmäßigen Herkunft d. Bockes auf d. Körpergröße d. Lämmer bei d. Geburt 2299.
Janakiev (C.), D. Europäische Faulbrut ist heilbar 1233. — Verwendung v. Honig zur Bekämpfung d. Bienenlaus 1673.
Janakiraman (A. T.), Wildlebende seidenproduzierende Insekten Indiens (Eri-, Muga- u. Tasar-Seidenspinner) 2326.
Jančařík (A.), Chlorausscheidung in den Kalblabmagen nach d. Aufnahme d. technolog. verarbeiteten Milch 131.
Jančenko (F. N.), Steigerung d. Erzeugung v. Schaffleisch u. Wolle in d. Bergen d. Nordkaukasus 2525.
Janicki (J.) s. Gaßmann (B.).
Janicki (M. A.) u. **Kolaczyk (S.),** Myoglobin u. Hydration v. Schweinefleisch 1167.
Jankoff (S.) u. **Prodanski (P.),** Hitzestabilität d. Peroxydase verschied. Milcharten 259.
Jankov (A. P.) s. Charin (A.).
Janković (B. D.) s. Arnason (B. G.).
Janků (F.) s. Nakládal (J.).
Jannermann s. Liebenberg.
Janovský (M.) s. Bílek (J.).
Jansen (G. R.), Lysin in d. menschlichen Ernährung 2146. — Einfluß v. Rattenstamm u. Proteinspiegel auf

d. Bestimmung d. Proteinverwertungsquotienten 2605.
Jansen (M. T.), Quantitative Amidoschwarz B-Anfärbung v. Proteinflecken in Agargel bei niedrigen lokalen Proteinkonzentrationen 1681.
Jantzen (E.) s. Glaser (A.).
Jarmoluk (L.) s. Fredeen (H. T.).
Jaroslav (S. J.), **Jermolajeva (K. S.)**, **Naumenko (V. V.)**, **Bedrata (O. L.)**, **Nelypa (P. O.)**, **Šuševyč (S. I.)** u. **Sviščova (G. V.)**, Temperaturveränderungen u. d. Pansenbewegungen bei Wiederkäuern 1694.
Jarosz (S.), Gewinnung befruchteter u. unbefruchteter Eizellen nach spontanen u. provozierten Ovulationen bei Kühen 680.
Jarov (I. I.), Wirtschaftlich nützliche Eigenschaften v. reinrassigen u. gekreuzten Schweinen 516.
Jarvis (A. A.), **Brown (J. R.)** u. **Arnott (D. R.)**, Jahreszeitliche Veränderungen d. Strontium-*90* u. Calciumspiegels in Jersey- u. Holstein-Milch 486.
Jasiorowski (H.), Neueste Ergebnisse auf dem Gebiete d. Tierernährung 572.
—, **Piotrowski (J.)**, **Szaniawski (A.)**, **Wierny (A.)** u. **Zurkowski (M.)**, Veränderungen des Harnstoffgehalts im Blut v. Kühen als Folge d. Fütterung 140.
— u. **Zezula (M.)**, Untersuchungen über d. Auswirkung v. unterschiedlichen Rohproteingaben an Kälbern. 2. Mitt. Nährwert d. Harnstoffes u. d. Rohproteins einer Kraftfuttermischung bei d. Wachstumskompensation des Jungviehes 168.
Jasjučenja (V. L.) s. Sokolov (M. P.).
Jaśkowski (L.), Bedeutung d. künstlichen Besamung für d. Züchtung [1145].
Jatzkewitz (H.), Neue Methode zur quantitativen Ultramikrobestimmung d. Sphingolipoide aus Gehirn 2127.
Jauregui-Adell (J.) s. Jollès (P.).
Jaussi (A. W.), **Newcomer (W. S.)** u. **Thayer (R. H.)**, D. hyperlipaem. Wirkung v. ACTH-Injektionen bei Küken 1118.
Javier (T. R.) s. Labadan (M. M.).
Javnoský (M.) s. Bilek (J.).
Javorškij (A. A.), Einsatz v. Traktoren auf Tierzuchtfarmen [2258].
Javorskij (L.) s. Molčanova (N.).
Jay (S. C.), Farbveränderungen bei Honigbienenpuppen 2318.
Jayal (M. M.) s. Mahadevan (V.).
— u. **Kehar (N. D.)**, Nährwert v. Maulbeerlaub 836.
Jayaraj (A. P.) s. Joseph (K.).
Jaycox (E. R.), Einfluß v. Trocknung u. verschied. Verdünnungsmitteln auf d. Spermatozoen d. Honigbiene 2549.
Jayne-Williams (D. J.) s. Pickering (A.).
Jeffery (G. L.), Gewinnung d. Honigernte 108. — Völkerbehandlung im Herbst 108.
Jeffrey (J. E.) s. Cavazos (L. F.).
Jelowicka (J.), Dän. Bacon-Experimente 2516.
Jelowicki (S.), Schafmast [2302].
— u. **Ewy (Z.)**, Einfluß v. jodiertem Protein auf d. Wolleistung d. poln. Merinoschafes 2368.
Jelsbak (E. W.), Dän. Milchwirtschaft 491.
Jenes (Q.) s. Miller (R. W.).
Jenichen (W.) u. **Baum (W.)**, Sexualpause d. Bullen u. ihr Einfluß auf d. Befruchtungserfolg in d. künstlichen Besamung 2018.
— u. **Rebbin (R.)**, Technik d. Verdünnung u. Abfüllung v. Bullensperma 1826.
—, **Schäfer (W.)** u. **Dexheimer (J.)**, Tierärztliche Trächtigkeitsdiagnose u. Stallanalyse in d. künstlichen Besamung. *2.* Mitt. 1143.
— u. **Zeschke (U.)**, Konservierung v. Bullensperma mittels d. CO_2-Inaktivierung bei einer Aufbewahrungstemperatur von + 4 °C. II. 689.
Jenkins (K. J.), **Hill (D. C.)**, **Hutcheson (L. M.)** u. **Branion (H. D.)**, Beziehung v. Arginin u. schwefelhaltigen Aminosäuren zur Entwicklung d. Muskeldystrophie beim Küken 1266.
Jenness (R.) u. **Koops (J.)**, Salzlösung, die d. Milchultrafiltrat stimuliert 1848.
Jenni (E.), Herdebuchberechtigung d. Stierkälber u. Rinder 2064. — s. Held (A.).

Jenni (E.) u. **Rüegsegger (A.),** Weibliche Zuchtfamilienschauen pro *1962* 2063.
Jennings (I. W.) s. Howard (A. N.).
Jenš (D.) s. Stoev (P.).
Jensen (A. H.) s. Baker (J. P.); Berry (T. H.); Dudley (W. A.).
Jensen (C.) s. Edgerly (C. G. M.).
Jensen (L.) s. Rollins (C.).
Jensen (L. C.) = La Cour Jensen.
Jensen (L. S.) s. Kienholz (E. W.); Leong (K. C.); Saxena (H. C.).
– u. **McGinnis (J.),** Ernährungsstudien an Putenhennen. *1.* Mitt. D. quantitative Proteinbedarf 173; Bedarf an unbekannten Faktoren 173.
–, **Merrill (L. H.), Reddy (C. V.)** u. **McGinnis (J.),** Freßgewohnheiten u. Durchgangsgeschwindigkeit d. Futters an Kühen bei Fütterung mit Preßkorn u. mehligem Mischfutter 1925.
–, **Saxena (H. C.)** u. **McGinnis (J.),** Fütterungsversuche mit Putenhennen. *3.* Mitt. Wirkung v. Supplementen mit nicht identifizierten Nahrungsfaktoren gegen den negativen Einfluß v. Medikamenten auf d. Legeleistung v. Putenhennen 364.
Jensen (R. G.) s. Patton (S.).
Jentsch (W.) s. Nehring (K.); Schiemann (R.).
Jermolajeva (K. S.) s. Jaroslav (S. J.).
Jeroch (H.) s. Hennig (A.).
Jerome (F. N.), Friars (G. W.) u. **Weeden (L. T.),** Heterosis hinsichtlich des Wachstums bei Puten 100.
Jeschko (K.), Kissling (R.), Tratnig-Frankl (E.) u. **Willinger (H.),** Langfristige Verwendung v. Aureomycin in d. Schweinefütterung 1504.
Jessen (P.), Futterrationierung u. Mastkontrolle 748.
Jessup jun. (G. L.) s. Church (D. C.).
Jirgensons (B.), Wirkung v. Detergentien auf den Bau d. Proteine. *1.* Mitt. Abnormes Anwachsen d. opt. Rotations-Dispersionskonstante 326; *2.* Mitt. Opt.-Rotations-Dispersion bei Anwendung v. ultraviolettem Licht 326. – Abnorme Rotationsdispersion v. Proteinen im UV 328.
Joblin (A. D. H.), Benutzung v. Weidetier-Beobachtungen im frühen Stadium d. Entwicklung v. Weiden in d. Tropen. *1.* Mitt. Messung d. relativen Schmackhaftigkeit 1518.
Jobst (D.), Einfluß d. Kalbehäufigkeit auf Kühe u. Kälber, d. auf d. Weide gehalten werden 1867.
Jørgensen (G.), Versuche mit verschied. Mengen v. Blutknochenschrot im Futter v. Nerzwelpen 314. – Versuche mit Goldbarsch (Sebastes marinus) im Futter v. Nerzwelpen 770. – Fütterungsversuche auf d. Pelztierfarm „Trollesminde" *1961.* Walfleischmehl an Stelle v. verschied. Mengen Fischabfall im Futter v. Nerzwelpen 770; *2.–4.* Mitt. 1225.
–, **Clausen (H.)** u. **Haagen Petersen (F.),** Fütterungsversuche mit Nerzen *1960.* Versuche mit verschied. Eiweißkonzentration im Futter säugender Nerzfähen 100; Versuche mit verschied. Mengen isländischen Dorschabfalls (Filetabschnitte, Zuschneideabfälle) im Futter von Nerzwelpen 101; Versuche mit Zusatz v. protein- u. kohlenhydratspaltenden Enzymen zum Futter v. Nerzwelpen 101; Versuche mit Zusatz v. Methylandrostendiol bei weiblichen Nerzwelpen 102. – Futternormen bei Nerzwelpen v. verschied. Anfangsgewicht 101. – Versuche mit verschied. Eiweiß- u. Kalorienmengen bei Nerzwelpen 313.
Johannsmann (H.) s. Kiermeier (F.).
Johansen (P. G.), Marshall (R. D.) u. **Neuberger (A.),** Kohlenhydrate im Protein. *3.* Mitt. Herstellung u. einige Eigenschaften eines Glykopeptids v. Hühnereialbumin 1234.
Johansson (B. G.) s. Bengtsson (C.).
Johansson (I.), Feststellung der Eineiigkeit bei Rinderzwillingen u. d. Benutzung derartiger Zwillinge für verschied. Untersuchungen 63. – Genetic aspects of dairy cattle breeding [287]*. – Schätzung d. allgemeinen Zuchtwertes 673. – Kreuzung zwischen Inzuchtlinien 1461. – Wie erhält man einige d. neuen hellen Nerztypen 1896.
Johke (T.) u. **Goto (T.),** Säurelösliche Nucleotide in Kuh- u. Ziegenmilch 706.
John (M.), Betriebsweise u. Produktion in LPG-Schafherden nach d.

Ergebnissen d. sozialist. Wettbewerbes *1961* im Bezirk Halle 1880.
Johns (A. T.) s. Reid (C. S. W.).
Johns (D. M.) s. Branton (C.).
Johns (E. W.), Species-Spezifität d. Histone 1698.
— u. **Butler (J. A. V.),** Untersuchungen an Histonen. *4.* Mitt. Histone v. Weizenkeimen 1236.
Johnson (B. C.) s. Chang (M. L. Wu); Crider (Q. E.); Greene (D. E.); Rao (P. B. R.); Schendel (H. E.).
Johnson (B. E.) u. **Mier (P.),** Phospholipide u. d. Reaktion d. Haut auf UV-Strahlung 345.
Johnson (C. E.) s. Norman (C.).
Johnson jun. (D.) s. Mehring jun. (A. L.).
—, **Mehring jun. (A. L.), Savino (F. X.)** u. **Titus (H. W.),** Verträglichkeit gegenüber Zink im Futter bei heranwachsenden Küken 815.
Johnson (E. L.) s. Polley (C. R.); Shoffner (R. N.).
Johnson (H. D.) s. Cargill (B. F.); Kamal (T. H.); Wayman (O.).
— u. **Ragsdale (A. C.),** Umweltphysiologie u. Stallbau. *57.* Mitt. Oberflächenbestimmungen v. Bullen- u. Kuhkälbern während d. Wachstums bei Umgebungstemperaturen v. *50* u. *80* °F 2250.
—, **Ragsdale (A. C.), Berry (I. L.), Shanklin (M. D.)** u. **McLarney (S.),** Umweltphysiologie u. Stallbau. *62.* Mitt. Einfluß verschied. Temperatur-Feuchtigkeitskombinationen auf d. Milchproduktion v. Holstein-Kühen 2478.
—, **Ragsdale (A. C.)** u. **Robertson (D.),** Umweltphysiologie u. Stallbau. *53.* Mitt. Temperatureinflüsse auf d. thyreoidale ^{131}J-Freisetzungsgeschwindigkeit v. Kuhkälbern 2249.
—, **Ragsdale (A. C.)** u. **Yeck (R. G.),** Umweltphysiologie u. Stallbau. *59.* Mitt. Wirkungen konstanter Umgebungstemperaturen v. *50* od. *80* ° F auf Futter- u. Wasseraufnahme v. Holstein-, Braunen-Schweizer- u. Jersey-Kälbern 2477.
Johnson (H. S.) u. **Zindel (H. C.),** Vergleiche zwischen Hennen, d. in Käfigen, auf Lattenrosten oder Tiefstreu gehalten wurden. *1.* Mitt. (*1959—1960*) 2310.
Johnson (J. B.) s. Erb (R. E.).
Johnson (K. R.) u. **Erb (R. E.),** Erhaltung d. Trächtigkeit beim ovariektomierten Rind mit Gestagenen u. deren Wirkung auf d. Gestagenspiegel im Corpus luteum 682.
Johnson (N. C.), Untersuchung über den Kupfer- u. Zinkstoffwechsel während der Schwangerschaft 148.
Johnson (R. H.) s. Hartmann (P. S.).
Johnson (R. R.) s. Dehority (B. A.); Moore (J. E.).
—, **Dehority (B. A.), Conrad (H. R.)** u. **Davis (R. R.),** Beziehung zwischen d. Celluloseverdaulichkeit v. nicht getrockneten u. getrockneten gemischten Grünfutterstoffen in vitro u. ihrer Trockenmasseverdaulichkeit in vivo 573.
—, **Dehority (B. A.), Parsons (J. L.)** u. **Scott (H. W.),** Unterschiede zwischen Gräsern u. Luzerne bei d. Nährwertbestimmung aus d. in vitro-Verdaulichkeit d. Cellulose durch Pansenmikroorganismen 2340.
—, **Klosterman (E. W.)** u. **Bentley (O. G.),** Energiewert v. Milchsäure u. Mais-Tränkwasser u. ihre Einflüsse auf d. Verdaulichkeit v. Wiederkäuer-Rationen 2137.
—, **Klosterman (E. W.)** u. **Scott (H. W.),** Fütterungswert v. Sojakleie-Flocken für Wiederkäuer 7748.
Johnson (S. D.) s. Fincher (M. G.).
Johnson (V. W.) s. Balch (C. C.).
Johnson (W. T.), Schweinelausbekämpfung durch Bodenbehandlung 255.
Johnston (I. R.), Bestimmung v. Galaktosamin in Gegenwart v. Glucosamin. Anwendung auf Aspergillus niger-Zellwände 2127. — s. Crook (E. M.).
Johnston (J. M.) s. Brown (J. L.).
— u. **Bearden (J. H.),** Darmphosphatidphosphatase 561.
Johnston (M. J.) s. Waite (R.).
Johnstone (M. S.) s. Chow (T. J.).
Jollès (J.) s. Jollès (P.).
Jollès (P.), Alais (C.) u. **Jollès (J.),** Aminosäurezusammensetzung v. K-Casein u. endständige Aminosäuren v. K- u. Para-K-Casein 1909.
—, **Zowall (H.), Jauregui-Adell (J.)** u. **Jollès (J.),** Neue chromatograph.

Methode zur Herstellung v. Lysozymen 1243.
Jolov (I.) s. Ivanov (M.).
Jones (A. S.) u. **Hepburn (W. R.)**, Einfluß eines Lysin- u. Methioninzusatzes im Futter auf Stickstoffretention, Lebendgewichtzunahme, Futterverwertung u. Schlachtkörperzusammensetzung bei jungen Schweinen 610.
—, **Hepburn (W. R.)**, **Cadenhead (A.)** u. **Boyne (A. W.)**, Einfluß v. Proteinqualität u. Proteingehalt in d. Rationen auf d. Entwicklung junger Schweine 826.
Jones (D. I. H.), **Griffith (G. ap.)** u. **Walters (R. J. K.)**, Wirkung v. Stickstoffdünger auf d. Gehalt an wasserlöslichen Kohlenhydraten v. ausdauerndem Raigras u. Knaulgras 1298.
Jones (G.), Markverdoppelungen in Wollfasern 89.
Jones (G. B.) s. Gray (F. V.).
Jones (G. R. N.) s. Sloane-Stanley (G. H.).
Jones (I. C.) s. Vinson (G. P.).
Jones (J. C.) u. **Fricker (D. J.)**, Isobuttersäure in Silage 1732.
Jones (J. R.) u. **Hogue (D. E.)**, Wirkung d. Energieangebots auf den Proteinbedarf v. Mastlämmern mit u. ohne Stilboestrol 373.
Jones (L. B.) s. Sabacky (M. J.).
Jones (L. G.) s. Meyer (J. H.).
Jones (M. L.), **Deyoe (C. W.)**, **Davies (R. E.)** u. **Couch (J. R.)**, Wirkung v. Phosphor auf Wachstum u. Störung d. Sprunggelenks *8—23* Wochen alter Puten 2151.
Jones (M. R.) s. Cooke (P.).
Jones (N. C.) u. **Gardner (B.)**, Austausch v. ^{131}J-markiertem Lipoid u. ^{131}J-markiertem Protein zwischen roten Blutzellen u. Serum 1485.
Jones (R. G.) u. **Phillips (G. M.)**, Bakteriolog. Beschaffenheit d. Farmmilchangebotes in Rhodesien 2487.
Jones (R. T.) s. Schroeder (W. A.).
Jones (R. W.) u. **Dimler (R. J.)**, Elektrophoret. Zusammensetzung d. Glutene v. luftklassifizierten Mehlen 1677.
Jones (S. W.) s. Morris jun. (W. W.).
Jones (W. A.), Spermienanomalien bei Guernseybullen 908.
Jonsson (B. I.), Dän. Erfahrungen mit Genossenschaftsställen 1611.
Jonsson (H. T.) s. Feldman (G. L.).
Joppich, Neue Allgemeine Ausstellungsbestimmungen 537.
Jordan (J.) u. **Löhr (H.)**, Über das Vorkommen v. Neuraminsäure in Frauenmilch u. Kuhmilch sowie in industriellen Milchprodukten 47.
Jordan (K. A.), Tiercalorimetrie 2481.
Jordan (R.), Auch brutlose Völker tragen Pollen ein 322. — Anomale Wachsplättchen 1229. — Was d. Imker zum Schutze seiner Völker vor Erkrankung an Milbe auf pflegliche Weise tun kann 1674. — Abermalige Entfaltung, Regeneration, d. Futtersaftdrüsen bei Flugbienen 2104. — Lassen sich Flugbienen durch Verwendung an Pollenersatz reichhaltigem Teig v. d. Aufnahme eines solchen abhalten? 2549. — Mikroskop. Nosemafeststellung 2552.
Jordan (R. M.) u. **Wedin (W. F.)**, Einfluß d. Pflanzengemeinschaft u. d. Weidewirtschaft auf mehrjährigen Grünlandflächen auf d. Lämmerproduktion 1519.
Jordan (W. A.) u. **Sylvestre (P. E.)**, Grassilage in Winterfutterrationen v. Mastkälbern 167.
Jordanov (D.), Windfang 2108.
Jordanov (S.), Spermaproduktion u. Befruchtungsfähigkeit v. Bullen, die nach Bulgarien importiert wurden 237.
Jordanov (Stojan) u. **Dimitrov (D.)**, Einfluß des Serums trächtiger Stuten auf d. Produktivität d. Zuchtschafe 88.
Jorov (I.), Tagesarbeitsleistung v. Pferden d. Donau- u. Kaltblutrasse bei d. Hackpflege landwirtschaftl. Kulturen 947. — s. Popov (Vladimir).
Joseph (K.), **Narayanarao (M.)**, **Swaminathan (M.)**, **Sankaran (A. N.)**, **Jayaraj (A. P.)** u. **Subrahmanyan (V.)**, Ergänzungswert bestimmter bearbeiteter Protein-Nahrungsmittel auf d. Basis v. Erdnußmehl-, Sojabohnenmehl-, Sesammehl-, Kichererbsenmehl- (Cicer arietinum) u. Trockenmagermilch-Mischungen gegenüber einer Mais-Tapioka Diät 365.

Joshi (B. C.), Einfluß verschied. photoperiod. Bedingungen auf d. Körpertemperatur, d. Atem- u. Pulsfrequenz bei Bikaneri-Mutterschafen 250.
Joshi (S.) s. Stone (D.).
Joshi (S. R.) s. Luktuke (S. N.).
Josimovich (J. B.) s. Knobil (E.).
Joubert (D. M.), Länge d. Trächtigkeitsperiode u. d. Zwischenbrunstzyklus bei Jersey-Rindern 506. — s. Starke (J. S.).
Joyce (J. P.), D. Verfilzen d. Wolle u. Wege zu seiner Verhinderung 2302.
Jože (R.), Neue Wege zur besseren Ausnutzung d. Honigtautracht auf Koniferen 546.
Ju (J. S.) s. Nasset (E. S.).
Juárez (J. S.) = Sandoval Juarez (J.).
Jucker (H.), Über d. Wirkung v. Kupfersulfatzulagen zum Futter wachsender Schweine auf den Lebendgewichtszuwachs, d. Futterverwertung u. den Kupfergehalt einzelner Gewebe 148. — Einfluß d. Körnermaises auf d. Schlachtqualität beim Schwein 2167.
Judah (J. D.) s. Ahmed (K.).
— u. **Ahmed (K.),** Phosphoproteine beim Ionen-Transport: Wechselbeziehungen zwischen Natrium u. Calcium sowie Kalium in Leberschnitten 2364.
—, **Ahmed (K.)** u. **McLean (A. E. M.),** Phosphoproteine u. Natriumtransport 2142.
Judd (J. T.) u. **Matrone (G.),** Lebensspanne d. Schaferythrocyten durch Bestimmung d. Haemoglobinumsatzes in Eisenstoffwechselstudien 2594.
Judel (G. K.) s. Scharrer (K.).
Judin (V. M.) u. **Krymskaja (É. K.),** Neues in d. züchter. Arbeit am Karakulschaf 1448.
Jüres (P.), Offenstallhaltung im Neubaubetrieb 2255.
Jürgenson (L. K.), Wesen d. Schachtlüftung v. Stallbauten 39.
Juhász (B.) s. Szegedi (B.).
Jung (J.), Einfluß steigender N-, P-, K- u. Mg-Gaben auf den Mikronährstoffgehalt v. Mais u. Sonnenblumen 377.
Jungalwala (F. B.) u. **Cama (H. R.),** Trennung d. Vitamine A_1, A_2 u. verwandte Substanzen durch Phasenumkehr-Papierchromatographie 1242. — Carotinoide in Delonix regia (Gul Mohr)-Blüten 2116.
Jungas (R. L.) u. **Ball (E. G.),** Untersuchungen über den Stoffwechsel v. Fettgewebe. 5. Mitt. Einfluß eines Wachstumshormonpräparates u. v. Insulin auf Sauerstoffverbrauch, Glucoseaufnahme u. Milchsäureproduktion 576; 7. Mitt. Vgl. d. Wirkungen v. Insulin u. Wachstumshormonpräparat auf den Sauerstoffverbrauch in Bicarbonat- u. Phosphatpuffern 577.
Jungehülsing (H.), Organisationsformen d. Rindviehhaltung u. ihr Bedarf an frischem u. konserviertem Futter 957. — Wirtschaftlichkeit d. Färsenaufzucht 1184. — Weidemast mit jungen Bullen 1871. — Voraussetzungen rentabler Rindviehhaltung 2061.
Jungk (E.), Wie kann d. staatliche Leitungstätigkeit auf d. Gebiet d. Tierzucht verbessert werden? 1420.
Jungnickel (H. E.) u. **Klinger (W.),** Quantitative Bestimmungsmethode d. Eisens mit *2*-Methyl-*3*-hydroxypyron 1921.
Jungwirth (F.), Internationales europäisches Chinchilla-Bewertungssystem 315.
Junkmann (K.) u. **Suchowsky (G.),** Untersuchung anabol wirksamer Steroide 157.
Jurčenko (G. T.), Neue Variante d. Rinderlaufstallhaltung 478.
Jurčenko (V. T.), Parabiot. Beziehungen während d. Embryogenese beim Karakul-Schaf 2466.
Jurčo (V.) s. Suchánek (B.).
Juri (R.), Milchstatistik d. Schweiz *1960* 940.
Justice (W. P.), McDaniel (G. R.) u. **Craig (J. V.),** Technik zur Messung d. sexuellen Wirksamkeit bei Hähnen 1596.
Jusubova (T. É.) s. Aliev (A. A.).

Kaarma (I. J.) Osin (N. P.) u. **Laanmjae (V. E.),** Das Estn. Baconschwein [2295].
Kabak (J. M.) u. **Pose (G.),** Inselapparat d. Bauchspeicheldrüse bei „hypothalamischer" Verfettung v. Ratten 11.

Kabak (J. M.) u. **Sokolova (E. V.)**, Wirkung v. Extrakten aus Hypothalamus u. Hypophysenhinterlappen auf d. Sekretion d. luteinisierenden Hormons 2226.
Kabanov (V. D.), Verbesserung d. Baconschweinefleisches 290. — Beziehungen zwischen Wachstumstempo, Speckdicke u. Futterverwertung 2289.
Kablov (G. A.), Zur Histologie d. Rinderhaut u. ihrer Innervation 6.
Kacarov (J.), **Minev (P.)** u. **Dobreva (I.)**, Einfluß d. harnstoffangereicherten Maissilage auf d. Leistung d. Mutterschafe 1054.
Kachani (Z. F. C.), Verhalten d. Fermente während d. Entwicklung d. Embryos im bebrüteten Hühnerei 2600.
Kaczmarczyk (J.), Einfluß v. Bewegung u. herabgesetzten Futterrationen im Endstadium d. Mast auf Futterverwertung u. Qualität d. Bacon-Schlachtkörper 1197.
Kaczmarek (F.) s. Śliwa (Z.).
Kadijski (E.) s. Ivanov (P.).
—, **Christov (V.)** u. **Dimitrov (G.)**, Vergleichende Mastprüfung kastrierter männlicher Iskârkälber u. Kreuzungskälber d. *1.* u. *2.* Generation zwischen Iskârkühen u. Simmentaler Bullen 1188.
— u. **Zachariev (Z.)**, Aufzuchtversuche mit kastrierten männlichen Schlachtkälbern verschied. Rassen 1640.
Kadis (V. W.) u. **Babel (F. J.)**, Wirksamkeit v. Ammoniumoxalat, Salzen d. Äthylendiamintetraessigsäure u. Natriumtripolyphosphat zur Einschränkung d. Bakteriophagenentwicklung in Milch 484.
Kadlec (V.) u. **Hrubeš (A.)**, Verwendung automat. Rechenmaschinen in d. sozialist. landwirtsch. Großproduktion [1114].
Kadono (H.), **Okada (T.)** u. **Ono (Katsutoshi)**, Elektromyograph. Studien an d. Atmungsmuskeln d. Kükens 2453.
Kadyrov (A.) s. Ganiev (M.).
Kaeberle (M. L.) s. Segre (D.).
Källén (B.), Mitoseschema im Zentralnervensystem v. Hühnerembryonen; untersucht nach Colchicin-Behandlung 900.
Kärst (K.), Untersuchungen am Böhmzebra, Hippotigris böhmi, zur Frage eines Zeit-Raum-Tätigkeits-Systems 55.
Kaeser (W.), Wanderung u. Krankheiten 1471.
Kafka (K.) u. **Bartoš (S.)**, Veränderungen in d. Elektrolytenkonzentration in d. Erythrocyten landwirtschaftl. Nutztiere in Abhängigkeit v. ihrem Alter 1363.
Kagawa (Y.), Enzymat. Untersuchungen über d. Ascorbinsäureabbau in Tieren. *1.* Mitt. Abbau v. *2,3*-Diketo-L-gulonsäure 799. — s. Kawada (M.).
— u. **Takiguchi (H.)**, Enzymat. Untersuchungen über d. Ascorbinsäureabbau in Tieren. *2.* Mitt. Delactonisierung v. Dehydro-L-ascorbinsäure 800.
Kahlenberg (O. J.) u. **Funk (E. M.)**, Untersuchungen über d. Kochen v. Geflügel zur Herstellung v. fertigen Geflügelprodukten 710.
Kahlson (G.), **Rosengren (E.)** u. **Svensson (S. E.)**, Hemmung d. Histaminbildung in vivo 2359.
Kahno (T.) s. Hayashi (K.).
Kahoun (J.), Analyse d. Laktationskurvenverlaufes, d. Jahreszeit d. Kalbens u. d. Ökonomik d. Milchviehhaltung unter d. Gesichtspunkt d. Durchhaltevermögens 2282. — Bildung u. Verbesserung v. Rinder-Zuchtherden [2288].
— u. **Pečeňa (J.)**, Untersuchung d. Veränderung v. Körpermaßen beim Tschech. Rotfleckvieh 1176.
—, **Suchardová (J.)** u. **Večeřová (E.)**, Langlebigkeit d. Kühe d. Tschech. Rotfleckviehs in Mähren 1180.
Kahrs (A. J.) s. Payne (L. F.).
Kai (M.) s. Hayashi (K.).
Kaipova (Z. N.) s. Polosuchina (T. J.).
Kaiser (G.) s. Kunz (W.).
Kaiser (H.) s. Schumm (H.-R.).
Kaiser (R.), Kennzeichnung v. Rindern mit Halsriemen 1873.
Kajdaš (M. A.) s. Musijenko (I. D.).
Kajdžiev (D.) s. Paliev (C.); Popov (Vladimir).
Kakimoto (Y.) u. **Armstrong (M. D.)**, Phenol. Amine d. menschlichen Harns 2121.
Kalajdžiev (I.) u. **Najdenov (T.)**, Fest-

stellung d. Vorteile v. d. Maiseinsäuerung in d. Wachsreife gegenüber d. Ernte v. Körnermais 384.
Kalan (E. B.), Gordon (W. G.), Basch (J. J.) u. **Townend (R.),** Isolierung u. Aminosäurezusammensetzung zweier Peptide, d. durch Chymotrypsinverdauung v. d. β-Lactoglobulinen A u. B erhalten wurden 781.
Kalant (H.) u. **Miyata (R.),** Stoffwechseländerungen in mit decalcifizierenden Substanzen durchströmten Geweben 2138.
Kalašnikov (A. P.) u. **Sipačev (S. G.),** System d. Kälberaufzucht nach d. Gruppensaugemethode bei Haltung d. Ammenkühe im Laufstall unter Einsatz v. Silage in d. Fütterung 2069.
Kalašnikow (A. I.) s. Kurow (B. I.).
Kalben (W. von), Beurteilung d. künstlichen Grünfuttertrocknung in finanzieller Hinsicht 1299.
Kalberer (W. D.) s. Denenberg (V. H.).
Kalenič (E. S.) s. Zacharčenko (I. M.).
Kalev (G.), Über einige Fragen d. künstlichen Besamung v. Schweinen 29.
—, **Konstantinov (P.), Džambazov (G.), Venkov (T.)** u. **Genčev (P.),** Frage d. künstlichen Besamung v. Büffelkühen in Bulgarien 243.
—, **Konstantinov (P.)** u. **Venkov (T.),** Aufbewahren v. Bullensperma in einem mit Kohlendioxyd nach Van Demark gesättigten Verdünner 466.
— u. **Venkov (T.),** Methodik d. Tiefgefrierung v. Bullen-, Widder- u. Bocksperma 247.
Kalich (J.), Stallklima bei d. Wintermast d. Schweine 697.
Kalinin (A. P.) u. **Radbil' (O. S.),** Einwirkung d. Futtersaftes u. d. Bienengiftes auf einige Inkretdrüsen 2108.
Kalivoda (M.) s. Rako (A.).
Kaljužnyj (M. J.), Bolondž (G. V.) u. **Rajceva (M. K.),** Erhalten v. überschüssiger Hefe beim Vergären v. Holzhydrolysaten u. Sulfitlaugen 2384.
Kalkreuth (C.) u. **Kalkreuth (K.),** Erfolgreiche Putenzucht u. -haltung durch Importe v. wertvollem Zuchtmaterial aus d. Sowjetunion 1661. — Putenzucht u. Putenhaltung in d. Oberförsterei Neuglienicke 1662.
Kalkreuth (K.) s. Kalkreuth (C.).
Kállai (L.), Dobos (S.) u. **Tarján (R.),** Wirkung verschied. Nahrungsproteinmengen (Casein) auf d. Speicherung v. Strontium 1708.
— u. **Till (M.),** Angaben über Verfahren zur Futterverwertungsermittlung v. Hammeln. Bariumsulfat u. d. Chromoxyd als Indikatoren 2339.
Kallal (T. J.) s. Jacobson (E. D.).
Kallen (R. G.) u. **Lowenstein (J. M.),** Stimulierung d. Fettsäuresynthese durch Isocitrat u. Malonat 1696.
Kalman (C.), Modernisierung d. Honigerzeugung in Israel 1672.
Kaloyereas (S. A.), Novak (A. F.) u. **Watts (A. B.),** Hitzesterilisierung v. flüssigen Eiern nach stabilisierender Behandlung mit verschied. Proteinasen 1418.
Kalra (D. S.), Sharma (R. M.) u. **Dhanda (M. R.),** Mastitis bei Ziegen 1885.
Kalsbeek (H. C.) u. **Tulner (P. R.),** Entwicklung d. Milcherzeugung in d. Niederlanden seit *1947* u. d. Beziehung zwischen d. Leistungen in aufeinanderfolgenden Laktationsperioden bei Gruppen v. schwarzbunten u. rotbunten Tieren 1622.
Kaludin (I. S.) u. **Rapoport (S.),** Veränderungen d. K^+- u. Na^+-Gehaltes während des Reifungsprozesses d. roten Blutkörperchen v. Kaninchen u. Hühnern 5.
Kamal (T. H.) u. **Cragle (R. G.),** Bedeutung d. Plasma-ultrafiltrierbaren ^{45}Ca u. ^{32}P für d. Milchsynthese 144.
—, **Johnson (H. D.)** u. **Ragsdale (A. C.),** Umweltphysiologie u. Stallbau. *54.* Mitt. Einfluß einer langen Behandlung v. Umgebungstemperaturen v. *50* u. *80* °F auf Glutathion, $BE^{131}J$ u. Wachstumsgeschwindigkeit v. Färsen 923.
Kamaljan (G. V.), Barsegjan (G. V.) u. **Karadžjan (A. M.),** Stimulierung v. Wachstum u. Entwicklung d. tier. Organismus (Küken) 1509.
Kamar (G. A. R.), Wachstumsrate verschied. Entenrassen unter ägypt. Bedingungen 988. — Spermacharak-

teristik verschied. Entenrassen in d. Subtropen 1595. — Wirkung v. Hyperthyreoidismus auf d. Organe v. Hähnen 1812. — Jahreszeitliche Schwankungen in d. Befruchtung u. Schlupffähigkeit bei Enteneiern 2098. — s. Badrelin (A. L.).

Kamar (G. A. R.) u. **Mostageer (A.),** Futterverwertung bei reinrassigen u. aus Kreuzungen hervorgegangenen Broilern in d. Subtropen 1891.

— u. **Yamani (K. A.),** Sortierung v. Eintags-Entenküken durch Testen d. geschwollenen Larynx 535. — Physiolog. Ursachen für zwei Eileiter bei Enten 1373.

Kameoka (K.) u. **Morimoto (H.),** Einfluß d. Futterbestandteile auf d. v. Pansen resorbierte Stickstoffmenge 571.

Kameyama (T.) s. Fukuda (T.).

Kaminski (E.), Untersuchungen v. Weizenproteinen, löslich in Wasser, Salzlösung, 70% Äthanol u. verd. Essigsäure mit Hilfe d. Stärkegel-Elektrophorese 2560. — s. Gaßmann (B.).

Kamiyama (S.) u. **Schmid (K.),** Struktur v. α_1-Säure-Glykoprotein. *2.* Mitt. Herstellung u. Charakterisierung einer Glykopeptidfraktion 1478.

Kamm (R.), Intermolekulare Wechselwirkungen im Muskeleiweiß u. ihre Bedeutung für d. Wasserbindungsvermögen d. Fleisches 2493.

Kamojan (J. I.), Substanzen, die d. Futter d. Raupen d. Maulbeerseidenspinners zugesetzt werden 1472.

Kamp (J. D.) s. Field (R. A.).

Kampelmacher (E. H.), Guinée (P. A. M.), Hofstra (K.) u. **Keulen (A. van),** Salmonellen in Schlachthöfen u. bei normalen Schlachtschweinen 2052.

Kan (J.), Befruchtungsfähigkeit v. verdünntem Hahnensperma 1144. — s. Gyles (N. R.).

—, **McPherson (B. N.)** u. **Gyles (N. R.),** Erwärmung d. Hühnereier vor d. Brut 1659.

Kanagawa (H.), Anatom. u. patholog. Untersuchungen an d. Geschlechtsorganen v. in Hokkaido geschlachteten Bullen. *3.* Mitt. Patholog. Befunde 1371.

Kanarev (G.) s. Dušev (T.).

Kancepol'skij (A.), Schafbestand u. Wollproduktion in d. kapitalist. Ländern 2295.

Kandatsu (M.) u. **Kikuno (K.),** α-Aminoisobuttersäure als Grundaminosäure v. Protein. *14.* Mitt. Studien über Muskelproteine 328.

Kandler (O.) s. Renner (E.).

Kane (E. A.), Verhältnisse zwischen bestimmter Nettoenergie u. total verdaulichen Nährstoffen bei Gruppen v. Futterstoffen 370, 830.

Kaneko (J. J.) s. Black (A. L.).

— u. **Cornelius (C. E.),** Überlebenszeit v. Erythrocyten des Himalaya-Tahrs u. d. Hausziege 892.

Kaneko (T.) s. Abe (T.).

Kanev (S.), Untersuchung d. Kaligehalts u. d. Dynamik d. Kalianlagerung in einigen bulgar. Futtermitteln 838. — Fleischmast v. Schweinen mit Magermilchanteil in d. Ration 1294.

— u. **Pechlivanov (M.),** Verdaulichkeit u. Nährwert d. ganzen Maiskornes, d. Maisschrotes mit u. ohne Spindeln u. des Schrotes aus entkeimten Maiskörnern bei Schafen u. Schweinen 1521.

Kantorova (V. I.), Entwicklung d. Placenta bei Kühen 460.

Kapacinskij (V. V.), Steigerung d. Milchleistung u. d. Fettgehaltes d. Milch d. Roten Gorbatow-Rindes bei Reinzucht 2286.

Kaplan (N. O.) s. Cahn (R. D.).

Kaplan (V. A.) s. Cjupko (V. V.); Mosolova (É. S.).

—, **Semak (I. L.), Mosolov (M. I.), Mirošnyčenko (M. O.)** u. **Bojko (O. A.),** Zweckmäßigkeit v. flüssigen Futtergemischen, d. Harnstoff u. Ammoniumbicarbonat enthalten 2159.

— u. **Sviridenko (V. A.),** Kohlenhydrat-Fettwechsel bei Rindern 796.

Kaplevskij (I. I.), Selektions- u. Zuchtarbeit in d. Kaninchenzuchtfarm d. Birjulinski-Sowchos 312.

Kaplik (L.), Junghennenfütterung 2534.

Kappéter (I.), Musterstallbauten u. deren Untersuchung als Grundlagen für d. Typisierung 1401.

Kapralova (L. T.), Verdauungsenzym

aus d. Placenta u. aus d. Verdauungsorganen v. Schafembryonen 1809.

Kar (N. C.), Chatterjee (I. B.), Ghosh (N. C.) u. **Guha (B. C.),** Beobachtungen über intrazelluläre Lokalisierung u. Mechanismen zur L-Ascorbinsäuresynthese durch Leberenzyme 820.

Karadžjan (A. M.) s. Kamaljan (G. V.).

Karadžov (K.) s. Mirkov (V.); Penčev (C.).

Karaivanov (P.), Verdaulichkeitsbestimmung d. Futtermittel bei tragenden säugenden Mutterstuten d. Donauer Rasse 1946.

Karapetjan (S. K.), Lichtstimulation d. Stoffwechselprozesse im Geflügelorganismus 2252.

— u. **Aršakjan (A. V.),** Hemmung d. unbedingten Reflexes d. Eierlegens beim Geflügel bei Änderung d. gewohnten Haltungsweise 2273.

Karásek (V.), Einfluß einer systemat. Bewegung d. Kälber u. d. Jungviehs auf deren Wachstum, Entwicklung u. einige biochem. Veränderungen vom Gesichtspunkt d. Steigerung d. Milchleistung u. d. Fettgehaltes d. Milch 961.

—, **Dvořáček (M.)** u. **Pěnkava (J.),** Beziehung zwischen d. Milchleistung u. einigen morpholog. Merkmalen v. Kühen d. Rotfleckviehs 953.

— u. **Šmerha (J.),** Einfluß d. Trainings auf Wachstum, Entwicklung u. Milchleistung d. Rotfleckviehs 1188.

Karavaev (K. G.) s. Zelenskij (G. G.).

Kare (M. R.) s. Bernard (R. A.); Fuerst jun. (W. F.).

— u. **Scott (M. L.),** Nährwert u. Futteraufnahme 1056.

Karelin (A. I.), Einsatz v. Vitamin A u. D_2 als wichtige Voraussetzung für d. Abferkelhygiene 1205.

Karelin (V. N.), Steigerung d. Milchleistung u. d. Fettgehaltes d. Milch d. Lett. Braunviehs bei Reinzucht 2285.

Karel'skaja (V. F.) s. Nagornyj (V. T.).

Karg (H.), Generationsversuche an Ratten zur mittelbaren Toxizitätsprüfung v. Chlortetracyclin nach Anwendung in d. Tierernährung u. Konservierung 1507. — Tierarzt u. Lebensmittelgesetz: Östrogenanwendung in d. Jungbullenmast 1939. — s. Brüggemann (J.).

Karlov (V. N.), Zusammenhang zwischen d. Körperbau d. landwirtsch. Nutztiere u. d. typolog. Besonderheiten d. Nervensystems 1582.

Karlsen (G. G.), Methoden d. Erforschung d. Gasaustausches bei Großtieren 338.

Karlsson (K.-A.) s. Bakos (K.).

Karlsson (R.), Mastkontrolle in Halland *1961—62* 1644.

Karmanov (N. G.), Einfluß d. Fütterungstyps auf d. Ausbildung d. Muskulatur u. d. Knochengerüstes beim Jungvieh 2510.

Karnackaja (O. I.), Stoff- u. Energiewechsel bei Milchvieh in Abhängigkeit v. d. Zusammensetzung d. Rauhfutters in d. Ration 138.

Kárpáti, Pflanzliche Zwischensippen u. Evolution [2]*.

Karpinec (M.), Wassertemperatur beim Tränken in d. Rinderzucht 957.

Karpov (M. S.), Silierung v. Mais im Gemisch mit Weizenstroh 1735. — Biolog. Methode d. Vorbereitung v. Stroh zur Verfütterung 1735.

—, **Vernigor (V. A.), Bat'kaev (R. J.), Popenko (A. K.), Il'ina (K. A.), Imranov (N. S.)** u. **Peršina (É. P.),** Mikrobiolog. Prozesse in oberird. siliertem Gärfutter 1726.

Karpov (P. L.), Krajnov (I. D.), Moroz (V. K.), Krasikov (D. S.), Troščin (S. I.) u. **Krisjuk (V. I.),** Schafhaltung in d. Gebieten mit intensivem Ackerbau 2090.

Karpova (N. A.), Verbesserung d. Fleisch- u. Wolleistung d. Askanija-Schafe 1447. — Gelenkte Aufzucht v. Merinoböcken d. Askanija-Rasse 1448. — Dichte d. Haarkleides bei Linien-Zuchtböcken d. Askanija-Schafes 2089.

Karpova (N. J.) s. Stepanov (D. G.).

Karpowicz (J.), Die Kälberaufzucht [511].

Karpuš (M. M.), Aufzucht v. Schweinen mit Grünfutter unter Verwendung d. Elektrozauns beim Weiden 2084.

Karr (M. L.) s. Ross (C. V.).

Kartašova (V. M.), Einfluß pneumat. Hautreinigung auf d. Rinderorganismus 738.
Kasa (F.) s. Stöber (M.).
Kasaj (V. F.) s. Lušpaj (N. P.).
Kaščenko (L. A.), Mechanismus v. Strahlenschädigungen in d. Ovarien d. Maus 2460.
Kasdorff (K.) s. Piatkowski (B.).
Kaškin (K. P.), **Grabar (P. N.)** u. **Courcon (J.)**, Elektrophoret. u. immunochem. Analyse d. Blutserums bei Mäusen, d. durch Röntgenstrahlen abgetötet wurden 2235.
Kaškovskij (V. G.), Steigerung d. Arbeitsproduktivität in Imkereien 320.
— u. **Šigaeva (A. N.)**, Wie d. Wachsproduktion erhöht werden kann 2108.
Kasó (P.) s. Gaál (J.).
Kaspařjanc (L. R.) s. Mamednijazov (O. N.).
Kasper (H.), Methode zur Prüfung d. Resorption im Caecum u. Colon 340.
Kassir (S. M.) s. Horn jun. (H. H. van).
Kast (A.), Leukose beim Chinchilla 1463.
Kasten (A.), Ökonom. Maßstäbe für d. Wettbewerb zwischen Stammschäfereien 750; dass.: zwischen Rinderzuchtbrigaden 1860.
Kastyak (L.), Einfluß unterschiedlicher Häufigkeit d. Zuchtbenutzung v. Schafböcken auf d. Menge u. Qualität d. Samens 1207.
Katerinov (J.) s. Bratanov (K.).
Kathe (J.), Versuche an lebender Kreatur 376.
Kating (H.), Stoffwechsel d. Harnstoffs bei Mikroorganismen. *1.* Mitt. Harnstoffsynthese bei Endomycopsis vernalis u. Torulopsis utilis 1261; *2.* Mitt. Verarbeitung d. Harnstoffs bei Endomycopsis vernalis u. Torulopsis utilis 1261.
Kato (M.) s. Shutze (J. V.).
Kato (S.) s. Homma (K.).
Kato (T.) u. **Tsuchiya (Y.)**, Zerlegung v. DL-Glutaminsäure mit opt. aktiven neutralen Aminosäureamiden 2334. — Zerlegung v. N-Acyl-Aminosäuren mit optisch aktiven neutralen Aminosäureamiden 2562.
Katrandžiev (K.), Der bulgar. Joghurt. Mikrobiolog. u. diätet. Eigenschaften [1625]*.
Katsumata (F.), Vorkommen d. intestinalen Polyedrie bei d. Seidenraupen in Vietnam 2115.
Katz (I.) s. Keeney (M.).
Katz (S. E.) u. **Winnett (A.)**, Colorimetr. Bestimmung v. Procain-Penicillin in Vormischungen 1482.
Katzer (F.), Vergleichende Untersuchungen verschied. Möglichkeiten, in Ställen mit unterschiedlichen baulichen Gegebenheiten d. Entmisten kostensparend zu technisieren 43.
Katznelson (H.) u. **Robb (J. A.)**, Gebrauch v. Gamma-Strahlen v. Cobalt-*60* bei d. Kontrolle v. Krankheiten d. Honigbiene u. d. Sterilisation v. Honig 323.
Kaufman (N.), **Klavins (J. V.)** u. **Kinney (T. D.)**, Eisengehalt d. Leber in Beziehung zum Alter 1710.
Kaufmann (H.), Honigernte vor *12000* Jahren 541. — Moderne Bienenzucht in Marokko 316.
Kaufmann (H. P.) u. **Schmülling (E.)**, Bestimmung d. Hydroxyzahl freier Fettsäuren 1685.
—, **Seher (A.)** u. **Mankel (G.)**, Anwendung d. Gas-Chromatographie auf d. Fettgebiet. *2.* Mitt. Quantitative Auswertung 1686.
—, **Wessels (H.)** u. **Viswanathan (C. V.)**, Papier-Chromatographie auf d. Fettgebiet. *51.* Mitt. Präparative Trennung v. Triglyceriden mit Hilfe d. Papier-Chromatographie 1685.
— u. **Young (S. K.)**, Papier-Chromatographie auf d. Fettgebiet. *50.* Mitt. Qualitative u. quantitative Bestimmung v. Hydroxy- u. Ketofettsäuren 1011.
Kaufmann (W.) s. Orth (A.).
Kawada (M.), **Takiguchi (H.)**, **Kagawa (Y.)**, **Suzuki (K.)** u. **Shimazono (N.)**, Lösliche Lactonasen 1244.
Kawashima (R.) s. Uesaka (S.).
Kawasugi (S.) s. Fukuda (T.).
Kazak (V. A.), Schweinemast mit Futterrationen mit hohem Anteil an Maissilage u. Heumehl 296.
Kazakov (L.) s. Tomov (C.).
Kazakov (V. M.), Anregung d. Brunst bei Schafen während d. Paarung

im Sommer 299. — Günstigstes Verfahren zur Besamung d. Schafe mit abgekühltem Sperma 1606. — Künstliche Auslösung d. Brunst bei Schafen 2087.
Kazár (G.) s. Ádám (T.).
Kazarova (R. A.) s. Lacis (A. A.).
Kazda (J.) s. Hruška (K.).
Kazuno (T.) s. Okada (S.).
Keane (K. W.), Smutko (C. J.), Krieger (C. H.) u. **Denton (A. E.),** Zugabe v. Wasser zu synthet. Diäten u. sein Einfluß auf Wachstum u. Proteinwirkungsverhältnis (PER) d. Ratte 2605.
Kearl (B.), Agrarjournalist. Ausbildung an ausländ. Universitäten 1358.
Kearney (P. C.) u. **Kennedy (W. K.),** Wechselbeziehungen in d. Silage zwischen Verlusten an gärungsfähigem Zucker u. Veränderungen im Gehalt an organ. Säuren 174.
Kecskés (S.) s. Farkas (E.).
Keeler (R. F.) s. Burton (V.); Young (S.).
Keener (H. A.) s. Clark (B.).
Keeney (M.), Katz (I.) u. **Schwartz (D. P.),** Vorkommen v. Ketostearinsäuren in Kuhmilchfett: mögliche Zwischenprodukte in d. Biosynthese d. ungesättigten Fettsäuren 1491.
Kèès (C.), Bedeutung d. Bewegung für Zuchtböcke während d. Winterhaltung 527.
Kégl (T.), Keimgehalt d. Bullenspermas u. d. Verminderung d. Keimzahl durch vorbeugende Maßnahmen 2243.
Kegler (M.), Bienenweide im neuzeitlichen Städtebau 1469.
Kehar (N. D.) s. Jayal (M. M.).
Keith (C. L.) s. Fina (L. R.).
Kelleher (P.) u. **Villee (C.),** Immunoelektrophoret. untersuchte Serumproteinveränderungen in d. fetalen Ratte 1700.
Kelleher (T. M.) s. Kojima (Ken-Ichi).
Keller (J.) s. Kielanowski (J.).
Keller (W. D.) u. **Kraut (H. A.),** Arbeit u. Ernährung 1717.
Kellerman (J. H.) u. **Prinsloo (H.),** Wirkung v. Spurenelementen bei Verfütterung sterilisierten Heues an Kälber 354.
Kelley (J. J.) u. **Koenig (V. L.),** Elektrophoret. Analyse v. Mehlproteinen. *1.* Mitt. Salzlösliche Proteine 2560.
Kellgren (H. C.) s. Roussel (J. D.).
Kelly (C. F.) s. Garrett (W. N.); Heitman jun. (H.).
Kelly (J. W.), Barber (C. W.), Pate (D. D.) u. **Hill (C. H.),** Wirkung v. verfüttertem Crotalaria-Samen auf junge Küken 1522.
— u. **Hurst (V.),** Beziehungen zwischen verschiedenen Laboruntersuchungsergebnissen u. Fruchtbarkeit bei Tiefgefriersperma v. Bullen 2245. — Fruchtbarkeitsergebnisse mit tiefgekühltem Bullensperma bei Verwendung nach *4* u. *6* Stunden nach d. Auftauen 2472.
Kemenes (F.) s. Dózsa (I.).
Kemmerer (A. R.) s. Crowley (T. A.); Doberenz (A. R.); Heywang (B. W.).
—, Heywang (B. W.), Nordby (H. E.) u. **Phelps (R. A.),** Einfluß v. Baumwollsaatöl auf d. Mißfärbung kalt gelagerter Eier 1749.
Kemp (A.), Verfüttern v. magnesiumhaltigen Kuchen in d. Praxis 1956.
— u. **Geurink (J. H.),** Magnesiumdüngung v. Grasland auf Sandboden in Zusammenhang mit d. Verhütung v. Hypomagnesämie 2164.
Kemp (C. D.) s. Minson (D. J.); Tayler (J. C.).
Kemp (J. D.) s. Varney (W. Y.); Whiteker (M. D.).
Kempinski (C.), Qualitätsstand d. Trinkmilch in Hamburg 1851.
Kempner (E. S.) u. **Miller (J. H.),** Autoradiograph. Auflösung v. doppeltmarkierten Verbindungen 1246.
Kenchington (A. W.) s. Cobbett (W. G.).
Kennedy (W. K.) s. Kearney (P. C.).
Kenny (A. D.), Nebenschilddrüsen u. d. Calciumstoffwechsel 810.
Kent (P. W.) s. Draper (P.).
Kentikjan (M. L.) s. Bajburtcjan (A. A.).
Kerkof (P.) s. Tong (W.).
Kern, Rinderbesamung in d. Bundesrepublik 686.
Kernkamp (H. C. H.), Clawson (A. J.) u. **Ferneyhough (R. H.),** Verhütung d. Eisenmangel-Anämie bei Saugferkeln 1031.

Kero (M.-L.) s. Paloheimo (L.).
Kerov (M. A.) s. Cirel'son (N. B.).
Kerr (T. W.) s. Olney (C. E.).
Kerr (W. E.), Genetik d. Geschlechtsbestimmung 14.
Keršulis (A.) s. Sokolovskaja (I. I.).
Kertész (F.), Csire (L.), Berek (G.) u. **Farkas (M.),** Leistungsprüfungen d. in Ungarn gezüchteten wichtigsten Schweinetypen sowie d. Zusammenhänge zwischen ihrer Fleisch- u. Fettproduktion, ihrer Fütterung u. ihrem Wachstum 742.
Kesler (E. M.), Wachstum v. Holstein-Kälbern im Alter v. *6–20* Wochen auf d. Weide 614. — s. Stanley (D. E.).
Kesner (L.), Muntwyler (E.), Griffin (G. E.) u. **Abrams (J.),** Automat. Säulenchromatographie äther- u. wasserlöslicher *2,4*-Dinitrophenylderivate v. Aminosäuren, Peptiden u. Aminen 1915.
Kessel (K. v.), Warum Putenmast? 2099.
Kettner (B.), *38*. Angoraleistungsprüfung 989.
Kettner (H.), Rolle d. Honigbienen bei d. Bestäubung d. Luzerne (Medicago sativa L.) 547. — Wanderung mit Bienenvölkern innerhalb d. Ortsflur 548. — Kommt d. Honigbienen für d. Bestäubung v. Beta-Rüben eine Bedeutung zu? 999. — Unterschiede in d. Massenentwicklung eines guten u. eines schlechten Volkes 1667. — Jahresendbericht zum Beobachtungsjahr *1961/62* 1675.
Ketz (H.-A.), Altern bei d. Haustieren 1607. — s. Gassmann (B.).
—, Proll (J.), Witt (H.) u. **Lange (B.),** Renale Steroidausscheidung bei experimentellem Vitamin-A-Mangel 802.
Keulen (A. van) s. Kampelmacher (E. H.).
Keulen (N. J. A. van), Landwirtsch. Unterricht in d. Niederlanden 2442.
Keuren (R. W. van) s. Heinemann (W. W.).
— u. **Heinemann (W. W.),** Untersuchungen mit Nylonbeuteln zur Bestimmung d. Futterverdaulichkeit in vivo 563.
Keyser (D.) s. Lassiter (C. A.).
Kha (A. W.) s. Berg (L. van den).
Khaund (R.) s. Deyoe (C. W.).
Kibler (H. H.), Umweltphysiologie u. Stallbau. *61*. Mitt. Energiewechsel u. damit in Verbindung stehende thermoregulative Reaktionen gegenüber einem Wärmestress v. bei *50* u. *80* °F akklimatisierten Färsen 2477.
Kičev (G.), Innervation d. Haarfollikel in d. bevliesten Haut d. Schafe 668. — s. Nestorov (N.).
Kida (M.) s. Kobata (A.).
Kidder (C. W.) s. Chapman jun. (H. L.).
Kidder (R. W.) s. Chapman jun. (H. L.).
Kiddy (C. A.) s. Menge (A. C.); Thompson (M. P.).
Kidner (M.) s. Lampkin (G. H.).
Kieckebusch, Jahr (K.), Czok (G.), Griem (W.), Bässler (K.-H.), Hammar (C.-H.) u. **Lang (K.),** Physiolog. Eigenschaften geblasener Öle 2554.
Kieffer (N. M.) s. Brinks (J. S.).
Kielanowski (J.), Objektive Voraussetzungen einer langfristigen Planung d. tier. Produktion 365.
— u. **Keller (J.),** Methode quantitativer Einzelfütterung v. Küken 2338.
Kielwein (G.), Chem. Laboratoriumsprobe zur Marken- u. Vorzugsmilchuntersuchung 2266. — s. Dedié (K.).
Kienholz (E. W.), Jensen (L. S.) u. **McGinnis (J.),** Beweis für Kükenwachstums-Inhibitoren in verschied. Leguminosensaaten 1521.
Kienle (W.), Stallklimat. Untersuchungen in Rinder- u. Schweinestallungen des Landkreises Landau a. d. Isar 38.
Kiermeier (F.) s. Renner (E.).
— u. **Johannsmann (H.),** Mangangehalt d. Kuhmilch 2260.
— u. **Renner (E.),** Einfluß d. Silagefütterung auf d. Qualität d. Butter. *2*. Mitt. 2050; *3*. Mitt. Einfluß d. Silagefütterung auf d. organolept. Eigenschaften d. Milch 2051.
Kiesewalter (C.) s. Penner (E.).
Kihlmann (B. A.), Biochem. Aspekte des Chromosomenbruchs 900.
Kikuno (K.) s. Kandatsu (M.).
Killander (J.) s. Flodin (P.).

Kim (A. L.) s. Tichomirov (N. P.).
Kim (M. M.) u. **Mašurko (M. I.)**, Intensivmast d. Kaninchen 2100.
Kimbel (K. H.) s. Kolb (K. H.).
Kimrjakov (V. A.) s. Nikulickij (I. V.).
Kimura (M.), Fixierungswahrscheinlichkeit v. mutanten Genen in einer Population 902. — Vorschlag zur experimentellen Näherung an d. Entstehungsvorgang überzähliger Chromosomen 1376.
Kincaid (C. M.) s. Jamison (H. M.).
Kincl (F. A.) u. **Dorfman (R. I.)**, Antiovulator. Wirkung v. Steroiden beim erwachsenen oestr. Kaninchen. *1.* Mitt. Subcutane Verabreichung. *2.* Mitt. Verabreichung im Futter 1593.
Kinder (Q. B.) u. **Funk (E. M.)**, Einfluß d. Schlupfzeitpunktes auf d. Leistungseigenschaften u. d. ökonom. Nutzen v. Hennen aus Legeleistungslinien 2535.
King (C. G.) u. **Becker (R. R.)**, Biosynthese d. Vitamin C (Ascorbinsäure) 153.
King (D. F.), Legeleistung v. dunkel aufgezogenen u. dunkel gehaltenen Hühnern 1608.
King (H. K.) s. Bishop (D. H. L.).
King (J. O. L.), Variationen in d. Menge u. Zusammensetzung d. Milch bei kranken Kühen ohne d. Aufnahme v. Kraftfuttermitteln 737. — Veränderungen d. Größe u. Anzahl d. Fettkügelchen in der Milch kranker Kühe 2044.
King (R. L.) u. **Hemken (R. W.)**, Zusammensetzung v. Milch, die auf d. Basis v. pelletiertem Heu u. erhitztem Korn erzeugt worden ist 1844.
King (T. E.), Laufstallhaltung d. Milchkühe 1152.
King (W. A.) s. O'Dell (G. D.).
—, O'Dell (G. D.), Brannon (C. C.) u. **Webb (H. J.)**, Wirkung v. Mahlen u. Pelletieren auf d. Verwertung v. Heu d. Küsten-Bermudagrases bei Färsen 2580.
Kingan (J. R.) s. Sullivan (T. W.).
Kingsbury (K. J.), Heyes (T. D.), Morgan (D. M.), Aylott (C.), Burton (P. A.), Emmerson (R.) u. **Robinson (P. J. A.)**, Wirkung v. Ernährungsveränderungen auf d. Fettsäurezusammensetzung d. normalen menschlichen Depotfettes 1259.
Kinner (J. A.) s. Kotula (A. W.); Thompson (J. E.).
Kinney (T. D.) s. Kaufman (N.).
Kinoshita (J. H.), Merola (L. O.), Satoh (K.) u. **Dikmak (E.)**, Osmot. Veränderungen durch d. Akkumulation v. Dulcit in den Linsen mit Galaktose gefütterter Ratten 345.
Kinsel (G. V.), Nutriamutationen, Ansichten eines amerikan. Fachmannes 104. — Sumpfbiberhaltung mit oder ohne Badewasser? 2544.
Kint (G.), Belg. Rinderzucht *1961* 1173. — s. Snick (G. van).
Kirby (D. R. S.), Entwicklung d. in d. Milz transplantierten Mäuse-Blastocysten 1820.
Kirby (K. S.), Ribonucleinsäuren. *2.* Mitt. Verbesserung d. Präparation v. Rattenleber-Ribonucleinsäure 2336.
Kirchgeßner (M.), Einfluß einer Antibioticum-Zulage auf d. Retention verschied. Spurenelemente bei wachsenden Schweinen 594. — Wechselbeziehungen zwischen d. Gehalt an Zn u. verschied. Mengen- u. Spurenelementen in d. Rinderleber 1935. — Vitamin B_6 im Eiweiß- u. Mineralstoffwechsel 2152. — s. Wöhlbier (W.).
—, Friesecke (H.) u. **Oelschläger (W.)**, Mengen- u. Spurenelementansatz wachsender Schweine bei suboptimaler Vitamin-B_6-Versorgung 1709.
Kiričenko (I. V.), Dynamik v. Eiweiß u. Eiweißfraktionen im Blutserum d. Simmentaler Rasse in Abhängigkeit v. Alter, Haltungsbedingungen u. Leistung 1581.
Kirimura (J.) s. Kobayashi (M.).
—, Saito (M.) u. **Kobayashi (M.)**, Steroidhormon bei einem Insekt, Bombyx mori 1002.
Kirjanova (G. V.) u. **Osadčuk (A. D.)**, Haltungsweisen für Fleischküken 1219.
Kirk (H.), Intensive Weidewirtschaft in rindviehstarken Großbetrieben. XVIII. Einsatz v. Weichlaubhölzern für d. Bau v. Koppelzäunen u. Möglichkeiten ihres Schutzes vor holzzerstörenden Organismen 2256.
Kirk (R. J.), Einfluß d. Dunkelheit

auf d. Fortpflanzungszyklus d. Nerzes 1896.
Kirk (R. W.) s. Lombardi (M. H.).
Kirk (W. G.) s. Koger (M.).
Kirmse (K.) s. Schumm (H.-R.).
Kirov (N.), Einfluß d. bakteriellen Säurewecker auf d. Qualität d. aus leicht- u. schwersilierbaren Futterstoffen hergestellten Gärfutter 839. — Mikroflora einiger bulgar. Gärfutter 1731. — s. Georgiev (I.).
Kirsch (R.), Coccidiostat. Wirkung v. Zoalene 767.
Kirsch (W.), Fütterung als Umweltfaktor in den Leistungsprüfungen landwirtsch. Nutztiere 471. — Intensive Nutzleistungen; intensive Haltungsformen bei Rind, Kalb u. Schwein 722. — s. Fewson (D.).
— u. **Fender (M.)**, Ersatz v. Fischmehl durch Soja-Extraktionsschrot bei Getreideschnellmast v. Schweinen 1749.
Kirschke (H.), Qualitätsprüfung u. Produkte unserer Milchindustrie 1622.
Kirschner (L. B.) s. Sorenson (A. L.).
Kirsten (W. J.) s. Hozumi (K.).
Kirton (A. H.) u. **Barton (R. A.)**, Einige Kenndaten d. chemischen Zusammensetzung v. Schlachtkörpern v. Lämmern 714.
—, **Barton (R. A.)** u. **Rae (A. L.)**, Leistungsfähigkeit d. Bestimmung d. chem. Zusammensetzung v. Lämmer-Schlachtkörpern 263.
Kirton (R. H. W.), Hilfsmittel zur Winteraufstallung v. Milchvieh auf schwerem, feuchtem Boden 1872.
Kiselev (G. I.) s. Savroń (E. S.).
Kiselev (J. A.) s. Raušenbach (J. O.).
Kisel'ov (G. I.), Anorgan. Phosphor u. Calcium als Gradmesser d. Phosphor-Calciumwechsels 2151.
Kiss (I.), Zusammenhang zwischen Eierlegeleistung d. Enten u. d. Langpausen sowie dem Zeitpunkt d. Beginns d. Legetätigkeit 310.
Kissling (R.) s. Jeschko (K.).
Kistner (A.) s. Gilchrist (F. M. C.).
—, **Gouws (L.)** u. **Gilchrist (F. M. C.)**, Bakterien d. Schafpansens. *2.* Mitt. Funktionelle Gruppen d. Kohlenhydrat- u. Lactatvergärer bei Ernährung mit Luzerne (Medicago sativa) -Heu 1251.
Kisza (J.) u. **Sobina (A.)**, Milchproteine normaler u. anomaler Milch (Colostrum u. Mastitis) 1156. — Caseinfraktionen normaler u. anomaler Milch (Colostralmilch u. Milch an Mastitis erkrankter Kühe) 2487.
Kitchell (R. L.) s. Stromberg (M. W.).
Kitto (G. B.), **McNikoll (J.)** u. **Briggs (M. H.)**, Coenzyme d. Vitamin B_{12} 1678.
Kitts (W. D.) s. Ostrovsky (D.).
Kitzing (D.), Entwicklung d. Geflügelkombinates Sandkrug seit *1961* 1895.
Kivimäe (A.), Regulierung d. Farbe des Eigelbes u. seines Gehaltes an Vitamin A durch d. Fütterung 96. — Futterwert v. Grasheu 380.
Kivkucan (F. R.), Biochem. Grundlagen d. Fleischeigenschaften 2493.
Kjaer (A.) s. Olesen Larsen (P.).
Kjurtov (N.), Fall v. Schweinevergiftung infolge Fusarium-infizierter Gerste 1511.
Klabukov (P. G.) s. Starcev (D. I.).
— u. **Kopylaš (P. V.)**, Kreuzung v. Braunvieh mit Jerseyrindern 277.
Kladovščikov (V. F.), Silage in d. Fütterung d. Nutrias 2315.
Klavins (J. V.) s. Kaufman (N.).
Klebanoff (S. J.), Wechselbeziehung zwischen Ergothionein, gewissen phenol. Hormonen u. Peroxydase 1494.
Kleiber (H.), Gedanken zum Tierzuchtgesetz 497.
Kleiber (M.) s. Black (A. L.).
Klein (D.), Maissilierung in LPG d. MTS-Bereiches Taubenheim 1062.
Klein (F. W.), Deutsche Geflügelzüchter auf neuen Wegen 92. — Putenaufzucht ist keine Hexerei mehr! 535. — s. Mehner (A.).
Kleinert (H.), Zeichenfarben für d. Königinnen 1902.
Kleinke (G.) s. Mielke (H.).
Klejn (G. A.) s. Arifov (U. A.); Roždestvenskaja (L. F.).
Klemm (G.) s. Bartels (H.).
Klemm (G. H.), Reaktionen ungeschorener u. geschorener Schafe auf feuchte u. trockene Wärme in d. Atmosphäre 697.
Kliesch (J.) u. **Horst (P.)**, Ultraschallmessungen am lebenden Schwein

unter Verwendung eines Schnittbildgerätes 1439.

Kliewer (R. H.) u. **Wolberg (F. B.)**, Gasdruck-Technik für d. Konservierung v. Bullenspermien 919.

Kliment (J.), Importiertes Simmentaler Rind u. Möglichkeiten seiner Ausnutzung für unsere Zuchtziele 1177.

Klimeš (B.) u. **Gažo (M.)**, Wechselbeziehung zwischen d. Vitamin A u. d. Geflügelaskaridiose 819.

Klimeš (I.) u. **Vérosta (B.)**, Neue Methode d. Erzeugung v. Eiweiß-Vitamin-Konzentrat aus Futterpflanzen 173.

Kline (L.) s. Meehan (J. J.).

Klingenberg (M.), Reversibilität d. oxydativen Phosphorylierung. IV. Die Beziehung zwischen dem Redoxzustand d. Cytochrom c u. dem Phosphorylierungspotential d. Adenosintriphosphates 583. — s. Schollmeyer (P.).

— u. **Schollmeyer (P.)**, Reversibilität d. oxydativen Phosphorylierung. II. Der Einfluß v. Adenosintriphosphat auf d. Atmungskette in atmenden Mitochondrien 582; III. Der Einfluß v. Adenosintriphosphat auf d. Atmungskette in atmungsgehemmten Mitochondrien 583.

Klinger (W.) s. Jungnickel (H. E.).

Klingler (K.) s. Fankhauser (R.).

Klingmüller (W.), Molekulargenetik 1129.

Klippel (W.) s. Schiemann (R.).

Klockenbring (R.), Leistungseigenschaften u. Formmerkmale d. selbstgezüchteten Kuhelite in Südhannover-Braunschweig 731.

Kločko (I.), Abhängigkeit d. Milchleistung d. Kühe v. ihrem Geburtsgewicht u. v. ihrer Aufzucht 71.

Kloft (W.), Prakt. wichtige Probleme d. Honigtau-Forschung 546; dass.: 2550.

Klopfer (F. D.) s. Wesley (F.).

Klopfer (P. H.) s. Hailman (J. P.).

Klose (A. A.), **Mecchi (E. P.)** u. **Pool (M. F.)**, Federrupfen nach dem Brühen u. nach anderen Aktionen 491.

Klose (J.) s. Weiland (G.).

Klosterman (E. W.) s. Johnson (R. R.).

Kluńko (S. K.), Verwendung v. Importböcken d. Merinofleischrasse zur Verbesserung d. Precos-Herden 2298.

Klymenko (O. S.) s. Komisarenko (V. P.).

Kmoisant (A.) s. Aumaitre (A.).

Knap (J.), Schweinemast bei Tiefstreuverwendung 2084.

Knape (G.) s. Holzschuh (W.).

Knappen (F.) s. Krampitz (G.).

Knauff (H. G.), **Mayer (G.)** u. **Marx (D.)**, Aminosäurezusammensetzung d. Gehirnproteine 1909.

Knauthe (W.), Direktverträge für Schlachtvieh? 51.

Knehl (LeRoy) = LeRoy Knehl.

Kneidel (H.) u. **Laugwitz (N.)**, Tbc-Gefährdung im Reagenten-Rinderstall 963.

Kniga (M. I.), Ergänzung v. Silagerationen durch Zuckerrüben bei Kühen 2613.

— u. **Buzun (I. A.)**, Verhältnis d. Maissilage zu Zuckerrüben in d. Rationen d. Kühe in d. Käsereigebieten 1052.

Knight (C. S.), Entwicklungstechnik für d. Trennung v. Aminosäuren auf DEAE Cellulosepapier 333. — Relative Raten d. Wanderung d. Aminosäuren auf Ionenaustauschercellulose u. mit Ionenaustauscherharz behandelten Papieren 1479.

Knight (P. L.) s. Wostmann (B. S.).

Knisely (R. C.) s. Hafs (H. D.).

Kníže (B.) s. Knížetova (R.).

Knížetova (R.), **Kníže (B.)** u. **Tláskal (J.)**, Hühnerveredlung für d. Boilerproduktion. *1.* Mitt. Bewertung d. Fleischansatzes 2095.

Knjazev (A. I.), Reaktion feinwolliger Lämmer verschied. Konstitutionstypen auf erhöhte Futtergaben in d. Säugeperiode 524.

Knjazev (K. I.), Geschichte d. Gebrauchskreuzung 1645. — s. Kudrjavcev (P. K. N.).

Knobelsdorff (K. v.), Span. Pferd u. seine Bedeutung in d. Geschichte 1858.

Knobil (E.) s. Brande (P. F.).

— u. **Josimovich (J. B.)**, ICSH-Aktivität v. luteinisierendem Hormon d. Schafes, Pferdes u. des Menschen

bei hypophysektomierten männlichen Rhesusaffen 8.
Knoblauch (H.), Tierarzt in d. künstlichen Besamung 28.
Knoche (W.), Neuzeitlicher Hühnerstall 476. — Bauphysical für Stallräume 696.
Knoop (A.-M.) u. **Knoop (E.),** Elektronenmikroskop. Untersuchungen über d. physikal. Struktur d. Butter 1170.
Knoop (E.), Radioaktive Substanzen in d. Milch 1621. — s. Knoop (A.-M.).
Knott (D. R.) s. Ashton (G. C.).
Knox (J. H.) s. Blackwell (R. L.).
Knudsen (O.), Können Ovarialzysten d. Fruchtwassermenge bei d. Stute beeinflussen? 460.
Ko (H.) s. Wallach (D. P.).
Koallick (M.), Vergleichende stallklimat. Untersuchungen in verschied. Haltungssystemen für Milchvieh 37.
Koba (V. G.) u. **Švejcarov (L. L.),** Erfahrungen mit d. Mechanisierung v. Geflügelställen im Gebiet Saratow 2042.
Kobashi (K.), Hase (J.) u. **Uehara (K.),** Spezif. Hemmung v. Urease durch Hydroxamsäuren 1678.
Kobata (A.), Suzuoki-Zirô u. **Kida (M.),** Säurelösliche Nucleotide d. Milch. *1.* Mitt. Quantitative u. qualitative Unterschiede d. Nucleotidbestandteile in Frauen- u. Kuhmilch 47.
Kobayashi (M.) s. Kirimura (J.).
—, Kirimura (J.) u. **Saito (M.),** Kristallisierung d. „Gehirn"hormons eines Insekts 549.
Kobbert (E.) s. Altenbrunn (H.-J.).
Kobel (F.), Rassenfrage 1228.
Kobyljanskij (A. D.), Verbesserte Selbsttränke u. Elektrozaun für d. Laufstallhaltung v. Jungrindern 1843.
Kobylkin (V.) u. **Timofeev (L.),** Vervollkommnung d. Schweinemast 1841.
Kočer (S.) s. Danilova (A.).
Koch (B. A.) s. Oltjen (R. R.).
Koch (G.) s. Orth (A.).
Koch (M.), Leistungsstand d. holländ. Geflügelzucht 2092; dass.: 2304.
Koch (R. M.) s. Gregory (K. E.); Swiger (L. A.); Wiltbank (J. N.).
Koch (U.) s. Mehnert (B.).
Koch (V.), Mastgeflügel-Vermarktung 1415.
Koch (W.), Die Braunviehzucht in Tirol [511].
Kociałkowski (Z.) u. **Wiewiórowski (M.),** Einfache Methode zur quantitativen Bestimmung v. Aminosäuren 2126.
Kodagali (S. B.), Jahreszeitliche Schwankungen in d. Spermaeigenschaften u. in d. Reaktionszeit bei Khillar-Bullen 2463.
Kodicek (E.) s. Wilson (P. W.).
Koehelik (I. H.) s. Woolley (D. W.).
Köhler (H.) u. **Swoboda (R.),** Durch Erdnußschrote ausgelöste Leberzirrhosen bei Enten 610.
König, Steir. *3* WK (Dreiwabenkästchen) 1233.
König (I.) s. Zickler (M.).
König (J.), Ehemalige Mastanlage Wichmar, jetzt Vatertierprüfstation 79.
König (K.-H.) u. **Thulke (H. G.),** Bedeutung d. Halsfalten in d. Merinofleischschafzucht 1653.
König (U.), Fruchtbarkeitsuntersuchungen beim Pferd 1629.
Koenig (V. L.) s. Kelley (J. J.).
Könz (R.), Neue Instruktion für d. Fleischschauer v. *1.* September *1962* 1417.
Köppe (H.), Zweinutzungsrassen am Scheideweg? 1423.
Kördel (W.), Sauen- u. Schweineweide im VEG Markee 2084.
Koev (N.), Im Winter Bienenvölker bei offenem Flugloch 775.
Koga (O.) s. Okamoto (S.).
Koger (M.) s. Crockett (J. R.).
—, Reynolds (W. L.), Kirk (W. G.), Peacock (F. M.) u. **Warnick (A. C.),** Fortpflanzungsleistungen v. Kreuzungs- u. Reinzuchtkühen unter d. Bedingungen verschied. Weidesysteme in Florida 2067.
Kohli (M. L.) u. **Malik (D. D.),** Zuchtsaison bei d. Murrah-Büffeln 1182.
— u. **Suri (K. R.),** Zwischenträchtigkeitszeit- u. Fruchtbarkeit bei Hariana-Kühen 2508.
—, Suri (K. R.), Bhatnagar (V. K.) u. **Kumar (Sudarshan),** Wachstum v. Hariana-Kälbern 2033.
—, Suri (K. R.), Bhatnagar (V. K.) u.

Lohia (K. L.), Fruchtbarkeit u. Sprungdauer bei Hariana-Bullen 23.
Kohli (M. L.), **Suri (K. R.)**, **Sharma (S. K.)** u. **Lohia (K. L.)**, Nachkommenprüfung v. Harianabullen 951.
Kohlmeyer (W.) s. Wilcox (R. A.).
Kojima (K.-I.) u. **Kelleher (T. M.)**, Überleben mutanter Gene 1377.
Kojima (Y.), Elektronenmikroskop. Untersuchungen am Bullenspermium 2024.
Kojnaš (V. A.), Stände zur Klauenpflege bei Zuchtbullen 478.
Kokatnur (M. G.) u. **Kummerow (F. A.)**, Aminosäuren-Ungleichgew. u. Cholesterin-Niveau bei Küken 1266.
Kokko (A.) s. Eränkö (O.).
Kokorina (É. P.), Übereinstimmung d. Milchabgabe d. einzelnen Euterviertel bei Kühen 463. — Höhere Nerventätigkeit u. Milchleistung d. Rinder 463.
Kolabskij (N. A.), **Barsukova (T. M.)**, **Suźko (S. F.)** u. **Tarverdjan (T. N.)**, Heilwirkung einiger Präparate bei d. Coccidiose d. Küken 1219.
Kolaczyk (S.) s. Janicki (M. A.).
Kolář (K.) u. a., Einrichtung v. Melkanlagen [2484].
Kolari (O. E.) u. **Hanson (L. E.)**, Faktoren, die d. Verdaulichkeit eines Flachsproduktes beeinflussen 1304.
—, **Harvey (A. L.)**, **Meiske (J. C.)**, **Aunan (W. J.)** u. **Hanson (L. E.)**, Diaethylstilboestrol, Oxytetracyclin, Lein- sowie Sojabohnenextraktionsschrot u. verschied. Gaben v. Maissilage in Rindermastrationen 168.
Kolb (B.) s. Weygand (F.).
Kolb (E.), Stoffwechsel d. stickstoffhaltigen Verbindungen beim Wiederkäuer 2347. — s. Schimmel (D.); Seidel (H.).
— u. **Schimmel (D.)**, Mangangehalt v. Organen d. Schafes, unter bes. Berücksichtigung d. Manganverteilung in d. Wandung verschied. Abschnitte d. Magen—Darm-Kanals 1679.
—, **Seidel (H.)**, **Müller (I.)**, **Gürtler (H.)**, **Grün (E.)** u. **Ellrich (T.)**, Untersuchungen an Schweinen. *3.* Mitt. Verhalten d. Natrium- u. Kaliumgehaltes im Serum, d. Blutzuckers, d. Erythrocyten-Kaliums, d. Serum-Glutaminsäure-Oxalessigsäure-Transaminase; d. Ausscheidung v. Natrium, Kalium u. v. *17*-Ketosteroiden im Harn sowie über d. Verhalten d. Natrium-, Kalium- u. Calciumgehaltes in d. Herz- u. Skelettmuskulatur nach halbseitiger u. totaler Adrenalektomie 1587.
Kolb (K. H.), **Kimbel (K. H.)** u. **Schulze (P. E.)**, Einfluß verschied. anabol wirksamer Steroide auf d. Farbstoffausscheidung in d. Rattengalle 157.
Kolčev (N. A.), Einfluß d. Fütterung v. flüssigem u. kristallinem Terramycin auf d. Legeleistung d. Enten 1459.
Koldaški (C.) s. Beremski (S.).
Kolde (K.) s. Gabriš (J.).
Kolesnik (N. N.), Gebrauchskreuzung, wichtiges Mittel zur Steigerung d. Leistung in d. Tierhaltung 693.
Kolesnikov (N. V.), Das Welken d. Gräser v. d. Silieren 835.
Kolesova (G. A.), Steigerung d. Milchleistung u. d. Fettgehaltes d. Milch d. Cholmogoryer Rindes bei Reinzucht 2512.
Kolić (J.), Rückblick auf d. Selektionsergebnisse in Simmentalerzuchten einheim. Prägung im Gebiet v. Križevci 60.
Koller (R.), Bedeutung d. Spurenelemente, besonders d. Jodes für d. Fruchtbarkeit d. Haustiere 356. — Sexualbiologie u. -pathologie d. Schweines 1380.
Koller (S.), Typisierung korrelativer Zusammenhänge 1801.
Kolman (Z.) s. Michalec (Č.).
Kolonščakov (J. E.) s. Piskovoj (F. R.).
Koloušek (J.) s. Valenta (M.).
Komárek (V.) s. Hrudka (F.).
Komarov (N. M.), **Gromychin (P. S.)** u. **Beljajev (A. I.)**, Laufstallhaltung d. Milchkühe 1150.
Kominz (D. R.), Methode für d. verbesserte Auflösung bas. Aminosäuren im automat. Aminosäurebestimmungsapparat 2125.
Komisarenko (V. P.), **Levčenko (M. N.)** u. **Klymenko (O. S.)**, Veränderungen d. Mineralstoffgehaltes im Blutserum unter d. Einfluß v. Splenin nach erfolgter Splenektomie u. Parathyreoidektomie 2007.

Komiyama (T.) s. Tanabe (Y.).
Kon (S. K.), Vitamin A u. B_{12} u. einige Bemerkungen zur Refektion 1937. — s. Plack (P. A.).
Konand (S. K.) u. **Cowie (A. T.)**, Milk, the mammary gland and its secretion [691]. — Milk, the mammary gland and its secretion [691].
Kondakov (A.), Traberzucht im Altai 498.
Kondo (A. K.) u. **Ross (E.)**, Einfluß einiger Melassebestandteile auf d. Wasserhaushalt bei Küken 1275. — Einfluß gewisser gegensätzlicher Ionenwirkungen auf d. Wasserhaushalt d. Kükens 1275.
Kondo (F.) u. **Hatano (T.)**, Studie über Cupferchlorophyll als ein Indikator für d. Verdaulichkeitsversuch 2339.
Kondo (H.) s. Yagi (K.).
Kondo (M.), Wirkung v. Fettsäuren auf d. Proteolyse v. Proteinen. *3.* Mitt. Hydrolyse v. Ovalbumin u. Serumalbumin durch verschied. Proteasen in Gegenwart v. Fettsäure 2341; *4.* Mitt. Papierelektrophorese- u. Dialyse-Analysen d. Reaktionsmischung v. Fettsäure mit Ovalbumin oder Serumalbumin 2341.
Kondra (P. A.), Einfluß v. farbigem Licht auf Wachstum u. Futterverwertung bei Hühner- u. Putenküken 1149.
—, **Richards (J. F.)** u. **Hodgson (G. C.)**, Wirkung v. Geschlecht, Fütterung u. Linie auf d. Fleischertrag u. seine Bestimmung bei Broilern 986.
Kondrup (E.) s. Hendrick (T. I.).
Konenenko (S. G.), Einfluß d. Melk- u. Futterzeiten auf d. Milchleistung d. Kühe u. Arbeitsproduktivität in d. Rinderzucht 736.
Koning (P. J. de), Gel-Filtration als neue Methode zur Herstellung v. lactosefreier Milch 2046.
Konja (E.) s. Bodja (K.); Tomaš (J.).
Konjuchov (B. V.), Frage d. krit. Perioden d. Entwicklung 1148.
Kononenko (N. V.) s. Bondarev (J. F.); Mokjejev (O. J.).
Kononov (L. D.) s. Protasenja (T. P.).
Konoplev (A. I.), Frage d. Mikroröntgenographie v. Knochen 6.
— u. **Roš (I. F.)**, Wachstum v. Saugferkeln u. einiger ihrer Röhrenknochen bei Zufütterung v. Vitamin C 599.
Konrad (H.), Standardisierung v. chem. u. physikal. Prüfmethoden im Jahre *1962* 1621. — s. Schwarz (H.).
Konstantinov (G.) s. Evtimov (B.).
Konstantinov (P.) s. Kalev (G.).
Koopmansch (W.) s. Depelchin (A.).
Koops (J.) s. Jenness (R.).
Kopanevič (P. P.), Wirkung d. Antibiotica auf gesunde Bienen 108. — Stimulierende Wirkung d. Antibiotica auf Bienenvölker 2320.
Kopecký (O.) u. **Pasičná (N.)**, Studium d. Möglichkeiten zur Durchführung v. orientierenden Prüfungen d. Mastfähigkeit in Gebrauchszuchten v. Schweinen 77.
Koplik-Kovács (É.), Die Putenzucht [2313].
Kopljar (M.) s. Oklješa (B.).
Koptev (V. S.), Kreuzung geograph. entfernter Bienenrassen 320.
Koptil'nikov (M.), Silierung mit d. Biopräparat „SKR“ 2378.
Kopylaš (P. V.) s. Klabukov (P. G.).
Kopylovskaja (G. J.), **Lebedev (B. I.)** u. **Svirina (Z. A.)**, Züchtungsarbeit in staatlichen Zuchtbetrieben 2530.
Korčagin (V. B.), **Surkova (K. I.)**, **Stepuškina (V. V.)** u. **Vakulenko (N. A.)**, Colorimetr. Methode zur Bestimmung d. Oleandomycins 1920.
Korčevoj (P. V.), Resultate d. Zuchtarbeit mit d. Schweinen d. Krolewezer Rassengruppe 1196.
Korchak (H. M.) s. Masoro (E. J.).
— u. **Masoro (E. J.)**, Veränderungen d. Gehaltes d. Enzyme d. Fettsäuresynthese während d. Hungerns 1264.
Kordjum (V. A.) s. Rubenčik (L. I.).
Koretko (V. N.) s. Sokolovskaja (I. I.).
Koriath (G.) s. Bergfeld (J.); Lenschow (J.).
—, **Piatkowski (B.)** u. **Lenschow (J.)**, Einsparung v. Tränkmilch u. Magermilch in d. Kälberaufzucht bei Verwendung v. Kälbernährmehl 958.
Korkman (N.), Besamung beim Rind 28.
Kormanovskaja (M. A.) u. **Kuznecov**

(A. A.), Züchter. Arbeit in d. Schweinezucht 1644.
Korn (E. D.), Lipoprotein-Lipase in Kuhmilch 705.
Korner (A.) s. Truman (D. E. S.).
Korolev (V. F.), Milking methods and milking machines [511].
Korostelev (V.), Intervalltraining v. Trabern 1859.
Korostovceva (N. V.), Methodik d. künstlichen Beatmung bei Versuchen mit Kleintieren 1577.
Korotov (G. P.), Milchfettgehalt bei Jakutsker Kühen 2511.
Korsakov (A. A.), Komplexeinrichtungen für d. Geflügelzucht 2482.
Korzenovsky (M.) s. Diller (E. R.).
Korzuev (P. A.), Unterschiede in d. Blutmenge u. d. Skelettgewicht in d. Embryonalperiode bei Säugetieren u. Vögeln u. ihre biolog. Ursachen 460. — Morphophysiolog. Grundlagen d. Milchfettgehalts in Verbindung mit d. Problem d. entfernten Hybridisation 1136.
—, **Nikol'skaja (I. S.)** u. **Radzinskaja (L. I.),** Physiolog. Besonderheiten d. postnatalen Entwicklung v. Sowjet. Merino- u. Precos-Schafen 1830.
Kosanović (M.) s. Obračević (Č.); Vukavić (D.).
Kosař (Jiři) u. **Šiler (R.),** Einfluß d. Weide auf d. Mastfähigkeit u. den Schlachtwert v. Schweinen 933.
Koševoj (V.) u. **Suchov (V.),** Gesundes Jungvieh 2070.
Kosičenko (L. P.), *24*-Stundenperiodizität d. Mitoserhythmus nach Einwirkung v. Gammastrahlen auf Mäuse 2016.
Kosiek (Z.), Bibliographie d. poln. Bibliographien d. Landwirtschaft [1114].
Kosikowski (F. V.), Chem. Rückstände in Nahrungsmitteln, gutes Ergebnis für Milch 260. — s. Benton (A. W.); Fincher (M. G.).
Koškin (I. N.) s. Orobinskij (I. I.).
Kosov (E. N.) s. Krasil'nikov (V. S.).
Kosswig (C.), Über präadaptive Mechanismen in d. Evolution v. Gesichtspunkt d. Genetik 1360.
Kostarev (G. K.), Überwinterung d. Bienen bei verschied. Futterzusammensetzung 1466.
Kostin (I. G.) s. Dobrynina (A. J.).
Kostjunina (V. J.), Dynamik d. Eiweißstoffe d. Blutserums bei hochleistungsfähigen Kühen in Abhängigkeit v. d. Fütterungstypen 1704.
Kostoff (S.) s. Iwanoff (P.).
Kostolanská (A.) s. Paulov (Š.).
Kostolanský (F.) s. Landau (L.).
Kostroň (K.), Zusammenhang v. Zahnfärbung u. Alter bei Nutrias 993. — Unfruchtbarkeit bei farmgezüchteten Silberfüchsen in d. ČSSR 1226.
Kostyra (J.), Verbindung d. Knochen in d. Gliedmaßen d. Hausschweines. *2.* Mitt. Verbindung d. Knochen d. Beckengliedmaßen 1808.
Kostyra (T.) s. Duniec (H.).
Kosych (A. P.), Erhöhung d. Fleischproduktion bei teilweiser Kastration d. Bocklämmer 2087.
Koszalka (T. R.), Mason (K. E.) u. **Krol (G.),** Beziehung v. Vitamin E zur proteolyt. u. autolyt. Aktivität d. Skelettmuskels 1035.
Kotaki (A.), Studien über Insulin. *3.* Mitt. Struktur d. Alanylkette v. Bonito-Insulin 1236.
Kotarbińska (M.) s. Braude (R.).
Kotenko (N. A.) s. Terechina (M. T.).
Kotogjan (A. M.), Beschreibung d. kaukas. Bienenpopulationen 1465.
Kotova (M. V.), Wirkung d. Antibiotica auf d. Wachstum d. Jungnerze 539.
Kotter (L.), Hygien. Überwachung d. Milch 488.
—, **Terplan (G.)** u. **Pfeiffer (G.),** Einfluß v. Desinfektionsmittelresten auf d. Beurteilung v. Milch 489.
Kotula (A. W.) s. Thompson (J. E.).
—, **Thomson (J. E.)** u. **Kinner (J. A.),** Bakterienzahl in Abhängigkeit v. Kühlprozeß bei Jungmastgeflügel 492.
Koubek (K.), Ausgeglichene Rinderfütterung aus physiolog., züchter. u. ökonom. Gesichtspunkten 507.
— u. **Hauptman (J.),** Schlußbericht über d. *1.* Forschungsabschnitt betreffs d. Unterbringung v. Milchkühen in Laufställen 1838.
Kováč (V.), Beitrag zur Fleischproduktion d. Veredelten Wallachischen Schafe in dem Betrieb d. Landwirtsch. Hochschule in Nitra 89.

Kováč (V.) u. **Podolák (A.)**, Jährliche Schurhäufigkeit bei Zigajaschafen 2302.
Kovačević (J.), **Čižek (J.)**, **Pavičević (L.)** u. **Kurjaković (V.)**, Salvia verticillata L., Asphodelus albus Mill. u. Rubus idaeus L. als Futterpflanzen für d. Schweinefütterung 2382.
Kovács (I.), Jahrbuch *1959/60* d. ungar. Geflügelherdbuchführung [309]*.
Kovacs (J.), Futterverwertung säugender ungar. Yorkshiresauen 972.
Kovalev (A. A.), **Markov (J. M.)** u. **Levanidova (Z. N.)**, Buchtenlose Haltung säugender Sauen mit Ferkeln 2293.
Kovalevskaja (N. K.), **Grinkevič (I. I.)**, **Makarov (A. A.)** u. **Petuchova (V. V.)**, Fütterung v. konservierten Futtermitteln an Zuchtvieh 2542.
Koval'skij (V. V.) u. **Šachova (I. K.)**, Aktivität d. Verdauungsfermente d. Schafe unter d. Bedingungen d. biogeochem. Borprovinz Nord-West-Kasachstans 1710.
Kovińko (D. A.), Ultraviolette Bestrahlung v. Enteneiern 99.
Kovyndikov (M. S.), **Prostjakov (A. P.)** u. **Fortušnyj (V. A.)**, Zustand d. Eiweißfraktionen im Blutserum trächtiger Kühe u. deren Kälber 1806.
Kowalczyk (T.), **Pope (A. L.)** u. **Sorensen (D. K.)**, Chron. Kupfervergiftung bei Schafen als Ergebnis zusätzlicher Spuren-Mineral-Salz-Fütterung 2608.
Kowalewski (K.), Serum-Hexamide u. Hydroxyprolin bei Junghennen, d. arteriogenes Futter erhielten 2148.
Kowkabany (G. N.) s. Schwane (R. A.).
Koyanagi (T.) u. **Odagiri (S.)**, Einfluß v. Vitamin A u. Oestradiol auf d. Cystin- u. Hydroxyprolingehalt d. Haut v. Ratten 819.
Koyasako (T.) s. Shigematsu (H.).
Kozel (P.) s. Kukta (G.).
Koželuha (V.) s. Horn (Arthur).
Kozin (R. B.), Überwinterung kaukas. Bienen im Jaroslawler Gebiet 2107.
Kožjakov (S. N.), Mehrschichtige Strukturkarten 1470.
Kozlík (V.) s. Bílek (J.).
Kožucharov (I.), **Bŭčvarov (A.)**, **Christov (D.)** u. **Penkov (I.)**, Wettbewerbsprüfung d. neuen Kokontypen u. Kreuzungen 1234.
Kozunin (I. I.), Neues Fluoreszenzproteinmeter 707. — s. Ustinov (D. A.).
Kraack (E.), Bedeutung d. Fische als Vitaminträger im Zusammenhang mit einer zweckmäßigen Nutzung d. Produktionsabfälle d. Fischverarbeitung als Futtermittel 1955.
Kraai (A.), How long do honey-bees carry germinable pollen on them? [1233].
Krabisch (H.) s. Seidel (K.-H.).
Kracht (W.) s. Hennig (A.).
Kraczkowska (J.) s. Wierzchowski (Z.).
Kraczkowski (H.), Eiweißkörper im Blutserum d. Hausgeflügels während d. Jahreszyklus 2449.
Kradolfer (F.) s. Sackmann (W.).
Krähenbühl (K.) u. **Tredup (W.)**, Anwendung d. Leistungsprinzips, entscheidendes Mittel zur Steigerung d. Produktion u. Arbeitsproduktivität 2058.
Kraft (A. A.), **Ayres (J. C.)**, **Weiss (K. F.)**, **Marion (W. W.)**, **Balloun (S. L.)** u. **Forsythe (R. H.)**, Einfluß d. Kühlmethode auf d. Mikroorganismenbesatz bei Puten 2492.
Kraft (H.), Jahreszeitlich unterschiedliches Auftreten v. Krankheiten u. Todesfällen beim Chinchilla 106. — Krankheiten d. Chinchilla 2316.
Krajnov (I. D.) s. Karpov (P. L.).
Kramarenko (L. P.) s. Parchomenko (J. S.).
Kramer (C. V.) s. Siegel (P. B.).
Kramer (D. H.) s. Mixner (J. P.).
Kramer (M.) u. **Tarján (R.)**, Wirkung v. Konservierungsmitteln auf d. Verwertung v. Carotin 597.
Kramer (M. F.), Bildung d. Samenzellen beim Bullen 905.
Kramer (R. F.) s. Pietro (C. di).
Kramerenko (N.) u. **Chalimon (A.)**, Gruppenweises Bewegen d. Zuchtbullen 2074.
Krampitz (G.) u. **Doepfmer (R.)**, Bestimmung v. freien Aminosäuren im menschlichen Ejakulat durch Ionenaustauscherchromatographie 333.
— u. **Knappen (F.)**, Therm. Copoly-

merisation v. Proteinhydrolysaten, d. ^{35}S-Aminosäuren enthalten, u. d. Verteilung d. radioaktiven Schwefels nach Verabreichung v. ^{35}S-markierten Aminosäure-Copolymeren an d. Ratte 1699.
Krasemann (E.) s. Schwarz (L.).
Krasikov (D. S.), Einfluß d. Temperaturverhältnisse auf d. Lebensfähigkeit v. Lämmern 251. — s. Karpov (P. L.).
Krasil'nikov (V. S.), Kosov (E. N.) u. **Ognetova (T. N.),** Organisation v. mechanisierten Komplexbrigaden in d. Schweinezucht 702; dass.: [2295].
Krasnikov (A.), Wege zur Verbesserung d. Kabardiner u. Karatschajewoer Pferde 2059.
Krasnova (A. G.) s. Budyka (I. C.).
Krasota (V. F.), Charakteristik d. typolog. Besonderheiten wachsender Tiere auf d. Grundlage des Studiums d. Reaktion des Verhaltens bei Kälbern 921.
Kratky (O.) s. Frisch (K. v.).
Kratochvíl (Z.), Atavismus u. Regressionserscheinungen im Gebiß v. Wölfen, Hunden u. Füchsen 1808.
Kratzer (F. H.) s. Langer jun. (B. W.).
— u. **Porter (J. W. G.),** Einfluß d. pH auf d. Proteinverdaulichkeit durch Pepsin in vitro 2570.
Kraus (H.), Untersuchung u. Beurteilung d. Leukose bei Schlachtrindern 263. — Neuzeitliche diagnost. Laboratoriumsverfahren unter bes. Berücksichtigung d. Clostridiennachweises im Rahmen d. bakteriolog. Fleischuntersuchung 2053.
Krause II (D.) s. Stöber (M.).
Krause (O.), Hat d. Anbindestall als Kaltstall eine Perspektive? 1403.
— u. **Böttcher (H.),** Zum Problem d. zweckmäßigen Größe v. Offenstallanlagen 929.
Krause (R. F.), In vitro-Stoffwechsel v. β-Carotin, d. mit ^{14}C gekennzeichnet wurde 1275.
Krausp (V.) s. Budso (I.).
Kraut (H. A.) s. Keller (W. D.).
Kravčenko (N. A.) u. **Benechis (B. M.),** Bewertung d. Vererbung v. Vatertieren nach d. Abstammung 2504.
Krawczyński (J.) s. Vrba (R.).
Krawielitzki (K.) s. Nehring (K.).
Krebs (W.), Rassegeflügel auf Hühnerleistungsprüfungen 1655.
Kreft (H. W.), Leistungseigenschaften v. Färsen verschied. Fleischrassen u. Typen 1431.
Kreier (J. P.) s. Reber (E. F.).
Kreil (W.) s. Berg (F.).
Kreitmeier (L. J.) s. Meincke (K.).
Kresák (M.), Akklimatisation d. Bienen 2318.
Kretchmer (N.) s. Doell (R. G.).
Kretzschmar (C.), Möglichkeiten zur Verhütung v. Verlusten bei Absetzferkeln 2294.
Kreuziger (E.), Der Film, ein wertvolles, aber oft mißbrauchtes Lehr- u. Beratungsmittel 1358. — Vorzüge u. Schwächen d. österreich. Agrarfilmes 2442.
Krieg (R.), Auswirkung v. gestaffelten Vitamin-A-Gaben auf Vitamin-A-Gehalt der Eier v. Weißen Leghorn 358. — Fütterungsversuch mit dl-Methionin u. seinem Hydroxyanalog (MHA) zur Einsparung d. tier. Eiweißes im Geflügelmastfutter 828.
Krieg (W.) s. Spitzmüller (E.).
Krieger (C. H.) s. Keane (K. W.).
Kriehn (U.), Vitamin-D-Mangelkrankheit 534.
Kring (P. L.) s. Tiews (J.).
Krinicin (D. J.) s. Akaevskij (D. I.).
Krischke (H.), Aus Stammherde v. *21* Karakulschafen wurden v. *1945* bis heute *3000* wertvolle Zuchttiere 1446.
Krishan (A.), Mikrochromosomen in d. embryonalen Mitose beim Haushuhn 1129. — s. Sharma (G. P.).
Krishnamurthy (S.) u. **Bieri (J. G.),** Antioxydantien in d. Nahrung in Beziehung zur Vitamin-E-Funktion 1711.
Krishnan (R.) s. Deyoe (C. W.).
Krisjuk (V. I.) s. Karpov (P. L.).
Kristensen (G.) s. Funch (J. P.); Hølmer (G.).
Kristensson (J.), Besamungstätigkeit in Amerika 66.
Krjutčenko (E. A.), Übergang zur Großgruppenhaltung v. säugenden Sauen 2523.
Kroeske (D.) s. Minkema (D.).
Krogh (N.), Untersuchungen über

Veränderungen im Pansensaft v. Schaf unter bes. Berücksichtigung d. mikrobiolog. Zusammensetzung bei Zusatz v. leicht verfügbaren Kohlenhydraten zum Futter. *1.* Mitt. Saccharose 132; *4.* Mitt. Identifizierung d. sich während d. Fütterungsversuche entwickelten Grampositiven Flora 341.

Krohn (H.), Optimales Stallklima im Zusammenhang mit baulichen Maßnahmen 2250.

Krok (G. S.), Einfluß verschiedenartiger Fütterung auf den Genitalapparat v. Sauen u. ihre Fruchtbarkeit 517. — Histostrukturelle Besonderheiten d. Milchdrüse bei Schweinen im Zusammenhang mit d. Alter u. d. Fütterungstyp 684.

— u. **Pilipenko (M. E.),** Histostrukturelle Besonderheiten d. embryonalen u. postembryonalen Ontogenese v. Küken in Abhängigkeit v. d. Brutbedingungen 27.

—, **Ščerbina (P. P.)** u. **Pilipenko (M. J.),** Einfluß des Mais-Möhren-Gärfutters bei d. Entenfütterung auf d. Embryogenese u. d. Schlupffähigkeit d. Küken 99.

Krol (G.) s. Koszalka (T. R.).

Kroman (H. S.) u. **Bender (S. R.),** Verbesserte Methode für d. chromatograph. Trennung v. Oestrogenen 2130.

Krompecher (St.), Lázsló (M. B.) u. **Oláh (E. H.),** Wirkung v. Mucopolysacchariden u. Kolloid auf d. Schilddrüsenfunktion 672.

Krook (L.) s. Lowrey (R. S.).

Kroontje (W.) s. Chin (W.-T.).

Krop (H.), Bedeutung d. Deutschen Rinderleistungsbuches für d. züchter. Fortschritt in d. ostfries. Schwarzbuntzucht 2506.

Krosegk (G.), Ergebnisse d. Zuchtleistungsprüfungen *1960/61* 514. — Blutgruppenforschung beim Huhn 1814; dass.: 2016.

Krüger (F.), Mathemat. Darstellung d. tier. Wachstums 1358.

Krüger (H.), Vergleichende stallklimat. Untersuchungen in Rinder- u. Schweineställen d. oberrhein. Tiefebene mit bes. Berücksichtigung d. Abkühlungsgröße 38.

Krüger (L.), Betriebswirtschaftliche Fragen d. Fleischerzeugung 974.

— u. **Meyer (F.),** Aufzucht v. Kälbern für d. Jungbullenmast 2283.

Krüger (S.), Amerikan. Auffassung zum Problem: Radioaktiver Niederschlag (Fallout) u. Haustiere 1153.

Krüger (W.), Vorkommen v. Listeria monocytogenes in d. verschied. Silagen u. dessen ätiolog. Bedeutung 2288.

Krüger (Werner), Institut für Milchforschung Oranienburg, wissenschaftlich-techn. Zentrum d. Milchindustrie d. DDR 1623.

— u. **Wenk (B.),** Milchindustrie d. DDR für d. Versorgung d. Verbrauchers mit Milch u. Milcherzeugnissen u. für d. Eiweißversorgung in d. Landwirtsch. 1414.

Kruel, Rezente Artbildung bei Schmetterlingen, Lymantriiden [2]*.

Krüpe (M.) s. Uhlenbruck (G.).

Kruger (F. A.) s. Cornwell (D. G.).

Krupp (G.), Industrialisierung d. landwirtsch. Produktion 1840. — s. Frey (J.).

Kruse (H.), Richtige Fütterung, Hauptfaktor für erfolgreiche Entenmast 535.

Kruse (K.) s. Woods (W. R.); Tillman (A. D.).

Krusen (F.), Auswirkung d. neuen lebensmittelrechtlichen Vorschriften auf Ernährung u. Landwirtschaft 2258.

Krŭstanov (C. V.), Versuche zur Fütterung d. für d. Mast bestimmten Bullenkälber mit stark vollmilcheingeschränkten Rationen 69. — Versuche zur Feststellung d. notwendigen Futtermengen für weibliche Absatzkälber u. Färsen in d. Bewässerungsgebieten Bulgariens 506. — s. Gerov (A. P.).

Krŭstev (V.) s. Nedjalkow (K.).

Krŭsteva (E.), Cobaltgehalt einiger Futtermittel 1237. — s. Kumanov (S.).

Krymskaja (É. K.) s. Judin (V. M.).

Krzywicki (K.) u. **Wismar-Pedersen (J.),** Sarkoplasma bei nomalem u. wäßrigem Muskelgewebe d. Schweines 1166.

Kshirsagar (K. K.) s. Deodikar (G. B.).

Kubasiewicz (M.), Geschichte d. Haustiere Pommerns 2218.
Kubíček (J.) s. Smišek (V. L.).
Kučerova (F. N.), Abkühlen d. Hühnereier in verschied. Etappen d. Embryogenese u. seine Bedeutung für Wachstum u. Entwicklung d. Küken 2467.
Kuchler (R. J.) u. **Grauer (R. C.)**, Pool d. freien Aminosäuren in Fibroplasten d. L-Stammes 348.
Kuck (J. A.), **Berry (J. W.)**, **Andreatch (A. J.)** u. **Lentz (P. A.)**, Mikrobestimmung v. Kohlenstoff u. Wasserstoff bei Anwendung nicht-disperser Infrarot- u. Wärmeleitfähigkeits-Analyse 126.
Kudoda (M. N.) s. Rollins (W. C.).
Kudrjaševa (E. T.) s. Lichačev (A. N.).
Kudrjavcev (A. A.), Physiolog. Begründung d. Normenindexe für Stallprojektion u. -bau 40.
—, **Andreev (M. N.)**, **Stepanov (E. M.)** u. **Gerasimov (S. N.)**, Lämmerlähme 1884.
— u. **Vertunov (A. I.)**, Anwendung radioaktiver Isotope in d. Viehwirtschaft 2132.
—, **Zacharova (F. V.)** u. **Andreev (M. M.)**, Wirkung geringer Dosen radioaktiven Phosphors (^{32}P) auf Wachstum u. Entwicklung d. Schweine 1148.
Kudrjavcev (P. N.) u. **Knjazev (K. I.)**, Kontrollwesen in d. Schweinezucht als eines d. wichtigsten Mittel zur Verringerung d. Futteraufwandes 742; dass.: Ergebnisse v. *1956/57* bis *1960/61* 1878.
Kudrjavcev (S.) s. Masliev (I. T.).
Kudrjavcev (S. S.), Leistungswert v. Fisch- u. Walmehl verschied. Herstellung 1955.
Kühn (C.), Lebensmittelüberwachung in d. DDR 1154.
Kühn (J.) s. Kühn (K.).
Kühn (K.), **Kühn (J.)** u. **Hannig (K.)**, Einwirkung v. Trypsin auf gelöstes Kollagen 1481.
Kühnau jun. (J.), Insulinwirkung am Rattendiaphragma 1258.
Kuemmel (D. F.), Chromatographische Quecksilberderivat-Methode für d. Trennung ungesättigter Fettsäureester 788.
Kündiger (H.), Betriebswirtschaftliche Fragen d. Schweinefleischerzeugung 1195.
Künzel (E.), **Fabian (G.)** u. **Burchard (G.)**, Entwicklung d. Hühnchens im Ei 683.
Küthe (G.), Beeinflussen d. durch d. Schlupftermin bedingten Kleineiermengen d. Erfolg d. Hühnerhaltung? 2091.
Küthe (K.), Zusammenarbeit zwischen Imkern u. amtlichem Pflanzenschutzdienst 2552.
Kugenev (P. V.) u. **Medvedeva (M. N.)**, Aminosäurezusammensetzung d. Milcheiweißes bei Harnstoffzugabe zur Futterration 2146.
Kuhlmann (W.), Trächtigkeitsdiagnose beim Schwein 2082.
Kuiken (J. R.) s. Owen (F. G.).
Kuksis (A.) u. **McCarthy (M. J.)**, Fraktionierung natürlicher Triglyceride nach Kohlenstoffanzahl durch Gas-flüssig-Chromatographie 788.
Kukta (G.) u. **Kozel (P.)**, D. Mechanisierung d. Arbeiten in d. Milchviehfarmen [2258].
Kulangara (A. C.) u. **Schechtman (A. M.)**, Übergang heterologer Serumproteine v. mütterlichen Organismus auf d. Fetus beim Kaninchen 1379.
Kulcsár (A.) s. Kulcsár-Gergely (J.).
— u. **Kulcsár-Gergely (J.)**, Versuche mit Oestrogenbelastung bei hypothyreot. Tieren 2013.
Kulcsár-Gergely (J.) s. Kulcsár (A.).
— u. **Kulcsár (A.)**, Zur Korrelation d. Eierstock- u. Schilddrüsenfunktion 21.
Kulikov (N. S.), Antibiotica u. Sulfamide gegen d. Europäische Faulbrut 112. — Spinnen, d. Bienen jagen 324. — Bekämpfung d. Braulese 1904. — s. Akramovskij (M. N.).
—, **Akramovskij (M. N.)** u. **Ščekin (E. D.)**, Antibiotica bei d. Faulbrut d. Bienen 2553.
Kuljabko (P. M.), Einfluß d. Thyreoidektomie auf d. Schweinemast 2012.
Kull (K.-E.), Neue Erfahrungen mit d. Aleutenkrankheit 2543.
Kulovich (M. V.) s. Gluck (L.).
Kulpe (E.), Mechanisierung d. Arbeiten in Offenstallanlagen 933.
Kumagaik (W.) s. Sakai (Y.).

Kumanov (S.), Zuckerrüben u. Kartoffeln als Viehfutter 1745.
— u. **Aleksiev (A.),** Einfluß d. Überschusses an Calciumsalzen auf d. Geschlechtsaktivität u. d. Sperma d. Hähne 1595.
—, **Aleksiev (A.)** u. **Tanev (D.),** Geeignete Fütterung für Zuchtböcke durch Auswertung d. Wahlvermögens d. Eizelle bei d. Befruchtung 1208, 1652.
— u. **Paliev (C.),** Einfluß d. Ernährung d. Kälber u. Färsen, gleichgeschlechtlicher Zwillinge, auf Wachstum, Entwicklung u. Leistung. *1.* Mitt. Untersuchungen bis zum *18.* Lebensmonat 958.
— u. **Stojanov (V.),** Einfluß d. Rohfaser auf d. Verdaulichkeit d. Rationen bei Hühnern, Enten, Puten u. Gänsen 797. — Untersuchung d. artbedingten Unterschiede in d. Verdauung d. Rationen bei Hühnern, Enten, Puten u. Gänsen sowie d. rasse- u. geschlechtsbedingten Unterschiede bei Hühnern 1019. — Herstellung u. Verwendung v. Amidschnitzeln 1306.
—, **Todorov (N.)** u. **Krŭsteva (E.),** Konservierung v. grüner Luzerne mit trockenen chem. Mitteln 1300.
— u. **Vŭlčev (P.),** Einfluß mancher Eiweißfutterstoffe auf d. Legeleistung d. Hennen 1214.
—, **Vŭlčev (P.), Stojanov (V.)** u. **Krŭsteva (E.),** Mast v. Lebergänsen 1220.
Kumar (Sharwan) s. Saxena (P. N.).
Kumar (Sudarshan) s. Kohli (M. L.).
Kummer (B.), Funktioneller Bau u. funktionelle Anpassung d. Knochens 445. — Funktionelle Anpassung u. Präadaptation 1361.
Kummerow (F. A.) s. Kokatnur (M. G.).
Kumta (U. S.) u. **Harper (A. E.),** Aminosäurebalance u. -imbalance. 7. Mitt. Einflüsse v. Aminosäurenzusätzen zur Kost auf d. Futteraufnahme u. d. Harnstoffkonzentration im Blut v. Ratten, d. mit eiweißarmen, fibrinhaltigen Rationen gefüttert wurden 1704.
Kundalkar (O. G.) s. Jalihal (M. R.).
Kunkel (H. O.), Tutt (F. E.), Reagor (J. C.), Glimp (H. A.) u. **Robbins (J. D.),** Pansenentwicklung v. Lämmern in Beziehung zu Gewichtszunahme, anabol. Oestrogenen, Antibiotica, Hydroxyzin u. Terephthalsäure 2346.
Kunter (E.), D. praktizierende Tierarzt bei d. hygien. Überwachung d. maschinellen Milchgewinnung 1621.
— u. **Ulbrich (F.),** Milchhygien. Untersuchungen in Fischgrätenmelkständen 1851, 2051.
Kunz (W.) u. **Kaiser (G.),** Wechselwirkung v. Ölsäure, Serumalbumin u. Ca^{20} mit Lebermitochondrien 2145.
Kupatz (B.) s. Altenkirch (W.).
Kupferschmied (H.), Deckstörungen beim Schwein mit Verletzung d. weiblichen Harnröhre u. Harnblase durch den Penis 238.
Kuppelmayr, Fortschritte in d. Herdbuchschweinezucht 744.
Kupsch, Neues aus d. Geflügelzucht u. -haltung in Brasilien 2092.
Kurdjukov (M. G.) s. Savroń (E. S.).
Kurelec (V.), Verwendbarkeit d. grünen u. einsilierten Silomais-Sojagemisches in d. Fütterung 383.
Kurganov (V. A.) s. Sokolovskaja (I. I.).
Kurjaković (V.) s. Kovačević (J.).
Kurmanov (I. A.), Entseuchung d. mit tox. Pilzen verseuchten Futtergetreides 166.
Kurnick (A. A.) s. Crowley (T. A.); Doberenz (A. R.); Tucker (H.).
—, **Hinds (H. B.), Pasvogel (M. W.)** u. **Reid (B. L.),** Beziehungen zwischen Energiegehalt in Legehennenrationen u. Umwelttemperaturen sowie d. Alter d. Tiere. *1.* Mitt. Einfluß auf Legeleistung, Körpergewicht u. Futterverwertung 1725.
Kurnosov (K. M.), Besonderheiten d. Entwicklung v. Zwillingslämmern im Mutterleib 683.
Kurov (J. A.), Geflügelstall d. Firma „Jamesway“ für *10000* Broiler 253.
Kurow (B. I.), Kalašnikow (A. I.), Samoletov (A. I.) u. **Zubcova (R. A.),** Normen u. Fütterungstechnik v. Junghühnern bei Trockenfütterung 1295.
Kurth (G.), Ernährungsbasis, Domestikation u. ihr möglicher Aussagewert für d. Rassendifferenzierung beim Homo sapiens 1579.

Kuryvial (M. S.) u. **Bowland (J. P.),** Zusätzliches Fett als Energiequelle im Futter v. Schweinen u. Ratten. *2.* Mitt. Verdaulichkeit v. Energie u. Stickstoff, d. Stickstoffansatz u. d. Fettbeschaffenheit d. Schlachtkörper 1047.
—, Bowland (J. P.) u. **Berg (R. T.),** Zusätzliches Fett als Energiequelle im Futter v. Schweinen u. Ratten. *1.* Mitt. Futter- u. Energieverwertung 1047.
Kuse (R.), Vergleichende Untersuchungen d. mitot. Wachstumsaktivität d. Thorax- u. Oberbauchorgane beim embryonalen u. fetalen Hühnchen 26.
Kuseń (S. J.), Phosphorverbindungen d. Wände d. Verdauungskanals bei Rindern 1474.
— u. Masljanko (N. F.), Physiologie d. Vormägen d. Rinder 2136.
Kuškova (G. P.) s. Lepeškin (V. I.).
Kušner (C. F.), Genet. Ausgangspunkte zur Erhöhung d. tier. Leistungen 34. — s. Dobrynina (A. J.).
— u. Novik (I. E.), Verwendung v. Samenplasma zur Spermaverdünnung 690.
Kusner (H. F.), Problem d. Heterosis in d. Stamm- u. Gebrauchszucht 2246.
Kuttler (K. L.) u. **Marble (D. W.),** Klin. Forschung: Parasitenbekämpfung beim Schaf auf berieselten Weiden 1511.
Kuzin (A. M.) u. **Lebedeva (N. E.),** Einfluß d. Choriongonadotropine auf einige Oxydationsprozesse in Geweben v. Tieren 2225.
Kuźmenko (V. P.) u. **Skvorcov (S. I.),** Automatisierter Schweinemaststall 1840.
Kuznecov (A. A.) s. Kormanovskaja (M. A.).
Kuznecov (I. A.) s. Lobanova (O. I.).
Kuznecova (E.) s. Čebotarev (I.).
Kuznecova (M.) s. Babin (P.).
Kuznječykov (L. O.), Einfluß d. Frierprozesses auf d. Gefrieren d. Bullenspermas 1828.
Kuzovenkova (E. G.) s. Gordienko (M. F.).
Kvitko (A.), Vererbung einer hohen Milchleistung bei d. Reinzucht 1863.
Kwa (H. G.) s. Tuyman (J. A.).
Kwasieborski (M.), Handbuch d. Rinderzucht [1194]. — D. Rindermast [2288].
Kwiatkowska (T.) u. **Witek (A.),** Einwirkung v. getrocknetem Grünfutter in d. Hühnerfütterung auf d. Legeleistung u. d. Schlupf im Vgl. zur Verfütterung v. Silage aus d. gleichen Futterpflanze 2381.
Kwiatkowski (T.) u. **Rogowska (W.),** Hämoglobinometrie 1365.
Kwong (E.) s. Pond (W. G.).

Laanmjaė (V. Ė.), Schweinekontrollmast in d. Estn. SSR 2078. — s. Kaarma (I. J.).
Labadan (M. M.), Castillo (L. S.), Ovejera (A. A.), Gerpacio (A. L.) u. **Javier (T. R.),** Verwertung v. Kokosfett im Tierbestand u. in d. Geflügelfütterung. *1.* Mitt. Broilerrationen 2168.
Laben (R. C.), Einfache Durchfluß-Küvette zur Bestimmung d. Milchproteins mittels Färbemittel 2487.
Laber (B.) s. Bertl (H.).
Labie (C.) u. **Barraud (C.),** Schinken v. salbenartiger Beschaffenheit 2053.
Labunskij (V. M.), Über d. Blutgruppen bei Schafen 234. — Isoantigene Unverträglichkeit v. Schafblut 234.
Labuschagne (D. G. F.) s. Merwe (F. J. van der).
Lacis (A. A.), Anderson (P. P.) u. **Kazarova (R. A.),** Vitaminwert v. Heu- u. Nadelmehl 389.
LaCour Jensen, Arbeitsaufwand in d. Hühnerhaltung 702.
Ladan (P. E.) u. **Bondarev (G. F.),** Ultraschall-Bestimmung d. Gesamtausbeute an Speck u. Fleisch beim lebenden Tier 2078.
—, Taričenko (I. I.) u. **Trevoga (I. A.),** Zucht v. Inzuchtebern 2080.
Laere (O. van), Weiselfuttersaft. *2.* Mitt. Produktionsmethoden 775.
Laferté (R. O.) s. Berlinguet (L.).
Laffer (N. C.) s. Schumaier (G.).
Lagace (A.) s. Weide (K. D.).
Lagerlöf (N.) u. **Sellergren (I.),** Beispielhafte Bekämpfung eines Erbfehlers 2031.
Lagervall (M.) s. Olsson (N.).
Lagerwerff (J. M.) s. Stromberg (M. W.).

Laird jun. (R.) s. Walker-Love (J.).
— u. **Robertson (J. B.)**, Vergleich v. Würfeln u. Mehl für wachsende u. Mastschweine 1950.
— u. **Walker-Love (J.)**, Zufütterung v. Kraftfutter an Hochleistungskühe auf d. Weide nach Milchleistung u. Jahreszeit 1722.
Laitnerová (N.), Mast- u. Schlachtleistungsprüfungen bei Schweinen im Jahre *1960* in d. Station Branky in Mähren 1644.
Lake (P. E.), Histochem. Nachweis einer Phosphomonoesterase-Sekretion im Genitaltrakt des männlichen Haushuhnes 905. — s. Bell (D. J.); Gilbert (A. B.).
Lalkov (E.) s. **Radev** (G.).
Lall (H. K.) u. **Razvi (A. H.)**, Kosten d. Milchproduktion 2484.
Lalor (R. J.), Nährstoffbedarf d. Nerzes 1223.
Lalov (C.) u. **Antonov (S.)**, Normalgehalt d. Serumeiweiße bei Kühen u. Kälbern 2485.
Lambert (J. L.) s. Zitomer (F.).
Lambourne (L. J.) s. Barrow (N. J.).
Lametrie (F.), Tiefgefrierergebnisse mit flüssigem Stickstoff im Gebiet v. Mayenne 2027.
Lamfrom (H.) u. **Squires (R. F.)**, Übertragung v. Aminosäuren auf Ribosome 1927.
Lamming (G. E.), Richtige Fütterung vor d. Paarung 526. — Einsatz v. Hormonen zur Auslösung d. Fortpflanzung außerhalb d. Brunst 2017.
Lamond (D. R.), Oestrus u. Ovulation beim Merinoschaf nach Verabreichung placentärer Gonadotropine 1134. — Einfluß d. Jahreszeit auf d. hormonell induzierte Ovulation bei Merinoschafen 1598.
— u. **Bindon (B. M.)**, Oestrus, Ovulation u. Fruchtbarkeit bei Merinoschafen nach Unterdrückung d. Ovarialzyklen mittels Progesteron 1594.
— u. **Lang (D. R.)**, Fortpflanzungshormone d. weiblichen Tieres 12.
— u. **Southcott (W. H.)**, Ein biolog. Oestrogentest am Schaf 1128.
Lampe (C. F. J.) u. **Noach (E. L.)**, Einfluß v. Testosteronpropionat auf d. Schilddrüsenfunktion 2456.
Lampe (J. E. M.) s. Dijkshorn (W.).
Lampen (J. O.) s. Sutton (D. D.).
Lampkin (G. H.) s. Howard (D. A.).
—, **Quarterman (J.)** u. **Kidner (M.)**, Weidegewohnheiten v. Kreuzungs- u. reinen Zebu-Ochsen im gemäßigten Höhenklima 927.
Lampkin (K.) u. **Howard (D. A.)**, Fleischerzeugung v. Zebu in Ostafrika. *4.* Mitt. Veränderungen d. Hämoglobingehaltes u. sein Verhältnis zur Fütterung v. Dicalciumphosphat 1709.
Lampman (C. E.) s. Sauter (E. A.).
Lancaster (R. J.) u. **McNaughton (M.)**, Wirkung d. Anfangsverdichtung auf d. Silage 383.
Landau (B. R.) s. Moriwaki (T.).
Landau (L.) s. Gažo (M.).
—, **Miček (J.)**, **Drobná (V.)**, **Babuškin (V.)** u. **Kostolanský (F.)**, Saison- u. klimat. Faktoren bei d. Fortpflanzung d. Gänse 1894.
—, **Peter (V.)** u. **Országh (V.)**, Rationalisierung d. Großproduktion v. Eiern u. Fleischgeflügel [1154].
Landis (J.), Quantitative Aspekte d. Proteinumsatzes bei laktierenden Ziegen 1930.
Landmann (W. A.), Bestimmung v. Nitrat u. Nitrit in Fleisch u. Fleischprodukten 943.
Lane (J. P.) u. **Bratzler (L. J.)**, Spektrophotometr. Messung v. Metmyoglobin in gefrorenen Fleischextrakten 2494.
Lang (D. R.) s. Lamond (D. R.).
Lang (K.) s. Kieckebusch.
Lang (Karl), Vorkommen v. Sarkosporidien in Fleischwaren, Beitrag zur Frage d. fleischhygien. Bedeutung d. Sarkozysten 2491.
Lang (O.), Gefriertrocknung v. Fleisch 53, 262.
Lang (R.) s. Wälzholz (G.).
Langbein (G.) u. **Meyer (M.)**, Neues Lösungsmittelsystem zur Papierchromatographie schwach polarer Steroidverbindungen 1486.
Lange (B.) s. Ketz (H.-A.).
Lange (H.) s. Thamm (H.).
Lange (R.) s. Pihl (A.).
Lange (W.), Physiolog. Probleme bei d. Entwicklung verbesserter Elektroweidezaunanlagen für Rinder 254.
Langendorf (H.), **Siebert (G.)**, **Lorenz**

(I.), Hannover (R.) u. **Beyer (R.),** Kationenverteilung in Zellkern u. Cytoplasma d. Rattenleber 1362.
Langer jun. (B. W.) u. **Kratzer (F. H.),** Wechselbeziehungen v. Vitamin-B_{12}-Gehalt u. Methionin-Biosynthese in Leberhomogenaten v. Puten 2146.
Langer (J.) s. Mührel (K.).
Langholz = Langholz (H. J.).
Langholz (H. J.) s. Haring (F.); Weniger.
Langlands (J. P.) s. Corbett (J. L.).
Langston (C. W.), Bouma (C.) u. **Conner (R. M.),** Chem. u. bakteriolog. Veränderungen in Gras-Silage während d. frühen Gärungsstadien. *2.* Mitt. Bakteriolog. Veränderungen 1732.
—, Conner (R. M.) u. **Morre (L. A.),** Wirkung v. Zink-Bacitracin auf Silage-Mikroorganismen 835.
—, Wiseman (H. G.), Gordon (C. H.), Jacobson (W. C.), Melin (C. G.), Moore (L. A.) u. **McCalmont (J. R.),** Chem. u. bakteriolog. Veränderungen in Gras-Silage während d. frühen Gärungsstadien. *1.* Mitt. Chem. Veränderungen 382.
Lanigan (G. W.), Silage. *1.* Mitt. Vergleichende Laboruntersuchungen über den Einfluß v. Melasse u. Natriummetabisulfit als Zusätze bei d. Konservierung v. Luzerne 378.
— u. **Catchpoole (V. R.),** Silage. *2.* Mitt. Wirkung d. Pflanzenreife v. Raygras u. Klee auf d. Silierung unter Labor-Bedingungen 1732.
Lansbury (T. J.), Protein zur Eierproduktion in Ghana. *2.* Mitt. Pflanzliches Eiweiß für wachsende Küken 1058.
— u. **McDow (M. G. C.),** Protein zur Eierproduktion in Ghana. *3.* Mitt. Bedarf an Vitamin B_{12}, Lysin u. Methionin 1514.
Lantsheere (W. V. de) = Vergote de Lantsheere (W.).
Lantzsch (H. J.) s. Lenkeit (W.).
—, Gütte (J. O.), Molnar (S.) u. **Lenkeit (W.),** Veränderung d. wahren Verdaulichkeit d. Futter-P während d. Gravidität u. Laktation d. Schweines bei konstanter Ernährung 593.
Lanz (E.), Beitrag zur Penisknickung beim Stier 238. — Erfahrungen mit „Vetacalm“, einem neuen Tranquilizer-Präparat, beim Rind 603.
Lapidus (L. A.) s. Arifov (U. A.).
Lapresle (C.) u. **Webb (T.),** Reinigung u. Eigenschaften eines proteolyt. Enzyms, Kaninchen-Kathepsin E u. weitere Untersuchungen mit Kaninchen-Kathepsin D 2555.
Larkin (V.) u. **Bokser (L.),** Durchgehende Mechanisierung in d. Geflügelzucht 2257.
Larsen (P. Olesen) = Olesen Larsen (P.).
Larson (A. L.) u. **Ederstrom (H. E.),** Durch Kälte, Epinephrin u. Norepinephrin bei Hunden verschied. Alters hervorgerufene Veränderungen d. Blutglucose 446.
Larson (B. Y.), Stärkeabbau im Pansen bei d. Fütterung gekeimten Getreides. *1.* Mitt. In Vitro-Methodik zur Beurteilung d. Abbauvermögens 2345.
Larson (L. L.) s. Zemjanis (R.).
Larson (R. L.) u. **Halverson (A. W.),** Proteinqualität eines Luzerne-Konzentrates 1730.
Larzelere (H. E.) s. Makens (J. C.).
Lascelles (A. K.), Absorption v. Serumalbumin u. Casein aus d. Milchdrüse beim Merinoschaf 2022. — Rückführung v. Milchbestandteilen durch d. Milchdrüse beim Schaf 2241. — s. Whittlestone (W. G.).
Laskov (A.), Tierärztliche Kontrolle während d. Trainings 499.
Laskov (A. A.) u. **Troickij (I. A.),** Fütterung v. Sportpferden 724.
Lasley (J. F.) s. Fahim (M. S.); Romack (F. E.).
Lasley (J. L.) s. Day (B. N.).
Lassiter (C. A.) s. Brown (L. D.).
—, Brown (L. D.) u. **Keyser (D.),** Bewertung v. Diammoniumphosphat als Stickstoffquelle für Wiederkäuer 1705.
Lászlo (É.) u. **Szabó Szücs (J.),** Herstellung v. Carotin durch ein mikrobiolog. Verfahren 2391.
Laube (W.), Winterfütterung v. Milchvieh (*1962/63*) 1430. — s. Nehring (K.); Weißbach (F.).
— u. **Weißbach (F.),** Schweinemastversuche mit verschied. **Fischsila-**

gen u. chem. konserviertem Schlachtblut 1723.
Lauber (J. K.) s. Shutze (J. V.).
Laue (W.) s. Rummler (H.).
Lauprecht (E.), Saathoff (T.) u. **Walter (E.),** Zum Einfluß d. Säugeleistung auf d. Rückenspeckdicke v. Sauen 79.
Laurent (C. K.) s. Noles (R. K.).
Laurentowska (C.) s. Pujszo (K.).
Lauterbach (D.) s. Freerksen (E.).
Lauvergne (J.-J.) s. Florentin (P.).
Lauwe (J.), Veröffentlichung u. Auswertung prakt. Forschungsergebnisse für d. betriebswirtsch. Beratung 1358.
Lavie (P.) u. **Louveaux (J.),** Versuchsstation für Bienenkunde d. I. N. R. A. 2317.
Lavrechin (F. A.), Vereinzelte Bienen u. d. Entstehen d. gesellschaftlichen Lebens bei den Insekten 318.
Lavrov (L. S.), Biberzucht schneller entwickeln 540.
Lavrov (O. B.) s. Morozov (V. A.).
Law (M. D.) s. Swell (L.).
Lawler jun. (M. R.) s. Feldman (G. L.).
Lawn (L.) u. **McCance (R. A.),** Erfahrungen mit einer künstlichen Placenta. *1.* Mitt. Prinzipielles u. erste Ergebnisse 460.
Lawrence (J. C.) s. Carney (S. A.).
Lawrence (W. C.) s. Nichols (W. W.).
Lawrie (R. A.) s. Gatherum (D. P.).
Laxinarayana (H.) s. Rao (S. R.).
Lazarov (E.) s. Donev (K.).
Lazarov (J.), Vitamin-B_{12}-Biosynthese im Pansen d. mit verschied. Rationen gefütterten Wiederkäuer 342.
— u. **Stančeva (L.),** Magensaftabsonderung u. Magenperistaltik d. Schweine bei Trocken- u. gewöhnlicher (Naß-)Fütterung 573.
Lázsló (M. B.) s. Krompecher (S.).
Lazurkevič (Z. M.) s. Rubenčik (L. I.).
Lea (C. H.) s. Carpenter (K. J.).
— u. **Swoboda (P. A. T.),** Einfaches Vakuumdestillationsverfahren zur Bestimmung des flüchtigen Carbonylgehaltes autoxydierter, eßbarer Fette 121.
Lea (M. A.) u. **Walker (D. G.),** Änderungen im Glucose-6-phosphat-Stoffwechsel während d. Entwicklung 2583.
Leach jun. (R. M.) s. Zeigler (T. R.).
—, **Norris (L. C.)** u. **Scott (M. L.),** Wirkung v. Diaethylstilboestrol auf Cholinmangel beim Küken 2156.
—, **Turk (D. E.), Zeigler (T. R.)** u. **Norris (L. C.),** Molybdän in d. Geflügelfütterung 815.
Leake (N. H.) s. Pulliam (R. P.).
Learmonth (E. M.) u. **Wood (J. C.),** Trypsininhibitor in Weizenmehl 2556.
Leat (W. M. F.), Untersuchungen mit Rationen für Schweine mit verschied. Gehalten an Linolsäure 1706. — s. Howard (A. N.).
—, **Cuthbertson (A.), Howard (A. N.)** u. **Gresham (G. A.),** Verteilung u. Fettsäurezusammensetzung d. Depotfettes v. Schweinen, d. mit synthet. Diäten mit u. ohne Fett aufgezogen wurden 1496.
LeBaron (F. N.), Hauser (G.) u. **Ruiz (E. E.),** Auftreten u. Stoffwechsel proteingebundener Phosphoinositide verschied. Lipoproteide d. Gehirns 1024.
Lebedev (B. I.) s. Kopylovskaja (G. J.).
Lebedev (I.), Verbesserung d. Cholmogoryer Rinder 2502.
Lebedev (I. A.), Einfluß d. Fütterung auf d. Entwicklung d. Knochengerüstes u. d. Milchleistung bei Färsen 2248. — s. Zacharova (F. V.).
Lebedev (L. S.), Wirtschaftlich-biologische Eigenschaften v. Jungrindern aus d. Kreuzung v. Rassen d. Milch- u. Milchfleischrichtung mit Herefordbullen 733.
Lebedev (M. M.), Leistungssteigerung landwirtsch. Nutztiere. Neues in d. Züchtung landwirtsch. Nutztiere [472]. — Ergebnisse d. Arbeit d. Puschkin-Laboratoriums für d. Züchtung landwirtsch. Nutztiere 2441.
Lebedeva (N. E.) s. Kuzin (A. M.).
Lebedeva (N. M.), Harnsteinerkrankung bei Nerzen 2543.
Lebedinskij (A. V.) u. **Moskalev (J. I.),** Die biolog. Wirkung d. Strahlung u. Fragen d. Verteilung radioaktiver Isotope [2235].
Lebel' (L. D.) s. Zelenskij (G. G.).

Lecce (J. G.) u. **Morgan (D. O.)**, Einfluß d. Fütterung auf d. Anpassung d. intestinalen Resorption großer Moleküle beim neugeborenen Schwein u. Lamm 1925.
—, **Morgan (D. O.)** u. **Matrone (G.)**, Immunelektrophoret. Serumproteinveränderungen bei Ferkeln mit unterschiedlichen Diäten von d. Geburt bis zur Reife 2361.
Leclercq (M.) u. **Derivaux (J.)**, Bestimmung d. Urin-Oestrogene am Ende d. Schwangerschaft d. Kuh 1599.
Lecomte (J.), Befruchtung bei d. Sonnenblume Helianthus annuus L. 999. — Methodik v. Populationsuntersuchungen bei blütenbestäubenden Insekten 1665.
Ledford (R. A.) s. Dougherty (R. W.); Shipe (W. F.).
Lee (J. B.), **Vance (V. K.)** u. **Cahill jun. (G. F.)**, Stoffwechsel v. mit ^{14}C markierten Substraten in d. Rinden- u. Marksubstanz d. Kaninchenniere 896.
Lee (J. S.), Bestimmung d. ^{18}O-Konzentration v. Zuckern u. Glykogen 793.
— u. **Litson (N.)**, Fehlen d. ^{18}O- u. Deuteriumeinbaus aus Wasser in festgebundene Stellungen v. Glucose während d. intestinalen Absorption 339.
Lee (J. W.), Nichtproteinstickstoff im Weizenmehlteig 1908.
Lee (M.), **Debro (J. R.)** u. **Lucia (S. P.)**, Beeinflussung d. Aktivität v. Glucose-6-phosphatdehydrogenase u. 6-Phosphogluconsäuredehydrogenase durch Thyroxin u. d. Art d. Fütterung 1039.
—, **Hartley (F. G.)** u. **Lucia (S. P.)**, Einige Beziehungen zwischen d. Einschränkung d. Energiezufuhr u. d. Körpergewicht d. Ratte. *3.* Mitt. Pyridinnucleotidniveau u. Acetat-*1*-^{14}C-Inkorporation in Fette in vivo u. in vitro 2353.
— u. **Lucia (S. P.)**, Beziehungen zwischen d. Einschränkung d. Energiezufuhr u. dem Körpergewicht d. Ratte. *1.* Mitt. Körperzusammensetzung, Leberfette u. Organgewichte 160; *2.* Mitt. Stoffwechsel radioaktiver Glucose u. d. Aktivität einiger TPN-gebundener Enzyme in d. Leber 161.
Lee (M.), **Mehta (R.)**, **Lucia (S. P.)** u. **Cailleau (R.)**, Aminosäurengehalt u. Nährwert v. Casein aus Ziegenmilch 485.
Lee (R. H.), **Angeletti (P. U.)** u. **Caramia (F. G.)**, Studium über Protein u. Enzym im Hirn sich entwickelnder Küken 328.
Lee (S. D.) u. **Williams (W. F.)**, Umsatzgeschwindigkeit v. Acetat, bestimmt durch zwei sich überlagernde Techniken 1020; dass.: beim Rind 1020.
Leech (F. B.), Disease, wastage and husbandry in the British dairy herd [1643].
Leefe (J. S.) s. Ashton (G. C.).
Leek (B. F.) s. Dougherty (R. W.).
Leeman (S. E.) s. Yates (F. E.).
—, **Glenister (D. W.)** u. **Yates (F. E.)**, Charakterisierung eines Hypothalamusextraktes v. Kalb mit adrenocorticotropinfreisetzender Wirkung 10.
Lees (T. M.) u. **Muria (P. J. de)**, Methode zur Herstellung v. Dünnschichtchromatographieplatten 782.
Leesch (H.-L.), Ferkelverluste senken 2294.
Lefort (D.) s. Paquot (C.).
Legates (J. E.) s. Poston (H. A.); Smith (J. W.).
Legault (C. R.) u. **Touchberry (R. W.)**, Erblichkeit d. Geburtsgewichtes u. seine Beziehungen zu d. Leistungen d. Milchkühe 2278.
Legay (J.-M.) u. **Teulade (P.)**, Empfindlichkeit d. Entwicklungsdauer d. Eier v. Bombyx mori gegenüber X-Strahlen, wenn d. Bestrahlung einige Stunden nach Inkubationsbeginn erfolgt 1906.
Le Guelte (P.) s. Dumont (B. L.).
Lehmann (H.) s. Bergner (H.).
Lehmann (I.) s. Hattenhauer (H.).
Lehner (M.), Erfahrungen mit d. Futterdose 1467.
Lehninger (A. L.), Wasseraufnahme u. -abgabe durch Mitochondrien in Beziehung zur oxydativen Phosphorylierung 1928.
Leibetseder (J.), Wertbeurteilung v.

Untersuchungsmethoden mit Hilfe statist. Analysen 1238. — Biostatist. Beitrag (Modellfall) zur Geschlechtsbestimmung 2443.
Leibholz (J. M.), Speer (V. C.) u. **Hays (V. W.)**, Einfluß d. Futtermangans auf d. Ferkelentwicklung u. d. Gewebemanganspiegel 2596.
Leidl (W.) s. Berchtold (M.).
— u. **Walser (K.)**, Überprüfung v. Melkmaschinen im Rahmen d. Mastitisbekämpfung 75.
Leistner (W.), Haltbarkeitsverlängerung v. Fleisch durch ultraviolette Strahlen 262.
Leluc (M.), Rationalisierung d. Arbeit im Offenlaufstall bei kleineren u. mittleren Beständen 1836.
Lemay (J. P.) s. Bernard (C.).
Lembke (A.) s. Frahm (H.).
Lemburg (P.), Histophysiolog. Untersuchungen zum Problem d. Flüssigkeits- u. Stofftransportes in d. frühen Embryonalentwicklung. Experimentelle Studien am Fruchthüllensystem v. Hühnerei 1600.
Lemcke (B.) u. **Gastmeier (W.)**, Mast ganzer Würfe bis zum Alter v. *12* Monaten zur Feststellung d. Rentabilitätsgrenze in d. Schweinemast u. Abhängigkeit v. d. Wurfgröße sowie v. Alter, v. Gewicht u. v. d. Typenzugehörigkeit d. Tiere 748.
Lemeš (V. F.) u. **Bugakov (A. V.)**, Mischsilage in d. Entenzucht 2313.
Lemley-Stone (J.) s. Merrill (J. M.).
Leng (R. A.) u. **Annison (E. F.)**, Stoffwechselaktivität v. Schaferythrocyten. *1.* Mitt. Glykolyt. Aktivität 227; *2.* Mitt. Formatstoffwechsel 228. — Stoffwechsel v. Essig-, Propion- u. Buttersäure in Leberschnitten v. Schafen 2139.
Lengemann (F. W.), Verteilung v. radioaktivem Strontium u. Caesium in Milch u. Milchprodukten 485. — s. Binnerts (W. T.).
Lengyel (P.) s. Basilio (C.); Speyer (J. F.).
—, **Speyer (J. F.), Basilio (C.)** u. **Ochoa (S.)**, Synthet. Polynucleotide u. d. Aminosäurecode. *3.* Mitt. 2357.
—, **Speyer (J. F.)** u. **Ochoa (S.)**, Synthet. Polynucleotide u. d. Aminosäurecode. *1.* Mitt. 2356.
Lenkeit (W.) s. Lantzsch (H. J.).
—, **Molnár (S.), Lantzsch (H. J.)** u. **Gütte (J. O.)**, Untersuchungen über den Beginn d. Mobilisierung d. eingelagerten Körperreserven v. Ca, P u. N im Graviditäts-Laktations-Zyklus bei Sauen 592.
Lenne (H. A.), Tankmilcheinsammlung v. Standpunkt d. Farmers 1852.
Lenschow (J.), Fragen d. Linienzucht bei Rindern 64. — s. Koriath (G.); Liebenberg.
—, **Splettstößer (H.), Koriath (G.)** u. **Otto (E.)**, Kreuzungsversuche mit Jerseys 277.
Lensky (J.) u. **Darchen (R.)**, Bau v. Königinnenzellen in d. Gegenwart von mehreren Königinnen (Apis mellifica, var. ligustica) 1666.
Lensky (Y.) s. Fresnaye (J.).
Lentz (C. P.) s. Berg (L. van den).
Lentz (P. A.) s. Kuck (J. A.).
Leon (H. A.), Arrhenius (E.) u. **Hultin (T.)**, Wirkungen einer Glucocorticoid-Behandlung auf d. Einbau v. markierten Aminosäuren in Protein durch zellfreie Rattenlebersysteme 2586.
Leong (K. C.), Jensen (L. S.) u. **McGinnis (J.)**, Einfluß einer Wasserbehandlung u. Enzymsupplementierung auf d. verwertbare Energie d. Gerste 1729.
Leont'ev (V. G.) s. Šachidžanjan (L. G.).
Leoschke (W. L.), Wirtschaftlichkeit d. Proteins 1224.
Lepatina = Lopatina.
LePecq (J. B.) s. Talaer (J. Y.).
Lepeškin (V. I.) u. **Kuškova (G. P.)**, Ergebnisse d. Bonitierung u. Auslese v. Kaninchen 2313.
Lepiksaar (J.), Die vor- u. frühgeschichtlichen Haustiere Südschwedens 2219.
Lépine (G.) s. Rombauts (P.).
Lepore (P. D.), Miller (R. F.) u. **Siegel (H. S.)**, Toxizität d. Mo bei sich entwickelnden Kükenembryonen 2158.
Lepp (A.) s. Lew (M.).
Lequin (H. C.) u. **Steyn-Parvé (E. P.)**, Aspekte d. Glucose-Stoffwechsels normaler u. alloxandiabet. Ratten 1253.

Lerche (F.), Viehkauf [268].
Leroux (M.) s. Tarr (H. L. A.).
Le Roy (H. L.), Korrigierter Heritabilitätskoeffizient 1130. — Beurteilung phänotyp. normaler Bullen bezüglich rezessiv ererbter Defektmerkmale 1635. — Künstliche Besamung u. Inzucht in d. Rinderzucht 1639. — Ronald A. Fisher, F. R. S., *17.* Februar *1890* bis *29.* Juli *1962* 1801.
Leroy (P.) u. **Benoit (J.),** Begrenzte Depigmentation d. Gefieders bei Roten Rhodeländer-Hähnen infolge subcutaner Hodenpfropfung 2231.
Le Roy Knehl, Zustand d. Desoxyribonucleinsäure im Zellkern 344.
Leschik (J.), Verbesserung bestehender Offenstallanlagen 477.
Lesperance (A. L.) s. Bohman (V. R.).
Leßmann (G.) s. Heermann (K. H.).
Leucht (K.), Wachstumsbeeinflussung durch Verfütterung v. Natriumsalicylat an Jungtiere 2157.
Leušin (S. G.) s. Budyka (I. C.).
Levan (A.) s. Nichols (W. W.).
Levanidova (Z. N.) s. Kovalev (A. A.).
Levčenko (I. A.) u. **Zdochnenko (V. G.),** Wann soll man Bienen an Bienenweiden heranführen? 109.
Levčenko (M. N.) s. Komisarenko (V. P.).
Leveck (H. H.), *75.* Jahresbericht d. Mississippi Agricultural Experiment Station 2443.
Leveille (G. A.) u. **Sauberlich (H. E.),** Einfluß d. Höhe d. Proteingaben auf d. Serumproteinkomponenten u. d. Cholesterin v. wachsenden Küken 586.
—, Shockley (J. W.) u. **Sauberlich (H. E.),** Lipidgehalt v. Hühnchenerythrocyten u. -plasma 893.
Leveneć (I. P.), Erfolgreiche Überwinterung d. Bienen in Abhängigkeit v. d. Stärke d. Bienenvölker 2320.
Levenko (V.), Gestüt v. Frunse 2059.
Leverton (R.) s. Acker (D.).
Levin (N. M.) s. Polivanova (T. M.).
Levine (L.) s. Cahn (R. D.).
Levin Hansen (H.), Stickstoffgehalt v. Rindfleisch 1853.
Levitt (M. S.) s. Ryley (J. W.).
—, Taylor (V. J.) u. **Hegarty (A.),** Grassilagen v. Weiden mit einem überwiegenden Bestand v. Paspalum dilatatum in SO-Queensland. *1.* Mitt. Vergleich u. Wirksamkeit d. Sicherungszusätze Metabisulfit u. Melasse 2164.
Lew (M.), Lepp (A.) u. **Starr (P.),** Anzeichen v. Synergismus zwischen D-Thyroxin-Natrium u. Methyltestosteron bei jungen Hühnern 448.
Lewicki (C.) u. **Wójciak (M.),** Fischabfälle als Schweinefutter. *2.* Mitt. Verdaulichkeit u. Assimilation v. Nährstoffen in Futtergaben enthaltend Fischmehl u. Fischsilage 388.
Lewis (D.) s. Bayley (H. S.); Robinson (D. W.); Smith (G. H.).
Lewis (O. A. M.) s. Donoso (G.).
Lewis (P. K.) s. Brown (J.).
Lewis jun. (P. K.), Brown (C. J.) u. **Heck (M. C.),** Wirkung d. Behandlung vor dem Schlachten auf bestimmte chem. u. physikal. Daten v. einigen Rinder-Muskeln 941.
Lewis (T. R.) u. **Emery (R. S.),** Relative Desaminierungsraten v. Aminosäuren durch Pansenmikroorganismen 794. — Aminosäuren-Stoffwechsel im Rinderpansen 2344.
Lewis (U. J.) s. Reisfeld (R. A.).
Li (A. B.) s. Ptaškin (A. A.).
Liang (Chi-Chin), Experimenteller Thiaminmangel. Tendenzen d. Ketosäure-Bildung u. Entdeckung v. Glyoxylsäure 164. — Untersuchungen über experimentellen Thiamin-Mangel. *3.* Mitt. Glyoxylsäure, Citronensäure u. Gewebestoffwechsel 2352.
Liberatori (J.) s. Ambrosino (C.).
Liberman (R.), Netzhaut-Cholinesterase u. Glykolyse bei Ratten, d. im Dunkeln gehalten wurden 139.
Lichačev (A. N.) u. **Kudrjaševa (E. T.),** Nahtlose Thermosbehälter aus Polystyrol für d. Spermatransport 2026.
Lichonosova (N. D.), Einfluß hoher Carbamiddosen auf d. Verdauungsprozesse bei Schafen 2573.
Lie (K. B.) u. **Nyc (J. F.),** Chromatographie v. Lipiden in Analysenröhrchen, d. mit einer dünnen Schicht v. Kieselsäure überzogen sind 1684.
Liebenberg, Mudra, Lenschow u. **Jan-**

nermann, Euterentwicklung u. -beeinflussung 503.
Liebenberg (O.), Moderne Schweinezucht u. -haltung 1440. — Kälber- u. Jungviehaufzucht 1640. — Steigerung d. Produktion u. d. Arbeitsproduktivität in d. Viehwirtschaft 1839.
Liebetrau (R.) s. Bühner (F.).
Liebke (H.) s. Wellmann (G.).
Liebscher (W.) s. Boller (R.).
Ließ (J.) u. **Grove (D.)**, Die „verlorenen Packungen" beim kurzfristigen Versand v. kleinen Mengen Tiefgefriersamen 1604.
Lifson (N.) s. Lee (J. S.).
Lightbody (L. G.) s. Murray (A. J. W.).
— u. **Murray (A. J. W.)**, Einfluß wechselnden Unterdrucks beim Maschinenmelken auf d. Melkleistung bei austral. Illawara-Shorthorns 738.
Likins (R. C.) s. Menczel (J.).
Lilleng (H.), Verbesserung d. Stallklimas in einem Rinderstall durch Verstärkung d. Wärmedämmung u. Einbau eines Lüfters 2477.
Lilliehöök (B.), Schwed. Erfahrungen mit Offenställen 931. — Bauberatung bei d. Errichtung v. Rinder- u. Schweineställen in Schweden 1402.
Lindahl (I. L.) s. Dougherty (R. W.).
Lindahl (P. E.) u. **Wedin (K.)**, Untersuchung spermicider Wirkungen mit einer photograph. Methode. Wirkung v. Natriumfluorid 1825.
Lindauer, Gegenseitige Verständigung im Bienenstaat 317.
Lindberg (E.), SRB, NRF in Norwegen 1423.
Lindegren (C. C.), Chromon-Theorie d. Mitose 2458.
Linden (O. zur), Hannoversche Geflügelwirtschaft, gestern u. heute 1885.
Lindenmaier (P.) s. Sandoval Juárez (J.).
Lindh (J.) s. Forsberg (J.-G.).
Lindner (H. R.), Verteilung v. Androgenen auf d. Lymphe u. d. venöse Blut d. Hodens beim Schafbock 2228.
Lindner (K. E.), Über die „Inhibine" im Honig 322. — Zusammensetzung d. Naturhonige 997. — Antimikrobielle Wirkung d. Naturhonige 1232.
Lindqvist (B.) s. Storgårds (T.).
Lindsay (D. B.) s. Annison (E. F.).
Lindt (S.), Fütterungsbedingte Schäden beim Schwein 2158.
Linke (H.), Histolog. Untersuchung im Rahmen d. Auslandsfleischuntersuchung 1415. — Begriff „Fleisch" im Sinne d. Fleischbeschaurechtes 1624.
Linkenheimer (W. H.), Eisen, sein Stoffwechsel u. seine Anwendung bei d. Ferkelanämie 1032.
— u. **Berger (H.)**, Wirkung v. kontinuierlicher Antibioticafütterung auf d. Mortalität nach Röntgenbestrahlung bei Mäusen 1283.
Linzell (J. L.), Auswirkungen d. Denervierung u. Transplantation d. Milchdrüsen 1582.
Lipmann (F.) s. Chapeville (F.).
Lipping (V.), Alexandrower Gestüt 2059.
Lis (H.) s. Winnick (R. E.).
Lisicin (J. P.) s. Cirel'son (N. B.).
Lisicyn (A. P.), Entwicklungsmäßige Veränderungen d. Merkmale des Blutes bei geschlechtsreifen weiblichen Silberschwarz-Füchsen 5.
Lisovik (S.) s. Sidorenko (B.).
Lissau (Ä.) s. Wagner (H.).
Litscher (G.), Gelbviehzucht in d. Steiermark 1423.
Litvinenko (I. T.) s. Baranov (G. F.).
Livingston (H. G.), **Payne (W. J. A.)** u. **Friend (M. T.)**, Harnstoffausscheidung bei Wiederkäuern 803.
Livingstone (R. M.) s. Lucas (I. A. M.).
Lizal (F.), **Höll (Č.)** u. **Šramek (J.)**, Steigerung d. Leistung d. Rinder [2288].
— u. **Opletalová (L.)**, Harnstoffausnützung in d. Futterration d. Milchkühe. *1.* Mitt. Harnstoff in d. Kraftfuttermischung 2161.
Ljubarskaja (M. A.) s. Novikov (B. G.).
Ljubimov (J. A.) s. Terechina (M. T.).
Ljubimov (L. T.), Theoret. Grundlagen d. Aufzucht v. hochleistungsfähigem u. langlebigem Milchvieh 1868.
Ljungren (B.) s. Storgårds (T.).
Llorico (B. F.) s. Eusebio (J. A.).

Lloyd (A. G.), Fraktionierung d. Veresterungsprodukte v. Monosacchariden mit Schwefelsäure an Anionen-Austauscherharz 1009.
Lloyd (L. E.) s. Costain (R. A.); Crampton (E. W.); Donefer (E.).
—, Crampton (E. W.), Costain (R. A.) u. **Mowat (D. A.),** Anwendung elektron. berechneter Rationen mit Minimalkosten bei d. Prüfung d. Eignung d. Futterstandards für früh abgesetzte Schweine 1203.
Lobanova (O. I.), Vlasova (S. I.) u. **Kuznecov (I. A.),** Erfahrungen mit d. Verfütterung v. Silage an Milchkühe im Sommer 170.
Lobašev (M. E.), Lopatina (N. G.), Nikitina (I. A.) u. **Česnokova (E. G.),** Physiolog. Orientierungsmechanismus d. Honigbienen im Raume 1228.
Lobban (J. M.), Produzieren wir d. richtige Schwein? 1195.
Lobmaier (G.), Fleischleistungsprüfung beim Rind 1631.
Lobzov (K. I.), Eiweißstoffe u. Cholesterol- u. Phosphatid-Eiweißkomplexe im Blut v. Kühen mit unterschiedlichem Fettgehalt d. Milch 1805. — Elektrophoret. Fraktionen d. Molkeneiweißstoffe u. d. Proteid-Lipoid-Komplexe bei d. Kühen d. Jersey- u. d. Schwarzbunten-Rasse 2332.
Lockett (M. F.) s. Bhagat (B.).
Lodge (G. A.), Erwartet man v. Bacon-Schweinen zu viel? 2083.
Lodge (J. R.) u. **Salisbury (G. W.),** Einleitung des anaeroben Stoffwechsels v. Säugetier-Spermien durch Kohlendioxyd 916.
Löber (G.), Methoden der elektrochem. Sauerstoffmessung für biochem. Probleme 337.
Löhle (K.) s. Hofmann (F.).
— u. **Barfuss (E.),** Körpergewichtsentwicklung bei Weißen Leghorn- u. Rebhuhnfarbigen Italiener-Hennen 250.
— u. **Mulsow (D.),** Körpergewichtsentwicklung, Futterverzehr u. Legeleistung bei Weißen Cornish 1212.
— u. **Richter (W.),** Mastversuch mit geschorenen Broilern 1891.
Löhr (H.) s. Jordan (J.); Südhof (H.).
Löliger (H. C.), Moderne Fütterungsmethoden, prophylakt. Schutzimpfungen u. Selektion kranker Tiere im Rahmen d. präventiven Krankheitsbekämpfung in neuzeitlichen Nerzzuchtbetrieben 314. — Geschwulstbildungen beim Nerz 1225.
Loen (A. van), Maßstabsfragen d. Fortpflanzungsfähigkeit d. Rindes 1637.
— u. **Dieten (S. W. J. van),** Abnormalitäten bei Kälbern, Geburtsverlauf u. Geburtenregistrierung im Zusammenhang mit d. künstlichen Besamung beim Rind 2508.
Loeschke (V.) s. Stegemann (H.).
Lötsch (D.) u. **Müller (J.),** Beziehungen zwischen d. Blutsenkungswerten u. d. papierelektrophoret. trennbaren Serumeiweißfraktionen sowie d. Erythrocytenzahl beim Pferd 1117.
Loew (W.) s. Haubold (H.).
Lofgreen (G. P.), Bath (D. L.) u. **Young (V. R.),** Nettoenergie v. getrocknetem Rübenbrei mit Hilfe v. Gerste als Bezugsstandard 2168.
— u. **Christensen (A. C.),** Gerstenstroh als Energiequelle für wachsende Mastbullen 385.
Lofland jun. (H. G.) u. **Clarkson (T. B.),** Wirkungen einer langfristigen Fütterung v. pflanzlichen Fetten auf d. Atherosklerose 2148.
Logan (M. A.) s. Ogle (J. D.).
Loginova (M. D.) s. Mosolov (V. V.).
Logvynenko (N. M.), Gleichmäßiges Abkalben 1428.
Lohia (K. L.) s. Kohli (M. L.).
Lomakin (A. M.) s. Solodkij (F. T.).
Lombard (P. E.), Seegras in d. Futterration wachsender Baconschweine 1731.
Lombardi (M. H.), Comar (C. L.) u. **Kirk (R. W.),** Schilddrüsenfunktion d. Hundes 232.
Longinov (N. V.), Vervollkommnung d. Kaukas. Schafes 296.
Loo (Y. Hoong), Diller (E.) u. **Owen jun. (J. E.),** Einfluß v. Phenylalanin in d. Diät auf d. Gelehrsamkeit v. Ratten 585.
Loos (J. A.) s. Borst (P.).
Loosli (J. K.) s. Bishop (S. E.); Campbell (T. C.); Lowrey (R. S.); Pond (W. G.).

Lopatina (N. G.) s. Lobašev (M. E.).
– u. **Ragim-Zade (M. S.)**, Arbeitsleistung verschied. Bienenrassen in unterschiedlichen klimat. Zonen 545. – Arbeitsfähigkeit d. verschied. Bienenrassen unter unterschiedlichen ökolog. Bedingungen 1899.
Lopatko (M. I.), Aufbewahrung v. Bocksperma bei *–196* °C 1605, 2028.
– u. **Ostaško (F. I.)**, Spermatiefkühlung bei einer Temperatur v. *–196* °C 2028.
Lopez (A. B.) s. Eusebio (J. A.); Mabasa jun. (C. A.).
Lopez (C.), Tuberkulose d. Rindes in Spanien u. Methoden zur Tilgung d. Krankheit 962.
López (J. B.) = Boza López (J.).
López Fernández (A.) s. Peña Martín (F.)
Loraine (J. A.) s. Schmidt-Elmendorff (H.).
Lords (J. L.) s. Dickson (J. G.).
Lorenz (G.) s. Scholtyssek (H.).
Lorenz (F. W.) s. Burger (R. E.).
Lorenz (I.) s. Langendorf (H.).
Loriette (C.), Clément (G.) u. **Raulin (J.)**, Einfluß d. verlängerten Fütterung v. Erdnußöl, d. polyungesättigte trans-Fettsäuren enthält, auf d. Struktur d. Reservetriglyceride bei d. weißen Ratte 1932.
Lorkiewiczowa (M.), Einfluß langer Lagerung v. Bruteiern auf d. Entwicklung u. Lebensfähigkeit d. Küken u. d. Leistungsvermögen d. Hennen 1213. – Regeneration d. Bruttauglichkeit v. lange gelagerten Eiern 1214.
Loś (L. I.) s. Zamarin (L. G.).
Lotos (M. M.), Herauszüchtung eines Milch-Fleisch-Typs bei den Rindern d. Roten Steppenrasse 501.
Louis (J.) s. Darchen (R.).
Louis (R.), Nachweis d. Antibiotika in Futtermitteln 562.
Louveaux (J.) s. Lavie (P.); Maurizio (A.).
Louverens (B.) s. Huis in't Veld (L. G.).
Love (R. M.), Proteindenaturierung in gefrostetem Fisch. *4.* Mitt. Opazitätsmessungen im Muskel 332.
– u. **Mackay (E. M.)**, Proteindenaturierung in gefrostetem Fisch. *5.* Mitt. Entwicklung d. „Cell-Fragility"-Methode für d. Messung v. Veränderungen im Muskel durch Kühllagerung 332.
Lowe (R. W.) s. Heywang (B. W.).
– u. **Heywang (B. W.)**, Einfluß zusätzlicher Beleuchtung während d. Wachstums auf d. Eiproduktion v. im Oktober geschlüpften Weißen Leghorn 1149.
Lowell (D. T.), Grundsätze d. Zuchttierauswahl zur Steigerung d. Fruchtbarkeit 1223.
Lowenstein (J. M.) s. Kallen (R. G.); Spencer (A. F.).
Lowrey (R. S.) s. Maner (J. H.); Pond (W. G.).
–, **Pond (W. G.), Barnes (R. H.), Krook (L.)** u. **Loosli (J. K.)**, Einfluß d. Kaloriengehalts u. d. Eiweißqualität auf d. Auftreten v. Eiweißmangel beim jungen Schwein 2607.
Lübbers (D. W.) u. **Busch (A.)**, Neuartige Meßketten zur Messung v. Ionenkonzentrationen, insbes. pH, in biolog. Flüssigkeiten u. auf d. Gewebe 2131.
Luca (H. F. De) s. Engstrom (G. W.).
Lucas (H. L.) s. Patterson (H. D.).
Lucas (I. A. M.), Livingstone (R. M.) u. **Boyne (A. W.)**, Wirkung v. Kupfersulfat als Wachstumsstimulans für Schweine in Abhängigkeit v. Futterzusammensetzung u. Proteingehalt 814.
–, **Livingstone (R. M.), Boyne (A. W.)** u. **McDonald (I.)**, Frühabsetzen d. Ferkel. *8.* Mitt. Kupfersulfat als Wachstums-Stimulans 148.
–, **Livingstone (R. M.)** u. **McDonald (I.)**, Auswirkung v. Wachstumsverzögerungen auf d. Entwicklung u. Schlachtkörperqualität v. Schweinen 971. – Einflüsse v. Wachstumsverzögerungen bei Schweinen v. *50* lb. Lebendgewicht u. schwerer 971.
Lucas (J. M.) s. Luick (J. R.).
Lucia (S. P.) s. Lee (M.).
Luciani (S.) s. Bruni (A.).
Lucy (J. A.), Webb (M.) u. **Biggers (J. D.)**, Biosynthese v. Pentosen u. Aminozuckern in embryonalem Knorpelgewebe, d. auf chem. definiertem Medium kultiviert wurde 344.

Ludvigsen (J. B.) s. Thorbek (G.).
— u. **Thorbek (G.)**, Fermentationsprozesse im Blinddarm bei Schweinen 1252.
Ludwick (T. M.) s. Rader (E. R.).
Ludwig (E. H.) s. Boyle (J. J.).
Ludwig (K.-H.) s. Bühner (F.).
Ludwig (W. J.) s. Fox (M. R. S.).
Luecke (R. W.) s. Miller (E. R.); Rice (R. W.).
Lueddeckens (M.), Putenhaltung in Bulgarien 988.
Lühmann (M.) s. Mehner (A.).
Lührs (E.), Über d. Wirkung v. Vitaminen auf d. Ei bei d. Brut 93. — Bekämpfung d. Dasselplage 1874.
Lüttge (U.), Vitamin-C-Gehalt v. Bienenhonig 1903.
Lüttig (J.), Akklimatisation v. zwei importierten Rinderherden 698.
Lützenberg (F.) u. **Pingel (H.)**, Betrachtungen zur Frage d. Zuchtziels in d. Geflügelzucht 305.
Lugg (G. W.), Auswahl eines geeigneten Melkstandes 1408.
Luginbuhl (R. E.) s. Prince (R. P.).
Luick (J. R.) s. Black (A. L.); Simesen (M. G.).
— u. **Lucas (J. M.)**, Untersuchungen über d. Milchfettsynthese 912.
Luitingh (H. C.), Proteingebundenes Jod, Erythrocyten u. Hämoglobin im Blut v. Mastochsen u. ihre Beziehung zu d. Gewichtszunahmen 667. — Gewicht v. Schilddrüsen u. Hypophysen u. seine Beziehung zur Zuwachsrate bei Fleischochsen 671.
Lukacsovics (F.) s. Gubicza (A.).
— u. **Gubicza (A.)**, Atmung d. verschied. Rassen v. Bombyx mori L. 2. Mitt. Untersuchung d. Atmung d. Larven 1000.
Lukina (L. K.), Prophylakt. Maßnahmen bei d. Gruppenaufzucht d. Kälber mit Ammenkühen 2069.
Lukkainen (T.), Vandenheuvel (W. J. A.) u. **Horning (E. C.)**, Oestrogenbestimmungsmethode unter Anwendung d. Gaschromatographie 1920.
Lukoschus (F.), Ausbildungsformen v. Kutikula u. kutikularen Kleinorganen bei d. Honigbiene (Apis mellifica L.) 994. — Entwicklung u. Kastendimorphismus d. superfiziellen Postgenaldrüsen bei d. Honigbiene 106.
Luktuke (S. N.) s. Ahuja (L. D.).
— u. **Joshi (S. R.)**, Die intra-uterine Behandlung v. „Umrinderern" mit Antibiotica 504.
Lumb (M.), Chamberlain (N.), Cross (T.), Macey (P. E.), Spyvee (J.), Uprichard (J. M.) u. **Wright (R. D.)**, Antibiotica-Komplex (A-*4788*) mit Streptothricin u. einer Wirkung gegen Mehltau 790.
Lunaas (T.), Harnoestrogenspiegel bei d. Sau während d. Brunstzyklus u. d. Frühgravidität 1128. — Neue Methode zum Nachweis u. zur Messung v. Oestrogenen im Harn d. Sau u. ihre Anwendung zur frühzeitigen Trächtigkeitsdiagnose 1374. — Harnausscheidung v. Oestron bei d. Sau nach Verabreichung v. Oestradiol-17β 2013. — Ausscheidung v. 17β-Oestradiol in d. Milch beim Rind 2262. — s. Simesen (M. G.).
Lunca (N.), Slăvescu (E.), Mărăndici (A.), Dima (G.), Constantinescu (D.), Murafa (E.), Tîmpău (C.) u. **Dinu (Fl.)**, Vergleichende Untersuchungen über einige Verdünner für Bullensperma auf d. Grundlage v. Eidotter u. Milch u. ihre Wirksamkeit in d. künstlichen Besamung d. Rinder 917.
Lundblad (A.) u. **Berggard (I.)**, Gelfiltration d. Kohlenhydratkomponenten niederen Molekulargewichts des normalen Harns 117.
Lundblad (G.), Proteolyt. Aktivität u. Trypsin inhibierende Wirkung v. Serumfraktionen, die durch Chromatographie an Anionenaustauscher-Sephadex erhalten wurden 2331.
Lungu (M.) s. Pelimon (C.).
Lupien (P. J.), Sauer (F.) u. **Hatina (G. V.)**, Wirkungen d. Extirpation v. Pansen, Netzmagen, Blättermagen u. d. oberen Labmagendrittels auf d. Verdauung u. den Blutstatus bei Kälbern 567.
Lupulescou (A.), Wirkung d. somatotropen Hormons u. einiger Steroid-Hormone auf d. Gelenkknorpel 6.
Luscombe (J.), Schneiden oder nicht 1203.

Lush (J.-L.), Sinn u. Bedeutung d. Erblichkeitsanteiles 452.
Lusk (J. W.), **Browning (C. B.)** u. **Miles (J. T.)**, Kleinproben-Celluloseverdauungsverfahren in vivo zur Futterbewertung 126.
Lušpaj (N. P.), **Kasaj (V. F.)** u. **Tokarev (V. S.)**, Verbesserung d. Schweine d. Nordkaukas. Rasse 2077.
Luther (R.) s. Woods (W.).
Lutwak-Mann (C.), **Hay (M. F.)** u. **Adams (C. E.)**, Wirkung d. Ovariektomie auf Kaninchenblastocysten 240.
Lutz (P.) s. Scott (I. W.).
Lutz (W.), Erfahrungen mit d. Dose 544.
Lux (B.) s. Tardani (A.).
Lux (G.) s. Mende (G.).
Luzina (M. I.) s. Smirnova (M. A.).
Lužkov (M. A.), Intensivfleischmast v. Schweinen im Süden d. Ukraine 743.
Luzzati (A.) s. Bargoni (N.).
L'vovič (A. K.), Kreuzung d. Ostfries. Rindes mit d. Zebu 2508.
Lyhs (L.), **Berger (L.)** u. **Wildenhahn (V.)**, Auswahl v. verschied. temperiertem Tränkwasser durch Ziegen 1654.
Lyman (R. L.) s. Haines (P. C.).
Lyngbye (J.) s. Schønheyder (F.).

Ma (R. C.-S.), Feedback-Mechanismus d. Schilddrüsenhormons bei hypophysektomierten Hähnen mit Hypophysenvorderlappen-Autotransplantaten 2226.
Maarzahl (W.), Warum Wanderung u. Erfahrungen mit d. Kleinwanderung 2324.
Maas (H. J. L.) s. Fletcher (R.).
Maas (J. J. L.), Einfluß d. Blaukammkrankheit auf d. Eigewicht u. d. Eiqualität 1216.
Maash (H.-J.) s. Rudolph (W.).
Mabasa jun. (C. A.), **Calo (L. L.)**, **Lopez (A. B.)** u. **Covar (R. R.)**, Bestimmung d. Verdaulichkeit v. Weidegras mit Pflanzenfarbstoffen als Indikator 126.
Mabbott (G. Y.) s. Smillie (L. B.).
Mabon (R. M.) s. Hutchison (G. H.).
McAleese (D. M.) u. **Forbes (R. M.)**, Bedarf u. d. Verteilung v. Mg im Gewebe u. d. Einfluß d. Temperatur bei verschied. Ca-Rationen bei Ratten 146.
Macander-Golcz (W.), Vorkommen v. Mycobakterien (Typus humanus u. T. bovinus) in d. Handelsmilch Warschaus 2265.
Macarro (J. B. A.) = Aparicio Macarro (J. B.).
McArthur (J. M.) s. Miltimore (J. E.).
— u. **Miltimore (J. E.)**, Analyse v. Pansengas durch Gas-Fest-Chromatographie 337.
MacArthur (R. H.), Einige verallgemeinerte Sätze d. natürlichen Selektion 2231.
McBride (G.), **James (J. W.)** u. **Shoffner (R. N.)**, Soziale Faktoren, die d. Verteilung im Raum u. d. Kopfhaltung in einer Hühnerherde bestimmen 2496.
McCall (J. T.) s. Alexander (R. A.).
McCall (M. G.), **Newman (G. E.)**, **O'Brien (J. R. P.)**, **Valberg (L. S.)** u. **Witts (L. J.)**, Studien d. Eisenstoffwechsels. *1.* Mitt. Experimentelle Erzeugung v. Eisenmangel bei d. wachsenden Ratte 1271.
—, **Newman (G. E.)**, **O'Brien (J. R. P.)** u. **Witts (L. J.)**, Studien d. Eisenstoffwechsels. *2.* Mitt. Wirkung eines experimentell erzeugten Eisenmangels bei d. wachsenden Ratte 1271; *3.* Mitt. Kobalt u. d. Erythropoese bei d. wachsenden Ratte 1272.
—, **Newman (G. E.)** u. **Valberg (L. S.)**, Vergrößerung d. Rattencaecums bei Eisenmangel 1289.
McCalla (K.) s. Schroeder (W. A.).
McCalmont (J. R.) s. Langston (C. W.).
McCaman (R. E.), Intermediärer Stoffwechsel d. Phospholipoide im Gehirngewebe. Mikrobestimmung d. Cholinphosphokinase 576.
McCampbell (H. C.) s. Neville jun. (W. E.).
McCance (I.), Bestimmung d. Milchleistung beim Schaf 978.
McCance (R. A.) s. Čabak (V.); Glauser (E. M.); Lawn (L.).
—, **Dickerson (J. W. T.)**, **Bell (G. H.)**, **Dunbar (O.)** u. **Gibb (A.)**, Schwere Unterernährung bei wachsenden u. ausgewachsenen Tieren. *9.* Mitt.

Einfluß v. Unterernährung u. ihrer Behebung auf d. mechan. Knocheneigenschaften 1049.
McCance (R. A.) u. **Widdowson (E. M.)**, Ernährung u. Wachstum 1940.
McCarthy (M. J.) s. Kuksis (A.).
McCarthy (R. D.), Überblick über d. Steuerung d. Milchzusammensetzung. Wichtigkeit d. Pansenstoffwechsels in Beziehung zur Milchzusammensetzung 129. — s. Patton (S.).
McCartney (M. G.), Heritabilitäten u. Korrelationen für Körpergewicht u. Körpermaße bei Puten 1221. — Heritabilität u. Korrelationen einer Stichprobenpopulation bei Puten zur Bestimmung v. Reproduktionsmerkmalen 2099. — s. Chamberlin (V. D.).
McClaugherty (F. S.) s. Carter (R. C.).
McClellan (R. O.), **McKenney (J. R.)** u. **Bustad (L. K.)**, Dosimetrie v. Caesium-*137* in Schafen 1485.
McClure (R. C.) s. Dougherty (R. W.).
McClure (T. J.), Pathogenese d. embryonalen Frühmortalität, d. durch kurzes Hungernlassen tragender Ratten u. Mäuse entsteht 27.
— u. **Ronaldson (J. W.)**, Der Progesteronspiegel im Ovarialvenen-Plasma v. Schafen mit abnormen Eizellen 2236.
McClymont (G. L.) u. **Vallance (S.)**, Depression v. Blutglyceriden u. d. Milchfettsynthese durch Glucoseinfusion 1706.
McCollum (E. B.) s. Chow (B. F.).
McCollum (E. V.), Geschichte d. Ernährung 779.
McComiskey (D. M.) s. Maur (J. M.).
McConnell (W. B.) s. Finlayson (A. J.).
McCorkle jun. (C. O.) s. Fletcher (L. B.).
McCoy (F. W.) s. Dodd (M. C.).
McCoy (J. M.) s. Norman (C.).
McCraine (S. E.) s. Damon jun. (R. A.).
McCrea (C. T.) s. Morgan (D. E.).
McCrea (M. R.) s. Manners (M. J.).
McCreery (R. A.) s. Hogan (W. H.).
McCuistion (W. R.), Die unbefiederten Anhänge d. Vögel 2008.
McCullough (M. E.), Faktoren, die d. Aufnahme gerade geschnittener Silage bei Milchkühen beeinflussen 170. — Verwendung d. verdaulichen Trockensubstanz für Milchkühe bei Silage-Gruppenfütterung 1722.
McCully (K. A.), **Mok (C.-C.)** u. **Common (R. H.)**, Papierelektrophoret. Charakterisierung v. Proteinen u. Lipoproteinen d. Hühnereigelbs 1477.
McDaniel (E. G.) s. Gustafsson (B. E.).
McDaniel (G. R.) s. Justice (W. P.).
— u. **Craig (J. V.)**, Bestimmung d. Fruchtbarkeit bei Hähnen in Linien mit hoher u. niedriger Fruchtbarkeit 2465.
McDaniel (L. S.) u. **Dempsey (H. A.)**, Wirkung d. Fastens auf d. Plasma-Enzym-Gehalt v. Küken 1037.
Macdearmid (A.) s. Aitken (J. N.); Preston (T. R.).
McDermid (E. M.) s. Jaffe (W. P.); Ogden (A. L.).
MacDonald (A. M. G.) s. Fildes (J. E.).
McDonald (C. E.), Verbesserte Methode zur Herstellung v. Weizengliadin 1682.
MacDonald (I.) s. Coles (B. L.); Dalgarno (A. C.); Davidson (J.); Lucas (I. A. M.).
McDonald (I. W.), Physiologische Begrenzungsfaktoren für d. Fortpflanzungsleistung d. Schafe 680.
McDonald (J.) s. Woodham (A. A.).
McDonald (M. F.) s. Short (R. V.).
McDonogh (S.) u. **Ward (S.)**, Überblick über d. Zuchtarbeit d. Jahres *1959* in d. Putenzucht d. Landwirtschaftsschule Athenry 535.
McDow (M. G. C.) s. Lansbury (T. J.).
McDowall (F. H.), **Dunkin (A. C.)** u. **Reynolds (B. A.)**, Schwefelsäure-Caseinmolke in d. Schweinefütterung 1307.
McDowell (R. E.) s. Branton (C.).
Macey (P. E.) s. Lumb (M.).
MacFarlane (J. G.) s. Payne (W. J. A.).
MacFarlane (W. V.) s. Morris (R. J. H.).
—, **Morris (R. J. H.)** u. **Howard (B.)**, Wasserumsatz u. -verteilung in Wüstenkamelen, Schafen, Rindern u. Känguruhs 2556.
McFetridge (M. J.), Qualitätsfehler in Milch u. Sahne 1159. — Abwasserbeseitigung v. Melkhäusern 1618.

McGibbon (W. H.) s. Herrick (R. B.); Hayes (J. B.).
McGilliard (A. D.) s. Sutton (J. D.); Tamate (H.).
McGilliard (L. D.) s. Brown (L. D.); Martin (T. G.).
MacGillivray (A. J.) s. Robertson (H. A.).
McGillivray (W. A.), Antibiotica in Milch 485. — Rolle d. Carotins u. Vitamin A in d. Tierernährung 596.
— u. **Gregory (M. E.),** Rückblick auf den Fortschritt d. Milchwissenschaft. Sektion D. Der Nährwert v. Milch u. Milchprodukten. *1.* Mitt. Nährwert v. Milch für den Menschen u. fettlösliche Vitamine in Milch. *2.* Mitt. Wasserlösliche Vitamine in Milch u. Milchprodukten 491.
McGinley (J. P.) s. Wellington (J. S.).
McGinnis (J.) s. Jensen (L. S.); Kienholz (E. W.); Leong (K. C.); Saxena (H. C.).
MacGregor (H. I.) s. Blakely (R. M.).
— u. **Blakely (R. M.),** Bemerkungen über den Wert v. verkohltem u. verräuchertem Weizen für wachsende Puten 386.
McGrew (C.) s. Miller (R. W.).
Mácha (J.) u. a., Leistungskontrolle u. ihre züchter. Auswertung [1146].
— u. **Pavel (J.),** Leistungsfähigkeit d. Kuhländer Rindes vom Standpunkt d. Milcheiweiß- u. Milchfettproduktion während d. Laktationsperiode 960.
Machačev (R. S.), Gruppenhaltung v. säugenden Sauen u. Saugferkeln 2523.
Machańko (A. V.) s. Nagornyj (V. T.).
Machin (C.) s. Balch (C. C.).
Machlin (L. J.), Wirkung v. Linolenat-Diät auf d. Verhältnis v. Linoleat u. Arachidonat in Leberfett 575. — Abnahme u. Synthese d. Fettsäuren bei Küken mit einem an ungesättigten Fettsäuren armen Futter 1028.
—, **Gordon (R. S.), Marr (J.)** u. **Pope (C. W.),** Einfluß v. Fetten im Futter auf d. Fettsäurenzusammensetzung d. Eies u. d. Gewebe bei Hennen 1028.
Machmudov (M.), Einfluß einer Kupferbeifütterung d. Karakulschafe auf d. Qualität d. Fells 2596.
Maciejewska (M.) u. **Działoszyński (L.),** Gehalt an Tyrosin in d. Wolle einiger poln. Schafrassen 2301.
Maciejowski (J.), Trächtigkeitsdauer d. Kühe d. Poln. Rotviehs in Abhängigkeit vom Alter d. Kühe sowie d. Geschlecht u. d. Anzahl d. Nachkommen 1183.
McIlwain (H.) s. Bachelard (H. S.); Wherrett (J. R.).
McIlwain (P. K.) u. **Schipper (I. A.),** Toxizität d. Nitrat-Stickstoffs bei Rindern 2608.
McIndoe (W. M.), Vorkommen von zwei Plasmaalbuminen beim Hausgeflügel 1119.
McIntosh (J. I.), Slinger (S. J.), Sibbald (I. R.) u. **Ashton (G. C.),** Wirkung v. *3* physikal. Formen d. Weizens auf d. Gewichtszunahme u. d. Futterverwertung bei Hennenküken vom Schlupf bis zur *15.* Lebenswoche 1057. — Faktoren, die d. Gehalt an umsetzbarer Energie im Hühnerfutter beeinflussen. 7. Mitt. Einfluß d. Mahlens, Pelletierens u. d. Gritfütterung auf d. Energieausnutzung v. Weizen, Mais, Hafer u. Gerste. *8.* Mitt. Einflüsse d. Nahrungsbalance 1285.
MacIntyre (T. M.) s. Gardiner (E. E.).
Mackay (A.), Wirkungen v. Drogen beim „Doping" v. Rennpferden 948.
Mackay (E. M.) s. Love (R. M.).
McKean (H. E.) s. Blackwood (C. A.); Friars (G. W.).
McKee (D. E.) s. Irwin (G. D.).
McKenney (J. R.) s. McClellan (R. O.).
Mackiewicz (Z.), Stoppel-Nachfrucht als Futter 1298.
McKinney (F.) s. Philipps (R. E.).
Maclagan (N. F.) s. Tombs (M. P.).
McLaren (G. A.) s. Dozsa (L.).
—, **Anderson (G. C.), Barth (K. M.)** u. **Welch (J. A.),** Casein u. seine Abbauprodukte bei d. Verwertung v. Harnstoff-Stickstoff durch Lämmer 587.
McLarney (S.) s. Johnson (H. D.).
McLaughlan (J. M.), Noel (F. J.), Morrison (A. B.) u. **Campbell (J. A.),** Aminosäuren im Blut. *4.* Mitt. Faktoren, die d. Plasma-Aminosäure-

Gehalt d. Menschen beeinflussen 2585.
McLean (A. E. M.) s. Judah (J. D.).
McLean (P.), Einfluß v. Bicarbonat u. Jodacetat auf den Glucosestoffwechsel d. Milchdrüse d. laktierenden Ratte 343.
Maclean (T. N.) s. Bradbury (C. J.).
McLean (V.), **Read (S. H.)** u. **Thornborrow (B.)**, Bessere Melkarbeit 487.
McLeod (R. J.) s. Fosgate (O. T.).
McManus (W. F.), Beziehung zwischen Speichel u. Pansenfunktion vom Schaf bei geringer Futteraufnahme 2344.
McManus (W. R.), Oesophagusfisteln beim Schaf 1249.
McNab (A. P.), Einfluß d. Geschlechtes auf Futterverwertung u. einige Schlachtkörpermerkmale beim Schwein in Süd-Rhodesien 966. — Eliteschweine Rhodesiens *1962* 1436.
McNairy jun. (S. A.) s. Jackson (H. D.).
McNaught (K. J.) s. During (C.).
McNaughton (M.) s. Lancaster (R. J.).
McNikoll (J.) s. Kitto (G. B.).
McOsker (D. E.), Reihenfolge d. limitierenden Aminosäuren in rohem u. geröstetem Erdnußprotein 2385.
McPherson (B. N.) s. Kan (J.).
Macrae (W. D.), Tilgung d. Rindertuberkulose in Großbritannien 510.
McRoberts (L. H.), Bestimmung v. Vitamin A u. Carotin in Oleomargarine 1481.
McRoberts (M. R.) u. **Hill (R.)**, Relative Wirkung eines Mangels an Calcium, Phosphor u. Vitamin D auf d. klin. Gesamtbild, den Skelettaufbau u. d. Zähne d. Schafes 352.
McShan (W. H.) s. Cherms jun. (F. L.); Herrick (R. B.).
MacVicar (R.) s. Acker (D.).
Maddox (J. M.), Intensivweidemethode zur Mastlämmerproduktion 979.
Madsen (A.) s. Clausen (H.).
Madsen (M. A.) s. Harris (L. E.).
Mäkelä (A.), Ansteigende Phase d. Laktationskurve d. Kuh 1638. — Berechnung d. durchschnittlichen Laktationskurve in d. aufsteigenden Phase 1638. — s. Paloheimo (L.).
Maele (J. van) s. Snick (G. van).
Mäsiar (P.), Gemeinsamkeiten u. Unterschiede zwischen d. Hämoglobin v. Mensch u. Pferd 1116.
Magakjan (J. A.), Isolierte fremde Zellkerne u. Desoxyribonucleoproteid als Einflußfaktoren auf d. Embryogenesis bei Geflügel 233. — s. Čilingarjan (A. A.).
— u. **Makarjan (S. R.)**, Besonderheiten d. Embryogenese d. Hybriden v. Peking- u. Moschusenten 910.
Magat (A.) s. Tapernoux (A.).
Magee (W. T.), Beziehung zwischen d. täglichen Futterverzehr u. d. Futterverwertung 2377.
—, **Brinks (J.)**, **Nelson (R. H.)** u. **Branaman (G. A.)**, Faktoren, die d. Absatzgewicht u. d. Bewertung v. Fleischkälbern beeinflussen 503.
Maggee (W. T.) s. Sprague jun. (J. I.).
Magin (E. I.) s. Alekseev (V. A.).
Magnus (H.) s. Sommermeyer (K.).
Magny (J.), **Carrol (P.)** u. **Carles (J.)**, Kobaltbestimmung in Pflanzen 1690.
Maguire (M. F.) s. O'Shea (J.); Wilson (R. K.).
Mahadevan (P.), **Galukande (E. B.)** u. **Black (J. G.)**, Genet. Studie d. Sahiwal-Einkreuzung in Kenya 2066.
Mahadevan (T.) s. Galukande (E. B.).
Mahadevan (V.), **Gupta (P. S.)** u. **Jayal (M. M.)**, Nährwert v. Anjan-Grasheu (Pennisetum cenchroides) v. Weideland in den Rajastan-Wäldern 381.
Mahajan (S. C.) s. Sharma (U. D.).
— u. **Sharma (U. D.)**, Konservierung v. Büffelsperma. *2.* Mitt. Einfluß v. Glukose u. Natriumbicarbonat 32.
Maijala (K.) s. Rendel (J.).
— u. **Vainikainen (V.)**, Ursachen d. Variation in d. Dicke d. Rückenspeckes an d. Versuchsstation für Schweinezucht 516.
Mainland (G. B.), Algebraische Methode, angewandt auf epistat. Probleme 2218.
Maior (I.) s. Gligor (V.).
Maior (M.) s. Pălămaru (E.).
Majerčiak (P.), Verlauf d. Gewichtsveränderungen d. Sauen während d. Gravidität u. Laktation 291. — Zusammenhänge zwischen d. Hauptbestandteilen d. Schinkens u. d.

Schlachtwert d. Weißen Edelschweine 968. — s. Čupka (V.).
Majerčiak (P.) u. **Čupka (V.)**, Schweinemast nur mit d. trockenen Kraftfuttermischung 1947. — Verwendung v. Futterautomaten bei d. Aufzucht junger Zuchtschweine auf d. Weide 2084.
Major (W. C. T.), Härte d. Wassers in bezug auf d. Reinigung v. Milchgerätschaften in d. Farm 708. — Einfluß milchsteinartiger Niederschläge auf d. Qualität d. Sterilisation v. Melkausrüstungen 1158. — Gummiteile einer Melkmaschine als Quelle d. bakteriellen Verseuchung 1413. — Sterilisation v. Gummistücken für d. Melkmaschine 1413.
Makarevič-Gal'perin (L. M.), Vergleichende Erforschung d. Wirkung natürlicher u. nichtnatürlicher Oestrogene auf den Glykogengehalt in Organen 602.
Makarjan (S. R.) s. Magakjan (J. A.).
Makarov (A. A.) s. Kovalevskaja (N. K.).
Makarov (M. A.), Verwendung v. Gewebepräparaten zur Steigerung d. Fortpflanzungsfähigkeit u. Senkung d. Jungtierverluste 1818.
Makarova (M. M.), Biolog. Methoden d. Lenkung v. Silierungsprozessen u. d. Perspektiven ihrer Anwendung 2378.
Makaveev (C.), Beobachtungen über d. Akklimatisation d. Roten Dänenrinds im Landbezirk Russe 697. — Einfluß d. Fütterungstyps auf Wachstum, Entwicklung u. künftige Leistung d. Jungrinder 735. — Feststellung v. Typenrationen für Simmentaler Kreuzungskühe 1513.
Makens (J. C.), Dawson (L. E.), Larzelere (H. E.) u. **Zindel (H. C.)**, Vorliebe d. Konsumenten für nach Qualität, Geschlecht u. Alter etikettierte Puten 710.
—, Dawson (L. E.) u. **Zindel (H. C.)**, Kennzeichnung d. Güteklasse u. d. Geschlechtes bei d. Vermarktung v. Puten 492.
Makineni (S.) s. Florsheim (H. A.).
Maknev (K.) u. **Petrov (N.)**, Rolle d. Vitamin B_{12} bei unvollwertiger Eiweißernährung d. Küken 1713.
Makoč (Z.) s. Bílek (J.).
Makoveckas (R.), Züchter. Arbeit am Litauischen Weißen Schwein 1876.
Maksakov (V. J.) s. Danilenko (I. A.); Semak (I. L.).
Maksakow (W. J.), Marmorierung als ein objektiver Test bei d. Beurteilung d. Fleischqualität 1165. — s. Gorb (T. W.).
Maksimov (J.), Wirkung v. Coffein u. Gewebepräparaten auf d. Geschlechtstrieb bei Bullen 1594. — Instrumente zur künstlichen Besamung d. Kühe 2029.
Maksimović (D.), Gradaščević (H.), Pobrić (Š.) u. **Vakulović (B.)**, Harnstoff in d. Schaffütterung 2375.
Malamy (M.) s. Hurwitz (J.).
Malcowa (H.) s. Zielińska (B.).
Malécot (G.), Verwandtschaft u. Korrelationen 452.
Malhotra (M. S.), Ramaswamy (S. S.) u. **Ray (S. N.)**, Einfluß d. Körpergewichtes auf d. Energieabgabe 1701.
Malhotra (O. P.) s. Reber (E. F.).
Malik (D. D.) s. Kohli (M. L.).
—, Sindhu (B. S.) u. **Singh (S.)**, Zuchtsaison bei d. Sahiwal-Kühen 1182.
Malik (S. K.) s. Clegg (R. E.).
Malikov (D. I.), Veränderung d. Rassewertes feinwolliger Schafe bedingt durch Wachstum u. Altern 751.
Malinovský (L.), Innervation d. Magens d. Haustaube (Columba domestica) 2225.
Malkiman (I. V.) u. **Muchina (A. P.)**, Exkretor. Tätigkeit d. Bauchspeicheldrüse nach bedeutender Resektion d. oberen Dünndarmteils 339.
Mallmann (W. L.) s. Bigbee (D. G.).
Malmstadt (H. V.) u. **Hadjiioannou (S. I.)**, Neue automat. spektrophotometr. Schnellmethode zur selektiven Bestimmung v. Glucose in Serum, Plasma oder Blut 330.
Malnati (G.), Tierzüchter.-ökonom. Gesichtspunkte in Tanganjika 2274.
Maloney jun. (M. A.), Gilbreath (J. C.) u. **Morrison (R. D.)**, Zweiweg-Selektion nach d. Körpergewicht bei Küken. *1.* Mitt. Wirksamkeit d. Selektion nach d. *12*-Wochen-Gewicht 2530; *2.* Mitt. Einfluß d. Selektion nach d. Körpergewicht auf andere Merkmale 2531.

Malorny (G.) u. Rietbrock (N.), Nahrungsabhängige Ausscheidung v. Formaldehyd u. Ameisensäure im Urin bei Katzen 1928.
Malossini (F.), Aufwertung d. Rationen aus örtlich verfügbaren Futtermitteln hinsichtlich einer besseren Eignung für d. Rindermast. *2.* Mitt. 616. — s. Maymone (B.).
Malthus (E. M.) s. Smith (B. M.).
Malven (P. V.) s. Hansel (W.).
Malyšev (G. G.) s. Groževskaja (S. B.).
Mamednijazov (O. N.), Šulika (M. N.), Kaspařjanc (L. R.) u. Gladyševa (L. E.), Gehalt an Nucleinsäure in d. Spinndrüse u. ihr Einfluß auf d. Leistung verschied. Rassen d. Maulbeerseidenspinners 2552.
Mamuro (T.), Fujita (A.), Matsunami (T.), Yoshikawa (K.) u. Azuma (T.), Radioaktiver schwebender Staub in Japan 1016.
Manchester (K. L.) u. Young (F. G.), Insulin u. Proteinstoffwechsel 2146.
Manczel (J.), Stand u. regionale Abweichungen in d. ungar. Rinderzucht u. im Futterbau [511].
Mandel (L.), Trávníček (J.) u. Šimek (L.), Lipäm. Kurven bei Ferkeln nach einer Stoßgabe v. verschied. Fetten 141.
—, Trávníček (J.), Šimek (L.) u. Turynek (V.), Einfluß d. Zugabe v. Lecithin auf Wachstum u. Schlachtqualität d. Schweine 350. — Verdaulichkeit u. Wachstumswirkungen verschied. Fette bei früh abgesetzten Ferkeln 374.
Mandeles (S.) u. Ducay (E. D.), Lokalisation d. Proteinbildung d. Weißeies 2143.
Maner (J. H.) s. Pond (W. G.).
—, Pond (W. G.) u. Lowrey (R. S.), Einfluß v. Verabreichungsart u. Höhe d. Dosis bei Eisengaben auf Wachstum, Hämoglobin u. Hämatokrit v. Saugferkeln 355.
Mangel (M.) s. Naumann (H. D.).
Mankel (G.) s. Kaufmann (H. P.).
Mann (E. J.), Bearbeitung d. Weltliteratur über Milchviehhaltung 2. — Neue Entwicklungen in d. Milchwirtschaft 489.
Mann (T.) u. Wilson (E. D.), Biochem. Untersuchungen an d. accessor. Geschlechtsdrüsen 2463.
Manner (P.) s. Mokrasch (L. C.).
Manners (M. J.) u. McCrea (M. R.), Proteinbedarf v. Saugferkeln bei fettarmer Nahrung 1047.
Manning (D. L.) s. Goldstein (G.).
Mano (D. B.) s. Barreto (R. C. R.).
Mano (Y.) s. Yamada (Kazuo).
Mansfeld (K.), Einwirkung v. Insektiziden u. Fungiziden auf Haushühner 2311.
Månsson (I.) u. Olsson (B.), Darmflora v. Schweinen. *2.* Mitt. Weitere quantitative Untersuchungen der Coliformen, Enterokokken u. Clostridien in den Faeces v. Schweinen bei Fütterung einer eiweiß- u. calciumreichen Kost 133; *3.* Mitt. Wirkung v. Zink in d. Nahrung, auf d. Zahl d. Coliformen, Enterococcen u. Clostridien in den Faeces v. Schweinen bei Fütterung einer eiweiß- u. calciumreichen Kost 133.
Mantel (K.), Überprüfung d. Möglichkeit d. Ersatzes v. tier. Eiweiß durch getoastetes Sojaschrot im Legehennenfutter. *2.* Mitt. 1525.
Manuilova (N. A.), Popov (V. V.) u. Timošuk (N. B.), Einfluß intermittierender Belichtung auf d. Größe d. Augen u. d. Sehzentrums v. Hühnerembryonen 2252.
Manunta (C.), Metabolismus d. Spurenelemente bei d. Seidenraupe (Bombyx mori) 2113.
Manusu (P.) s. Hamilton (F. J.).
Mărăndici (A.) s. Lunca (N.).
Marbach (F.) u. Wenger (H.), Geschäftsbericht pro *1961.* (Schweiz. Fleckviehzuchtverb.) 1434.
Marble (D. W.) s. Kuttler (K. L.).
Marčev (B.) u. Vasilev (C.), Rentabilität d. Schweinezucht in d. LPG im Gebiet v. Orjachowo 1875.
March (B. E.) u. Biely (J.), Einfluß d. Futterfettspiegels auf d. Mortalitätsrate v. in Käfigen gehaltenen Legehennen 1268.
—, Biely (J.), Claggett (F. E.) u. Tarr (H. L. A.), Ernährungsmäßige u. chem. Veränderungen in d. Lipoidfraktion v. Heringsmehlen bei u. ohne Behandlung mit Antioxydantien 1308.
Marčik (V. F.) s. Belov (L. M.).
Marcinka (M.) s. Gažo (M.).
Marco (C. de), Coletta (M.) u. Caval-

lini (D.), Cystinspaltung in alkal. Medium 2126.
Marcus (A.) u. **Feeley (J.)**, Einfluß v. Phenazinmethosulfat u. Pyocyanin auf d. L-Aminosäureoxydasereaktion 1023.
Marcussen, Fütterung halbfertiger Mastbullen u. d. nächstjährigen Weidemastbullen 1513.
Marcussen (N.), Ist d. Rindermast auf d. Weide noch wirtschaftlich? 371.
Marcussen (N. R.), Rinderweidemast 1051.
Marell (G.), Tätigkeit d. Kontrollvereine *1961–62* 1861.
Mares (S. E.) s. Menge (A. C.).
Marfatia (U.) s. Wagle (D. S.).
Margašić (M.), Einige Fragen d. Investitionen in d. tier. Produktion d. sozialist. Betriebe 57.
Margolis (J.) u. **Bishop (E. A.)**, Wechselbeziehungen zwischen verschied. Mechanismen d. Freisetzung v. biolog. aktiven Peptiden aus Blutplasma 803.
Margulis (I. A.) s. Zelenskij (G. G.).
Marin (L.) s. Ştefănescu (C.).
Marina (M. A.), Bedeutung d. Harnstoffgehalts im Speichel d. landwirtsch. Nutztiere 1474.
Marincowitz (G.), Geschlechtliche Aktivität v. Angoraziegen, d. auf gemischter Karooweide gehalten werden 528.
Marinetti (G. V.), **Griffith (M.)** u. **Smith (T.)**, Einbau v. (1-^{14}C)Glycerin, (1-^{14}C) Acetat u. DL-(3-^{14}C) Serin in d. Lipoide v. Rattenherz- u. Leberhomogenaten 346.
Marinkov (R.) s. Panajotov (P.).
Marinov (M.), Schwere Massenvergiftung bei Kühen mit Phonithion 1050.
Marinov (P.), Einfluß gewisser Biostimulatoren auf den Geschlechtszyklus d. Schafe 22. — s. Bratanov (K.).
Marion (G. B.), Einfluß v. Weizenkeimöl auf d. Fruchtbarkeit bei „repeat-breeder"-Kühen 908.
Marion (J. E.) s. Edwards jun. (H. M.).
Marion (W. W.) s. Kraft (A. A.); Nichols (E. L.).
Mark jun. (H. B.) s. Papa (L. J.).
Markman (V. S.), Berechnung d. Arbeitsproduktivität in d. Geflügelzucht 1615.
Markov (E.), Ich verwende d. Pollen v. Lindenblüten 1232.
Markov (J. M.) s. Kovalev (A. A.).
Markova (K. V.) s. Al'tman (A. D.).
Markovič (P.), Wachstum des bei angemessener Ernährung u. unter extrem niedrigen Temperaturen aufgezogenen Jungviehs des Rotfleckviehs 925.
— u. **Verner (D.)**, Gruppenaufzucht d. Kälber 2073.
Marks (G. S.), **Marshall (R. D.)**, **Neuberger (A.)** u. **Papkoff (H.)**, Einfaches Verfahren zur Abtrennung d. Glykopeptide v. Glykoproteinen 1915.
Marks (S.), **Seigneur (L. J.)**, **Hackett (P. L.)**, **Morrow (R. J.)**, **Horstmann (V. G.)** u. **Bustad (L. K.)**, Wirkung d. Anwendung einzelner Dosen v. ^{131}J bei Schafen verschied. Alters 2012.
Markulis (M. A.) s. Spencer (R. P.).
Markušin (A. P.), Altersmäßige Veränderungen d. morpholog. Blutzusammensetzung bei Rindern 892.
Maros (L.), **Pintér-Szakács (M.)** u. **Schulek (E.)**, Analyt. Anwendung d. Kohlendioxyddestillation. I. Bestimmung v. Ameisensäure (Formiat) über d. bei d. Oxydation mittels Quecksilber(II)-Chlorid gebildete Kohlendioxyd 1241.
Marr (A. G. M.), **Owen (J. A.)** u. **Wilson (G. S.)**, Wachstumsfördernde Glykoprotein-Fraktion aus d. Serum v. Kälberföten 2121.
Marr (J.) s. Machlin (L. J.).
Marrou (L. F.) s. Abplanalp (H.).
Marsboom (R.) u. **Sierens (G.)**, Wirkungen d. Verfütterung v. Haloanison auf d. Wachstum v. Küken 1284.
Marsch (Ju. B.) u. **James (A. T.)**, Umbildung v. Stearinsäure zu Ölsäure durch Leber- u. Hefepräparate 1254.
Marsh (C. L.) s. Payne (L. C.).
Marshall (B.) s. Bredon (R. M.).
— u. **Bredon (R. M.)**, Chem. Zusammensetzung u. Nährwert v. Pennisetum purpureum 1731.
Marshall (N. B.) s. Wallach (D. P.).
Marshall (R. D.) s. François (C.); Johansen (P. G.); Marks (G. S.).
Martel (F.) s. Berlinguet (L.).

Martelli (H. L.) u. **Pires (O.)**, Elektrophoret. Verhalten einiger Strukturanaloga v. Dicarbonsäuren d. Krebs-Cyclus 1011.
Martens (P. H.) s. Nangniot (P.).
Martensson (E.), Quantitative Bestimmung v. Sulfaten in Lipidextrakten 2338.
Marthy (G. K.), **Masurovsky (E. B.)**, **Campbell (J. E.)** u. **Edmondson (L. K.)**, Methode zur Beseitigung v. radioaktiven Spaltprodukten in d. Milch 938.
Martin (A. K.) s. Blaxter (K. L.).
Martin (C. J.), Hemmung v. Trypsin, Chymotrypsin u. Plasmin durch einen aus Schafserum isolierten Inhibitor 2129.
Martin (D. B.) u. **Vagelos (R. P.)**, Mechanismus d. Regulierung d. Tricarbonsäurecyclus d. Fettsäuresynthese 1255.
Martín (F. P.) = Peña Martín (F.).
Martin (I. C. A.), Abkühlgeschwindigkeit u. Aufbewahrungstemperatur bei d. Tiefkühlung v. Bullensperma 2472.
Martin (J.) s. Henderickx (H.).
Martin (T. G.), **Jacobson (N. L.)**, **Mc Gilliard (L. D.)** u. **Homeyer (P. G.)**, Faktoren, die d. Körpergewichtszunahmen v. Kälbern d. Milchrassen beeinflussen 923.
Martin (W. G.) s. Cook (W. H.).
— u. **Patrick (H.)**, Radionuclide Mineralstudien. 4. Mitt. Stoffwechsel v. ^{45}Ca bei Küken 1707; 5. Mitt. Beziehungen zwischen d. alkal. Serumphosphatase u. d. ^{45}Ca-Stoffwechsel bei Küken in Abhängigkeit v. Alter, Vitamin D_3 u. Behandlung 1707.
Martin-Hernandez (D.) s. R-Candela (R.).
Martinet (J.) s. Denamur (R.).
Martinez (W. H.) u. **Frampton (V. L.)**, Isolierung u. chromatograph. Charakterisierung v. Baumwollproteinen niederen Molekulargewichts 2121.
Martinot, Steigerung d. Leistungsfähigkeit durch d. Offenstallhaltung d. Milchkühe 930.
Martinot (R.), Bedeutung d. Klimas in Rinder- u. Schweineställen u. deren Bau in Frankreich 1398.
Martinsons (E.) s. Ender (F.).
Martjugin (D. D.), Qualität d. Inzuchttiere d. Cholmogoryer Rasse auf d. Versuchsfarm d. Landwirtsch. Timirjasew-Akademie 1180. — s. Petrova (K. V.).
Martz (F. A.) s. Campbell (J. R.).
Marusich (W. L.) s. Bunnell (R. H.).
Marx (D.) s. Knauff (H. G.).
Marx (F.), Normung u. Vergütung d. Arbeit d. Viehpfleger in d. Legehennenhaltung nach dem erzielten Produkt 256.
Marx (H.-J.), **Dölling (W.)** u. **Felkl (H.)**, Einsatz v. Roggenschrot in d. Schweinemast 2165.
Mašek (J.), Empfohlene Nährstoffnormen 1940.
Másek (N.) s. Župka (Z.).
Masera (E.), Verlauf d. Infektion mit Nosema bombycis Naegeli in d. Faltern v. Bombyx mori L. 2114.
Mašić (B.) s. Petrović (V.).
Masliev (I. T.) u. **Buslaeva (É. I.)**, Gewichtskorrelation jungen Geflügels für d. Verringerung d. Fristen für d. Futterforschung 1947.
—, **Kudrjavcev (S.)** u. **Fokina (Z. V.)**, Ganzjährige Fleischentenaufzucht 2312.
Maslieva (O. I.), Erhöhung d. biolog. Vollwertigkeit v. Rationen mit hohem Maisanteil durch Beigabe v. Nicotinsäure bei d. Fleischkükenaufzucht 1296. — Einschätzung d. Effektes d. Verwendung v. Vitamin-B_{12} in Hühner- u. Kükenrationen 1713.
Masljanko (N. F.) s. Kusen (S. J.).
Masloboev (A. J.), Veränderlichkeit klin.-physiolog. Merkmale bei Trabern im Training u. in Prüfungen 59. — Reaktion d. Traber vor dem Start 499.
Maslov (M. F.), Zuchtbullenbewertung nach d. Spermaproduktion 730.
Maslova (K. I.), Einfluß verschiedenartiger Fütterung d. Muttern auf d. Wolldichte halbgrobwolliger Kreuzungslämmer 753.
Maslova (N. N.) s. Rozenbljum (B. M.).
Mason (I. L.), Tendenz d. Rindfleischerzeugung in Großbritannien 2271.
Mason (K. E.) s. Koszalka (T. R.).
Mason (M. M.) s. Purshottam (N.).

Mason (R. W.) s. Nicholson (H. H.).
Masoro (E. J.), Biochem. Mechanismen, d. zu d. homeostat. Regulation d. Fettbildung in Tieren in Beziehung stehen 135. — s. Korchak (H. M.); Porter (E.).
—, Korchak (H. M.) u. **Porter (E.),** Lipogener Hemm-Mechanismus durch Hungern 1257.
Massey (J. H.) u. **Fuller (H. L.),** Methoden d. Putenfütterung 769.
Masui (T.) s. Okada (S.).
Mašurko (M. I.) s. Kim (M. M.).
Masurovsky (E. B.) s. Marthy (G. K.).
Matěj (V.), Kalorimetr. Wert d. Saftfutters u. dessen Ermittlung 2381.
Matharu (B. S.), Viehtransporte 940.
Mather (F. B.) s. Thornton (P. A.).
—, Epling (G. P.) u. **Thornton (P. A.),** Mikroskop. Struktur d. Kalkschale, d. durch Schalendicke u. Umgebungstemperatur beeinflußt wird 987.
Mather (K.) s. Cooke (P.).
Mather (R. E.) s. Wilcox (C. J.).
Mathieson (J.) s. Davidson (J.).
Mathieu (A.) s. Paquot (C.).
Mathieu (C.-M.) u. **Wegat-Litré (E.),** Über d. Fütterung v. Zuchtkälbern. *1.* Mitt. Bestimmung d. erforderlichen Milchmenge 67.
Mathis (M.), Cycl. Absorption v. Saccharose durch d. Biene Apis mellifica 2318.
Matikkala (E. J.) u. **Virtanen (A. I.),** Neues γ-Glutamylpeptid, γ-L-Glutamyl-S-(prop-l-enyl)-L-cystein in d. Samen v. Schnittlauch (Allium schoenoprasum) 2328.
Matoušek (J.) s. Schröffel (J.).
—, Čuta (J.), Glazrova (Z.), Goržakova (I.), Matouškova (V.) u. **Šachova (G.),** Präparation v. Immunsera zur Bestimmung d. Gruppenantigene d. rotbunten Rindes 1814.
Matouškova (V.) s. Matoušek (J.).
Matrone (G.) s. Judd (J. T.); Lecce (J. G.).
Matschiner (J. T.) u. **Doisy jun. (E. A.),** Rolle des Vitamin A bei d. Auslösung eines Vitamin-K-Mangels bei d. Ratte 152.
Matsuda (K.) s. Shizume (K.).
Matsumoto (K.) s. Okada (Ikuo).
Matsumuro (H.), Umwandlung v. β-Carotin in Vitamin A 1501.
Matsunami (T.) s. Mamuro (T.).
Matsuo (T.) s. Okamoto (S.).
Matsuoka (O.), Enomoto (Y.) u. **Ohkubo (Y.),** Experimentelle Untersuchungen über d. Kontamination d. Milch mit radioaktivem Strontium 2262.
Matsuura (K.) s. Hamamura (Y.).
Matsuzaki (F.) s. Shizume (K.).
Mattern (B.) s. Elsässer (T.).
Matterson (L. D.) s. Potter (L. M.); Singsen (E. P.); Stutz (M. W.).
Matthaei (J. H.) s. Tsugita (A.).
Matthews (C. A.) u. **Fohrman (M. H.),** Beltsville-Standard für Wachstum u. Entwicklung d. Holsteins 1831; dass.: d. Jerseys 1831.
Matthies (H. J.), Mechanisierung d. Fütterung 2041.
Matthies (P.), Fütterung im Rinderoffenstall 171.
Mattock (G.) s. Semple (S. J. G.).
Mattson (F. H.) u. **Volpenhein (R. A.),** Neubildung v. Glyceridfettsäuren während d. Verdauung u. Resorption 1485.
Matzelt (D.), Oriol-Bosch (A.) u. **Voigt (K. D.),** Einfluß v. Cortisol auf transaminierende u. glykolyt. Enzymaktivitäten d. Rattenleber 343.
Maule (J. P.), The semen of animals and artificial insemination [1144]*.
Maung (M. C.) = Chit Maung (M.).
Maur (J. M.), McComiskey (D. M.), Haynes (J. W.) u. **Beaton (J. R.),** Kohlenhydratstoffwechsel hypotherm. Ratten u. Hamster 2582.
Maurer (W.) s. Deimel (M.).
Maurice (D. M.), Verteilung u. Bewegung v. Plasmaprotein in d. Hornhaut 1912.
Maurizio (A.), Pollenbild d. Honigs einzelner Völker eines Standes 545. — Probleme d. Honigforschung 546. — Rohmaterial zum fertigen Produkt: Honig 1467. — Bienenbotanik 1472. — Zuckerabbau unter d. Einwirkung d. invertierenden Fermente in Pharynxdrüsen u. Mitteldarm d. Honigbiene (Apis mellifica L.). *3.* Fermentwirkung während d. Überwinterung bei Bienen d. Ligustica-Rasse 2103; *4.* Sommerbienen d. italien., kaukas. u. griech. Rasse 2103; *5.* Einfluß v. Alter u. Ernäh-

rung d. Bienen auf d. Fermentaktivität d. Pharynxdrüsen 2103.
Maurizio (A.) u. **Louveaux (J.)**, Internationale Kommission für Bienenbotanik *1959—1961* 325.
Mauron (J.) u. **Mottu (F.)**, Unverträglichkeit v. gekochtem Weizenmehl u. Pflanzenöl in d. Ernährung d. Ratte 2163. — Gesüßte Kondensmilch mit evaporierter Milch bei d. Verbesserung d. Proteinwirksamkeit v. Weizenmehl 2589.
Maver (M. E.) u. **Greco (A. E.)**, Chromatogr. Trennung u. Charakterisierung d. sauren u. alkal. Ribonucleasen v. Rindermilz u. -leber 560.
Maxim (V.) s. Gondoş (M.).
— u. **Gondoş (M.)**, Vitamin-E-Gehalt d. Futtermittel 2564.
Maxwell (J. D.) s. Crounse (R. G.).
May (K. N.), Verschmutzen d. Haut v. Broilern während d. erwerbsmäßigen Ausweidens 2490. — s. Hamdy (M. K.); Hess (C. W.).
—, **Helmer (R. L.)** u. **Saffle (R. L.)**, Einfluß einer Phosphatbehandlung auf d. Gewichtsveränderungen d. Schlachtkörpers u. d. organolept. Qualität v. zerlegten Küken 2492.
May (R. M.) s. Thimotée (J.).
Mayer (D. T.) s. Fahim (M. S.).
Mayer (G.) s. Knauff (H. G.).
Maymone (B.) u. **Bergonzini (E.)**, Futterverwertung ausgedrückt durch Gewichtszunahme bei Wasserbüffeln 616.
— u. **Malossini (F.)**, Laktationskurve bei Wasserbüffelkühen 957.
—, **Tiberio (M.)**, **Dattilio (M.)** u. **Giacomini (A.)**, Oxalsäure-Stoffwechsel d. Wiederkäuer bei längerer Fütterung mit einer Sauerkleeart (Oxalis cernua thunb) 591.
Maynard (L. A.), Frühgeschichte d. Ernährungsforschung in den USA 779.
Mayr (A.), Virusseuchen d. Tiere, Beispiel d. Maul- u. Klauenseuche u. d. Europäischen Schweinepest 1205.
Mazak (V.), Frühjahrshaarwechsel beim Kiang u. ein Beitrag zur Phylogenese des Haarwechsels in d. Unterfamilie Equinae 57. — Haarwechsel u. Haarwuchs bei Przewalski-Pferd u. Onager im Prager Zoolog. Garten während d. Jahre *1958—1960* 1367.
Mazaraki (J.), Beziehungen zwischen d. 8-Wochenwurfgewicht u. der Ferkelzahl im Wurf bei d. Geburt 747. — Beziehung zwischen Fruchtbarkeit u. Alter sowie Zitzenzahl bei Sauen u. d. Heritabilität d. Zitzenzahl 2292.
Mažilis (A. A.), Verfütterung v. Heumehl an Sauen 1731.
Mazur (B. P.), Entwicklung d. Geflügelwirtschaft in d. Volksrepublik Polen 90.
Mazur (R. H.), **Ellis (B. W.)** u. **Cammarata (P. S.)**, Neues Reagens zum Nachweis v. Peptiden, Nucleotiden u. a. N-H-enthaltenden Verbindungen auf Papierchromatogrammen 2120.
Meacham (T. N.) s. Shirley (R. L.).
—, **Cunha (T. J.)**, **Combs (G. E.)**, **Wallace (H. D.)**, **Warnick (A. C.)**, **Shirley (R. L.)** u. **Simpson (C. F.)**, Wirkung d. Gammabestrahlung auf Schweine, d. mit niedrigen Vitamin-A-Gaben gefüttert wurden 2234.
Mead (J. F.) s. Morin (R. J.).
Mecchi (E. P.) s. Klose (A. A.).
Meckler (W. G.) s. Moffitt (R. A.).
Mediavilla (A.), Milch- u. Fleischproduktion d. Rinder d. Costa Verde 2284.
Medvedev (L.), Bessere Kälberaufzucht 1869.
Medvedev (Z. A.), Hypothese, welche d. Möglichkeiten der Code-Übertragung v. transferierender u. Boten-RNS auf d. letzten Stadien d. Proteinsynthese betrifft 451.
Medvedeva (E. I.) s. Dudkin (M. S.).
Medvedeva (M. N.) s. Kugenev (P. V.).
Medvedjev (V. O.), Wege zur rassenmäßigen Verbesserung d. Schweine in d. Kolchosen u. Sowchosen d. Gebietes Charkow 746.
Meehan (J. J.), **Sugihara (T. E.)** u. **Kline (L.)**, Beziehungen zwischen Eierschalenbehandlungsfaktoren u. Eigentümlichkeiten d. Eiprodukte. *1.* Mitt. Eiweißschäden, die durch erhöhte Aufbewahrungstemperaturen d. Eier gemäßigt werden 494.
Meghal (S. K.) s. Nath (M. C.).
Mehlman (M. A.) u. **Wolf (G.)**, Verteilung v. freiem Carnitin u. Vorkom-

men u. Natur v. gebundenem Carnitin 2335.
Mehner (A.), Heterosiszüchtung, dargestellt am Beispiel d. Hühnerzüchtung 761. — *12.* Weltgeflügelkongreß in Sydney 1885. — Deutsches Geflügelzuchtprojekt im Dienste d. bäuerlichen Geflügelwirtschaft 2303. — Was brachte d. Weltgeflügelkongreß in Sydney Neues auf d. Gebiete d. Züchtung? 2304. — Lehrbuch d. Geflügelzucht [2540]*.
—, **Klein (F.-W.)** u. **Torges (H.-G.),** Methoden zur Feststellung d. Mastfähigkeit u. d. Schlachtwertes bei Hühnern 2305.
— u. **Lühmann (M.),** Weitere Untersuchungen über d. Wirkung d. Kurz- u. Langzeitbeleuchtung auf d. Leistung v. Legehennen 472.
— u. **Torges (H.-G.),** Wirkung v. Amprolium auf d. Legeleistung u. d. Eiqualität 532.
— u. **Torges (U.),** Hühnerhaltung in d. Bundesrepublik Deutschland 756. — Eignung v. Getreide zur Junghühnermast 1744.
Mehnert (B.) u. **Koch (U.),** Vorkommen v. im Verdauungstrakt d. Schweines vermehrungsfähiger Hefen 2348.
Mehring jun. (A. L.) s. Johnson jun. (D.).
—, **Johnson jun. (D.), Nesbitt (L. L.)** u. **Titus (H. W.),** Wirkung v. Cerelose u. drei Arten v. Getreidestärke auf d. Feuchtigkeitsgehalt v. Kükenexkrementen 1028.
Mehta (R.) s. Lee (M.).
Mei (H. M.) u. **Clegg (L. F. L.),** Zunehmende Empfindlichkeit bei d. Feststellung v. Penicillin in Milch 1848.
Meier (H.) s. Allen (R. C.).
Meier (R.), Wo soll eine Belegstation errichtet werden? 1466. — Mit Erfolg Königinnen züchten 1901.
Meijer (W. C. P.), Erworbene u. angeborene Depigmentationen bei d. Haustieren aus d. Sicht d. gegenwärtigen Standes d. Human-Dermatologie 2247.
Meincke (K.), Wirtschaftliche Stallentmistung 1842.
— u. **Kreitmeier (L. J.),** Technik in d. Stallentmistung 2257.
Meinecke (G.), Steriles Öffnen v. Bruteiern auf chem. Wege 665.
Meiske (J. C.) s. Kolari (O. E.).
Meister (A.) s. Stone (N.).
— u. **Bukenberger (M. W.),** Enzymat. Umwandlung d. D-Glutaminsäure in D-Pyrrolidon-Carbonsäure durch Säugetiergewebe 580.
Mejsner (A. F.), Erfahrungen bei d. Einsilierung in Hügelsilos 1515.
Meklenburcev (R. N.), Der Archar in d. nördlichen Ausläufern d. Altai-Gebirges 2295.
Melampy (R. M.) s. Anderson (L. L.).
Melechin (P. I.) s. Akaevskij (D. I.).
Meleščenko (Ė.) s. Žabaliev (M. A.).
Melin (C. G.) s. Langston (C. W.).
Meljukov (A. N.), Biophysik u. Tierzucht [2258].
— u. **Devjatnin (V. A.),** Chem. Verfahren für d. Bestimmung d. Sterine u. d. Vitamin D in Futtermitteln 2337.
Mellen (W. J.) u. **Wentworth (B. C.),** Beobachtungen an durch Röntgenstrahlen thyreoidektomierten Küken 898.
Mellor (J. D.), Beschleunigte Gefriertrocknung v. Lebensmitteln 1060.
Mel'ničenko (A. N.), Versuch zur gelenkten Veränderung d. Merkmale bei Bienenköniginnen u. Drohnen durch Aufzucht in Bienenvölkern anderer Rassen 1231. — Bienenaugen u. Sonnenlicht 1466.
Mel'ničuk (I. A.), Vom Reifeprozeß d. Kohlenhydratfutters im Honigraum 321. — Säure u. Zucker 2108.
Melot (M.) s. Calet (C.).
Melrose (D. R.) s. Park (R. W. A.).
Menczel (J.), Schraer (R.), Pakis (G.), Posner (A. S.) u. **Likins (R. C.),** Wirkung v. niedrigen Calciumgaben auf d. Einbau v. ^{45}Ca in Knochenkristalle u. Skelett v. Ratten 2150.
Mende (D.), Ursachen d. Brustbeinkammdeformation beim Geflügel 1210.
Mende (G.), Vorläufige Ergebnisse über arbeitswirtschaftliche Untersuchungen im Geflügelintensivstall Pillnitz/Alt-Reick bei Dresden. *1.* Mitt. 42. — Untersuchungen über d. Ursachen d. Deformation des Brustbeinkammes (Christa Sterni) bei

Zucht- u. Masthühnern 97; dass.: 758.
Mende (G.) u. **Falland (H.),** Freiwassermast v. Enten in d. Teichwirtsch. d. Kreises Niesky 768.
– u. **Lux (G.),** Käfigintensivhaltung v. Legehennen unter bes. Berücksichtigung d. Technologie in d. LPG „Einheit“, Kötzschau 1894.
Mendicino (J.) u. **Utter (M. F.),** Wechselwirkung löslicher u. mitochondrialer Multienzymsysteme bei d. Hexosephosphatsynthese 2581.
Meneghelli (V.) u. **Scapinelli (R.),** Lokalisation u. Zeitpunkt d. Beginns d. Bildung v. Wachstumshormonen im Hypophysenvorderlappen d. Rindes, nachgewiesen durch eine Fluoreszenz-Antikörper-Methode 2454.
Menge (A. C.), Kiddy (C. A.), Stone (W. H.) u. **Casida (L. E.),** Immunolog. Untersuchungen zur Fertilität u. Sterilität. 5. Mitt. Wirkung v. Antikörpern gegen Sperma u. Erythrocyten auf Kaninchenembryonen 1135.
–, **Mares (S. E.), Tyler (W. J.)** u. **Casida (L. E.),** Postpartale Fortpflanzungs- u. Leistungseigenschaften bei Holstein-Friesian-Kühen 2067.
–, **Stone (W. H.), Tyler (W. J.)** u. **Casida (L. E.),** Immunolog. Untersuchungen zur Fertilität u. Sterilität. *4.* Mitt. Fruchtbarkeit v. Rindern u. Kaninchen, d. mit Sperma besamt wurden, d. mit Antikörpern gegen Sperma, Spermien u. Erythrocyten behandelt worden war 1134.
–, **Tyler (W. J.)** u. **Casida (L. E.),** Faktoren, welche d. Verschwinden d. Spermatozoen aus d. Kaninchenuterus bewirken 1384.
Menge (H.) s. Lillie (R. J.); Miller (E. C.).
Menghin (O.), Vorkolumb. Haushühner in Südamerika 304.
Meniga (A.) s. Muić (N.).
Menke (K. H.), Frage d. Vitamin-B_{12}-Versorgung durch intestinale Synthese 599.
Mentler (L.), Läufer-Fütterungsversuch mit roh vermusten Rübensorten 2376.
Menzel (E.) u. **Schmid (D. O.),** Blutgruppenforschung beim Rind u. ihre Bedeutung für Tierzucht u. Tierheilkunde 16.
Menzel (R.) s. Schaaf (A.).
Menzi (M.), Zuchtwertschätzung mit Hilfe v. Selektionsindizes 16. – Neuzeitliche Züchtungsverfahren, dargestellt am Beispiel d. Geflügelzucht 761.
Mercer (E. A.) s. Vernon (J.).
Mercer (E. R.) s. Burton (J. D.).
–, **Burton (J. D.)** u. **Bartlett (B. O.),** Beziehungen zwischen d. ^{90}Sr-Gehalt u. d. Kontamination d. Milch im Vereinigten Königreich 2486.
Mercier (J.), Wirkung d. Bestrahlung auf d. Nahrungsfette 2159. – s. Paquot (C.).
Merfert (W.), Meinungsstreit in d. modernen Genetik 1128.
Merilan (C. P.) s. Campbell (J. R.); Wayman (O.).
Merk (W.) u. **Crasemann,** Wirkung einer Tocopherolanreicherung im Kraftfutter v. Milchkühen auf Menge u. Beschaffenheit d. erzeugten Milch 1034.
Merker (H.-J.), Elektronenmikroskop. Untersuchungen über d. Bildung d. Zona pellucida in d. Follikeln d. Kaninchenovars 2239.
Merkuŕeva (E. K.), Das Jersey-Rind u. seine Kreuzungen in d. UdSSR [288]. – Das Jerseyvieh u. seine Kreuzungsprodukte in d. UdSSR (biolog. Grundlagen d. Akklimatisierung u. Kreuzung v. Rindern in Zusammenhang mit d. Problem einer Steigerung d. Milchfettgehaltes [2077]*.
Merkušin (V. V.), Lehr- u. Versuchswirtschaft 2217. – Einfluß v. Kobalt auf d. Produktivität v. Angorakaninchen 2314. – s. Gordienko (M. F.).
Merler (E.), Remington (J. S.), Finland (M.) u. **Gitlin (D.),** Unterschiede zwischen Harnalbumin u. Serumalbumin 2554.
Merola (L. O.) s. Kinoshita (J. H.).
Merrill (J. M.) u. **Lemley-Stone (J.),** Einflüsse v. *3,5,3*-D-Trijodthyronin auf d. Lipoidstoffwechsel bei Hypothyreoidismus 2148.
Merril (L. H.) s. Berg (L. R.); Jensen (L. S.).
Merriman (G. M.), Dyer (I. A.), Hobbs

(C. S.) u. **Bell (M. C.)**, Wirkungen v. Fescue- u. Raygras-Samen in Rationen für *1* Jahr alte Mastrinder 386.
Merrits (I.), Gas-Flüssig-Chromatographie v. Adreno- u. Corticosteroid-Hormonen 1688.
Merten (D.) s. Enda-Marah (A.).
Mertins (S.) u. **Gutsche (H.-J.)**, Über *600* Eintragungen im Deutschen Schafleistungsbuch 1650.
Merwe (F. J. van der), Ferreira (I. L.), Vosloo (L. P.) u. **Labuschagne (D. G. F.)**, Vergleich zwischen pelletiertem u. geschnittenem Luzerneheu in d. Lämmerfütterung 175.
Merwin (R. T.), p-Aminobenzoesäure in Futtermitteln 560.
Merzlikin (J. A.), Mechanisierte Schweinemast 2042.
Meschaks (P.) u. **Nordkvist (M.)**, Sexualzyklus bei männlichen Rentieren 2018.
Mesnil du Buisson (F. du), Signoret (J. P.) u. **Gautier (J.)**, Einfluß äußerer Faktoren auf d. Auslösung d. Pubertät bei Sauen 1200.
Meštan (J.) s. Michalec (Č.).
Mesterjahn (H.), Neuregel. d. Milchleistungsprüf. in d. DDR 1861.
Mészáros (I.) s. Balogh (I.).
Methfessel (J.), Wirkstoff-Hemmstoff-Antagonismen u. ihre Bedeutung für Biologie u. Medizin 595.
Metlickij (A. V.) s. Petrov (A. I.).
Mette (C.) s. Plaschke (W.).
Metz (R.) u. **Salter (J. M.)**, Einfluß v. Glucagon auf d. Glykolyse in d. Leber 2588.
Meunier (K.), Diskussion über d. Typologie des Hauspferdes u. deren zoolog.-systemat. Bedeutung 890.
Meyer (A.) s. Seelemann (M.).
Meyer (F.) s. Krüger (L.).
Meyer (H.), Beziehungen zwischen d. Magnesiumgehalt im Blut u. in d. Milch beim Rind 2592. — s. Comberg (G.).
— u. **Gebert (H.)**, Kupfergehalt d. Leber bei Milchkühen in Nordwestdeutschland 355.
Meyer (Hinnerk), Einwirkung d. Windes auf den Honigertrag 319. — Wärme im Bienenvolk 1900.
Meyer (J. A.), Briskey (E. J.), Hoekstra (W. G.) u. **Bray (R. W.)**, Glucose-Toleranzen bei Schweinen u. Beziehungen zu post mortem Muskeldaten 712.
Meyer (J. H.) s. Smith (J. D.); Twombly (J.).
— u. **Jones (L. G.)**, Kontrolle d. Luzernequalität 1301.
—, **Weir (W. C.)** u. **Torell (D. T.)**, Reaktion wachsender Schafe auf Unterernährung 2157.
Meyer (M.) s. Langbein (G.).
Meyer (R. K.) s. Bellows (R. A.); Orsini (M. W.); Rigor (E. M.).
Meyer (W.) [Berlin], Diagnostik d. Rinderbrucellose 2515.
Meyer (W.) [Berlin-Dahlem] s. Wettke (K.).
Meyer (W.) [Otterwisch], Ansteckender Schnupfen, d. chron. Atemkrankheit 1458.
Meyerhoff (G.), Bienenschonende Wirkung d. Nebelverfahrens im Pflanzenschutz 549. — Sekundärschäden an Bienenvölkern nach Vergiftung durch Pflanzenschutzmittel 2325.
Meyknecht (E. A. M.), Mathemat. Behandlung d. Problems d. Beziehung zwischen Energieeinnahme u. Milchertrag, dargestellt an einigen exp. Ergebnissen 826.
Meyn (A.), Hühnertuberkulose u. ihre Auswirkungen 98. — Bekämpfung d. Rindertuberkulose in d. Bundesrepublik Deutschland 285, 739.
Miček (J.) s. Landau (L.).
Mičev (M.), Wintermast kastrierter Bullenkälber mit Zuckerrüben 1051. — Mastkälberaufzucht mit Ammenkühen 1869.
Michael (A. S.), Tropilaelaps clareae, eine Milbe, d. Bienenvölker heimsucht 2110.
Michael (B.), Einfluß gestaffelter P-Düngung auf d. Eiweißzusammensetzung d. Weizenkornes bei unterschiedlicher N-Versorgung d. Pflanzen 377.
Michael (S. E.) s. Ashford (A.).
Michajlov (K. I.) u. **Taranov (G. F.)**, Überwinterung d. Bienen bei mäßiger Durchlüftung 2107.
Michajlova (N. V.) s. Éskin (I. A.).
Michajlow, Bedeutung d. Parasitologie für d. Evolutionsforschung [2]*.
Michal'cov (K. P.), Frage d. Kontrak-

tionen d. Vormägen bei Kälbern 569.
Michalec (C.), Kolman (Z.), Šulc (M.) u. **Meštan (J.),** Zweidimensionale Papierchromatographie v. Cholesterinestern. Neue Methode zur Trennung krit. Paare 2128.
Michel (R.) Cabanne (F.), Truchot (R.) u. **Roche (J.),** Schilddrüsenhormone u. Cholesterinstoffwechsel beim Hühnchen. *3.* Mitt. Wirkung v. Hormonen u. ihrer Derivate beim radiothyreoidektomierten Tier 9.
Mickelberry (W. C.) s. Goodwin (T. L.).
—, Schwall (D. V.) u. **Stadelman (W. J.),** Einfluß d. Verhältnisses v. Eis : Wasser bei Kühlflüssigkeiten auf d. Wasseraufnahme u. Kühlung v. ausgeschlachtetem Mastgeflügel 1415.
Mickelsen (O.), Fütterungsversuche mit keimfreien Tieren 1923.
Micks (D. W.) s. Murthy (M. R. V.).
Middleton (E. J.) s. Morrison (A. B.).
Mielke (H.), Fraktionierte Oxytozinausschüttung u. Milchejektion beim laktierenden Rind 1821.
—, Kleinke (G.) u. **Tröger (F.),** Laktationsphysiolog. Grundlagen d. maschinellen Milchgewinnung 1432.
Mier (P.) s. Johnson (B. E.).
Mihálka (T.), Ist zur Erzeugung v. Fleisch für Bratzwecke d. Mast v. Jungböcken oder Junghammeln vorteilhafter? 525.
Mihalyi (E.) u. **Godfrey (J. E.),** Verdauung v. Fibrinogen durch Trypsin. *1.* Mitt. Kinet. Untersuchungen über d. Reaktion 2565; *2.* Mitt. Charakterisierung v. großen isolierten Fragmenten 2565.
Mikami (Schin-Ichi) u. **Ono (Kazuyuki),** Glucagonmangel, hervorgerufen durch Entfernung d. Alpha-Zellen d. Pankreasinselgewebes beim Huhn 1588.
Mikola (J.) s. Tor-Magnus (E.).
Mikulec (M.) s. Bauer-Sič (P.).
Milanov (D.) s. Georgiev (I.).
Milenković (Z.) s. Sljivovečki (K.).
Miles (C. S.), Produktion v. Qualitätsmilch 1158.
Miles (J. F.) s. Boone (M. A.).
Miles (J. T.) s. Lusk (J. W.).
Milev (N.), Wieviel Honigräume sollen wir aufstellen? 1466.
Milham jun. (S.), Entwicklung d. Säugereis: Entfernung d. Zona pellucida 1600.
Milkovic (K.) u. **Milkovic (S.),** Hypophysen-Nebennierenrindensystem bei d. fetalen Ratte 1600.
Milkovic (S.) s. Milkovic (K.).
Miller (B. F.), Sanford (P. E.) u. **Clegg (R. E.),** Wirkung v. Thyroxin auf d. Legeleistung u. Eiqualität normaler u. durch Strahlen thyreoidektomierter Hennen 1041.
Miller (C. B.) s. Heineman (H. E. O.).
Miller (D. S.) s. Donoso (G.).
— u. **Payne (P. R.),** Gewichtserhaltung u. Futteraufnahme 2604.
Miller (E. C.) u. **Denton (C. A.),** Cholesteringehalt in Serum u. Eidotter v. Hennen nach Fütterung mit Trockeneidotter 809.
—, Menge (H.) u. **Denton (C. A.),** Wirkung v. Fettzufütterung auf d. Gewebefett u. d. Cholesteringehalt d. Plasmas bei Broilern 808.
Miller (E. R.) s. Seerley (R. W.); Sprague (J. I.); Waddill (D. G.).
—, Baltzer (B. V.), Stowe (H. D.), Ullrey (D. E.), Hoefer (J. A.) u. **Luecke (R. W.),** Kreatin in d. Saugferkelration 1026.
—, Harmon (B. G.), Ullrey (D. E.), Schmidt (D. A.), Luecke (R. W.) u. **Hoefer (J. A.),** Resorption, Retention u. Bildung v. Antikörpern durch d. Ferkel 151.
—, Ullrey (D. E.), Ackermann (I.), Schmidt (D. A.), Luecke (R. W.) u. **Hoefer (J. A.),** Schweinehämatologie v. d. Geburt bis zur Reife. *2.* Mitt. Population, Gestalt u. Hämoglobinkonzentration d. Erythrocyten 1119.
Miller (G. J.), Ellis (W. W.) u. **Rosenfeld (I.),** Hypo- u. Hyperthyreoidismus u. d. Lipotropismus v. Diaethylstilboestrol bei Cholin-Mangel-Ratten 1280.
Miller (J. H.) s. Kempner (E. S.).
Miller (J. K.) u. **Miller (W. J.),** Experimentell erzeugter Zinkmangel u. dessen Heilung bei Kälbern 1935.
—, Miller (W. J.) u. **Clifton (C. M.),** Reaktion v. Kälbern auf Aufzucht-

futter mit unterschiedlichem Zinkgehalt 2596.
Miller (M. H.) s. Ashton (G. C.).
Miller (R. F.) s. Lepore (P. D.).
Miller (R. W.) s. Bitman (J.); Okamoto (M.).
—, **Vanetten (C. H.), McGrew (C.), Wolff (I. A.)** u. **Jenes (Q.),** Aminosäurezusammensetzung d. Extraktionsschrote v. *41* Cruciferen-Spezies 1747.
Miller (W.) u. **Shupe (J. L.),** Aktivität d. alkal. Knochenphosphatase in Abhängigkeit v. d. Fluoridaufnahme bei Milchkühen 357.
Miller (W. J.), Vergleich v. Speck, Talg, Butter u. gehärtetem Baumwollsaatöl im Starterfutter für Kälber sowie v. pelletiertem u. nichtpelletiertem Heu v. Küsten-Bermudagras 1290. — s. Brooks (O. L.); Miller (J. K.).
—, **Clifton (C. M.)** u. **Cameron (N. W.),** Beeinflussung v. Nährstoffverlusten u. Silagequalität durch Fülldauer u. Zusatz v. „soybran"-Flokken 1303.
Miller (W. M.) u. **Jacobson (D. R.),** Art u. Weise d. Wirkung v. Penicillin in d. Prophylaxe einfacher, durch Leguminosen verursachter Trommelsucht 2607.
Miller (W. R.) u. **Turner (C. W.),** Vorhandensein einer in vivo-Umwandlung v. C_{21}-Steroiden in C_{19}-Androgene beim Rind 11.
Millot (P.) s. Audran (R.).
Mills (G. C.), Hämoglobinabbau. *3.* Mitt. Umwandlung d. Hämoglobins in Choleglobin durch Rattenleberpräparate 577.
Mills (S. C.) s. Reid (R. L.).
Milne (F. N. J.), Geflügelindustrie in Queensland 2093.
Miloš (H.) u. **Gabriel (Z.),** Proceedings of the symposium on antibiotics in Prague, May *18—23, 1959* [1509].
Milošvić (Z.), Darstellung d. Tränennasenganges d. Haustiere durch Röntgenstrahlen 445.
Milovanov (V. K.), Gegenwärtiger Stand des Problems d. neuro-humoralen Regulierung d. Fortpflanzungsprozesse bei landwirtschaftlichen Nutztieren 19. — Fortpflanzungsbiologie u. künstliche Besamung bei landwirtsch. Nutztieren [1395]*.
Milovanov (V. K.), Bereznev (A. P.) u. **Gorochov (L. N.),** Wirkung d. Oxytocins auf die Fortpflanzungsorgane d. männlichen landwirtschaftlichen Nutztiere 22.
— u. **Sergeev (N. I.),** Simultaneinführung v. Oxytocin, neues Verfahren zur Erhöhung d. Nutzeffektes d. künstlichen Besamung d. Schweine 247.
Miltimore (J. E.) s. McArthur (J. M.).
— u. **McArthur (J. M.),** Verhältnis zwischen in vivo Pansengas-Zusammensetzung u. Futterverwertung bei Kälbern 1693.
Milunović (M.) s. Oklješa (B.).
Min (H. S.) s. Norman (C.).
Minasjan (R. O.) s. Blrcjan (A. A.).
Minčeva (N.) s. Vačev (B.).
Mindlin (A. M.), Geräte zur Bestimmung d. Gaswechsels bei Warmblütern 1484.
Minev (P.) s. Kacarov (J.).
Minkema (D.), Selektionsmethoden in d. Schweinezucht 79. — Nachkommenschaftsuntersuchungen auf rezessive Erbmängel bei Schweinen 80, 1199.
—, **Kroeske (D.)** u. **Hart (P. C.),** Genetische Gesichtspunkte hinsichtlich d. Zartheit v. Bacon 743. — Erblichkeitsgrad d. Festigkeit d. Speckes bei Schweinen aus Mastprüfungsanstalten 1199.
Mińkov (S. G.), Ist unter allen Umständen eine Warmhaltung erforderlich? 319.
Minshall (E.) s. Ingle (R. B.).
Minson (D. J.), Wirkung v. Pelletieren u. Waffeln auf d. Futterwert v. Rauhfutter 1950. — s. Pritchard (G. I.).
— u. **Kemp (C. D.),** Verdaulichkeit v. Weidegras. *9.* Mitt. Gras- u. Kotstickstoff als Indikator für d. Verdaulichkeit d. organ. Substanz d. Grases 791.
Mirkov (V.), Tanev (I.), Karadžov (K.) u. **Penčev (C.),** Mittelfeinwollige Schafherde im Institut für Futterbau in Plewen 1206.
—, **Tanev (I.)** u. **Popov (A.),** Züchter. Arbeit beim Aufbau d. Schafherde

auf d. Hochgebirgs-Versuchsstation Beglika 1651.
Mirošničenko (I. K.), Farm für d. ganzjährige Rindermast 2484.
Mirošnyčenko (M. J.), Solovjova (Z. K.) u. **Šynkarenko (S. V.)**, Futterwert d. Wasserpflanze Philophora 2165.
Mirošnyčenko (M. O.) s. Kaplan (V. A.).
Mirsky (A. E.) s. Naora (H.).
Mîrza (E.) s. Foti (N.).
Mirzojan (É. N.), Die Geschichte d. Untersuchung d. individuellen Entwicklung d. landwirtsch. Nutztiere in Rußland [2248].
Mišin (G. M.), Einfluß d. Sapropels auf d. Legeleistung d. Enten u. d. Gewichtszunahme d. jungen Tiere 1459.
Misostov (T. A.), Kennziffern d. Blutes u. d. Spermaproduktion v. Zuchtbullen unter unterschiedlichen Haltungsbedingungen 2073.
Misostova (N. V.), Bedeutung d. Grades d. Spermaverdünnung für d. Befruchtung d. Kühe 2471.
Missler (H.), Probleme d. Junghennenaufzucht 759. — Geflügelherdbuchzuchten im Umbruch 1886. — Rationalisierungsmöglichkeiten in d. bäuerlichen Geflügelhaltung 2042.
Mistry (S. P.) s. Dakshinamurti (K.).
—, **Dakshinamurti (K.)** u. **Modi (V. V.)**, Verminderung d. Glucoseverwertung bei Biotinmangel 574.
Mistryukov (E. A.), Dünnschichtchromatographie durch Anwendung d. absteigenden Technik mit nicht begrenzten Aluminiumoxydplatten 2117.
Mitbander (V. B.) s. Wagle (D. S.).
Mitchell (K. G.) s. Barber (R. S.); Braude (R.).
— u. **Sedgwick (P. H.)**, Einfluß d. Kraftfuttermenge in Verbindung mit einer unbeschränkten Molkenergänzung auf d. Leistung wachsender Schweine 2615.
Mitić (N.), Einfluß d. KB bei Schafen auf Zahl u. Geschlecht d. Lämmer 300. — s. Belić (J.).
Mitin (V.) s. Valpotić (I.).
Mitsui (H.) s. Otaka (E.).
Mitsumoto (T.) u. **Yamada (Y.)**, Bestimmung d. Elternschaft bei Hühnern unter Verwendung polyvalenter Immunseren 2459.
Mitten (H. L.), Tankmilcheinsammlung in d. USA 1852.
Mittler (S.), Wirkung v. Antimetaboliten auf d. Geschlechtsverhältnis bei Säugern 684.
Mixner (J. P.) s. Post (T. B.); Sullivan (J. J.).
—, **Kramer (D. H.)** u. **Szabo (K. T.)**, Einfluß d. Zucht, d. Laktationsstadiums u. d. Jahreszeit auf d. Sekretionsrate d. Thyreoidea v. Milchkühen, bestimmt nach d. chem. Thyroxin-Turnover-Methode 1938.
Miyamoto (S.) s. Fujii (K.); Futonaka (H.).
Miyao (N.) u. **Hayashi (M.)**, Arbeiten über den Strontium-Stoffwechsel, insbes. über d. Strontium-Calcium-Verhältnis bei den Haustieren. 5. Mitt. Wirkungen v. verschied. Salzen u. einer Gesamtkörper-Kobalt-Gamma-Bestrahlung auf d. Strontium-Calcium-Verhältnis bei d. Ziege u. dem Geflügel 352.
Miyata (R.) s. Kalant (H.).
Mizota (S.) s. Fujii (K.).
Mizutani (J.) s. Obata (Y.).
Mkrtčjan (L. P.) s. Čilingarjan (A. A.).
Mnacakanjan (L. B.) s. Dilanjan (Z. C.).
Mochizuki (A.) s. Futonaka (H.).
Mochnacs (M.) s. Timaru (S.).
Modi (V. V.) s. Mistry (S. P.).
Möbius (G.) u. **Englisch (H.-G.)**, Probleme des frühzeitigen Absetzens d. Ferkel 970.
Möhlmann (H.), Wesen u. Wirkung d. γ-Globuline u. Perspektive ihres Einsatzes in d. Tierheilkunde 2362.
Möllenbrok (H. G.), Neu aus d. USA: Boxen-Laufstall 1837.
Mørk (K.), Planung einer gemeinsamen Futterküche 1461.
Moffatt (B. W.), Beobachtungen über d. Einhüllung v. Eierkisten mit Zellulosefilm unter den Bedingungen Queenslands 266.
— u. **Byrnes (R. V.)**, Bemerkung zur Eiqualität in Süd-Queensland 265.
Moffitt (R. A.), Meckler (W. G.), Sautier (P. M.) u. **Sanderson (D. W.)**,

Registrierapparatur für d. colorimetr. Vitamin-A-Bestimmung 2129.

Mogensen (B.), Vorkommen v. Eingeweidewürmern im Darmkanal v. Schlachtschweinen in Dänemark 295. — s. Jacobsen (J.).

Mohamed (M. S.) s. Balba (M. K.).

Mohler (H.) s. Hofer (A. A.).

Mohler (M. T.) s. Gossett (W. H.); Perry (T. W.).

Mohrhauer (H.) s. Caster (W. O.).

Moiseev (V. A.), Bestimmung d. Cellulosezersetzung im Schafpansen 2330.

Moiseeva (I. G.) s. Tolokonnikova (E. V.).

Moir (K. W.), Ernährung d. weidenden Rinder. *1.* Mitt. Bestimmung v. Protein auf selektierter Weide durch weidende Rinder 1740; *2.* Mitt. Bestimmung v. Phosphor u. Calcium auf selektierter Weide durch weidende Rinder 1740; *3.* Mitt. Bestimmung v. Protein, Phosphor u. Calcium in gemischten Rationen 1740; *4.* Mitt. Das gezeigte Auswahlvermögen durch weidende Rinder 1740; *5.* Mitt. Überblick über d. Ernährung d. Milchrinder in Südost-Queensland 1740.

Moir (R. J.) u. **Harris (L. E.),** Pansenflora im Schaf. *10.* Mitt. Einfluß d. N-Aufnahme auf d. Pansenfunktion 2137.

Mok (C.-C.) s. McCully (K. A.).

Mokeev (A. E.) u. **Bujnaja (P. N.),** Zucht d. Hybriden v. Zebu u. Rotem Steppenvieh im Süden d. Ukrain. SSR 1176.

Mokjejev (O. J.), Kononenko (N. V.) u. **Voronjuk (U.),** Zuchtarbeit mit d. Roten Steppenrasse 727.

Mokrasch (L. C.) u. **Manner (P.),** Spontane Inkorporation v. Aminosäuren in gereinigte Proteolipoide 1261.

Molčanova (A. A.) s. Padučeva (A. L.).

Molčanova (N.), Šorochova (N.) u. **Javorskij (L.),** Aufzucht v. Fleischküken in d. Region Krasnojarsk 984.

Mold (K.) s. Csaba (G.).

Moldoveanu (X.), Grünberg (E.) u. **Rusu (I.),** Studium über d. Wirkung einiger Desinfektionsmittel auf d. Virus d. Gelbsucht bei Seidenraupen 114.

Moll (A.), Antithyreoidale Stoffe in Brassicaceen. Sammelreferat in Heft 11.

Molnar (S.) s. Lantzsch (H. J.); Lenkeit (W.).

Mommers (J.), Bestäubung v. Erdbeeren unter Glas 999.

Monastyrskij (O. A.) s. Raušenbach (J. O.).

Monnier (D.), Ghalioungbi (Y.) u. **Saba (R.),** Bestimmung v. Spuren an Vitamin B_{12} 1918.

Monreal (G.), Parasitenbekämpfung u. Impfung als prophylakt. Maßnahme in d. Sommermonaten 2311.

Monro (R. F.), Materialien zum Bau v. Melkanlagen 1409.

Montagner (H.), Fortpflanzungs-Kapazität bei Bienenvölkern 1900.

Montgomery (R. H.), Erhaltung d. Qualität v. Eiern, d. auf Farmen erzeugt wurden 2309.

Montsma (G.), Milchleistung sowie Wachstum u. Futterverwertung d. Kälber bei *3* Rinderrassen in Ghana. *1.* Mitt. 508; *2.* Mitt. 508.

Moon (R. C.), Einfluß abgestufter Thyroxinmengen auf d. Milchdrüsenwachstum 1811. — Zellgehalt d. Milchdrüse während verschied. Phasen d. Laktation 2022.

Moor (H. de) s. Hendrickx (H.).

Moore (D. B.), Stonaker (H. H.) u. **Riddle (K.),** Einfluß einiger Faktoren auf d. Zunahmenvgl. bei Hereford-Bullen 953.

Moore (J. E.), Johnson (R. R.) u. **Dehority (B. A.),** Angleichung eines in vitro-Systems zum Studium d. Stärkefermentation durch Pansenbakterien 2136.

Moore (J. H.) u. **Doran (B. M.),** Fettstoffwechsel beim normalen u. an Vitamin B_{12} verarmtem Hühnerembryo 2353.

Moore (L. A.) s. Dryden (L. P.); Langston (C. W.).

Moore (N. W.) u. **Shelton (J. N.),** Brunst- u. Ovarreaktion d. Schafes auf Hypophysenvorderlappenextrakt v. Pferd 681. — Anwendung d. Eitransplantation in d. Schafzucht 1135.

Moore (S. L.) s. O'Dell (G. D.).

Moore (T.), Vitamine in d. Ernährung 1936. — Geschichte d. Beziehungen Selen-Vitamin E 2366.
Moorman (R. B.), Helft euren Bienen, d. Winter zu überleben 2106.
Moran (D. F.) s. Anderson (R. H.).
Moran (T.) s. Hutchinson (J. B.).
— u. **Pace (J.)**, Aminosäure-Zusammensetzung d. Proteins in jungen Heidekrauttrieben 1064.
Morávek (J.), **Nejedlý (Z.)** u. **Filip (J.)**, Auswertung d. Isotopenaustauschreaktion durch Chromatographie 2131.
Morcos (S. R.) u. **Platt (B. S.)**, Einfluß d. Eiweißwertes d. Ration auf d. Toxizität v. β-Aminopropionitril 1510.
Moreau (R.), Neue Methode zur Bezahlung d. Milch nach ihrem Fettgehalt 939.
Moreland (H.) s. Bowman (B.).
Moreng (R. E.) u. **Whittet (W. A.)**, Reaktion v. Hühnerküken u. Puten auf Futterhefe, d. Kohle enthält 1524.
—, **Whittet (W. A.)** u. **Enos (H. L.)**, Körperzusammensetzung v. Puten. *1.* Mitt. Erhöhung d. Körperfettgehaltes u. Masterfolges durch Anwendung v. Diaethylstilboestrol u. d. Bestimmung d. Körperfettes mittels d. spezif. Gewichtes 2493.
Morgan (A.), **Rundo (J.)**, **Vandervell (H. D.)** u. **Emeleus (V. M.)**, Caesium *136* im Regen u. in Milch 706.
Morgan (C. B.) s. Carpenter (K. J.).
Morgan (C. L.) s. Boone (M. A.).
Morgan (D. B.) s. Fourman (P.).
Morgan (D. E.), **Clegg (A.)**, **Brooksbank (N. H.)** u. **McCrea (C. T.)**, Wirkung v. Kupfer-Glycin-Injektionen auf d. Zuwachs v. saugenden Mastkälbern 1936.
Morgan (D. M.) s. Kingsbury (K. J.).
Morgan (D. O.) s. Lecce (J. G.).
Morgan (E. H.) s. Ezekiel (E.).
Morgan (H. E.) s. Bader (H.).
Morgan (M. E.) s. Shipe (W. F.).
— u. **Pereira (R. L.)**, Flüchtige Bestandteile v. Gras- u. Maisgärfutter. *1.* Mitt. Wasserdampfdestillate 1014; *2.* Mitt. Flüchtige Aromastoffe 1014.
Morgan (W.) s. Greb (R. J.).
Morgenstern (H.) s. Holt (C. v.).
Morimoto (H.) s. Kameoka (K.); Yoshida (M.).
Morin (R. J.), **Bernick (S.)**, **Mead (J. F.)** u. **Alfin-Slater (R. B.)**, Einfluß d. exogenen Cholesterins auf d. Fettzusammensetzung d. Rattenleber 2140.
Morishima (A.), **Grumbach (M. M.)** u. **Taylor (J. H.)**, Asynchrone Verdoppelung menschlicher Chromosomen u. Ursprung d. Geschlechtschromatins 673.
Morita (S.), **Daigo (M.)** u. **Ogami (E.)**, Histolog. u. histochem. Untersuchungen d. Nebennierenrinde d. Hausgeflügels. *1.* Mitt. Histolog. Grunduntersuchungen d. Nebennierenrinde u. seiner Lipide 1127.
Morita (T.), Theoret. Analyse zur Ausmerzung ungenügender Leger in Eierproduktionsbetrieben 1210.
Morita (Y.) s. Bartlett (D.).
Moriwaki (T.) u. **Landau (B. R.)**, Fructose- u. Glucosestoffwechsel im normalen u. diabet. Rattendiaphragma in vitro 1255.
Moroz (V. K.) s. Karpov (P. L.).
Morozov (V. A.), **Dupenko (O. A.)** u. **Lavrov (O. B.)**, Aufbewahrung des Spermas landwirtsch. Nutztiere bei *0* °C 32.
Morrant (A. J.) s. Dun (R. B.).
Morre (L. A.) s. Langston (C. W.).
Morris (B.) s. Heath (T. J.).
Morris (C. J.) s. Thompson (J. F.).
Morris (E.) s. Acker (D.).
Morris (G. K.) s. Fuller (H. L.).
Morris (J. A.), Wirkung mäßiger Inzucht in *2* Leghorn-Linien 531. — s. Binet (F. E.).
Morris (J. G.) s. Ryley (J. W.).
Morris (L. R.), Photoperiodizität u. d. jahreszeitliche Rhythmus im Wollwachstum bei Schafen 1449.
Morris (R. J. H.) s. Budtz-Olsen (O. E.); MacFarlane (W. V.).
—, **Howard (B.)** u. **MacFarlane (W. V.)**, Wechselwirkung d. Nahrung u. d. Lufttemperatur mit dem Wasser-Stoffwechsel im Winter geschorener Merino-Hammel 584.
Morris jun. (W. W.), **Wilkie (J. B.)**, **Jones (S. W.)** u. **Friedmann (L.)**, Differenzierung d. Vitamine D_2 u. D_3 durch Infrarotspektrophotometrie 122.

Morrison (A. B.) s. McLaughlan (J. M.).
—, Sabry (Z. I.) u. **Middleton (E. J.),** Faktoren, die d. Nährwert v. Fischmehl beeinflussen. *1.* Mitt. Einflüsse d. Extraktion mit Chloroform oder Äthylendichlorid 2389.
Morrison (E. M.) u. **Nielson (B. E.),** Leistung d. Schafherden in Nord Utah, Kosten u. Einnahmen im Jahre *1959* 87.
Morrison (R. D.) s. Maloney jun. (M. A.); Mount (G. A.); Omtvedt (I. T.); Rudolph (J. W.); Wilson (S. P.).
Morrison (S. D.) s. Baillie (P.).
Morrison (W. D.), Wachstum u. Futterausnutzung v. Truthühnern unter d. Wirkung v. Reserpin 1284.
Morrissey (D. J.) s. Bray (D. J.).
Morrow (R. J.) s. Marks (S.).
Morse (R. A.) s. Benton (A. W.).
Morsk (H.) s. Verter (W.).
Mortenson (F. N.), Benedict (H. M.), Transtrum (L. G.) u. **Winters (W. S.),** Methode zur Bestimmung d. Fluoraufnahme v. Milchkühen unter Feldbedingungen 150.
Mortimer (R. G.), Ökonom. Gesichtspunkte d. Futterkonservierung 1519.
Morton (J. R.) s. Ogden (A. L.).
Morton (N. E.) s. Conneally (P. M.).
Moses (V.), Zersetzung v. *9* Aminosäuren während d. Chromatographie auf d. Papier 2125.
Moskalev (J. I.) s. Lebedinskij (A. V.).
Mosolov (M. I.) s. Kaplan (V. A.).
Mosolov (N. I.) s. Semak (I. L.).
Mosolov (V. V.) u. **Loginova (M. D.),** Fermentative Aktivität d. Autolyseprodukte v. Trypsin 1919.
Mosolova (É. S.), Kaplan (V. A.) u. **Staroverov (N. A.),** Einfluß v. Gärfutter auf d. Prozeß d. Pansenverdauung 1733.
Mostageer (A.) s. Badrelin (A. L.); Kamar (G. A. R.).
Mothes (E.), Stand u. Perspektiven unseres Offenstallbauprogramms [57]*. — Nutzeffekt v. Landbauten 1610.
Mottu (F.) s. Mauron (J.).
Mould (D. L.) u. **Dawson (A. McL.),** Fraktionierung löslicher Gewebeproteine aus Hirn 2332.
Moule (G. R.) s. Southcott (W. H.).
— u. **Young (R. B.),** Tägliche Milchaufnahme bei Merinolämmern im semi-ariden trop. Queensland 1653.
Moullec (J.) s. Audran (R.).
Mount (G. A.), Howell (D. E.), Berousek (E. R.) u. **Morrison (R. D.),** Schätzung d. Erblichkeit d. Fliegenempfänglichkeit v. Milchrindern 503.
Mount (L. E.) u. **Rowell (J. G.),** Körpergewicht u. Alter in Beziehung zur Stoffwechselrate bei jungen Schweinen 1285.
Mountney (G. J.), Einflußnahme einiger Faktoren auf d. Beschaffenheit v. Backwaren bei Verwendung v. Eiprodukten 2272.
Mouren-Mathieu (A.-M.) s. Poirier (L. J.).
Moustgaard (J.) s. Sørensen (P. H.).
Movčan (N. A.), Antibiot. Eigenschaften d. Eihülle v. Hühner-, Enten- u. Perlhuhneiern 1387.
Movsum-Zade (K. K.), Ušakov (P. I.), Ivanova (M. I.) u. **Aletina (M. B.),** Einfluß d. Aminopeptids-*2* auf d. Organismus d. Ferkel 2369.
Mowat (D. A.) s. Lloyd (L. E.).
Moyano (A. J.), Blutgruppen d. Sporttauben 2016.
Moyed (H. S.) u. **Umbarger (H. E.),** Regulation v. Biosynthesewegen 2352.
Moyer (R. F.) u. **Almquist (J. O.),** Verdünner für Bullensperma. *10.* Mitt. Lebensfähigkeit v. Spermien in Magermilch-Verdünnern bei Zimmertemperatur 466.
Moyer (S. E.), Collins (W. M.) u. **Skoglund (W. C.),** Heritabilität d. Körpergewichtes v. Broilerkreuzungen aus zwei verschied. Zuchtsystemen in drei Altersstufen 1454.
Možarenko (V. I.), Selbstfahrender Futterverteilungswagen 1841.
Mraz (C.), Standardisierung v. Bienengiftlösungen 2324.
Mraz (F. R.), Intestinale Absorption v. ^{45}Ca u. ^{85}Sr u. ihre Beeinflussung durch Erdalkalien u. pH-Wert 1270.
Muchamedgaliev (F. M.), Rassenmorphologie 1446.
Muchin (G. F.), Entwicklung d. Muskulatur u. d. Charakters d. Fettablagerung bei reinrassigen u.

Kreuzungsschafen unter Wanderweidebedingungen 754.
Muchina (A. P.) s. Malkiman (I. V.).
Muck (G. A.) u. **Tobias (J.)**, Einfluß d. Hocherhitzung auf d. Viskosität v. Milch-Modellsystemen 484.
Mudd (C. H.), Scheunentrocknung v. Heu in humidem Klima 377. — Verwendung v. sperrigen Futtermitteln bei d. Aufzucht v. Färsen v. Milchrassen 568.
Mudra s. Liebenberg.
Mŭdrov (C.) s. Ivanov (M.).
Mügge (B.), Untersuchungen über d. Mastentwicklung d. Schweine in d. einzelnen Gewichtsabschnitten v. *20—110* kg [1445].
Mührel (K.) u. **Langer (J.)**, Arbeitsorganisation in den LPG [259].
Muelenaere (H. J. H. de), **Chen (M. L.)** u. **Harper (A. E.)**, Verfügbarkeit v. Aminosäuren. *1.* Mitt. Einfluß d. Alkoholbehandlung auf Maisgluten 2122.
Müller, Wirtspflanzenwahl phytophager Insekten in Beziehung zur Artenbildung [2]*.
Müller (A. H.), Großabläufe d. Stammesgeschichte [891]*.
Müller (E.), Tierheilkunde für d. Landwirt [57]. — Genet. u. wirtschaftliche Probleme d. Erbhygiene in d. prakt. Rinderzucht 248. — Statist. Untersuchungen über d. Einflüsse v. Spermaqualität, Verdünner u. Aufbewahrungstemperatur auf d. Lebensdauer v. Rinderspermien 1395.
Müller (E. W.), Gefährdung v. Geflügel durch chem. Pflanzenschutzmittel 1219.
Müller (G.) [Hamburg] s. Schwarz (L.).
Müller (G.) [München], Gegenwartsprobleme u. Zukunftsaussichten d. deutschen Hühnerhaltung 2529.
Müller (H.), Produktion v. Geflügelfleisch erhöhen! 304. — Betriebswirtschaftliche Fragen d. Intensivgeflügelhaltung 1218.
— u. **Schneider (K.-H.)**, Erfolgreiche Broilermast 1659.
Müller (H.-H.), Tierreste d. slaw. Burg Berlin-Köpenick 2444.
Müller (I.) s. Kolb (E.); Seidel (H.).
Müller (J.) s. Lötsch (D.).
Müller (L. I.), Einfluß d. Milchkammer auf d. Qualität d. Milch 2488.
Müller (W.), Krit. Fragen d. heutigen Tierzuchtförderung 267.
Müller (W.) [Berlin], Aufgaben d. Rinderherdbuchzucht 954.
Müller (Wilhelm), Röm. Hufeisen u. d. Varusschlacht 1422.
Müller (W.-D.) s. Inger (E.).
Mueller (W. J.), Wirkung konstanter u. schwankender Umgebungstemperaturen auf d. biolog. Leistungsvermögen legereifer Junghennen 251. — Wirkung d. Umgebungstemperatur auf Legehennen 1834.
Mueller (W. S.), Reinigungs- u. Sterilisationsfähigkeit eines fahrbaren Milchsammelbeckens 1158.
Müller (Z.), Wirkstoffe in d. modernen Tierernährung 1500.
Müller-Beuthow (W.) s. Gerriets (E.).
Münchberg (F.) s. Kissling (R.).
— u. **Haas (J.)**, Bestimmung d. Gesamtkeimzahl u. d. Titers coliformer Keime in d. Milch 1846.
— u. **Kissling (R.)**, Haaranalysen als diagnost. Hilfsmittel bei Fortpflanzungsstörungen 351.
Münchmeyer (R.) s. Bergner (H.).
Münzing (J.), Ursachen d. Unfruchtbarkeit bei d. Chinchillas 993.
Muić (N.) u. **Meniga (A.)**, Biochemie d. Protamins aus d. Milch v. mugil cephalus 784.
Mukerji (D.) s. Munro (H. N.).
Mukerji (P. C.) u. **Fry (J. L.)**, Aufbewahrungsqualität bei Markteiern 2495.
Mulder (H.) s. Walstra (P.).
Mulder (I.) s. Veerkamp (J. H.).
Mullan (F. A.), **Hancock (D. M.)** u. **Neill (D. W.)**, Elektrophorese v. Serum u. löslichen Leberproteinen an Celluloseacetat 331.
Mullenax (C. H.) s. Dougherty (R. W.).
— u. **Mullenax (P. B.)**, Angeborene Mißbildungen d. Verdauungskanals beim Rind 1829.
Mullenax (P. B.) s. Mullenax (C. H.).
Muller (M.) s. Simon (S. E.).
Mulley (E. O. V.), Canpak-Schlachtsystem 52.
Mullick (D. N.) s. Raghavan (G. V.).
— u. **Murty (V. N.)**, Einflüsse v. Stilb-

oestrol u. Thiourazil auf d. Elektrokardiogramm beim Schaf 670.

Mulsow, Trocken- u. Feuchtfütterung u. ihr Einfluß auf d. Mastergebnisse aus Winterbruten 1891.

Mulsow (D.) s. Hofmann (F.); Löhle (K.).

Munch-Petersen (E.), KB in Australien 1824.

Munck (A.) s. Bartlett (D.).

Munro (H. N.), Chisholm (J.) u. **Naismith (D. J.),** Einfluß d. Kaloriengehaltes d. Nahrung auf d. Aufnahme v. markierten Aminosäuren durch Gewebsproteine 826.

—, Hutchson (W. C.), Ramaiah (T. R.) u. **Neilson (F. J.),** Einfluß d. Kost auf d. Gewicht u. chem. Bestandteile d. Nebenniere d. Ratte 1279.

— u. **Mukerji (D.),** Ribonucleinsäurestoffwechsel in d. Leber nach Verabreichung einzelner Aminosäuren 799.

Munro (I. B.) s. Park (R. W. A.).

Munro (J.), Milchleistung v. drei Linien Schwarzköpfiger Schott. Mutterschafe bei verschied. Umweltverhältnissen 977. — Natürliches Schutzbedürfnis bei Bergschafen 2034. — s. Doney (J. M.).

Muntwyler (E.) s. Kesner (L.).

Muntz (J. A.) u. **Vanko (M.),** Stoffwechsel in d. Pfortader injizierter Fructose in d. Rattenleber in vivo 2582.

Murafa (E.) s. Lunca (N.).

Murakami (M.), Sekine (H.) u. **Funahashi (S.),** Proteolipid aus Rinderherz-Muskel. *1.* Mitt. Anwendung d. organ. Dialyse zur Herstellung d. Proteolipids 1478.

Muramatsu (K.) u. **Ashida (K.),** Beziehung zwischen d. Nährwert v. Diätprotein u. d. Leberxanthinoxidaseaktivität in jungen Ratten 828. — Stickstoffbilanz u. einige Leber-Enzyme ausgewachsener Ratten 1267.

Muratov (I. I.), Vorteile d. frühzeitigen Ablammens d. Karakulschafe 2298.

Murdoch (J. C.), Silage für Milchkühe 831. — Übersicht über d. Gärfutterbereitung 1299. — Wirkung verschied. Kraftfutter auf d. Milchleistung, wenn Silage das alleinige Grundfutter für Kühe bildet 2613.

Muria (P. J. de) s. Lees (T. M.).

Murinova (V.), Aufzucht v. Sportpferden 269.

Murphree (R. L.) s. Austin (J. W.); Hupp (E. W.); Pace (H. B.); Parish (N. R.).

Murphy (W. J. B.), Erzeugung v. Mastkälbern 509.

Murray (A. J. W.), Milchflußschreiber für d. Maschinenmelken v. Kühen 703. — s. Lightbody (L. G.).

— u. **Lightbody (L. G.),** Einfluß verschied. Anrüstverfahren auf d. Melkeigenschaften austral. Illawarra-Shorthorns 1433.

Murray (J. G.) u. **Downey (G.),** Sterilisation v. Milchgeräten in d. Farmen 1844.

— u. **Fovte (A. G.),** Sterilisation v. Melkständen mit Milchabsaugvorrichtung 1843.

Murray (M. G.) s. Sutherland (T. M.).

—, Reid (R. S.) u. **Sutherland (T. M.),** Überführungsrate v. Inhalt aus d. Hauben-Pansen-Raum beim Schaf 1370.

Murray (T. K.), Ausnutzung v. Vitamin A aus hohen Leberreserven oder v. geringen täglichen Aufnahmen durch d. Ratte 1936.

— u. **Campbell (J. A.),** Bestimmung d. biolog. Potenz verschied. Vitamin-A-Formen 2336.

Murtagh (J. E.) s. Nestel (B. L.).

Murthy (M. R. V.) u. **Micks (D. W.),** Mikrotechnik zur Herstellung v. biolog. Proben für d. papierchromatograph. Analyse 784.

Murthy (S. K.) u. **Ganguly (J.),** Studien über Cholesterinesterasen d. Dünndarms u. Pankreas d. Ratten 781.

Murty (V. N.) s. Mullick (D. N.).

Murusidze (D. N.) s. Gudkin (A. F.).

Musaev (M. N.), Neues im Bauwesen d. Nutriafarmen 2544.

Muser (R.) u. **Nassal (J.),** Tuberkulose, Tuberkulinreaktion u. Mykobakterien beim Pferd 2501.

Musijenko (I. D.) u. **Kajdaš (M. A.),** Künstliche Besamung d. Schweine, ein wichtiges Mittel zur Reproduktion d. Herde 914.

Myers (D. K.) u. **Wolfe (D. E. de),**

Einflüsse d. Röntgenbestrahlung auf d. Enzymsynthese während d. Leberregeneration 601.
Myers (K.) u. **Poole (W. E.),** Brunstzyklen beim Kaninchen 679.
Myers (P. W.), Davis (G. T.) u. **Roehm (G. H.),** Plastikverpackung v. Eiern. *2.* Mitt. Küchen-Qualität v. in Öl getauchten u. in Cryovac verpackten Eiern 2494.
Mysliveček (J.) s. Reiniš (S.).

Naber (C. E.) s. Touchburn (S. P.).
Nachkur (B. A.) s. Piskovoj (F. R.).
Nagaraja Rao (H. A.) = Rao (H. A. N.).
Nagarcenkar (R. S.), Schafhaltung in Indien 1445.
Nagase (H.) s. Nei (T.).
Nagataki (S.) s. Shizume (K.).
Nagel (W.), Sanpitak (N.) u. **Willig (F.),** Methode zur Bestimmung v. D-Ribose in Gegenwart v. Hexosen u. ihre Anwendung bei Untersuchungen über d. Pentose-Verwertung v. normalen u. malignen Geweben 2120.
Nagornyj (V. T.), Machańko (A. V.), Karel'skaja (V. F.) u. **Timčenko (L. A.),** Fütterung v. rohen Zuckerrüben bei d. Schweinemast 1947.
Nagy (H.), Futteraufnahme u. Futterverwertung d. Kälber aus frei gewählten Kraftfuttersorten 371.
Nagy (Z.), Ammenaufzucht v. Kälbern 2070.
Nair (P. G.) u. **Iya (K. K.),** Bestimmung v. Büffelmilch als Verfälschungsmittel in Kuhmilch durch serolog. Methoden 1845.
Naismith (D. J.) s. Munro (H. N.).
Naito (K.-I.) s. Hamamura (Y.).
Najdenov (T.) s. Kalajdžiev (I.); Penčev (C.).
Najman (L.) u. **Hladík (V.),** Kälberaufzucht mit egalisierter u. entrahmter Trockenmilch 2509.
Nakamichi (M.) s. Raymond (S.).
Nakamoto (T.) u. **Weiss (S. B.),** Biosynthese v. RNS: Eingeleitet durch Polyribonucleotide 798.
Nakamura (M.) s. Hellerstein (E.).
Nakamura (W.) s. Shin (M.).
Nakayama (T. O. M.) s. Yokoyama (H.).
Nakládal (J.), Ptáček (J.) u. **Janků (F.),** Wirkung d. Gärfutters nach d. Trousilmethode auf d. Milchleistung d. Kühe 1729.
Nalbandov (A. V.), Vergleichende Physiologie u. Endokrinologie d. Haustiere 453. — s. Sammelwitz (P. H.).
Nambiar (K. G.) s. Raja (C. K. S. V.).
Nambiar (K. T. K.) s. Venkatayan (S.).
— u. **Govindan Nayar (K. N.),** Anwendung d. Verdünnungsflüssigkeit nach Randolph zur Zählung d. Leukocyten beim Geflügel 1366.
Nangniot (P.) u. **Martens (P. H.),** Polarograph. Untersuchung d. üblichen Kationen. *2.* Mitt. Polarograph. Bestimmung v. kleinen Mengen Cu, Co, Zn u. Mn in zusammengesetztem Dünger 1014.
Naora (Hatsuko) s. Naora (H.).
Naora (Hiroto), Naora (Hatsuko), Izawa (M.), Allfrey (V. G.) u. **Mirsky (A. E.),** Unterschiede in d. Zusammensetzung d. Nucleus u. Cytoplasmas vom Froschoocyt 1115.
Narain (P.) s. Goswami (S. B.).
Narasimhalu (P. R.) s. Rao (G. R.).
Narayana (N.) s. Jalihal (M. R.).
Narayanarao (M.) s. Joseph (K.).
Narbaitz (R.) u. **Sabatini (M. T.),** Histochem. Nachweis v. Cholesterin in sich differenzierenden Hühnergonaden 1810.
Narita (K.) u. **Ishii (Junko),** N-endständige Sequenz im Ovalbumin 1914.
Narr (K. J.), Kulturgeschichtliche Erwägungen zu frühen Haustiervorkommen 1578.
Nash (A. M.) s. Smith (A. K.).
Nassal (J.) s. Muser (R.).
Nasset (E. S.), Aminosäuren im Darminhalt während d. Verdauung beim Hund 1692.
— u. **Ju (J. S.),** Mischung v. endogenem u. exogenem Protein im Verdauungstrakt 794.
Nasyrov (J. J.) s. Rachimov (A. A.).
Nath (M. C.) u. **Meghal (S. K.),** Wirkung v. Ascorbinsäure u. hydrolysiertem Glucose-Cycloacetoacetat auf d. Intestinalflora u. d. Biosynthese v. Thiamin bei Ratten 2599.
Nath (N.), Seidel (J. C.) u. **Harper (A. E.),** Ernährung u. Cholesterolämie.

6. Mitt. Wirkungsvergleiche v. Weizenglutenlipoiden u. einigen anderen Lipoiden in Anwesenheit v. adaequatem u. nicht adaequatem Nahrungsprotein 590.

Natori (Y.), Trowbridge (H. O.), Toreson (W. E.) u. **Tarver (H.)**, Studien über Äthionin. 5. Mitt. Geschlechtsunterschiede bei d. in vivo Inkorporation v. Äthionin in Rattenproteinen 1262.

Naujok (E.), Wie planen wir d. Entwicklung d. Geflügelwirtschaft 756.

Naumann (H. D.), Braschler (C.), Mangel (M.) u. **Rhodes (V. J.)**, Verbraucher- u. Laboratoriumstest v. Rinderlendenbraten zweier Klassen 264.

Naumenko (V. V.) s. Jaroslav (S. J.).

Naumova (N. A.), Über den Bau d. behaarten Teile d. Rinderhaut u. ihre Innervation 6.

Navrátil (B.), Bedarf an Beifutter bis zu einem bestimmten Ferkelgewicht beim Absetzen; Gewicht u. Gewichtszunahmen während d. Aufzucht 374.

—, Šimeček (K.) u. **Vlček (A.)**, Anwendung frischer Molke bei d. Schweinemast 2162.

Nawroth (C.), Aufbau leistungsfähiger Viehbestände in d. Sowjetunion 1855.

Nay (T.) s. Turner (H. G.).

Nayar (J. K.) u. **Fraenkel (G.)**, Prakt. Methoden d. ganzjährigen Laboraufzucht d. Maulbeerseidenspinners, Bombyx mori L. (Lepidoptera, Bombycidae) 2113.

Nayar (K. N. G.) = Govindan Nayar (K. N.).

Naylor (A. F.), Paarungs-Systeme, welche d. Heterozygotie v. einem Allelenpaar steigern können 14.

Nazarenko (I.), Anwendung v. Pferde-Citratblut bei Ferkelanämie 2295.

Nazareno (L. E.) s. Clamohoy (L. L.).

Nazarova (G.) u. **Gidranovič (V.)**, Eutermassage bei Färsen 2072.

Neal (F. C.) s. Anderson (L. L.).

Neal (G. E.) s. Cooper (A. H.).

Neal (R. A.) u. **Pearson (W. N.)**, Einfluß v. Pyridoxinmangel auf d. Eisenresorption bei d. Ratte 2594.

Neame (K. D.), Aufnahme v. L-Histidin, L-Prolin, L-Tyrosin u. L-Ornithin durch Hirn, Darmmucosa, Hoden, Nieren, Milz, Leber, Herzmuskel, Skelettmuskel u. Erythrocyten d. Ratte in vitro 1928.

Neave (F. K.) s. Oliver (J.).

— u. Oliver (J.), Beziehung zwischen d. Zahl d. Mastitiserreger, d. sich auf d. Zitzen trockenstehender Kühe befinden, ihrem Überleben u. d. Anhäufung d. durch sie verursachten intramammären Infektion 963.

Nebel (B. R.) u. **Coulon (E. M.)**, Feinstruktur d. Chromosomen in d. Spermatocyten d. Taube 2229. — Elektronenmikroskop. Beobachtungen über d. Wirkung v. Enzymen auf Pachytänchromosomen d. männlichen Taube 2230.

Nedava (V. E.), Besonderheiten d. Bewertung v. Bullen aus Zuchtlinien nach d. Qualität ihrer Nachkommen (am Beispiel der Linie Alrum 49 KS7) 729. — Vererbung d. Milchleistung bei Rindern 2064.

Nedelniuc (V.) s. Florescu (S.); Gligor (V.); Popescu (F.).

Nedjalkov (K.) u. **Krŭstev (V.)**, Belüftung d. Bienenstöcke 2105.

Nedkov (N.), Steigerung d. Lammfleischproduktion 753. — s. Todorov (A.).

Nedungadi (T. M. B.) s. Ramakrishnan (S.).

Neelin (J. M.), Identifizierung v. k-Casein in d. Zonenelektrophorese 1009.

Neeteson (F. A.), Bergström (P. L.), Hart (P. C.) u. **Veen (H. E. van der)**, Mast v. Jungbullen mit Diaethylstilboestrol 1714.

Neff (A. W.) u. **Northam (J. I.)**, Mikrobiolog. Nachweis v. Novobiocin in Futtermitteln 336.

Neher (R.) s. Arx (E. v.).

Nehring (K.), Untersuchungen über d. biolog. Wertigkeit v. Eiweißfutterstoffen 607; dass.: Diskuss.-Beitr. 608. — Konservierung d. Futterstoffe, ein Problem d. Industrialisierung d. Landwirtsch. 834. — Bewertung d. Futterstoffe 1050. — Probleme d. Eiweißernährung u. d. Eiweißversorgung d. landwirtsch. Nutztiere 1944. — s. Hoffmann (L.); Schiemann (R.); Schwerdtfeger (E.).

Nehring (K.) u. **Bock (H.-D.)**, Untersuchungen über d. biolog. Wertigkeit v. Eiweißfutterstoffen an Ratten. *2.* Mitt. 606; *3.* Mitt. Untersuchungen über d. Ergänzung d. Eiweißes verschied. Nahrungs- u. Futtermittel 607.
—, **Jentsch (W.)** u. **Schiemann (R.)**, Verwertung reiner Nährstoffe. *1.* Mitt. Versuche mit Kaninchen u. Ratten 604.
— u. **Krawielitzki (K.)**, Untersuchungen über den Mineralstoffwechsel mit Hilfe v. radioaktiven Isotopen 339.
— u. **Laube (W.)**, Kontinuierliche Bestimmung d. Verdaulichkeit v. Grünfutter u. Grünfutterkonservaten im Verlauf d. Vegetation 563. — Schadensfälle nach Verfütterung v. Speisebohnen (Phaseolus vulgaris) an Rinder u. Schweine 1745.
— u. **Schiemann (R.)**, Energet. Verwertung d. Nährstoffe bei verschied. Tierarten 605.
—, **Schiemann (R.)**, **Hoffmann (L.)** u. **Jentsch (W.)**, Verwertung reiner Nährstoffe. *4.* Mitt. Vgl. d. Tierarten 605.
—, **Wallis (E.)** u. **Schmidt (E.)**, Beschaffenheit d. Heuernte im Gebiet d. DDR. Heuwertprüfung *1961.* *8.* Mitt. 1518.
Nei (T.) u. **Nagase (H.)**, Gefriertrocknung v. Bullenspermien 2027.
Neidle (A.) s. Acs (G.).
Neill (D. W.) s. Mullan (F. A.).
Neilson (F. J.) s. Munro (H. N.).
Neipp (L.) s. Sackmann (W.).
Nejčev (O.) u. **Dimitrov (D.)**, Kastrationsmethoden bei männlichen Lämmern in Zusammenhang mit ihrer Entwicklung u. Leistungsfähigkeit 1447.
Nejedlá (H.), Bedeutung d. Aminosäuren in Futterrationen d. Haustiere 1495. — Produktion v. Schlachtkälbern im Ausland 1870.
Nejedly (J.) u. **Sláma (K.)**, Anatomie u. Physiologie d. landwirtsch. Nutztiere [1128].
Nejedlý (Z.) s. Morávek (J.).
Nejim (H. T.), Zusammensetzung v. Schafmilch aus d. Irak 2260.
Nelder (J. A.) s. Cooke (P.).
Nelson (A. B.) s. Oltjen (R. R.).
Nelson (A. B.), **Bratcher (G.)** u. **Ross (O. B.)**, Auswirkung einer verschied. hohen Winterfütterung auf d. Leistung *2-* u. *3*jähriger Ochsen 169.
Nelson (D. W.) u. **Smith (E. P.)**, Harnausscheidung v. Oestrogenen beim Rind zur Zeit d. Oestrus u. während d. Trächtigkeit; Bestimmung nach *3* verschied. Methoden 2228.
Nelson (E. C.), **Dehority (B. A.)**, **Teague (H. S.)**, **Sanger (V. L.)** u. **Pounden (W. D.)**, Einfluß v. Vitamin A auf einige biochem. u. physiolog. Veränderungen beim Schwein 2597.
Nelson (G. J.), Lipidzusammensetzung normaler Mäuseleber 552.
Nelson (R. H.) s. Magee (W. T.); Sprague jun. (J. I.).
Nelson (S. J.), **Clegg (R. E.)** u. **Sanford (P. E.)**, Wirkung v. Triparanol auf d. Calcium- u. Cholesteringehalt d. Blutseren legender Hennen 809.
Nelson (S. L.) s. Chapman jun. (H. L.).
Nelson (T. S.), **Gillis (M. B.)** u. **Peeler (H. T.)**, Untersuchungen über d. Wirkung d. Vanadiums auf d. Kükenwachstum 816.
— u. **Norris (L. C.)**, Vitamin-K-Bedarf d. Kükens. *2.* Mitt. Einfluß v. Sulfachinoxalin auf d. quantitativen Bedarf d. Kükens an Vitamin K_1, Menadion u. Menadion-Natriumbisulfit 1501.
Nelypa (P. O.), Altersmäßige Besonderheiten d. Labmagensekretion bei Kälbern 1695. — s. Jaroslav (S. J.).
Németh (S.) s. Stolc (V.).
Nemtinov (D. I.) s. Piskovoj (F. R.).
Nenašev (P. D.) s. Viktorov (P. I.).
Nenov (C.) s. Pavlov (P.); Vŭlčev (P.).
Neptune jun. (E. M.), **Sudduth (H. C.)**, **Colodzin (M.)** u. **Reish jun. (J. J.)**, Inkorporation v. *1*-^{14}C Palmitat in Neutralfett v. Rattenzwerchfell 801.
Nesbitt (L. L.) s. Mehring jun. (A. L.).
Neschew (I. A.) u. **Ignatowsky (I. G.)**, Ausnutzung v. Lammfleisch in Bulgarien 1170.
Neseni (R.), Fettfreie Trockensubstanz d. Kuhmilch, ihre Bestandteile, Bestimmung u. Berechnung 1412.
Nesheim (M. C.) s. Calvert (C. C.); Carew jun. (L. B.).

Nesheim (M. C.), Garlich (J. D.) u. **Hopkins (D. T.),** Einfluß rohen Sojabohnenextraktionsschrotes auf d. Fettresorption bei Küken 2384.
— u. **Hutt (F. B.),** Genet. Unterschiede zwischen Leghornküken in bezug auf d. Argininbedarf 1724.
Nesic (P.) u. **Ibrovic (M.),** Wirkung v. Sulfadimidin, Sulfaguanidin u. Nitrofurazon auf d. fermentative Aktivität d. Mikroorganismen in d. Vormägen d. Wiederkäuer 1491.
Nesswetha (R.), Selbstkosten einer Zuchtserie 2319.
Nestel (B. L.) s. Creek (M. J.).
—, Creek (M. J.), Wiggan (L. G. S.) u. **Murtagh (J. E.),** Oestrus-Regulierung bei Fleischvieh-Kreuzungsfärsen nach oraler Anwendung v. *6*-Methyl-*17*-Acetoxy-Progesteron 1817.
Nesterov (V. P.) s. Šachidžanjan (L. G.).
Nesterovskij (G. N.), Funktionen d. Schilddrüse bei Rindern mit Hilfe v. radioaktivem Jod 2455.
Nestorov (N.), Bankov (N.) u. **Panajotov (P.),** Prüfung d. Wirksamkeit d. synthet. oestrogenen Hormons Vitoestrol bei d. Sommermast v. Jungbullen 361. — Wirkung einiger Biostimulantien bei d. Winterstallmast v. Jungbullen 1715.
—, Kičev (G.) u. **Petrov (P.),** Alters- u. Rassencharakteristik d. Eiweiße v. Hühnerblutseren 1365.
Neuberger (A.) s. François (C.); Johansen (P. G.); Marks (G. S.).
Neufeld (G. R.) s. Smillie (L. B.).
Neuffer, Einfluß v. Aufstallungsarten u. Entmistungssystemen in d. Milchviehhaltung auf d. Arbeitsproduktivität 2040.
Neuhaus (W.), Bienensterben im Frühjahr *1961* 1905.
Neumann (K.), Futtermittelzufuhr u. -ausfuhr im Jahre *1961* 1528.
Neundorf (R.), Gemeinsame Aufgaben d. Tierärzte u. Tierzüchter zur Senkung d. Kälberaufzuchtverluste 1642.
Neville jun. (W. E.), Einfluß d. Milchleistung d. Mutter u. a. Faktoren auf d. *120*- u. *240*-Tagegewicht v. Hereford-Kälbern 1184.
Neville jun. (W. E.), Baird (D. M.), Mc Campbell (H. C.) u. **Sell (O. E.),** Einfluß d. Mutterleistung u. a. Faktoren auf d. Leistungen nach d. Absetzen sowie d. Schlachtkörpermerkmale bei Hereford-Mastrindern 2287.
Newcomer (W. S.) s. Jaussi (A. W.).
Newman (G. E.) s. McCall (M. G.).
—, O'Brien (J. R. P.), Spray (G. H.), Williams (D. L.) u. **Witts (L. J.),** Verteilung v. Vitamin B_{12} in d. Zellfraktionen v. Rattengehirnen 1362.
Newman (J. A.) s. Fredeen (H. T.).
Newrzella (B.), Anlage u. Beregnung v. Ackerviehweiden 1153.
Newsholme (E. A.) s. Garland (P. B.).
— u. **Randle (P. J.),** Regulierung d. Glucose-Aufnahme durch den Muskel. *6.* Mitt. Aktivität d. Fructose-1,6-diphosphatase im Herz u. Diaphragma d. Ratte 574.
Newton (L. G.) s. Tammemagi (L.).
Nezu (N.), Asano (M.) u. **Ouchi (S.),** ^{144}Ce in der Nahrung 116.
Nezval (A.), Erfahrungen mit d. Weideaufzucht d. Rinder 74.
Nica (T.) s. Gurău (L.).
Nicander (L.) u. **Bane (A.),** Feinstruktur d. Spermatozoen d. Ebers 1391.
Nichols (E. L.) u. **Balloun (S. L.),** Wirkungen d. Agens SC-*11952*, das d. Cholesterinspiegel senkt, auf Legehühner 2149.
—, Marion (W. W.) u. **Balloun (S. L.),** Einfluß v. Triparanol (M/E/R/29) auf Wachstum, Eierproduktion u. Cholesterinstoffwechsel bei Hühnern 1284.
Nichols (R. E.) s. Gupta (J.).
Nichols (W. W.), Levan (A.) u. **Lawrence (W. C.),** Rinderchromosomen aus d. peripheren Blut 2229.
Nicholson (H. H.), Hoffman (E. N.), Mason (R. W.) u. **Bogart (R.),** Wirkung v. Ernährungsfaktoren auf d. Gehalt d. Hypophysenvorderlappens an thyreotropem Hormon 1038.
Nicholson (J. W. G.) s. Cunningham (H. M.); Friend (D. W.).
—, Cunningham (H. M.) u. **Friend (D. W.),** Zugabe v. Puffersubstanzen zu Wiederkäuer-Rationen. *2.* Mitt. Gewichtszunahme, Futterverwertung u. -verzehr an Ochsen bei Nur-

Kraftfutterrationen 1291; *3.* Mitt. Wirkung d. Zugabe v. Natriumbicarbonat, Natriumpropionat, Kalkstein u. Kabeljauleberöl auf d. wahrscheinliche Verdaulichkeit u. d. Stickstoffretention bei einer Nur-Kraftfutterration 1291.
Nicol (M.) s. Grangaud (R.).
Nicol (T.), Cox (F. E. G.), Bilbey (D. L. J.) u. **Strachan (J. E.),** Entwicklung des Reticulo-endothelialen Systems bei Vogelembryonen 911.
Nicolaysen (R.), Fette u. Diät 2147.
Nicolić (D.), Untersuchungen über d. höchstmögliche Leistungssteigerung bei reingezüchteten Zigaja-Schafen 87.
Niederehe (H.), Mängel beim Entbluten d. Schweine im Hängen 2489.
Niederwieser (A.) s. Brenner (M.).
Niehaus (H.), Fütterungsversuche mit „Naphos" an Nerze 102.
Niekerk (A. J. A. van), Farbe d. Persianerpelzes ist v. Wichtigkeit 2300.
Nielsen (E.), Nachkommenschaftsprüfungen an Bullen. *16.* Mitt. 1632; *17.* Mitt. 1633; dass.: *1945—60* 1863.
Nielsen (H.) s. Clausen (H.).
Nielsen (K. F.) s. Ashton (G. C.).
Nielsen (S. W.) s. Hazzard (D. G.).
Nielson (B. E.) s. Morrison (E. M.).
Niemann, Neue Tendenzen d. Eiervermarktung in Westdeutschland 495.
Niesar (K.-H.), Qualitätsbeurteilung v. Futterfett 387.
Nieschlag (F.) u. **Wacker (H.),** Wirtschaftliche Schweinemast [2295].
Nieschulz, Legeleistung d. Hennen u. Eiererzeugung im Bundesgebiet im Jahre *1961* 2535.
Nigul' (L.), Einfluß unterschiedlicher Beifütterung auf Wachstum u. Entwicklung d. Ferkel 292. — Fließsystem in d. Schweinezucht 2079.
Nikitin (A.) u. **Tolpygo (V.),** Beurteilung d. Zuchtbullen d. Schwarzbunten Rasse in d. Station für Künstliche Besamung in Werchnije Mully 62.
Nikitina (I. A.) s. Lobašev (M. E.).
Nikitina (N. S.), Andreev (K. P.) u. **Rjabovič (V. I.),** Eiweißanreicherung v. Stroh durch fermentative Behandlung 1729.
Nikkilä (O. E.) s. Häggman (J.).
Nikolaev (A. I.), Prinzipielle Fragen zur weiteren Entwicklung d. sowjet. Feinwollschafzucht 1445.
Nikolaev (J.), Gestüt Prilepy 1859.
Nikolić (M.) s. Srećković (A.).
Nikolov (N.), Bau u. Mechanisierung v. Tierfarmen in Bulgarien 2036.
Nikol'skaja (I. S.) s. Koržuev (P. A.).
Nikol'skij (A.) u. **Ragimov (M.),** Suksuner Rind 1423.
Nikol'skij (B. S.) u. **Gromov (A. M.),** Verwendung d. Komponenten d. gespendeten Blutes bei Rezipienten-Hühnern 2221.
Nikonov (M.) s. Danilova (A.).
Nikulickij (I. V.), Artemičev (M. A.), Sadovskij (T.) u. **Kimrjakov (V. A.),** Aeroionisierung bei d. Kükenaufzucht 1400.
Nikulina (E. A.) s. Orobinskij (I. I.).
Nilsson (Agnar), Strontium *90* induced bone and bonemarrow changes [595].
Nilsson (Anna), Fraktionierung einiger Pflanzenoestrogene u. ihrer tier. Exkretionsmetaboliten an Dextrangelen 125.
Nirenberg (M. W.) s. Tsugita (A.).
Nishida (J.) s. Hamamura (Y.).
Nixon (D. A.) s. Alexander (D. P.).
Njaa (L. R.), Verwertung v. Methioninsulfoxyd u. Methioninsulfon durch d. junge Ratte 1718.
Noa (M.) s. Spitzmüller (E.).
Noach (E. L.) s. Lampe (C. F. J.).
Noack (R.), Eiweißmangelzustände, ihre Erkennung u. Verhütung 1495.
Nobis (G.), Frühgeschichte d. Pferdezucht 946. — Tierreste prähistor. Siedlungen aus d. Satrupholmer Moor (Schleswig-Holstein) 2444.
Noble (R. C.) s. Thompson (A.).
Noble (W. M.) s. Beyer (R. E.).
Noblitt (C. G.), Hardison (W. A.), Huber (J. T.) u. **Graf (G. C.),** Einfluß d. quantitativen Kotsammlung v. Hand auf d. Verdaulichkeit d. Nährstoffe 2579.
Noel (F. J.) s. McLaughlan (J. M.).
Nöring (L.), Körperentwicklung u. Leistungen v. Schwarzbuntem Niederungsvieh in d. Höhenlage unter Berücksichtigung verschied. Haltungsformen bei optimalen Aufzuchtbedingungen 950.
Nørtoft Thomsen (R.) s. Clausen (H.).

Nofziger (J. C.) s. Erb (R. E.).
Nold (M. M.) s. Dougherty (R. W.).
Noles (R. K.), Driggers (J. C.), Laurent (C. K.) u. **Page (W. O.),** Stallplatzbedarf v. Weißen-Leghorn-Hennen 1457.
— u. **Roush (J. R.),** Konsumeierproduktion u. d. Verhältnis zum U.S.-Standard 763.
Noller (C. H.) s. Jackson (H. D.).
—, **Dickson (I. A.)** u. **Hill (D. L.),** Wert v. Heu u. Pansenbeimpfung im Aufzuchtsystem d. Früh-Absetzens v. Kälbern 567.
Nonaka (Y.) u. **Ariyama (H.),** Form d. Aminosäuren in den Exkreten v. Ratten bei polierter Reisdiät 577. — Lysin- u. threoninenthaltende Peptide im Harn v. Ratten, d. mit polierter Reisdiät gefüttert wurden 1699. — Aminosäuresequenz v. Harnpeptiden v. Ratten, die mit poliertem Reis gefüttert wurden 2561.
Nooij (E. H. de) u. **Westenbrink (H. G. K.),** Isolierung eines homogenen lysinreichen Histons aus Kalbsthymus 2123.
Noort (G. W. van der) s. Welch (J. G.).
Nord (F. F.) s. Buck (F. F.); Ishikawa (H.).
Nordan (H. C.) s. Hayward (J. S.).
Nordbö (H.), Neue Typen v. Wirtschaftsgebäuden in Norwegen 932.
Nordbø (H.), Spaltenfußböden für Rinder u. Schweine in Norwegen 1403.
Nordby (H. E.) s. Kemmerer (A. R.).
Nordenfelt (I.), Cholinacetylase-Aktivität in normalen u. denervierten Speicheldrüsen 1583.
Nordin (J. H.) u. **Hansen (R. R.),** Isolierung u. Charakterisierung v. Galactose aus Glykogenhydrolysaten 2330.
Nordin (P.), Fraktionierung v. Stärkedextrinen an Sephadex 2557.
Nordkvist (M.) s. Meschaks (P.).
Nordqvist (M.) s. Hoflund (S.).
Nordsiek (F. W.), Kropferzeugende Rattendiät, d. normale Körpergewichtszunahmen verursacht 822.
Nordskog (A. W.) s. Giesbrecht (F. G.); Schweitzer (L. J.); Smith (L. T.); Strain (J. H.).
Norel (G. J. van), Inwieweit sind d. Unterschiede in d. Befruchtungsresultaten zwischen d. Besamungsvereinigungen auf d. Bullen, d. Kühe oder d. Stationen zurückzuführen? 1828.
Norman (C.), Goldberg (E.) u. **Porterfield (I. D.),** Wirkung sichtbarer Strahlen auf d. Dauer d. Lebensfunktionen v. Säugetier- u. Vogelspermatozoen 1591.
—, **Johnson (C. E.), Porterfield (I. D.), Goldberg (E.), Dunbar jun. (R. S.), Min (H. S.)** u. **Dunn (H. O.),** Befruchtungsfähigkeit u. Überleben v. Rindersperma nach Aufbewahrung in Kokosnußmilchverdünner bei verschied. Temperaturen 1392.
—, **McCoy (J. M.), Wilson (H. A.), Porterfield (I. D.)** u. **Goldberg (E.),** Einfluß tiefer Temperaturen auf Vibrio fetus im Bullensperma 2471.
Norman (M. J. T.), Voraussichtliches Wachstum v. Fleischrindern auf d. Weide in Katherine, N. T. 509. — s. Ritson (J. B.).
Norris (K. H.) u. **Rowan (J. D.),** Automat. Bestimmung v. Blut in Eiern 944.
Norris (L. C.) s. Dam (R.); Leach jun. (R. M.); Nelson (T. S.); Zeigler (T. R.).
Norrman (E.), Fleischqualität u. Wirtschaftlichkeit 72. — Kälberstarter bei d. Aufzucht 167.
North (A. D.), *10.* Nachkommenschaftsprüfung bei Schweinen (*1961*) 1198.
Northam (J. I.) s. Neff (A. W.).
Norton (H. W.) s. Baker (J. P.); Berry (T. H.); Dudley (W. A.); Dziuk (P. J.); Rao (P. B. R.); Reber (E. F.).
Norton (S. J.), Chit Maung (M.), Skinner (C. G.) u. **Shive (W.),** Strukturelle Voraussetzungen für Phenylalaninantagonismus. *3.* Mitt. Einige ungesättigte geradkettige Aminosäuren 1236.
Norymberski (J. K.) s. Vinson (G. P.).
Novak (A. F.) s. Kaloyereas (S. A.).
Nováková (E.) s. Valenta (M.).
Novelli (G. D.) s. Robinson (C. L.).
Novik (A. I.), Blutmerkmale v. Beloruss. schwarzbunten Schweinen in Abhängigkeit v. Wachstum u. Entwicklung, Körperbau u. Leistung 2447.

Novik (I. E.) s. Kušner (C. F.).
Novikov (B. G.) u. **Ljubarskaja (M. A.)**, Widerstandsfähigkeit v. Vogelgonaden gegenüber d. Einwirkung niedriger Temperaturen 25.
Novikov (E. A.), Die Rassenreinzucht d. Milchviehes [2288].
Novikov (J. N.), Mechanisierung v. Geflügelställen im Leningrader Gebiet 1841.
Novikova (A. F.) s. Al'tman (A. D.).
Novikova (A. N.) s. Paršutin (G. V.).
Novobrancev (F. K.), Vollmechanisierung d. Schweinefleischerzeugung 2042.
Novotný (S.) s. Fulka (J.); Šmerha (J.).
Nový (J.), Studium d. Variabilität d. Milchleistung beim Slowak. Fleckvieh 70.
Nowikow, Erfahrungen beim Bau u. d. Mechanisierung v. Farmen zum Zwecke d. Laufstallhaltung v. Milchvieh in d. Sowjetunion 932.
Noyes (R. W.) s. Dickmann (Z.); Doyle (L. L.).
—, **Thibault (C.)** u. **Gerard (M.)**, Endokrine Faktoren bei d. Überlebensrate d. Spermatozoen im weiblichen Geschlechtstrakt 1596.
Nüchtern (M.), Regionale Verteilung d. Milchproduktion in Österreich 708.
Nugara (D.) s. Edwards jun. (H. M.).
Nultsch (W.), Trennung v. Chromoproteiden durch Gelfiltration 1475.
Nummi (M.) s. Tor-Magnus (E.).
Nursall (J. R.), Entstehung d. großen Tiergruppen 443.
Nusbaum (R. E.) s. Alexander (G. V.).
Nyc (J. F.) s. Lie (K. Bo).
Nye (W. P.), Behandlung v. Bienenvölkern zur Bestäubung in Käfigen 547.
Nyhan (J. F.), Künstliche Besamung kann unsere Schweine verbessern 1201.

Oakes (R. G.) s. Owen (B. D.).
Oakey (R. E.), Papierchromatographie d. Oestrogene 1482. — s. Stitch (S. R.).
Obata (Y.) u. **Mizutani (J.)**, Untersuchungen über Abbaumechanismen d. Proteine u. Derivate in Futterstoffen. 5. Mitt. Flüchtige Schwefelverbindungen in Sojabohnenmehlhydrolysaten u. d. Entwicklung v. Dimethylsulfid 332.
Obée (H.), Milchleistungsprüfungen 1630.
Ober (J.), Laufstall mit Bohlenroststand am Futterplatz 475. — Wärmeschutz im Stallbau 2034. — Verbesserte Einrichtungen zur Lüftung v. Viehställen 2036.
Obiger (G.) Infektiosität d. Staphylokokken für d. Rindereuter 1434. — Mastitisdiagnose 1849. — s. Seelemann (M.).
O'Blenness (G. V.) u. **Vleck (L. D. van)**, Abgangsursachen bei Milchkühen in New Yorker Herden 2075.
Obračević (C.) s. Sljivovečki (K.).
—, **Pavlović (M.)**, **Bačvanski (S.)** u. **Kosanović (M.)**, Einfluß d. implantierten Stilboestrols auf d. Futterausnützung in d. Jungbullenmast 156.
Obrezanov (I. I.) s. Plotnikov (V. K.).
O'Brien (G.) s. Rosenthal (H. L.).
O'Brien (J. R. P.) s. McCall (M. G.); Newman (G. E.).
Obritzhauser (W.), Richtige Kälberaufzucht. Betriebswirtschaftlich orientierender Wegweiser für d. Aufzucht d. Rindes [511].
O'Bryan (M. S.), Verwertung v. Axonopus affinis durch Rinder nach Blattapplikation v. Harnstoff, Melasse u. Mononatriumphosphat 836.
Očakovskij (V. S.) u. **Tarasova (T. T.)**, Mechanisierung d. Schlachtprozesses bei Kaninchen 2489.
Ochoa (S.) s. Basilio (C.); Lengyel (P.); Rendi (R.); Speyer (J. F.).
O'Connor (J. D.), Aspekte d. Milchhygiene 488.
O'Connor (L. K.) s. Edwards (J.).
Ocsag (I.), Zusammenhang zwischen d. Leistung v. Rennpferden u. Veränderungen ihrer Blutbestandteile 269.
Odagiri (S.) s. Koyanagi (T.).
Oddone (P.) s. Springhetti (A.).
O'Dell (G. D.) s. King (W. A.).
—, **King (W. A.)**, **Cook (W. C.)** u. **Moore (S. L.)**, Wirkung d. physikal. Zustandes v. Heu d. Küsten-Bermudagrases auf d. Passage durch d. Verdauungstrakt v. Färsen 2579.
Odell (G. V.) s. Yang (M. G.).

Odense (P. H.) u. **Shinners (C. W.)**, Direkte Vertikal-Stärkegelelektrophorese v. Kabeljau-Muskelgewebe 2560.
O'Donald (P.), Theorie d. Sexualselektion 2232.
O'Donnell (I. J.) s. Gillespie (J. M.); Thompson (E. O. P.).
Oeckinghaus (R.) s. Dorfman (L.).
Oelschläger (W.) s. Kirchgessner (M.).
Oertel (G. W.), Chromatographie v. Uronsäuren, Zuckersäurelactonen u. Glucuroniden auf Anionenaustauscherpapier oder DEAE-Cellulose 1481.
Oertel (H.) s. Glaser (A.).
Oertzen (H. U. v.), Strukturwandlungen in d. Rinderzucht 270.
Ogami (E.) s. Morita (S.).
Ogden (A. L.), **Morton (J. R.)**, **Gilmour (D. G.)** u. **McDermid (E. M.)**, Erbliche Variationen d. Transferrine u. Conalbumine bei Hühnern 1133.
Ogle (J. D.), **Arlinghaus (R. B.)** u. **Logan (M. A.)**, 3-Hydroxyprolin, eine neue Aminosäure v. Kollagen 2117.
Ognetova (T. N.) s. Krasil'nikov (V. S.).
Ognetova (T. R.) s. Krasil'nikov (V. S.).
Ogrizek (A.) s. Hrasnica (F.).
Ohkubo (Y.) s. Matsuoko (O.).
Ohlsson (S.) s. Winkler (Hugo).
Ohno (K.) s. Shimojo (T.).
Ohno (S.) s. Stenius (C.); Trujillo (J. M.).
—, **Christian (L. C.)** u. **Stenius (C.)**, Microchromosomen v. Gallus domesticus als Organisatoren d. Nucleolus 1590.
Ohyama (H.) s. Sugita (Y.).
Okada (Ichiji), Gewohnheiten einer sehr großen Hornisse (Vespa mandarinia Smith), einem d. Honigbiene verderblichen Insekt 1471.
Okada (Ikuo), **Takagi (S.)** u. **Matsumoto (K.)**, Genet. Unterschiede im Zeitpunkt d. Auftretens v. Zellantigenen beim Huhn 2234.
Okada (T.) s. Kadono (H.).
Okamoto (M.) s. Bitman (J.).
—, **Bitman (J.)**, **Cecil (H. C.)**, **Connolly (M. R.)**, **Miller (R. W.)** u. **Wrenn (T. R.)**, Ersatz u. Resorption d. cerebrospinalen Flüssigkeit bei normalen u. Vitamin-A-Mangel-Kälbern 818.
Okamoto (S.), **Matsuo (T.)**, **Koga (O.)**, **Goto (I.)** u. **Sekigawa (K.)**, Genotyp-Jahreszeiten-Interaktion in d. Schilddrüsenaktivität bei Hähnen 2012.
Okinaka (S.) s. Shizume (K.).
Oklješa (B.) s. Rako (A.).
—, **Kopljar (M.)**, **Dumanovsky (F.)** u. **Milunović (M.)**, Variabilität d. Infektionsbereitschaft d. Kuheuters gegenüber Streptococcus agalactiae 2076.
Okoński (J.), Mineralstoff-(Ca,P) u. Stickstoffwechsel bei 4 Monate alten Jungebern 145.
Okuda (J.) s. Yagi (K.).
Okuda (K.), Hunger u. Aufnahme v. Vitamin B_{12} durch d. Nieren 1035. — Dosisabhängige Wirkungen v. D-Sorbit auf d. intestinale Resorption v. Vit. B_{12} 1278. — s. Chow (B. F.).
Okuncov (L. P.), Carotin im Geflügelblut 228.
Okunuki (K.) s. Orii (Y.); Takemori (S.).
Oláh (E. H.) s. Krompecher (S.).
Oláh (S.), Haltungssystem d. Sumpfbiber 772.
Oldfield (J. E.) s. Ralston (A. T.).
Olejnikov (N. S.) u. **Černobrovkin (A. V.)**, Erhöhung d. Fruchtbarkeit d. Nutrias 1664.
Olenev (V. A.) s. Archangel'skij (I. I.).
— u. **Chalenev (A. L.)**, Neues Lüftungssystem für Viehställe 2481.
Olesen Larsen (P.) u. **Kjaer (A.)**, 3-(3-Carboxy-4-hydroxy-phenyl)-L-alanin (m-carboxy-L-tyrosin), eine neue Aminosäure, isoliert aus den Samen v. Reseda odorata L. 116.
Olesnevyč (L. O.), Poln. Bergschafe 1446.
Olivecrona (T.) s. Arvidson (G.).
Oliver (J.) s. Neave (F. K.); Topps (J. H.).
—, **Neave (F. K.)** u. **Sharpe (E.)**, Verhütung d. Infektion d. trockenstehenden Euters 739.
Oliver (W. T.) u. **Funnell (H. S.)**, Einige Eigenschaften d. Serumcholinesterase d. Schweines 2221.
Oll (Ü.) s. Anke (M.).
Olney (C. E.), **Donaldson (W. E.)** u.

Kerr (T. W.), Methoxychlor in Eiern u. Geweben d. Küken 718.
Olsen (E. M.), Hill (D. C.) u. **Branion (H. D.)**, Glutamin u. Glutaminsäure im Blutplasma v. Küken mittels einer kombinierten chromatograph. u. mikrobiolog. Methode 787.
Olsen (M. W.), Vorkommen u. d. mögliche Bedeutung d. Parthenogenese bei Eiern v. angepaarten Truthühnern 907. — Hybridisation v. Hühnern u. Truthühnern 1137. — Polyembryonie bei unbefruchteten Truthahneiern 2467.
Olson jun. (J. C.), Ansichten d. Hygiene über Milch u. d. Bezahlung nach Qualität 2265.
Olson (O. E.) s. Carlson (C. W.).
Olson (R. E.), Effekt v. Pyruvat u. Acetessigsäure auf d. Fettsäurestoffwechsel v. durchströmten Rattenherzen 1253. — Individuelle Variationen im Lipoid-Transport-System 2363.
Olson jun. (T. A.), ^{90}Strontium in d. Weizenernte d. Vereinigten Staaten, *1959* 554.
Olson (W. C.), Drei Regeln für eine bessere Produktion 1664.
Olsson (B.) s. Månsson (I.).
Olsson (N.) u. **Lagervall (M.)**, Versuche mit Preßlingen bei d. Junghühnermast 1062.
Oltjen (R. R.), Sirny (R. J.) u. **Tillman (A. D.)**, Untersuchungen mit halbsynthet. Rationen am Schaf 571. — Wirkung v. drei verschied. hohen Mineral- u. drei verschied. hohen Cellulosegehalten in halbsynthet. Rationen auf d. Leistung v. Schafen 1053. — Wirkungen d. B-Vitamine u. Mineralstoff-Mischungen auf d. Wachstum u. d. Pansenfunktion d. Wiederkäuer, welche mit reinen Rationen gefüttert wurden 2136.
—, **Smith (E. F.), Koch (B. A.)** u. **Baker (F. H.)**, Wert v. Spurenelementzusätzen zu Rindermastrationen 354.
—, **Waller (G. R.), Nelson (A. B.)** u. **Tillman (A. D.)**, Untersuchungen an Wiederkäuern mit Diammoniumphosphat u. Harnstoff 2573.
Olufsen (P.), Stallisolierung u. -lüftung in Dänemark 1401.
Olympio (C. C.), Geflügelindustrie in d. Republik Togo 1887.
Omtvedt (I. T.), Whatley jun. (J. A.), Whiteman (J. V.) u. **Morrison (R. D.)**, Genotyp-Umwelt-Wechselbeziehungen in Mastleistung u. Schlachtmerkmalen beim Schwein 1437.
Ondarza (R. N.), Neues Dinucleotid-Peptid aus Rattenleber 1914.
Ondrejka (B.), Fütterungsgerät für jedes Bienenfutter 1232.
Ondrouch (A.) s. Hromadová (Z.).
O'Neil (J. B.), Biely (J.), Hodgson (G. C.), Aitken (J. R.) u. **Robblee (A. R.)**, Eiweiß/Energie-Verhältnisse im Kükenfutter 1057.
O'Neill (D. K.), Einfluß d. Konzentration auf d. Wirksamkeit zweier DDT-Lösungen zum Baden v. Rindern 2515.
Ono (Katsutoshi) s. Kadono (H.).
Ono (Kazuyuki) s. Mikami (Schin-Ichi).
Oota (Y.) s. Otaka (E.).
Opel (H.) s. Wolffgang (H.).
— u. **Fraps (R. M.)**, Blockierung d. für die Ovulation erforderlichen Gonadotropinausschüttung bei d. Henne nach Reizung mittels Elektroden aus rostfreiem Stahl 19.
Opieńska-Blauth (J.), Charęziński (M.), Sanecka (M.) u. **Brzuszkiewicz (H.)**, Verluste v. Tryptophan während d. chromatograph. Analyse 1010.
Opit (L. J.) s. Charnock (J. S.).
— u. **Charnock (J. S.)**, Alkalimetallbedarf bei d. oxydativen Phosphorylierung 805.
Opletalová (L.) s. Lízal (F.).
Oprescu (S.) s. Puşcaru (D.).
Oram (J. D.) s. Pickering (A.).
Orbison (J. L.) s. Peck (W. A.).
Ordinario (P. L.) s. Clamohoy (L. L.).
Ordynskij (L. L.), Photographische Methode beim Studium d. Bienentänze 774.
O'Reilly (E. D.) s. Campbell (A. G.).
Orians (G. H.), Natürliche Auslese u. ökolog. Theorie 2232.
Orii (Y.), Sekuzu (I.) u. **Okunuki (K.)**, Untersuchungen über Cytochrom c_1. *2.* Mitt. Oxydationsmechanismus v. Cytochrom c_1 in Gegenwart d. Cytochrome a u. c_1 805.

Oriol-Bosch (A.) s. Matzelt (D.).
Orlov (A. F.) s. Azimov (G. I.); Belugina (O. P.).
Orlov (A. V.) s. Petrova (K. V.).
Orlov (M. V.), Methoden d. Umweltdifferenzierung bei d. Brut v. Geflügeleiern 2533. — Brutbedingungen für Enten- u. Hühnereier im Brutschrank „Universal-*45*" 2539.
Orlov (P. V.), Einfluß v. Temperatur u. Luftfeuchtigkeit auf Mutterschafe u. Lämmer im Winter 1610.
Orlov (V. I.), *20* Ferkel je Sau 2522.
Ormiston (E. E.) s. Brodie (B. O.).
Orobinskij (I. I.), Futterbakterin in d. Tierzucht 379.
—, **Koškin (I. N.)** u. **Nikulina (E. A.),** Futterbakterin zur Anreicherung d. Futtermittel mit Mikrobeneiweiß 1955.
Orpen (V.) s. Quicke (G. V.).
Orsini (M. W.) u. **Meyer (R. K.),** Einfluß unterschiedlicher Progesterondosen auf d. Implantation beim ovariektomierten Hamster 2021.
Orten (J. M.) s. Dajani (R. M.).
Orth (A.), Fütterung d. Rindviehs im Ackerbaubetrieb 2509.
— u. **Kaufmann (W.),** Einsatz v. „Vitkas" in d. Milchviehfütterung 390. — Bedeutung d. Futtereiweißes für d. Verdauungsvorgänge im Pansen 571. — Wirkung erhöhter Eiweißgaben auf d. Eiweißgehalt d. Milch 1052.
—, **Kaufmann (W.)** u. **Koch (G.),** Silierung v. Getreide 1736.
Osadčuk (A. D.) s. Kiŕjanova (G. V.).
Ošarova (E. A.) s. Stepanov (E. M.).
Osawa (S.), Nucleotidzusammensetzung v. Ribonucleinsäuren aus subcellularen Komponenten v. Hefe, Escherichia coli u. Rattenleber mit bes. Berücksichtigung d. Vorkommens v. Pseudouridylsäure in löslicher Ribonucleinsäure 552. — s. Otaka (E.).
Osborne (R.), Theorie u. Praxis d. Geflügel-Genetik 91.
Osborne (R. H.), „Host factor" im Krankheitsgeschehen: Wechselwirkung v. Erbgut u. Umwelt 15.
Oscarsson (G.), Ist zentralisierte Milchproduktion im Großbestand eine Zukunftsalternative? *1.* Mitt. 271; *2.* Mitt. 271. — s. Hjelm (L.).
Osche (G.), Praeadaptationsphänomen u. seine Bedeutung für d. Evolution 1360.
Oschmann (H.), Neue Standardisierungsvorschläge für d. Imkerei 1227.
O'Shea (J.) u. **Maguire (M. F.),** Bestimmung d. Brennwertes v. Futterstoffen durch Oxydation mit Chromsäure 2569.
Oshel (D. D.), Forderungen u. Verfahren zur Beurteilung bei Vaccinen gegen Infektiöse Bronchitis 2097.
Osidze (D. F.) s. Sjurin (V. N.).
Osin (N. P.) s. Kaarma (I. J.).
Osińska (Z.), Schätzung d. Protein-, chem. Fett- u. Energiegehaltes v. Schweinen 1439.
Osipova (N.) s. Il'inskaja (T.).
Osipovskij (A. I.), Entwicklungsanomalien in vier Nachkommengenerationen v. Tieren, d. mit Gammastrahlen behandelt worden sind 677.
Oslage (H. J.), Beitrag zum Verlauf d. Eiweißansatzes wachsender Schweine. Diskuss.-Beitrag 609; Schlußber. 609. — Wachstum v. Schweinen im Abschnitt d. Mast 827. — Körperzusammensetzung u. Stoffansatz wachsender Mastschweine u. ihre Beeinflussung durch d. Ernährung. *1.* Mitt. Problemstellung u. Methodik d. Untersuchungen 2369; *2.* Mitt. Körperzusammensetzung u. Stoffansatz wachsender Mastschweine bei normaler Ernährung 2370. — s. Richter (K.).
— u. **Fliegel (H.),** Konstruktion u. Aufbau d. Völkenroder Respirationsanlage 1016.
Osman (H. E.) u. **Danasoury (M. S.),** Nährwert v. Medicago sativa unter d. Bedingungen d. Sudans 1731.
Ossicini (L). s. Grassini (G.).
Ostaško (F. I.), Apparat zum Tiefkühlen v. Sperma 468. — Bullensamenkühlung 920. — s. Lopatko (M. I.).
— u. **Gajvoronskij (G. S.),** Auftauchende Fehler bei d. Bestimmung d. Spermienkonzentration mit d. photoelektrometr. Methode 2242.
Ostrivnyj (I. M.), Broilerzucht mit

Russ. Weißen Hühnern u. ihren Kreuzungsprodukten 531.
Ostrovskij (N. I.), Vorbeuge gegenüber Vergiftung v. Bienen durch chem. Stoffe [112].
Ostrovsky (D.) u. **Kitts (W. D.)**, Oestrogenähnliche Substanzen in Leguminosen u. Gräsern. Wirkung v. oestrogenen Pflanzenextrakten auf d. ^{131}J-Aufnahme d. Schilddrüse d. Laboratoriumsratte 2155.
Ostrowski (W.), **Skarżyński (B.)** u. **Żak (Z.)**, Isolierung u. Eigenschaften v. Flavoprotein aus Eigelb 1913.
Ôta (K.), **Yokoyama (A.)** u. **Shinde (Y.)**, Wirkungen d. Oxytocin- u. Prolactinverabreichungen auf d. Nucleinsäure- u. Phosphoproteingehalt d. laktierenden Rattenmilchdrüse 798.
Otaka (E.), **Osawa (S.)**, **Oota (Y.)**, **Ishihama (A.)** u. **Mitsui (H.)**, Synthese v. Ribonucleinsäuren in Mikroorganismenzellen. *1.* Mitt. Ribonucleinsäuresynthese durch Ribosome in wachsenden Bakterienzellen 797.
Otsuka (J.) s. Abe (T.).
Ôtsuka (S.-I.) s. Shiio (I.).
Ott (D. E.) s. Gunther (F. A.).
Ott (E.) s. Somogyi (J. C.).
Otto (E.), Einfluß d. Jahreszeiten auf d. Fleischbeschaffenheit v. Hähnchen 711. — Messung d. Farbe v. frischem Fleisch u. d. Auswertungsmöglichkeiten 1162. — Form u. Inhalt v. Schweineschinken 1166. — s. Altenkirch (W.); Gastmeier (W.); Lenschow (J.).
— u. **Schötzau (M.)**, Bestandteile v. Rinderkeulen u. ihre Beziehungen untereinander, zu Meßergebnissen u. zum Ganzen 713.
— u. **Steger (H.)**, Einfluß unterschiedlicher Behandlung kurz vor d. Schlachten auf Organe u. Fleischbeschaffenheit bei Schweinen 2492.
Otto (F.-K.), Entmisten v. Anbindeställen mit d. Frontlader 1842.
Otto (L.), Ausbildung auf d. Gebiet d. Tierzucht in Bayern für d. Jahre *1956* bis *1961* 2005.
Ottová (L.) s. Bartoš (S.).
Ouchi (S.) s. Nezu (N.).
Ough (L. D.), Papierchromatograph. Analyse d. Disaccharidfraktion v. säurehydrolysiertem Maisstärkesirup mit *60* Dextrose-Äquivalenten. Untersuchung über d. Trennung v. *11* Glucodisacchariden 118.
Ovčinnikov (M. A.) s. Graudyń (N. I.).
Ovejera (A. A.) s. Labadan (M. M.).
Ovesenska (L.) s. Donev (K.).
Ovsjannikov (G. F.), Fleischleistung des Jaroslawler Rindes 72.
Owen (B. D.), **Bell (J. M.)**, **Williams (C. M.)** u. **Oakes (R. G.)**, Einfluß einer Verabreichung v. Schweine-Immunglobulin auf d. Überlebensrate u. d. Serumeiweißzusammensetzung v. colostrumfrei in einer nicht isolierten Umgebung aufgezogenen Schweinen 18.
Owen (E. C.), Stoffwechselprodukte d. Riboflavins 2367.
Owen (F. G.), Einfluß d. Wachstumsstadiums auf den Nährwert v. Atlas-Hirse-Silage für laktierende Kühe 384, 1517.
—, **Kuiken (J. R.)** u. **Webster (O. J.)**, Wert v. sterilen Sorghum-Hybriden als Silage für Milchkühe 1516.
Owen (J. A.) s. Marr (A. G. M.).
Owen jun. (J. E.) s. Loo (Y. H.).
Owens (H.) s. Weltman (A. S.).
Owings (W. J.) u. **Balloun (S. L.)**, Wirkung v. Proteinquellen u. Aminosäurenergänzung auf d. Intestinal-Mikroflora u. Plasmaaminosäuren d. Kükens 1703.
Oyaert (W.), Einfluß v. Kalium-Belastung auf d. Magnesium-Stoffwechsel 1498.
Ozaki (T.) s. Fujii (K.).

Paakkola (O.) s. Enda-Marah (A.).
Paar (G. E.), Bestimmung v. Nitrofurazon in Milch 1157. — s. Hawkins (G. E.).
Pace (H. B.), **Hupp (E. W.)** u. **Murphree (R. L.)**, Änderungen im Samen u. im Blutbild v. Ebern nach einer Ganzkörper-Gamma-Bestrahlung 904.
Pace (J.) s. Hutchinson (J. B.); Moran (T.).
Pachučyj (V. M.), Biologische Methode d. Zubereitung d. Futter-

strohs mittels Silierung gemeinsam mit Grün- u. Saftfutter 839.

Packett jun. (L. V.) s. Coburn (S. P.).

Pacs (I.), Vergleichsuntersuchung d. eßbaren Teile des Huhnes, des Truthuhnes, des Perlhuhnes, d. Taube, des Kaninchens und des Fisches auf Grund v. Schlachtproben 54.

Pacyna (H.), Schlachtgeflügel im Spiegel d. Statistik 716. — Hühner u. Eier im Spiegel d. Statistik 1654.

Paczkowski (T.) u. **Chraszcz (T.),** Schleimhaut d. Schweinedärme als Futtermittel für Tiere 1307.

Padilla (J. S.) u. **Campos (A. C.),** Wirkung von zwei aufeinanderfolgenden Implantationen verschied. Dosen v. synthet. Oestrogenen auf d. Sexualverhalten u. d. nachfolgende Reproduktionsleistung v. Weißen Leghorn- u. New Hampshire-Hähnchen 450.

Padmoyo (M.) u. **Högl (O.),** Papierelektrophorese d. Getreideeiweißes. *1.* Teil 2334.

Padučeva (A. L.), Verwertung organ. u. anorgan. Schwefelverbindungen durch Schafe 812. — Bestimmung d. Geschwindigkeit d. Wollwachstums bei Lämmern in ihrer embryonalen Periode 2090.

—, **Fejgel'man (N. L.)** u. **Molčanova (A. A.),** Erhöhung d. Mehrfruchtbarkeit v. Schafen 681.

Păduraru (I.) s. Dinu (M.).

Pätzold (C.) s. Fischnich (O.).

Pätzold (H.), Agrargeographische Gesichtspunkte bei d. Gestaltung d. Futterbaues 837.

Page (W. O.) s. Noles (R. K.).

Pahl (G.) s. Weniger (J. H.).

Pain (J.) u. **Ruttner (F.),** Extrakte d. Mandibulardrüse v. Bienenköniginnen locken d. Männchen während d. Hochzeitsfluges an 1667.

Pajanović (R.), Einfluß des Tiroler Grauviehs auf den Typ d. Rinder in d. Nordöstlichen Herzegowina 60. — s. Ekić (S.).

Pak (D. N.), Vererbung einiger Merkmale u. d. Harmonieren d. Rassen 1829.

Pakis (G.) s. Menczel (J.).

Pakšin (N. N.), Vorschlag zum Bau eines Kaninchenstalles 2314.

Pal (R. N.) u. **Sinha (M. M.),** Untersuchung über Milchverfälschungen 51.

Palad (O. A.) s. Castillo (L. S.); Clamohoy (L. L.).

Paladines (O. L.) s. Bensadoun (A.).

Pălămaru (E.) s. Gligor (V.).

—, **Feredean (I.), Calotoiu (A.), Bejan (G.), Gondos (M.)** u. **Maior (M.),** Ermittlung d. Ca-, P- u. K-Gehaltes d. für d. Tierernährung wichtigsten Futtermittel 782.

—, **Popescu (F.), Geamăn (N.), Petrescu (S.), Dan (I. R.), Petrache (E.), Saghin (F.), Feredean (I.)** u. **Bejan (G.),** Komplexe Nährwertbestimmung v. Mais-ICAR-*54* u. einheim. Hafer 1517.

Palian (B.) u. **Popović (N.),** Versuch über d. Harnstoffzufütterung bei d. Sauglämmermast 373.

Paliev (C.), Bestimmung d. Verdaulichkeit strukturverschied. Rationen in Versuchen mit Kühen 1513. — s. Kumanov (S.).

— u. **Dardžonov (T.),** Prüfung kombinierter Futtergemische für d. Kälberernährung bis zum *6.* Lebensmonat. *1.* Mitt. 2159.

—, **Rusev (G.)** u. **Kajdžiev (D.),** Mast d. zum Schlachten bestimmten männlichen Kälber 1188.

— u. **Todorov (D.),** Frage d. Einflusses d. Rasse auf d. Verdaulichkeit d. Ration u. d. Stickstoff-, Calcium- u. Phosphorbilanz bei d. Kälbern 1020.

Pallansch (M. J.) s. Fox (K. K.).

Pallavicini (C.), Bestimmung d. Magnesiums in Geweben nach d. Titangelbmethode in Gegenwart v. Silber u. Quecksilber 1245.

Palludan (B.), Teratogene Wirkung d. Vitamin-A-Mangels bei Schweinen. Diskuss.-Beitr. 598; Schlußber. 829.

Palmer (J. G.) s. Walker (R. I.).

Palmer (R. F.) u. **Thompson (R. C.),** Über Unterschiede in d. intestinalen Resorption bei Strontium u. Calcium 146.

Palmin (W. W.), Veränderung d. Eigenschaften v. Stickstoffverbin-

dungen bei Gammabestrahlung v. Rindfleisch 1164.
Paloheimo (L.), Herkola (E.) u. **Kero (M.-L.),** Methode zur Cellulosebestimmung 555.
— u. **Mäkelä (A.),** Weitere quantitative Angaben über d. Rolle d. Vormägen bei d. Verdauung u. Resorption v. N-fr. org. Substanz 568.
Palušek (J.) s. Delić (J.).
Pampiglione (G.), Stewart (R. J. C.) u. **Platt (B. S.),** Elektroencephalograph. u. elektrocardiograph. Technik in Ernährungsstudien mit Laboratoriumstieren 554.
Panajotov (P.) s. Nestorov (N.).
— u. **Marinkov (R.),** Winteraufzucht d. Kälber im Laufstall 1612.
Panda (B.), Ovarielle Androgensekretion bei Legehennen 1816.
Pandey (M. D.) s. Pant (H. C.).
Pandya (K. P.) s. Bishop (D. H. L.).
Pandža (F.) s. Ilančić (D.).
Panešová (J.) s. Zelenka (J.).
Panfilova (E. P.), Entwicklung u. Wachstum bei einigen Feinwoll- u. Halbfeinwollschafen nach ihrer Geburt 893. — Einfluß des Grades d. Milchernährung auf d. Entwicklung d. zweiten Haarfollikel bei Schafen d. Wjatka-Rasse 894. — Entwicklung u. Wachstum d. Haut bei den Gissar-Schafen im ersten Lebensjahre 894.
Panfilova (L. A.) s. Bel'skaja (I. P.).
Pangaud (C.-Y.) s. Barbier (E. C.).
Panin (A. I.), Theoret. Grundlagen d. Exterieurbeurteilung landwirtsch. Nutztiere 1829.
Panisset (M.), Tilgung d. Rindertuberkulose in Kanada 1193.
Pant (H. C.), Rawat (J. S.), Pandey (M. D.), Bhatnagar (R. K.) u. **Roy (A.),** Aktivitäten im Pansen v. Schaf u. Ziege 795.
Panteleev (J. V.) s. Sjurin (V. N.).
Pantelouris (E. M.) u. **Hale (P. A.),** Entwicklungsänderungen in d. Plasma-Proteinmustern d. Maus 1476.
Pantjuchova (O. I.), Mikroflora des Zuchttiersamens 918.
Pany (J.), Flüssige Diät zur Gewinnung definierter Harnmengen einzelner Mäuse 1922.
Paoletti (C.) s. Talaer (J. Y.).
Paoletti (R.) s. Smith (R. L.).
Paolucci (A. M.) s. Rao (P. B. R.).
Papa (L. J.), Mark jun. (H. B.) u. **Reilley (C. N.),** Gleichzeitige spektrophotometr. Bestimmung v. Fructose- u. Glukose-Mischungen durch unterschiedl. Reaktionsgeschwindigkeit. Anwendung auf d. Blutserumanalyse 2118.
Papermaster (B. W.), Friedman (D. I.) u. **Good (R. A.),** Beziehungen d. Bursa Fabricii zur serolog. Reaktionsfähigkeit u. d. Transplantat-Immunität bei Küken 1122.
— u. **Good (R. A.),** Relative Beteiligung d. Thymus u. d. Bursa Fabricii an d. Reifung d. lymphoretikulären Systems u. d. immunolog. Potenzen bei Küken 1807.
Papkoff (H.) s. Marks (G. S.).
Pappenhagen (A. R.) s. Jackson (H. D.).
Pappritz (C. L. v.), So arbeitet eine Milchkühlanlage 1154. — Interessante Maschinen u. Geräte für d. Tierhaltung u. -fütterung 1617.
Paquot (C.), Mercier (J.), Mathieu (A.), Lefort (D.) u. **Perron (R.),** Analyt. Methoden d. natürlichen Fette 2335.
Parau (D.), Mechanisierung d. hygien. Gewinnung u. Behandlung v. Milch im landwirtsch. Betrieb 480.
Parchomenko (J. S.) u. **Kramarenko (L. P.),** Analyse moderner Futterverteileranlagen für Legehennen 703.
Pardee (A. B.) s. Riley (M.).
Pardue (F. E.), Jacobson (D. R.), Graden (A. P.) u. **Seath (D. M.),** Leistung v. Milchkälbern, d. nach 24 Lebenstagen abgesetzt u. mit pflanzlichem bzw. tier. Protein enthaltendem Starter gefüttert wurden 1945.
Paredis (F.), Erhebung über d. Fruchtbarkeit d. ostfläm. Schweinebestandes bei natürlicher Bedekkung 1201.
— u. **Vanschoubroek (F.),** Tragezeit bei Schweinen 1441.
Parish (N. R.) s. Hupp (E. W.).
—, Murphree (R. L.) u. **Hupp (E. W.),** Wachstum u. sexuelle Entwicklung

v. pränatal bestrahlten Kühen 904.
Park (R. W. A.), Munro (I. B.), Melrose (D. R.) u. **Stewart (D. L.)**, Vermehrungsfähigkeit zweier biochem. verschied. Vibrio-fetus-Typen im Genitaltrakt d. Rindes u. ihre Bedeutung als Unfruchtbarkeitsursache 1819.
Parkash (S.) s. Puri (B. R.).
Parker (H.) s. Assali (N. S.).
Parker (H. E.) s. Rogler (J. C.).
Parker (J. E.), Beobachtungen über d. Problem d. niedrigen Befruchtung bei Cornish-Hähnen 93. — s. Harper (J. A.).
Parker (R. P.) s. Bentley (R. E.).
Parks (L. W.) s. Pigg (C. J.).
Parr (L. J.) s. Carpenter (K. J.).
Parry (H. B.), Scrapie (Traberkrankheit): eine übertragbare u. erbliche Schafkrankheit 2032.
Parshad (R.) s. Sharma (G. P.).
Parsons (D. S.) s. Brown (M. M.).
Parsons (J. L.) s. Johnson (R. R.).
Parsons (L. M.), Weniger Arbeit im Kuhstall 1615.
Paršutin (G. V.), Einfluß v. Mikroben auf d. Hengstsperma 2244.
— u. **Rumjanceva (E. J.)**, Beziehungen zwischen Nervensystem u. Leistungseigenschaften beim Pferd 59.
—, **Rumjanceva (E. J.), Testov (L. L.), Evseev (N. K.)** u. **Novikova (A. N.)**, Einfluß einiger Aminosäuren auf d. Ausbildung d. Geschlechts beim Geflügel 1388.
Partilla (H.) s. Boller (R.).
Partl (A.), Österreich. Milchwirtschaft in d. europäischen Integration 1852.
Pasečnik (G. I.), Maissilage in d. Sommerfütterung d. Kühe 1052.
Pasfield (J.), Auswirkung moderner Haltungsmethoden auf d. Gesundheit u. Fortpflanzungsfähigkeit d. Milchkühe 734.
Pasičná (N.) s. Kopecký (O.).
Pašinskij (S. Z.) s. Arifov (U. A.).
Paska (R.) s. Carver (M. J.).
Pasvogel (M. W.) s. Crowley (T. A.); Kurnick (A. A.).
Pásztor (L.), Cytomorpholog. Untersuchungen am Gebärmutterhalsschleim trächtiger und nichtträchtiger Sauen 235.
Pataki (G.) s. Brenner (M.).
Pate (D. D.) s. Kelly (J. W.).
Patel (B. M.) s. Desai (I. D.).
Patel (J. R.) s. Conneally (P. M.); Shaw (D. H.).
Pathak (R. C.) s. Singh (B. S.).
Patrick (A. D.), Der verlangsamte Stoffwechsel v. L-Cystein u. L-Cystin in d. Leber bei Cystinose in vitro 1260.
Patrick (H.) s. Martin (W. G.).
— u. **Ferrise (A.)**, Wasserbedarf d. Broiler 1659.
Patrick (T. E.) s. Roussel (J. D.).
Patrik (I. A.), Neue Komponenten in den Futterrationen 99.
Patschke (D.), Einsatz v. Geflügelschlachtabfällen in d. Nerzfütterung 1222.
Patterson (H. D.) u. **Lucas (H. L.)**, Gruppen-Perioden-Versuche 2217.
Patterson (J. T.) s. Stewart (D. J.).
— u. **Stewart (D. J.)**, Bakteriologie bei verkaufsfertigen Broilern. *1.* Mitt. Untersuchungsmethoden 2489.
Patterson (R. E.) s. Warwick (B. L.).
Patton (S.) s. Evans (L.).
—, **McCarthy (R. D.), Evans (L.), Jensen (R. G.)** u. **Gander (G. W.)**, Struktur u. Synthese d. Milchfettes. *3.* Mitt. Ausnutzung v. in d. laktierende Ziegeneuter infundierte Pentadecanat 1697.
Patzschke (D.), Junghennenaufzucht, Hähnchenmastanlage d. LPG „Wilhelm Pieck", Baasdorf, Krs. Köthen 254. — s. Bein (L.); Sternkopf (G.).
Paulov (Š.), Gírethová (G.) u. **Kostolanská (A.)**, Anwendung v. KOH-Lösungen zur Konzentrationsbestimmung d. durch Papierelektrophorese abgetrennten Eiweißstoffe 2559.
Păunescu (J.) s. Timaru (S.).
Pauwels (G. W. F. H. B.) = Borst Pauwels (G. W. F. H.).
Pavate (M. V.), Routineverfahren für d. Kopplungsnachweis bei Aufspaltungen mit drei u. mehr Merkmalen 2442.
Pavel (J.) s. Mácha (J.); Šebela (F.).
Pavey (R. L.) s. Ross (C. V.).
Pavičević (L.) s. Kovačević (J.).
Pavlíček (M.), Rosmus (J.) u. **Deyl (Z.)**, Zentrifugalchromatographie.

4. Mitt. Einfacher Verteiler für Zentrifugalchromatographie 1683.
Pavljučenko (V. M.), Ernährungszustand d. Zobel u. ihre Fruchtbarkeit 2317.
Pavlok (A.) s. Fulka (J.).
Pavlov (E. F.) s. Čilingarjan (A. A.).
Pavlov (M. K.), Bestimmung d. Fleischleistung bei Kaninchen 537. — Relative Wachstumsgeschwindigkeit u. d. Futterverwertung durch Fleischtiere 1878. — s. Belugina (O. P.).
Pavlov (P.), Stoev (P.) u. **Nenov (C.)**, Mikroklimauntersuchungen in geschlossenen u. offenen Kuhställen 2249.
Pavlović (M.) s. Obračević (Č.).
Pavone-Marville (R.) s. Dubouloz (P.).
Pavuna (H.), Ursachen d. Kälberverluste in den sozialist. Betrieben u. Möglichkeiten zu ihrer Beseitigung 284.
Pawlowa (G. L.) s. Frumkin (M. L.).
Payne (L. C.) u. **Marsh (C. L.)**, Resorption v. Gammaglobulinen durch d. Ferkel. Nichtselektive Resorption v. heterologen Globulinen u. d. Resorptionszeit beeinflussende Faktoren 2348.
Payne (L. F.) u. **Kahrs (A. J.)**, Wirksamkeit v. Putensperma 906.
Payne (P. R.) s. Done (J.); Donoso (G.); Miller (D. S.).
Payne (W. J. A.) s. Livingston (H. G.).
—, Southon (K. R.), Bazin (A. E.), Hutchison (H. G.), MacFarlane (J. G.) u. **Horrocks (D. A.)**, Vorläufiger Versuchsbericht über den Wasserbedarf u. d. Leistungsfähigkeit v. Zebu-Rindern, d. einem Stress in Form seltener Wassergabe u. langer täglicher Märsche ausgesetzt waren 151.
Peacock (F. M.) s. Koger (M.).
Pearce (J. H.) s. Eisen (H. N.).
Pearson (W. N.) s. Neal (R. A.).
Peart (J. N.) s. Robinson (J. F.).
Pečeňa (J.) s. Kahoun (J.).
Pečenova (T. N.) s. Dvornikova (P. D.).
Pechan (Z.), Papierchromatograph. Verhalten v. Hexosamin enthaltenden Verbindungen niederen Molekulargewichts aus Menschenharn 2127.
Pechert s. Comberg.
Pechlivanov (M.) s. Kanev (S.).
Pecht (G.), Pressen v. Mischfutter 1062.
Pečiščev (I. F.), Ausnutzung d. bedingten Reflexe bei d. Ferkelaufzucht 749.
Peck (W. A.), Woods (W. D.), Raines (M.), Dutton (A. M.) u. **Orbison (J. L.)**, Einfluß v. oestrogen u. oestrogenähnlichen Komponenten auf d. Atherosklerose cholesteringefütterter Hähnchen 823.
Pečnikov (P. P.), Einfluß d. Häufigkeit d. Zuchtbenutzung d. Hengste auf d. biolog. u. physikal.-chem. Eigenschaften d. Spermas 2500.
Pedersen (O. K.), Bedeutung d. Exterieurs für d. Schlachtkörperwert beim Schwein 1440. — s. Clausen (H.).
Pedersen (R.), Nutriahaltung ohne Wasser 1897.
Pedersen (T. A.), Fettbildung in Cryptococcus terricolus. 4. Mitt. Trennung d. Fettextraktes durch Kieselsäure-Säulen-Chromatographie 1916.
Peeler (H. T.) s. Nelson (T. S.).
Peers (F. G.), Kalium- u. Natriumgehalt d. Erythrocyten bei niger. Schafen 1363; dass.: bei d. Kano-Brown-Ziegen 1364.
Peeters (G.) s. Raafat (M. A.).
Peev (G.) s. Venkov (T.).
Peirce (A. W.), Salz-Toleranz d. Schafe. 4. Mitt. Toleranz d. Schafe für Mischungen v. Kochsalz u. Calciumchlorid im Tränkwasser 1030.
Pelcová (L.) s. Zelinka (J.).
Pelimon (C.) u. **Lungu (M.)**, Bemerkungen zur Widerstandsfähigkeit d. Brut u. Bienen gegenüber Sulfamiden u. Antibiotica 325.
—, Lungu (M.) u. **Brătinoiu (E.)**, Verbreitung d. ansteckenden u. parasitären Krankheiten d. Bienen in d. Rumän. Volksrepublik 112.
Pelle (E.), Menge u. Zusammensetzung d. Kraftfutters bei d. Mast v. *10* bis *12* Monate alten Lämmern 373.
Pelletier (O.) s. Campbell (J. A.).
Pelt (R. W. van) u. **Conner (G. H.)**,

Synovialflüssigkeit d. normalen Rindertarsus. *1.* Mitt. Zellgehalt, Volumen u. Aussehen 1808.
Pelton (R. B.) s. Williams (R. J.).
Peña (F.) s. Sarazá (R.).
Peña Martín (F.), Sarazá Ortiz (R.), Tovar Hernández (M.) u. **López Fernández (A.),** Produktion v. Rhodeländer-Mastküken 2308.
Penčev (C.) s. Mirkov (V.).
—, Karadžov (K.) u. **Najdenov (T.),** Hülsenfruchtkornarten als Eiweißfutter zur Fleischmast v. Schweinen 2614.
— u. **Najdenov (T.),** Zusammensetzung, Verdaulichkeit u. Nährwert einiger Grün- u. Gärfutter 1301.
Penionžkevič (É. É.), Methoden d. Schaffung u. Vervollkommnung v. Zwiehuhnrassen 985.
Pěnkava (J.) s. Karásek (V.).
Penkner (G.), Rahmenlehrplan für Landwirtsch. Fachschulen in Kärnten 1113.
Penkov (I.) s. Kožucharov (I.).
Penner (E.) u. **Kiesewalter (C.),** Beziehungen zwischen Abkalbetermin u. Jahresmilchleistung bei Kühen 281. — Kälberaufzucht im Laufstall 962.
Penner (W.) s. Fangauf (R.); Vogt (H.).
Penny (I. F.) s. Aitken (A.).
Pepper (L.) s. Thompson (M. P.).
Pepper (W. F.) s. Sibbald (I. R.); Slinger (S. J.).
—, Slinger (S. J.) u. **Sibbald (I. R.),** Vergleich zwischen Futtertalg u. einem Gemisch aus Talg u. angesäuertem Seifenstock in üblichen Mastfuttermischungen 1056.
—, Snyder (E. S.), Sibbald (I. R.) u. **Slinger (S. J.),** Wirkungen v. Baumwollsaatöl u. Baumwollsaatölderivaten auf d. Qualität v. Eiern, d. bei *30°* u. *60* °F gelagert wurden 2495.
Peraino (C.) u. **Harper (A. E.),** Konzentrationen an freien Aminosäuren im Blutplasma v. Ratten, an d. L-Glutaminsäure, L-Glutamin oder L-Alanin zwangsverabreicht wurden 1116.
Percival (M. S.), Gegenseitige Anpassung v. Bienen u. Blüten 2323.
Peregončuk (S. T.), Intensivmast v. unkastrierten Jungbullen 1870.
Pereira (R. L.) s. Morgan (M. E.).
Perek (M.) u. **Bedrak (E.),** Wirkung v. Kälte u. d. Schnabelstutzens auf d. Ascorbinsäurekonzentration d. Nebenniere bei Küken, d. mit Aureomycinzusätzen gefüttert wurden 1036.
Perez (C.) s. Castillo (L. S.).
Perkiewicz (E.), Praxis d. Bienenwanderung 1471. — Beuten u. Betriebsweisen. *1.* Folge 1669; *2.* Folge 1669; *3.* Folge 1669; *4.* Folge 1669; *5.* Folge 1670; *6.* Folge 1670; *7.* Folge 2321.
Perkins (D. J.) s. Irons (L. I.).
Perlín (C.) s. Tláskal (J.).
— u. **Tláskal (J.),** Einfluß d. Rasse u. d. Futters auf Befiederung u. technolog. Qualität d. Junghühner 2535.
Perrault (M. J.) u. **Dugal (L. P.),** Einfluß stärkerer Kälte (—*5* °C) auf d. endokrine Funktion d. Testes d. Albinoratte 1930.
Perret (G.), Versand in Ampullen. Moderne Technik u. wirtschaftliche Behandlung des Spermas 920.
Perron (R.) s. Paquot (C.).
Perry (J. S.) u. **Rowlands (I. W.),** Frühe Trächtigkeit beim Schwein 1820.
— u. **Stanier (M. W.),** Harnflußrate bei fetalen Schweinen 588.
Perry (T. W.) s. Gossett (W. H.).
—, Beeson (W. M.), Mohler (M. T.) u. **Smith (W. H.),** Höhe d. Vitamin-A-Zusatzes mit u. ohne sonnengetrockneten Alfalfamehls für d. Stierkälbermast 817.
—, Holz (R. C.), Smith (W. H.), Beeson (W. M.) u. **Plumlee (M. P.),** Wirkung d. Mahlens, d. Höhe d. Gabe v. Luzernemehl, d. Spurenelemente u. d. Tranquilizer-Implantation auf d. Leistung v. Mastlämmern 373.
Perry (W. F.) u. **Bowen (H. F.),** Faktoren, die d. in vitro Produktion v. nicht veresterter Fettsäure aus Fettgewebe bewirken 1021.
— u. **Tjaden (R. J.),** Wirkung verschied. Saccharide auf d. Freisetzung unveresterter Fettsäuren aus Fettgewebe in vitro 798.
Peršina (E. P.) s. Karpov (M. S.).
Peršina (S. N.) u. **Grudcyn (G. N.),**

Aufstellung v. Zuchtplänen für Rinder in Zuchtbetrieben 1864.
Persmark (U.) s. Smith (B.).
Pesti (L.), Qualitative u. quantitative Untersuchungen an d. Darmbakterienflora gesunder Schweine 2578.
Petcu (D.) s. Gondoş (M.).
Peter (W.), Anwendung d. Ultraschall-Echolotgerätes in d. Fleischschweinzüchtung 1438. — s. Hofmann (F.).
Peterkofsky (B.) s. Prockop (D. J.).
Peters (G.), Prakt. Hinweise zur Grassilierung 1734.
Peters (H. F.), Slen (S. B.) u. **Hargrave (H. J.),** Einschätzung d. Selektion beim Romnelet-Schaf 521.
Petersen (A.), Hermelin 773.
Petersen (E. O.), Co-operations-Bewegung unter bes. Berücksichtigung d. Milchwirtschaft 1623. — Weltmilchproduktion u. deren Verwertung 2488.
Petersen (F. Haagen) = Haagen Petersen (F.).
Petersen (W.), Kartoffelschnellmast bei fallenden Getreidepreisen 971. — Voraussetzungen rentabler Ferkelaufzucht 1880. — Neue Erkenntnis bei d. Mast schwerer Kälber 2284.
Petersen (W. E.) s. Schipper (I. A.).
Peterson (C. F.) s. Sauter (E. A.).
Peterson (E. A.) u. **Chiazze (E. A.),** Experimentelle Faktoren in d. Gradientenchromatographie v. Serumproteinen 2124.
Peterson (P. J.) s. Butler (G. W.).
— u. **Butler (G. W.),** Papierchromatograph. u. elektrophoret. Systeme zur Identifizierung v. Schwefel- u. Selen-Aminosäuren 786.
Peterson (R. D.) s. Dougherty (R. W.); Shipe (W. F.).
Peterson (R. F.) s. Skipski (V. P.).
Peteva (Z.), Feststellung eines zweckmäßigsten Fütterungstyps für Milchkühe d. Sofioter Braunviehs im Landbezirk Sofia 279.
— u. **Sandev (S.),** Verdaulichkeit d. Nährstoffe u. Stickstoff-, Calcium- u. Phosphorbilanz d. Rationen für Milchkühe 1513.
Peteva-Vančeva (Z.), Gärfutter aus Zuckermohrenhirse in d. Ration d. Milchkühe 1302.
Petignat (Y.) s. Bernhard (K.).
Petit (K. L.), Offenstall mit Selbstfütterung für Masttiere 2255.
Petkov (A.) s. Tosev (A.).
Petkov (G.) u. **Stojanov (P.),** Prüfung d. Einflusses unterschiedlicher Temperaturen auf frischausgeschlüpfte Küken 2482.
Petkov (P.), Größe u. Form d. Kokons d. Bagdader Weißspinnerrasse, Adrianopeler Seidenraupentyp 551.
Petkov (P.) [Widin], Masterfolg bei kastrierten u. nicht kastrierten Kulaer Kühen 1432.
Petkov (V.), Nektar- u. Honigproduktivität d. Winterrübsens 776.
Petkova (G.) s. Balevska (R.).
Petrache (E.) s. Pălămaru (E.).
Petrescu (S.) s. Pălămaru (E.).
Petrosjan (E. G.), In d. Eiablage begründete Verschiedenartigkeit d. Eier bei d. Maulbeerseidenspinnern 2327.
Petrosjan (V. A.) s. Ter-Karapetjan (M. A.).
Petrov (A. I.), Züchter. Arbeit an Schafen 2085.
—, **Metlickij (A. V.)** u. **Ibraev (N. I.),** Rationelle Fütterung trächtiger Muttern, eine große Reserve zur beschleunigten Ergänzung d. Herde u. Vergrößerung d. Produktion an Wolle u. Fleisch 753.
Petrov (D. F.), Anreicherung d. Futters mit vollwertigem Mikrobeneiweiß 1523.
Petrov (N.) s. Maknev (K.).
Petrov (P.) s. Nestorov (N.).
Petrova (A. F.) s. Sorokin (V. V.).
Petrova (K. V.), Martjugin (D. D.) u. **Orlov (A. V.),** Steigerung d. Fleischqualität bei Cholmogoryer-Rindern 2513.
Petrović (V.), Štrbac (P.) u. **Mašić (B.),** Untersuchungen über d. Boden- bzw. Batteriemast d. Broilerküken 2534.
Petrovský (E.) s. Slouková (E.); Valenta (M.).
Petrow (P.) s. Prodanski (P.).
Petrusewicz, Evolutionäre Bedeutung d. intra- u. transspezif. Beziehungen [2]*.
Petuchova (E. A.) u. **Gorochov (V. V.),** Verwendung bestrahlter Hefe u.

Kobaltchlorid in d. Futterrationen d. Sauen 2377.
Petuchova (V. V.) s. Kovalevskaja (N. K.).
Pezacki (W.), Qualität d. Schlachterzeugnisse in Abhängigkeit v. d. physiolog. Entwicklung d. Eber während d. Kastrationsperiode 1164.
Pfau (A.) u. **Hoeck (H.),** Sekretion d. Gamma-Radioaktivität in d. Milch in Abhängigkeit v. d. Kontaminierung natürlicher Futtermittel im Frühjahr *1962* 2047.
Pfau (A. A.) s. Porter (R. M.).
Pfau (K. O.) s. Wilcox (C. J.).
Pfeifer (A.) s. Figueroa (E.).
Pfeifer (K.) s. Bühner (F.).
Pfeiffer (D.), Hydrogeolog. Probleme, Frühjahrstagung d. Deutschen Geolog. Gesellschaft, Bad Harzburg, *25.* bis *28.* Mai *1960* 177.
Pfeiffer (G.) s. Kotter (L.).
Pfeiffer (H.), Variabilität d. Mast- u. Schlachtleistungsmerkmale u. ihr Einfluß auf d. Aussagewert im Prüfungsergebnis beim Schwein 1644. — s. Große (F.).
Pfleger (K.) u. **Seifen (E.),** Frage d. Stoffwechselabhängigkeit d. Phosphatdurchtritts durch d. Erythrocytenmembran 1024.
Pflugfelder (O.), Atyp. Eibildung nach Ultraviolett-Bestrahlung v. Haushühnern 2461.
Phadke (K.) u. **Sohonie (K.),** Nährwert d. Feldbohne (Dolichos lablab). *1.* Mitt. In vitro Verdaulichkeit v. rohen u. autoklavierten Bohnen 2567.
Phelps (A.), Angerüstete Kühe geben mehr Milch 1873.
Phelps (R. A.) s. Kemmerer (A. R.).
Philipps (R. E.) u. **McKinney (F.),** Rolle d. Testosterons beim Imponiergehabe einiger Enten 2057.
Phillipps (G. R.), Hildinger (M.), Schall (H.) u. **Turba (F.),** Einfluß d. Strahlung v. ^{60}Kobalt auf d. Hämoglobinbildung in Hühnerembryonen 793.
Phillips (C. D.) s. Varney (W. Y.).
Phillips (D. S. M.), Milchproduktion d. Kühe kann durch geringe elektr. „Schläge“ im Melkstand beeinflußt werden 1192. — s. Campbell (A. G.).
Phillips (G. M.), Zirkulationsspülung an einer Pipeline-Anlage 2260. — s. Jones (R. G.).
Phillips (P. H.) s. Asplund (J. M.); Suttie (J. W.); Wright (P. L.).
Phillips (W. E. J.), Niedere Umgebungstemperaturen u. Vitamin-A-Stoffwechsel bei Ratten 2359.
Phillipson (A. T.), Dobson (M. J.), Blackburn (T. H.) u. **Brown (M.),** Assimilation v. Ammonium-Stickstoff durch Bakterien d. Schafpansens 796.
Pianarosa (M.) s. Ambrosino (C.).
Piatkowski (B.), Untersuchungen über den Protein- u. Mineralstoffwechsel an hochleistenden Kühen während d. Trockenperiode u. beginnenden Laktation 586. — Stoffwechsel an hochleistenden Kühen während d. Trockenperiode u. Laktation. *1.* Mitt. Proteinstoffwechsel 1026; *2.* Mitt. Mineralstoffwechsel 2364; *3.* Mitt. Nährstoffbedarf u. Futterverwertung 2374. — Faktoren, die d. Aufnahmevermögen an Grundfutter bei Milchkühen beeinflussen 1488. — s. Koriath (G.); Reck (J.); Steger (H.).
—, **Kasdorff (K.), Steger (H.)** u. **Püschel (F.),** Verdaulichkeit u. Aufnahme v. Weidegras, untersucht mit Hilfe d. konventionellen u. d. Indikator-Methode an Milchkühen 1738.
—, **Steger (H.)** u. **Püschel (F.),** Bestimmung sowie Ausscheidung v. Chromoxyd bei im Stall gefütterten u. weidenden Milchkühen 1483.
—, **Steger (H.), Stunz (H.)** u. **Zeitler (K. H.),** Einsatz dickgelegter Milch in d. Kälberfütterung 2611.
Picard (J.), Trennung d. Phosphoderivate des Adenosins u. d. Mucopolysaccharidsäuren durch Papierchromatographie 125.
Pícha (J.) u. **Svozil (B.),** Änderungen d. histolog. Bildes d. Nebennieren bei Hähnen durch Einfluß v. Stilboestrol, Kadmium u. chirurg. Kastration 362. — Einfluß v. Stilboestrol u. Kadmium auf d. Geschlechtsdrüsen d. Hähne 362.
Pick (G. D.), Baby-Beef durch Silage-Selbstfütterung 2071.

Pickering (A.) u. **Jayne-Williams (D. J.)**, Vorläufige Beobachtungen über d. Messung v. gelöstem Sauerstoff in Milch als Index für d. Qualitätserhaltung 2264.
—, **Oram (J. D.)** u. **Reiter (B.)**, Modifizierte Form d. Lactoperoxydase, d. aus mit Sr. cremoris bzw. Sr. lactis bebrüteter Milch gewonnen wurde 482.
Pickering (E. C.) s. Anderson (R. S.).
Pickles (V. R.) s. Clegg (C.).
Piel-Desruisseaux (J.), Entwicklung u. Aussichten d. Milchviehhaltung 1860.
Pierce (A. E.), Elektrophoret. Trennung u. Isolierung v. Proteinen in Agar kombiniert mit „schlieren"-Prüfung 2332.
Pierce (K. R.) s. Richardson (L. R.).
Pietro (C. di), Kramer (R. F.) u. **Sassaman (W. A.)**, Mikro-Carius-Bestimmung v. Phosphor in organ. Verbindungen 1690.
Pigden (W. J.) s. Pritchard (G. I.).
Pigg (C. J.), Spence (K. D.) u. **Parks (L. W.)**, Methionin-Biosynthese in Hefe 1261.
Pigon (H.) s. Clegg (M. T.).
Pihl (A.), Lange (R.) u. **Evang (A.)**, Wechselwirkung v. Cystin u. Cystein mit Rinderleber-Katalase 1701.
Pilgrim (A. F.) s. Gray (F. V.); Weller (R. A.).
Pilipenko (M. E.), Über d. hämatolog. Kennziffern bei Küken in Abhängigkeit v. den Brutbedingungen 5. — Dynamik des Gehalts an Trokkenmasse in Embryonen u. d. Gewichtsverlust bei Hühnereiern während d. Brut 27. — s. Krok (G. S.).
Pilipenko (M. J.) s. Krok (G. S.).
Pillai (S. C.) s. Bai (B. M.).
Pil'v (V. R.), Reserven zur Erhöhung d. Arbeitsproduktivität 256.
Pilz (K.), Neue Standards in d. Tierzucht 1858.
Pinčuk (R. I.) s. Zadorožnyj (V. F.).
Pincus (G.) s. Purshottam (N.).
Pinevič (V. V.) u. **Verzilin (N. N.)**, Kultur einzelliger Algen für Produktionszwecke 2390.
Pinfold (W. J.), Melkstände 1618.
Pingel (H.), Untersuchungen über d. Käfigaufzucht bis zum Junghennenalter gegenüber d. Bodenaufzucht u. deren Auswirkung auf d. spätere Leistungsfähigkeit in d. landwirtsch. Geflügelhaltungen 760. — Versuchsmethodik bei prakt. Fütterungsversuchen mit Legehennen 1724. — s. Lützenberg (F.).
Pinkas (A.), Petrov (K.) u. **Nikolov (R.)**, Messung d. Rückenspeckdicke mit d. Leanmeter am lebenden Tier 714.
Pino (N.) u. **Chiofalo (L.)**, Veränderungen d. Viskosität, d. Oberflächenspannung u. d. elektr. Leitfähigkeit d. Milch durch d. Transport 2260.
Pintér-Szakács (M.) s. Maros (L.).
Pion (R.) u. **Belsunce (C. de)**, Bestimmung d. Aminosäuren einiger Futtermittel mit d. Moore- u. Steinmethode 556.
Piotrowski (J.) s. Jasiorowski (H.).
Pipan (N.), Elektronenmikroskop. Untersuchungen über d. Wirkung v. Strahlen auf d. fötale Pankreas 2461.
Pipes (G. W.) s. Brooks (J. R.); Stahl (P.).
Piras (R.) u. **Cabib (E.)**, Papierelektrophorese v. Zuckern mit Cetyltrimethylammoniumborat 784.
Pirchner (F.), Stüber (O.) u. **Tschörner (F.)**, Vererbung v. Milchbestandteilen bei Höhenvieh 955.
Pires (O.) s. Martelli (H. L.).
Pirnazarov (S.), Einfluß leichtverdaulicher Kohlenhydrate in d. Futterrationen v. Zuchtbullen auf d. Qualität d. Spermas u. d. Allgemeinzustand 2511.
Piskovoj (F. R.), Kolonščakov (J. E.), Gorbuncov (M. S.), Nachkur (B. A.), Nemtinov (D. I.) u. **Puškaŕ (P. I.)**, Prophylaxe gegen Vergiftung d. Bienen durch Rhododendronnektar 548.
Pitkjanen (I. G.), Neues auf dem Gebiet d. Befruchtung u. Steigerung d. Fruchtbarkeit d. Schweine [86]. — Beeinflussung d. Spermaqualität durch d. Zuchtbenutzung d. Ebers 245. — Schicksal d. Spermatozoiden in d. Gebärmutter d. Schweines 679.
Pittoni (A.) s. Grella (P.).
Pitt-Rivers (R.) u. **Cavalieri (R. R.)**,

Die freien Jodtyrosine d. Schilddrüse 601.

Pitts (C. W.) s. Skaptason (J. S.).

Pjanamjagi (C.), Vererbung d. Leistungseigenschaften d. Estn. Großen Weißen Schweine auf d. Zuchtfarmen u. ihre Anwendung in d. Praxis 1878.

Pjanovskaja (L. P.), Über den Einfluß einer Reihe v. Faktoren auf den Eiweißgehalt d. Milch 47.

Pjatnickaja (L. K.) s. Zamarin (L. G.).

Pjerkova (R. I.) s. Batjuževśkyj (J. N.).

Placer (Z.) s. Slabochová (Z.).

Plack (P. A.) u. **Kon (S. K.),** Vergleichende Übersicht über d. Gehalt an Vitamin-A-Aldehyd in Eiern 1909.

Plagemann (P. G. W.), Gregory (K. F.) u. **Wróblewski (F.),** Elektrophoret. getrennte Formen d. Säugetier-Milchsäuredehydrogenase. *1.* Mitt. Verteilung d. Milchsäuredehydrogenasen in Kaninchen- u. Humangeweben 553; *2.* Mitt. Eigenschaften u. Wechselbeziehungen v. Kaninchen- u. Human-Milchsäuredehydrogenase Isozymen 554.

Plăpămaru (V.) s. Gligor (V.).

Plaschke (I.) u. **Plaschke (W.),** Prakt. Anwendung biogener Stimulatoren 2155.

Plaschke (W.) s. Plaschke (I.).

— u. **Mette (C.),** Bakteriolog. Status v. Kühlwaggons vor u. nach d. Reinigung u. Desinfektion 2268.

Platikanov (N.) u. **Dardžonov (T.),** Einfluß d. Ernährungsniveaus auf Wachstum, Entwicklung u. künftige Leistung v. Sofioter Braunviehkälbern u. -färsen. *1.* Mitt. Wachstum u. Entwicklung bis Ende d. zweiten Lebensjahres 278.

— u. **Sandev (S.),** Veränderungen in d. Stickstoffverbindungen d. mit u. ohne Harnstoffzusatz eingesäuerten Grünmaises 1302. — Bei Einsäuerung v. Grünmais mit u. ohne Zusatz v. Harnstoff auftretende Veränderungen im Aminosäuregehalt 1302.

— u. **Tscheschmedschiew (B.),** Frage d. mengenmäßigen Verhältnisses d. Grundfutterration u. d. untersuchten Futtermittels in d. beiden Futterrationen d. Differenzversuches zur Bestimmung d. Verdaulichkeit d. Futtermittel 1245.

Platonow, Philosoph. Bedeutung d. Lehre v. Charles Darwin [2]*.

Platonow (I.) u. **Blobel (H.),** Biopsie beim Kuheuter 242.

Platov (E. M.), Vervollkommnete Methode zur Tiefkühlung d. Bullenspermas 469.

Platt (B. S.), Proteine in d. Ernährung 1930. — s. Halder (K.); Morcos (S. R.); Pampiglione (G.).

— u. **Frankul (W.),** Einfluß einer eiweißarmen Nahrung auf d. Zink- u. Eisenmengen in Serum u. Leber d. Schweine 1273.

—, **Heard (C. R. C.), Stewart (R. J. C.)** u. **Al-Rabii (H. A.),** Unterschiede im Blut v. Hunden auf Grund v. Rationen unterschiedlicher Eiweißwertigkeit 1494.

—, **Stewart (R. J. C.)** u. **Gupta (S. R.),** Küken-Embryo als ein Testorganismus für tox. Substanzen in d. Nahrung 1510.

Plesník (J.), Forschung d. Möglichkeiten eines vollständigen Heuersatzes durch Gärfutter in d. Futterrationen für Milchkühe 2613.

Plessing (H.) s. Gerriets (E.).

Pletneva (N. J.), Vorzüge d. Getrennthaltung in d. Lämmeraufzucht 302.

Pliško (A. I.), Organisation d. Tierzuchtarbeit in d. Ukraine 2058.

Pliško (N. T.), Künstliche Besamung d. Schweine mit unterschiedlichen Spermadosen 247. — Einfluß d. Spermatozoenzahl auf d. Befruchtung beim Schwein 691.

Pljaščenko (S. I.) u. **Dudarev (M. A.),** Verbesserter Gaslufterhitzer zur Entfernung d. Feuchtigkeit in Schweineställen 1617.

Plonait (H.), Klin. Fragen d. Calciumstoffwechselstörungen beim Schwein 1720.

Plotnikov (V. K.) u. **Obrezanov (I. I.),** Vereinfachte Technik bei d. künstlichen Besamung d. Schweine 469.

Plotnikova (A. E.) s. Alipov (V. V.).

Plough (I. C.) s. Powell (R. C.).

Plowman (R. D.) s. Gaalaas (R. F.).

Plumlee (M. P.) s. Gossett (W. H.); Smith (W. H.).

Pobisch (A.), Österreich. Geflügelwirtschaft 1451.
Pobrić (Š.) s. Maksimović (D.).
Podger (R. M.) s. Bartlett (B. E.).
Podkówka (W.), Einfluß d. Vorbereitungsweise v. Silageproben auf d. Ergebnisse d. pH-Bestimmung 337.
Podoba (E. G.), Gelenkte Ausnutzung einiger Entwicklungsgesetzmäßigkeiten d. Jungviehs 2509.
—, **Tockaja (L. J.)** u. **Birjuk (I. I.),** Konstitutionelle Besonderheiten d. Zusammensetzung d. Blutes v. Kälbern 1580.
Podolák (A.) s. Kováč (V.).
Poffé (R.) s. Simonart (P.).
Pogodaev (S. F.), Verfahren zur Messung d. Brustprofils bei Rindern 1829.
Pogribna (N. P.), Einfluß unterschiedlichen Lichts während d. Haltung auf d. Gaswechsel d. Kühe u. d. chem. Zusammensetzung d. Milch 1831.
Pohl (A.), Verbandsbericht *1961* 76. — Neue Gesichtspunkte zur Lösung d. Typfrage 272. — Zeitgemäße Ergänzung und Durchführung d. Euterbewertung 273. — Zweite zentrale Körung d. Herdbuchstiere in Ried 276.
Pohl (C. V.) s. Zessin (D. A.).
Poirier (L. J.), Mouren-Mathieu (A.-M.) u. **Richter (C.-L.),** Neuroanatom. Studien an fetten u. mageren Affen bei Schäden am Hypothalamus in bezug auf Futtereinnahme, Bewegungsaktivität u. Temperaturregulierung 2360.
Polách (A.), Bewertung d. Württemberger Schafe nach d. Lebendgewicht u. d. Wolleistung 1206.
Poleckij (V. A.) s. Gromov (A. M.).
Poletaeva (N. S.) s. Žerebcov (P. I.).
Polikarpova (E. F.), Biolog. Besonderheiten d. Fortpflanzung landwirtsch. Nutztiere 453.
Polin (D.), Porter (C. C.), Wynosky (E. R.) u. **Cobb (W. R.),** Amprolium. *4.* Mitt. Wirkung v. Amprolium auf d. Fortpflanzung bei Hühnern 1046.
—, **Wynosky (E. R.)** u. **Porter (C. C.),** Amprolium. *5.* Mitt. Thiaminmangel legender Hühner u. ihrer Eier 1720; *10.* Mitt. Einfluß d. Thiamingehaltes d. Eidotters auf d. Mortalität d. Hühnerembryo 2240.
Politiek (R. D.), Beobachtungen über d. Möglichkeit zur Feststellung d. Melkbarkeit u. ihrer Variation bei Kühen, auch im Hinblick auf d. Heritabilität dieser Eigenschaft 61.
— u. **Rooy (J. de),** Namelken met de hand of met de melkmachine [1435].
Polivanova (T. M.), Befiederung bei Fleischküken 1396.
— u. **Levin (N. M.),** Vergleichende Bewertung v. Kreuzungshühnern bei d. Mastkükenaufzucht 985.
Poljakov (I. I.), Verdauung d. Futters in den Dünndärmen d. Hühner 134.
Polkovnykova (O. P.), Zuchtarbeit mit Rinderfamilien 1635.
Pollard (J. K.) s. Foote (R. H.).
Pollard (W. O.) s. Creek (R. D.).
Polley (C. R.) s. Shoffner (R. N.).
—, **Shoffner (R. N.), Burger (R. E.)** u. **Johnson (E. L.),** Lichtregulation in d. Putenhaltung. *3.* Mitt. Männliche Fortpflanzungsleistung 2035.
Pollock (J. W. T.) s. Rollins (W. C.).
Polosuchina (T. J.) u. **Kaipova (Z. N.),** Cholesterin, Fettsäuren u. Ketokörper im Blut v. Haus- u. Wildtieren 3.
Poluėktova (L. S.), Tannennadeln als wertvolles Vitaminfutter 1527.
Polvani (C.) s. Cigna (A.).
Poly (J.), Schweinezucht in Frankreich 76.
Pomeranz (Y.) u. **Shellenberger (J. A.),** Tüpfelreaktion für Sulfhydrylgruppen 1912.
Pond (W. G.) s. Lowrey (R. S.); Maner (J. H.).
—, **Kwong (E.)** u. **Loosli (J. K.),** Wirkung v. Fett, Pantothensäure u. Protein auf d. Leistung wachsender Schweine 376.
—, **Lowrey (R. S.)** u. **Maner (J. H.),** Auswirkung d. Rohfasergehalts auf d. Verdaulichkeit d. Ration u. d. Entwicklung v. Schweinen in d. Endmast 2351.
—, **Vleck (L. D. van)** u. **Hartman (D. A.),** Milchleistung u. Milchzusammensetzung (Asche-, Tr.-Subst.-, Fett- u. Eiweißgehalt) bei Sauen 518.

Ponikiewska (T.) s. Gawecki (K.).
Poníšilova (E.) s. Zelenka (J.).
Pool (M. F.) s. Klose (A. A.).
Poole (D. B. R.) s. Wilson (R. K.).
Poole (W. E.) s. Myers (K.).
Poonia (N. S.) s. Bhatnagar (R. P.).
Popa (A.) s. Bogdan (T.).
Popchristov (A.) s. Vačev (B.).
Pope (A. L.) s. Bellows (R. A.); Kowalczyk (T.); Wright (P. L.).
Pope (C. W.) s. Machlin (L. J.).
Pope (L. S.) s. Acker (D.).
Pope (W. H.) s. Bray (D. F.).
Popenko (A. K.) s. Karpov (M. S.).
Popescu (C.) s. Gurău (L.).
Popescu (F.) s. Florescu (S.); Gligor (V.); Pălămaru (E.).
—, **Harsian (E.), Nedelniuc (V.), Tacu (A.)** u. **Florescu (S.),** Wirkung v. Kobalt auf Enten 149.
—, **Nedelniuc (V.), Tacu (A.), Florescu (S.), Georgescu (D.), Ionescu (D.)** u. **Harşian (A.),** Wirkung v. Kobalt auf d. Leistungsfähigkeit d. Zigajaschafe 816.
Popesko (P.) s. Hrudka (F.).
Popivanov (R.) s. Bratanov (K.).
— u. **Vulchanov (V. H.),** Trennung menschlicher AB-Gruppen-Spermien in A- u. B-Spermien durch Agglutination mit Immun-anti-A-Kaninchenserum 1815.
Popov (A.) s. Mirkov (V.).
Popov (A. A.), Mikroklima in Geflügelställen mit Tiefstreu 1149.
Popov (A. M.) u. **Alejnikov (G. S.),** Einsatz v. Harnstoff bei d. Fütterung v. Rübenschnitzeln an Jungrinder 168.
Popov (B. N.), Entwicklung d. Fleisch-Pferdezucht in d. UdSSR 1171.
Popov (I.) s. Georgiev (I.).
— u. **Bižev (B.),** Lavendel als honigtragende Pflanze 776. — Chem. Zusammensetzung d. bulgar. Bienenhonigs 1672.
Popov (N. F.), Besonderheiten d. Verdauung u. d. Stoffwechsels bei Wiederkäuern 2160.
Popov (V.) u. **Colov (V.),** Veränderungen in d. Xanthindehydrase-Aktivität d. Milch 1410.
Popov (Vladimir) u. **Jorov (I.),** Prüfung v. Futterrationen für Stuten u. Fohlen vom Gebirgsschlag 59.
Popov (Vladimir), Jorov (I.) u. **Kajdžiev (D.),** Weidefleischmast v. Pferden mit u. ohne Beifütterung 268.
— u. **Venkov (V.),** Vollblutzucht in d. bulgar. Gestüten 724.
Popov (V. G.), Evcichevič (L. E.) u. **Popova (T. G.),** Nutzeffekt d. Verfütterung v. mit Ammoniakwasser behandeltem Stroh an Milchkühe 379.
Popov (V. V.) s. Manuilova (N. A.).
Popova (T. G.) s. Popov (V.).
Popovič (I. V.) u. **Ivanuch (R. A.),** Jungsauen einmalig ferkeln lassen 2291.
Popović (N.) s. Palian (B.).
Popovici (F.) s. Iordănescu (I.).
Popow (D.), Bienenzucht in d. VR Bulgarien 1666.
Poppe (S.), Einfluß v. Paprika auf d. Dotterpigmentierung v. Hühnereiern 96. — Einfluß v. Grünmehlen u. Körnermais auf d. Dotterfarbe v. Hühnereiern 763. — Fischsilage in d. Hähnchenmast 1308.
Porteous (J. W.) s. Carnie (J. A.).
Porter (C. C.) s. Polin (D.).
Porter (E.) s. Masoro (E. J.).
— u. **Masoro (E. J.),** Einfluß d. Kältegewöhnung auf den Vitamin-A-Stoffwechsel 358.
Porter (J. W. G.) s. Dawson (R.); Kratzer (F. H.).
Porter (R. M.), Senft (B.) u. **Pfau (A. A.),** Ausscheidung v. radioaktivem Phosphor (^{32}P) bei laktierenden Ziegen nach intramammarer Infusion v. ^{32}P-markiertem Ortho-Phosphat 353.
Porterfield (I. D.) s. Norman (C.).
Portman (O. W.) u. **Shah (S.),** Konzentration v. Gallensäuren im peripheren, portalen u. hepat. Blut v. Cebus-Affen 789.
Portnova (M. S.), Abhängigkeit d. Milchleistung d. Kühe v. ihren konstitutionellen Besonderheiten u. d. Eiweißstruktur d. Blutserums 1146.
Portwood (R. M.) s. Robinson (R. R.).
Porzig (E.), Verhaltensforschung beim Rind 1420.
Pósalaky (Z.), Törö (I.) u. **Gyévai (A.),** Histochem. Untersuchung d. Succindehydrogenase im Verlauf d. Spermiogenese 23.

Pose (G.) s. Kabak (J. M.).
Posner (A. S.) s. Menczel (J.).
Pospeev (F. A.), Altersveränderung d. Struktur v. Drüsen d. Speiseröhre bei Schweinen 1584.
Post, Stallordnung für d. Schweineherdbuchzuchten 972.
Post (T. B.) u. **Mixner (J. P.),** Thyroxin-Umwandlungsmethoden für d. Bestimmung d. Schilddrüsen-Sekretionsrate bei Milchkühen 231.
Postavnaja (V. I.) s. Smirnov (I. V.).
Postma (G.), Arbeitsorganisation im Weidebetrieb 1615. — s. Westra (P.).
Postnikov (N. A.) s. Anisimov (V. M.).
Poston (H. A.), Ulberg (L. C.) u. **Legates (J. E.),** Analyse d. jahreszeitlichen Schwankungen in d. Fortpflanzungsleistung v. Milchkühen 1866.
Potechin (S.) u. **Vasil'ev (V.),** Kälberaufzucht bei täglich zweimaliger Fütterung 1429.
Potemkin (N. D.), Theorie u. Methoden d. zootechn. Beurteilung v. Konstitutionen u. Exterieur landwirtsch. Nutztiere [2248].
Potjomkin (N. D.), Typuntersuchungen im Zuchtbestand d. Simmentaler Rasse 2061.
Potsubay (J.) u. **Duduk (V.),** Wirkung d. Syntestrins auf d. N-Retention v. geschlechtlich unreifen Hähnen bei Verfütterung verschied. Eiweißmengen 1043.
Potter (L. M.) s. Prince (R. P.).
—, Matterson (L. D.), Tlustohowicz (J. J.) u. **Singsen (E. P.),** Die fördernden Einflüsse verschied. Antibiotica auf d. relative Wachstum v. Küken, d. in alten u. neuen Batterien aufgezogen wurden 1505.
Pounden (W. D.) s. Nelson (E. C.).
Pover (W. F. R.) s. Gurr (M. I.).
Povoa jun. (H.), Enzymlokalisation in Proteinen d. menschlichen Seminalplasmas, d. durch Papierelektrophorese getrennt wurden 2243.
Powell (R. C.), Plough (I. C.) u. **Baker (E. M.),** Anwendung d. Stickstoff/Kreatinin-Verhältnisses in zufälligen Urinproben zur Bestimmung des Nahrungsproteins 127.
Power (B. A.) u. **Power (R. F.),** Einige Aminosäuren als Eisnucleatoren 1678.
Power (R. F.) s. Power (B. A.).
Powers (J. J.) s. Hamdy (M. K.).
Pozdnjakov (M. M.), Lehrbuch d. Zootechnik in den Nichtschwarzerdezonen d. UdSSR [57].
Pozdnjakov (P. M.), Befruchtungsfähigkeit d. Spermas bei längerer Aufbewahrung 2025.
Požidaev (E. A.), Superovulation bei Ratten nach d. Röntgenbestrahlung 234.
Pozo-Lora (R.) u. **Carranza (J.),** Einfluß v. Licht auf d. Legeleistung bei Enten u. d. Beziehungen zwischen Legetätigkeit u. Fruchtbarkeit 250.
Prabhu (S. S.), Tierzucht u. Genetik in Indien 56.
— u. **Bhaya (K. D.),** Samen u. Reaktionszeit v. Büffelbullen nach verschied. Proteinangebot. *1.* Mitt. 2019.
Prabucki (A. L.), Beeinflussung d. Körperfettes wachsender Küken durch d. Beschaffenheit d. Futterfettes 143. — Einfluß d. Wassergehaltes d. Futters auf den Gärprozeß im Pansen d. Schafes 569.
Prachov (L. P.) s. Chajrullin (Š. Š.).
Prachov (R.), Untersuchungen über d. Aktivität d. Cholinesterase im Bullen- u. Hengstsperma 245. — Elektrisierungs- u. Elektroschockapparat zum Brutentwöhnen d. Hennen 2532. — s. Savov (T.).
Prandžev (I.), Bekämpfung d. Unfruchtbarkeit bei Büffelkühen 1427.
Prantl, Paläontologie u. Entwicklungslehre [2]*.
Prasad (R. B.) s. Singh (O. N.).
Preisser (C.), Teilperiodenleistung d. Eigewichte zur Jahresleistung u. d. Bedeutung für eine frühe Ermittlung d. Erbwertes bei Hühnern 983.
Premachandra (B. N.) u. **Turner (C. W.),** Thyroxinstoffwechsel beim Hyperthyreoidismus d. Rindes 360. — Sekretion v. thyreotropem Hormon bei Kühen nach verlängerter Thyroxin-Therapie u. nach vollständiger Einstellung derselben 1586. — Gesteigerte Laktation bei Kühen nach Thyroxinverabrei-

chung, d. 50% über d. Thyroxinsekretionsrate liegt 1587.
Prentice (J. H.), Leitfähigkeit v. Milch. Einfluß v. Volumen u. Fettverteilungsgrad 482.
Pressman (D.) s. Grossberg (A. L.).
Preston (T. R.) s. Aitken (J. N.).
— u. **Whitelaw (F. G.),** Wirkung d. Löslichkeit u. Aminosäurenzusammensetzung auf d. Verwertung v. Protein bei entwöhnten Kälbern 610.
—, **Whitelaw (F. G.), Aitken (J. N.), Mcdearmid (A.)** u. **Charleson (E. B.),** Intensive Fleischproduktion. *1.* Mitt. Leistung v. Rindern, d. eine gemahlene Ration erhielten 2611.
Preuschen (G.), Rationalisierung d. Rindviehhaltung 2040.
Priadcencu (C.), Schaffung des Eliteseidenraupensamens u. dessen Wirkungsgrad in d. Produktion 114.
Priboth (W.) s. Bernhardt (W.).
Price (D. A.) s. Hulet (C. V.).
Price (D. C.) s. Fischer (D. S.).
Price (K. E.) s. Donovan (G. A.).
Prince (R. P.), Potter (L. M.), Luginbuhl (R. E.) u. **Chomiak (T.),** Einfluß d. Ventilationsrate auf d. Entwicklung v. Küken, d. mit dem Virus d. Infektiösen Bronchitis geimpft waren 925.
Pringsheim (E. G.), Chlamydomonas pallens, ein neuer für Vitamin-B_{12}-Bestimmungen vorgeschlagener Organismus 1012.
Prins (V. de) s. Eyssen (H.).
Prinsloo (H.) s. Kellerman (J. H.).
Prinz (W.) s. Becher (A.).
Priode (B. M.) s. Flock (D. K.).
Pritchard (E. T.), Bildung v. Phospholipiden aus ^{14}C-markierten Vorstufen in Gehirnschnitten junger Ratten 801.
Pritchard (G. I.), Pigden (W. J.) u. **Minson (D. J.),** Wirkung v. Gamma-Strahlung auf d. Verwertung v. Weizenstroh durch Pansenmikroorganismen 2383.
— u. **Tove (S. B.),** Gegenseitige Beziehungen zwischen dem Stoffwechsel v. kurzkettigen Fettsäuren in Wiederkäuerleberschnitten 134.
Pritsch (G.), Untersuchung d. Pollenangebots im Bienenflugkreis d. Abteilung Bienenkunde, Hohen Neuendorf, d. Instituts für Geflügel- u. Pelztierzucht d. Humboldt-Universität Berlin 1233. — Jahrestagung d. Zentralen Fachausschusses Bienenweide 1675.
Procházka (Ž.) s. Feldheim (W.).
— u. **Feldheim (W.),** Ascorbigen als Vitamin-C-Quelle 2153.
Prockop (D. J.), Peterkofsky (B.) u. **Udenfriend (S.),** Intracelluläre Lokalisation d. Kollagensynthese im intakten Hühnerembryo 2144.
Procos (J.), Schafketose. *1.* Mitt. Normale Werte d. Ketonkörper 143; *2.* Mitt. Einfluß d. Trächtigkeit auf den Ketonkörpergehalt d. Blutes gutgenährter Mutterschafe 144.
Proctor (M. H.), Histidin u. β-Galaktosidaseaktivität 2130.
Proctor (S. J.), Messen d. Milch 1849.
Prodanski (P.) s. Jankoff (S.).
— u. **Petrow (P.),** Elektrophoret. u. chromatograph. Untersuchungen über d. Eiweißzusammensetzung verschied. Milcharten 936.
Prokopcev (V. M.), Borsäure in Verdünnern für Ebersperma 2244. — Vervollkommnung einer künstlichen Vagina für Eber 2469.
Prokosch (K.), Im Bezirk Karl-Marx-Stadt vorhandene natürliche Bedingungen zur Errichtung v. größeren Imkereien 1227.
Proll (J.) s. Ketz (H.-A.).
Prosandeev (V.), Gewebepräparate normalisieren d. Geschlechtsfunktionen d. Kühe 2463.
Prosky (L.) u. **Wannemacher jun. (R. W.),** Einfluß v. Methionin u. a. Stickstoff-Quellen auf d. biochem. Prozesse in d. Leber 2145.
Prostjakov (A. P.) s. Kovyndikov (M. S.).
Protasenja (T. P.) u. **Kononov (L. D.),** Pathogenese d. Veränderungen im Organismus d. Rindes bei Verfütterung hoher Harnstoffdosen 2608.
Proudfoot (F. G.), Innere Qualitätsabnahme d. mit Öl besprühten gegenüber d. ungeölten Eiern, gelagert bei *70* °F, untersucht an *3* Leghornstämmen 717. — Abnahme d. inneren Eiqualität bei sechs in-

tensiv u. extensiv aufgezogenen Leghorn-Linien während d. Lagerung bei *30* °F u. *70* °F 1418.
Prowel (A. W.), System d. Kälberaufzucht in Fleischrinderherden 731.
Prox (A.) s. Weygand (F.).
Prütz (D.), Unterbringung v. Chinchillas 315.
Prunster (R. W.) s. Turner (H. N.).
Prusas (E.), Enzoot. Herztod d. Hühner 1458. — Vitamin-K-Mangelkrankheit 1661.
Pruski (W.), Wild lebende asiat. Pferde (Equus przewalskii Poljak) 2500.
Pryor (W. J.) u. **Hart (B.),** Beobachtungen d. Einflusses d. Implantation v. Progesteron-Oestradiol-Benzoat bei Rindern, d. unter in Queensland üblichen Futterversuchsbedingungen gemästet wurden 362.
Pšeničnikov (V. G.), Vermeiden d. Kälberverluste 2288.
Pšeničnyj (F. D.) u. **Ševčenkova (D. I.),** Einfluß wechselnder Fütterung auf physikal. u. chem. Kennziffern d. Panseninhaltes u. auf Vitamin-B_{12}-Bildung bei Jungvieh 2577.
Pšenyčnyj (P. D.), Zuckerrüben richtig verfüttern 2614.
Psychoyos (A.), Determinismus d. Ovoimplantation 1137.
Ptáček (J.) s. Nakládal (J.).
Ptaškin (A. A.), Egorov (E. A.) u. **Starkova (V. E.),** Bestimmung d. tatsächlichen Assimilierbarkeit v. Phosphor durch Karakulschafe mit Hilfe d. Milchphosphors 1709.
—, Starkova (V. E.) u. **Li (A. B.),** Bestimmung d. tatsächlichen Aufnahme v. Futtercalcium bei Karakulschafen mit Hilfe v. ^{45}Ca 591.
Puača (V.) s. Delić (J.).
Puchol (J. R.) u. **Carballido (A.),** Transaminaseaktivität im Fettgewebe v. Ratten 155.
Pudenko (G.), Schweinemast 2083.
Püschel (F.) s. Piatkowski (B.); Steger (H.).
Puhlemann (K.), Soll d. Imker schröpfen? 2549.
Pujszo (K.) u. **Laurentowska (C.),** Polarograph. Bestimmung von Pentosanen 331.
Pulčev (K.), Bau v. Luxusrähmchen 1468.
Pulliam (R. P.), Dannenburg (W. N.), Burt (R. L.) u. **Leake (N. H.),** Carotin u. Vitamin A in Schwangerschaft u. frühem Puerperium 1033.
Pulte (J.), Traber in Zucht u. Sport. *2.* Mitt. 58.
Pulvirenti (G.) s. Galloway (J. H.).
Pung (A.), Erhöhung des Fett- u. Eiweißgehaltes d. Milch ist eine wichtige Aufgabe d. Biologie 69.
Purdom (M. R.), Mikrurgie bei d. Untersuchung v. Pansenbakterien 2571.
Puri (B. R.) u. **Parkash (S.),** Physiko-chem. Eigenschaften d. Milch. *10.* Mitt. Bestimmung d. Gefrierpunktes d. Milch nach der Beckmann-Methode u. d. Berechnung d. zugesetzten Wassers 259; *11.* Mitt. Zwischenflächenspannung d. Milch in Para-cymen 259; *12.* Mitt. Labgerinnungszeit d. Milch verschied. Tiergattungen 2044.
Puri (T. R.) u. **Chakraborty (B. K.),** Milchwirtschaft in Indien im Verhältnis zu anderen fortschrittlichen Ländern. *2.* Mitt. 51.
Purohit (M. S.) u. **Rathor (S. S.),** Magen d. Kamels im Vgl. zu dem d. Rindes 2010.
Pursel (V. G.) s. Avery (T. L.).
Purser (A. F.) s. Young (G. B.).
Purshottam (N.), Mason (M. M.) u. **Pincus (G.),** Induzierte Ovulation bei d. Maus u. Messung ihrer Hemmung 454.
Purushotham (N. P.) u. **Rao (P. V.),** Hämatolog. Geschlechtsbestimmung bei Hunden 451.
Puşcaru (D.), Oprescu (S.) u. **Dinu (I.),** Studium d. Jungviehwachstums verschied. Rinderrassen v. d. Geburt bis zum Alter v. *2* Jahren 2248.
—, Vermieşanu (N.), Oprescu (S.), Dinu (I.), Ciocoiu (A.) u. **Tănase (L.),** Kenntnis d. Kolostralmilcheinflusses auf d. Entwicklung d. Kälber 2611.
Puşcaru (G.) s. Sănduleac (E.).
Puškař (P. I.) s. Piskovoj (F. R.).
Puškarskij (V.), Verbesserung d. Trabertrainings 1630.
Putman (P. A.) s. Yarns (D. A.).

Putnam (P. A.), Gutierrez (J.) u. **Davis (R. E.),** Einfluß d. Häufigkeit d. Fütterung auf d. flüchtigen Pansensäuren, d. Protozoenzusammensetzung u. d. Gewichtszunahme bei Angus-Färsen-Kälbern 1488.
Putnynja (M. J.) u. **Beker (M. E.),** Erhalten v. Futterhefe aus Melasseschlempe unter Anwendung v. Candida Arborea-Kultur 1747.
Putten (B. J. van) s. Vos (H. W.).
Puyaoan (R. B.) s. Alcantara (P. F.); Eusebio (J. A.).
Pyl'nikova (A. P.), Die Zuckerrübe in d. Futterrationen v. Sauen 2616.
Pyne (G. T.), Überblick über d. Fortschritt in d. Milchwissenschaft. Sektion C. Chemie d. Milch. Gesichtspunkte über d. physikal. Chemie d. Milchsalze 1155.

Quartermain (A. R.), Physiolog. Variation bei neuseeländ. Jersey-Kühen während d. Sommers. *1.* Mitt. Wiederholbarkeit d. Messungen u. tägliche Variationen 2223; *2.* Mitt. Beziehungen zwischen d. variablen Größen 2223.
Quarterman (J.) s. Lampkin (G. H.).
Quastler (H.) s. Wulff (V. J.).
Querner (H.) u. **Becker (K.),** Vergleichende Untersuchungen über Intensiv- u. Extensivhaltung v. Junghennen sowie deren Einfluß auf d. spätere Legeleistung 533. — Einsatz v. Oleandomycin in d. Junggeflügelmast 1046.
Quesenberry (J. R.) s. Brinks (J. S.).
Quicke (G. V.) u. **Orpen (V.),** Einfluß v. Vitamin-A-Gaben auf d. Verdauung v. Grasheucellulose durch Mikro-Organismen d. Pansens 1489.
Quinn (L. Y.) s. Christiansen (W. C.).
Quisenberry (J. H.) s. Shupe (W. D.).
— u. **Bradley (J. W.),** Wirkungen verschied. Futterprotein- u. Energiegehalte auf d. Leistungen v. Legestämmen 833.

Raafat (M. A.), Verbeke (R.) u. **Peeters (G.),** Stoffwechsel d. Propionsäure in d. isolierten Milchdrüse d. Kuh 2363.
Raaflaub (J.), Über d. Basizität d. Knochenmineralien 126. — Photometr. Bestimmung d. ionisierten Calciums in biolog. Flüssigkeiten, insbes. im Harn 1483.
Rabes (H.) s. Wrba (H.).
Rachapaetayakom (P.) s. Arscott (G. H.).
Rachimov (A. A.) u. **Nasyrov (J. J.),** Komplizierte Bastarde d. Fleisch-Fettschwanzschafe bringen größere Einnahmen 87.
Rachman (A.), Verwendung v. Eosin zur differenzierten Färbung d. Spermien 2470.
Rachovič (S.) s. Samoletov (A.).
Rackow (H. G.), Milchüberwachung u. -untersuchung unter bes. Berücksichtigung d. Vorzugsmilch 2266. — s. Seelemann (M.).
Radbil' (O. S.) s. Kalinin (A. P.).
Rader (E. R.), Ludwick (T. M.) u. **Richardson (D. O.),** Abnorme Euterentwicklung bei d. Färse u. deren Beziehung zur künftigen Leistung 2021, 2503.
Radev (G.) s. Bratanov (K.).
—, **Lalkov (E.)** u. **Dojčeva (M.),** Befruchtungsfähigkeit d. Bullenspermas in Abhängigkeit v. seiner Aufbewahrungsdauer bei *0—5* °C 1143.
— u. **Rizvanov (K.),** Antibakterielle Spermaeigenschaften bei Bullen u. Böcken 918.
Radev (T.) u. **Rusev (G.),** Oxydationsprozesse in Kaninchenleber im Verlauf d. embryonalen u. postnatalen Entwicklung 2453.
Radkevič (A. I.) u. **Šunto (G. K.),** Einfluß d. Kreuzung auf d. Fleischproduktion d. Kaninchen 536.
Radkevič (V. A.), Biochem. Charakteristik d. Blätter v. Eiche u. Birke, d. in Belorußland als Futtermittel für d. Raupen d. Eichenseidenspinners verwendet werden 1473.
Radoev (L.), Aufzucht einer Hilfskönigin bei zwei Bruträumen 1230.
Radomska (M. J.), Aufzucht v. Schaflämmern u. -böcken [1209].
Radu (A.) s. Gligor (V.).
Radulesco (C.) u. **Samson (P.),** Bemerkungen über einige quartäre Equiden in Rumänien 57. — Domestikationszentrum d. Schafes im Mesolithikum in d. Höhle „La Adam“ in d. Dobrudscha 2445.
Radzinskaja (L. I.) s. Koržuev (P. A.).

Rae (A. L.) s. Ch'ang (T. S.); Kirton (A. H.); Shorland (F. B.).

Raeside (J. I.) s. Betteridge (K. J.).

Rässler (B.) s. Schön (H.).

—, Schön (H.) u. **Henning (N.),** Aktivitätsbestimmung v. Pankreasfermenten im biolog. Material. *2.* Mitt. Bestimmung d. Chymotrypsin-Aktivität im Duodenalsaft 1244.

Räwer (L.), Fütterungs- u. Bilanzversuche zur Frage d. eiweißsparenden Fütterung v. Hammeln u. Absatzlämmern 372.

Ragab (M. T.) u. **Asker (A. A.),** Ökonom. Eigenschaften d. Friesian-Rindes in d. Tahreer-Provinz, Ägypten 508.

Raghavan (G. V.) u. **Mullick (D. N.),** Einfluß d. Lufttemperatur u. d. Feuchtigkeit auf d. Blutzusammensetzung bei Büffelkälbern 2006.

Ragimov (M.) s. Nikol'skij (A.).

Ragim-Zade (M. S.) s. Lopatina (N. G.).

Ragozina (M. N.), Entwicklung d. Kükens während d. Brutzeit in Verbindung mit seinen Atmungs- u. Ernährungsfähigkeiten 683.

Ragsdale (A. C.) s. Kamal (T. H.); Johnson (H. D.).

Rahlmann (D. F.) u. **Cupps (P. T.),** Wirkung v. Oestradiol u. Dehydroepiandrosteron auf d. Sexualzyklus d. Kuh. *1.* Mitt. Dauer d. Brunstzyklus, Ovulation, Temperaturänderungen, Scheidenschleimbeschaffenheit. Beginn u. Verlauf d. Trächtigkeit 1589; *2.* Mitt. Histologie d. Geschlechtsorgane, d. Hypophyse, d. Schilddrüse u. d. Nebennieren 1589.

Raicu, Gerichtete Variabilität u. Anpassungsfähigkeit d. Organismen [2]*.

Raicu (E.) s. Gligor (V.).

Raicu (L.) s. Ştefănescu (C.).

Raina (A.), Biosynthese v. Spermin u. Spermidin im wachsenden Hühnerembryo 2356.

Raines (M.) s. Peck (W. A.).

Raja (C. K. S. V.) u. **Nambiar (K. G.),** Durch Spermien mit exzentr. angesetztem Kopf u. Mittelstück verursachte Unfruchtbarkeit bei einem Bullen 2465.

Rajčev (S.), Einfluß d. Proteins u. Carotins auf d. Wolle v. Angorakaninchen 1662.

Rajceva (M. K.) s. Kaljužnyj (M. J.).

Rak (L. P. K.), Frage d. embryonalen Sterblichkeit bei Merinoschafen 2468.

Rako (A.) s. Bauer-Sič (P.).

—, Kalivoda (M.) u. **Dumanovsky (F.),** Einfluß v. Vitamin E auf d. Verwertung v. Fettstoffen im Futter bei d. Kükenmast 598.

—, Oklješa (B.) u. **Jakovac (M.),** Mastitiden als wirtschaftliches Problem in d. Rinder-Zucht 1874.

Raleigh (R. J.) s. Butcher (J. E.); Harris (L. E.).

— u. **Wallace (J. D.),** Einfluß v. Eisen u. Kupfer auf einige Blutwerte u. d. Körpergewicht v. Weidekälbern 1273.

Rall (J. E.) s. Farer (L. S.).

Rallo (F.) s. Tardani (A.).

Rallo (L. K.), Geflügelzuchtbetrieb d. Wolgagebietes 1888.

Ralston (A. T.), Church (D. C.) u. **Oldfield (J. E.),** Wirkung v. Enzymen auf d. Verdauung v. Rauhfutter geringer Qualität 1517.

Ramachandran (G. N.) u. **Ramakrishnan (C.),** Struktur d. Chitins 1473.

Ramachandran (L. K.), Verwendung v. N-Bromsuccinimid beim „Studium d. Zusammensetzung" u. Struktur v. Proteinen 2561.

Ramaiah (T. R.) s. Munro (H. N.).

Ramakrishna (K.) s. Reddy (D. B.).

Ramakrishnan (C.) s. Ramchandran (G. N.).

Ramakrishnan (S.), Srinivasan (V.) u. **Nedungadi (T. M. B.),** Untersuchungen über den gemeinsamen u. zueinander in Beziehung stehenden Einfluß d. Nahrungseiweißes u. Riboflavins auf d. Flavoproteinenzyme 348.

Ramanathan (K. S.) s. Venkatachalam (P. S.).

Ramaswamy (S. S.) s. Malhotra (M. S.).

Ramin (B. B.) s. Castillo (L. S.).

Rammell (C. G.), Vorkommen u. Bedeutung v. Blut in Milch v. Kühen 2261.

Ramsey (H. A.), Elektrophoret. Charakterisierung d. prägastr. Esterase d. Kalbs 2565.

Randerath (K.), Dünnschichtchromatographie v. Nucleotiden auf Cellulose-Ionenaustauschern 558.
Randle (P. J.) s. Garland (P. B.); Newsholme (E. A.).
Rangappa (K. S.), Bakteriolog. Standards für Milch u. Milchprodukte 1622.
Rangara (D. S.) s. Jalihal (M. R.).
Ranit (G. O.) s. Scott (M. L.).
Rao (A. M.) s. Biswal (G.).
Rao (G. R.), Narasimhalu (P. R.), Reddy (V. K.) u. **Hussain (M. A.)**, Bestimmung einiger Blutwerte bei Schafen 1581.
Rao (H. A. N.) u. **Rao (L. S.)**, Eine Bemerkung über d. Auftreten v. Doppelkokons beim Seidenspinner (Bombyx mori L.) 1908.
Rao (L. S. P.) s. Rao (H. A. N.).
Rao (O. S.) s. Fry (J. L.).
Rao (P. B. R.), Norton (H. W.) u. **Johnson (B. C.)**, Aminosäurezusammensetzung u. Nährwert v. Proteinen. *4.* Mitt. Phenylalanin-, Tyrosin-, Methionin- u. Cystin-Bedarf d. wachsenden Ratte 366.
—, **Paolucci (A. M.)** u. **Johnson (B. C.)**, Verwandtschaft v. Oestrogen u. Vitamin K 2456.
Rao (P. V.) s. Purushotham (N. P.).
Rao (S. R.) u. **Laxinarayana (H.)**, Reinigungsmittel für Milchgeräte in Molkereien u. Milchsammelbetrieben in Dörfern 1412.
Rao (V. N.) s. Bhatia (B.).
Rapacz (J.) u. **Shackelford (R. M.)**, Immunogenetik d. Nerzes. Blutgruppenfaktoren A, B_1 u. B_2 1814.
Rapkim (E.) u. **Gibbs (J. A.)**, Einrichtung für d. kontinuierliche Messung d. Radioaktivität in fließenden Strömen 128.
Rapoport (I. A.), Mutationen im Geschlechtschromosom unter Einwirkung v. Nitrosoäthylkarbamid 1590.
Rapoport (S.) s. Kaludin (I. S.).
Rasch (D.) s. Busch (B.); Stahl (W.).
Raschke (E.), Neue französ. Vorschriften über d. hygien. Gewinnung u. Untersuchung v. Fleisch 2490.
Rasmussen (O. G.) s. Berry (T. H.).
—, **Banks (E. M.), Berry (T. H.)** u. **Becker (D. E.)**, Soziale Dominanz bei Sauen 719.
Rasmusson (Y.) s. Hansson (E.).
Rasplicka (L. D.) s. Fry (J. L.).
— u. **Fry (J. L.)**, Körperbau u. „Brustblasen" bei Schlachtputen 2540.
Rasulov (C. R.) s. Roždestvenskaja (L. F.).
Ratcliff (P. W.) s. Follett (M. J.).
Ratcliff (R. G.), Day (E. J.), Grogan (C. O.) u. **Hill (J. E.)**, Xanthophyllquellen für d. Pigmentierung v. Broilern 1456.
Rathor (S. S.) s. Purohit (M. S.).
Rauch (W.), Das Ei. Einführung in d. Qualitätsbeurteilung v. Hühnereiern. *8.* Teil 1216; *9.* Teil 2309; *10.* Teil 2309; *11.* Teil 2309; *12.* Teil 2309.
Rauchbach (K.), Einfluß biogener Stimulatoren auf d. Mastfähigkeit v. Rindern 158.
Raulin (J.) s. Loriette (C.).
Raum (H.), Landwirtsch. Abteilung d. Techn. Hochschule München v. *1872—1901* 1113.
Raun (N. S.) u. **Burroughs (W.)**, Saugfilter-Einrichtung bei d. Gewinnung v. Pansensaftproben aus unversehrten Lämmern 1486.
—, **Burroughs (W.), Balloun (S.)** u. **Homeyer (P.)**, Rückstände in den Geweben nach d. oralen Anwendung v. Methimazole bei Rindern 941.
—, **Burroughs (W.)** u. **Woods (W.)**, Wirkung v. Rationsfaktoren auf d. Bildung flüchtiger Fettsäuren im Pansen 2345.
Raušenbach (J. O.), Kiselev (J. A.) u. **Monastyrskij (O. A.)**, Stand u. d. Aufgaben d. Ökologie d. landwirtsch. Nutztiere 2033.
Ravell (J.), Bessere Fleischrinder durch Leistungsprüfung in d. USA 273.
Rawat (J. S.) s. Pant (H. C.).
Ray (S. N.) s. Malhotra (M. S.).
Ray jun. (W. J.) s. Chapeville (F.).
Raymond (S.), Nakamichi (M.) u. **Aurell (B.)**, Acrylamidgel als Elektrophoresemedium 2331.
Raymond (W. F.) s. Cooper (J. P.).
Raynaud (P.) s. Gaumont (R.).
Razumov (I. K.) u. **Tjažkorob (V. I.)**, Erbsen u. Bohnen in d. Schweinemast 2614.
Razvi (A. H.) s. Lall (H. K.).
Razzorenova (E. A.), Einfluß v. Silage

auf d. Verdauungsprozesse beim Kaninchen 2314.

R-Candela (J. L.) s. R-Candela (R.).

R-Candela (R.), Martin-Hernandez (D.), Castilla-Cortazar (T.) u. **R-Candela (J. L.),** Passage v. Glucose durch d. Uterusmuskel in Beziehung zu dessen Oberfläche 134.

Read (S. H.) s. McLean (V.).

Reagor (J. C.) s. Kunkel (H. O.).

Reardon (J. Z.) s. Aikawa (J. K.).

Rebbin (R.) s. Jenichen (W.).

Reber (E. F.), Bei Schweinen infolge Durchfalles entstehender Nährstoffmangel 1288. — Nährstoffe mit spezieller Bedeutung für d. Antikörperbildung 1378.

—, Malhotra (O. P.), Beamer (P. D.), Norton (H. W.) u. **Kreier (J. P.),** Fütterung v. bestrahltem Rindfleisch an Hunde. *2.* Mitt. Reproduktion u. Pathologie 613.

Reboud (J. P.), Abdeljlil (A. B.) u. **Desnuello (P.),** Variation d. Enzymgehaltes d. Rattenpankreas als Funktion d. Zusammensetzung d. Diät 2601.

Reck (J.), Piatkowski (B.) u. **Bendrat (G.),** Verbesserung d. Leistung d. Silberfuchses u. Nerzes durch Fütterungsversuche zur Feststellung d. Nährstoffbedarfes bei weitgehendem Ersatz v. hochwertigen tier. Futtermitteln durch Abfallfutterstoffe 313.

Reddy (B. S.) s. Thomas (J. W.).

Reddy (C. V.) s. Jensen (L. S.).

Reddy (D. B.), Ramakrishna (K.) u. **Siddiqui (R. H.),** Sekundäres Geschlechtsverhältnis bei Normalgeburten v. indischen Büffeln 735.

Reddy (V. K.) s. Rao (G. R.).

Reddy (W. J.) u. **Hegsted (D. M.),** Messung u. Verteilung v. Carnosin in d. Ratte 1240.

Redich (V. K.) s. Romanovskij (D. M.).

Redman (C. E.) u. **Shoffner (R. N.),** Schätzungen v. Eiqualitätsparametern unter Verwendung eines polyallelen Kreuzungssystems 1211.

Reed (C. A.), Osteolog. Nachweis d. prähistor. Domestikation in Süd-west-Asien 1579.

Reepmeyer (G. A.), Grundsätzliche Fragen zum Schweinestallbau 2037.

Rees (K. R.), Ross (H. F.) u. **Rowland (G. F.),** Stoffwechsel isolierter Nuclei d. Rattenniere 582.

Rehm (W.) s. Seelemann (M.).

Rehm (W. F.), Versuche zur Reduzierung d. Keimzahl auf d. Euterhaut durch Euterwaschungen 510.

Reich (E.), Einfluß d. Baustoffe auf d. Stallklima 37.

Reichardt (W.) s. Auerbach (T.).

Reid (B. L.) s. Kurnick (A. A.); Tucker (H.).

Reid (C. S. W.), Johns (A. T.) u. **Vlieg (P.),** Blähungen im Rind. *22.* Mitt. 1289.

Reid (J. T.) s. Bensadoun (A.).

Reid (R. L.), Kohlenhydratstoffwechsel beim Schaf. *15.* Mitt. Reaktion auf einen klimat. Stress durch Kälte, Wind u. Regen 807; *16.* Mitt. Verteilung d. Ketonkörper in Blut, Geweben u. Harn 808. — s. Alexander (G.).

— u. **Hinks (N. T.),** Kohlenhydratstoffwechsel beim Schaf. *17.* Mitt. Futterbedarf u. freiwillige Futteraufnahme bei hoher Trächtigkeit mit bes. Berücksichtigung d. Prophylaxe v. Hypoglykämie u. Hyperketonaemie 2362; *18.* Mitt. Stoffwechsel v. Glucose, freien Fettsäuren, Ketonen u. Aminosäuren während d. Hochträchtigkeit u. Laktation 2362; *19.* Mitt. Stoffwechsel v. Glucose, freien Fettsäuren u. Ketonen nach Fütterung u. während d. Hungerns oder Unterernährungszustandes v. nichtträchtigen, trächtigen u. laktierenden Schafen 2363.

— u. **Mills (S. C.),** Kohlenhydratstoffwechsel beim Schaf. *14.* Mitt. Adrenale Reaktion auf einen psycholog. Stress 807.

Reid (R. S.) s. Murray (M. G.); Sutherland (T. M.).

Reilingh (W.) s. Huis in 't Veld (L. G.).

Reilley (C. N.) s. Papa (L. J.).

Reineke (E. P.), Enzymsysteme d. Milchdrüse u. Synthese v. Monojodthyrosin 2468. — s. Griffin (S. A.).

—, Travis (H. F.) u. **Dolnick (E. H.),** Auswirkungen d. Schilddrüsenzerstörung u. Ersatztherapie auf d. Fellentwicklung d. Nerzes (Mustela

vision) bei Thyroxin-freier Fütterung 538.
Reiniš (S.) u. **Mysliveček (J.),** Geschlechtsunterschiede in den Funktionen d. Zentralnervensystems 228.
Reisch (E.) u. **Bischoff (T.),** Neue Stallform: Laufstall mit Einzelliegeplätzen 1836.
Reisch (F.), Funktionsgerechte Gebäude für Milch- u. Mastvieh 1151.
Reischl (L.), Stallhygien. Untersuchungen in Rinderställen d. Kreises Aichach unter Berücksichtigung d. Milchleistung 37.
Reiser (R.) u. **Fu (H. C.),** Mechanismus d. Entgiftung v. Gossypol bei Wiederkäuern 2609.
Reisfeld (R. A.), Lewis (U. J.) u. **Williams (D. E.),** Scheibenelektrophorese v. bas. Proteinen u. Peptiden an Polyacrylamidgelen 1476.
Reish jun. (J. J.) s. Neptune jun. (E. M.).
Reisinger (L.), H. Dexlers Beitrag zur Tierpsychologie 718.
Reisinger (R. C.), Rinderpest 511.
Reissmann (H.), Gestaltung d. Offenstallanlagen für Rinder 929.
Reiter (B.) s. Pickering (A.).
Reiter (J. H.) s. Cornatzer (W. E.).
Remington (J. S.) s. Merler (E.).
Rempel (W. E.) s. Enfleld (F. D.); Sumption (L. J.); Vogt (D. W.).
Remy (H.), Vereinheitlichung d. Atomgewichte u. d. neue Atomgewichtstabelle 1473.
Renard (M.) s. Severin (M.).
Renatus (K.), Züchter. Maßnahmen bei d. Schweinehaltung in Großbuchten 85. — Vergleichende Untersuchungen über d. Wirkung v. industriellem Belebtschlamm 390.
— u. **Ulbrich (M.),** Vorbeugende Maßnahmen zur Verhütung v. Verlusten in großen Schweinebeständen 1614.
Rendel (J.), Einfluß d. Vererbung u. einiger Umweltfaktoren auf d. Eutergesundheit bei Kühen 284. — s. Brænd (M.).
—, **Bouw (J.)** u. **Schmid (D. O.),** Häufigkeit einer Trächtigkeit aus Erstbesamung bei zweimal besamten Kühen: Studie über Ergebnisse v. Vaterschaftsnachweisen 1428.
—, **Gahne (B.)** u. **Maijala (K.),** Fünfeiige Rinderfünflinge mit kompliziertem Chimärismus 1132.
Rendel (J.) u. **Sundberg (T.),** Typ u. d. Häufigkeit d. Mastitis beeinflussenden Faktoren beim schwed. Milchvieh 2076.
Rendi (R.) u. **Ochoa (S.),** Speciesspezifität in Aktivierung u. Übertragung v. Leucin v. übertragender Ribonucleinsäure auf Ribosomen 2356.
Renkema (J. A.), Senshu (T.), Caillard (B. D. E.) u. **Brouwer (E.),** Aktivität d. Darmwand d. Kuh in Natrium-Homeostasis 809. — Regulation d. Natriumausscheidung u. Retention im Darm bei Kühen 1498.
Renkonen (O.), Bestimmung v. Glycerin in Phosphatiden 334. — Spaltung v. Lecithin an Aluminiumoxyd-Säulen 335.
Renner (E.) s. Kiermeier (F.).
—, **Kandler (O.)** u. **Kiermeier (F.),** Einfluß d. Silagefütterung auf d. Qualität v. Milch u. Milchprodukten. *1.* Mitt. Einfluß d. Silagefütterung auf d. bakteriolog. Beschaffenheit d. Milch 2049.
Renold (A. E.) s. Taylor (K. W.).
Renshaw (A.) u. **Biran (L. A.),** Methode zur Einführung v. Langkettenfettsäuremethylesterproben in gaschromatograph. Säulen 787.
Requate (H.), Tierreste aus d. röm. Kastell Asciburgium 2444.
Reßmann (G.), *3-DK-370-490-1077?* „Familien-Stockkarte" u. ihre Auswertung 2106.
Restall (B. J.), Künstliche Besamung beim Schaf. *6.* Mitt. Einfluß d. Coitus nach d. Besamung auf den Prozentsatz d. nach einer einzigen Besamung lammenden Mutterschafe 247.
Rettagliati (J.) s. Aumaitre (A.).
Reusser (P.) s. Sackmann (W.).
Reuter (H.), Stallklima u. Stallplanung 36.
Reuther (K.-H.) s. Drawert (F.).
Reynolds (B. A.) s. McDowall (F. H.).
Reynolds (M.), Zusammensetzung d. Euterlymphe bei Milchziegen 1118.
Reynolds (P. J.) s. Elam (C. J.).
Reynolds (W. L.) s. Koger (M.).
Rezničenko (L. P.), Ontogenet. u.

funktionelle Veränderungen einiger Seiten d. Eiweiß- u. Mineralstoffwechsels bei Hühnern unterschiedlicher Produktionsrichtungen 1027.
Rhodes (R. W.) s. Woods (W.).
— u. **Woods (W.),** Messungen flüchtiger Fettsäuren in Panseninhalten v. Lämmern bei Futterrationen verschied. physikal. Form 1487.
Rhodes (V. J.) s. Naumann (H. D.).
Ricard (F. H.), Qualität v. Hühnchen desselben Stammes 264.
Rice (R. W.), Salsbury (R. L.), Hoefer (J. A.) u. **Luecke (R. W.),** Beziehung v. bestimmten Endprodukten d. Pansengärung zum Futterwert v. Rauhfutterstoffen 1487.
Richards (C. R.) s. Calhoun (M. C.).
—, Haenlein (G. F. W.), Calhoun (M. C.), Connolly (J. D.) u. **Weaver (H. G.),** Schnittzeitpunkt gegen d. Kombination v. Rohfaser u. Rohprotein als Bestimmungsstücke für d. Futterqualität 2166.
Richards (J. A.) s. Alder (F. E.).
Richards (J. F.) s. Kondra (P. A.).
Richardson (D.) u. **Tsien (W. S.),** Quantitative Bestimmung d. Aminosäuren im Pansensaft v. Zwillings-Ochsen, d. mit Sojaschrot oder Harnstoff gefüttert wurden 2574.
Richardson (D. O.) s. Rader (E. R.).
Richardson (H.) s. Woods (W. R.).
Richardson (L. R.), Wilkes (S.), Godwin (J.) u. **Pierce (K. R.),** Wirkung verschimmelten Futters u. verschimmelten Sojabohnenextraktionsschrotes auf d. Wachstum v. Hühner- u. Putenküken 2387.
Richardson (S. H.) s. Fowler (L. R.).
Richer (C.-L.) s. Poirier (L. J.).
Richert (C.) s. Fondarai (J.).
Richert (D. A.) s. Westerfeld (W. W.).
Richter (B.) s. Hauke (H.).
Richter (J.), Photometr. Bestimmung d. antirachit. Vitamine in Arznei- u. Tieraufzuchtmitteln 122.
Richter (K.), Jungrindermast 1187.
— u. **Antoni (J.),** Roggen in d. Schweinemast 385.
—, Cranz (K. L.) u. **Antoni (J.),** Futterwert u. Futterwirkung v. im Trommeltrockner hergestellten Schnitzeln. *1.* Mitt. 1305. — Getrocknete Zuckerrüben (vollwertige Zuckerschnitzel) in d. Schweinemast 1523. — Silage aus Erbsenkraut in d. Milchviehfütterung 1736. — Hafer in d. Tierernährung. *2.* Mitt. Einsatz v. Hafer in d. Getreidemast junger Schweine 1741; *3.* Mitt. Einsatz v. Hafer im Beifutter bei d. Kartoffelmast junger Schweine 1742.
Richter (K.), Cranz (K. L.) u. **Schmidt (K.-H.),** Mastversuche mit weiblichen Jungtieren d. Deutschen Schwarzbunten Rindes. *1.* Mitt. Mastleistung u. Ergebnisse d. Schlachttierbeurteilung, Ausschlachtung u. Schlachtkörperbewertung v. Färsen verschied. Alters 1870.
—, Oslage (H. J.) u. **Schiller (K.),** Hafer in d. Tierernährung. *1.* Mitt. Analyt. u. tierexperimentelle Untersuchungen über Zusammensetzung, Verdaulichkeit u. Nährwert verschied. Haferarten u. -sorten 1741.
— u. **Schmidt (K.-H.),** Hafer in d. Tierernährung. *4.* Mitt. Auswirkung unterschiedlicher Haferanteile in d. Futterration auf Ausschlachtungsergebnis u. einige Merkmale d. Schlachtkörperqualität beim Schwein 1742.
Richter (O.), Blutgruppenforschung auch beim Schwein u. Pferd 1377.
Richter (W.) s. Hofmann (F.); Löhle (K.).
Rickard (C. A.) s. Sauter (E. A.).
Ricketts (C. R.) s. Carney (S. A.).
Riddle (K.) s. Moore (D. B.).
Riebe (K.), Arbeitswirtschaft u. Arbeitsverfahren in d. Milchviehhaltung 255. — Arbeitsverfahren u. Kostengliederung d. Milchviehhaltung 255. — Arbeitsbedarf bei Legehennen 256. — Arbeitsbedarf u. Arbeitsverfahren in d. Schweinehaltung 702.
Rieche (A.) s. Haenel (H.).
Rieck (G. W.), Frühdiagnose d. Fortpflanzungsfähigkeit d. weiblichen Partner verschiedengeschlechtlicher Rinderzwillinge 1865.
Rieger (H. J.) s. Friede (H. J.).
Riehl (L. A.) s. Rodriguez (J. L.).
Riel (R. R.), Physikal.-chem. Besonderheiten kanad. Milchfette. Ungesättigte Fettsäuren 2045.
Rieman (W.) s. Gondie (A. J.).

Rietbrock (N.) s. Malorny (G.).
Rigdon (R. H.), Ferguson (T. M.) u. **Couch (J. R.),** Spontanes Auftreten v. Muskelnekrosen bei Küken 2098.
Rigor (E. M.) s. First (N. L.); Zimmerman (D. R.).
—, Meyer (R. K.), First (N. L.) u. **Casida (L. E.),** Rassen- u. durch d. Energieaufnahme bedingte endokrine Unterschiede in Verbindung mit d. Follikelreifungs- u. Ovulationsrate bei Schweinen 2236.
Rihar (J.), Biometr. Untersuchungen über d. Farbe v. jugoslaw. Bienen (Apis mellifica var. carnica) 1465.
Rijskens (A.), Kleintierzucht in Belgien *1961*. Private Geflügelzucht u. Kaninchenzucht 1209; dass.: Zucht v. Ziegen u. Schafen 1209; dass.: Gewerbliche Geflügelzucht 1210; dass.: Bienenhaltung 1227.
Riley (M.) u. **Pardee (A. B.),** Grad d. Gen-Ausprägung, seine Besonderheiten u. Regulierung 1376.
Riley (P.) s. Boda (J. M.).
Rimeslåtten (H.) u. **Aam (A.),** Stockfischmehl bei Silberfüchsen, Blaufüchsen u. Nerzen. Wirkung v. Vitamin B_6, Haustierleber u. Eisen auf Zuchtergebnisse, Anämie, Wachstum u. Fellfarbe 2100.
Rimington (C.) s. Sano (S.).
Rimler, Großbetriebliche Geflügelzucht in Ungarn 304.
Rimša (P. I.), Konservierung v. Grünfuttermitteln durch Mineralsäuren 2383.
Rinaudo (M. T.) s. Bargoni (N.).
Ringer (R. K.) s. Aulerich (R.); Holcomb (L. C.); Speckmann (E. W.); Travis (H. F.); Wolford (J. H.).
Rist (M.), Einfache wärmedämmende Stalldecke 1150.
Ritchie (N. S.) s. Hemingway (R. G.).
Ritschel (H.), Kennzeichnung d. Rinder mit Hilfe v. Halsbändern 1612.
Ritson (J. B.) u. **Norman (M. J. T.),** Probe-Viehzählung in d. East-Kimberley-Region 501.
Ritter (E.), Fragen d. neuzeitlichen Schweineerzeugung [57]*. — Winterfütterung d. Schweine, Beispiel LPG „Neues Leben“ Krossen 1442. — Hinweise d. Arbeitsgruppe Rinder d. Forschungsgemeinschaft Tierhaltung u. Stallwirtschaft für d. Einrichtung v. Liegeboxen in Offenställen 2039. — s. Hennig (A.); Hofmann (F.).
Ritter (H. C.) u. **Völkl (H.),** Schlachtwert v. Jungbullen aus d. Kreuzung Aberdeen-Angus × Zweinutzungsrassen 1872.
Ritze (W.), *5.* Ruhlsdorfer Bericht d. Forschungsstelle u. Fachschule für Tierzucht Ruhlsdorf [295]*.
Ritzel (G.), Elektrophoret. Untersuchungen an Serumeiweißen wachsender Ratten unter Antibioticumfütterung 2156.
Ritzinger (W.), Untersuchungen über den Stand d. Erzeugung, Vermarktung u. Qualitätsbeurteilung v. Schlachtkälbern u. Kalbfleisch in einigen Nachbarländern d. Bundesrepublik 53. — Stand d. Erzeugung, Vermarktung u. Qualitätsbeurteilung v. Schlachtkälbern u. Kalbfleisch in einigen Nachbarländern d. Bundesrepublik 715.
Rizvanov (K.) s. Bižev (B.); Radev (G.).
— u. Bižev (B.), Untersuchung d. antibakteriellen u. antimycet. Eigenschaften d. Bienenhonigs. Vorl. Mitt. 545.
Rjabovič (V. I.) s. Nikitina (N. S.).
Rjazankin (K. G.), Leistung d. einzelnen Euterviertel u. d. Gesamtleistung im Zusammenhang mit d. Einfluß d. Umweltbedingungen 2063.
Robb (J. A.) s. Katznelson (H.).
Robb (J. M.) s. Hutchison (G. H.).
Robbins (D. J.) s. Booth (A. N.).
Robbins (J.) s. Farer (L. S.).
Robbins (J. D.) s. Kunkel (H. O.).
Robblee (A. R.) s. Hussar (N.); O'Neil (J. B.).
— u. Clandinin (D. R.), Einfluß d. Gehaltes an Natriumsalzen in Futter u. Trinkwasser auf d. Entstehung v. Bauchwassersucht u. Oedemen bei Putenküken 165.
Roberton (A. M.) s. Bailey (R. W.).
Roberts (B. L.), Säugetierei 450.
Roberts (E.) s. Tsuyuki (H.).
Roberts (E. J.) u. **Brown (W.),** Untersuchungen über den Einfluß v. Schutzstreifen auf d. Geländeklima in den Gebirgslagen v. Bangor 474.
Roberts (M.) s. Spaeth (E. E.).

Roberts (W. K.) u. **Stringam (E. W.)**, Vitamin-A-Leberspeicherung u. Gewichtsentwicklung bei Rindern nach intraruminaler Injektion u. oraler Verabreichung v. Vitamin A 1032.

Robertson (A.), Selektion nach verschied. Eigenschaften 675. — Selektion auf Heterozygotie in kleinen Populationen 2232. — s. Barden (P. J.).

Robertson (D.) s. Johnson (H. D.).

Robertson (F. W.), Genet. Variation bei d. Ernährung v. Drosophila melanogaster 1509.

Robertson (G. I.) s. Dorfman (L.).

Robertson (H. A.) u. **Hutchinson (J. S. M.)**, Konzentration v. FSH u. LH in d. Hypophyse d. Schafes in Beziehung zu Follikelwachstum u. Ovulation 236.

—, MacGillivray (A. J.) u. **Hutchinson (J. S. M.)**, Hypophysäre Gonadotropine im Harn d. Schafes nach Kastration u. Ovariektomie 2227.

Robertson (I. S.), Studien über d. Wirkung d. Feuchtigkeit auf d. Brutfähigkeit v. Hühnereiern. *1.* Mitt. Bestimmung d. optimalen Feuchtigkeit für d. Brut 39; *2.* Mitt. Vgl. v. Brutfähigkeit, Gewichtsverlusten u. embryonalem Wachstum bei Eiern, die mit *40* u. *70*% relativer Luftfeuchtigkeit bebrütet wurden 40.

Robertson (J. B.) s. Laird jun. (R.).

Robertson (J. C.) u. **Barnhart (C. E.)**, Wachstumsfördernde Faktoren v. getrockneten Mais-Destillationsprodukten u. mögliche Beziehungen zwischen diesen u. den Mineralien d. Ration 1306.

Robertson (T.) s. Siegelman (A. M.).

Robijns (K. G.) s. Tesink (J.).

Robin (E. D.), Beziehungen zwischen Temperatur, Plasma, pH-Wert u. d. CO_2-Spannung bei d. Schildkröte 1263.

Robinson (A. D.) s. Travis (J.).

Robinson (C. L.) u. **Novelli (G. D.)**, Bindungsplätze als limitierender Faktor beim Aminosäureeinbau 581.

Robinson (D. L. H.) u. **Targett (G. A.)**, Trennung v. Aminosäuren durch Ringpapierchromatographie 333.

Robinson (D. W.) u. **Lewis (D.)**, Verdauliche Energie v. Cerealien bei Schweinen 1744.

Robinson (H. B.) s. Cornwell (D. G.).

Robinson (I. M.) s. Bryant (M. P.); Dryden (L. P.).

Robinson (J. F.), **Currie (D. C.)** u. **Peart (J. N.)**, Fütterung d. Gebirgsmutterschafe 1208.

Robinson (L. L.) s. Anderson (B. B.).

Robinson (P.) s. Ashton (G. C.).

Robinson (P. J. A.) s. Kingsbury (K. J.).

Robinson (R. R.) u. **Portwood (R. M.)**, Mechanismus d. Magnesiumausscheidung bei Hühnern 1124.

Robinson (T. J.) s. Salamon (S.).

— u. **Brander (W. M.)**, Vergleichende Aktivität einer Reihe i. v. u. i. m. injizierter Oestrogene bei Schafen 2455.

— u. **Cameron (N. G.)**, Einfluß prakt. Methoden auf d. Rindfleischproduktion in Viktoria. *2.* Mitt. Lebendmessungen 1179.

Robson (A.) s. Corfield (M. C.); Fletcher (J. C.).

Roche (J.) s. Michel (R.).

Rochmann (R.), Wirkung verschied. Fettgehaltes in d. Ration auf d. Zuchtkondition d. Nerzes 2542.

Rodero (A.), Einfluß d. Rasse u. d. Hahns auf einige Merkmale bei Schwarzen Kastilianern, Gestreiften Utrerana u. Weißen Leghorn 2095.

Rodgers (R. S.) s. Feldman (G. L.).

Rodin (A.), Aufgaben d. Wissenschaft bei d. Lösung d. wichtigsten Probleme in d. Fleischindustrie 2494.

Rodin (I. I.), Neues Gerät zur Gewinnung v. Schafbocksperma 2242.

Rodina (E. N.), Haltung d. Hühner u. Aufzucht d. Junggeflügels auf Tiefstreu 764.

Rodriguez (J. L.) u. **Riehl (L. A.)**, Kontrolle d. Fliegen im Küken- u. Kaninchendünger mittels Hähnchen in Südkalifornien 987.

Rodt (P.), Automat. Tränkanlage für Nerze 539. — Aktuelle Genetik 2542.

Röder (R.), Probleme d. Kälbermast. *1.* Mitt. Vgl. v. Vollmilch-, Trockenmagermilch- u. Frischmagermilchmast 1051.

Röger (W.), Schlachtgeflügelwirtschaft d. Schweiz 755.

Roehm (G. H.) s. Myers (P. W.).

Röhrborn (G.), Chem. Konstitution u. mutagene Wirkung. II. Triazinderivate 2232.

Röhrs (M.), Biolog. Anschauungen über Begriff u. Wesen der Domestikation 890. — s. Herre (W.).

Roepke (W. J.), Geflügelgesundheitsdienst in den Niederlanden 267.

Roff (C.), Bienenhaltung in Australien. *4.* Mitt. Queensland 773.

Rogalevič (M.) u. **Sorokina (I.),** Kaltblutpferdezucht in d. UdSSR 268.

Rogers (Q. R.), Spolter (P. D.) u. **Harper (A. E.),** Wirkung d. Leucin-Isoleucin-Antagonismus auf d. Aminosäuremuster d. Blutplasmas v. Ratten 1493.

Rogers (T. A.) s. Simesen (M. G.).

Rogler (J. C.), Parker (H. E.), Andrews (F. N.) u. **Carrick (C. W.),** Jodbedarf bei brütenden Hennen. *1.* Mitt. Hennenaufzucht bei einer Fütterung mit entsprechenden Jodmengen 813; *2.* Mitt. Hennenaufzucht bei einer jodarmen Fütterung 813.

Rogowska (W.) s. Kwiatkowski (T.).

Rohdenburg (E. L.), Bestimmung eines Methionin-Hydroxyderivats in Mischfutter 1479.

Rohr (K.), Brauchbarkeit d. Harnstoffs als Eiweißersatz beim Wiederkäuer 1931.

Rohrer (M.), Ziele u. Möglichkeiten d. Laufstalles für Rindvieh unter schweizer. Verhältnissen 1405.

Rohuschinskyj s. Haubold (H.).

Roitsch (I.), Untersuchungen über d. Variabilität d. Schlachtmerkmale innerhalb ganzer Würfe u. Vollgeschwistergruppen 79.

Rojahn (J.), Frage d. symbiont. Harnstoffverwertung durch Pansenbakterien anhand v. Kulturversuchen 1248.

Rollins (C.), Jensen (L.) u. **Schwarz (A. N.),** Entsalzung v. Aminosäurelösungen durch Ionenretardationsharz 786.

Rollins (W. C.), Carroll (F. D.), Pollock (J. W. T.) u. **Kudoda (M. N.),** Eigen- u. Nachkommenleistungsprüfungen auf Zunahme, Futterverwertung, Körperbau u. Frühreife bei Mastrindern 275.

Romack (F. E.), Lasley (J. F.) u. **Day (B. N.),** Untersuchung über d. zirkulierenden Leukocyten beim Schwein 2007.

Romann (E.) s. Staub (M.).

Romanov (M. P.), Proteinbedarf v. Legehennen 2162.

Romanov (P. A.), Das bodenständige Jakut. Rind der nordöstlichen Bezirke 727.

Romanovski (W.), Erfahrungen u. Probleme bei d. Anwendung v. Tiefgefriersperma 468.

Romanovskij (D. M.) u. **Redich (V. K.),** Einführung v. Rassenkreuzungen in d. Geflügelzucht 1890.

Rombauts (P.), Lépine (G.), Thuret (F.) u. **Boisseau (J. M.),** Entwicklung d. Trächtigkeitsstoffwechsels bei d. Sau in Abhängigkeit v. deren Alter 1495.

Rombe (S. M.), Wirkung v. Kalciumglukonatinjektionen auf d. Befruchtungsergebnisse bei Kühen 24.

Romić (S.), Alter d. Lipizzanerstuten bei d. ersten Befruchtung, ihre Körperentwicklung u. Zuchtfähigkeit 2500.

Rommel (P.), Indirekter Trächtigkeitsnachweis bei d. Stute durch chem. Östrogenbestimmung im Urin 1422.

— u. **Rommel (W.),** Quantitativ-chem. Untersuchungen über d. Östrogenausscheidung im Urin d. Schweines während Brunstzyklus, Trächtigkeit u. Frühpuerperium 1374.

—, **Rommel (W.)** u. **Zschintzsch (A.),** Quantitativ-chem. Bestimmung oestrogener Steroide im Urin d. Stute während Brunstzyklus, Trächtigkeit u. Puerperium 899.

Rommel (W.) s. Rommel (P.).

Ronaldson (J. W.) s. McClure (T. J.).

Ronning (M.), Berousek (E. R.), Griffith (J. L.) u. **Gallup (W. D.),** Carotinbedarf v. Milchkühen 817.

— u. **Dobie (J. B.),** Gewaffeltes bzw. geballtes Luzerneheu für d. Milchproduktion 1950.

Ronwin (E.), Signifikanz v. Humanbluttrypsin; direkte Bestimmung v. Thrombin u. Plasmin in Humanplasma 1918.

Rook (J. A. F.) s. Storry (J. E.).

Rook (J. A. F.) u. **Campling (R. C.)**, Magnesium-Stoffwechsel bei Milchkühen. *4.* Mitt. Verwendbarkeit v. Magnesium in verschied. Futtermitteln 1708.
— u. **Storry (J. E.)**, Vergleich v. oraler u. parenteraler Mg-Verabreichung bei Hypomagnesämie d. Kühe 1933. — Magnesium in d. Ernährung d. landwirtsch. Nutztiere 2592.
Rooy (J. de) s. Politiek (R. D.).
Rope (C. G.), Faktoren, die für eine erfolgreiche Bienenhaltung entscheidend sind 1466. — Behandlung d. Schwarminstinktes bei d. Bienen 2107.
Roś (I. F.) s. Konoplev (A. I.).
Roşca (N.) s. Gligor (V.).
Rose (A. H.) s. Ahmad (F.).
Rose (D.), Faktoren, die d. Hitzestabilität d. Milch beeinflussen 1844.
Rose (S. P. R.), Säugetier-Phosphoproteinphosphatase 1687. — Lokalisation v. Gehirn-Phosphoprotein-Phosphatase 1910.
Rosen (G. D.) s. Vernon (J.).
Rosenberg (L. E.), **Downing (S. J.)** u. **Segal (S.)**, Kompetitive Hemmung d. Transports zweibas. Aminosäuren in d. Rattenniere 2141.
Rosenberger (G.), **Welte (E.) u. Werk (O.)**, Vorbeuge d. Weidetetanie beim Rind durch Magnesiumoxyd-Beifütterung 1499.
Rosenfeld (I.) s. Miller (G. J.).
Rosengren (E.) s. Kahlson (G.).
Rosenkranz (O.), Bewirtschaftung v. Rinderoffenställen 931. — Rentabilitätsfragen bei Bau u. techn. Einrichtung v. Rinder- u. Schweineställen 1402. — Übergang zu industriemäßiger Produktion in d. Landwirtsch. 1857.
Rosenkranz (W.), Bienenweide in Tälermühle 548.
Rosenoer (V. M.), Relation v. Peptid- u. Disulfid-Bindungen u. v. Sulfhydryl-Gruppen zur Urogastron-Aktivität 822.
— u. **Schild (H. O.)**, Untersuchungen an Urogastron 790.
Rosenthal (H. L.) u. **Austin (S.)**, Ungesättigte Vitamin-B_{12}-Bindungskapazität d. Serums v. verschied. Tieren 154.
Rosenthal (H. L.) u. **O'Brien (G.)**, Einfluß d. Schilddrüsen-Funktion auf d. ^{60}Co-Cyanocobalaminstoffwechsel bei verschied. Tieren 1039.
Rosenwald (A. S.) u. **Adler (H. E.)**, Bekämpfung d. Sinusitisinfektion bei Puten 1221, [536].
Rosłanowski (K.), Verhalten v. Bullenspermatozoen in Verdünnungsflüssigkeiten mit Glycerinzusatz. *4.* Mitt. Einfluß d. Glycerinmenge in Verdünnungsflüssigkeiten auf d. Spermienüberlebensfähigkeit sowie d. Befruchtungserfolg 1392.
Rosmus (J.) s. Deyl (Z.); Pavlíček (M.).
— u. **Deyl (Z.)**, *2* verbesserte Methoden zur Trennung v. *2.4*-Dinitrophenylhydrazonen v. Carbonylverbindungen. *1.* Teil 1920.
Ross (C. V.) s. Brooks (J. R.).
—, **Karr (M. L.)** u. **Pavey (R. L.)**, Zufütterung bei Lämmern 1292.
Ross (D. A.), Follikel-Produktivität u. Wollwachstum 1367. — Reißfestigkeit d. Stapels. *3.* Mitt. Unterschiede während d. Woll-Verkaufssaison 2301. — Follikel-Produktivität u. Wolleistung bei Romney-Mutterschafen 2450.
Ross (D. B.) s. Care (A. D.).
Ross (E.) s. Kondo (A. K.).
Ross (H. F.) s. Rees (K. R.).
Ross (K.), Prof. Dr. Werner Wussow 60 Jahre alt 1577. — Auswertung d. Viertelgemelkprüfungen beim Rind 1631.
Ross (O. B.) s. Nelson (A. B.).
Ross (S.) s. Denenberg (V. H.).
—, **Sawin (P. B.)**, **Denenberg (V. H.)** u. **Zarrow (M. X.)**, Mütterliches Verhalten beim Kaninchen. Jährliche u. jahreszeitliche Veränderungen beim Nestbau 495.
Rosseau jun. (E. J.) s. Hazzard (D. G.).
Rossi (J.) s. Stroun (J.).
Rossin (M.), Reform d. landwirtsch. Ausbildung u. Berufsausbildung in Frankreich 2441.
Rossini (L.) s. Bargoni (N.).
Rost (H.), Aktuelle Probleme d. Geschlechtsbestimmung in d. Tierzucht 550.
Rost (H. E.), Bestimmung dimerer Säuren in Ölen u. Fetten 1686.

Roston (S.), Ascorbinsäure, Sauerstoff u. d. Verschwinden v. Adrenochrom u. Noradrenochrom 2153.
Rostovcev (N.) u. **Čerkaščenko (I.),** Wirtschafts- u. Kontrollmast d. Rinder in d. USA 735.
Rostovcev (N. F.), Probleme d. gesteigerten Erzeugung v. Fleisch u. Milch [2272].
Rostowzew (N. F.), Theoret. u. prakt. Grundlagen zur Steigerung d. Fleischleistung bei Rindvieh 1190.
Rotfarb (R. M.) s. Godnev (T. N.).
Rothe (K.), Spermaproduktion beim Eber 457. — Beitrag zur Verbesserung d. Konservierung u. d. Transportmöglichkeiten d. Schweinespermas 1827.
Rothe (M.), Fuchs (K.) u. **Böhme (E.),** Phytingehalt v. Vollkorngebäcken 1741.
Rother (A.) s. Graupe (B.).
Rothlisberger (J. A.) s. Wiltbank (J. N.).
Rothmaler s. Jean Baptiste Lamarck [2]*.
Rothman (S.) s. Adachi (K.).
Rothschild, Anaerobe Wärmeproduktion u. Fruktolyse v. Bullenspermien bei verschied. Temperaturen 1140.
Rotov (V. I.), Geflügeltuberkulose u. Maßnahmen zu ihrer Bekämpfung [2313].
Rotti (A.), Auswahl einer Regressionsfläche zur Anpassung v. Beleuchtungsstärken in einem Klima-Schrank 1802.
Rous (J.), Bedeutung d. energet. Wertes d. Futterrationen für Hühner 1948.
Roush (J. R.) s. Noles (R. K.).
Rousseau (J. E.) s. Eaton (H. D.).
Rousseau jun. (J. E.) s. Grifo jun. (A. P.).
Roussel (J. D.), Patrick (T. E.) u. **Kellgren (H. C.),** Einfluß v. Stickstoff u. Kohlendioxid auf d. Lebensfähigkeit u. Fruchtbarkeit gefrorenen Bullenspermas 920.
Rowan (J. D.) s. Norris (K. H.).
Rowden (W. W.) s. Swiger (L. A.); Wiltbank (J. N.).
Rowell (J. G.) s. Braude (R.); Mount (L. E.); Short (R. V.).
Rowland (G. F.) s. Rees (K. R.).
Rowlands (I. W.) s. Perry (J. S.).
Rowson (L. E. A.) s. Short (R. V.).
Roy (A.) s. Pant (H. C.).
Roy (J. H. B.) s. Shillam (K. W. G.).
Roy (N. C.), Schwankungen im Geburtsgewicht bei Kreuzungsrindern aus Zebu u. Friesian 735.
Royle (R. B.), Stallfütterung einheim. Rinder in Cholo 507.
Roždestvenskaja (G. A.), Knochenbildungsprozesse im Gliedmaßenskelett d. Fohlen im ersten Lebensjahr 230.
Roždestvenskaja (L. F.), Arifov (U. A.), Klejn (G. A.), Rasulov (C. R.) u. **Anastasov (S. A.),** Einfluß d. Gammastrahlen v. ^{60}Co auf d. Futtereigenschaften d. Maulbeerblätter 2115.
Rozenbljum (B. M.) u. **Maslova (N. N.),** Optimale Größe v. Schweinefarmen in Belorußland 2080.
Rubach (G.), Einsatz d. Rückstände aus gewerblicher Verarbeitung in d. Fütterung 1306.
Ruban (B. V.), Mastentenaufzucht ohne Wasser 2539.
Ruban (J. D.), Knochengewebe als eine d. Komponenten bei d. Konstitutionsbestimmung v. Tieren 33.
Rubenčik (L. I.), Kordjum (V. A.), Lazurkevič (Z. M.) u. **Vladimirova (E. V.),** Zucht reiner Chlorellakulturen im Durchflußsystem 1528.
Rudakov (A. I.), Erfahrungen in d. Schweinemast in d. Nichtschwarzerdezone [520].
Rudič (V. M.), Künstliche Besamung d. Schweine mit transportiertem Sperma 2245.
Rudinger (J.) u. **Krejčí (I.),** Dosis-Reaktion-Beziehungen einiger synthet. Oxytocinanaloge u. d. Art d. Bewegung d. Oxytocine im isolierten Uterus 2455.
Rudman (J. E.) s. Tayler (J. C.).
Rudofsky (H.), Polen immer noch führend in d. europäischen Vollblut-Araberzucht 1859.
Rudolph (J. W.), Gilbreath (J. C.) u. **Morrison (R. D.),** Einfluß v. Reserpin auf d. Fortpflanzung v. Puten 1508.
Rudolph (W.), Zusatz v. Fett im Mastfutter bei Hähnchen 1725.

Rudolph (W.) u. **Fritzsche (H.)**, Untersuchungen zur Frage d. Schlachtwertes v. Geflügel. *2.* Mitt. Einfluß verschied. Maisanteile im Futter auf Mastergebnisse, Fleisch- u. Fettbeschaffenheit bei Pekingenten 1059.
— u. **Maash (H.-J.)**, Untersuchungen über d. Leistungen v. Weißen Cornish 95.
Rudometkin (J. S.), Kobaltnitrat erhöht den Fettgehalt d. Milch 356.
Rüegsegger (A.), Untersuchungsergebnisse d. Milchleistungs-Nachkommenprüfung *1961* 62. — s. Jenni (E.).
— u. **Gallasz (E.)**, Milchleistungs-Nachkommenprüfung *1962* 1863.
Rühe (H.), Grünfuttereinsatz bei Schweinen 747.
Rüprich (W.), Welches Schwemmentmistungs-System? 1842. — s. Hammer (W.).
Ruest (P.), Stoffwechseluntersuchungen mit Tritium-markiertem Vitamin A [1509].
Rüter (H. W.) s. Havermann (H.).
Ruggieri (S.), Trennung d. Methylester d. Fettsäuren durch Dünnschichtchromatographie 122.
Ruhdel, Entwicklungstendenzen d. deutschen bäuerlichen Geflügelhaltung 2530.
Ruiz (E. E.) s. LeBaron (F. N.).
Rumjanceva (E. J.) s. Paršutin (G. V.).
Rumkist (J.), Zucht ab „königlichem“ Ei? 1900.
Rummler (H.), **Laue (W.)** u. **Berschneider (F.)**, Untersuchungen über d. biochem. Vorgänge u. über therapeut. Maßnahmen bei d. Harnstoffvergiftung d. Rinder 349.
Rummler (H. J.), Über teerpech- u. bitumenhaltige Fußbodenbeläge in Schweinestallungen 40.
Runcie (K. V.) s. Grennhalgh (J. F. D.).
Runcis (A. J.), Vorzüge d. Offenstallhaltung für Kühe 2038.
Rundo (J.) s. Morgan (A.).
Rupnow (E. H.) s. Jacobson (M.).
Rurainski (H.) s. Shapiro (J.).
Ruščák (M.), Einfluß verschied. Reizmittel auf d. Milchsäure-, Alanin- u. Gamma-Aminobuttersäure-Gehalte v. Rattenhirnen 1492.
Rusev (G.) s. Paliev (C.); Radev (T.).
Rusoff (L. L.) s. Bertrand (J. E.).
Russell (E. L.), **Hale (W. H.)** u. **Hubbert jun. (F.)**, Bestimmung v. Diammoniumphosphat als eine Stickstoffquelle für Wiederkäuer 1487.
Rust (R. E.), Was ist ein Fleischtyp, Mastochse? 2513.
Rusu (I.) s. Moldoveanu (X.).
Ruszczyc (Z.), Anwendung v. unterschiedlichem Fütterungsniveau in d. Schweinemast. *1.* Mitt. Auswirkung auf Gewichtszuwachs u. Futterverwertung 375; *2.* Mitt. Auswirkung auf d. Qualität d. Schlachtkörpers 1055.
Rutenbeck (U.), Längen- u. Dickenwachstum d. Wolle unter dem Einfluß v. Jahreszeit, Fütterung u. Haltung 526.
Ruthe (H.), Wer darf den Hufbeschlag in sozialist. Betrieben ausüben? 42.
Ruttloff (H.), Trennung v. Sacchariden an Kohle/Celite-Säulen 2557.
Ruttner (F.), Bau u. Funktion d. peripheren Nervensystems an d. Fortpflanzungsorganen d. Drohnen 995. — s. Pain (J.); Woyke (J.).
Ruttner (H.), Beifutter 321. — Kuratorium zur Vereinheitlichung u. Prüfung v. Imkereigeräten 322. — Königinnenzucht u. Vertrauen 1230.
Ruus (C. C.), Geschlechtsbestimmung bei Gänsen 99.
Ruževskij (A. B.), Steigerung d. Milchleistung u. d. Fettgehaltes d. Milch d. Schwarzbunten Rasse bei Reinzucht 2512.
Ruževškyj (A. B.), Anwendung d. Verwandtschaftspaarung bei d. Schaffung u. Festigung v. Linien in d. Rinderzucht 1636.
Ružickij (N.), Mechanisierte Futterabteilungen 1617.
Ruzskij (S. A.), Beurteilung d. Zuchtbullen nach einer unterschiedlichen Töchterzahl u. d. Bedeutung d. Alters d. Vaters 63. — Beurteilung d. Bullen nach d. Milchleistung d. Töchter in verschied. Laktationsperioden 1634.
Ryan (C. A.) u. **Bals (A. K.)**, Inhibitor d. Chymotrypsins aus Solanum tuberosum u. sein Verhalten gegen Trypsin 2117.

Ryley (J. W.), Trockenfütterung an Rindern. 6. Mitt. Sorghumsilage mit u. ohne Harnstoff als Futter für hochtragende u. im Beginn der Laktation stehende Rinder während d. Dürrezeit 1736.
—, Gartner (R. J. W.) u. **Morris (J. G.)**, Trockenfütterung an Rindern. 5. Mitt. Verwendung v. Sorghum-Körnern als Trockenfutter für nichtträchtige Färsen 1745.
—, Harvey (J. M.), Watson (J. W.) u. **Levitt (M. S.)**, Vergleich d. Kupferstatus v. Schafen u. Rindern, welche auf einer vorherrschend mit Paspalum dilatatum bestandenen Weide gehalten wurden 1274.
Ryś (R.), Vitamin E in d. Ernährung v. landwirtsch. Nutztieren 2367.

Saathoff (T.) s. Lauprecht (E.).
Saba (R.) s. Monnier (D.).
Sabacky (M. J.), Jones (L. B.), Frame (H. D.) u. **Strain (H. H.)**, Elutionskapazität v. organ. Substanzen bei d. Lösungs-Adsorptions-Chromatographie 2335.
Sabatini (M. T.) s. Narbaitz (R.).
Sabine (J. R.) s. Beilharz (S.).
Šabrov (G. T.), Pferchhaltung v. Schafen 1450.
Sabry (Z. I.) s. Morrison (A. B.).
Šachidžanjan (L. G.), Starik (A. S.), Flejšman (D. G.), Glazunov (V. V.), Leont'ev (V. G.) u. **Nesterov (V. P.)**, Verteilung d. radioaktiven Cäsiums u. Strontiums in menschlichen u. tier. Organen 793.
Šachlamov (V. A.), Gehalt an Mucopolysacchariden in Eizellen 1133.
Šachnazarov (G. M.), Aktivierung d. Entwicklung bei Kaninchen in d. frühen Embryogenese unter dem Einfluß verbesserter Fütterung 312. — Veränderung v. Wachstum u. Differenzierung in d. frühen Embryogenese des Kaninchens unter d. Einfluß v. Biopräparaten 911, 1138.
Sachno (V. F.) s. Sokolovskaja (I. I.).
Šachnova (L. V.), Einfluß d. feuchtwarmen Klimas auf d. Wuchs u. einige physiolog. Merkmale d. Junghühner aus d. Rassengruppe Sagorsk 1149.
Šachova (G.) s. Matoušek (J.).
Šachova (I. K.) s. Koval'skij (V. V.).
Sachs (L.), Haupttendenzen u. Regulationsprinzipien d. Steroidhormon-Biogenese 155.
Sackler (A. M.) s. Weltman (A. S.).
Sackmann (P.), Großgruppenhaltung v. Mastschweinen in d. LPG „Einheit" Memmendorf, Kreis Flöha 972.
Sackmann (W.), Reusser (P.), Neipp (L.), Kradolfer (F.) u. **Gross (F.)**, Ferrimycin A, ein neues eisenhaltiges Antibioticum 825.
Sacks (J.) s. Mason (M. E.).
Sadhu (D. P.) u. **Chowdhury (D. R.)**, Sauerstoffverbrauch v. Schweißdrüsen beim Ind. Zebu-Rind 2222.
Sadler (C. R.) u. **Glick (B.)**, Antigene Wirkung v. Enten-Erythrocyten auf bursectomierte u. nicht bursectomierte Küken 17. — Beziehung d. Größe d. Bursa Fabricii zur Antikörperbildung 904.
Sadovskij (T.) s. Nikulickij (I. V.).
Sadykov (B.) u. **Venjarskij (A.)**, Herbstweidemast u. Fleischqualität d. Pferde 1630.
Sadykov (G.) s. Bulgakov (N.).
Saeki (Y.) u. **Brown (K. I.)**, Labormäßige Wertbestimmung u. Befruchtungsfähigkeit v. Ejakulaten u. Vasa-Deferentia-Samen bei Puten 1603.
Šaff (N. M.), Mechanisierter Futtermischer u. -verteiler 1617.
Sager (O.), Foni (L.) u. **Florea-Ciocoiu (V.)**, Bedingt reflektor. Magensekretion nach Entfernung d. Neopalliums 670.
Saghin (F.) s. Gligor (V.); Pălămaru (E.).
Šagojan (F. S.) s. Vasjutinskij (J. P.).
Šafář (P.) s. Fiala (J.).
Saffle (R. L.) s. May (K. N.).
Safranko (J.) s. Hall (C. E. van).
Saha (S. K.) s. Sharma (S. C.).
Saint Antoine (J. D. de R. de) u. **Vignes (E. C.)**, Extraktion v. Rohrzuckersaft-Protein u. d. Beurteilung seines Wertes als Futtermittel 387.
Saint-Lebe (L.) s. Alais (C.).
Saito (M.) s. Kirimura (J.); Kobayashi (M.).
Šajdorova (V. V.) s. Smaragdova (N. P.).

Sajgin (P.), Trocknen d. Stutenmilch 1851.
Sakai (Y.) u. **Kumagai (W.)**, Colorimetr. Methode zur Bestimmung v. Essigsäure im Holzhydrolysat neben großen Mengen Schwefelsäure 1242.
Sakala (J.), Grad d. sexuellen Beanspruchung v. Bullen u. Spermiogramm sowie Fertilität in Abhängigkeit v. d. neuro-konstitutionellen Veranlagung 1181. — Beziehung d. Neurokonstitutionstyps v. Bullen zur Fertilität 1865.
Salamon (S.) u. **Robinson (T. J.)**, Künstliche Besamung bei Merinoschafen. *1.* Mitt. Auswirkung d. Frequenz u. Jahreszeit d. Insemination, Alter d. weiblichen Schafes, d. Bockes u. d. Milchverdünner auf d. Ablammergebnis 686; *2.* Mitt. Auswirkung v. Spermaverdünnern u. Aufbewahrungszeit auf d. Ablammergebnisse 689.
Salehe (U.) s. Hutchison (G. H.).
Salgannik (M. G.) s. Dobrynina (A. J.).
Salgans'ka (L. O.) s. Beznosenko (O. G.).
Šaličev (J.) s. Grigorov (C.); Ignatov (I.).
— u. **Grigorov (C.)**, Zusammensetzung u. Eigenschaften d. Milch des Grauen Iskâr-Rindes 45; dass.: des Sofioter Braunviehs 46.
—, **Grigorov (C.)** u. **Goranov (N.)**, Zusammensetzung u. Eigenschaften d. Büffelmilch 2485.
Salisbury (G. W.) s. Lodge (J. R.).
Sallis (J. D.) u. **Holdsworth (E. S.)**, Calciumstoffwechsel in Beziehung zur Vitamin-D_3- u. Nebennierenfunktion beim Küken 2598. — Einfluß v. Vitamin D auf d. Calciumresorption beim Küken 2598.
Salmon (W. D.) s. Farish (P. T.).
Salmon-Legagneur (E.), Wirkung d. Spiramycins auf d. Wachstum v. Ferkeln vor u. nach d. Absetzen 602. — Ernährung u. Absetzen v. Ferkeln 1203. — s. Aumaitre (A.).
— u. **Jacquot (R.)**, Einfluß d. Ernährungsniveaus auf d. Ernährungszustand d. tragenden Sauen 1055.
Salsbury (R. L.) s. Rice (R. W.).
Salter (J. M.) s. Metz. (R.).
Saltykov (F. I.), Mineralisierung d. Skeletts bei Schweinen im Zusammenhang mit Alter u. Eiweißspiegel d. Ration 668.
Salzen (E. A.), Prägung u. d. Reaktion „Erstarren" beim Haushuhn 2497.
— u. **Tomlin (F. J.)**, Einfluß d. Kälte auf d. Nachfolgereaktion beim Haushuhn 2498.
Samachson (J.) u. **Spencer-Laszlo (H.)**, Ausscheidung v. Calcium u. Strontium *85* im menschlichen Harn 1692.
Sammelwitz (P. H.), **Aldred (J. P.)** u. **Nalbandov (A. V.)**, Mechanismen d. Gelbkörpererhaltung bei Schweinen u. Ratten 454.
Samochvalova (G. V.), Lebensfähigkeit d. Eier einiger Rassen u. Hybriden d. Maulbeerseidenspinners bei verlängerter Winteraufbewahrung 1003.
Samojlov (T. P.) s. Suprunov (N. I.).
Samoletov (A.) u. **Rachovič (S.)**, Geflügelfabriken bei Moskau 2538.
Samoletov (A. I.) s. Dobrynina (A. J.); Kurow (B. I.).
Samson (P.) s. Radulesco (C.).
Samuelson (O.) s. Albertsson (U.).
— u. **Swenson (B.)**, Verteilungschromatographie an Ionenaustauscherharzen. Trennung v. Zuckern 2558.
Samuelsson (E.-G.), Sonnenlichtgeschmack in mit ^{35}S markierter Milch 489.
Samusenko (A. L.), Wirkung ultravioletter Strahlen auf Wachstum u. Entwicklung d. Ferkel 2036.
Sanahuja (J. C.) u. **Harper (A. E.)**, Einfluß einer Aminosäure-Imbalanz auf Futteraufnahme u. -auswahl 1703.
Sandberg (N.), Beschleunigte Collagenbildung u. Histamin 347.
Sanders (L. L.) s. Diehl (J. F.).
Sanderson (D. W.) s. Moffitt (R. A.).
Sandev (S.), Densitometr. Methode zur Bestimmung d. Aminosäuren auf Papierchromatogrammen 556. — s. Peteva (Z.); Platikanov (N.).
Sandew (S.) s. Platikanow (N.).
Sandine (W. E.) s. Citti (J. E.).
Sandoval (J.) s. Sarazá (R.).
Sandoval Juárez (J.) u. **Lindenmaier (P.)**, Einfluß d. Temperatur u. d. Wetters auf d. Qualität gelagerter

Eier u. ihre Bewertung nach Haugh-Einheiten 2055.
Sandstedt (R. M.), Strahan (D.), Ueda (S.) u. **Abbot (R. S.),** Verdaulichkeit v. Maisstärken mit hohem Amylose-Gehalt im Vgl. zu d. Verdaulichkeit anderer Stärken 564.
Sandstrom (W. A.) s. Cornatzer (W. E.).
Sănduleac (E.) u. **Puşcaru (G.),** Bienenweide u. Wanderbienenzucht im Donaudelta 109.
Sanduleac (E. V.), Konvergente Selektion als Verfahren zur Steigerung d. Bestäubung durch Bienen 2319.
Sanecka (M.) s. Opienśka-Blauth (J.).
Sanford (P. E.) s. Miller (B. F.); Nelson (S. J.).
Sanger (V. L.) s. Nelson (E. C.).
Sankaran (A. N.) s. Joseph (K.).
Sankoff (I.) u. **Sourkes (T. L.),** Gewichtsdepression durch α-Methyl-DL-tryptophan bei Ratten 1259.
Sanne (S.), Milcheiweiß ist wertvoll für Nerze 103. — Futterwert v. Fleisch u. Schlachtabfall bei Nerzen 314.
Sano (S.) u. **Rimington (C.),** Exkretion v. verschied. Porphyrinen u. ihren entsprechenden Porphyrinogenen durch Kaninchen nach intravenöser Injektion 2144.
Sanpitak (N.) s. Nagel (W.).
Sanslone (W. R.) u. **Squibb (R. L.),** Vergleich v. Verfahren zur Ermittlung d. Stickstoffretention bei Küken 338.
Santamarina (E.), Physiopatholog. Faktoren in Beziehung zur Fortpflanzung beim Rind 1598.
Santiago y Redel (E. de), Beitrag zum Studium d. Mikroflora im Kropfinhalt d. Geflügels 573.
Šapovalov (J. J.), Vergleichendes Studium d. Wachstums u. d. Entwicklung v. Jungtieren Russ. Weißer u. Kutschinoer Jubiläum 1147.
Šapovalov (K. S.) u. **Vazenmiller (N. K.),** Melkkarussel 1841.
Sapsford (C. S.), Hodenentwicklung d. Merinoschafbockes unter bes. Berücksichtigung d. Ursprungs d. reifen Stammzellen 1125.
Sarazá (R.), Sandoval (J.), García Freire (J.) u. **Peña (F.),** Neue Ergebnisse aus einer Untersuchung d. Leistungsfähigkeit v. Broilern. Weiterer Versuch über Schlachtkörper u. Schmackhaftigkeit 307.
Sarazá-Ortiz (R.) s. Peña Martín (F.).
Sarda (L.) s. Ailhaud (G.).
Sargeant (K.) u. **Carnaghan (R. B. A.),** Erdnuß-Toxizität beim Geflügel: Experimentelle u. chem. Aspekte 2609.
Sarl (Ö.) s. Boguth (W.).
Sartore (G.) s. Dassat (P.).
Sasaki (Y.) u. **Umezu (M.),** Speichel u. Speichelabsonderungen bei Wiederkäuern. 2. Mitt. Sammlung v. gemischtem Speichel bei Anwendung eines intra-oesophagealen Abflusses 1693.
Sasimowski (E.), Leistungsfähigkeit v. Kopczyk-Podlaski-Pferden u. Murinsulanern auf Grund gewisser physiolog. Indizien 1173.
Sassaman (W. A.) s. Pietro (C. di).
Sasum (K.) s. Anke (M.).
Šatalov (P. I.), Verwendung v. Blut tragender Stuten zur Steigerung d. Fruchtbarkeit landwirtsch. Nutztiere 2019.
Satchell (D. G.) s. Simon (S. E.).
Sato (H.) s. Inoué (S.).
Satoh (K.) s. Kinoshita (J. H.).
Satter (L. D.) u. **Baumgardt (B. R.),** Wechsel in verdauungsphysiolog. Geschehen bei Rindern im Zusammenhang mit d. Häufigkeit d. Fütterns 2575.
Sauberlich (H. E.) s. Farish (P. T.); Leveille (G. A.).
Sauberlich (H. W.), Wirkung v. Vitamin B_6 auf das Wachstum v. Ratten bei Fütterung mit einer Kost, die essentielle Aminosäure nur beschränkt enthält, u. auf d. Verwendbarkeit d. Isomeren v. Tryptophan, Methionin u. Valin 153.
Sauer (F.) s. Forman (S. A.); Lupien (P. J.).
Sauter (E. A.), Peterson (C. F.) u. **Lampman (C. E.),** Wirksamkeit v. verschied. Desinfektionsmitteln zur Verringerung d. Grünfäule in gewaschenen Eiern 1625.
—, Zaehringer (M. V.) u. **Rickard (C. A.),** Vergleichsweises Angebot frischer u. gefrorener Bratstücke in

d. Läden aus *3* Kreisen v. Idaho 493.
Sautier (P. M.) s. Moffitt (R. A.).
Savčuk (D. I.), Wachstum u. Entwicklung d. Schweine in Abhängigkeit v. Fütterungsniveau auf verschied. Altersstufen 1148.
Savič (I. A.) u. **Akopjan (N. S.)**, Besonderheiten d. Stoffwechsels bei Kreuzungs- u. reinrassigen Schweinen 1440.
Savić (J.) u. **Tadić (R.)**, Schweinebetäubung mit Kohlendioxyd, Untersuchungen über den Zustand d. Schweine während u. nach d. Betäubung mit Kohlendioxyd 1160, 2268.
Savin (P. M.) s. Zvjerjeva (G. V.).
Savino (F. X.) s. Johnson jun. (D.).
Savov (M.), Erythrocytensenkungsgeschwindigkeit bei gesunden Kühen, Färsen u. Kälbern in auf *60°* geneigten Mikropipetten nach Pantschenko 1117.
Savov (N.) s. Sivovski (I.).
Savov (T.) s. Chlebarov (G. S.).
Savov (T.), **Prachov (R.)** u. **Evtimova (L.)**, Steigerung d. Mehrlingsgeburten bei Schafen 299.
Savroń (E. S.), **Čečetkin (A. V.)**, **Kiselev (G. I.)** u. **Kurdjukov (M. G.)**, Eiweiß- u. Energiewechsel d. aktiven Phosphate in d. Geweben v. Küken 807.
Sawada (F.) s. Ando (T.).
Sawin (P. B.) s. Denenberg (V. H.); Hanna (B. L.); Ross (S.).
Sawyer (W. H.), Vergleichende Physiologie u. Pharmak. d. Neurohypophyse 8.
Saxena (H. C.) s. Jensen (L. S.).
—, Jensen (L. S.) u. **McGinnis (J.)**, Einfluß v. rohen Sojabohnen bei Küken auf d. Sauerstoffverbrauch u. d. Gehalt v. Leber u. Muskel an Glykogen 1305. — Einfluß d. Nahrungseiweißmenge auf d. Wachstumsdepression durch nichterhitztes Sojaextraktionsschrot bei Küken 2386. — Versagen v. Aminosäureergänzungen zur vollständigen Überwindung d. Wachstumsdepressionseffektes v. rohem Sojaextraktionsschrot bei Küken 2386.
Saxena (K. N.) u. **Gandhi (J. R.)**, Trennung u. Identifizierung v. Aminosäuren durch *2*-dimensionale Papierchromatographie 1916.
Saxena (P. N.) u. **Kumar (Sharwan)**, Persistenz bei Sahiwal-Kühen 2508.
Sayeed (M. M.), **Blumenthal (D. S.)** u. **Blumenthal (H. T.)**, Wirkung v. Cortison u. v. Wachstumshormonen auf d. Zellproliferation während d. frühen Embryogenese 241.
Scanlan (R. A.) s. Shipe (W. F.).
Scapinelli (R.) s. Meneghelli (V.).
Scarpellino (R.) s. Dougherty (R. W.).
Ščekin (E. D.) s. Kulikov (N. S.).
Ščekin (V.), Geograph. Heterosis in d. Tierzucht u. ihre Besonderheiten 1629.
Ščekun (L. A.), Resorptionsfunktion d. Verdauungsapparates nach teilweiser Resektion d. Dünndarms. *1.* Mitt. Wasser- u. Glucoseabsorption d. oberen oder unteren Hälfte d. Dünndarms 339.
Ščenkov (S. N.) s. Arifov (U. A.).
Ščennikov (S. T.), Veterinärhygien. Kontrolle d. Geflügelschlachtkörper u. Geflügelprodukte 1162.
Ščerbakov (V. M.) s. Semak (I. L.).
Ščerbina (P. F.), Ganzjähriger Schlupf v. Küken d. Zwiehuhnrassen 305. — Kobalt, Kupfer, Mangan u. Zink bei d. Fütterung d. landwirtsch. Geflügels u. ihr Einfluß auf dessen Produktivität 1274.
Ščerbina (P. P.) s. Krok (G. S.).
Ščerbov (N. A.), Ställe für d. Gruppenhaltung v. Sauen mit Ferkeln 41.
Ščerbyna (A. I.), Stoffwechsel u. einige morpholog. u. klimat. Kennziffern bei Milchkühen, die unter verschied. Lichtbedingungen gehalten werden 1831.
Schaaf (A.), Ergebnisse d. Staatl. Hühnerleistungsprüfungen *1960/61* in d. DDR 759.
— u. **Hannemann (W.)**, Methodik d. Mastleistungsprüfung bei Schweinen 742.
— u. **Menzel (R.)**, Schlachtleistung v. Mastprüfungsschweinen im Lichte d. neuen Bewertungsverfahrens 1437.
Schaaf (A. van der), **Zijl (H. J. M. van)** u. **Hagens (F. M.)**, Tiermehl u. Salmonellose 1526.

Schaak (E. A.), Erfahrungen mit dem Folienstall 928.
Schaal (E.), Enterobacteriaceen u. ihre Abgrenzung gegenüber Salmonellen bei d. bakteriolog. Fleischuntersuchung 2053. — s. Thiel (W.).
Schabalina (A. T.), Einfluß einiger Indexe auf d. Verdaulichkeit d. Futtermittel bei Hennen 1018.
Schäfer (H.), Beurteilung u. Bewertung d. Persianerfelle am eintägigen Lamm u. als Rohfell 755. — Wandel d. Zuchtrichtung beim Karakulschaf, dargestellt an Lammbildern einer Zucht 975.
Schäfer (Heinrich), Tierzucht u. Tierhaltung in Steppengebieten 1171, 1420, 1627, 1856, 2274.
Schäfer (W.), Künstliche Besamung bei Pferden 1603. — s. Jenichen (W.).
Schaible (P. J.), Fisch u. Fischprodukte im Nerzfutter 1224. — s. Aulerich (R.); Holcomb (L. C.); Travis (H. F.); Warden (W. K.); Yates (J. D.).
—, **Travis (H. F.)** u. **Shelts (G.),** „Urinlassen" u. „Bauchnässen" beim Nerz 992. — Fütterungsfaktoren bei d. „Bauchnässer-Krankheit" 1223.
Schall (H.) s. Phillipps (G. R.).
Schaller (G. B.) u. **Emlen jun. (J. T.),** Ontogenie d. Ausweichverhaltens bei einigen frühreifen Vögeln 1854.
Schalm (O. W.) s. Torten (M.).
Schandl (J.) u. **Berek (S.),** Veredelung v. Zigajaschafen mit d. Ile-de-France-Rasse 751.
Schanker (L. S.) u. **Tocco (D. J.),** Einige Charakteristiken d. Pyrimidintransportprozesses durch den Dünndarm 128.
Schanze (R.), Milchaustausch, Suche nach dem besten Weg 615.
Scharrer (K.) u. **Judel (G. K.),** Quantitative spektrochem. Analyse d. Makronährstoffe in biolog. Material 562.
Schaumlöffel (E.), Photometr. Bestimmung v. Cu, Zn, Co, Mn, Fe u. Mo in Böden, Düngemitteln u. physiolog. Flüssigkeiten 1691.
Schechtman (A. M.) s. Kulangara (A. C.).
Schecker (H.), Ein handlicher Deckstand für Rinder zum Mitführen an Kraftwagen 934.
Schein (M. W.) s. Bacon (H. R.); Carbaugh (B. T.).
Schels (J.), Wie beobachte ich Honigtauerzeuger im Laufe des Jahres. *1.* Folge 109; *2.* Folge. Vom Jahreskreis verschied. Honigtauerzeuger 109; *3.* Folge. Naturvorgänge im April 110; *4.* Folge. Naturvorgänge im Mai 110; *5.* Folge. Naturvorgänge im Juni 110; *6.* Folge. Naturvorgänge im Juli 110; 7. Folge 776; *8.* Folge. Beobachtungen im September 777; *9.* Folge 1903; Letzte Folge 1904. — Von d. Luftfeuchtigkeit 996.
Schendel (H. E.) u. **Johnson (B.),** Vitamin-K-Mangel bei Ferkeln 2372.
Scheper (J.), Merkmale d. Fleischbeschaffenheit u. d. Möglichkeit ihrer Beeinflussung vor d. Schlachtung. *1.* Mitt. Chem. u. chem.-physikal. Merkmale d. Fleischbeschaffenheit 710; *2.* Mitt. Organolept. Merkmale 1853. — Bedeutung d. täglichen Gesamt-, Fleisch- u. Fettzuwachses für d. Fleisch-Fett-Verhältnis beim Schwein 2519. — s. Schön (L.).
Scherr (G. H.), Verwendung v. Celluloseacetatstreifen für d. Elektrophorese v. Aminosäuren 1682.
Scherrer-Gervai (M.) s. Tomcsik (J.).
Schestakow (S. D.), Intensität d. autolyt. Vorgänge in ausgebluteten u. nicht ausgebluteten Muskeln 1164.
Scheu (O.), Markenmilch in milchhygien. Sicht 50.
Schick (R.), Perspektiven d. sozialist. Landwirtsch. in der DDR 1357.
Schicketanz (W.) s. Eichel (H.).
Schiel (H.), Bedeutung d. Vitamine in d. Chinchillazucht 2102.
Schiemann (R.), Energet. Verwertung d. Proteins 1941. — s. Hoffmann (L.); Nehring (K.).
—, **Hoffmann (L.)** u. **Nehring (K.),** Verwertung reiner Nährstoffe. *2.* Mitt. Versuche mit Schweinen 605.
—, **Jentsch (W.), Klippel (W.), Schmidt (F.), Trela (S.)** u. **Tscheschmedschiew (B.),** Methodik d. Gesamtstoffwechselmessungen u. d. Tier-

körperanalytik an wachsenden Ratten u. Schweinen 2569.
Schifferdecker (S.), Probleme d. zwischengenossenschaftlichen Legehennenintensivhaltung 533.
Schikel (P. G.) s. Alexander (G.).
Schild (H. O.) s. Rosenoer (V. M.).
Schiller (K.), Frage d. Wirkung v. Alpha-Amino-Buttersäure auf den Stickstoff-Stoffwechsel 587, 1267. — s. Richter (K.).
Schiller (S.), Slover (A. G.) u. **Dorfman (A.),** Methode zur Trennung v. sauren Mucopolysacchariden: Seine Anwendung zur Isolierung v. Heparin aus Rattenhaut 555.
Schilling (E.), Wissenschaftliche Grundlagen d. Leistungsermittlung u. Zuchtverfahren bei landwirtsch. Nutztieren [35]*. — Einfluß einer mehrjährigen Eiweißüberfütterung auf d. Gewichte d. Stoffwechselorgane schwarzbunter Rinder. Schlußber. 586; Diskuss.-Beitr. 586. — Auswirkungen einer mehrjährigen Eiweißfütterung auf d. Bau d. Rinderniere 1265. — Bau u. Arbeitsweise d. Eileiters v. Schaf u. Rind 1811, 2011.
Schimassek (H.), Metabolite d. Kohlenhydratstoffwechsels d. isoliert perfundierten Rattenleber 2138.
Schimmel (D.) s. Kolb (E.).
— u. **Kolb (E.),** Eisen-, Kupfer- u. Mangangehalt verschied. Organe v. Gänsen, unter bes. Berücksichtigung d. Verteilung in d. Wandung verschied. Abschnitte d. Verdauungskanals 1237.
Schinckel (P. G.), Durch Wechsel in d. Ernährung hervorgerufene Variation d. Wollwachstums u. d. mitot. Aktivität in den Follikelbulbi 6. — Differenzierungsfähigkeit des amniot. Ektoderms beim Schaf 911.
Schindler (W.) s. Hussel (L.).
Schipper (I. A.) s. McIlwain (P. K.).
— u. **Petersen (W. E.),** Chirurg. Behandlung d. Hartmelkens 2074.
Schirner (H.), Unveränderter Blutzuckerspiegel nach Entfernung d. Inselgewebes bei Myxine glutinosa 1807.
Schlegel (W.) s. Hennig (A.).
— u. **Jaehne (H.),** Möglichkeiten d. Technisierung im Abferkelstall durch den Einbau v. Futterautomaten 84.
Schleger (A. V.), Physiolog. Attribute d. Haarfarbe bei Fleischrindern 2008.
Schleger (Walter), Inzucht als Züchtungsverfahren 1897.
Schleidt (W. M.), Reaktionen v. Truthühnern auf fliegende Raubvögel u. Versuche zur Analyse ihrer AAM's 721.
Schleyer (M.) s. Graßmann (W.).
Schliesser (T.) u. **Berger (W.),** Frischblut-Schnellagglutination u. Tuberkulin-Kehllappen-Probe bei Hühnern 2097.
Schloeth (R.), Sozialleben d. Camargue-Rindes 495.
Schmid (A.), Gesetzmäßigkeiten d. Strontium-Stoffwechsels im Skelett u. d. Mechanismus d. „Fixierung" v. Strontium im Knochensystem 1269.
Schmid (D.), Wirkungsmechanismus ionisierender Strahlung im biolog. Objekt 1815.
Schmid (D. O.), Erfahrungen mit dem blutgruppenserolog. Abstammungsnachweis beim Rind 17. — Zwillings- u. Mehrlingsforschung beim Rind aus d. Sicht d. Immunogenetikers. Serogenetischer Nachweis einer Trizygotie bei Rinderdrillingen 276. — Genet. Bedeutung d. Hämoglobin-Typen beim Tier 676. — Phänogruppen im B-Blutgruppensystem d. Rindes u. ihre Bedeutung für d. Blutgruppenforschung 676. — Genet. Bedeutung erblicher Serumeiweißmerkmale bei Tieren 1131. — Sonderstellung d. Blutgruppensystems J beim Rind 1378. — *8.* Europäischer Kongreß für Blutgruppenforschung bei Tieren in Ljubljana *1962* 2218. — Serumtransferrin-Polymorphismus bei Pferden 2459. — s. Menzel (E.); Rendel (J.); Uhlenbruck (G.).
— u. **Burgkart (M.),** Nasolabioskopie als Hilfsmittel bei d. Sicherung d. Identität u. bei d. Abstammungskontrolle d. Rindes 1423.
— u. **Erhard (L.),** Nachweis gemeinsamer Blutgruppenantigene bei Rind u. Pferd sowie bei Mensch u. Pferd im Immunhämolysetest 1377.

Schmid (E.), Weg zum Fleischschwein in d. Schweiz 76.
Schmid (K.) s. Kamiyama (S.).
Schmidt, Nerzzucht in d. DDR 990.
Schmidt (D. A.) s. Miller (E. R.).
Schmidt (E.) s. Nehring (K.).
Schmidt (F.) s. Schiemann (R.).
Schmidt (Fritz), Norweg. Blaufuchs 104. — Über d. Mutationen in d. Chinchillazucht 105. — Chinchillas jetzt auch in d. Sowjetunion 993. — Pelztierzucht 1460. — Fellqualität u. Fellproduktion in d. Chinchilla-Zucht 1463.
Schmidt (G. H.) u. **Brunnert (H.),** Quantitative Glykogen- u. Zuckerbestimmung mit Hilfe d. Papierchromatographie 2119.
— u. **Hansel (W.),** Wirkung v. Somatotropin u. Oxytocin auf d. Milchdrüsenentwicklung v. Ziegen nach Behandlung mit Oestrogen u. Progesteron 28.
— u. **Trimberger (G. W.),** Einfluß ungleicher Melkzeitabstände auf d. Laktationsleistung an Milch, Milchfett u. Gesamttrockenmasse bei Kühen 2074.
Schmidt (K.-H.), Tiefenmessungen an Körpergeweben lebender Schweine nach d. Ultraschall-Reflexionsverfahren. *1.* Mitt. Aussagewert d. Ergebnisse d. Rückenfettmessung 714. — Biometr. Untersuchungen über d. Zusammenhang zwischen d. Flächen verschied. Querschnitte d. Rückens beim Deutschen veredelten Landschwein 966. — Schlachtverlust u. Fett: Fleischverhältnis beim Deutschen veredelten Landschwein 1645. — s. Richter (K.).
Schmidt (L.), Züchtung auf Fleischleistung unter bes. Beachtung d. langen Rückenmuskels 290. — Über d. Fleischqualität beim Schwein 711.
Schmidt (M.), Möglichkeiten einer Gefährdung v. Bienen, Fischen, Vögeln, Wild durch chem. Pflanzenschutzmittel 2325.
Schmidt (O. C.), Nachweis v. Antibiotica in d. Milch 260.
Schmidt (T.), Bedeutung d. Standardisierung für d. Viehwirtschaft 945.
Schmidt (W.), Allmählicher Übergang zu industriellen Produktionsmethoden in d. Landwirtschaft 1357. — s. Hennig (A.); Holzschuh (W.).
Schmidt (W. R.) s. Hill (R. L.).
Schmidtborn (H.) s. Becher (A.).
Schmidt-Elmendorff (H.), Loraine (J. A.), Bell (E. T.) u. **Walley (J. K.),** Wirkung v. Dithiocarbamylhydrazin-Derivaten auf d. Gonadotropinaktivität d. Körperflüssigkeiten trächtiger Stuten 1373.
Schmidt-Lorenz (W.), Anwendbarkeit v. Pyrokohlensäurediäthylester als Konservierungsmittel für Schlachtgeflügel 262.
Schmitt (J.), Ammotragus lervia Pallas, Mähnenschaf oder Mähnenziege? 1804.
Schmitt (O.) s. Dumont (B. L.).
Schmitten, Forschung in d. Tierernährung 225.
Schmock (F.), Zweiraum-Laufstall mit Spaltenboden 1837.
Schmülling (E.) s. Kaufmann (H. P.).
Schneider (D. L.), Einfluß v. Ölsäuren u. d. Verzögerung d. Geschlechtsreife bei Hühnern, untersucht am Sterculia foetida Öl 2096. — s. Doberenz (A. R.).
Schneider (H.) s. Spitzmüller (E.).
Schneider (K.-H.) s. Müller (H.).
Schneider (P.), Einmelken eines Fischgrätenmelkstandes 1642.
Schneider (W.) s. Wöhlbier (W.).
Schneiderman (N.) s. Acs (G.).
Schnell (F. W.), Heterosis u. Inzuchtwirkung 691.
Schoch (H.), Aufwertung d. Nahrungs-Eiweißes durch Methionin- u. Lysinzulagen beim Küken u. beim Schwein 2157.
Schön (H.) s. Rässler (B.).
—, **Rässler (B.)** u. **Henning (N.),** Aktivitätsbestimmung v. Pankreasfermenten im biolog. Material. *1.* Mitt. Bestimmung d. Trypsin-Aktivität im Duodenalsaft 1243.
Schön (I.) s. Schön (L.).
Schön (L.), Einfluß d. Behandlung vor d. Schlachtung auf d. Fleischbeschaffenheit 709. — Objektive Bewertung d. Schlachtkörper v. Rindern 1168.
— u. **Scheper (J.),** Untersuchungen an Schlachtkälbern u. Kalbfleisch nach

kombinierter Vollmilch/Magermilchmast mit einem antibioticahaltigen Beifuttermittel 615.
Schön (L.) u. **Schön (I.)**, Aussagewert d. Handelsklassen v. Schlachtschweinen über d. grobgewebliche Zusammensetzung d. Schlachtkörper 709.
Schönberg (F.), Gedanken zu einer tierärztlichen Schlachtgeflügeluntersuchung 2490.
Schønheyder (F.) s. Zimmermann-Nielsen (C.).
— u. **Lyngbye (J.)**, Einfluß d. teilweisen Hungerns u. d. akuten Skorbuts auf d. freien Aminosäuren im Blutplasma u. Muskel beim Meerschweinchen 139.
Schönitz (R.), Mehr Mut zu Nahwanderungen in d. Raps 2109.
Schöps (G.) s. Franzke (H.).
Schötzau (M.) s. Otto (E.).
Schofield (B. M.), Wirkung v. injiziertem Oestrogen auf d. Trächtigkeit beim Kaninchen 1821.
Scholefield (P. G.), Antagonismus zwischen Aminosäuren beim Transport in Ehrlich-ascites-Karzinomzellen 136.
Scholl (E.), Farnvergiftung beim Rind 613.
Schollmeyer (P.) s. Klingenberg (M.).
— u. **Klingenberg (M.)**, Über den Cytochrom-Gehalt tier. Gewebe 119.
Scholtyssek (H.), **Lorenz (G.)** u. **Haendler (H.)**, Legehennenfutter u. lineare Programmierung 2391.
Scholtyssek (S.), Eiqualität u. ihre Beeinflussung durch Zucht, Fütterung u. Haltung 96. — Geflügelwirtschaft in Österreich 756; dass.: in Jugoslawien 981. — Leistungsprüfungsverfahren in d. Geflügelzucht 983. — Grundlagen d. Heterosiszüchtung bei Hühnern u. Möglichkeiten ihrer prakt. Durchführung in Baden-Württemberg 1213. — Qualitätsforschung bei Geflügelzuchtprodukten 1891. — Arbeitswirtschaftliche u. hygien. Probleme beim Bau u. bei d. Einrichtung v. Hühnerställen 2254. — Geflügelzucht-Lehre. *230* Fragen u. Antworten [2313].
— u. **Sieler (B.)**, Zur Eignung v. Kükenwuchstesten für d. Prüfung v. Legehennenfutter 832.
Scholz (K.), Klima u. Milchkuh im Hinblick auf d. Offenstallhaltung 701. — Entwicklungstendenzen in d. Rinder- u. Schweinehaltung 1421. — Tierhaltung in großen Beständen 2249.
— u. **Siegl (O.)**, Fütterung d. Zucht- u. Mastschweine 517.
Schoop (G.), **Groth (W.)** u. **Becker (W.)**, Rassenbedingte Unterschiede im Wachstum u. Eisenstoffwechsel beim Ferkel 815.
Schotman (A. J. H.), Serumeiweißspektrum bei gesunden u. kranken Pferden sowie Ponys, bestimmt mit Hilfe d. Papierelektrophorese 1815.
Schottelius (B. A.) s. Corbin (A.).
Schraer (R.) s. Menczel (J.).
Schrauwen (J. A. M.), Anfärbung v. Sulfhydryl-Verbindungen nach papierelektrophoret. Trennung 2126.
Schreiber (R.), Phosphor, Lebensfrage für Tier u. Mensch 593.
Schreiner (H. R.), Chromatographie instabiler Materialien biolog. Ursprungs 124.
Schreiter (M.), Bedeutung d. ordnungsgemäßen Jungviehaufzucht für d. späteren Leistungen 1430.
Schröder (G.), Morpholog. Untersuchungen am Rindersperma 1604.
Schröder (J.), Schweinefütterungsversuch mit Roggen 1743.
Schroeder (W. A.), **Jones (R. T.)**, **Cormick (J.)** u. **McCalla (K.)**, Chromatograph. Trennung v. Peptiden an Ionenaustauscherharzen. Trennung v. Peptiden aus enzymat. Hydrolysaten d. α, β u. γ-Ketten d. Humanhämoglobins 2123.
Schröffel (J.) u. **Matoušek (J.)**, β-Globuline im Serum v. Bullen d. Tschech. Rotfleckviehs 1364.
Schröter (G.), Industrielle Methoden d. Schweinefleischproduktion im VEG „Walter Schneider", Eisleben 2080.
Schubert (G.) s. Haring (F.).
Schubert (W. J.) s. Ishikawa (H.).
Schuberth (L.), Hennensortieren, eine dringend notwendige Maßnahme 92. — Belegen d. Brutapparate 93.
Schuching (S. v.) s. Abt (A. F.).
Schümann (E.) s. Voelker (I.).

Schulek (E.) s. Maros (L.).
Schulenburg (K.-H.), Nerzzucht in d. USA u. hier bei uns 1460, 1663.
Schultz (L. H.) s. Braund (D. G.).
Schultze (M. O.) s. Hedin (P. A.).
Schulz (H.), Schleppereinsatz in d. Innenwirtschaft 2256.
Schulz (Heinz) s. Wenner (H.-L.).
Schulz (Helmut), Cardiadrüsen im Magen d. Säugetiere 7. — Histoenzymolog. Beobachtungen an d. Pansenzotten d. Rindes 1924.
Schulz (J. A.), Wujanz (G.) u. **Wick (R.),** Wirksamkeit d. ein- u. zweimaligen präventiven parenteralen Bubulin-Applikation gegenüber d. Dassellarvenbefall d. Jungrinder 1874.
Schulz (O.) u. **Völker (H.),** Verlauf u. Erscheinungsformen d. Myxomatose 989.
Schulze (P. E.) s. Kolb (K. H.).
Schulze (W.), Rationelle Selbstfütterung bei Milchkühen 959.
Schumacher (E.), Wirkung einiger Sulfonamide u. Antibiotika auf d. Infusorien u. d. Gärgasbildung im Panseninhalt d. Rindes 1924.
Schumaier (G.) s. Creek (R. D.).
—, **Volt (H. M. de), Laffer (N. C.)** u. **Creek (R. D.),** Stachybotryotoxikose d. Küken 2312.
Schumm (H.-R.), Frederich (W.) u. **Kaiser (H.),** Grundlagen d. Linienzucht bei Schweinen 2291.
— u. **Kirmse (K.),** Rations- u. Vorratsfütterung bei verschied. Futterkonsistenzen 1647.
Schwall (D. V.) s. Mickelberry (W. C.).
Schwane (R. A.) u. **Kowkabany (G. N.),** Untersuchung d. Schwanzbildung in d. Papierchromatographie v. Zuckern 554.
Schwark (H.-J.), Welthöchststand in d. tierzüchter. Lehre u. Forschung 1357.
Schwartz (D. P.) s. Keeney (M.).
Schwartz (E.), Einfluß d. Gibberellinsäure auf d. Gewichtszunahme v. Meerschweinchen 1717.
Schwartz (H. M.) s. Bürke (R. P.).
Schwarz, Systematik u. Phylogenetik [2]*.
Schwarz (A. N.) s. Rollins (C.).
Schwarz (H.) u. **Konrad (H.),** Reagenzpapier zum Kurzzeiterhitzungsnachweis in Molkereien 2486.
Schwarz (L.) u. **Fehse (F.),** Beobachtungen an Eischalen u. Eiern. 7. Mitt. Oberflächengestaltung einiger Vogeleier 1217; *8*. Mitt. Auflagerungen auf Eiern v. Land- u. Wassergeflügel 1217; *9*. Mitt. 1892.
—, **Fehse (F.), Müller (G.)** u. **Krasemann (E.),** Beobachtungen an Eischalen u. Eiern. *10*. Mitt. (Tyto alba guttata, Brehm) vor u. nach d. Schlupf u. über Schleiereulenküken 2536.
Schwed (P.) s. Bernhard (K.).
Schweet (R. S.) s. Allen (E. H.).
Schweiger (A.), Trennung einfacher Zucker auf Cellulose-Schichten 2119.
Schweiger (M.) s. Tada (M.).
Schweisfurth (K.), Höhere Markterlöse durch marktgerechtere Schlachttierproduktion 2052.
Schweisheimer (W.), Duftstoffe im Honig 998. — Bienen u. Honig in Amerika 1464.
Schweißheimer, Größter Bienenzuchtbetrieb d. Erde 540.
Schweitzer (L. J.) u. **Nordskog (A. W.),** Einfluß d. Eltern auf d. Leistung d. Geflügels 2531.
Schweizer (R.), Trächtigkeitsuntersuchungen an Haflinger Stuten 947.
Schwendinger (W.), Milchwirtschaft in d. Vereinigten Staaten v. Amerika. Trinkmilchindustrie 1414.
Schwerdtfeger (E.), Säulenchromatographie v. Aminosäuren. *3*. Mitt. Säulenchromatograph. Bestimmung v. ε-Dinitrophenyllysin 557.
— u. **Nehring (K.),** Säulenchromatographie v. Aminosäuren. *5*. Mitt. Chromatographie d. bas. Aminosäuren an Wofatit KPS 558.
Schwerdtner (H.), Zur „Desinfektion" des Spermas d. Besamungsbullen mit Jod 33.
Scorţescu (G.) s. Vermeşanu (N.).
Scott (D.), Veränderungen d. Plasmazusammensetzung im Zusammenhang mit fortgesetzter Infusion v. Aldosteron 1807.
Scott (H. M.) s. Greene (D. E.); Snetsinger (D. C.); Waterhouse (H. N.).

Scott (H. W.) s. Johnson (R. R.).
Scott (I. W.), Whittlestone (W. G.) u. **Lutz (P.),** Reinigen v. Melkmaschinen 259.
Scott (J. D. J.) u. **Hildreth (H. O.),** Prakt. Erfahrungen mit Fischgrätenmelkständen 1154.
Scott (J. P.), Krit. Perioden bei d. Entwicklung d. Verhaltens 2058.
Scott (M. L.), Antioxydantien, Selen u. schwefelhaltige Aminosäuren in d. Vitamin-E-Ernährung v. Küken 1277. — s. Calvert (C. C.); Kare (M. R.); Leach jun. (R. M.); Thomas (O. A.); Zeigler (T. R.).
—, **Butters (H. E.)** u. **Ranit (G. O.),** Bedarf v. jungen Puten an verwertbarem Phosphor 2593.
— u. **Stoewsand (G. S.),** Studie d. durch Mangel an den Vitaminen A u. E bei Küken hervorgerufenen Ataxien 368.
Scott (P. P.) s. Humphreys (E. R.).
Scott (T. W.) s. Wales (R. G.).
—, **White (I. G.)** u. **Annison (E. F.),** Oxydation d. niederen Fettsäuren (C_1—C_8) durch Spermatozoen v. Widder, Bulle, Hund u. Geflügel 688. — Glucose- u. Acetatstoffwechsel d. Spermatozoen d. Widders, Bullen, Hundes u. Geflügels 688.
Scrimshaw (N. S.) s. Bressani (R.).
Scurfield (G.) s. Biddiscombe (E. F.).
Searle (S. R.), Alters- u. Herdeneinflüsse auf d. Leistungen v. Milchkühen in Neuseeland 281. — Zahl d. paarweisen Beobachtungen, d. für Wiederholbarkeits- u. Heritabilitätsschätzungen aus d. Regressionsanalyse benötigt werden 1130. — s. Shannon (P.).
Seath (D. M.) s. Pardue (F. E.).
Šebela (F.), Svozil (B.), Pavel (J.) u. **Hruška (E.),** Einfluß d. Individualität d. Kuh auf Menge u. Zusammensetzung d. Milch 1189.
Šebitčenko (N. F.), Baconmast bei unterschiedlicher Gesamtfutter- u. Eiweißversorgung 295.
Sedgwick (F. J.), Tagung über Tankmilch 1623. — KB beim Rind in Übersee 1824.
— u. **Doyle (B. J.),** Künstliche Besamung in Frankreich 1389; dass.: in Dänemark 1823.
Sedgwick (P. H.) s. Mitchell (K. G.).
Sedjakin (V.) s. Varjan (R.).
Sedláček (J.) s. Herzig (J.).
Sedlmeier (M.) s. Eichhorn (H.).
Seeger (G.), *70*jährige deutsche Ziegenzucht zum *5.* Male in München 529.
Seekles (L.), Prof. Dr. B. Sjollema zum Gedächtnis *16. 3. 1868—18. 2. 1962* 2328.
Seelemann (M.), Zum Entwurf für eine neue einheitliche Vorzugsmilch-Verordnung 50. — Mitwirkung d. Tierärzte bei d. Maßnahmen zur Qualitätsverbesserung d. Milch 2048.
— u. **Meyer (A.),** Zur Frage d. Antikörperbildung im Euter 18.
—, **Obiger (G.), Rackow (H. G.)** u. **Welz (W.),** Staphylokokkenbefunde u. ihre Beurteilung bei d. Überwachung d. Vorzugsmilch 2487.
— u. **Rehm (W.),** Anwendung v. Tuberkulinen verschied. Konzentration im Mono- u. Simultantest 286.
Seerley (R. W.), Miller (E. R.) u. **Hoefer (J. A.),** Durchgangsgeschwindigkeit v. Futter an Schweinen, die in gleicher Höhe oder ad libitum mit Schrot oder Pellets gefüttert wurden 2351. — Wachstums-, Energie- u. Stickstoffstudien an mit Schrot u. Pellets gefütterten Schweinen 2379.
Seffner (W.) s. Jahn (S.).
Segal (S.) s. Rosenberg (L. E.).
Segner (W. P.), Frazier (W. C.) u. **Calbert (H. E.),** Methode zur Bestimmung d. Anteils v. Sporen, die durch d. Ultra-Hocherhitzung inaktiviert worden sind 1848.
Segre (D.) u. **Kaeberle (M. L.),** Immunolog. Verhalten v. Saugferkeln. *1.* Mitt. Bildung v. Antikörpern bei *3* Wochen alten Ferkeln 2459; *2.* Mitt. Bildung v. Antikörpern bei neugeborenen Ferkeln 2460.
Seher (A.) s. Kaufmann (H. P.).
Seibold (R.), Klassifizierung d. Mühlennachprodukte 1523.
Seidel (H.) s. Kolb (E.).
—, **Müller (I.)** u. **Kolb (E.),** Untersuchungen an Schweinen. *4.* Mitt. Elektrokardiogramm nach totaler Adrenalektomie u. seine Beziehung zu Änderungen d. Natrium- u. Kalium-Serumspiegels 1587.

Seidel (J. C.) s. Nath (N.).
Seidel (K.-H.) u. **Krabisch (H.)**, Einfache Methode zur Bestimmung v. Ammonium-Ionen u. Harnstoff im Urin 120.
Seideman (W. E.), **Cotterill (O. J.)** u. **Funk (E. M.)**, Hitzekoagulation d. Eiweißes 2496.
Seiden (R.), Behandlung d. Anämie d. Schweine 520.
Seifen (E.) s. Pfleger (K.).
Seifert (H.) s. Fischer (H.-D.).
Seifert (L.), Was hat d. Imker bei Verdacht auf Bienenkrankheiten zu tun? 1904.
Seigneur (L. J.) s. Marks (S.).
Seitz (J.) s. Woods (M.).
Šejchot (J. M.) s. Baranov (G. F.).
Sekigawa (K.) s. Okamoto (S.).
Sekine (H.) s. Murakami (M.).
Sekuzu (I.) s. Orii (Y.); Takemori (S.).
Sele (K.), Paarungs- u. Zuchtergebnisse bei Blaufüchsen 2315.
Šelest (V. P.), Verwendung v. Erbsen, Mais u. Zuckerrüben in d. Futterrationen d. Sauen 2616.
Self (H. L.) s. Stratman (F. W.); Zimmerman (D. R.).
Sel'kin (I. I.) s. Džabrailov (D. M.).
Sell (J. L.) u. **Hodgson (G. C.)**, Vergleichender Nährwert v. Rapsöl, Sonnenblumenöl, Sojabohnenöl u. tier. Fett für Küken 1932.
Sell (O. E.) s. Neville jun. (W. E.).
Selleck (B.) s. Cotzias (G. C.).
Sellergren (I.) s. Lagerlöf (N.).
Sellers (A. F.) s. Dziuk (H. E.).
Šeluchina (T. K.) s. Volkova (L. P.).
Semak (I. L.), Verwendung v. Harnstoff u. anderen einfachen Ammoniumverbindungen bei d. Rindermast 831. — s. Kaplan (V. A.).
—, **Maksakov (V. J.)** u. **Mosolov (N. I.)**, Sommermast v. Jungrindern mit Maissilage 616.
—, **Maksakov (V. J.)** u. **Ščerbakov (V. M.)**, Einfluß d. Fütterung auf d. Qualität d. Rindfleisches 2514.
— u. **Mosolov (N. I.)**, Ganzjährige Rindermast mit Maissilage 371.
Semakov (V. G.), Einfluß d. Dehydrogenasen- u. Cytochromoxydasen-Fermentsysteme auf d. Lebensfunktion d. Spermien 245.
Semenij (O. L.), Gebrauchskreuzung, ein effektives Mittel zur Vergrößerung d. Rindfleischproduktion 2066.
Semeniščev (A. I.), Technik d. vaginalen künstlichen Besamung d. Kühe unter rectaler Kontrolle 2473.
Semenov (S. I.) s. Graudyń (N. I.).
Šemenov (V. A.) u. **Ivanova (T. G.)**, Lebendgewicht d. Milchkühe in d. Umgebung Moskaus 1871.
Semenova (N. V.) s. Sokolovskaja (I. I.).
Semple (S. J. G.), **Mattock (G.)** u. **Uncles (R.)**, Pufferstandard für Blut-pH-Messungen 792.
Sen (A.) s. Aschaffenburg (R.).
Sen (K. C.), Fortschritt in d. Milchwirtschaft Indiens 1623.
Senft (B.) s. Porter (R. M.).
Seng (W.) s. Hofmann (F.).
Sengel (P.) u. **Abbott (U. K.)**, In-Vitro-Vgl. v. Epidermis u. Embryonalhaut d. Hühner-Mutante „scaleless" in Verbindung mit Haut bzw. Epidermis normaler Embryonen 1607.
Senger (M.) s. Ascarelli (I.).
Senglaub, Zoolog. Domestikationsforschung u. Darwinismus [2]*.
Senior (J. R.) u. **Isselbacher (K. J.)**, Direkte Veresterung v. Monoglyceriden mit Palmitylcoenzym A durch intestinale, epitheliale, subcellulare Fraktionen 2583.
Šenk (L.) s. Gregorović (V.).
Senshu (T.) s. Renkema (J. A.).
Sensi (P.) s. Gallo (G. G.).
Serafin (J. A.) s. Singsen (E. P.).
Serafini-Cessi (F.) s. Cessi (C.).
Serdjuk (S. I.) u. **Golovko (J. B.)**, Besamung v. Schweinen mit transportiertem Sperma 2026.
Serebrjakov (K. M.) u. **Vačugov (M. A.)**, Haltung v. Kaninchen auf Tiefstreu 2541.
Sergeev (N. I.), Erhöhung d. Nutzeffektes d. künstlichen Besamung d. Schweine 2025. — s. Milovanov (V. K.).
Sergeev (V. A.) s. Smetnev (S. I.).
— u. **Dujunov (É. A.)**, Zeitpunkt d. Besamung v. Hühnern u. d. Befruchtung d. Eier 2534.
Serif (G. S.), Acetylcholin u. Jod-

stoffwechsel in Schilddrüsenschnitten 1039.
Serroen (F.), Belg. Landwirtschaft in den Jahren *1959/60* 1803.
Šerstobitov (D. V.) u. **Ivanov (A. V.),** Katonhaltung u. d. Winterweide v. Schafen 2529.
Seryj (G. P.) s. Chačirašvili (G. A.).
Šestiperov (A. A.), Nutzeffekt verschied. Methoden d. Gebrauchskreuzung 82. — Dreirassenkreuzung v. Schweinen 1646. — Vergleich d. Nutzeffektes unterschiedlicher Formen d. Gebrauchskreuzung v. Schweinen 2080.
Setchell (B. P.) u. **Waites (G. M. H.),** Adrenalinsekretion während einer Insulin-Hypoglykämie beim Schaf 2013.
Seuster (H.), Betriebsorganisator. Entscheidung mit Hilfe d. parametr. Programmierung 1802.
Ševčenko (B. D.) s. Ul'janov (P. V.).
Ševčenko (O. V.), Methodik d. Bestimmung d. Gaswechsels bei kleinen Versuchstieren 1484.
Ševčenkova (D. I.) s. Pšeničnyj (F. D.).
Severin (M.), Casimir (J.) u. **Renard (M.),** Chromatoelektrorheophoret. Aminosäurebestimmung (Anwendung des Barollier-Reagens) 119.
Sevinc (M. A.) u. **Hafs (H. D.),** Aufbewahrung v. Bullensperma in Milch, CUE (Cornell University Extender) u. *1* : *1* CUE + Milch mit u. ohne Katalase 466.
Shackelford (R. M.) s. Cochrane (R. L.); Rapacz (J.).
— u. **Cochrane (R. L.),** Fruchtbarkeit d. mit „Stilboestrol“ gefütterten Nerzfähen 991.
Shaffner (C. S.) s. Campos (A. C.).
Shafrir (E.) s. Wertheimer (E.).
Shah (S.) s. Portman (O. W.).
Shanklin (M. D.) s. Bedwell (R. L.); Johnson (H. D.).
Shankman (S.) s. Florsheim (H. A.).
Shannon (P.) u. **Searle (S. R.),** Heritabilität u. Wiederholbarkeit d. Befruchtungsergebnisses bei Besamungsbullen 1384.
Shantz (E. M.) s. Foote (R. H.).
Shapiro (J.) u. **Rurainski (H.),** Vakuumfiltration großer Volumina im Laboratorium 1237.
Shapiro (R.) s. Fisher (H.).
— u. **Fisher (H.),** Protein-Reserven: Beziehungen d. essentiellen u. nichtessentiellen Aminosäuren d. Nahrung zu ihrer Bildung u. Erhaltung beim Geflügel 2145.
Sharma (G. P.), Parshad (R.) u. **Krishan (A.),** Chromosomenzahl bei Tauben 13.
Sharma (R. M.) s. Kalra (D. S.).
Sharma (S. C.) u. **Saha (S. K.),** Aufbewahrungsfähigkeit v. in verschied. Jahreszeiten gewonnenem Bullensperma im Zusammenhang mit d. Deckzeiten 1826.
Sharma (S. K.) s. Kohli (M. L.).
Sharma (U. D.) s. Mahajan (S. C.).
— u. **Mahajan (S. C.),** Konservierung v. Büffelsperma. *1.* Mitt. Einfluß des Samenplasmas 32.
Sharpe (E.) s. Oliver (J.).
Sharratt (M.) s. Franzer (A. C.).
Shaw (D. H.) u. **Patel (J. R.),** Nachweis antigener Differenzen zwischen d. Amerikan. Bison (Bison bison) u. dem Hausrind (Bos taurus) 1131.
Shaw (J. C.), Ernährungsphysiologie d. Pansens 129.
Shaw (R. R.), Dokumentation u. individuelle Bedarfsträger 666.
Shearer (D. A.) s. Boch (R.); Cordukes (W. E.).
— u. **Cordukes (W. F.),** Verwendung v. Sorbinsäure beim Silieren v. Futterpflanzen 1516.
Sheets (E. W.) u. **Jackson (W.),** A handbook for better feeding of livestock [1059].
Shelby (C. E.) s. Blackwell (R. L.).
Shellenberger (J. A.) s. Pomeranz (Y.).
Shellenberger (P. R.) s. Hartmann (P. S.); Horn jun. (H. H. van).
Shelton (J. C.) s. Moore (N. W.).
Shelton (J. N.) s. Moore (N. W.).
Shelton (M.) u. **Campbell (F.),** Einfluß v. Umweltkorrekturen auf d. Heritabilität d. Absatzgewichts bei Rambouillet-Lämmern in Praxisbetrieben 298.
Shelts (G.) s. Schaible (P. J.).
Sheppard (B. L.) s. Hanna (B. L.).
Shepperson (G.) u. **Grundey (J. K.),** Neuere Entwicklungen d. Technik

zur beschleunigten Heuwerbung 1949.
Sherman (F. G.) s. Wulff (V. J.).
Sherman (J. K.), Konservierung v. Bullen- u. menschlichen Spermien durch Einfrieren in Dampf v. flüssigem Stickstoff 690.
Sherman (W. C.) s. Donovan (G. A.).
Sherrod (L. B.) u. **Tillman (A. D.),** Wirkungen verschied. Behandlungs-Temperaturen auf d. Nahrungswerte v. flüssig-extrahierten Sojabohnen- u. Baumwollsaatmehlen für Schafe 2386.
Shibasaki (K.) s. Aso (K.).
Shigematsu (H.) u. **Koyasako (T.),** Kinetik d. Fibroinsynthese in dem Hinterabschnitt d. Seidendrüse d. Seidenraupe Bombyx mori L. 1002.
Shih (Chun-yuan), Rolle d. Großhirnrinde für d. funktionellen Beziehungen zwischen Milchdrüse u. Verdauungssystem 2451. — Einflüsse d. Receptoren d. Milchdrüse auf d. Tätigkeit d. zusammengesetzten Magens bei d. Ziege 2452.
Shihata (I. M.) u. **Elghamry (M. I.),** Oestrogenaktivität v. Glycyrrhiza glabra u. deren Auswirkung auf d. Uterusmotilität in verschied. Zyklusstadien 2462.
Shiio (I.), Ôtsuka (S.-I.) u. **Takahashi (M.),** Einfluß v. Biotin auf d. bakteriolog. Bildung d. Glutaminsäure. *1.* Mitt. Glutamatbildung u. Zelldurchlässigkeit für Aminosäuren 359.
Shillam (K. W. G.) u. **Roy (J. H. B.),** Einfluß d. Erhitzung v. Milch u. Milchprodukten auf ihren Nährwert für Kälber 614.
—, Roy (J. H. B.) u. **Ingram (P. L.),** Wirkung d. Erhitzung auf den Nährwert d. Milch für junge Kälber. *2.* Mitt. Faktor in d. Milchergänzung, d. Durchfall u. Mortalität hervorruft 614; *3.* Mitt. Wirkung einer Vorerhitzung sprühgetrockneter Magermilch u. eine Studie über d. Wirkung kurzzeitiger Hitzeeinwirkung auf Magermilch 2388; *4.* Mitt. Wirkung d. Vorerhitzens v. sprühgetrockneter Magermilch u. d. hohen kurzzeitigen Hitzeeinwirkung 2388.
Shimazono (N.) s. Kawada (M.); Yamada (Kazuo).
Shimizu (S.) s. Hayashi (K.).
Shimojo (T.), Yokoyama (A.) u. **Ohno (K.),** Neues Verfahren zur chromatograph. Trennung v. Phospholipiden unter Verwendung v. Cellulosepulver-Säulen 334.
Shimura (K.) s. Tanaka (S.).
Shin (M.) s. Tagawa (K.).
— u. **Nakamura (W.),** Hämoproteide v. Weizenkeimen. *3.* Mitt. Reinigung d. Peroxydase u. einige ihrer Eigenschaften 1006.
Shin (Y. S.), Spektrophotometr. Ultramikrobestimmung anorgan. Phosphors u. Lipoidphosphors im Serum 1690.
Shinde (Y.) s. Ôta (K.).
Shinners (C. W.) s. Odense (P. H.).
Shipe (W. F.) s. Dougherty (R. W.); Gudnason (G. V.); Ibrahim (M. K. E.).
—, Ledford (R. A.), Peterson (R. D.), Scanlan (R. A.), Geerken (H. F.), Dougherty (R. W.) u. **Morgan (M. E.),** Physiolog. Mechanismen zur Übertragung v. Geruch u. Geschmack auf d. Milch. *2.* Mitt. Übertragung einiger Geruchskomponenten d. Silage 483.
Shirley (R. L.) s. Easley (J. F.); Harms (R. H.); Meacham (T. N.).
—, Meacham (T. N.), Warnick (A. C.), Wallace (H. D.), Easley (J. F.), Davis (G. K.) u. **Cunha (T. J.),** Gamma-Bestrahlung u. d. Wechselbeziehung zwischen Nahrungs-Vitamin-A u. -Kupfer auf ihre Ablagerung in d. Leber d. Schweines 2596.
Shive (W.) s. Norton (S. J.); Smith (L. C.).
Shizume (K.), Matsuda (K.), Irie (M.), Iino (S.), Ishii (Jun), Nagataki (S.), Matsuzaki (F.) u. **Okinaka (S.),** Wirkung einer elektr. Hypothalamusreizung auf d. Schilddrüsenfunktion 2455.
Shockley (J. W.) s. Leveille (G. A.).
Shoemaker (W. C.), Carruthers (P. J.), Elwyn (D. H.) u. **Ashmore (J.),** Einfluß v. Insulin auf Fettsäurentransport u. Regionalstoffwechsel 2353.

Shoffner (R.), Technik d. künstlichen Besamung 2099.
Shoffner (R. N.) s. McBride (G.); Polley (C. R.); Redman (C. E.).
—, **Leighton (A. T.)** u. **Sandberg (K.)**, Vergleich v. zwei Verfahren zur Reduktion des Brutverhaltens bei Truthennen 100.
—, **Polley (C. R.)**, **Burger (R. E.)** u. **Johnson (E. L.)**, Lichtregulation in d. Putenhaltung. *1.* Mitt. Einfluß auf d. Körpergewicht (Wachstum) 2035; *2.* Mitt. Weibliche Fortpflanzungsleistung 2035.
Shone (D. K.) s. Cooper (G. H.).
Shone (G.), Zusammensetzung d. Unverseifbaren d. Tungöls 781.
Shorland (F. B.), **Barton (R. A.)** u. **Rae (A. L.)**, Unterschiede in d. Jodzahl v. Fett aus Fettgewebe, Muskulatur u. Knochen v. ausgewachsenen Romney-Mutterschafen 716.
Short (B. F.) s. Chapman (R. E.).
Short (R. V.), Δ^5 3β-Hydroxy-Steroide in d. Follikelflüssigkeit d. Stute 235. — Steroidkonzentrationen in normaler Follikel- u. Ovarialzystenflüssigkeit v. Rindern 1381.
—, **McDonald (M. F.)** u. **Rowson (L. E. A.)**, Steroide im venösen Ovarblut v. Schafen vor u. nach d. Stimulation mit Gonadotropinen 2456.
— u. **Rowell (J. G.)**, Halbwertszeit v. Progesteron im peripheren Blut eines Schafes in zwei Trächtigkeitsstadien 2014.
Shortman (K.), Untersuchungen über Cellularinhibitoren v. Ribonuclease. *1.* Mitt. Prüfung d. Ribonuclease-Inhibitor-Systems u. d. Reinigung d. Inhibitors d. Rattenleber 561; *2.* Mitt. Einige Eigenschaften d. Inhibitors d. Rattenleber 561.
Shroff (N. B.), Milch u. radioaktive Kontaminierung. *2.* Mitt. 48.
Shue (G. M.) s. Friedman (L.).
Shultz (F. T.) s. Voris (J. C.).
Shupe (J. L.) s. Binns (W.); Harris (L. E.); Miller (W.).
Shupe (W. D.) u. **Quisenberry (J. H.)**, Wirkung v. bestimmten Umweltbedingungen während d. Aufzucht u. Legeperiode auf d. Leistungsfähigkeit v. Inzucht-Legehybrid-Junghennen 97.
Shutze (J. V.), **Lauber (J. K.)**, **Kato (M.)** u. **Wilson (W. O.)**, Einfluß v. weißem u. farbigem Licht auf d. Kükenembryonen während d. Brut 2252.
Shyamala (M. B.) u. **Bhat (J. V.)**, Beziehung zwischen d. Pantothenatspiegel u. d. Wachstumsreaktion d. Seidenraupe auf Chloromyzetin 1907.
Sibbald (I. R.) s. Czarnocki (Jadwiga); McIntosh (J. I.); Pepper (W. F.); Sinclair (D. G.); Slinger (S. J.).
—, **Pepper (W. F.)** u. **Slinger (S. J.)**, Natriumchlorid im Futter u. Tränkwasser v. Küken 1030. — Vergleich v. prakt. Küken-Starterfuttermischungen mit verschied. hohem Gehalt an Talg u. an angesäuertem Seifenstock 1056.
— u. **Slinger (S. J.)**, Faktoren, die d. Gehalt an umsetzbarer Energie im Hühnerfutter beeinflussen. *9.* Mitt. Natrium-Chlorid 1285; *10.* Mitt. Wirkung v. Futterbeigaben auf d. umsetzbare Energie verschied. eiweißhaltiger Futterstoffe 1286; *11.* Mitt. Anpassung an einen Futterwechsel 2369. — Umsetzbare Energie v. an wachsende Küken gefütterten Materialien 1944.
—, **Slinger (S. J.)** u. **Ashton (G. C.)**, Ausnutzung einiger Fette, v. fetthaltigem Material u. deren Mischungen, bewertet nach Einheiten an umsetzbarer Energie, Gewichtszunahme d. Küken u. dem Verhältnis Zunahme : Futter 606. — Faktoren, die d. Gehalt an umsetzbarer Energie im Hühnerfutter beeinflussen. *2.* Mitt. Veränderung d. umsetzbaren Energie durch Talg u. entharztes Sojaöl 2364; *3.* Mitt. Einfluß v. Kaolin u. Alphacel als Zusatzmittel d. Ration 2365. — Einwirkungen auf d. Gehalt an umsetzbarer Energie im Geflügelfutter. *4.* Mitt. Einfluß v. Calcium, Phosphor, Antibiotica u. Pantothensäure 2365.
—, **Slinger (S. J.)** u. **Pepper (W. F.)**, Beziehungen zwischen Riboflavin, Niacin, Vitamin B_{12} u. Methionin bei Küken, gemessen an in bestimmten Zeiteinheiten erreichten Gewichtszunahmen u. d. Werten d.

umsetzbaren Energie im Futter 1035. — Reaktion v. Küken auf Futterbestandteile, d. fördernde, vom Kaloriengehalt unabhängige Eigenschaften besitzen 1057. — Verwertung hydrolysierten Federmehles durch wachsende Küken 1526.

Siddiqui (R. H.) s. Reddy (D. B.).

Sidorenko (B.) u. **Lisovik (S.),** Haltung v. *3400* Kühen im Laufstallsystem 1152.

Sidorova (L. M.), Einfluß d. Typs d. Fütterung auf d. Fruchtbarkeit d. Sauen d. Ukrain. Bunten Steppenrasse 292.

Siebert (G.) s. Langendorf (H.).

Siebert (K.), Klassifikation d. Gebietes „Nahrung u. Ernährung" 1234.

Siegel (F. L.) s. Williams (R. J.).

Siegel (H. S.), Alters- u. geschlechtsbedingte Unterschiede junger Küken in d. Reaktion auf Adrenocorticotropin. *1.* Mitt. Veränderungen d. Nebennieren- u. Lymphknotengewichte 8; *2.* Mitt. Änderungen d. Gehalts an Nebennieren-Cholesterol u. Blutbestandteilen 1126. — s. Beane (W. L.); Dawson jun. (J. S.); Lepore (P. D.).

Siegel (P. B.), Selektion v. Hühnern nach dem *8*-Wochen-Gewicht. *1.* Mitt. Kurzzeitreaktion u. Heritabilitäten 530. — Doppelselektionsversuch nach Körpergewicht u. Brustwinkel bei *8* Wochen alten Küken 1887. — Selektion nach d. Brustwinkelmessungen im Alter v. *8* Wochen. *1.* Mitt. Interaktionen d. Gene u. Heritabilität 2095. — s. Beane (W. L.); Washburn (K. W.).

—, **Beane (W. L.)** u. **Kramer (C. V.),** Messen d. Freßaktivität bei Küken bis zum *8*-Wochen-Alter 2057.

— u. **Hurst (D. C.),** Soziale Auseinandersetzungen zwischen den Hennen in Stämmen mit u. ohne abgeschnittenen Kämmen 496.

— u. **Wisman (E. L.),** Protein- u. Energiebedarf v. Küken, d. nach hohem u. niedrigem Körpergewicht selektiert sind 1058.

Siegelman (A. M.), Carlson (A. S.) u. **Robertson (T.),** Serumtrypsin u. verwandte Substanzen. *1.* Mitt. Quantitativer Beweis einer trypsinähnlichen Aktivität im Humanblutserum durch eine Mikromethode 2130.

Siegl (O.), Versuchsergebnisse bei zeitlich unterschiedlicher Futterverabreichung in d. Hackfruchtmast v. Schweinen 83. — Ergebnisse eines Fütterungsversuches mit Lysin in d. Schweinemast 163. — Schweinemast mit unterschiedlichen Tagesrationen u. Rohfaseranteilen 172. — Wurfbonitur, System zur tierzüchter. u. ökonom. Leistungsbewertung d. Würfe 968. — Beziehungen zwischen Stalluftfeuchtigkeit u. Mastleistungen bei Schweinen unter Berücksichtigung d. in d. Mastleistungsprüfanstalt Knau erzielten Ergebnisse 1400. — Verhalten v. Mastschweinen bei d. Möglichkeit wahlweiser Aufnahme v. Trocken- u. Naßfutter 1443. — s. Scholz (K.).

Sieler (B.) s. Scholtyssek (S.).

Sierens (G.) s. Marsboom (R.).

Šigaeva (A. M.) s. Kaškovskij (V. G.).

Signoret (J. P.) s. Mesnil du Buisson (F. du).

Sihlbom (E.), Aminosäurezusammensetzung v. schwed. Weizenprotein 2328.

Silaev (A. M.), Toxizität d. Milch v. Hochleistungskühen mit gestörtem Stoffwechsel 963.

Silajew (M. P.), Vorschlachtbestrahlung d. Tiere zur Vorbeugung gegen d. proteolyt. Verderb d. durch Gammastrahlen konservierten Fleisches 1160.

Silant'eva (M. G.), Vererbung d. Merkmals d. Widerstandsfähigkeit gegen erhöhte Temperaturen beim Maulbeerseidenspinner 1907.

Silberman (G.) s. Galloway (J. H.).

Silberzahn (H.) s. Tunmann (P.).

Siler (R.), Erblichkeit einiger Leistungseigenschaften beim Weißen Edelschwein 1645. — s. Kosař (J.).

— u. **Váchal (J.),** Erblichkeitsgrad v. Nutzungseigenschaften landwirtsch. Haustiere 1130.

Šilin (S. V.), Verkalben v. Kühen bei vorwiegender Verfütterung v. Kraftfutter 1720.

Silver (I. A.) s. Cross (B. A.).

Silverberg (H. D.), Mineralöl in Nahrungsmitteln 1685.
Silvey (W. D.) u. **Brennan (R.),** Anreicherungsmethode für d. spektrochem. Bestimmung v. *17* Spurenelementen im Wasser 1690.
Šimeček (K.) s. Navrátil (B.).
Šimek (L.) s. Mandel (L.).
Simeonov (S.), Ketonkörpergehalt im Blut v. Milchkühen in Abhängigkeit v. Alter, physiolog. Zustand u. Milchleistung 2448.
Simesen (M. G.), Lunaas (T.), Rogers (T. A.) u. **Luick (J. R.),** Endogene Mg-Ausscheidung beim Rind 1934.
Šimková (A.), Einfluß d. künstlichen Beleuchtung v. Hennen verschied. Alters auf Schlupfergebnisse sowie auf Vitalität u. Leistungsfähigkeit d. Nachkommenschaft 38. — Einfluß d. Legeleistung d. Hennen auf Schlupfergebnisse d. Bruteier 306. — Einfluß d. Alters bei Hennen auf Qualität d. Legeeier, Schlupfergebnisse u. Lebens- sowie Leistungsfähigkeit d. Nachkommenschaft 1889.
Simmer (H. H.), Hilliard (J.) u. **Archibald (D.),** Isolierung u. Identifizierung v. Progesteron u. *20* α-hydroxy-pregn-*4*-en-*3*-one im venösen Blut d. Eierstocks beim Kaninchen 2228.
Simmonds (D. H.), Unterschiede in d. Aminosäurezusammensetzung v. austral. Weizen u. Mehlen 2328.
Simmonds (R. A.) s. Walker (D. M.).
Simms (H. S.) s. Berg (B. N.).
Simo (K.) u. **Christensen (G. M.),** Quantitative Analyse v. Zuckern in Königinnenfuttersaft 2557.
Simon (D. L.), Neuzeitliche Zucht- u. Ausleseverfahren in d. modernen Geflügelhaltung 2306.
Simon (G. R.) s. Cohen (M. M.).
Simon (K.), Tryptophan im aktiven Zentrum v. Trypsin u. Chymotrypsin 781.
Simon (S. E.), Muller (M.) u. **Satchell (D. G.),** Wirkung d. Calciums auf den Natriumumsatz u. den Stoffwechsel im Muskel 1269.
Simonart (P.), Poffé (R.) u. **Weckx (M.),** Bakterien-Superzentrifugation u. d. Bakterienflora in Milch 487.
Simonjan (A. A.) s. Adunc (G. T.).
Simons (P. C. M.) u. **Wiertz (G.),** Aufbau d. Schalenhaut u. d. Kalkschale bei Hühnereiern. Elektronenmikroskop. Untersuchung 2309.
Simpson (C. F.) s. Meacham (T. N.).
Simpson (E. C.) s. Evans (J. S.).
Simpson (L. A.), Notiz zur Wirkung v. Vitamin B_{12} auf d. Blutbild v. Rennpferden 4.
Simpson (M. E.) s. Woods (M. C.).
Sincerova (O. D.), Batteriemast v. Küken bei Trockenfütterung u. kombinierter Fütterung 763.
Sinclair (D. G.) u. **Evans (E. V.),** Stoffwechselkäfig für Nerze 2568.
—, **Evans (E. V.)** u. **Sibbald (I. R.),** Einfluß d. scheinbaren verdaulichen Energie u. d. scheinbar verdaulichen Stickstoffs in d. Nahrung auf Gewichtszuwachs, Futterverzehr u. Stickstoff-Retention bei wachsenden Nerzen 1718.
Sindhu (B. S.) s. Malik (D. D.).
Sinell (H.-J.), Papierelektrophoret. Untersuchungen an Seren für d. biolog. Eiweißdifferenzierung. *1.* Mitt. Vorversuche mit Nativ-Antigenen 2333.
Singh (B.) s. Anand (B. K.).
Singh (B. P.) u. **Desai (R. N.),** Genet. Untersuchungen über d. Schlupffähigkeit u. ihre Ursachen bei Weißen Leghorn 1887.
Singh (B. S.), Yadava (P. C.) u. **Pathak (R. C.),** Neuer einfacher Farbtest zur Unterscheidung d. Büffelmilch v. Kuhmilch 1158.
Singh (D.) u. **Jain (K. B. L.),** Hilfstafeln für d. Berechnung v. Rekombinationswerten 1358.
Singh (G.), Beobachtungen aus d. Praxis d. künstlichen Besamung bei Rindern, Büffeln u. Ziegen in Izatnagar 686. — Milchwirtschaft u. Milchversorgung im Staate Punjab 2051.
Singh (J. R.) u. **Talapatra (S. K.),** Wirkungen harten u. weichen Wassers auf Verdaulichkeit u. Mineralstoffwechsel bei jungen Hariana-Kälbern 1274.
Singh (N.), Proteolyt. Aktivität v. Blattextrakten 1910.
Singh (O. N.), Prasad (R. B.) u. **Singh (R. N.),** Jahreszeitliche Verteilung

d. Abkalbungen u. ihr Einfluß auf d. Milchleistung beim Rind 961.

Singh (R. N.) s. Singh (O. N.).

Singh (S.) s. Malik (D. D.).

Singh (S. B.) u. **Desai (R. N.),** Leistungsmerkmale v. Bhadawari-Büffelkühen 959.

— u. **Dutt (M.),** Geburtsgewicht beim Sahiwal-Rind 1183.

Singletary (C. B.) s. Damon jun. (R. A.).

Singsen (E. P.) s. Potter (L. M.).

—, Spandorf (A. H.), Matterson (L. D.), Serafin (J. A.) u. **Tlustohowicz (J. J.),** Phosphor in d. Ernährung d. erwachsenen Henne. *1.* Mitt. Minimum d. Phosphorbedarfs 1935.

Sinha (M. M.) s. Pal (R. N.).

Sinjakov (V. S.), Ultraschallgerät für d. Bestimmung d. Ausmaße einzelner Organe lebender Organismen 442.

Sipačev (S. G.), Das rhythm. Wachstum d. an Ammenkühen saugenden Kälber 35. — s. Kalašnikov (A. P.).

Šipilov (V. S.), Normale (gedrängte) Kalbetermine, d. wichtigste Reserve für d. Vergrößerung d. Viehbestandes u. d. Leistungen d. Kühe 2282.

Sipko (I. I.) s. Terechina (M. T.).

Sippel (W. L.) s. Chapman jun. (H. L.).

Širinskij (M. A.), Selektion nach d. Größe d. Lockung u. d. vollwertige Ernährung d. trächtigen Mutterschafe als wichtige Faktoren bei d. Züchtung für d. Karakulgewinnung 298.

Sirny (R. J.) s. Oltjen (R. R.).

Sirotinin (A. A.), Gegenseitige Abhängigkeit zwischen d. Leistung, d. Futteraufnahme u. d. Verlauf d. Wiederkäuperioden bei laktierenden Kühen 1695.

Sirsi (M.) s. Aithal (H. N.).

Šišikin (E. A.), Sackbrut u. Erfahrungen mit ihrer Bekämpfung in Aserbaidshan 324.

Šiškov (N.) u. **Enčev (S.),** Chronische Erkrankung d. oberen Atmungswege beim Geflügel in Bulgarien 765.

Sit'ko (P. O.), Synthetische Selektion neuer Rassen d. Seidenspinners 779.

Sivovski (I.) u. **Savov (N.),** Colostrum v. Kühen, d. auf Tuberkulin reagierten, als Ansteckungsquelle neugeborener Kälber für Tuberkulose 286.

Sjaastad (Ø. V.) u. **Stormorken (H.),** Diät u. Histamin beim Wiederkäuer 2343.

Sjarev (M.), Hauptelemente d. rationellen Nutzung v. Kulturweiden 1838.

Sjarov (J.) s. Georgiev (I.).

Sjöland (R.), Welcher Stalltyp wird am billigsten? 1610.

Sjurin (V. N.), Osidze (D. F.) u. **Panteleev (J. V.),** Frage d. Grippe u. grippeähnlichen Erkrankungen bei Schweinen 2524.

Skala (J. H.) u. **Swanson (M. H.),** Schwankungen d. inneren Qualität v. Eiern. *1.* Mitt. Physikal. Messungen an Eiklar u. Dottern 2536; *2.* Mitt. Chem. Eigenheiten d. Eiklars 2536.

Skaller (F.), Geflügelzucht in Australien 2094.

Skaptason (J. S.) u. **Pitts (C. W.),** Bekämpfung d. Fliegenentwicklung im Kuhkot durch Beifütterung v. Co-ral 510.

Skarżyński (B.) s. Ostrowski (W.).

Skelton (S.), Klassifizierung d. Eier 308.

Skidmore (W. D.) u. **Entenman (C.),** Bestimmung v. veresterten Fettsäuren in Glyceriden, Cholesterinestern u. Phosphatiden 1684. — *2*-dimensionale Dünnschichtchromatographie v. Rattenleberphosphatiden 2563.

Skinner (C. G.) s. Norton (S. J.); Smith (L. C.).

Skipski (V. P.), Peterson (R. F.) u. **Barclay (M.),** Trennung v. Phosphatidyläthanolamin, Phosphatidylserin u. a. Phospholipiden durch Dünnschichtchromatographie 2562.

Skoglund (W. C.) s. Moyer (S. E.); Zervas (N. P.).

Skorkowski (E.), Populationsgenetik im Lichte d. Populationsumwelt-Forschungen 498. — Unterarten in den Pferdepopulationen u. deren Frühgeschichte 890. — Biometr. Bestimmung d. Typus u. d. Baues d. Pferdesubspecies 1114.

Skorobogatov (J. A.) s. Ermekov (M. A.).
Skou (J. C.), Bereitung eines Enzymsystems, d. am aktiven Na- u. K-Transport beteiligt ist, aus Gehirn u. Nieren v. Säugetieren 1029.
Škrobal (D.) s. Tomšík (B.).
Skrzydlewski (A.) s. Szuman (J.).
Skrzypek (M.) s. Sobczak (Z.).
Škunkova (J. S.) s. Slesarev (I. K.).
Škurupij (P. J.), Kreuzung v. Schweinen d. Großen Weißen Rasse, d. Ukrain. Weißen Steppenrasse u. d. Mirgoroder Rasse 1879.
Skušek (F.) s. Gregorović (V.).
Skvorcov (S. I.) s. Kuźmenko (V. P.).
Skvorcova (A. A.) u. **Chrenov (I. I.),** Technik d. Untersuchung d. Blutkreislaufes, d. gasenerget. Austausches u. d. Lungenatmung bei landwirtsch. Nutztieren [1128].
Slabochová (Z.) u. **Placer (Z.),** Anpassung d. Dünndarmes an eine fettreiche Nahrung, d. gesättigte u. ungesättigte Fettsäuren enthält 1017.
Sladka (O.) s. Feldheim (W.).
Slagsvold (P.) s. Tollersrud (S.).
Sláma (K.) s. Nejedly (J.).
Slater (E. C.) s. Borst (P.).
Slater (J. E.) u. **Widdowson (E. M.),** Skelett-Entwicklung säugender Kätzchen mit u. ohne Calciumphosphat-Ergänzung 146.
Slater (T. F.) s. Wang (D. Y.).
Slatis (H. M.), Inzuchtanalyse beim Wisent 2501.
Slavčev (G.), Untersuchung d. Infusorien im Vormagen d. Wiederkäuer. *2.* Mitt. Einfluß v. Alter, Geschlecht u. Jahreszeiten auf d. Artenzusammensetzung d. Infusorien im Vormagen d. wiederkäuenden Haustiere 1490.
Slăvescu (E.) s. Feredan (T.); Lunca (N.).
Slavík (K.), Stoffwechsel u. d. Coenzym-Formen d. Folsäure 1937.
Slavin (R. M.), Vašsil'ev (V. G.) u. **Geraškov (N. I.),** Maschinensystem für d. Vollmechanisierung v. großen Geflügelställen 257. — Neue Grundrißgestaltung u. technolog. Ausstattung mechanis. Geflügelställe 1835.
Ślebodziński (A.), Veränderungen in d. Verwertung v. Schilddrüsen-Hormonen u. im Thyroxin-Verteilungszeitraum bei Schafen nach d. Behandlung mit Stilboestrol 2601.
Slee (J.) s. Carter (H. B.).
Slen (S. B.) s. Bailey (C. B.); Hironaka (R.); Peters (H. F.).
—, Demiruren (A. S.) u. **Smith (A. D.),** Wirkung v. Selen auf Wollwachstum u. Gewichtszunahmen bei Schafen 150.
— u. **Whiting (F.),** Eiweißbedarf v. Mutterschafen im Hinblick auf Lammung u. Wolleistung 1054; dass.: Schlußber. 1293.
Slesarev (I. K.) u. **Škunkova (J. S.),** Futterwert d. mit milchsaurem Ammonium angereicherten Schlempe 1747.
Slesareva (E. N.), Strontium- u. Bariumstoffwechsel u. d. Bedeutung dieser Elemente für d. Knochengewebe landwirtsch. Nutztiere 593.
Slinger (S. J.) s. Ashton (G. C.); McIntosh (J. I.); Pepper (W. F.); Sibbald (I. R.).
—, Pepper (W. F.) u. **Sibbald (I. R.),** Kupfersulfat u. Penicillin als Supplemente für Küken 814. — Beziehungen zwischen Antibiotica u. Terephthalsäure in Diäten für Legehennen 1044. — Beziehungen zwischen Methionin, Cholin, Natriumchlorid u. Reserpin bei wachsenden Puten 1295. Einfluß d. Schnabelstutzens in d. *8.* Woche auf d. Gritverbrauch, d. Gewichtszunahme u. d. Futterverwertung bei heranwachsenden Junghennen 1890.
Śliwa (Z.) u. **Kaczmarek (F.),** Körperentwicklung v. Lämmern d. poln. Merinorasse im ersten Lebensjahr 2033.
Sljivovečki (K.), Obračević (C.), Milenković (Z.) u. **Ivoš (R.),** Weizenkleie u. d. Luzernemehl als Verdünner maisreicher Tagesrationen in d. Mast d. Fleischschweine 375.
Sljusař (P. M.), *107* Eier je Legeente 2312.
Sloane-Stanley (G. H.) u. **Jones (G. R. N.),** Einfache Methoden für d. Bestimmung sehr kleiner Mengen an Stickstoff in organ. Substanz 2558.

Słoniewska (A.) s. Wadowski (S.).
Slouková (E.) u. **Petrovský (E.),** Fütterung bei den in d. künstlichen Besamung verwendeten Bullen unter d. Gesichtspunkt d. Samenproduktion u. d. Besamungsergebnisse 1185.
Slover (A. G.) s. Schiller (S.).
Sluchaj-Natal'čenko (A. E.), Verwendung v. Azotobacter bei d. Fütterung v. landwirtsch. Nutztieren 1955.
Sluijsmans (C. M. J.), Magnesium- u. Kaliumgehalt v. Gras in Abhängigkeit v. Boden- u. anderen Faktoren 377.
Šmalcelj (I.), Physiolog. u. fütterungstechn. Faktoren d. Rationalisierung bzw. Verbilligung d. Jungrindermast 507.
Smaragdova (N. P.), Reserven zur Leistungssteigerung in d. Bienenzucht im Nichtschwarzerdegebiet d. europäischen Teiles d. UdSSR [112]. — Säurehaltige Beifütterung u. Nosematose 1904.
—, **Šajdorova (V. V.)** u. **Borodina (L. N.),** Bienenbrutfutter 1902.
Šmerha (J.), Rinderrassen in d. ČSSR u. ihre weitere Veredlung 951. — s. Karásek (V.).
—, **Zeisberger (E.), Novotný (S.)** u. **Šulcová (H.),** Ernährungsniveau bei Zuchtbullen in Beziehung zum Wachstum, zur Entwicklung u. Nährstoffverwertung 1430.
Smetana (P.), Vaccinierung gegen Pocken bei Eintagsküken 1220.
— u. **Hunt (F. A. E.),** Vierte westaustral. Stichproben-Legeleistungsprüfung *1960—1961* 91. — Fünfter Westaustral. Stichprobentest d. Legehennen *1961—1962* 759.
Smetnev (S. I.), Intensivaufzucht v. Mastküken 1656.
—, **Belov (L.)** u. **Sergeev (V. A.),** Beschleunigte Steigerung d. Fleischleistung bei Broilern 986.
Smidt (D.) s. Diekmann (A.).
Šmidt (G. A.), Frühembryogenesis d. Kühe 461. — Phasen d. Blastocysten u. d. Trophoblastenbläschens beim Karakulschaf 2240.
Smidt (M. J.) s. Formica (S. D.).
Smiley jun. (K. L.), Buzas (L.) u. **Demark (P. J. van),** In bestrahltem Lysin · HCl vorhandener Bakterienhemmfaktor 1915.
Smillie (L. B.), Mabbott (G. Y.) u. **Neufeld (G. R.),** Reinigung v. Trypsinogen durch Ionenaustauschchromatographie 1012.
Smirnov (B. V.), Angaben über d. Verbindung physiolog. Frühreife u. Produktivität bei Weißen Sagorsker Hühnern 758.
Smirnov (I. A.) s. Gudkin (A. F.).
Smirnov (I. V.), Zur Frage des Kälteschocks d. Spermatozoen 919. — s. Bachmet (K. A.).
— u. **Postavnaja (V. I.),** Neues Verfahren zur Bestimmung d. Resistenz d. Spermien 465. — Bullenspermaaufbewahrung in mit Kohlensäure gesättigten Verdünnern 918. — Einfluß v. Verdünnungsgrad u. Größe d. Dosis v. Bullensamen auf d. Befruchtung d. Kühe 1393. — Vergleichende Bewertung v. Verdünnern für Ebersamen 1394.
Smirnova (E. I.) s. Sorokin (V. V.).
Smirnova (M. A.) u. **Luzina (M. I.),** Einfluß v. im Autoklav bearbeiteten Faulschlamm aus d. Karasje-See auf Wachstum u. Blutbildung bei Kaninchen 1956.
Smišek (V.), Kubíček (J.) u. **Venzarová (L.),** Abhängigkeit d. Lebendgewichtes d. Ferkel bei d. Geburt, am *21.* u. am *42.* Lebenstag 2522.
Smith (A. D.) s. Slen (S. B.).
Smith (A. H.) s. Hoover (G. N.).
Smith (A. K.), Nash (A. M.), Eldridge (A. C.) u. **Wolf (W. J.),** Rückgewinnung v. Protein aus Sojabohnen-„Molke" mit verdaulichen Pflanzengummis u. oberflächenaktiven Substanzen 1010.
Smith (B.) u. **Persmark (U.),** Schnelle Methode zur Bestimmung v. H, Cl, Br, J, S u. N in organ. Verbindungen 2131.
Smith (B. M.) u. **Malthus (E. M.),** Vitamin-A-Gehalt d. menschlichen Leber in Neuseeland, bestimmt an Leichen 596.
Smith (C.), Schätzung d. genet. Veränderung bei Haustieren unter Verwendung betrieblicher Aufzeichnungen 968.

Smith (C. A.), Ausnutzung v. Hyparrhenia-Steppe für d. Ernährung v. Rindern in d. Trockenperiode. *3.* Mitt. Untersuchungen über d. Verdaulichkeit d. reifen Steppengrases u. d. Steppengrasheues sowie d. Wirkung zusätzlicher Protein- u. Harnstoffgaben 1063. — Trop. Gras-Leguminosenweiden in Nordrhodesien 1516.

— u. **Hodnett (G. E.),** Kompensatives Wachstum v. Rindern auf natürlichen Grünländereien Nordrhodesiens 957.

Smith (D. B.) s. Habeeb (A. F. S. A.).

Smith (D. M.), Einfluß d. täglichen Absperrung d. Muttersauen v. ihren Würfen auf Milchleistung, Beifutteraufnahme u. energet. Wirkungsgrad 518.

Smith (E. D.) u. **Gosnell (A. B.),** Gaschromatograph. Analyse v. Fettsäuren u. chlorierten Fettsäuren 122.

Smith (E. F.) s. Oltjen (R. R.).

Smith (E. P.) s. Nelson (D. W.).

Smith (F. H.) s. Clawson (A. J.).

Smith (F. V.) u. **Bird (M. W.),** Wirksamkeit eines entfernten u. unterbrochenen Reizgebers auf d. Annäherungsreaktion d. Hühnerkükens 2497.

Smith (G.), Rückblick auf neunzehn Jahre künstliche Besamung 1602.

Šmidt (G. A.), Über Plastizität u. Reaktivität d. Organismus im Keimstadium d. individuellen Entwicklung 249.

Smith (G. H.) u. **Lewis (D.),** Argininstoffwechsel u. Kükenernährung 1931.

Smith (H.), Gnanadesikan (R.) u. **Hughes (J. B.),** Mehrdimensionale Varianzanalyse (MANOVA) 1359.

Smith (I. F.), Broilerproduktion u. Kostenanalyse 95.

Smith (I. D.), Einfluß d. Ernährungslage auf d. Brunsteintritt beim Merinoschaf in Queensland 751.

Smith (J. C.) s. Gustafsson (B. E.).

Smith (J. D.) u. **Meyer (J. H.),** Wechselwirkungen zwischen d. Na- u. K-Gehalt d. Nahrung u. dessen Einfluß auf d. Energiestoffwechsel 1932.

Smith (J. H.) s. Jaap (R. G.).

Smith (J. W.) u. **Legates (J. E.),** Beziehungen zwischen Zeitraum bis zur Wiederbelegung u. d. Trockenperiode zur Milch- u. Milchfettleistung in d. Laktation 2285.

Smith (K.) s. Warner (D.).

Smith (L. C.), Skinner (C. G.) u. **Shive (W.),** Strukturelle Erfordernisse für Phenylalanin-Antagonismus 329.

Smith (L. T.) u. **Nordskog (A. W.),** Relative Einflußnahme auf Fruchtbarkeit v. männlichen u. weiblichen Puten 769.

Smith (M. V.), Einführen milbenfreier Bienen durch Bruttransport 320.

Smith (R. E.) u. **Hoijer (D. J.),** Stoffwechsel u. Funktion d. Zelle bei Kälteakklimatisation 806.

Smith (R. L.), Paoletti (R.) u. **Brodie (B. B.),** Essentielle Rolle v. Noradrenalin bei corticotrophin-induzierter Fettsäure-Mobilisation 2138.

Smith (R. M.) s. Gyles (N. R.).

Smith (R. T.) s. Wood (G. M.).

Smith (T.) s. Marinetti (G. V.).

Smith (V. R.) u. **Brown (W. H.),** Reaktion einiger Blutbestandteile auf d. Infusion v. Dinatriumaethylendiamintetraacetat bei gesunden Rindern 2446.

Smith (W. F.) s. Doney (J. M.).

Smith (W. H.) s. Perry (T. W.).

—, Plumlee (M. P.) u. **Beeson (W. M.),** Einfluß d. Proteinquelle auf d. Zinkbedarf d. wachsenden Schweins 1032.

Smol'jakov (R. T.) s. Vasserman (Z. N.).

Smutko (C. J.) s. Keane (K. W.).

Smyth jun. (J. R.) s. Anderson (D. L.).

Snetsinger (D. C.) u. **Scott (H. M.),** Relative Toxizität v. inperitonal injizierten Aminosäuren u. d. Wirkung v. Glycin- u. Arginin-Überdosierungen 1495. — Wirksamkeit v. Glycin u. Arginin zur Aufhebung v. Stress-Situationen, d. durch fütterungsbedingte Mißverhältnisse zwischen d. einfachen Aminosäuren hervorgerufen wurden 1703.

—, Waibel (P. E.) u. **Fitzsimmons (R. C.),** Kristalline Aminosäuren enthaltende Futtermischungen für Puten 1942.

Snick (G. van), Piétrain-Schwein, Rasse d. Zukunft? 288. — Tierzucht in Belgien *1961* 1171.
— u. **Kint (G.),** Milchkontrolle in Belgien im Jahre *1960* 2503.
—, **Maele (J. van)** u. **Debecker (F.),** KB in Belgien im Jahre *1960* 1823.
Snyder (E. S.), Marktfähigkeit u. d. Schlachtwert v. Moschusenten unterschiedlichen Alters 492. — s. Pepper (W. F.).
Snyder (J.) u. **Angelo (S. A. d'),** Hypothalamusstimulation u. Ascorbinsäuregehalt d. endokrinen Drüsen bei d. Albinoratte 2011.
Sobczak (Z.), Futterwert v. Maisschnitzelsilage mit Zugabe v. Ammoniumsulfat 1524.
—, **Skrzypek (M.)** u. **Detkens (S.),** Verwendung v. Ammoniumsulfat als Ersatz v. Eiweiß in d. Fütterung v. Milchkühen 171.
Sobel (N.) s. Dawson (L. E.).
Sobina (A.) s. Kisza (J.).
Sobotka (H.) s. Frank (O.).
Söderholm (U.) s. Eränkö (O.).
Søndergaard (E.) s. Hølmer (G.).
Sørensen (P. H.) u. **Moustgaard (J.),** Einfluß d. Stallklimas auf d. Wachstum, d. Futterverwertung u. Schlachtqualität v. Schweinen 473.
Sohonie (K.) s. Phadke (K.).
Sojnikov (F. A.) s. Chačirašvili (G. A.).
Sokolov (A. K.), Richtung d. Schweinezucht in d. Zonen d. großen Industriezentren 1876.
Sokolov (M. P.) u. **Jasjučenja (V. L.),** Wäßrige Lösung v. Blut in d. Schweinemast 1953.
Sokolova (E. V.) s. Kabak (J. M.).
Sokolovskaja (I. I.), Drozdova (L. P.), Gorochov (L. N.) u. **Kurganov (V. A.),** Gehalt an Totalstickstoff u. reduzierenden Stoffen im Cervikalschleim d. Kühe 910.
—, **Keršulis (A.), Sachno (V. F.), Semenova (N. V.)** u. **Koretko (V. N.),** Antiseptik d. Abnahme u. d. Bearbeitung d. Spermas 1140.
Soldatenkov (P. F.) u. **Truchina (E. P.),** Veränderung d. morpholog. Blutzusammensetzung bei Kälbern d. Tagiler Rasse in d. Ontogenese nach d. Geburt 1115.
Solncev (A. I.) s. Žerebcov (P. I.).
Solodkij (F. T.), Lomakin (A. M.) u. **Blinova (K. M.),** Fichtennadeln in Hühnerrationen 2096.
Solomonov (C.), Feststellung geeigneter Rationen für mittelfeinwollige Lämmer im Hochland d. Westbalkans 1052.
Solovʹeva (V. N.) s. Švabe (A. K.).
Solovjova (Z. K.) s. Mirošnyčenko (M. J.).
Solovych (A. G.), Zustand d. Verdauungsprozesse bei Wiederkäuern bei verschied. Systemen d. Tränkens 2575.
Solowjew (W. I.), Chem. Vorgänge, die zur Verbesserung d. Fleischkonsistenz bei d. Reifung u. Bearbeitung d. Fleisches mit proteolyt. Fermenten beitragen 1417.
Šomanskij (T. S.) s. Bachmet (K. A.).
Somasundaram (A.), Hibbs (J. W.) u. **Conrad (H. R.),** Altersmäßig bedingter Wechsel in d. Glutamin-Oxalessig-Transaminase-Aktivität ultrabeschallten Pansensaftes im Vgl. zum Gehalt an Gesamt-flüchtigen-Fettsäuren bei Kälbern mit unterschiedlicher Rauhfuttergabe 2574.
Somer (P. de) s. Eyssen (H.).
Sommer (J.), D. Stellung d. Viehwirtschaft i. d. sozialist. Landwirtsch. [57]*.
Sommer (O. A.), Schlachtkälber. Markt- u. Qualitätsfragen [2273]. — Vollmilchsparende Kälbermast unter bes. Berücksichtigung d. Fleischqualität 2612.
Sommerkamp (G.), Schwemmentmistung 1615.
Sommermeyer (K.) u. **Magnus (H.),** Erzeugung v. Substanzen sehr hoher biolog. Wirksamkeit durch Bestrahlung v. Agar mit hohen Dosisleistungen 1017.
Somogyi (J. C.) u. **Ott (E.),** Wirkung d. Lichtes auf d. Vitamingehalt d. Milch 2049.
Sonderegger (H.), Eingliederung d. landwirtsch. Geflügelhaltung in eine Gesamtplanung d. schweizer. Geflügelwirtschaft 2092.
Sonnemann (T.), Totvermarktung gewinnt an Bedeutung 2490.
Sonnino (F. R.) u. **Gazzaniga (P. P.),** Agar-Elektrophorese löslicher Proteine, isoliert aus Cellularfraktio-

nen CCl_4-behandelter Rattenleber 2334.
Sonntag (S.), Wie wird d. Fischgrätenmelkstand richtig genutzt? 2040.
Sorensen (D. K.) s. Kowalczyk (T.).
Sorenson (A. L.), Kirschner (L. B.) u. **Barker (J.)**, Natriumstoffwechsel d. Erythrocyten v. Schwein, Rind u. Hund 1581.
Šorochova (N.) s. Molčanova (N.).
Sorokin (P.), Chromatograph. Untersuchungen v. Bienenhonig 1468.
Sorokin (V. V.) u. **Petrova (A. F.)**, Untersuchung d. Fauna in Dauerstreu 1893.
— u. **Smirnova (E. I.)**, Verringerung d. bakteriellen Anreicherung d. Luft im Geflügelstall 1831.
Sorokina (I.) s. Rogalevič (M.).
Sorokina (V. I.), Fortsetzung d. Arbeit an d. Ukrain. Bunten Steppenrasse 1877.
Sosnowski (A.) s. Brzeski (E.).
Šostak (V. A.), Lebensfähigkeit u. a. qualitative Kennziffern des Spermas v. Inzucht- u. Fremdzucht-Bullen 66. — Nutzeffekt d. Verwendung v. Inzuchtbullen zur Zucht 2065.
Šostak (V. O.), Einfluß v. Inzuchtbullen in d. Zuchtarbeit 2246.
Šostak (V. P.), Spermaqualität u. Fortpflanzungsfähigkeit v. Inzucht-Bullen 1181.
Sourkes (T. L.) s. Sankoff (I.).
Soutar (D. S.), Schweineunterkünfte. Überblick über den erreichten Fortschritt 476. — Ställe mit Lattenrosten 698. — Fortschritt im Schweinestallbau 699.
Southcott (W. H.) s. Lamond (D. R.).
—, **Braden (A. W. H.)** u. **Moule (G. R.)**, Brunstsynchronisation beim Schaf mittels eines oral aktiven Progesteronabkömmlings 2017.
Southon (K. R.) s. Payne (W. J. A.).
Špaček (F.), Möglichkeit d. Ersatzes v. tier. Eiweiß durch pflanzliches Eiweiß bei d. Hühnermast 307. — s. Tyleček (J.).
Spaeth (E. E.), Baptist (V. H.) u. **Roberts (M.)**, Potentiometr. Schnellbestimmung d. Ascorbinsäure 1242.
Spais (A. G.), Spurenelemente, insbes. d. Kupfer in d. Tierernährung u. -pathologie 1709.
Spandorf (A. H.) s. Singsen (E. P.).
Spasov (D.), Überfall d. Bienen durch d. Grünspecht 777.
Spear (M. L.), Gesunde Schweinebestände durch spezif. pathogenfreie Tiere 2085.
Speckmann (E. W.) u. **Ringer (R. K.)**, Einfluß v. Reserpin auf Plasmacholesterin, Hämodynamik u. arteriosklerot. Schäden bei d. breitbrüstigen Bronzepute 1508.
Spedding (C. R. W.) u. **Brown (T. H.)**, Wirkung frühzeitigen Absetzens auf d. Wachstumsrate v. Lämmern 525.
Speer (V. C.) s. Bear (W. F.); Leibholz (J. M.); Zimmerman (D. R.).
Spence (I. L.), Hinweise zur Anlage einer automat. Nerztränke 539.
Spence (K. D.) s. Pigg (C. J.).
Spencer (A. F.) u. **Lowenstein (J. M.)**, Angebot an Vorstufen für d. Fettsäuresynthese 2584.
Spencer (R. P.), Bow (T. M.) u. **Markulis (M. A.)**, Aminogruppenbedarf für in vitro-Darmtransport v. Aminosäuren 2133.
Spencer-Booth (Y.) s. Free (J. B.).
Spencer-Laszlo (H.) s. Samachson (J.).
Sperling (L.), Futterwert neuer Eiweißquellen aus Gewässern u. Abwässern 389.
Speth (C. F.) s. Bohman (V. R.).
Speyer (J. F.) s. Basilio (C.); Lengyel (P.).
—, **Lengyel (P.), Basilio (C.)** u. **Ochoa (S.)**, Synthet. Polynucleotide u. d. Aminosäurecode. *2.* Mitt. 2356; *4.* Mitt. 2357.
Spielmann (O.), Apist. Monatsbericht, Oktober *1962* 1233; dass.: November *1962* 1233; dass.: Dezember *1962* 1233.
Spies (H. G.) s. Zimmerman (D. R.).
Spincemaille (J.) s. Thoonen (J.).
Spitzmüller (E.), Bartholome (H.), Noa (M.), Schneider (H.) u. **Krieg (W.)**, Durch Wettbewerb zu höheren Leistungen in d. LPG Obhausen, Kreiskonsultationspunkt Querfurt 1421.
Spivakov (O. S.) s. Zvjerjeva (G. V.).
Splettstößer (H.) s. Lenschow (J.).
Splisteser (H.) s. Hiepe (T.).
Splittgerber (H.), Lehr- u. Versuchsanstalt in d. bäuerlichen Geflügelhaltung 1801.

Splittgerber (H.) u. **Gysae (M.),** Vergleich verschied. Maissorten sowie ausländ. u. inländ. Gerste in d. Junggeflügelmast 1744. — Prüfung v. Kartoffelpreßschrot als Komponente im Geflügelmast-Alleinfutter 1745. — Alleinfutter für Mastküken mit Kartoffelpreßschrot-Anteilen 1746.

Spolter (P. D.) s. Rogers (Q. R.).

Sporn (M. B.) s. Barondes (S. H.); Dingsman (W.).

Sprague (J. I.) s. Waddill (D. G.).

—, **Ullrey (D. E.), Waddill (D. G.), Miller (E. R.), Zutaut (C. L.)** u. **Hoefer (J. A.),** Intestinale Lactase sowie alkal. u. saure Phosphatase im Fetus u. neugeborenen Schwein 1938.

Sprague jun. (J. I.), Magee (W. T.) u. **Nelson (R. H.),** Ahnentafelanalyse vom Aberdeen-Angus-Rind 1177.

Spray (G. H.) s. Newman (G. E.).

Spriewald (H.), Bilanzierung v. Futterbedarf u. Futtererzeugung nach Nährstoffen in landwirtsch. Produktionsgenossenschaften 830.

Springhetti (A.) u. **Fava (A.),** Hybriden mit *2* u. mit *4* Varietäten italien. Rassen d. Maulbeerseidenspinners (Bombyx mori L.) 2111.

—, **Fava (A.)** u. **Greppi (M.),** Korrelation zwischen d. Länge u. d. Titer d. Seidenfadens (Bombyx mori L.) 2114.

— u. **Oddone (P.),** Biometr. Feststellungen über d. heteropyknot. Masse in den Seidendrüsen v. Bombyx mori L. 2113.

Spurlock (G. M.) u. **Clegg (M. T.),** Wirkung v. Cortison auf d. Schlachtkörperzusammensetzung u. d. Wollcharakteristica v. Absatzlämmern 1041.

—, **Davis (S. P.)** u. **Bradford (G. E.),** Methoden zur Schätzung d. Reinwollproduktion 1882.

Spyvee (J.) s. Lumb (M.).

Squibb (R. L.) s. Sanslone (W. R.).

Squires (R. F.) s. Lamfrom (H.).

Šramek (J.) s. Lizal (F.).

Srb (A. M.) s. Chang (L. O.).

Srećković (A.) u. **Nikolić (M.),** Einfluß d. Weizens bzw. d. Maises auf d. Baconqualität 385.

Šreder (V. N.), Einfluß ionisierender Strahlung auf d. Nucleinwechsel im Organismus d. Muttertiere in Zusammenhang mit d. Geschlechtsverhältnis in d. Nachkommenschaft 2235.

Sreenivasan (A.) s. Wagle (D. S.).

Srere (P. A.) u. **Bhaduri (A.),** Inkorporation v. radioaktivem Citrat in Fettsäuren 1257.

Sridhara (S.) u. **Bhat (J. V.),** Phospholipide d. Seidenspinners Bombyx mori L. 1001.

Srinivasan (V.) s. Ramakrishnan (S.).

Srivastava (A. S.) u. **Awasthi (G. P.),** Wirkung d. Temperatur auf d. Aktivität d. Cholinesterase aus d. Kopfe d. Honigbiene 774.

Srukov (M. N.), Gefäßsystem d. Milchdrüse bei d. Ziege 2241.

Stableforth (A. W.), Rindertuberkulosetilgung in Großbritannien. Verwendete Tuberkuline u. angewendete Methoden 962.

Stadelman (W. J.) s. Goodwin (T. L.); Hartung (T. E.); Homler (B. E.); Mickelberry (W. C.).

Stadhouders (J.) u. **Veringa (H. A.),** Versuche, d. sich mit d. Wirkung d. Milchperoxydase auf d. Milchsäurestreptokokken befaßten 481.

Städtler (M.), Gedanken zur Mastenbauweise 927.

Staelens (M.) s. Geurden (L. M. G.).

Stahl, Haltung d. Zucht- u. Mastschweine 519.

Stahl (P.), Pipes (G. W.) u. **Turner (C. W.),** Einfluß verschied. Dosen v. Tapozol auf d. Einlagerung v. ^{131}J in d. Schilddrüse v. New Hampshire-Junghennen 360.

Stahl (W.) u. **Rasch (D.),** Beziehungen zwischen Körpermaßen u. d. Milchleistung beim Schwarzbunten Niederungsvieh 502.

Staib (A. H.), Käfige zur Haltung u. Zucht kleiner Labortiere (Mäuse, Ratten, Meerschweinchen) 337.

Stajkov (M.), Wie rette ich ein überfallenes Volk? 1670.

Stampfli (H. R.), Tierreste d. neolith. Siedlung „Seeberg/Burgäschisee-Süd“ 1362.

Stančeva (L.) s. Lazarov (J.).

Stanhope (W.), Abkühlung d. Geflügels bei heißem Wetter 308. — Be-

triebsführung in d. Geflügelfarm 2305. — Stichproben-Legeleistungs-Test. *1960—62* in Victoria, Australien 2305.
Stanier (M. W.) s. Perry (J. S.).
Stanley (D. E.), Kesler (E. M.) u. **Bortree (A. L.),** Einfluß eines schwankenden Melkvakuums auf ein bestimmtes Maß an Eutergesundheit 2074, 2515.
Staples (R. C.) s. Syamanada (R.).
Staples (R. E.) s. Foote (R. H.).
Starbuck (W. C.) u. **Busch (H.),** Programm-System für d. automat. Apparatur zur Aminosäurenbestimmung 558.
Starčeus (A. P.), Anwendung insekticider Aerosole in d. Tierzucht 254.
Starcev (D. I.) u. **Klabukov (P. G.),** Ergebnisse d. Kreuzung v. Cholmogoryer-Kühen mit Jersey-Bullen 66.
Starik (A. S.) s. Šachidžanjan (L. G.).
Stark (W.) u. **Forss (D. A.),** Komponente, d. für den „Metall-Geschmack" in Milch verantwortlich ist. *1.* Mitt. Isolierung u. Identifizierung 482.
Starke (J. S.) u. **Joubert (D. M.),** Punktbewertungskarte für Lamm- u. Hammelfleisch 1168.
Starkova (V. E.) s. Ptaškin (A. A.).
Starodubcev (V. M.), Kreuzungsergebnisse schwarzbunter Kühe mit Jersey-Bullen 732.
Starodubcev (V. S.), Spezialisierung u. Intensivierung d. Viehwirtschaft in d. Kolchosen Kirgisiens [2274].
Starosel'skij (L. S.), Tierärztliche Maßnahmen bei d. Kälberaufzucht durch Ammen 2069.
Staroverov (N. A.) s. Mosolova (Ė. S.).
Starr (P.) s. Lew (M.).
Stary (Z. P.) s. Wardi (A. H.).
Staub (M.) u. **Romann (E.),** Einfache, halbquantitative Glutaminsäurebestimmung 2126.
Staude (H.), Rechentafeln für d. multiplen t-Test u. d. Duncan-Test 2443.
Staufenbiel (J.) s. Wegner (R.-M.).
Steche (W.) s. Geissler (G.).
Steck (F. T.), Übertragung v. Gammaglobulinen auf d. neugeborene Kalb mit dem Colostrum 902.
Steel (N. A.), Auf Tiefstreu gedeihen Schweine bei Magermilchfütterung besser 1204.
Stefănescu (C.), Ciolcă (N.), Marin (L.) u. **Dancu (D.),** Erste Versuchsergebnisse über d. Züchtung einheim. grauen Karakulschafes 523.
—, **Ciolcă (N.), Raicu (L.)** u. **Taftă (V.),** Weiterer Beitrag zur Frage d. Umwandlung v. Zurkanaschafen in fein- u. halbfeinwollige Schafe durch Kreuzungen 523.
Stefanov (I.) u. **Bogdanov (M.),** Haltung d. Kühe in einzelnen Gruppen während d. Trockenperiode 1872.
Stegemann (H.) u. **Loeschke (V.),** Mikrobestimmung v. Stickstoff als Indophenolblau nach Chloramin-T-Oxydation 2559.
Steger (H.) s. Gastmeier (W.); Otto (E.); Piatkowski (B.).
—, **Piatkowski (B.)** u. **Püschel (F.),** Method. Untersuchungen zur Bestimmung d. Verdaulichkeit d. Weidegrases mit Hilfe d. Chromogenmethode 1484. — Einfluß verschied. Futterfette u. einiger kohlenhydrathaltiger Milchaufwertungsstoffe auf d. Organismus d. Kalbes während d. Aufzucht v. d. *2.* bis zur *10.* Lebenswoche 2591.
Stegmann (H.), Polarographische Untersuchungen über d. Zinkgehalt im Blutserum v. in d. Geburt befindlichen Sauen mit einer Literaturübersicht d. Parakeratose d. Schweines [817].
Stehle, Rähmchen u. Beute. I. 1468; II. 1672; III. 1903.
Steigleder (G. K.), Struktur d. Haut als Grundlage ihrer Funktionen 2222.
Stein (O.) s. Stein (Y.).
Stein (P. C.), Trennung v. Strontium-90 u. Yttrium-90 mit Ionenaustauscherpapieren 566.
Stein (Y.) u. **Stein (O.),** Inkorporation u. Verschwinden v. Fettsäuren in Rattenepididymalfettpolster, erforscht durch in vivo-Inkubationstechnik 2138.
Steinberg (D.) s. Avigan (J.).
Steinberg (M. D.) s. Zingg (W.).
Steinhauf (D.) s. Weniger (J. H.).
Steinke (J.) s. Taylor (K. W.).

Steinke (L.), Wirkung v. Erschütterungen auf d. Brutfähigkeit v. Hühnereiern 2307.
Stejskal (M.), Neuentdeckte Verständigungsmöglichkeiten unter den Bienen 317.
Steklenev (E. P.), Faktoren, die eine Steigerung d. Befruchtungsrate bei Schafen bewirken 1446. — Potentielle u. tatsächliche Fruchtbarkeit d. Feinwolligen Askanija-Schafe 1651. — Jahreszeitliche Gebundenheit in d. Geschlechtsaktivität bei feinwolligen Askanija-Schafen u. d. Rolle d. Faktors Licht 2087. — s. Treus (V. D.).
Stelos (P.), s. Grossberg (A. L.).
Stengel (H.), Herz- u. Körpergewicht u. deren korrelative Beziehungen bei d. Kreuzung extremer Kaninchenrassen 1460. — Fortpflanzungsbiolog. Probleme d. extremen Rassenkreuzung 1606.
Stenger (V. A.) s. Hall (C. E. van).
Stenius (C.) s. Ohno (S.); Trujillo (J. M.).
—, **Christian (L. C.)** u. **Ohno (S.),** Vergleichend-zytolog. Untersuchung an Phasianus colchicus, Meleagris gallopavo u. Gallus domesticus 2230.
Stepanenko (J.), Hereford-Rind in West-Kasachstan 2067.
Stepanjan (A. A.) s. Bajburtcjan (A. A.).
Stepanov (D. G.) u. **Karpova (N. J.),** Einfluß früher Zuchtverwendung v. Böcken d. Askan. Rasse auf Wachstum, Entwicklung u. Wollproduktion 523.
Stepanov (E. M.) s. Kudrjavcev (A. A.).
—, **Andreev (M. N.), Ošarova (E. A.), Gerasimova (S. A.), Antuševa (R. I.)** u. **Turova (R. I.),** Einfluß unterschiedlicher Futterversorgung auf d. physiolog. Zustand d. Organismus bei Schafen 1207.
Stephen (W. A.) u. **Hodgson (E.),** Chlordane als mögliche Giftgefahr in d. Bienenzucht 549.
Stephenson (E. L.) s. Mason (M. E.).
— u. **Greene (D.),** A chemical method for evaluating the amino-acid adequacy of prepressed, solvent-extracted cottonseed meal for chicks [1528].
Stephenson (S. K.), Wachstumsmessungen u. d. biolog. Interpretation d. Säugerwachstums 1607.
Steppler (H. A.) s. Ashton (G. C.).
Stepuškina (V. V.) s. Korčagin (V. B.).
Štěrba (A.) u. **Zedník (M.),** Produktionsergebnisse bei automat. Fütterung d. Schweine mit Futterrationen v. dünner Konsistenz. *1.* Mitt. 2522.
Sterba (G.), Neurosekretion im Zwischenhirn d. Wirbeltiere 2013.
Stern (L.) s. Szécsényi (Á.).
Sternkopf (G.), Chem.-analyt. Auftrennung d. stickstoff-freien Extraktstoffe (NFE) in grünem Pflanzenmaterial. *1.* Mitt. Aufbau eines Trennungsschemas 1680; *2.* Mitt. Veränderungen d. Zusammensetzung d. stickstofffreien Extraktstoffe im Verlaufe d. Vegetation bei Grünroggen, Luzerne u. Rotklee 2380; *3.* Mitt. Einfluß d. Veränderungen d. Zusammensetzung d. stickstofffreien Extraktstoffe v. Grünroggen u. Luzerne auf ihre Verdaulichkeit an Kaninchen 2380.
—, **Patzschke (D.)** u. **Graupe (B.),** Neue Untersuchungen zum Strohaufschluß 175.
Steven (F. S.) u. **Tristram (G. R.),** Vorhandensein einiger Aminosäuren in handelsüblichen sulfonierten Polystyrol-Harzen 556. — Herkunft d. N-endständigen Reste in essigsäurelöslichem Kalbskollagen 1235. — Anwesenheit v. Nichtprotein-N in essigsäurelöslichem Kalbshaut-Kollagen 1235.
Stevens (C. E.) s. Dziuk (H. E.).
Stevenson (J. A. F.) s. Hinton (G. G.).
Stevenson (J. W.) s. Davey (R. J.).
Steward (F. C.) s. Chang (L. O.).
Stewart (D. J.) s. Patterson (J. T.).
— u. **Patterson (J. T.),** Bakteriologie bei verkaufsfertigen Broilern. *2.* Mitt. Verarbeitung v. Broilern 2489.
Stewart (D. L.) s. Park (R. W. A.).
Stewart (G. F.) u. **Abbott (J. C.),** Marketing eggs and poultry [1171].
Stewart (I.), Bestimmung v. Ornithin,

Lysin, Arginin, Citrullin u. Histidin 2561.
Stewart (R. E.) s. Cargill (B. F.).
Stewart (R. J. C.) s. Pampiglione (G.); Platt (B. S.).
Stewart (W. E.) s. Dougherty (R. W.).
Steyl (L. R.), Burenziege kann in unserer Landwirtschaft nützlich sein 302.
Steyn-Parvé (E. P.) s. Lequin (H. C.).
Stichmann (W.), Transpositionsversuche mit Haushuhnrassen stark verschied. Körpergröße 1626.
Stietenroth (K.), Gutes Stallklima im Winter 2250.
Stiles (P. G.), Wirkung v. Furazolidon auf d. Produktion, Qualität, Fruchtbarkeit u. Schlupffähigkeit v. Eiern unter üblichen Farmbedingungen 1283.
Stirpe (F.), Comporti (M.) u. **Caprino (G.),** Adaptive Regulierung d. Ascorbinsäuresynthese in Rattenleberextrakten. Einfluß v. Röntgenstrahlen u. Nahrungswechsel 2367.
Stitch (S. R.), Oakey (R. E.) u. **Eccles (S. S.),** Biosynthese v. Oestrogen durch Ratten-Ovarien 1280.
Stiven (G.) s. Altona (R. E.).
Stjekljeňov (O. P.) s. Treus (V. D.).
Stockinger (L.) u. **Zarzicki (J.),** Elektronenmikroskop. Untersuchungen d. Milchdrüse d. laktierenden Meerschweinchens mit Berücksichtigung d. Saugaktes 243.
Stöber (M.), Krause II (D.) u. **Kasa (F.),** Beitrag zur Beurteilung d. Operationserfolges bei d. Bullensterilisierung 463.
Stöcker (E.) s. Altmann (H.-W.).
Stoev (P.) s. Donev (K.); Pavlov (P.); Vŭlčev (P.).
—, Donev (K.) u. **Jenš (D.),** Mikroklima im gewöhnlichen Raupenzuchtraum u. dessen Einfluß auf d. Produktivität d. Seidenraupen (B. mori L.) 1677.
Stoewsand (G. S.) s. Scott (M. L.).
Stohl (G.), Physiolog. Eigentümlichkeiten d. Rindes 1713.
Stoianovici (V.), Inzuchtauswirkungen auf d. Leistungsfähigkeit d. Nonius-Stuten aus Pădureni 1173.
Stoitscheff (M.), Fälle später Isolierung v. Salmonellen bei d. bakteriolog. Fleischbeschau v. kranken, mit großen Dosen Penizillin behandelten Schweinen 1853.
Stojanov (P.) s. Petkov (G.).
Stojanov (T.), Einfluß v. Möhren, kombiniertem Gärfutter u. Schlachthofblut auf d. Spermaproduktion d. Zuchtbullen 2071. — s. Ignatov (I.).
Stojanov (V.), Einfluß d. Runkelrüben u. Möhren auf d. Verdaulichkeit d. Rationen bei verschied. Geflügelarten 1952. — s. Kumanov (S.).
Stojkov (D.), Einfluß einiger in d. Futterrationen eingeschlossener, kalziumsalzreicher Mineralzusätze auf d. Verdauung, d. Verdaulichkeit u. d. Lungengaswechsel bei Schafen 2391. — Verdaulichkeit d. Kalziums v. d. Tieren bei ihrer Beifütterung mit Kalziumgaben 2391. — s. Ganovski (C.).
Stolc (V.) u. **Németh (S.),** Feinbestimmung v. Jod in d. Milch 937.
Stolz (S.), Gebrauchsköniginnenzucht u. Verwertung im *3* WK 2547. — Schwarmverhinderung u. Königin-Erneuerung 2549.
Stonaker (H. H.) s. Moore (D. B.).
Stone (B. C.) s. Boch (R.).
Stone (D.) u. **Joshi (S.),** Einige Beweise für einen Stoffwechselweg d. Aminosäureeinbaues in Rattenlebermikrosomen, d. keine Übertragungsribonucleinsäure erfordert 347.
Stone (N.) u. **Meister (A.),** Wirkung d. Ascorbinsäure bei d. Umwandlung d. Prolins in Kollagen-Hydroxyprolin 579.
Stone (W. H.) s. Bednekoff (A. G.); Conneally (P. M.); Menge (A. C.).
Storgårds (T.), Nachweis v. Penicillin u. anderen Antibiotica in Milch 261.
— u. **Lindqvist (B.),** Beobachtungen über d. Bildung des durch Licht verursachten Oxydationsgeschmakkes. *2.* Mitt. 938.
— u. **Ljungren (B.),** Beobachtungen über d. Bildung d. durch Licht verursachten Oxydationsgeschmacks 489.
Stormont (C.) s. Braend (M.).
Stormorken (H.) s. Sjaastad (Ø. V.).
Stormshak (F.) s. Erb (R. E.).

Storry (J. E.) s. Rook (J. A. F.).
– u. **Rook (J. A.),** Wirkung verschied. hoher Fütterung vor u. nach d. Kalben auf den Blutzuckergehalt bei Kühen 1931.
Stošič (D.), Umsatz radioaktiven Phosphors in Hennen bei unterschiedlichem Eiweißanteil in d. Ration 1270.
Stott (G. H.) s. Brown (W. H.).
– u. **Williams (R. J.),** Mit jahreszeitlich bedingten hohen Temperaturen verbundene Ursachen einer niedrigen Fruchtbarkeit beim Milchvieh 1865.
Stouffer (J. R.) s. Doornenbal (H.).
–, **Wallentine (M. V.), Wellington (G. H.)** u. **Diekmann (A.),** Ultraschall-Methode zur Messung d. Speckdicke u. Muskelfläche bei Rindern u. Schweinen 1191.
Stowe (C. M.) u. **Good (A. L.),** Bestimmung d. Herzminutenvolumens durch d. Ficksche Prinzip bei d. Haustieren, mit Beobachtungen über einen Fall v. Pericarditis traumatica 669.
Stowe (H. D.) s. Miller (E. R.).
Strachan (J. E.) s. Nicol (T.).
Stradomskij (E. A.), Züchtung v. Yaks 2501.
Strahan (D.) s. Sandstedt (R. M.).
Straile (W. E.), Morphologie d. Schwielenhaar-Follikel in d. Haut d. Kaninchens 228.
Strain (H. H.) s. Sabacky (M. J.).
Strain (J. H.) u. **Nordskog (A. W.),** Zucht- u. Broilerherdenfaktoren für d. Bestimmung der d. Futterkosten übersteigenden Einkünfte in Broiler-Stichprobenleistungsprüfungen 1452.
Stratman (F. W.) s. First (N. L.).
– u. **Self (H. L.),** Fruchtbarkeitserhebungen bei gedeckten u. künstlich besamten Sauen 1139.
Stratum (A. v.), Diskussion über d. Ventilation v. Geflügelställen 925.
Straub (O. C.), Nutztierhaltung u. Veterinärmedizin in Australien 1421.
Strauss (E.) u. **Bateman (D. I.),** Ökonom. Trend in d. brit. u. kontinentalen Milchwirtschaft 490.
Strauss (F.), Brunftzyklus d. Haustiere 21.
Štrbac (P.) s. Petrović (V.).
Strecker (O.), Agrarpolit. Stellung d. Geflügelwirtschaft in Großbritannien u. den Niederlanden 304. – Vertikale Integration in d. brit. Geflügelwirtschaft 1886.
Strickland (E. H.) u. **Benson (A. A.),** Neutronaktivierungspapierchromatographie v. Phosphatiden in Säugetierzellfraktionen 560.
Strickland (K. P.), Phosphorylation d. Diglyceride durch Rattenhirn 345.
Stringam (E. W.) s. Roberts (W. K.).
Strobl (G.), Wirkungen d. Phosphatdüngung auf d. Wiese in einem *30*jährigen Düngungsversuch 377.
Stroescu (E.), Seidenraupenrasse „Alb Cislău" 112.
Stromberg (M. W.), Kitchell (R. L.), Usenik (E. A.) u. **Lagerwerff (J. M.),** Elektrocorticogramme bei gesunden Schweinen u. Eseln 1368.
Stroun (J.), Stroun-Guttières (L.), Rossi (J.) u. **Stroun (M.),** Veränderungen d. Gefiederfarbe v. Weißen Leghorn, ausgelöst durch wiederholte Injektion v. Perlhuhnblut. Beobachtungen über 5 Generationen 673; dass.: Erbliche Natur dieser Modifikation 674.
Stroun (M.) s. Stroun (J.).
Stroun-Guttières (L.) s. Stroun (J.).
Strümpf (K.-H.), Aufgaben d. Tierärzte bei d. Erhöhung d. Fleischproduktion u. d. Viehbestände 1420.
Struk (M. I. K.), Zur Frage d. Organisation einer Fütterung d. Kühe nach Normen während d. Stallperiode 68.
Strumia (E.) s. Bargoni (N.).
Stubbe (M.), Farbanomalie beim Feldhasen 675.
Studziński (T.) u. **Wiśliński (M.),** Vorkommen v. unterschiedlichen Hämoglobintypen bei gewissen Schafrassen 2447.
Stüber (O.), Beeinflussung d. bakteriolog. Beschaffenheit d. Milch bei Verfütterung v. Rauh- u. Gärfutter 261. – Milcheiweißbestimmung 1411. – Handelsfuttermittel in Hartkäsereigebieten 2161. – s. Pirchner (F.).
Stull (J. W.) s. Brown (W. H.).
Stumpel (M. E. M.), Prüfung einer

Vaccine gegen atyp. Geflügelpest, Stamm LaSota, unter Praxisbedingungen 988.
Stumpf (P. K.) s. Barron (E. J.).
Stunz (H.) s. Piatkowski (B.).
Sturkie (P. D.), Wirkung d. Alters u. d. Entwicklungszustandes auf d. Plasma-Harnsäurespiegel bei Küken 1705. — s. Hunsaker (W. G.).
— u. **Freedman (S. L.)**, Wirkung d. Transsektion d. pelvinen u. lumbosacralen Nerven auf d. Eibildung u. Eiablage beim Huhn 1594.
—, **Vogel (J. A.)** u. **Textor (K.)**, Kardiovaskuläre Unterschiede zwischen Küken mit hohem u. niedrigem Blutdruck 1583.
Stutz (M. W.) u. **Matterson (L. D.)**, Umsetzbare Energie v. tier. Abfallprodukten für wachsende Küken 1954.
Stutzman (E.) s. Swell (L.).
Suarez (A.) s. Villalon (F.).
Šubin (P. N.), Veränderungen d. Rasse- u. Leistungseigenschaften d. Rinder in d. ASSR d. Komi 2502.
Subrahmanyan (V.) s. Joseph (K.).
Suchánek (B.), Bewertung u. Bedeutung d. Laktationskurvenverlaufes bei Milchkühen 1867. — Funktionseigenschaften d. Kuheuters 2276.
— u. **Jurčo (V.)**, Bewertung d. Form- u. Funktionseigenschaften d. Euters mit Rücksicht auf d. Maschinenmelken 2504.
Suchardová (J.) s. Kahoun (J.).
Suchov (V.) s. Koševoj (V.).
Suchowsky (G.) s. Junkmann (K.).
Sudduth (H. C.) s. Neptune jun. (E. M.).
Südhof (H.), **Hollmann (S.)**, **Löhr (H.)** u. **Vitalli (H. P.)**, Untersuchung einer glucosefreien Kohlenhydratfraktion im Trichloressigsäurefiltrat d. Blutserums 2330.
Süpek (Z.) u. **Szécsényi (Á.)**, Untersuchung d. Futterwahlvermögens d. Schweine 293.
Šufliarsky (J.), Ergebnisse d. Versuche mit Anwendung v. Ferridextran, kombiniert mit Adevetin, bei d. Ferkelaufzucht 147.
Sugie (T.) s. Hafez (E. S. E.).
Sugihara (T. E.) s. Meehan (J. J.).
Sugita (Y.) **Yoneyama (Y.)** u. **Ohyama (H.)**, In vitro Bildung v. Hämoglobin in Gegenwart d. „iron chelating enzyme“ 1701.
Suitor (A. E.) s. Casady (R. B.).
Šulc (M.) s. Michalec (Č.).
Šulcová (H.) s. Šmerha (J.).
Šul'gina (E. O.), Einfluß d. Schädlinge auf d. Nektarbildung d. Pflanzen 2109.
Šulika (M. N.) s. Mamednijazov (O. N.).
Sulimov (K. T.), Erblichkeit d. Reaktion auf Fangen u. Festhalten bei Füchsen 2316.
Sullivan (G. E.), Anatomie u. Embryologie d. Flügelmuskulatur d. Haushuhnes (Gallus) 2010.
Sullivan (J. J.) u. **Mixner (J. P.)**, Trijodthyronin-^{131}J-aufnahme durch Bullenspermien 917.
Sullivan (M. F.), Resorption aus dem Magendarmkanal d. Ratte nach Röntgenbestrahlung 128.
Sullivan (T. W.) u. **Al-Ubaidi (Y. Y.)**, Lineares Wachstum u. Mineralisation d. Knochen v. breitbrüstigen Bronzeputen 2150.
— u. **Holleman (K. A.)**, Wirkung v. Luzernemehl, Maisgluten-Mehl u. a. Futterkomponenten auf d. Eidotterfarbe 1725.
— u. **Kingan (J. R.)**, Einfluß d. Calciumgehaltes im Futter sowie v. Calciumlaktat u. Ascorbinsäure auf d. Legeleistung bei einfachkämmigen Weißen Leghornhennen 1934.
—, **Wiegers (H. L.)** u. **Adams (J. L.)**, Wirkung v. verschied. Einstreuarten, Drahtrosten u. Antibioticazusätzen im Futter auf d. Wachstum u. d. Futterverwertung wachsender Truthähne 1716.
Šumkina (O. B.), Fetalperiode in d. Entwicklung d. Karakulschafe 461. — Entwicklung d. Eihäute bei Karakulschafen 2021.
Summers (J. D.) s. Ashton (G. C.); Fisher (H.).
— u. **Fisher (H.)**, Netto-Proteinwerte aus d. Gesamtkörperanalyse für heranwachsende Küken, unter bes. Berücksichtigung tier. Eiweißquellen 1048.
Sumption (L. J.), **Rempel (W. E.)** u.

Winters (L. M.), Entwicklung einer neuen Schweinerasse: Minnesota Nr. *3* 513.
Sundberg (T.) s. Rendel (J.).
Sunde (M. L.), Wirkung verschied. Zusätze an Vitamin A, β-apo-8'-carotenal u. Luzerne auf d. Dotterfarbe 2537. — s. Adkins (J. S.); Hayes (J. B.).
Sundsten (J. W.) s. Andersson (B.).
Šunto (G. K.) s. Radkevič (A. I.).
Supnet (M. G.) s. Alcantara (P. F.).
Supplee (W. C.), Wasserfreies Dicalcium-Phosphat als Phosphorquelle in Geflügelrationen 2151.
Suprunov (N. I.) u. **Samojlov (T. P.),** Pflanzliche Stimulanzien 1902.
Suranyi (E. M.) s. Tata (J. R.).
Surdacki (Z.), Eignung d. Schweine d. Puławy-Rasse zur Schinkenproduktion 2519.
Suri (K. R.) s. Kohli (M. L.).
Surkova (K. I.) s. Korčagin (V. B.).
Šuševyč (S. I.) s. Jaroslav (S. J.).
Sutherland (D. N.) s. Alexander (G. I.).
Sutherland (T. M.) s. Murray (M. G.).
—, Ellis (W. C.), Reid (R. S.) u. **Murray (M. G.),** Methode d. Durchmischung u. Sammlung v. Panseninhalt v. Schafen bei gemahlenem pelletierten Futter 2571.
Suto (M.) s. Fukuda (T.).
Suttie (J. W.), Vorhandensein zweier Wege zur Inkorporation v. Aminosäuren in Protein v. isolierten Rattenlebermitochondrien 1023.
—, Gesteland (R.) u. **Phillips (P. H.),** Wirkung v. mit dem Futter verabreichtem Natriumfluorid auf Milchkühe. *6.* Mitt. Bei jungen Färsen 150.
Sutton (A.) s. Carr (T. E. F.).
Sutton (D. D.) u. **Lampen (J. O.),** Lokalisation v. Fermentsystemen in Saccharomyces cerevisiae, d. Saccharose u. Maltose vergären 553.
Sutton (J. D.), McGilliard (A. D.) u. **Jacobson (N. L.),** Technik für d. Bestimmung d. Resorption v. flüchtigen Fettsäuren bei kontrolliertem pH-Wert durch d. Reticulo-Rumen junger Kälber 2342.
Suup (K.), Kälberaufzucht mit Ammenkühen in Estland [2288].
Suźko (S. F.) s. Kolabskij (N. A.).
Suzuka (I.) s. Tanaka (S.).
Suzuki (K.) s. Kawada (M.); Yamada (Kazuo).
Švabe (A K.) u. **Solovèva (V. N.),** Besonderheiten bei d. Anwendung d. Biopsiemethode bei d. Erforschung d. Milchdrüse bei Kühen 461.
Svečin (K.), Frühreife d. Schweine u. d. Faktoren, die sie bedingen 1875.
Svečin (K. B.), Individuelle Entwicklung d. landwirtsch. Nutztiere [694].
Švejcarov (L. L.) s. Koba (V. G.).
Svenkerud (R. R.) s. Helgebostad (A.).
Svensson (S. E.) s. Kahlson (G.).
Sviridenko (V. A.), Kennwerte d. Kohlenstoff-Fett-Austausches im Blut trockenstehender u. laktierender Kühe 162. — s. Kaplan (V. A.).
Svirina (Z. A.) s. Kopylovskaja (G. J.).
Sviščova (G. V.) s. Jaroslav (S. J.).
Svječin (J. K.), Leistungen v. Schweinen verschied. Konstitutions-Typen 1146, 2517.
Svoboda (J.), Arsenvergiftung bei Bienen durch Industrieexhalate 2552.
Svozil (B.), Frage d. Steigerung d. Milchleistung beim Schönhengster Rind 1189. — s. Pícha (J.); Šebela (F.).
Svozil (E.), Schätzung d. Erblichkeit d. Eizahl u. d. Eigewichtes bei jungen Hähnen 984.
Swaminathan (M.) s. Joseph (K.).
Swanson (E. W.), Carpenter (L. M.) u. **Thomas (R. O.),** Notwendigkeit eines Vitamin-A- u. -D-Zusatzes bei Verfütterung v. Magermilch an junge Kälber 1276.
— u. Hinton (S. A.), Wirkungen einer zusätzlichen Kraftfuttergabe zur ausreichenden Grundfutterversorgung während d. Trockenperiode 169.
Swanson (H. E.) u. **Werff ten Bosch (J. J. van d.),** Geschlechtsunterschiede bei wachsenden Ratten u. ihre Veränderung durch eine einfache Injektion. v. Testosteronpropionat kurz nach d. Geburt 2456.
Swanson (M. H.) s. Froning (G. W.); Skala (J. H.).

Swart (L. G.), Futterverwertung bei Broilern 94.
— u. **Erasmus (J. E.),** Antibiotica im Futter für Legehennen 1506.
Swartz (F. J.) s. Hoffmann (J. H.).
Sweeley (C. C.) s. Chang (Ta-Chuang Lo).
Swell (L.), Law (M. D.) u. **Treadwell (C. R.),** Cholesterolester im Gewebe u. d. Zusammensetzung v. Triglycerid-Fettsäuren v. Kaninchen, d. Cholesterol bei hoher u. niedriger Linolensäure-Gabe erhielten 1706.
—, **Stutzman (E.), Law (M. D.)** u. **Treadwell (C. R.),** Darmresorption v. Cholesterol-*4*-^{14}C-D-glucosid 2133.
— u. **Treadwell (C. R.),** Schicksal injizierter ^{14}C-Phytosterine im Stoffwechsel 350.
Swendseid (M. E.), Watts (J. H.), Harris (C. L.) u. **Tuttle (S. G.),** Bewertung des FAO-Aminosäure-Vergleichsmusters in d. menschlichen Ernährung. *1.* Mitt. Untersuchungen mit jungen Männern 139.
Swenson (B.) s. Samuelson (O.).
Swiger (L. A.) s. Gregory (K. E.).
—, **Koch (R. M.), Gregory (K. E.)** u. **Arthaud (V. H.),** Selektion bei Mastrindern nach d. Wirtschaftlichkeit ihrer Zunahme 2278.
—, **Koch (R. M.), Gregory (K. E.), Arthaud (V. H.), Rowden (W. W.)** u. **Ingalls (J. E.),** Einschätzung d. Wachstums v. Fleischkälbern vor d. Absetzen 2286.
Swingle (K.) u. **Cornelius (C. E.),** Harnsteinbildung beim Wiederkäuer. *5.* Mitt. Ausscheidung verschied. Biokolloidfraktionen im Harn v. Schafen bei Fütterung v. Luzerne sowie v. Getreide 2372.
Swingle (K. F.) s. Burton (V.).
Swoboda (P. A. T.) s. Lea (C. H.).
Swoboda (R.) s. Köhler (H.).
Syamanada (R.), Staples (R. C.) u. **Block (R. J.),** Automat. Analyse säulenchromatograph. getrennter Zucker 1475.
Sybesma (W.) u. **Veen (H. E. v. d.),** Eosinophilie nach ACTH-Injektionen bei Bullen 1126.
Sykes (J.) s. Dagley (S.).
Sykes (J. F.) s. Hawk (H. W.).
Sylvestre (P. E.) s. Jordan (W. A.).
Synenko (J. G.), Anzahl d. Spermatozoen u. d. Befruchtungsfähigkeit 246.
Šynkarenko (S. V.) s. Mirošnyčenko (M. J.).
Šypilov (V. S.), Anwendung vasektomierter Prüfeber 291.
Sysoev (A. A.), Methoden zur Beurteilung d. sanitär-hygien. Zustandes d. Geschlechtsapparates d. Tiere 2465.
Szabó (K.), Vajda (M.) u. **Anderko (E.),** Genet. Variabilität sowie deren biochem. u. physiolog. Auswirkungen 2231.
Szabo (K. T.) s. Mixner (J. P.).
Szabo Szücs (J.) s. Lászlo (É.).
Szajkó (L.), Bedeutung d. instrumentalen Euteruntersuchungen u. Erfahrungen bei ihrer betriebsmäßigen prakt. Durchführung im Jahr *1960* 274.
— u. **Csöndes (J.),** Euteruntersuchungen bei Nachkommen aus d. Kreuzung v. Ungar. Fleckvieh u. Kostromaer Rind. *1.* Mitt. 273.
—, **Wettstein (F.)** u. **Gnám (K.),** Neue Erfahrungen über d. zentralist. Nachkommenschaftsprüfverfahren im Volkseigenen Betrieb Lajta-Hanság im Jahr *1960* 275.
Szaniawski (A.) s. Jasiorowski (H.).
Szécsényi (Á.) s. Süpek (Z.).
— u. **Stern (L.),** Tierhygien. Bedeutung d. automat. Trockenfütterung v. Schweinen 2523.
Szegedi (B.), Zusammenhänge zwischen d. während d. Verfettung sich verändernden Leberstruktur d. Hausgänse u. d. Aktivität ihrer Nebennieren 670.
— u. **Juhász (B.),** Bestimmung d. Gesamteiweißgehaltes d. Zellgewebe durch Mikrodiffusion 2122.
Szent Iványi (T.) s. Dózsa (I.).
Szentmihályi (S.) s. Ádám (T.).
Szép (I.), Mikroklimat. Untersuchungen an Rinderställen. *1.* Mitt. Tierhygien. Folgerungen auf Grund d. Variationen d. Wintertemperatur 2476.
— u. **Gertner (M.),** Enthornen d. Kälber durch Hornkauter 283.

Szigeti (J.) u. **Fischer (J.),** Geschlechtsbedingte Unterschiede auf Mastfähigkeit geprüfter Schweine 1436.

Szilágyi (G.), Pelzertrag Ungar. Kammwollmerino-Schafe. *2.* Mitt. 1450.

Szoldatits (F.), Stallhygien. Untersuchungen in Rinderställen d. Kreises Laufen/OBB 2476.

Szücs (J. S.) = Szabó Szücs (J.).

Szuman (J.) u. **Skrzydlewski (A.),** Durchgangszeit d. Futters durch den Magen-Darm-Kanal beim Blaufuchs 343.

Szumowski (P.), Patholog. Biochemie d. Samenplasmas 465. — Zur Kenntnis d. Physiologie u. d. Pathologie d. Samenplasmas 465.

Tabiszewski (J.) s. Bieliński (K.).

Tacken (P. H. W.) u. **Golstein Brouwers (G. W. M. van),** Wurminfektionen bei Schweinen 2524.

Tacu (A.) s. Florescu (S.); Gligor (V.); Popescu (F.); Taftă (V.).

Tada (M.), Schweiger (M.) u. **Zachau (H. G.),** Gegenstromverteilung d. löslichen Ribonucleinsäure 1241.

Tadić (R.) s. Savić (J.).

— u. **Ĉirić (M.),** Einfluß d. CO_2-Betäubung auf d. Entbluten u. physikal.-chem. Veränderungen im Schweinefleisch 1160, 2269.

Täufel (K.), Ernährung u. Adaptation 2116.

Taftă (V.) s. Ştefănescu (C.).

— u. **Tacu (A.),** Hautstruktur v. Kreuzungstieren aus Merino × Zigaja u. ihr Verhältnis zum Kreuzungsgrad u. d. Wollqualität 522.

Tagawa (K.) u. **Shin (M.),** Hämoproteide v. Weizenkeimen. *1.* Mitt. Kristallisation u. Eigenschaften v. Peroxydase aus Weizenkeimen 1005; *2.* Mitt. Ein bes. Elektronen transportierendes System v. Weizenkeimen u. d. Einfluß v. Peroxydase 1005.

Taggart (W. F.) u. **Hillier (J. C.),** Fütterung u. Betreuung d. Schweine unter d. Bedingungen Oklahomas 746.

—, Hillier (J. C.) u. **Whatley (J. A.),** Für Oklahoma geeignete Systeme d. Schweineproduktion 516.

Tagwerker (F. J.), Einfluß d. Vitaminversorgung auf d. Widerstandsfähigkeit des Geflügels gegen Infektionskrankheiten, Parasitenbefall u. andere Belastungen 151.

Tairov (N. P.), Ökonom. Wirksamkeit u. Spezialisierung d. Zweige d. Fleischviehzucht 2500.

Takács (J.) s. Baboczhay (S.).

Takagi (S.) s. Okada (Ikuo).

Takahashi (M.) s. Shiio (I.).

Takahashi (T.) s. Futonaka (H.).

Takama (T.) s. Fujii (K.).

Takanami (M.), Übertragung v. Aminosäuren v. löslicher Ribonucleinsäure auf Ribosome. *3.* Mitt. Wechselwirkung zwischen Ribosom u. löslicher Ribonucleinsäure 1927.

Takemori (S.), Wada (K.), Ando (K.), Hosokawa (M.), Sekuzu (I.) u. **Okunuki (K.),** Untersuchungen über Cytochrom a. *8.* Mitt. Reaktionen v. Cytochrom a mit chem. modifiziertem Cytochrom c u. bas. Proteinen 1929.

Takewaki (K.), Aspekte d. hormonalen Mechanismen, d. beim Daueroestrus d. Ratte wirksam sind 455.

Takiguchi (H.) s. Kagawa (Y.); Kawada (M.).

Talaer (J. Y.), Festy (B.), LePecq (J. B.) u. **Paoletti (C.),** In vitro Untersuchungen d. Ribonucleinsäure-Desoxyribonucleinsäure-Desoxyribonucleasesystems in Säugetieren 799.

Talapatra (S. K.) s. Singh (J. R.).

Talley (E. A.) s. Zacharius (R. M.).

Tamate (H.), McGilliard (A. D.), Jacobson (N. L.) u. **Getty (R.),** Wirkung verschied. Futterstoffe auf d. anatom. Entwicklung d. Kälbermagens 130.

Tambovcev (A. N.), Physiologie d. Darmdrüsen beim Rind 1584.

Tamiya (N.) s. Fujimoto (D.).

Tammemagi (L.) u. **Newton (L. G.),** Eisenzufuhr bei Ferkel-Anämie 354.

Tampion (D.) u. **Gibbons (R. A.),** Wanderungsgeschwindigkeit v. Bullenspermien 464. — Einfluß v. Schleim auf d. Wanderungsgeschwindigkeit v. Spermien 1141.

Tanabe (Y.) u. **Komiyama (T.),** Neue

Art d. Bestimmung d. Thyroxin-Sekretionsrate mit Radiojod 8.
Tanaka (S.), Suzuka (I.) u. **Shimura (K.)**, Wechselwirkung zwischen ATP u. dem Glycin-aktivierenden Enzym 1023.
Tanaka (Y.), Bekämpfung d. Rindertuberkulose in Japan 1193.
Tănase (L.) s. Puşcaru (D.).
Taneja (G. C.) u. **Gowe (R. S.)**, Einfluß verschied. Dosen unverdünnten Spermas auf d. Fruchtbarkeit u. d. Brutergebnis beim Haushuhn 2473.
Tanev (D.) s. Kumanov (S.).
Tanev (I.) s. Mirkov (V.).
— u. **Chinkovski (C.)**, Ergebnisse d. Umgestaltung d. Schafzucht in d. Dobrudsha 522. — Wachstum u. Entwicklung d. Lämmer d. neuen Bulgar. Weißen Milchziege 1147.
Tangl (H.), Calcium als Hemmungsfaktor d. Terramycins 1045.
— u. **Jakabfi (M.)**, Karotin- u. Vitamin-A-Gehalt d. Dotters d. Eier verschied. gehaltener Hühner 266.
Tapernoux (A.) u. **Magat (A.)**, Citronensäurebestimmung in Milchpulver u. Kondensmilch 937.
Taranenko (A. G.), Einfluß d. Schilddrüse auf Kaseingehalt u. Aminosäurenzusammensetzung d. Milch 913. — Einfluß v. Prolaktin auf d. Grundkomponenten d. Milch bei d. Ziegen 2468.
Taranenko (I. L.), Senkung d. Schlupffähigkeit bei Askaridiose bei Hühnern 2311.
Taranov (G. F.), Biologie des Bienenvolkes [549]. — Verwendung v. Carbolsäure 1902. — s. Michajlov (K. I.).
Tarasova (T. T.) s. Očakosvskij (V. S.).
Tarassuk (N. P.) u. **Yaguchi (M.)**, Chromatographie v. Milchproteinen an DEAE-Cellulose 1238.
Tardani (A.), Rallo (F.) u. **Lux (B.)**, Teilweiser Ersatz d. Mehles norweg. Heringe durch argentin. Fleischmehl u. durch Sojamehl in d. Ernährung d. Fleischhuhnes 1526.
Targett (G. A.) s. Robinson (D. L. H.).
Taričenko (I. I.) s. Ladan (P. E.).
Tarján (R.) s. Kállai (L.); Kramer (M.).
Tarladgis (B. G.), Deutung d. Spektra v. Fleischfarbstoffen. *1.* Mitt. Gekochtes Fleisch 1416; *2.* Mitt. Gepökeltes Fleisch. Mechanismus v. Farbschwankungen 1417.
Tarr (H. L. A.) s. March (B. E.).
— u. **Leroux (M.)**, Säurelösliche Phosphorverbindungen u. freie Zucker im Fischmuskel u. ihr Ursprung 780.
Tarrant (J. C.), Wirtschaftlichkeit d. Milcheinsammelns 1622. — Tankwagen, d. neue Arbeitserleichterung für d. Farmen 1843.
Tarrant (M. E.), Thompson (R. H. S.) u. **Wright (P. H.)**, Fettstoffwechsel in Ratten, die mit Anti-Insulin-Serum behandelt wurden 1258.
Tarver (H.) s. Natori (Y.).
Tarverdjan (T. N.) s. Kolabskij (N. A.).
Tasaki (I.) s. Campbell (T. C.).
Tata (J. R.), Ernster (L.) u. **Suranyi (E. M.)**, Beziehungen zwischen Schilddrüsenhormonen u. Zellbestandteilen. *1.* Mitt. Bindung an subzelluläre Partikel u. subpartikuläre Fraktionen 1039; *2.* Mitt. Intrazelluläre Verteilung u. d. Zellsafteffekt 1040.
Tatevosjan (S. S.), Melkversuch an Feinwollschafen 2301.
Táth (B.) s. Tildi (I.).
Tauchnitz (S.), Deutsches Reichshuhn 2530.
Tayler (J. C.) u. **Deriaz (R. E.)**, Verwendung v. Ochsen mit Pansenfisteln zu direkten Nährwertbestimmungen v. verdautem Gras in Weideversuchen 1921.
—, **Rudman (J. E.)** u. **Kemp (C. D.)**, Fleischmessungen, Gesamtkeulengewichte u. Keulenzusammensetzung bei Hereford-Kreuzungsbullen 2271.
Taylor (D. M.) s. Bentley (R. E.).
—, **Bligh (P. H.)** u. **Duggan (M. H.)**, Resorption v. Calcium, Strontium, Barium u. Radium im Verdauungstrakt d. Ratte 145.
Taylor (J. C.) s. Williams (C.).
Taylor (J. H.) s. Morishima (A.); Walker (E. A.).
Taylor (K. W.), Humbel (R. E.), Steinke (J.) u. **Renold (A. E.)**, Papierchromatographie v. Insulin

aus Ochsen-Pankreas, menschlichem Pankreas u. d. isolierten Inselgewebe d. nordamerikan. Froschfisches (Opsanus tau) 1919.
Taylor (L. R.) s. Healy (M. J. R.).
Taylor (M. P.) s. Bentley (R. E.).
Taylor (R. E.) s. Anderson (T. A.); Hale (W. H.).
Taylor (R. J.) s. Boldingh (J.).
Taylor (T. G.) s. Hertelendy (F.).
— u. **Hertelendy (F.)**, Empfehlenswerte Methoden zur Bestimmung d. Fähigkeit bei d. Henne, Calcium zu verwerten 1708.
Taylor (V. J.) s. Levitt (M. S.).
Taylor (W. W.) s. Hutchinson (J. C. D.).
Teague (H. S.), Neues in d. Schweinefütterung 1054. — s. Nelson (E. C.).
Tegner (H.), Wildziegen d. Brit. Inseln 1884.
Teichert (M.), Rinder aus d. Opfermoor Oberdorla 2219.
Telegin (V. A.), Wachstumsdynamik d. Lebendgewichts, d. Lebergewichts u. d. Gewichts d. Bauchspeicheldrüse bei Schweinen u. Hunden 249. — Wachstumsbesonderheiten u. d. Veränderungen d. Körperbaus bei Schweinen u. Hunden in d. Saugperiode 249.
Tembrock (G.), Strukturanalyse d. Kampfverhaltens bei Vulpes 1626. — Analyse d. Imponierverhaltens beim Rotfuchs, Vulpes vulpes (L.) 2057. — Grundlagen d. Tierpsychologie [2058]*.
Terechina (M. T.), **Bobyleva (Z. I.)**, **Sipko (I. I.)**, **Kotenko (N. A.)**, **Ljubimov (J. A.)** u. **Ziborova (V. P.)**, Ultraviolette Strahlen in d. Merinoschafhaltung 2252.
Terent'ev (V. V.), Fleischeigenschaften d. kasach. Lämmer aus Kreuzungszüchtung 2298.
Ter-Karapetjan (M. A.) u. **Azarjan (E. C.)**, Verwandlung d. Stickstoffverbindungen bei d. Futtersilierung 174.
— u. **Petrosjan (V. A.)**, Silierung v. Zuckerrübenblatt mit schwefelhaltigen Präparaten 378.
Terp (P.) s. Christensen (N. O.).
Terplan (G.) s. Kotter (L.).
Terpstra (C.), Tierzucht im ehemaligen Niederländ.-Neu-Guinea 2499.
Terpstra (J. I.) s. Akkermans (J. P. W. M.).
Terrill (S. W.) s. Dudley (W. A.).
Terroine (T.), Vitaminbeziehungen d. Ascorbinsäure 2600.
Terry (R. A.) s. Cooper (J. P.).
Tertişcu (I.), Verbesserter Apparat zur Erbrütung v. Störeiern 1782.
Tesink (J.) u. **Robijns (K. G.)**, Entdeckung tuberkulöser Geflügelbestände u. d. Kontrolle d. Geflügeltuberkulose 1894.
Testov (L. L.) s. Paršutin (G. V.).
Teulade (P.) s. Legay (J.-M.).
Teute (H. W.) s. Andreae (U.).
Textor (K.) s. Sturkie (P. D.).
Thakar (C. V.) s. Deodikar (G. B.).
Thal (E.) s. Bakos (K.).
Thamm (H.), **Ihlenburg (H.)** u. **Lange (H.)**, Verfütterung synthet. Stickstoffverbindungen nichteiweißartiger Natur 1496.
Thayer (R. H.) s. Jaussi (A. W.).
Theil (S.) s. Winkler (H.).
Theisen (M.), Tilgung d. Rindertuberkulose in Luxemburg 511.
Thenius (E.), Capra „prisca“ Sickenberg u. ihre Bedeutung für d. Abstammung d. Hausziegen 528.
Theurer (B.), **Woods (W.)** u. **Burroughs (W.)**, Einfluß v. Enzym-Zusätzen zu Mastrationen für Lämmer 1938. — In vitro-Untersuchungen d. proteolyt. Aktivität v. Enzym-Präparaten 1938.
Thibault (C.) s. Noyes (R. W.).
Thiébold (J. J.) u. **Courrier (R.)**, Teilweise Agenesie d. Müllerschen Gänge, hervorgerufen durch Transplantation v. embryonalen Hoden auf Hühnerembryonen 241.
Thiel (C. C.), Meßgefäße oder Zählapparate für Melkmaschinen 1408.
Thiel (W.) u. **Schaal (E.)**, Nachweis v. östrogenen Stoffen in tier. Lebensmitteln, insbes. in Geflügelfleisch. *1.* Mitt. Probleme u. Nachweismethodik 1455.
Thiele (E.) s. Engelhard (J.).
Thiele (O. W.) u. **Wober (W.)**, Papierchromatograph. Trennung v. Phosphatiden auf einem neuartigen Kieselgelpapier 1241.
Thieme (F.), Krit. Betrachtungen zum Abferkelstallproblem 2254.
Thimm (H. U.), Saisonschwankungen

d. Angebots u. d. Preise landwirtsch. Veredelungsprodukte im Bundesgebiet 1408.
Thimotée (J.) u. **May (R. M.)**, Bestrahlung u. Eierstockstransplantationen. Einfluß verschied. Röntgendosen auf d. Gelingen v. frühinfantilen Eierstocks-Transplantationen zwischen verschied. Rassen d. Hausmaus 1816.
Thoenes (W.) s. Altmann (H.-W.).
Thöni (H.), Nomograph. Bestimmung d. logarithm. Durchschnittes v. Versuchsdaten u. d. graph. Ermittlung v. Regressionswerten 2442.
Thom (H. C. S.) s. Hahn (G. L.).
Thoma (J. A.), Einfaches u. schnelles Verfahren für d. Kodieren v. Lochkarten 442.
Thomas (C. H.) s. Griffin (J. G.).
Thomas (J. W.) s. Bitman (J.); Brown (L. D.).
— u. **Reddy (B. S.)**, Keimhafer als Futtermittel für Milchkühe 1742.
Thomas (O. A.) u. **Scott (M. L.)**, Kokosschrot als Proteinergänzung in prakt. Geflügelrationen 1525.
Thomas (R.), Selbstgebaute *10*-Wabenschleuder 1233.
Thomas (R. O.) s. Swanson (E. W.).
Thomasset, Beschreibung u. Arbeitsweise eines Einfriergerätes für d. Verwendung v. flüssigem Stickstoff 2028.
Thomasson (H. J.), Essentielle Fettsäuren 1005.
Thomke (S.), Futterwert verschied. Haferqualitäten. Schlußber. 1520; dass.: Diskuss.-Beitr. 1741. — Verfütterung silierten Getreides an Schweine 1743.
Thompson (A.) u. **Noble (R. C.)**, Wirkung v. Keimdrüsenhormonen auf d. Phosphorgleichgewicht d. Hausgeflügels 1031.
Thompson (E. O. P.) s. Gillespie (J. M.).
— u. **O'Donnell (I. J.)**, Reduzierte Wolle. *1.* Mitt. Ausdehnung v. reduzierter Wolle mit zunehmender Konzentration an Thiol u. d. Extraktion v. Eiweiß aus reduzierter u. alkylierter Wolle 1854.
Thompson (J. E.), **Kotula (A. W.)** u. **Kinner (J. A.)**, Auswirkung v. Temperatur u. Zeit des Tauchverfahrens zur Vorkühlung auf d. totale Feuchtigkeitsabsorption v. Brathühnern 53.
Thompson (J. F.), **Arnold (W. N.)** u. **Morris (C. J.)**, Empfindlicher qualitativer Test für Sulfoxyde auf Papierchromatogrammen 1920.
Thompson (M. P.) s. Zittle (C. A.).
—, **Kiddy (C. A.)**, **Pepper (L.)** u. **Zittle (C. A.)**, Schwankungen d. α_s-Caseinfraktion d. Milch einzelner Kühe 935.
Thompson (R.), Identifizierung v. Fischspecies durch Stärkegelzonenelektrophorese v. Proteinextrakten 1239.
Thompson (R. C.) s. Palmer (R. F.).
Thompson (R. H.) s. Bautista (F. R.).
Thompson (R. H. S.) s. Tarrant (M. E.).
Thomsen (R. N.) = Nørtoft Thomsen (R.).
Thomson (J. E.) s. Kotula (A. W.).
Thoonen (J.), **Hoorens (J.)**, **Spincemaille (J.)** u. **Demarez (D.)**, Häufigkeit u. Ursachen des Ferkelsterbens 85.
Thorbecke (G. J.) s. Asofsky (R.).
Thorbek (G.) s. Ludvigsen (J. B.).
— u. **Ludvigsen (J. B.)**, Verfütterung verschied. Kohlehydratträger u. deren Einfluß auf den Stickstoffwechsel künstlich aufgezogener Ferkel. Diskuss.-Beitr. 609; dass.: Schlußber. 609.
Thorell (C. B.), Automat. Zählung roter u. weißer Blutkörperchen in Tierblut 2449.
Thorn (W.) u. **Jacobs (G.)**, Metabolitgehalt d. Rattenleber nach Nahrungsentzug 345.
Thornborrow (B.) s. McLean (V.).
Thornburg (W. W.) s. Gordon (H. T.).
Thornton (J. W.) s. Hiner (R. L.).
Thornton (P. A.), Einfluß d. Umwelttemperatur auf d. Körpertemperatur u. d. Sauerstoffaufnahme bei Hühnern 2482. — s. Mather (F. B.).
—, **Brownrigg (D.)** u. **Mather (F. B.)**, Einfluß v. Ascorbinsäure im Futter auf d. Grad d. β-Aminopropionitril-Toxizität bei Truthähnen 1289.
— u. **Whittet (W. A.)**, Einfluß v. Futterenergiegehalt, Energiequelle, Rasse u. Geschlecht auf d. Vitamin-A-Bedarf d. Kükens 1500.

Thorp (J. M.) u. **Waring (W. S.)**, Veränderungen d. Stoffwechsels u. d. Lipoidverteilung durch Äthylchlorophenoxyisobutyrats 1258.
Thorsøe (H.), Einfluß d. Schilddrüsenentfernung auf d. Mucopolysaccharide im Ovar 20. — Ovulationshemmung u. Veränderungen in d. ovarialen Mucopolysacchariden nach Thyreoidektomie bei Kaninchen 1593.
Thulke (H. G.) s. König (K.-H.).
Thuret (F.) s. Rombauts (P.).
Thymian (E.), Zum neuen Lebensmittelgesetz 2258.
Tiberio (M.) s. Maymone (B.).
Tichomirov (N. P.), Kim (A. L.) u. **Ivanov (I. F.)**, Anwendung v. wachstumsstimulierenden Stoffen in d. Stall- u. Weidemast 1714.
Tichomirova (O. N.) s. Jakimčuk (I. L.).
Tichonov (I. T.), Schweinemast mit Zuckerrüben 2615.
Tichonov (V. N.), Einfluß d. Vererblichkeit auf d. Entwicklung d. Schweine im Mutterleib 745.
Tiede (M. G.) s. Wierbicki (E.).
Tiefenbach (B.) s. Grove (D.).
Tiersonnier (B.), Milchkühlung auf dem Bauernhof 261.
Tiews (J.) u. **Kring (P. L.)**, Vitamin-A-Speicherung in d. Kükenleber 1277.
Tilak (M. A.) s. Weygand (F.).
Tildi (I.) u. **Táth (B.)**, Wirtschaftlichkeit d. Kälberaufzucht im Offenstall [511].
Tilgner (D. J.), Wirtschaftlich-technolog. Betrachtungen zur Fleischwirtschaft Nordamerikas. *2.* Mitt. 1169; *3.* Mitt. 1169; *4.* Mitt. 1169.
Till (A. R.) u. **Downes (A. M.)**, Messung d. totalen Körperwassers beim Schaf 565.
Till (M.) s. Kállai (L.).
Tilley (J. M. A.) s. Cooper (J. P.).
Tilley (T. J.) s. Altona (R. E.).
Tillman (A. D.) s. Harbers (L. H.); Oltjen (R. R.); Sherrod (L. B.); Woods (W. R.).
— u. **Kruse (K.)**, Wirkung v. Gossypol u. Hitze auf d. Verdaulichkeit u. Verwertung v. Sojabohnenprotein durch Schafe 608.
Timaru (S.), Mochnacs (M.), Ciolcă (N.), Păunescu (J.) u. **Zarcada (D.)**, Vorteile u. Wirtschaftlichkeit v. frühzeitigen Ablammungen in d. Zucht feinwolliger Schafe 524.
Timašev (I. Z.) s. Graudyń (N. I.).
Timčenko (L. A.) s. Nagornyj (V. T.).
Timiras (P. S.) s. Woolley (D. E.).
Timofeev (L.) s. Kobylkin (V.).
Timošuk (N. B.) s. Manuilova (N. A.).
Tîmpău (C.) s. Lunca (N.).
Tinbergen (N.), Arbeit d. Arbeitsgruppe tier. Verhaltensforschung in d. Fachrichtung Zoologie an d. Universität v. Oxford 2274.
Tindell (D.), Zwischen-Linien-Aggressivität u. Leistung bei Hühnern 2532.
Tiščenko (A. B.) s. Žadan (I. A.).
Tissières (A.) u. **Watson (J. D.)**, Zusammenbruch v. Messenger Ribonucleinsäure während d. Aminosäureeinbaus in Proteine in vitro 802.
Titlbach (M.), Langerhanssche Inseln bei Gallus domesticus L. 2227.
Titus (H. W.) s. Johnson jun. (D.); Mehring jun. (A. L.).
Tjaden (R. J.) s. Perry (W. F.).
Tjažkorob (V. I.) s. Razumov (I. K.).
Tjul'panov (N.), Veterinärprophylaxe u. Hygiene in d. Pelztierzucht d. skandinav. Länder 1460.
Tjutjunnikov (V. N.) s. Belov (L. M.).
Tkačenko (G. M.), Arbeitserfahrungen zwischenkollektivwirtschaftlicher Station für künstliche Besamung 464.
Tkačev (E. Z.), Ernährungsprozesse bei Schweinen bei verschied. Fütterungstechnik u. bei Verwendung v. Stimulatoren 2348.
Tkačov (I. F.), Verwendung v. Harnstoff in d. Tierzucht 2612.
Tláskal (J.) s. Knížetova (R.); Perlín (C.).
— u. **Perlín (C.)**, Vergleichsmast d. Schlachtküken 2534.
Tlustohowicz (J. J.) s. Potter (L. M.); Singsen (E. P.).
Tobias (J.) s. Muck (G. A.).
Tocco (D. J.) s. Schanker (L. S.).
Tockaja (L. J.), Qualität d. Fellchens d. Sokolkier Lämmer in Beziehung zum Geburtsgewicht u. zu einigen anderen Kennziffern 1893. — Leistungseigenschaften d. Sokolkier

Schafe verschied. Konstitutionstyps 2089. — s. Podoba (E. G.).
Todd (A. C.) s. Hayes (J. B.).
Todd (F. A.), Überwachung d. radioaktiven fallout-Kontaminierung 2047.
Todd (J. R.), Magnesium in Futterpflanzen. *1.* Mitt. Magnesiumgehalte v. verschied. Arten unter bes. Berücksichtigung d. zeitlichen Schwankungen u. d. Bodenbehandlung 176; *2.* Mitt. Magnesiumverteilung in Gräsern u. Kleearten 837; *3.* Mitt. Magnesiumverteilung auf Weiden mit niedrigem Magnesiumgehalt 837.
Todd (N. B.), Verhalten u. Genetik bei d. Hauskatze 1627.
Todorov (A.) s. Balevska (R.); Dimov (D.).
—, **Vŭlov (T.)** u. **Nedkov (N.)**, Untersuchungen d. Schureinflusses bei feinwolligen Jährlingen auf Wachstum, Hautstruktur u. Wolleistung 2302.
Todorov (D.) s. Ignatov (I.); Ikonomov (L.); Paliev (C.).
Todorov (N.) s. Kumanov (S.).
Tölgyesy (G.) s. Abd Elmothy (I.).
Törő (I.) s. Csaba (G.); Pósalaky (Z.).
Tokarev (V. S.), Beurteilung d. Schnellwüchsigkeit, d. Futterverwertung u. d. Fleisch- u. Speckeigenschaften bei Schweinen 2518. — s. Lušpaj (N. P.).
Tokuyama (K.) u. **Dawson (C. R.)**, Reaktion d. Inaktivierung v. Ascorbinsäureoxydase 1242.
Tokuyasu (K.) u. **Funatsu (M.)**, Untersuchungen eines enzymat. aktiven Fragments v. Pepsin. *3.* Mitt. Weitere Reinigung u. d. Homogenität eines Fragments mit peptischer Aktivität 1687.
Tollersrud (S.), Lysinzugabe bei Schlachtschweinen 1265.
— u. **Slagsvold (P.)**, Standardfuttermischungen für Laborversuchstiere 1956.
Tolokonnikova (E. V.), **Moiseeva (I. G.)** u. **Bogatyreva (S. A.)**, Wechsel d. Gefiederfarbe bei Nachkommen v. Hühnern, denen verschied. Komponenten fremden Blutes injiziert wurden 1129.
Tolpygo (V.), Verwendung v. Jerseys in den landwirtsch. Betrieben 277. — s. Nikitin (A.).
Tomar (N. S.) u. **Tomar (S. P. S.)**, Einfluß d. Geschlechtes v. Büffelkälbern auf d. Wirtschaftlichkeit ihrer Mütter 506.
Tomar (S. P. S.) s. Tomar (N. S.).
Tomaš (J.) s. Bodja (K.).
—, **Bodja (K.)** u. **Konja (E.)**, Aminosäuren in d. Hydrolysaten d. Panseninhalts bei Schafen nach d. Zusetzen v. Harnstoff 2347.
Tombs (M. P.) u. **Maclagan (N. F.)**, Einfluß d. Hydrolyse d. Proteine auf ihre Ultraviolett-Absorptionsspektren bei *210* mμ 1239.
Tomcsik (J.) u. **Scherrer-Gervai (M.)**, Cytolog. Beobachtungen an Rindererythrocyten mit Hämoglobin-Antikörpern 1132.
Tomic (E. A.) u. **Bernard (J. L.)**, Spektrophotometr. Bestimmung v. Cupfer mit Äthylendiamin 1483.
Tomida (I.) s. Weygand (F.).
Tomlin (F. J.) s. Salzen (E. A.).
Tomoda (I.), Papierelektrophoret. Untersuchungen d. Serumproteine bei Haustieren. *1.* Mitt. Serumproteine bei gesunden Tieren 2450.
Tomov (C.) u. **Kazakov (L.)**, Künstliche Besamung v. Kühen mit Sperma in einem Bikarbonat-Phosphat-Verdünner 1391.
Tomov (I.), Mastfähigkeit einheim. Strandsha-Lämmer 373. — s. Balevska (R.).
— u. **Fudulov (D.)**, Ertragsfähigkeit v. Silomais u. d. Verwertung d. Maissilage durch Hammel 1735.
Tomov (T.), Resorption d. flüchtigen Fettsäuren in d. Vormägen d. Wiederkäuer 2346.
Tomov (V.), Feststellung d. günstigsten Schlachtalters für Fleischhähnchen bei Aufzucht derselben mit zwei verschied. Futtermischungen 1456. — Einfluß v. techn. Biomycin u. v. Vitamin B_{12} auf Wachstum u. Gesundheitszustand v. Newhampshireküken 2377. — s. Totev (S.).
Tomšík (B.), **Škrobal (D.)** u. **Veselý (V.)**, Individuelle Auswahl in d. Bienenzucht u. ihre Perspektiven 997.
Tonevickij (G. G.), Über einige phy-

siolog. Merkmale d. Schweine in Zusammenhang mit d. Heterosis 81.
Tong (W.), Kerkof (P.) u. **Chaikoff (I. L.),** Jodstoffwechsel v. dispergierten Schilddrüsenzellen, d. nach Trypsinbehandlung v. Schafschilddrüsen erhalten worden waren 1040.
Toothill (J.) s. Henry (K. M.).
Topliff (J. E.) s. Biely (J.).
Topps (J. H.), Proteinbedarf d. afrikan. eingeborenen Schafes 1723.
— u. **Oliver (J.),** Milchviehfütterung in Süd-Rhodesien 2511.
Torell (C. R.) s. Bohman (V. R.).
Torell (D. T.) s. Meyer (J. H.).
Toreson (W. E.) s. Natori (Y.).
Torges (H.-G.) s. Mehner (A.).
Torges (U.) s. Mehner (A.).
Tor-Magnus (E.), Mikola (J.) u. **Nummi (M.),** Stärkegelelektrophorese v. bas. wasserlöslichen Gersteproteinen 118.
Torpakov (F. G.), Rationelle Grundrißgestaltung v. Schweinefarmen 2037.
Torten (M.) u. **Schalm (O. W.),** Beziehung zwischen d. Sedimentationsrate d. Erythrocyten u. d. PVC beim Pferd 2219.
Tosev (A.) u. **Petkov (A.),** Untersuchung d. Ammoniakmenge im Panseninhalt v. Schafen 2577.
Totešev (I.) s. Apostolov (S.).
Totev (S.) u. **Tomov (V.),** Gebrauchskreuzung v. Leghorn-, Rhodeländer- u. New-Hampshire-Hennen mit Gesperberten Landhähnen u. umgekehrt 1658.
Totev (T.) u. **Džurkov (D.),** Futterkulturen u. Gemenge für ein künstliches grünes Fließband unter d. Standortbedingungen im Bereich v. Sofia 1730.
Tóth (M.), Wirkung verschied. Antibiotica, d. Furazolidons u. d. Nitrofurazons auf d. Körpergewichtszunahme bei Küken 363.
Tóth (S.), Wirkung v. „Erra" (eines Oxytetracyclinhaltigen Präparates) auf d. Wachstum d. Saugferkel 363. — Heritabilität d. Fruchtbarkeit u. d. *30-* u. *60*-Tage-Wurfgewichtes in d. Mangalicabeständen v. Szarvas u. Mezöhegyes 745. — Wirkung d. Oxytetracyclins auf d. Nährstoffverwertung bei Schweinen 2368. — s. Holdas (S.).
Tóth (S.) u. **Holdas (S.),** Schweinemastversuche mit Verfütterung großer Luzernemehlgaben. *2.* Mitt. 375.
Touchberry (R. W.) s. Clark (R. D.); Legault (C. R.).
Touchburn (S. P.) s. Chamberlin (V. D.).
— u. **Naber (C. E.),** Einfluß d. Nährstoffkonzentration („Nährstoffdichte") u. d. Beziehungen zwischen Protein u. Energie auf d. Leistungen d. Henne 1941.
Touchstone (J. C.) s. Herndon (J. F.).
Toumanoff (C.), Toxizität v. Fluoriden gegenüber Bienen 1905.
Tovar Hernández (M.) s. Peña Martín (F.).
Tove (S. B.), Esterolyt. Aktivität v. Serumalbumin 553. — s. Pritchard (G. I.).
Tower (B. A.) s. Burns (E. C.).
— u. **Floyd (E. H.),** Verbrauchertests u. organolept. Prüfungen mit auf Lindan-getränkter Streu aufgezogenen Broilern 1167. — Einfluß einer Lindan-getränkten Einstreu auf d. Leistung d. Broiler 1219.
Townend (R.) s. Kalan (E. B.).
Townsend (M. J.) s. Braude (R.).
Trail (J. C. M.), Kükenaufzucht in Uganda 305. — Vergleich zwischen fünf Wirtschaftsgeflügelrassen u. Kreuzungen in Uganda. *1.* Mitt. Von d. Aufzucht d. Eintagskükens bis zur Legetätigkeit v. *50*% 529; *2.* Mitt. Qualität d. Schale u. d. Ei-Inneren 2093. — Einheim. Geflügel v. Uganda. Befruchtung, Schlupffähigkeit u. Kükensterblichkeit verglichen mit europäischen Rassen 981. — Broilerproduktion mit geringem Umfang in Uganda 2304. — Putenmast in Uganda 2540. — Einfluß v. Terephthalsäure auf d. Wirksamkeit v. Oxytetracyclin bei d. Kükenaufzucht 2603.
Trakatellis (A. C.) s. Axelrod (A. E.).
Transtrum (L. G.) s. Mortenson (F. N.).
Trapp (A. L.) s. Weide (K. D.).
Tratnig-Frankl (E.) s. Jeschko (K.).
Trauer (W.), Geschichte d. Karakulschafes 1650.

Trautmann (H.) s. Bein (L.); Columbus (A.).
Trautmann (O.) s. Chatagner (F.).
Trautwein (K.) u. **Fritzsche (K.),** Aufzuchthygiene u. Aufzuchtkrankheiten d. Haustiere [722]*, [2258].
Travis (H. F.), Was können wir v. Skandinavien lernen? 1897. — s. Reineke (E. P.); Schaible (P. J.).
—, Ringer (R. K.) u. **Schaible (P. J.),** Vitamin K in d. Nerzernährung 2315.
— u. **Schaible (P. J.),** Einflüsse eines zeitweiligen Diaethylstilboestrol-Futters während d. Trächtigkeit v. Nerzfähen auf d. Fortpflanzung u. Welpenentwicklung 538, 992.
Travis (J.) u. **Robinson (A. D.),** Trennung u. Bestimmung v. Riboflavin u. seiner Derivate in Mischungen 2337.
Trávniček (J.) s. Mandel (L.).
Treadwell (C. R.) s. Swell (L.).
Tredup (W.) s. Krähenbühl (K.).
Treece (J. M.), Gilmore (L. O.) u. **Fechheimer (N. S.),** Scheckung d. Holstein-Friesian-Rinder. *2.* Mitt. Zusammenhänge zwischen d. Farbzeichnung d. Kopfes u. d. Anteil d. pigmentierten Körperfläche 2278.
Trele (S.) s. Schiemann (R.).
Trenchard, Schweine für d. modernen Markt 965.
Trepte (H.), Versuchs-Schafstall Weimersheim 2037.
Tret'jakov (N. N.), Skelettverknöcherung bei Lämmern d. Romanowrasse v. verschied. Müttern 669. — Linearwachstum d. Skeletts d. Gissarschafe im Vgl. zum Skelettwachstum d. Sowjet. Merinos während d. Entwicklung im Mutterleibe 1386.
Tret'jakov (N. P.) u. **Zaletaeva (T. A.),** Einfluß gelenkter Wirkung äußerer Faktoren in d. embryonalen u. postembryonalen Periode auf Entwicklung u. Leistungsfähigkeit d. Geflügels 1137.
Treus (V. D.) u. **Steklenev (E. P.),** Versuche auf dem Gebiet d. Kreuzung v. Rindern mit Elen-Antilopen 25. — Hybriden „Leporiden" (Alpenhase $\times$ Hauskaninchen) 682. — Versuche d. entfernten Hybridisation v. Wild- u. Haustieren 1136.
Treus (V. D.) u. **Stjekljeňov (O. P.),** Hybridisation v. Feldhasen mit Hauskaninchen 2466.
Trevoga (I. A.) s. Ladan (P. E.).
Tribble (L. F.) s. Day (B. N.); Dean (B. T.).
Tribe (D. E.) s. Coombe (J. B.).
Triffitt (L. K.) s. Turner (H. N.).
Trimberger (G. W.) s. Bishop (S. E.); Castillo (L. S.); Schmidt (G. H.).
Tristram (G. R.) s. Steven (F. S.).
Trnka (M.), Landwirtschaftl. Schulwesen u. Forschung in d. Tschechoslowakei [442].
Trnka (Z.) s. Asofsky (R.).
Tröger (F.) s. Mielke (H.).
Troelsen (J. E.), Pflanzenchromogene als Indikator zur Bestimmung d. Verdaulichkeit v. Futterpflanzen beim Schaf 1483.
— u. **Bell (J. M.),** Beziehungen zwischen Bestandteilen u. Verarbeitung v. Futtermitteln für Schweine. *4.* Mitt. Auswirkungen verschied. Gehalte u. Arten rohfaserreicher Streckungsmittel in Endmastrationen, d. in loser oder pelletierter Form verfüttert werden, auf d. Entwicklung u. Schlachtkörperqualität v. Schweinen 1055.
Troickij (F. A.), Geburtshilfe, Gynäkologie u. künstliche Besamung d. Tiere [1145].
Troickij (I. A.) s. Laskov (A. A.).
Troščin (S. I.) s. Karpov (P. L.).
Trošin (I. P.) u. **Charitonova (S. M.),** Kälberaufzucht mit Trockenbuttermilch u. Magermilchpulver 2374.
Trošin (S.), Besamungsstation 2473.
Trossen (J.), Soll man v. Hy-Lines u. Kombinationsprodukten weiterzüchten? 1213.
Trotter (D. M.), Untersuchungen an den Uteri v. künstlich u. natürlich gepaarten Kühen 24.
Trowbridge (H. O.) s. Natori (Y.).
Truchina (E. P.) s. Soldatenkov (P. F.).
Truchot (R.) s. Michel (R.).
Trujillo (J. M.), Stenius (C.), Christian (L. C.) u. **Ohno (S.),** Chromosomen d. Pferdes, d. Esels u. d. Maulesels 2229.
Trulsson (G.), Schweinezucht in Schweden im Jahre *1961* 512; dass.: *1962* 2516.

Truman (D. E. S.) u. **Korner (A.),** Mitochondrien- Ribonucleinsäure u. ihre Rolle beim Aminosäureneinbau in d. Mitochondrieneiweiß 802. — Inkorporation v. Aminosäuren in d. Protein isolierter Mitochondrien. Untersuchung d. optimalen Bedingungen u. Beziehung zur oxydativen Phosphorylierung 1022. — Anfangsstufen beim Einbau v. Aminosäuren in Protein in Rattenlebermitochondrien 2587.
Tscheschmedschiew (B.) s. Platikanow (N.); Schiemann (R.).
Tschiderer (K.), Wurmkontrolle durch Fertigfutter mit Hygromycin-B in einem Einzel-Fütterungsversuch bei Schweinen 2156, 2369.
Tschiersch (B.), Neue Aminosäuren in höheren Pflanzen. Eine Übersicht 2554.
Tschirschwitz (H.), Bedeckung d. Rinder 956.
Tschörner (F.) s. Pirchner (F.).
Tsien (W. S.) s. Richardson (D.).
Tsubone (T.) s. Hayano (K.).
Tsuchiya (Y.) s. Kato (T.).
Tsuda (T.), Pansenbeweglichkeit u. Grad d. Essigsäure-Resorption vom Pansen durch Anwendung einer Pansensack-Methode 1248.
Tsugita (A.), Fraenkel-Conrat (H.), Nirenberg (M. W.) u. **Matthaei (J. H.),** Demonstration d. Überträger-Funktion v. Virus-RNS 799.
Tsugo (T.) s. Iwaida (M.).
Tsujita (M.), Mütterlicher Effekt d. + lem-Gens auf d. Pterinreduktase v. Bombyx mori 550.
Tsuru (D.), Inhibitoreffekt v. Glycin auf d. Produktion v. Amylase u. Proteinase durch Bacillus subtilis. *1.* Mitt. Einfluß v. Glycin u. Glycinderivaten auf d. Enzymproduktion in gewaschenen Zellen 2354; *2.* Mitt. Einfluß v. Glycin auf d. Enzymsekretion 2355; *3.* Mitt. Glycininduzierte Zellauflösung u. Hemmung d. Enzymproduktion 2355.
Tsuyuki (H.), Roberts (E.) u. **Gadd (R. E. A.),** Muskelproteine v. Pazifiklachs. *2.* Mitt. Säulenchromatograph. Untersuchung v. Muskelprotein u. anderen Substanzen, d. in Salzlösungen geringer Ionenstärke löslich sind 785; *3.* Mitt. Trennung v. Muskelproteinen, d. in Salzlösungen geringer Ionenstärke löslich sind, durch Stärkegelelektrophorese 785.
Tubiash (H. S.), Schnelle u. dauerhafte Färbemethode nach Wright für Chromosomen u. Zellkerne 233.
Tucker (E. M.) s. Drury (A. N.).
Tucker (H.), Reid (B. L.) u. **Kurnick (A. A.),** Variation d. Daten d. Eiqualitätsmessungen in Beziehung zur Stichprobenhäufigkeit 1216.
Tučkova (T. G.), Rolle v. Kobalt u. Jod in d. Biologie d. Maulbeerseidenspinners 1472.
Tüngler u. **Friedrich (H.),** Individuelle Anpaarung, Ausdruck des züchter. Einsatzes d. künstlichen Besamung im Bezirk Magdeburg 67.
Tulloch (B. R.), Abgeänderte Technik zur Gewinnung v. Geflügelsamen 31.
Tulloh (N. M.), Studien über d. Schneidezähne des Rindes 895.
Tulner (P. R.) s. Kalsbeek (H. C.).
Tuma (H. J.), Venable (J. H.), Wuthier (P. R.) u. **Henrickson (R. L.),** Muskelfaser-Durchmesser u. Zartheit sowie Fleischwüchsigkeit unter d. Einfluß d. Alters bei Rindern 1191.
Tumanova (E. I.), Einfluß verschiedenartiger Fütterung u. Arbeit auf Kreislaufsystem u. Atmungsorgane d. Pferde 2275.
Tunmann (P.) u. **Silberzahn (H.),** Kohlenhydrate im Hühnerei 1419.
Tupper (R.) s. Dennes (E.).
Turba (F.) s. Phillipps (G. R.).
Turbin (N. V.), Heterosis, Theorie u. Methoden d. prakt. Anwendung [443].
Turek (F.), Grundlagen d. Fütterung [1059]. — Leistungsprüfungen als Grundlage d. Qualitätssteigerung tier. Produkte 1830.
Turk (D. E.) s. Leach jun. (R. M.).
Turk (K. L.) s. Bishop (S. E.); Castillo (L. S.).
Turlin (A. A.), Veränderter Blutindex bei Pferden unter verschiedenartigen Verhältnissen d. Weidehaltung 254.
Turner (C. B.) s. Hall (K.).
Turner (C. W.) s. Anderson (R. R.); Himeno (K.); Miller (W. R.); Pre-

machandra (B. N.); Stahl (P.); Williams (R.).
Turner (C. W.) u. **Bauman (T. R.),** Biolog. Testierung v. Thyroprotein 2011.
Turner (G. D.) s. Hawk (H. W.).
Turner (H. G.), Einfluß d. Scherens auf d. Entwicklung v. Jungrindern im Freien 284.
—, Nay (T.) u. **French (G. T.),** Population d. Haarfollikel bei Rindern in ihren Beziehungen zu Rasse u. Körpergewicht 2222.
Turner (H. N.), Hayman (R. H.), Triffitt (L. K.) u. **Prunster (R. W.),** Reaktion gegenüber d. Selektion auf Mehrlingsgeburten bei d. austral. Merinos 750.
Turova (R. I.) s. Stepanov (E. M.).
Turynek (V.) s. Mandel (L.).
Tutarov (G. A.), Biolog. Besonderheiten in Bau u. Entwicklung d. Geschlechtsorgane v. Jungsauen 1125.
Tutt (F. E.) s. Kunkel (H. O.).
Tuttle (S. G.) s. Swendseid (M. E.).
Tuyman (J. A.), Kwa (H. G.) u. **Bloemendal,** Zonen-Elektrophorese v. rohem Hypophysen-Extrakt 1688.
Tverskoj (G. B.), Rolle d. efferenten Innervation d. Milchdrüse in d. Regulierung d. Milchfettsekretion bei Ziegen 913.
Twombly (J.) u. **Meyer (J. H.),** Endogene Stickstoffausscheidung in d. Verdauungstrakt 797.
Tyleček (J.) s. Hanáček (S.); Zedník (M.).
—, Čechovský (J.), Špaček (F.) u. **Zelenka (J.),** Einfluß d. getrockneten Torula auf d. Verdaulichkeit d. organ. Nährstoffe d. Futterration für Legehennen 2606.
—, Špaček (F.), Čechovský (J.) u. **Zelenka (J.),** Erforschung d. Wirkung v. $CuSO_4 \cdot 5H_2O$ u. Chlortetracyclin auf Wachstum u. Schlachtwert d. Masthühner 307.
Tyler (B. F.) s. Davies (W. E.).
Tyler (W. J.) s. Collins (W. E.); Conneally (P. M.); Menge (A. C.).

Ubbels (J.), Kühlen v. Milch in doppelwandigen Milchtanks 1849, 2048.
— Temperatursteigerung v. gekühlter Milch bei Tanklagerung 2487.
Ubertalle (A.) s. Ambrosino (C.).
Udenfriend (S.) s. Guroff (G.); Prockop (D. J.).
Udris (A.), Sterblichkeit d. Welpen beim Nerz 103.
Ueda (S.) s. Sandstedt (R. M.).
Uehara (K.) s. Kobashi (K.).
Uesaka (S.) u. **Kawashima (R.),** Beobachtungen in Japan über d. Achromatrichia bei d. schwarzen japan. Rinderrasse 613.
Uhle (H. J.), Belastung d. Milchwirtschaft durch d. Milcherfassungskosten 2043.
Uhlemann (G.) s. Bühner (F.).
Uhlenbruck (G.) u. **Krüpe (M.),** Isolierung eines N-blutgruppenaktiven Mucoids aus Pferde-Erythrocytenstroma 1815.
— u. **Schmid (D. O.),** Ein Mucoid mit Blutgruppeneigenschaften aus Rindererythrozytenstroma 1365.
Uilberg (S.) s. Appelgren (L.-E.).
Ukrainec (N. F.), Vervollkommnung d. Gruppenmast v. Schweinen 2294.
Ulberg (L. C.) s. Poston (H. A.).
Ulbrich (F.) s. Kunter (E.).
Ulbrich (M.) s. Renatus (K.).
Ul'janov (P. V.) u. **Ševčenko (B. D.),** Vereinfachte Methode d. quantitativen Bestimmung v. CO_2 in d. Stalluft 1832.
Ullberg (S.) s. Bengtsson (G.).
Ullrey (D. E.) s. Miller (E. R.); Sprague (J. I.); Waddill (D. G.).
Ullrich (G.), Funktionsweise u. d. zweckmäßige techn. Einsatz d. Melkmaschine, insbes. im Fischgrätenmelkstand, unter Berücksichtigung d. Eutergesundheit 258.
Ulvesli (O.), Zusammensetzung u. d. Futterwert v. Alchemilla vulgaris-Heu 1303.
Umar (M.) s. Hashmi (M. H.).
Umbarger (H. E.) s. Freundlich (M.); Moyed (H. S.).
Umezu (M.) s. Sasaki (Y.); Watanabe (Y.).
Unanov (G. S.), Fleischeigenschaften d. Schweine d. Nordkaukas. Rasse 2519.
Uncles (R.) s. Semple (S. J. G.).
Underbjerg (G. K. L.) s. Borgman (R. F.).
Unshelm (J.) s. Andreae (U.).
Uppenborn (W.), Pferdezucht u. Pferdehaltung [2276].

Uprichard (J. M.) s. Lumb (M.).
Urban (E.), Mehr Eier u. Geflügelfleisch durch d. ganzjährige Brut 1658.
Urban (M.), Polynes. Mythen u. Überlieferungen in bezug auf d. voreuropäische Haustierhaltung in d. Südsee 1580.
Urban (W.), Entwicklung d. Geflügelwirtschaft in d. ČSSR 90.
Urbányi (L.), Wertung d. Silomaises v. Standpunkt d. Mineralstoffwechsels 1733. — Mineralstoffverluste bei Einsilierung v. Silomais in verschied. Silotypen 2382.
Urbin (M. C.), Zessin (D. A.) u. **Wilson (G. D.),** Methode zur Bestimmung d. Wasserbindeeigenschaft d. Fleisches 1163.
Urist (M. R.) s. Ibsen (K. H.).
Ušakov (P. I.) s. Movsum-Zade (K. K.).
Uschmann, Ernst Haeckel [2]*.
Usenik (E. A.) s. Stromberg (M. W.).
Ušenko (S. N.), Reflektor. Tätigkeit d. ovarioektomierten Albinoratten unter d. Einfluß v. Follikulin u. Octestrol 2013.
Ustinov (D. A.) u. **Kozunin (I. I.),** Durchlässigkeit d. Tierfelles für ultraviolette Strahlen 1399.
Utter (M. F.) s. Mendicino (J.).
Uuspää (V. I.) s. Uuspää (V. J.).
Uuspää (V. J.) u. **Uuspää (V. I.),** Ratten-Fundus-Methode nach Vane zur Bestimmung v. 5-Hydroxytryptamin 1011.
Uyeno (S.) s. Ibsen (K. H.).

Vačev (B.), Minčeva (N.), Popchristov (A.) u. **Djakov (L.),** Verwerfen bei Schweinen 969.
Váchal (J.), Heritabilität d. Schurertrages an Schweißwolle bei Stawropol-Merinoschafen 976. — s. Šiler (R.).
Vačugov (M. A.) s. Serebrjakov (K. M.).
Vagelos (R. P.) s. Martin (D. B.).
Vagonis (Z. I.) s. Ajzinbudas (L. B.).
Vaher (L.), Linienzüchtung u. Zuchtwahl zur Verbesserung d. Estn. Schwarzbunten Rindes 2280.
Vaiman (M.) s. Ferrando (R.).
Vainikainen (V.) s. Maijala (K.).
Vajda (M.) s. Szabó (K.).
Vajnštejn (J. I.), Rationierte u. nicht rationierte Fütterung v. Mastschweinen 1648.
Vakulenko (N. A.) s. Korčagin (V. B.).
Vakulović (B.) s. Maksimović (D.).
Valberg (L. S.) s. McCall (M. G.).
Valdman (A. R.), Wechselwirkung zwischen Vitamin B_{12} u. d. Antibiotica in d. Tierernährung 1716.
Valencia (R.), Blum (J.-C.) u. **Jacquot (R.),** Einfluß einer Ergänzung v. Sojamehl mit Methionin auf d. Vitamin-B_{12}-Synthese durch Streptomyces olivaceus 1712.
Valenta (M.), Kouloušek (J.) u. **Fulka (J.),** Einfluß d. ionisierenden Strahlung auf Nucleinsäuren u. d. Lebens- sowie Befruchtungsfähigkeit v. männlichen Geschlechtszellen 1380.
— u. **Petrovský (E.),** Chem. Zusammensetzung d. nach Erschöpfungsversuchen gewonnenen Spermas v. unterschiedlich ernährten Bullen 1431.
—, **Petrovský (E.)** u. **Nováková (E.),** Einfluß unterschiedlicher Ernährungsintensität v. Zuchtbullen auf chem. Zusammensetzung u. biochem. Kennziffern v. Ejakulaten 1186.
Vallance (S.) s. McClymont (G. L.).
Vallée (R.) s. Berlinguet (L.).
Valpotić (I.) u. **Mitin (V.),** Blutgerinnungszeit, Senkungsreaktion u. osmot. Resistenz b. Balkanziegen 4.
Vance (V. K.) s. Lee (J. B.).
Vančev (T.), Ergebnisse d. Kreuzung d. Karnobater Landschafes mit Merinoböcken [2302].
Vandemberg (C.), Bekämpfung d. Rindertuberkulose in Belgien 285.
Vandenheuvel (F. A.) s. Ackman (R. G.).
Vandenheuvel (W. J. A.) s. Lukkainen (T.).
Vandersall (J. H.), Hibbs (J. W.) u. **Conrad (H. R.),** Einfluß v. Veränderungen in d. Futterration auf d. Freisetzungsraten v. Schilddrüsen-^{131}J bei jungen Milchtieren 601.
Vandervell (H. D.) s. Morgan (A.).
Vanetten (C. H.) s. Miller (R. W.).
Vangelov (K.) s. Georgiev (I.).
Vanko (M.) s. Muntz (J. A.).

Vanschoubroek (F.) s. Paredis (F.).
— u. **Embo (P.)**, Umfang, Ursache u. Art d. Gewichtsverlustes v. Sauen während d. Säugezeit 291.
Vapcarova (M.), Zusammensetzung d. Kalbfleisches 2269.
Vaquero (D. M.), Holländ. oder amerikan. Friesiankühe 272.
Varela (G.), **Ferrer (J.)** u. **Boza (J.)**, Verdauungsversuche mit Granad. Ziegen 572.
Varjan (R.) u. **Sedjakin (V.)**, Steigerung d. Milchmenge bei Ammenkühen 2510.
Varney (W. Y.) s. Field (R. A.); Whiteker (M. D.).
—, **Kemp (J. D.)**, **Phillips (C. D.)** u. **Barnhart (C. E.)**, Relative Schlachtwerte u. Daten v. leichten u. schweren Schweinen 966.
Vasaitis (V.) s. Creek (R. D.).
Vasilev (A.) s. Conev (P.).
Vasilev (C.), Schwarzbuntes Dermanzier Schwein, wertvolle Rassengruppe in Bulgarien 741. — s. Marčev (B.).
Vasil'ev (D. V.), Anwendung d. Inzucht bei d. Züchtung einer Rassengruppe d. Kalininer Fleischwollschafe 2527.
Vasil'ev (V.) s. Potechin (S.).
Vasil'ev (V. G.) s. Slavin (R. M.).
Vasileva (J.) s. Evtimov (B.).
Vasin (A. D.), Besonderheiten d. Fruchtbarkeit bei d. feinwolligen Altaischafen 752. — Stadienentwicklung d. Eierstöcke bei Feinwollschafen 2453.
Vasjutinskij (J. P.) u. **Šagojan (F. S.)**, Anbau v. Grünfutter in Hydrokultur 382.
Vasserman (Z. N.) u. **Smol'jakov (R. T.)**, Die einfachsten u. wirtschaftlichsten Stallbauten [479].
Vaśsil'ev (V. G.) s. Slavin (R. M.).
Vasylenko (A. I.) s. Anisimov (V. M.).
Vaughan (D. A.) u. **Vaughan (L. N.)**, Einfluß eines Pyridoxinmangels auf kälteeingestellte Ratten 1035.
Vaughan (L. N.) s. Vaughan (D. A.).
Vault (R. L. de) s. Jackson (H. D.).
Vavich (M. G.) s. Crowley (T. A.); Doberenz (A. R.); Heywang (B. W.).
Vazenmiller (N. K.) s. Šapovalov (K. S.).
Večeřová (E.) s. Kahoun (J.).
Veen (H. E. van der) s. Neeteson (F. A.); Sybesma (W.).
Veerkamp (J. H.), **Mulder (I.)** u. **Deenen (L. L. M. van)**, Vergleich d. Fettsäurezusammensetzung d. Lipide aus verschied. Tiergeweben einschließlich einiger Tumore 115.
Vega (A. V. y) = Vera y Vega (A.).
Veggetti-Aiuto (A.) s. Bortolami (R.).
Veit, Existenzfragen d. Rinderhaltung in Südwestafrika 500.
Veld (L. G. H. in't) = Huis in't Veld (L. G.).
Velebil (M.), Einige Grundsätze für d. Einführung d. Mechanisierung in d. tier. Produktion 2256.
Veličko (L. F.), Eiweißversorgung u. d. Auftreten d. Heterosis bei Kreuzungstieren 2291.
Veličkov (V.), Frühjahrsreizfütterung d. Bienenvölker mit Zuckerlösung u. geeignetste Futtergefäße hierzu 1467. — Überwinterung d. Bienenköniginnen außerhalb d. Wintertraube 1671.
Vel'možnyj (B. M.), Aufbewahrung v. Ebersperma 1827.
Venable (J. H.) s. Tuma (H. J.).
Venev (I.), Einfluß d. Alters d. Eltern auf Quantität u. Qualität d. Nachkommen bei Schweinen 744. — s. Beremski (S.); Evtimov (B.).
— u. **Dimitrov (V.)**, Einfluß d. Alters auf einige Leistungseigenschaften d. Zuchtschweine 745.
Venge (O.), Zuchtmethoden in d. Nerzzucht 538. — Vererbung d. Körpergröße beim Nerz 1222. — Mitteilung über induzierte Sterilität beim Nerz 2460.
Venjarskij (A.) s. Sadykov (B.).
Venkatachalam (P. S.) u. **Ramanathan (K. S.)**, Einfluß mäßiger Hitze auf d. Hoden v. Ratten u. Affen 1383.
Venkatayan (S.), **Nambiar (K. T. K.)** u. **Govindan Nayar (K. N.)**, Blutplasma d. Haushühner. Spezif. Gewicht, Viskosität, refraktärer Index u. ihre Beziehung zu d. Plasmaproteinen 1581.
Venkov (T.) s. Kalev (G.).
— u. **Peev (G.)**, Phosphat-Bicarbonat-Medium zur Verdünnung u. Aufbewahrung v. Rindersperma bei Zimmertemperatur 246.

Venkov (V.) s. Popov (Vladimir).
Venzarová (L.) s. Smišek (V.).
Vera y Vega (A.), Beiträge zum Studium des Mancha-Schafes. *4.* Mitt. Korrelationen zwischen Milchleistung, Wollproduktion u. Lebendgewicht bei Merino-Mancha- (Calatravischen) Schafen 301. — Methoden d. ersatzweisen Austausches v. Rinderpopulationen 2506.
Verbeek (W. A.), Fleischrinderrassen in Südafrika 728.
Verbeke (R.) s. Raafat (M. A.).
Verelle (L.) s. Dorier (P.).
Veress (L.) s. Bárczy (G.).
Vergles (V.) s. Asaj (A.).
Vergote de Lantsheere (W.), Belg. Pferdezucht *1961* 1171. — Produktion in d. belg. Schweinezucht *1961* 1195.
Veringa (H. A.) s. Stadhouders (J.).
Verma (S. S.), Bericht über d. Beimischung v. ^{137}Cs u. ^{90}Sr in Milch 2045.
Vermeşanu (N.) s. Dinu (M.); Gligor (V.).
—, Ciocoiu (A.) u. **Scorţescu (G.),** Untersuchungen über d. Methodik d. Bestimmung v. Eiweißstoffen d. Milch 486.
Vermieşanu (N.) s. Puşcaru (D.).
Verner (D.) s. Markovič (P.).
Verney (E. B.) s. Greenway (C. V.).
Vernigor (V. A.) s. Karpov (M. S.).
Vernon (J.), Mercer (E. A.) u. **Rosen (G. D.),** Einflüsse auf d. Leistungsvermögen v. Oleandomycin u. Oxytetracyclin, die in niedrigen Futterkonzentrationen an schwere Schweine verfüttert wurden 1503.
Vérosta (B.) s. Klimeš (I.).
Verter (W.) u. **Morsk (H.),** Blutbild d. Rinder d. Gruppen Bos primigenius taurus, Bos indicus, Bubalus arnee bubalis u. Bos (Pöephagus) mutus grunniens (L.) 1580.
Vertunov (A. I.) s. Kudrjavcev (A. A.).
Verzilin (N. N.) s. Pinevič (V. V.).
Veselý (V.) s. Tomšík (B.).
Vester (C. F.), Standardisierung v. Methoden zur Untersuchung v. Milch u. Milchprodukten in d. Niederlanden. Standard Nr. *2389* 44; dass.: Standard Nr. *3170* 44; dass.: Einführung zum Standard NEN *955* über d. Bestimmung coliformer Bakterien in Milch u. flüssigen Milchprodukten 2264.; dass.: Einführung zum Standard NEN *1507* über d. Anzahl d. Kalorien in d. Milch 2264; dass.: Einführung zum Standard NEN *3142* über d. Bestimmung d. Phosphatase-Aktivität in Milch u. flüssigen Milchprodukten 2264.
Vestergaard (E. C.), Stallfragen für Milchkühe 475.
Viaene (N.) s. Geurden (L. M. G.).
Vidanović (M.) s. Belić (J.).
Vielhauer (S.), Anwendung statist. Methoden zur Ermittlung d. Analysengenauigkeit 2442.
Vignes (E. C.) s. Saint Antoine (J. D. de R. de).
Viktorov (P. I.) u. **Nenašev (P. D.),** Verbesserung d. Frühreife bei Feinwollschafen 2088.
Vil'činskij (A.), Erhöhung d. Milchfettgehaltes 1872.
Villalon (F.) u. **Suarez (A.),** Chem. u. mikrobiolog. Gesichtspunkte bei d. Einsäuerung v. Luzerne unter Verwendung verschied. Konservierungsmittel 1060.
Villa-Trevino (S.) u. **Farber (E.),** Beseitigung d. durch Äthionin bedingten Hemmung d. Eiweißsynthese durch Adenosintriphosphat 2587.
Villee (C.) s. Kelleher (P.).
Villegas (V.) s. Felix (A. E.).
Vincent (G.), Verwendung d. belg. Milchproduktion im Jahre *1960* 708; dass.: *1961* 2267.
Vincze (L.), Untersuchung d. Nutzung v. Gelegenheitsweide mit in verschied. Monaten d. Jahres geborenen Fett-Typ-Läufern 520. — Entwicklung d. Schweinehaltungsmethoden in Ungarn u. neuere Versuche zu ihrer Verbesserung 1444.
Vinczeffy (I.), Wiesen- u. Weidewirtschaft [479].
Vinson (G. P.), Norymberski (J. K.) u. **Jones (I. C.),** Umwandlung v. Progesteron in Oestrogen im Eileiter d. Maus 1590.
Virtanen (A. I.) s. Matikkala (E. J.).
Visek (W. J.) s. Harbers (L. H.).
Višnjakov (N. K.), Verfütterung v. Maissilage an Kälber v. d. ersten Lebenstagen an 616.

Viswanathan (C. V.) s. Bai (B. M.); Kaufmann (H. P.).
— u. **Bai (B. M.)**, Anwendung d. Umkehrphasen-Cirkularpapierchromatographie für d. Analyse höherer Fettsäuren 1685.
Vitale (J. J.) s. Hellerstein (E.).
Vitalli (H. P.) s. Südhof (H.).
Vithayathil (A. J.) s. Buck (F. F.).
Vladimirova (E. V.) s. Rubenčik (L. I.).
Vlasov (P. G.), Tierzucht in d. Republik Kuba 2499.
Vlasov (V.), Mittelwände mit erweiterten Zellen in baschkir. Imkereien 106.
Vlasova (S. E.) s. Aristova (V. P.).
Vlasova (S. I.) s. Lobanova (O. I.).
Vlček (A.) s. Navrátil (B.).
Vleck (L. D. van), Zuchtwertschätzung mit *5*-Monate-Teilleistungen 1177. — Wirkung unvollständiger Leistungen auf d. Zuchtwertschätzung 2277. — s. O'Blenness (G. V.); Pond (W. G.).
— u. **Henderson (C. R.)**, Leistungsverbesserung bei d. New-York-Holsteinern als Folge d. künstlichen Besamung 1184.
—, **Henderson (C. R.)** u. **Carter (H. W.)**, Zuchtwertschätzung bei geplanter Paarung 274.
Vlieg (P.) s. Reid (C. S. W.).
Vliet (G. van), Unterschiedliche Hämoglobine beim Niederländ. Schaf 4.
Völker (H.), Kaliumchloratvergiftungen bei Rindern 369. — s. Schulz (O.).
Voelker (I.), **Schümann (E.)** u. **Holt (C. v.)**, Biosynthese d. Insulins. *1.* Mitt. Darstellung v. biosynthet. markiertem ^{35}S-Insulin 790.
Völkl (H.), Schädel- u. Gebißentwicklung beim Deutschen Fleckvieh im ersten Lebensjahr 2009. — s. Ritter (H. C.).
Vogel (J. A.) s. Sturkie (P. D.).
Vogh (B.) s. Cassin (S.).
Vogt (D. W.), **Comstock (R. E.)** u. **Rempel (W. E.)**, Genet. Korrelationen zwischen einigen wirtschaftlich wichtigen Eigenschaften bei Schweinen 2079.
Vogt (H.) s. Fangauf (R.).
Vogt (H.) u. **Penner (W.)**, Versuch mit Fish solubles im Geflügelmastfutter 2390.
Vogt (Hermann), Jahrbuch für d. Geflügelwirtschaft *1963* [536]*.
Voigt (J.), Glucoseoxydase-Gewinnung, Eigenschaften, Anwendung 116.
Voigt (K. D.) s. Apostolakis (M.); Matzelt (D.).
Voigtländer (K.-H.), Fütterung v. Rindern in Offenställen 959. — Mineralstoffgehalt d. Milch v. Kühen d. Deutschen Schwarzbunten Rindes 1409.
— u. **Belg (E.)**, Körpermaße u. Lebendgewichte schwarzbunter Jungbullen auf Verkaufsveranstaltungen im Bereich d. ehemaligen Tierzuchtinspektion Dresden 725.
Voisin (A.), Fruchtbarer Boden schafft fruchtbare Tiere 351.
Vojtisková, Mechanismus d. Befruchtungsinkompatibilität bei d. entfernten Kreuzung d. Geflügels [2]*.
Volčenko (K. D.) s. Il'ina (E. D.).
Volik (G. P.) u. **Demin (J. P.)**, Kleiner Abferkelkäfig 1404.
Volkmann (K.), Das vorläufige Ergebnis d. Pferdezählung v. *3.* Dez. *62* 1859.
Volkopjalov (B. P.) u. **Grečišnikov (N. N.)**, Bestimmung d. Fläche d. Muskelauges beim lebenden Schwein mit d. Gerät TUK-*2* 2079.
Volkov (D.), Zuchtarbeit in den Gestüten d. Ukraine 499.
Volkov (D. A.) u. **Volkov (P. P.)**, Verwendung verschied. Pferdetypen in d. Landwirtsch. 723.
Volkov (D. I.) u. **Fokina (Z. V.)**, Wuchs, Entwicklung u. Fleischqualität kanad. Broiler u. Küken d. Cornish-Rasse 982.
Volkov (P. P.) s. Volkov (D. A.).
Volkov (S. A.) u. **Balašov (M. T.)**, Altersgebundene Veränderungen d. Schilddrüse bei Ferkeln d. Ukrain. Weißen Steppenrasse u. deren Kreuzungsprodukten 1373.
Volkova (L. P.) u. **Šeluchina (T. K.)**, Geflügelzucht in Lettland 2529.
Volosožar (V. A.), Praxis d. Laufstallhaltung d. Rinder im Sowchos „Peremoga" 2483.

Volpenhein (R. A.) s. Mattson (F. H.).
Volt (H. M. de) s. Schumaier (G.).
Vorbrodt (K.), Histochem. Untersuchungen über d. Bernsteinsäure-Dehydrogenase-System im Eierstock u. d. Milchdrüsen v. trächtigen Kaninchen 1371; dass.: in d. Gebärwegen trächtiger Kaninchen 1919.
Voris (J. C.) u. **Shultz (F. T.),** Einfluß v. Krinolinhorden u. Zusammenlegen d. Eier auf Schlupfprozente u. Auftreten v. Beinspreizen bei Putenküken 1459.
Vorob'ev (E. S.), Zustand d. Ernährungsprozesse bei Ochsen bei Verfütterung v. Grün- u. Saftfutterrationen einschließlich synthet. stickstoffhaltiger Verbindungen. *1.* Mitt. 2576.
Voronjuk (U.) s. Mokjejev (O. J.).
Voronov (V. N.), Bedeutung d. individuellen Besonderheiten d. Zuchtbullen bei d. Rassenkreuzung v. Rindern 2281.
Vorster (T. H.), Rindfleischerzeugung auf den Besitzungen d. Eingeborenen Südrhodesiens im Vgl. zu verschied. Systemen d. Viehhaltung auf den Farmen europäischer Besitzer 74.
Vos (H. W.) u. **Putten (B. J. van),** Arbeit in d. Schweinehaltung 42.
Vos (N. de), Angeborene Mißbildungen in Verbindung mit abweichenden Chromosomensätzen 470.
Voskanjan (V. B.), Herausbildung d. Konstitution bei d. Kreuzungstieren aus Armen. Landvieh mit Schweizer Braunvieh 2066.
Vosloo (L. P.) s. Merwe (F. J. van der).
Voyle (C. A.) s. Aitken (A.).
Vrakin (V. F.) s. Žerebcov (P. I.).
Vrba (R.), Glucose-Stoffwechsel im Rattengehirn in vivo 1257.
—, **Bachelard (H. S.)** u. **Krawczyński (J.),** Zwischenbeziehungen zwischen Glucosenutzbarmachung v. Hirn u. Herz 2353.
Vries (G. de) u. **Brinkman (A. A. M.),** Empfindlicher Test für Nitrat 2131.
Vsjakich (A. S.), Zuchtarbeit mit verschied. Rinderrassen 726.
— u. **Borozdina (A. P.),** Wachstum u. Entwicklung d. Jungrinder im Hochgebirge 922.
Vučkov (P.), Afterweiseln 1231.
Vuilleumier (J. P.) s. Fäßler (C.).
Vukavić (D.), Živković (S.), Kosanović (M.), Bačvanski (S.) u. **Čolić (T.),** Substitution d. Sonnenblumenextraktionsschrotes durch Harnstoff als Stickstoffquelle in d. Jungbullenmast 169.
Vŭlčanov (D. J.) s. Dobreva-Vŭlčanova (I.).
Vŭlčanov (V.) s. Bratanov (K.).
Vŭlčev (P.) s. Kumanov (S.).
—, **Bal'ozov (D.), Ivanov (K.), Stoev (P.)** u. **Nenov (C.),** Einfluß d. Dauerstreu auf Wachstum u. Entwicklung d. Küken 764.
—, **Stoev (P.), Baljozov (D.), Ivanov (K.)** u. **Nenov (C.),** Prüfung d. Einflusses d. Dauerstreu bei d. Kükenaufzucht 2538.
Vulchanov (V. H.) s. Popivanov (R.).
Vŭlov (T.) s. Balevska (R.); Dimov (D.); Todorov (A.).
Vunder (P. A.), Erhöhung d. Legeleistung v. Gänsen 1609.
Výmola (F.) s. Hejzlar (M.).
Vynogradskyj (A. I.), Neue Schweinerasse 741.

Wachnik (Z.), Zichorieblätter (Cichorium intybus) als Schweinevergiftungsursache 1511.
Wacker (G.), Intensive Weidewirtschaft in rindviehstarken Großbetrieben. XVII. Grundsätze für d. Einrichtung v. Jungviehweidekombinaten 2255.
Wacker (H.) s. Nieschlag (F.).
Wada (K.) s. Takemori (S.).
Wada (M.), Wirkung synthet. Oestrogene bei Küken. *1.* Mitt. Einfluß einer Diaethylstilboestrolinjektion auf d. Wachstum u. d. Fettablagerung bei Küken 1042; *2.* Mitt. Wirkung einer Diaethylstilboestrolinjektion auf d. Enzymaktivität, d. an d. Serumeiweiß gebundene Jod, den Blutzucker, d. Acetonkörper u. den Vitamingehalt bei Küken 1042; *3.* Mitt. Wirkung einer kombinierten Anwendung v. Diaethylstilboestrol mit Thiouracil u. Thyreoprotein bei Küken 1043; *4.* Mitt. Wirkung v. Diaethylstilboestrolinjek-

tionen auf d. Oxydation d. Glucose u. d. Fettsäuren, d. Coenzym A- u. d. Diphosphorpyridin-Nucleotidgehalt in d. Leber bei Küken 2601; *5.* Mitt. Einfluß v. Diaethylstilboestrolinjektionen auf d. Wachstum u. d. Phosphatverteilung in d. Leber d. Küken 2602; *6.* Mitt. Wirkung v. Diaethylstilboestrol in Kombination mit Antimikroben auf d. Wachstum u. d. Körpervitamine bei Küken 2602.

Waddill (D. G.) s. Sprague (J. I.).

—, **Ullrey (D. E.), Miller (E. R.), Sprague (J. I.), Alexander (E. A.)** u. **Hoefer (J. A.),** Blutzellpopulationen u. d. Serumproteinkonzentration im Schweinefetus 1364.

Waddington (C. M.), Genetische Assimilation 452.

Wade (M. A.) s. Bohman (V. R.).

Wadowski (S.) u. **Sloniewska (A.),** Fohlengewichtszunahme nach d. Geburt bis zur Verdoppelung d. Körpergewichts 694.

Wadsworth (G. R.), Ernährungsfaktoren bei d. Anaemie 611.

Wälzholz (G.) u. **Lang (R.),** Techn. Begutachtung d. Kühleinrichtung „Milchprämie" System Lübbert, zur Kühlung v. Milch auf d. Bauernhof 1412.

Wagemann (H.), Erzeugung v. Junghennen im Vermehrungsbetrieb 1657.

Wagener (K.), Ergebnisse u. Erfahrungen bei d. Bekämpfung d. Rindertuberkulose in Westdeutschland 285.

Waggoner (R. E.) s. Gilbreath (J. C.).

Wagle (D. S.), Marfatia (U.) u. **Sreenivasan (A.),** Einfluß einer Änderung d. Calorien/Protein-Verhältnisses d. Diät auf d. Stickstoff-Retention u. Körperzusammensetzung d. Ratte 1287.

—, **Mitbander (V. B.)** u. **Sreenivasan (A.),** Einflüsse d. B-Vitamine auf d. Proteinverwertung v. Reis-Gemüse-Diäten durch d. wachsende Ratte 2606.

Wagner (H.) u. **Dengler (B.),** Quantitative Bestimmung v. Ubichinonen mit Hilfe d. Dünnschichtchromatographie 2131.

—, **Hörhammer (L.)** u. **Dengler (B.),** Dünnschichtchromatographie v. Ubichinonen 125.

Wagner (H.), Lissau (Ä.), Hölzl (J.) u. **Hörhammer (L.),** Inkorporation v. ^{32}P in d. Inositphosphatide d. Rattenhirns 1024.

Wagner (J.) s. Columbus (A.).

Wagner (M.) s. Gellhorn (A.).

Wagner (S. A.) s. Hill-Cottingham (D. G.).

Wagner (W. C.), Verbesserung d. Fruchtbarkeit bei Milchkühen 1182.

Wagonner (R. E.) s. Welch (Q. B.).

Wagstaff (R. K.) s. Anderson (J. O.).

Wahba (A. J.) s. Basilio (C.).

Wahl (O.), Über den Vitaminbedarf d. Biene 544. — Heinrich Freudenstein. *100.* Wiederkehr seines Geburtstages 1463.

Waibel (P. E.) s. Fitzsimmons (R. C.); Snetsinger (D. C.).

Waite (R.) u. **Blackburn (P. S.),** Beziehungen zwischen Milchertrag, Zusammensetzung d. Milch u. Gewebsschäden in einem Falle v. subklin. Mastitis 2515.

—, **Johnston (M. J.)** u. **Armstrong (D. G.),** Verdaulichkeit v. Kohlenhydraten d. S_{23} Weidelgras in *4* Wachstumsstadien 1731.

Waites (G. M. H.), Beeinflussung d. Atmung u. d. Körpertemperatur beim Widder bei Erwärmung d. Skrotums 2452. — s. Setchell (B. P.).

Waksman (B. H.) s. Arnason (B. G.).

Wal (P. van der) s. Weerden (E. J. van).

— u. **Weerden (E. J. van),** Wachstumsrückgang, verursacht durch Zusatz v. Vitamin B_6 zu einem prakt. Brathähnchen-Futter u. seine Beeinflussung durch Procain-Penicillin 1278.

Walczak (Z.) s. Bieliński (K.).

Waldi (D.), Quantitative Bestimmung v. Adrenalinlösungen mit Hilfe d. dünnschichtchromatograph. Vergleichsmethode 1482.

Waldroup (P. W.) s. Harms (R. H.).

—, **Ammerman (C. B.)** u. **Harms (R. H.),** Vergleich d. Ca- u. P-Bedarfs bei Küken in Batterie- u. Bodenhaltung 1934.

— u. **Harms (R. H.),** Einfluß v. Dicu-

marol auf d. Vorkommen v. Blutflecken in Eiern 1660.
Waldschmidt (M.), Vergleich d. Einbaues v. ^{35}S-Sulfid u. ^{35}S-Sulfat in d. Körpereiweiß v. Ratten 1021.
Waldschmidt-Leitz (E.) u. **Metzner (P.),** Prolamine aus Weizen, Roggen, Mais u. Hirse. *10.* Mitt. Samenproteine 1473.
Wales (R. G.) s. Choong (C. H.).
—, Scott (T. W.) u. **White (I. G.),** Auf Biuret reagierende Substanzen im Samen 245.
— u. **White (I. G.),** Einfluß keimhemmender Zusätze auf Hundesperma 919. — Lebensfähigkeit verdünnten Hundespermas in vitro 1826.
Walker (D. E.), Wachstum u. Entwicklung d. Jersey-Rindes. *1.* Mitt. Neue Fleischzerlegungsmethode 1147.
Walker (D. E. K.) s. Brumby (P. J.).
Walker (D. G.) s. Lea (M. A.).
Walker (D. M.) u. **Simmonds (R. A.),** Entwicklung d. Verdauungssystems d. jungen Tieres. *6.* Mitt. Stoffwechsel d. kurzkettigen Fettsäuren durch d. Pansen- u. Caecum-Wand d. jungen Lammes 2345.
Walker (E. A.) u. **Taylor (J. H.),** Wirkung parenteraler Eisenverabreichung auf d. Wachstum v. Ferkeln, d. auf Betonfußboden gehalten werden 354.
Walker (J. J.), Verbesserung d. Fleischrinderherde. *3.* Mitt. 955.
Walker (J. P.) s. Winget (C. M.).
Walker (I. K.), Gleichzeitige Diffusion v. Hitze u. Feuchtigkeit in Wollballen. *1.* Mitt. Änderungen in d. Ballentemperatur. *2.* Mitt. Änderungen im Ballengewicht 2528.
Walker (R. I.), Herion (J. C.) u. **Palmer (J. G.),** Markierung v. Leukocyten mit anorgan. radioaktivem Phosphor 3.
Walker-Love (J.) s. Forsyth (R. J.); Laird jun. (R.).
— u. **Laird jun. (R.),** Ist d. Kalbfleischerzeugung rentabel? Erfahrungen in Westdeutschland 68.
Wallace (G. M.), Anwendung einer hydrometr. Analysenmethode zur Schätzung d. Produktion d. fettfreien Trockenmasse 937.
Wallace (H. D.) s. Combs (G. E.); Meacham (T. N.); Shirley (R. L.).
Wallace (J. D.) s. Raleigh (R. J.).
Wallach (D. P.), Ko (H.) u. **Marshall (N. B.),** Reinigung u. Eigenschaften eines Tween hydrolysierenden Enzyms aus Rattenfettgewebe 2117.
Wallentine (M. V.) s. Stouffer (J. R.).
Waller (G. R.) s. Oltjen (R. R.).
Waller (M. B.) s. Waller (P. F.).
Waller (P. F.) u. **Waller (M. B.),** Beziehungen zwischen frühzeitiger Erfahrung u. späterem sozialen Verhalten bei Entenküken 2498.
Walley (J. K.) s. Schmidt-Elmendorff (H.).
Wallgren (A.) u. **Hellman (B.),** Einfluß d. a- u. b-Inselzellen auf d. exokrine Pankreasgewebe bei Enten 898.
Wallig (N.), Hühnerprüfanstalt in Schwechat 1452.
Wallis (E.) s. Nehring (K.).
Wallmen (A.), Standortgerechte Futterplanung u. Futtertabellen [834]*.
Walser (K.) s. Leidl (W.).
Walsh (J. D.) s. Granger (W.).
Walsh (K. A.) u. **Brown (J. R.),** Innenstandards für Aminosäureanalysen 1479.
Walstra (P.) u. **Mulder (H.),** Gravimetr. Methoden zur Bestimmung d. Fettgehaltes v. Milch u. Milchprodukten. *1.* Mitt. Allgemeine Betrachtungen 1847; *2.* Mitt. Röse-Gottlieb-Methode 1847.
Walter (E.) s. Lauprecht (E.).
Walter (E. D.) u. **Aitken (J. R.),** Phosphorbedarf v. in Käfigen gehaltenen Legehennen 811.
Walter (K.), Einführung v. Weidetagebüchern in sozialist. Landwirtschaftsbetrieben d. Bezirkes Neubrandenburg 979.
Walters (L. E.) s. Bowman (G. H.).
Walters (R. J. K.) s. Jones (D. I. H.).
Walther (B.) s. Zelfel (S.).
Walther (P. L.) s. Hollander (W. F.).
Wander (J.-F.), Zur Frage d. Buchtenabmessungen in Mastschweineställen 41.
Wang (D. Y.), Variation d. 5'-Nucleotidase-Aktivität in d. Rattenmilchdrüse während d. Trage- u. Säugezeit u. nach dem Absetzen 600.
— u. **Greenbaum (A. L.),** Inkorporation v. Glycin-*2*-^{14}C u. Orotsäure-

6-^{14}C in d. säurelöslichen Ribonucleotide u. Ribonucleinsäuren d. Milchdrüse d. Ratte 581.

Wang (D. Y.), Slater (T. F.) u. **Greenbaum (A. L.)**, Basenzusammensetzung v. Ribonucleinsäure aus d. Rattenmilchdrüse während d. Trächtigkeit u. später Laktation 552.

Wanka (H.), Neuere Entwürfe für Milchviehställe 1151.

Wannemacher jun. (R. W.) s. Allison (J. B.); Prosky (L.).

Wannop (C. C.), Erdnuß-Toxizität beim Geflügel: Truthahn-X-Krankheit 2609.

Ward (A. G.) s. Cobbett (W. G.).

Ward (C. Y.) s. Carter (R. C.).

Ward (R. J.) u. **Amos (C. C.)**, Wachstum v. Ratten durch Lebertrangaben 590.

Ward (S.) s. McDonogh (S.).

Warden (W. K.) u. **Schaible (P. J.)**, Vermögen v. antibiot. Stoffen, d. Wachstum v. Geflügel anzuregen. *1.* Mitt. Wirkung d. Verfütterung v. gelösten E. coli-Kulturen u. Kotaufschwemmungen 1504.

Wardi (A. H.) u. **Stary (Z. P.)**, Polarograph. Bestimmung v. Methylpentosen 1008.

Wardrop (I. D.), Vorläufige Beobachtungen über d. histolog. Entwicklung d. Vormägen beim Lamm. *1.* Mitt. Altersabhängige histolog. Änderungen in d. Periode vom *46.* Fetaltag bis zum 77. Tag nach d. Geburt 447; *2.* Mitt. Wirkung d. Nahrung auf d. Histogenese d. Vordermägen d. Lammes während d. postnatalen Lebens 447.

Ware (G. W.) u. **Brakel (W. J.)**, Ausscheidung v. *3*-Cl-Anilin u. Isopropyl-N-(*3*-chlorophenyl) carbamat (CIPC) in d. Milch u. im Harn v. mit CIPC gefütterten Milchkühen 2262.

Waring (W. S.) s. Thorp (J. M.).

Warncke (H.), Neugestaltung d. landwirtsch. Fachschulunterrichts 2005.

Warnecke (B.) u. **Duisberg (H.)**, Bakteriostat. (inhibitor.) Wirkung d. Honigs 2550.

Warner (A. C. I.), Zählung d. Mikroorganismen d. Pansens 1248. — Faktoren, die d. mikrobielle Population d. Pansens beeinflussen 1249.

Warner (D.), Smith (K.) u. **Woods (W.)**, Wirkung einer Blattbehandlung mit Harnstoff, Glucose u. Calciumcarbonat auf d. Blähsucht v. Lämmern 2372.

Warner (R. G.) s. Bassett (C. I.); Campbell (T. C.).

Warnick (A. C.) s. Cook (R. E.); Koger (M.); Meacham (T. N.); Shirley (R. L.).

Warren (J. M.) s. Bacon (H. R.).

Warren (K. S.), Ammoniak-Giftigkeit u. pH 829.

Warwick (B. L.), Davis (S. P.), Berry (R. O.) u. **Patterson (R. E.)**, „Silky", eine dominante Mutation bei Schafen 1882.

Waschkeit (R.), Techn. Grünfuttertrocknung, Anwendung d. wissenschaftlich-techn. Fortschritts 378. — s. Jahn (S.).

Washburn (K. W.) u. **Siegel (P. B.)**, Einfluß v. Thiouracil auf Küken mit hohem u. niedrigem Körpergewicht 2156.

—, Siegel (P. B.), Freund (R. J.) u. **Gross (W. B.)**, Wirkung v. Thiouracil auf d. Körpertemperatur v. White Rock-Hennenküken 1281.

Wasserfall (F.), Anwendungen d. Fehlerrechnung (Ausgleichsrechnung) in d. Biologie 2006.

Wasserman (A. E.) s. Booth (A. N.).

Wasserman (R. H.), Untersuchungen über Vitamin D_3 u. d. intestinale Resorption v. Calcium u. a. Ionen beim rachit. Küken 2591.

Wassmuth (R.), Probleme d. prakt. Schafzucht, wissenschaftlich untersucht 225. — Leistungszucht beim Schaf; Grundlagen u. deren Anwendung 521.

Watanabe (T.) s. Ato (K.).

Watanabe (Y.) u. **Umezu (M.)**, Stoffwechsel N-haltiger Stoffe im Rumen. *1.* Mitt. Methoden zur Bestimmung d. gesamten Rumeninhaltes durch Verschluß d. Einganges v. Netz- zum Blättermagen 1692.

Waterhouse (H. N.) u. **Scott (H. M.)**, Glycinbedarf v. mit Casein gefütterten Küken u. d. Wechselbezie-

hungen v. Glycin, Arginin, Methionin u. Kreatin 163.
Waterlow (J. C.), Eiweißstoffwechsel bei Eiweißunterernährung d. Menschen 2358.
Waters (N. F.) u. **Burmester (B. R.),** Vererbungsmodus v. Resistenz gegen induzierte Erythroblastose bei Küken 2532.
Watson (J. D.) s. Tissières (A.).
Watson (J. N.) s. Castle (M. E.).
Watson (J. W.) s. Ryley (J. W.).
Watson (M. F.), Begrenzte Fütterung v. Baconschweinen u. ihre Konsequenzen 1947.
Watson (R. H.), Jahreszeitliche Abweichungen im Auftreten d. Brunst bei Merinoschafen in Süd-Victoria 751. — s. Wood (G. F.).
— u. **Elder (E. M.),** Neonatale Mortalität bei Lämmern. Corriedale-Herde mit hoher Lämmersterblichkeit 1209.
Watson (S. J.), Vogel als Versuchstier 376.
Watts (A. B.) s. Kaloyereas (S. A.).
Watts (A. J.), Nichttiefkühlverfahren 1619.
Watts (J. H.) s. Swendseid (M. E.).
Waugh (W. F.), Süße Kartoffeln als Schweinefutter 2384.
Waveren (G. M. van), Kontrolle d. Rindertuberkulose in Holland 285.
Wawrzyńczak (S.), Biochem. u. morpholog. Veränderungen im Blut v. Kühen d. Schwarzbunten Niederungsviehs während d. Laktation u. Trächtigkeit 2446.
Wayman (O.), Johnson (H. D.), Merilan (C. P.) u. **Berry (I. L.),** Einfluß v. ad libitum- oder reichlicher Fütterung zweier Rationen auf laktierende, einem Temperaturstress unterworfene Milchkühe 1946.
Wearden (S.) s. Good (D. L.).
Weaver (C. R.) s. Weide (K. D.).
Weaver (H. G.) s. Richards (C. R.).
Webb (H. J.) s. King (W. A.).
Webb (M.) s. Lucy (J. A.).
Webb (T.) s. Lapresle (C.).
Webel (L.) s. Beyer (H.).
Weber (A.), Marktwirtschaftliche Fragen d. Fleischerzeugung 1168.
Weber (F.), Gloor (U.) u. **Wiss (O.),** Vitamin E u. essentielle Fettsäuren 2555.
Weber (Walter), Vor- u. Nachteile d. Antibiotika als Futterzusätze bei den verschied. Haustieren 363.
Weber (Werner), Rechtsfragen d. milchwirtschaftl. Marktordnung [2273].
Webster (O. J.) s. Owen (F. G.).
Weckx (M.) s. Simonart (P.).
Wedin (K.) s. Lindahl (P. E.).
Wedin (W. F.) s. Jordan (R. M.).
Weeden (L. T.) s. Jerome (F. N.).
Weerden (E. J. van) s. Wal (P. van der).
— u. **Wal (P. van der),** Die prakt. Anwendung d. künstlichen Besamung beim Geflügel in Israel 2469.
Wegat-Litré (E.) s. Mathieu (C.-M.).
Wegner, Neue Forschungsergebnisse aus dem Gebiet d. Geflügelwirtschaft 225.
Wegner (R.-M.), Moderne Fütterung d. Junghennen 306. — Fütterungsversuch mit Legehennen bei Batteriehaltung 1215. — Moderne Aufzucht d. Junghennen 1889.
— u. **Staufenbiel (J.),** Inzucht-Heterosiswirkung bei d. Durchführung v. Einzel- u. Doppelkreuzungen mit Hühnern [1458].
Wegner (T.) s. Boda (J. M.).
Weide (K. D.), Trapp (A. L.), Weaver (C. R.) u. **Lagace (A.),** Zählung d. Blutzellen bei Tieren auf elektron. Wege. *1.* Mitt. Erythrocytenzählung im Schweine-, Schaf- u. Rinderblut 3.
Weigel (I.), Nerze gehören zur Gattung d. Wiesel 2100. — Fortpflanzung d. Skunks 2102.
Weiland (G.), Verzehr v. Grassilage u. Futterrüben im prakt. Fütterungsversuch mit Milchkühen 1291. — Intensive Weidewirtschaft in rindviehstarken Großbetrieben. XV. Einteilung d. Jungviehs in Weidegruppen, Maßnahme zur Verbesserung d. Jungviehaufzucht u. d. Befruchtungsergebnisse 1613.
— u. **Berg (F.),** Wie richtet man Weidezentralen mit Rohr- u. Kannenmelkanlagen ein 2483.
— u. **Klose (J.),** Bedeutung d. Kolostralmilch im Kampf gegen Kälberverluste. Untersuchungen über d. Kolostralmilchverzehr d. Kälber

bei *6* Mahlzeiten in d. ersten drei Lebenstagen 2283.
Weinert (E.), Milchwirtsch. Fachzeitschriften als Hilfsmittel für d. Forschung u. als Informationsquelle für d. prakt. Auswertung v. Forschungsergebnissen 666.
Weinhold (H.), Einfluß v. artfremdem Sperma bei d. künstlichen Besamung v. Schafen auf d. Befruchtungserfolg sowie auf Körperentwicklung u. Wolleistung d. Nachkommen 464.
Weinstein (I.) s. Heimberg (M.).
Weir (C. E.) s. Zessin (D. A.).
Weir (W. C.) s. Meyer (J. H.).
Weisblum (B.) s. Chapeville (F.).
Weiser (H.) s. Czernicki (B.).
Weiss (H. S.), Übungen ausgewachsener Hühner in d. Tretmühle zur Feststellung d. Leistungsfähigkeit 1218. — s. Fisher (H.).
Weiß (K.), Lebensfähigkeit v. offener u. gedeckelter Brut außerhalb d. Bienenvolkes 1229.
Weiss (K. F.) s. Kraft (A. A.).
Weiss (S. B.) s. Nakamoto (T.).
Weißbach (F.) s. Laube (W.).
— u. **Laube (W.),** Stickstoffverluste bei d. Trocknung v. Silagen 838.
Weissweiler (P.) s. Gall (C.).
Welch (J. A.) s. McLaren (G. A.).
Welch (J. G.), Noot (G. W. van der) u. **Gilbreath (R. L.),** Wirkung v. Milchaustauschern mit verschied. Fettanteil in d. Lämmerproduktion im Warmstall 1946.
Welch (L. D.), Untersuchungen über d. Bedeutung einer genauen Beurteilung beim Rind 72.
Welch (Q. B.) s. Gilbreath (J. C.).
—, **Wagonner (R. E.)** u. **Gilbreath (J. C.),** Vergleich zweier Geräte zum Messen d. Eischalendicke 97.
Weller (M.) s. Jacobson (M.).
Weller (R. A.) s. Gray (F. V.).
—, **Pilgrim (A. F.)** u. **Gray (F. V.),** Verdauung d. Futterstoffe im Pansen des Schafes u. d. Durchgang d. Digesta durch dessen einzelne Abteilungen. *3.* Mitt. Verlauf d. Stickstoff-Verdauung 130.
Wellert (F.), Bienenzucht in Schweden 1464.
Wellington (G. H.) s. Doornenbal (H.); Stouffer (J. R.).
Wellington (J. S.), Gardner (R. E.) u. **McGinley (J. P.),** Wirkung v. wiederholten Erythrocyten-Transfusionen auf d. folgende Überleben v. homologen Erythrocyten beim Küken 1805.
Wellmann (G.), Liebke (H.) u. **Engel (H.),** Antikörpergehalt d. Sauenmilch u. Antikörperresorption durch d. Ferkel zu verschied. Zeiten nach d. Geburt 18.
Wellmann (U.), Wirtschaftlichkeit d. Leistungssteigerung im spezialisierten Grünlandbetrieb 1948.
Welte (E.) s. Rosenberger (G.).
Weltman (A. S.), Owens (H.) u. **Sackler (A. M.),** Einfluß des Alters u. d. Thymusektomie auf den *17*-Ketosteroidgehalt des Harns männlicher Ratten 156.
Welz (W.) s. Seelemann (M.).
Wendt (H.), Inzucht u. Kreuzung 320. — Italien fördert seine Bienenzucht 1227. — Vertretertagung d. Deutschen Imkerbundes in Goslar August *1962* 1675. — *100.* Geburtstag Heinrich Freudensteins 1898.
Wenger (H.), Milchleistungsprüfungen in d. Berichtsperiode *1961/62* 1631. — Neue Schritte in d. Leistungszucht 2063. — s. Marbach (F.).
Weniger, Langholz u. **Averdunk,** Rindfleischerzeugung aus d. Sicht d. heutigen Schlachtviehgroßmarktes 493.
Weniger (J. H.), Schweinefütterung 1443. — s. Haring (F.).
— u. **Engelke (F.),** Einfluß v. Mastendgewicht u. Fütterungsmethode auf Mastleistung u. Schlachtwert beim Mastkalb. *1.* Mitt. 1290.
—, **Engelke (F.)** u. **Steinhauf (D.),** Einfluß v. Mastendgewicht u. Fütterungsmethode auf Mastleistung u. Schlachtwert beim Mastkalb. *2.* Mitt. 1290.
—, **Steinhauf (D.)** u. **Pahl (G.),** Fleischeigenschaften an wachsenden Mastrindern deutscher Zweinutzungsrassen 1852.
Wenk (B.) s. Krüger (Werner).
Wenner (A. M.), Schallerzeugung während d. Schwänzeltanzes d. Honigbiene 996. — Verständigung bei Honigbienenköniginnen durch Substrat-Schall 1466.

Wenner (H.-L.) u. **Schulz (Heinz),** Frontladereinsatz in d. Innenwirtschaft u. Bauplanung 257.
Wensvoort (P.) u. **Hoskam (E. G.),** Kupfervergiftung bei Schafen nach längerer Kraftfutterfütterung 829.
Wentworth (B. C.) s. Mellen (W. J.).
Werk (O.) s. Rosenberger (G.).
Wernberg (N. E.), Betäubung mit CO_2 u. Methoden in einer dän. Bacon-Fabrik 52.
Werner (G. M.) s. Fairchild (T. P.).
Werner (K.), Haarlänge beim eintägigen Karakullamm u. ihre Beziehungen zu anderen Haar- u. Vlieseigenschaften 301.
Wertheimer (E.) s. Adler (J. H.).
— u. **Shafrir (E.),** Einfluß d. Hormone auf d. Fettgewebe als Zentrum des Fettstoffwechsels 134.
Wertz (A. W.) s. French (G. P.).
Werum (L. N.) s. Gordon (H. T.).
Weseli (D. J.) s. Good (D. L.).
Wesemael (J. C. van) s. Borst Pauwels (G. W. F. H.).
Wesley (F.) u. **Klopfer (F. D.),** Visuelles Unterscheidungs- u. Lernvermögen bei Schweinen 719.
Wessels (H.) s. Kaufmann (H. P.).
Wessels (J. P. H.), Gewichtszunahme, Futterverzehr, Alter bei Geschlechtsreife u. Beginn d. Legetätigkeit bei New-Hampshire-Junghennen 1457. — s. Fisher (H.).
— u. **Wilbraham (B. O.),** Produktion von Mastenten durch Kreuzung v. Tieren d. Lege- u. Masttyps 2539.
West (W. J.), The „Yard and parlour" system in milk production in the United Kingdom [266].
Westenbrink (H. G. K.) s. Nooij (E. H. de).
Westerfeld (W. W.), Richert (D. A.) u. **Hermans (A. C.),** Wachstum u. Leber-Xanthin-Dehydrogenase bei Hühner- u. Putenküken, bei Futtermischungen mit Casein oder Sojabohneneiweiß 2370.
Weston (R. H.), Höhe d. Wollertrages bei Merinoschafen unter Weidebedingungen 977.
Westra (P.) u. **Postma (G.),** Arbeitszeitverkürzung in d. Tierhaltung 1153.
Wetterau (H.) s. Holzschuh (W.).
— u. **Holzschuh (W.),** Erhöhung d. Stickstoffgehaltes v. Maisgärfutter durch Zusatz synthet. Stickstoffverbindungen 840.
Wettke (K.) u. **Huhn (J. E.),** Spermagewinnung beim Eber u. vergleichende Konservierungsversuche bei Temperaturen v. plus *4* °C u. plus *12* °C unter bes. Berücksichtigung eines Magermilchverdünners 1393.
—, **Mayer (W.)** [Berlin-Dahlem] u. **Huhn (J. E.),** Einfluß v. Gelatinezusätzen auf d. Sedimentation u. d. Anhalten d. Vorwärtsbewegung d. Eberspermien bei d. + *12* °C-Konservierung im Magermilchverdünner u. in einem zentrifugierten Na-Citrat-Eidotter-Verdünner 1394.
Wettstein (F.), Geflügelzucht [310]. — s. Szajkó (L.).
Weygand (F.), Kolb (B.), Prox (A.), Tilak (M. A.) u. **Tomida (I.),** N-Trifluoracetyl-aminosäuren. XIX. Gaschromatograph. Trennung v. N-TFA-Dipeptidmethylestern 557.
Whatley (J. A.) s. Taggart (W. F.).
Whatley jun. (J. A.) s. Bowman (G. H.); Omtvedt (I. T.); Wilson (S. P.).
Wheat (J. D.) u. **Holland (L. A.),** Beziehung zwischen d. Schlachtbewertung u. Schlachtkörpereinschätzung beim Fleischrind 941.
Wherrett (J. R.) u. **McIlwain (H.),** Ganglioside, Posphorlipoide, Protein u. Ribonukleinsäure in Unterfraktionen v. mikrosomalem Material d. Gehirns 1115.
White (A. E.) s. Dagley (S.).
White (A. M.) s. Arnstein (H. R. V.).
White (B. J.) u. **Wolfe (R. G.),** Papierchromatographie v. Mercaptiden 791.
White (I. G.) s. Scott (T. W.); Wales (R. G.).
White (J. C.), Wirksamkeit bakterieider Stoffe in Gummi u. gummiähnlichem Material für Melkstrümpfe 1409.
White jun. (J. W.), Zusammensetzung d. Honigs 2321.
Whiteker (M. D.), Brown (H.), Barnhart (C. E.), Kemp (J. D.) u. **Varney (W. Y.),** Einfluß v. Methylandrostenediol, Methyltestosteron u. Thyroprotein auf Wachstum u. Schlachtkörpermerkmale v. Schweinen 362.

Whitelaw (F. G.) s. Aitken (J. N.); Preston (T. R.).
Whiteman (J. V.) s. Acker (D.); Brothers (D. G.); Harrington (R. B.); Omtvedt (I. T.); Wilson (S. P.).
Whiting (F.) s. Slen (S. B.).
Whitnah (C. H.), Viskosität v. Milch im Verhältnis zur Konzentration d. Hauptbestandteile u. jahreszeitlichen Schwankungen in d. Dichte d. ausfällbaren Stickstoff-Komplexe 1156.
Whittam (R.), Asymmetr. Stimulierung einer Membranadenosinphosphatase in Beziehung zum aktiven Kationentransport 2154.
Whittet (W. A.) s. Moreng (R. E.); Thornton (P. A.).
Whittle (T. E.), Größere Leistungsfähigkeit in d. Eiererzeugung 529.
Whittlestone (W. G.), Einfluß d. Maschinenmelkens auf d. Rindermastitis 480. — Maschinelles Melken u. Mastitis. *1.* Mitt. Ein neues Verfahren zur Bestimmung d. Güte einer Melkmaschine 934. — Größenverteilung d. Fettkügelchen in d. Kuhmilch während des Melkablaufs 935. — Haltung u. Pflege u. Physiologie d. Milchproduktion 1388. — s. Scott (I. W.).
— u. **Harper (N.)**, Kriechströme an d. Melkmaschine verringern unter Umständen d. Milchleistung 1619.
— u. **Lascelles (A. K.)**, Säuerungsprozeß in d. Milch u. seine Förderung durch d. Melkmaschine 1850.
Whittow (G. C.) s. Ingram (D. L.).
Wick (R.) s. Schulz (J. A.).
Wickersham (E. W.) s. Almquist (J. O.).
Widdowson (E. M.), Individualität in d. Ernährung 1509. — s. Glauser (E. M.); McCance (R. A.); Slater (J. E.).
Wiegand (D.), Zählung roter u. weißer Blutelemente d. Rindes mit einem automat. Blutkörperzählgerät 1804.
Wiegers (H. L.) s. Sullivan (T. W.).
Wiener (G.), Wachstum v. Rinderzwillingen auf Milchviehfarmen mit Herden v. hohen u. niedrigen Leistungen 2474.
Wierbicki (E.), **Tiede (M. G.)** u. **Burell (R. C.)**, Bestimmung d. Fleischquellung als Methode zur Untersuchung d. Wasserbindungskapazität v. Muskelproteinen mit geringem Safthaltevermögen 2270.
Wierny (A.) s. Jasiorowski (H.).
Wiertz (G.) s. Simons (P. C. M.).
Wierzchowski (Z.) u. **Kraczkowska (J.)**, Gehalt an α- u. β-Carotin im Rotklee 2381.
Wiese (H. F.), **Hansen (A. E.)** u. **Coon (E.)**, Einfluß v. hoher u. niedriger Kalorienaufnahme auf d. Fettmangel bei Hunden 1720.
Wiesemann, Hennensortieren 1655.
Wieser (G.), Nektar u. Honigtau 2322.
Wiesner (E.), Frage d. sogenannten Lupinose 2610.
Wiewiórowski (M.) s. Kociałkowski (Z.).
Wiggan (L. G. S.) s. Nestel (B. L.).
Wiggins (A. M.) s. Cannon (R. Y.).
Wiksten (G.) s. Williams (C. V.).
Wijn (J. F. de), Medizin. Gesichtspunkte d. Milchverbrauchs in Verbindung mit d. veränderten Ernährungsbedingungen in d. Niederlanden 2051.
Wilbraham (B. O.) s. Wessels (J. P. H.).
Wilcox (C. J.), **Pfau (K. O.)**, **Mather (R. E.)**, **Gabriel (R. F.)** u. **Bartlett (J. W.)**, Phänotyp., genet. u. umweltbedingte Beziehungen zwischen Milchleistung u. Typbewertung bei Holstein-Kühen 1178.
Wilcox (F. H.) s. Campos (A. C.); Harris jun. (G. C.).
— u. **Clark (R. G.)**, Verdünnung d. Spermas während d. Aufbewahrung u. d. Waschens 1141.
— u. **Wilson (H. R.)**, Veränderungen d. Albuminqualität im Laufe d. Zeit 532.
Wilcox (R. A.) s. Carlson (C. W.).
—, **Carlson (C. W.)** u. **Kohlmeyer (W.)**, Trennung mittels Dialyse einiger wasserlöslicher Wachstumsfaktoren, d. im Sojabohnenmehl gefunden wurden 1748.
Wild (D. G.) s. Dagley (S.).
Wildenhahn (V.) s. Lyhs (L.).
Wildgrube (M.), Zuckerrüben in d. Schweinemast 1952.
Wilfahrt (A.), Neuer Anbindestall für *374* Kühe in d. LPG Müncheberg 2254.

Wilkes (S.) s. Richardson (L. R.).
Wilkie (J. B.) s. Morris jun. (W. W.).
Wilkinson (P. R.), Selektion bei Rindern auf Zecken-Resistenz u. d. Einfluß v. Herden mit unterschiedlicher Anfälligkeit gegen Boophilus-Populationen 2075.
Wille (H.), XVIII. Internationaler Bienenzuchtkongreß in Madrid 325.
Willems (A. E. R.), Tierzüchter. Bedeutung d. künstlichen Besamung 1638.
Willemsen (W.), De kostprijs van de melk op de voor-beeld-weidebedrijven [1171].
Willer (S.), Methodik d. *17*-Ketosteroidbestimmung im Blut v. Rindern 1365.
Willham (R. L.) s. Cox (D. F.).
— u. **Cox (D. F.),** Einfluß bestrahlter Eber auf d. *154*-Tage-Gewicht ihrer Nachkommen 2234.
Williams (A. J.) s. Graham (N. McC.).
Williams (C.) u. **Taylor (J. C.),** Mast v. Jährlingsbullen 168.
Williams (C. H.), David (D. J.) u. **Iismaa (O.),** Bestimmung v. Chromoxyd in Faecesproben durch Atomabsorptionsspektrophotometrie 2339.
Williams (C. M.) s. Owen (B. D.).
Williams (C. V.), Bengsch (H. K.) u. **Wiksten (G.),** Filtertest zur Bestimmung d. Qualität v. verkaufsfertigem Geflügel 2494.
Williams (D.) s. Alexander (G.).
Williams (D. E.) s. Reisfeld (R. A.).
Williams (D. L.) s. Newman (G. E.).
Williams (G.) s. Gordon (I.).
Williams (J.), Vergleich v. Conalbumin u. Transferrin im Haushuhn 1238. — Serumproteine u. d. Livetine v. Hühnereigelb 1477.
Williams (J. J.) s. Huston (T. M.).
Williams jun. (J. N.), Reaktion d. Leber auf länger währende Proteinverarmung. *1.* Mitt. Lebergewicht, Stickstoff u. Desoxyribonucleinsäure 580; *2.* Mitt. Bernsteinsäureoxydasesystem u. seine Enzymkomponenten 581.
Williams (J. S.), Statist. Eigenschaften eines genet. Selektionsindex 1376. — Berechnung eines Selektionsindex 2006.
Williams (M. A.), Einflüsse nichtessentieller Aminosäuren auf d. Wachstum Vitamin-B_6-verarmter Ratten 2607.
Williams (P. C.) s. Ashton (W. M.).
Williams (R.) u. **Turner (C. W.),** Aufeinanderfolgende experimentell ausgelöste Laktationen bei Milchkühen 2468.
Williams (R. B.) s. Davidson (J.).
Williams (R. J.) s. Stott (G. H.).
—, **Pelton (R. B.)** u. **Siegel (F. L.),** Von Inzuchttieren gezeigte Individualität u. ihre Folgerungen für menschliches Verhalten 901.
Williams (W. F.), Ausscheidung v. Progesteron u. seinen Metaboliten in d. Milch, im Harn u. in d. Faeces 2155. — s. Lee (S. D.).
Williams (W. T.) u. **Dale (M. B.),** Aufteilung d. Korrelationsmatrizen v. heterogenen quantitativen Daten 1578.
Williamson (J. R.), Einfluß d. Insulins u. d. Nahrung auf den Stoffwechsel v. L(+)-Lactat u. Glucose im durchströmten Rattenherz 574.
Willig (F.) s. Nagel (W.).
Willinger (H.) s. Jeschko (K.).
Willmer (J. S.) s. Cipera (J. D.); Héroux (O.).
— u. **Foster (T. S.),** Enzymat. u. stoffwechselphysiolog. Anpassungen. *1.* Mitt. Veränderungen in intakten Ratten bei Umstellungen d. Diät 1256; *2.* Mitt. Veränderungen in Ratten mit Nebennierenektomie bei Umstellungen d. Diät 1256.
Wills (P. A.) s. Aylward (F.).
Wilmes (G.), Vergleichende Untersuchungen an Albinoratten zur Frage d. Divergenz d. durch Körperanalyse u. nach d. Bilanzmethodik bestimmten Werte für d. N-Retention 338.
Wilson (B. H.) s. Burns (E. C.).
Wilson (E. D.) s. Mann (T.).
Wilson (G. D.) s. Urbin (M. C.); Zessin (D. A.).
Wilson (G. S.) s. Marr (A. G. M.).
Wilson (H. A.) s. Norman (C.).
Wilson (H. E.) s. Dodd (M. C.).
Wilson (H. R.) s. Wilcox (F. H.).
Wilson (J. D.) s. Burgess (T. L.).
Wilson (J. W.), Arten d. Milchkühlung 1412.
Wilson (L. O.) s. Hulet (C. V.).
Wilson (M. L.) s. Goodwin (T. L.).

Wilson (P. N.), Schmackhaftigkeit v. Wasserbüffelfleisch 2269.
—, **Barratt (M. A.)** u. **Butterworth (M. H.)**, Wasseraufnahme v. Milchkühen auf Pangolagras (Digitaria decumbens Stent.)-Weiden unter den Bedingungen einer nassen u. einer trockenen Jahreszeit in Trinidad 151.
Wilson (P. W.), **Kodicek (E.)** u. **Booth (V. H.)**, Trennung v. Tocopherolen durch Gaschromatographie 2564.
Wilson (R. K.), **Maguire (M. F.)** u. **Poole (D. B. R.)**, Feldversuch mit starken Magnesiumpillen 1499.
Wilson (R. S.) s. Blaxter (K. L.).
Wilson (S. P.), **Whatley jun. (J. A.)**, **Whiteman (J. V.)** u. **Morrison (R. D.)**, Einfluß v. Vater u. Zuchtlinie auf d. Produktivität d. Sauen 1435.
Wilson (W. O.) s. Abplanalp (H.); Shutze (J. V.).
Wilt (F. H.), Entwicklung d. Hämoglobins im Hühnerembryo 1804.
Wiltbank (J. N.), **Rothlisberger (J. A.)** u. **Zimmerman (D. R.)**, Wirkung menschlichen Choriongonadotropins auf d. Erhaltung des Corpus luteum u. d. Überleben d. Embryonen bei d. Kuh 20.
—, **Rowden (W. W.)**, **Ingalls (J. E.)**, **Gregory (K. E.)** u. **Koch (R. M.)**, Wirkung d. Energiebetrages auf d. reproduktiven Erscheinungen d. geschlechtsreifen Herefordkühe 372. — Wirkung d. Energiespiegels auf d. Fortpflanzung bei ausgewachsenen Herefordkühen 457.
Winek (C. L.), **Beal (J. L.)** u. **Cava (M. P.)**, Gelelektrophorese v. Alkaloiden 2131.
Winget (C. M.), **Ashton (G. C.)** u. **Cawley (A. J.)**, Veränderungen d. pH-Wertes im Verdauungstraktus v. Legehennen im Zustand d. Hungerns 1252.
— u. **Griffin (E. L.)**, Wirkung v. *17α*-Äthyl-*17*-Hydroxy-Norandrostenon auf d. Fortpflanzungsorgane d. Haushuhns 896.
—, **Griffin (E. L.)** u. **Walker (J. P.)**, Wirkung v. *17-α*-Äthyl-*17*-hydroxy-norandrostenon auf d. Legeleistung beim Hausgeflügel 1502.
Winkler (H.), **Theil (S.)** u. **Goetze (E.)**, Wirkungen v. Natrium- u. Kaliumgaben sowie einer peritonealen Dialyse mit einer hyperton. Natriumchloridlösung auf den Natrium- u. Kaliumgehalt d. mütterlichen u. fetalen Serums u. d. Amnionflüssigkeit v. Ratten 591.
Winkler (Hugo), **Ohlsson (S.)** u. **Hellberg (A.)**, Schnittzeitenversuche bei Kleegras in Verbindung mit Konservierungs- u. Verdauungsversuchen, ausgeführt im Staatlichen Versuchsgut Flahult 380.
Winnett (A. G.) s. Katz (S. E.).
Winnick (R. E.), **Lis (H.)** u. **Winnick (T.)**, Biosynthese v. Gramicidin S. *1.* Mitt. Allgemeine Charakteristik d. Vorganges in wachsenden Kulturen v. Bacillus brevis 136.
— u. **Winnick (T.)**, Biosynthese v. Gramicidin S. *2.* Mitt. Inkorporationsexperimente mit markierten Aminosäureanalogen u. d. Aminosäureaktivierungsprozeß 136.
Winnick (T.) s. Winnick (R. E.).
Winnigstedt (R.), Aufgaben u. Ziele d. Arbeitsgemeinschaft Deutscher Tierzüchter 267. — Rinderbesamung in d. Deutschen Bundesrepublik 1822.
Winningstedt, Wie bringen wir Fleischschweine auf den Markt 76.
Winter (A. J.), Untersuchungen über den Nitratmetabolismus bei Rindern 141. — Nitratvergiftung gefährdet Rinder 2159.
Winter (W.), Biochem. Abbau v. Detergentien bei d. Abwasserreinigung 1784.
Winters (L. M.) s. Sumption (L. J.).
Winters (W. S.) s. Mortenson (F. N.).
Winther (J. E.) s. Andersen (J. O.).
Winzenried (H. U.), Methodik u. Ergebnisse d. Zwillingsforschung beim Rind 64.
Winzor (D. J.) u. **Zentner (H.)**, N-endständige Reste v. Weizengluten 1912.
Wirth (H.), Superphosphat im Geflügelstall beeinflußt Stallklima u. Stallhygiene 533.
Wise (J.), Fütterung d. Baconschweine 1648.
Wiseman (H. G.) s. Langston (C. W.).
Wiśliński (M.) s. Studziński (T.).
Wisman (E. L.) s. Siegel (P. B.).
— u. **Engel (R. W.)**, Nebenprodukte

d. Gerberei als Eiweißquelle für Küken 387.
Wismar-Pedersen (J.) s. Krzywicki (K.).
Wiss (O.) s. Weber (F.).
Wit (J. J. D. de) = Duyvené de Wit (J. J.).
Witek (A.) s. Kwiatkowska (T.).
Witt (H.) s. Ketz (H.-A.).
Witt (M.), Ökonom. Gesichtspunkte bei d. Leistungszüchtung 471. — Züchter. u. fütterungstechn. Maßnahmen zur Verbesserung d. Schlachtkörperqualität v. Rindern u. Schweinen 2270.
Wittekind (D.), Pinozytose 2445.
Wittekindt (W.), Prakt. Imkerei u. Tanzforschung 996.
Witter (L. D.) s. Brodie (B. O.).
Wittig (H.) s. Hennig (A.).
Wittlestone (W. G.), Erhöhung d. Leistungsfähigkeit d. Melkmaschine 1155.
Wittmann (H. G.), Ansätze zur Entschlüsselung d. genet. Codes 234. — Übertragung d. genet. Information 2231.
Wittmann (W.), Häufigkeit d. Pansen- u. Klauenerkrankungen bei mit MKS-Virus infizierten Rindern 2075.
Witts (L. J.) s. McCall (M. G.); Newman (G. E.).
Wober (W.) s. Thiele (O. W.).
Wode (E.), Wirtschaftseigenes u. Zukaufsfutter in der Schweineernährung 292.
Wodzicka-Tomaszewska (M.) s. Bennett (J. W.).
Wöhlbier (W.), Friesecke (H.) u. **Kirchgeßner (M.),** Frühzeitige Beurteilung einiger Masteigenschaften wachsender Schweine 966.
—, Kirchgessner (M.) u. **Schneider (W.),** Gefriertrocknung v. Rinderkot 330.
— u. **Schneider (W.),** Bemerkung zum Gaswechsel d. Wiederkäuer 606.
Wöhlken (E.), Geflügelfleisch aus inländ. Erzeugung u. Einfuhren 1625.
Woelfel (C. G.) s. Hazzard (D. G.).
Wölk (W.), Erfahrungen mit d. Frühabsetzen d. Ferkel 2293.
Woerlen (F.) s. Bauer (H.).
Woermann (E.), Formen u. Wirtschaftlichkeit d. Rindfleischerzeugung 1174.
Wohanka (K.), Zur Corpus-luteum-Enukleation bei brunstlosen Rindern 24. — Freie Paarung d. Hausrindes 1817.
Wohlgemuth, Bienenwanderung, nicht erst heute 1470.
Wohlgemuth (R.), Schlagform d. Bienenflügels beim Sterzeln im Vgl. zur Bewegungsweise beim Fliegen u. Fächeln 317.
Wójciak (M.), Keratine. 5. Mitt. Einwirkung v. Hornmehl auf d. Haardichte d. Kaninchenhäsinnen 1527. — s. Dubiska (Z.); Lewicki (C.).
Wolberg (F. B.) s. Kliewer (R. H.).
Woldmar (G.), Ist Rassenkreuzung bei Schafen lohnend? 87. — Frühzeitige Belegung d. Färsen zur Erzeugung v. Mastkälbern 1637.
Wolf, Problem d. Anthropogenese [2]*.
Wolf (A.) s. Berg (B. N.).
Wolf (G.) s. Mehlman (M. A.).
Wolf (W. J.) s. Smith (A. K.).
Wolfe (D. E. de) s. Myers (D. K.).
Wolfe (R. G.) s. White (B. J.).
Wolff (I. A.) s. Miller (R. W.).
Wolffgang (H.) u. **Opel (H.),** Schnelle Dialyse kleiner Probemengen 1008.
Wolford (J. H.) u. **Ringer (R. K.),** Gewicht, Ascorbinsäure- u. Cholesteringehalt d. Nebennieren sowie d. Differentialleukocytenzahlen als physiolog. Indikatoren stressbewirkender Mittel bei Legehennen 1369. — NNR-Aktivität u. d. Differentialblutbild v. S. C. Weißen Leghorn, d. in Käfigen, auf Lattenrosten u. auf d. Boden gehalten wurden 2012.
Wollenweber (P.), Dünnschicht-chromatograph. Trennungen v. Aminosäuren an Cellulose-Schichten 1479.
Wolter (F.), Erfahrungen bei d. Durchführung d. Schafherdengesundheitsdienstes (HGD) 721.
Wong (E.), Nachweis u. Bestimmung östrogener Bestandteile im Rotklee 336.
— u. **Flux (D. S.),** Oestrogene Aktivität d. Isoflavone d. Rotklees u. einiger Abbauprodukte 449.
Wood (A. J.) s. Hayward (J. S.).
Wood (G. F.) u. **Watson (R. H.),** Farbstifte zur Kennzeichnung d. ange-

paarten Schafe. Härtetest zur Qualitätskontrolle bei d. Herstellung 527.

Wood (G. M.) u. **Smith (R. T.)**, Vergleich v. Klee- u. Luzernemehl als wesentlichen Bestandteil im Geflügelfutter 838.

Wood (J. C.) s. Learmonth (E.).

Wood (J. D.) s. Biely (J.).

Wood (P. D. S.) s. Aylward (F.).

Wood (T.), Die säurelöslichen Phosphorverbindungen aus Rattenmuskeln 1122.

—, **Adams (E. P.)** u. **Bender (A. E.)**, Magenstimulierender Faktor im Fleischextrakt 2137.

Woodard (A. E.) s. Abplanalp (H.).

Woodham (A. A.) u. **McDonald (I.)**, Einige Kriterien zur Bestimmung d. Proteinergänzung in Kükenaufzuchtversuchen 828.

Woods (G. T.) s. Berry (T. H.).

Woods (M.), **Burk (D.)** u. **Seitz (J.)**, Vorkommen u. d. Bedeutung eines Insulin-Antiinsulinglykolyt. Kontrollmechanismus in Säugetiergeweben 5.

Woods (M. C.) u. **Simpson (M. E.)**, Hypophysäre Kontrolle d. Hoden bei hypophysektomierten Ratten 456.

Woods (W.), Wirkung einer Implantation mit folgender Stilboestrol-Fütterung auf Leistung u. Schlachtmerkmale v. Ochsen 1281. — s. Davison (K. L.); Raun (N. S.); Rhodes (R. W.); Theurer (B.); Warner (D.).

— u. **Burroughs (W.)**, Wirkung v. Molke u. Lactose in Rationen v. Mastrindern 2389.

— u. **Luther (R.)**, Wirkung d. physikal. Behandlung d. Ration auf d. Produktion flüchtiger Fettsäuren 2580.

— u. **Rhodes (R. W.)**, Einfluß unterschiedlicher Rauh- u. Kraftfutterverhältnisse auf d. Verwertung v. Rationen durch Lämmer, die in d. physikal. Form differieren 1292.

Woods (W. D.) s. Peck (W. A.).

Woof (R.) s. Hutchison (G. H.).

Woolley (D. E.) u. **Timiras (P. S.)**, Beziehungen zwischen Gonaden u. Gehirn: Wirkungen weiblicher Geschlechtshormone auf Elektroschock-Krämpfe bei d. Ratte 233; dass.: Einfluß v. Kastration u. Testosteron auf Elektroschock-Konvulsionen bei männlichen Ratten 1582.

Woolley (D. W.), **Hershey (J. W. B.)** u. **Koehelik (I. H.)**, *2*-Benzylhistidin u. Derivate als Testsubstanzen mit spezif. enzymat. Aktivität für d. Synthese v. Peptiden 1493.

Work (E.), Aminosäuren v. Bakterienzellwänden 116.

Wormall (A.) s. Dennes (E.).

Wostmann (B. S.) u. **Knight (P. L.)**, Synthese v. Thiamin im Verdauungstrakt d. Ratte 2599.

Woyke (J.) u. **Ruttner (F.)**, Anatom. Untersuchung über d. Begattungsprozeß d. Honigbiene 2546.

Wrba (H.) u. **Rabes (H.)**, Umsatz radioaktiv markierter Verbindungen als Maßstab für d. Stoffwechselintensität explantierter Organe 1016.

Wrenn (T. R.) s. Bitman (J.); Okamoto (M.).

Wright (A. A.), Stoffwechsel v. Oestradiol-*17β* bei ovariektomiertem Mutterschaf 449. — Bestimmung v. Oestrogenen in den Faeces v. Schafen 449.

Wright (D. E.), Blähungen im Rind. *19.* Mitt. Metabolismus d. Pektins durch Pansen-Mikroorganismen 341; *20.* Mitt. Lipase-Aktivität d. Pansenmikroorganismen 341. — s. Bailey (R. W.).

Wright (L. D.) s. Camerino (P. W.).

Wright (P. H.) s. Tarrant (M. E.).

Wright (P. L.), **Pope (A. L.)** u. **Phillips (P. H.)**, Wirkung verschied. hoher Protein- u. Energieaufnahmen auf d. Lämmerproduktion u. bestimmte Blutbestandteile d. Mutterschafe 1292.

Wright (R. D.), Blutfluß durch d. Nebenniere 2227. — s. Lumb (M.).

Wright (V.), Geflügelindustrie in Neu-Seeland 2093.

Wright (W. W.), Schnellnachweis v. Penicillin in Milch mit Filterplättchen 45. — Mikrobiolog. Übernacht-Plattentest für Penicillin in Milch 335.

Wrigley (C. W.), Proteinzusammen-

setzung v. luftklassifizierten Mehlfraktionen 2328.
Wróblewski (F.) s. Plagemann (P. G. W.).
Würgler (F. E.), Veränderungen d. Haustierbestandes während d. Bronze- u. Eisenzeit in zwei schweizer. „Melauner"-Stationen, Montlingerberg u. Mottata Ramosch 1362.
Wujanz (G.) s. Schulz (J. A.).
Wulff (V. J.), Quastler (H.) u. **Sherman (F. G.)**, Hypothese zur Bestimmung d. RNS-Stoffwechsels u. d. Alterns 1397.
Wullstein (R.), Sitzstangenlose Hühnerhaltung im VEG (Tierzucht) „Lewitz" 1893.
Wunner (W. H.) s. Allison (J. B.).
Wussow (W.), Ergebnisse v. Ausschlachtungsversuchen in d. Schweinemast 515.
— u. **Grosse (F.)**, Zur Genetik d. Ansatzleistungen beim Schwein 80. — Gewicht, Größe u. Form d. Teilstücke Kotelett, Schinken u. Speck 743.
Wuthier (P. R.) s. Tuma (H. J.).
Wynosky (E. R.) s. Polin (D.).

Yadava (P. C.) s. Singh (B. S.).
Yager (R. H.), Neue Gesichtspunkte in d. Laboratoriumstierhaltung 2005.
Yagi (K.), Kondo (H.) u. **Okuda (J.)**, Vereinfachte Messung d. Flavine auf Filterpapier mit d. Lumiflavin-Fluoreszenz-Methode 123.
Yaguchi (M.) s. Tarassuk (N. P.).
Yamada (Kazuo), Suzuki (K.), Mano (Y.) u. **Shimazono (N.)**, Ascorbinsäuresynthese in tier. Geweben mit rekonstruktiven Enzymsystemen 820.
Yamada (Kōichi) s. Hirose (Y.).
Yamada (T.), Iino (S.) u. **Greer (M. A.)**, Vergleich d. Wirkung einer Hypophysektomie u. einer Thyroxinverabreichung auf d. Schilddrüsenfunktion d. Ratte 9.
Yamada (Y.) s. Mitsumoto (T.).
Yamafuji (K.) u. **Yoshihara (F.)**, Ein Gen, d. in d. präviralen Genom für Polyedrie Desoxyribonuklease aufbaut 2112.
Yamamura (Y.) s. Hayano (K.).
Yamani (K. A.) s. Kamar (G. A. R.).
Yamaoka (M.), Funktionelle Histologie d. Hühnerschilddrüse. *1.* Mitt. Über d. irregulär geformten Follikel 1812; *2.* Mitt. Parafollikuläre Zellen 1813.
Yamashita (T.), Histolog. Studien am Schweineovar. *2.* Mitt. Verhalten d. argyrophilen Fasern in d. verschied. Strukturen d. Eierstöcke 1371; *3.* Mitt. Elast. Fasern d. Wand d. Blutgefäße in verschied. histolog. Strukturen 1372; *4.* Mitt. Stereograph. Untersuchungen d. Gefäßanordnung in d. verschied. Strukturen d. Eierstöcke an Hand v. Neopren-Latex-Injektionspräparaten 1372; *5.* Mitt. Histolog. Beobachtungen über d. verschied. Corpora lutea an d. Ovarien v. Sauen mit genau nachweisbaren Abferkeldaten 2010.
Yamauchi (F.) s. Ato (K.).
Yamazaki (W. T.) s. Donelson (J. R.).
Yamazoe (S.) s. Hayashi (K.).
Yang (M. G.), Bush (L. J.) u. **Odell (G. V.)**, Enzymergänzungen d. Rationen v. Milchkälbern 830.
Yao (T. S.), Die additiven u. dominanten Effekte v. Genen auf d. Legeleistung u. d. *10*-Wochen-Gewicht bei Kreuzungstieren 1455.
Yarns (D. A.) u. **Putman (P. A.)**, Billige Pansenfistel 2572.
Yates (F. E.) s. Leeman (S. E.).
—, **Leeman (S. E.), Glenister (D. W.)** u. **Dallman (M. F.)**, Beziehung zwischen d. Plasmacorticosteronkonzentration u. den Reizen, d. zur Adrenocorticotropinausschüttung bei d. Ratte führen: Ein Beweis für d. Einsetzen einer endokrinen rückläufigen Kontrolle 10.
Yates (J. D.) u. **Schaible (P. J.)**, Virginiamycin, ein Antibioticum für d. Geflügelhaltung 1283.
Yeck (R. G.) s. Johnson (H. D.).
Yesair (D. W.) s. Daniel (L. J.).
Yokoyama (A.) s. Ota (K.); Shimojo (T.).
Yokoyama (H.), Nakayama (T. O. M.) u. **Chichester (C. O.)**, Biosynthese d. β-Carotins durch zellfreie Extrakte v. Phycomyces blakesleeanus 597.

Yone (Y.), Verbesserung v. Levin's saurer colorimetr. Methode zur Bestimmung v. Chlortetracyclin. *1.* Mitt. Qualitätserhaltung v. Fisch durch Verwendung v. Chlortetracyclin 1013; *2.* Mitt. Qualitätserhaltung v. Fisch durch Verwendung v. Chlortetracyclin-I 1013.
Yoneyama (Y.) s. Sugita (Y.).
Yoshida (A.) u. **Ashida (K.)**, Einfluß einer mäßig tiefen Temperatur auf d. Leberfett-Akkumulation v. Ratten, d. mit einer im Aminosäuregehalt unausgeglichenen Ration gefüttert wurden 142. — Protein-Verwertung u. Calorienaufnahme v. Ratten mit Fettleber als Folge einer Aminosäure-Imbalanz 366.
Yoshida (M.), Energiequellen für Geflügel im pazif. Raum 2162.
—, Hizikuro (S.), Hoshii (H.) u. **Morimoto (H.)**, Einfluß d. Futterproteins u. d. Energiegehalts auf Wachstumsrate, Futterverwertung u. Schlachtkörperzusammensetzung beim Hühnerküken 2605.
Yoshihara (F.) s. Yamafuji (K.).
Yoshikawa (K.) s. Mamuro (T.).
Younathan (E. S.), Inhibierung d. Citronensäurecyclus durch Alloxan 2144.
Young (F. G.) s. Manchester (K. L.).
Young (G. B.) u. **Purser (A. F.)**, Rassenstruktur u. genet. Analyse bei d. Border Leicesterschafen 2296.
Young (L. G.), Branaman (G. A.) u. **Deans (R. J.)**, Einfluß d. Rate d. Getreidefütterung auf Zuwachs u. Schlachtkörpercharakteristiken bei Kälbern 1051.
Young (M. R.) s. Beck (J. S.).
Young (R. B.) s. Moule (G. R.).
Young (R. J.) u. **Artman (N. R.)**, Energiewert v. Fetten u. Fettsäuren für Küken. *2.* Mitt. Bestimmung durch kontrollierte Futteraufnahme 365.
Young (S.), Nahrungsbedingte Muskeldystrophie bei Lämmern. Einfluß d. Erkrankung u. d. Selentherapie auf d. Gewichtszunahmen vor dem Absetzen 611. — s. Burton (V.).
— u. **Keeler (R. F.)**, Ernährungsbedingte Muskeldystrophie bei Lämmern, Auswirkungen d. Muskeltätigkeit auf d. symmetr. Verteilung d. Veränderungen 2158; dass.: Morpholog. u. elektrophoret. Untersuchungen an Präparaten v. fetalen u. juvenilen Geweben 2158.
Young (Su Ko) s. Kaufmann (H. P.).
Young (V. R.) s. Lofgreen (G. P.).

Žabaliev (M. A.) u. **Meleščenko (Ė.)**, Züchter. Verwendung Kalininer Böcke zur Schaffung hochwertiger Kreuzungstiere 2527.
Zacharčenko (I. M.), Kalenič (E. S.) u. **Ivanova (A. F.)**, Steigerung d. Fleischleistung d. Schweine bei Maisschrotmast 1055.
Zachariev (Z.), Milchergiebigkeit d. einzelnen Euterviertel während d. Laktationsperiode 728. — s. Ivanov (P.); Kadijski (E.).
Zacharius (R. M.) u. **Talley (E. A.)**, Elutionsverhalten natürlich vorkommender ninhydrin-positiver Verbindungen bei d. Ionenaustausch-Chromatographie 2126.
Zacharova (F. V.) s. Kudrjavcev (A. A.).
— u. **Lebedev (I. A.)**, Einfluß d. Fütterung auf d. altersmäßige Veränderlichkeit d. Blutzusammensetzung bei Rindern 2219.
Zachau (H. G.) s. Tada (M.).
Žadan (I. A.) u. **Tiščenko (A. B.)**, Mechanisierung d. Futterzubereitung u. -verteilung 2257.
Zadorožnyj (V. F.) u. **Pinčuk (R. I.)**, Silomasse aus Mais u. Stroh 2166.
Zaehringer (M. V.) s. Sauter (E. A.).
Zafren (S. J.), Behandlung v. Maissilage mit Ammoniakwasser 383. — Steigerung d. Proteinwertes im Maissilo 840. — Bedeutung d. antibakteriellen Eigenschaften d. Rohmaterials beim Silieren v. Futtermitteln 1726.
Zagrebel'nyj (P.) s. Belogub (D. K.).
Zahn (H.) u. **Golsch (E.)**, Reaktionen v. schwefelhaltigen Aminosäuren. I. Zersetzung v. Cystin, Cystein, Cystin-dihydantoin, Lanthionin u. Lanthionin-dihydantoin in wäßrigen Lösungen 2126.
Zahn (W.), Schafhaltung in d. LPG Typ I 974.
Zak (Z.) s. Ostrowski (W.).
Zaletaeva (T. A.) s. Tret'jakov (N. P.).

Zamarin (L. G.), Loś (L. I.) u. **Pjatnickaja (L. K.),** Gehalt an Kupfer, Mangan, Molybdän u. Jod d. Kuhmilch im Saratower Gebiet 2045.
Zamecnik (P. C.), Offene Fragen auf d. Gebiet d. Proteinsynthese 1698.
Zarcada (D.) s. Timaru (S.).
Zarembski (P. M.) u. **Hodgkinson (A.),** Oxalsäuregehalt in engl. Diäten 2149.
Zarikov (I. S.), Egorov (J. G.) u. **Bobkova (A. F.),** Die Leberegelkrankheit d. landwirtsch. Nutztiere u. ihre Bekämpfung [2302].
Žarov (V. G.), Entseuchung d. Schweineställe bei d. infektiösen atroph. Rhinitis d. Schweine 1649.
Zarrow (M. X.) s. Denenberg (V. H.); Ross (S.).
—, Farooq (A.) u. **Denenberg (V. H.),** Untersuchung d. mütterlichen Verhaltens bei Kaninchen: Krit. Periode beim Nestbauen nach d. Kastration während d. Trächtigkeit 2457.
Zarzicki (J.) s. Stockinger (L.).
Zausch (M.), Fütterungstechnik in d. Schweineschnellmast 82. — s. Gebhardt (G.); Hutschenreuther (G.).
Zavilgel'skij (G.), Nachkommenbeurteilung d. Zuchthengste 268.
Zbarskij (I. B.), Nucleotid-Kode u. zelluläre Eiweißsynthese 2458.
Zdochnenko (V. G.) s. Levčenko (I. A.).
Zdravkov (G.), Rassenfrage bei d. Züchtung landwirtsch. Nutztiere in Bulgarien 2474.
Zedník (M.) s. Štěrba (A.).
— u. Tyleček (J.), Teilweiser Ersatz d. Vollmilch in Futterrationen d. Kälber durch spezielles Kraftfuttergemisch 1869.
Zeeb (K.) s. Göbel (F.).
Zeigler (T. R.) s. Leach jun. (R. M.).
—, Leach jun. (R. M.), Norris (L. C.) u. **Scott (M. L.),** Zinkbedarf d. Kükens: Den Bedarf beeinflussende Faktoren 595.
Zeisberger (E.) s. Šmerha (J.).
Zeiß (F.), Vorbildliche Milchwirtschaft in Kalifornien 939.
Zeitler (K. H.) s. Piatkowski (B.).
Zeitz (E.), Mehr Spezialfutter in d. Ferkelaufzucht 1528.
Zel'cer (G. A.), Verwendung v. Winterroggensilage in d. Rationen d. Milchviehs 1736.
Zelenka (J.) s. Tyleček (J.).
—, Dressler (J.), Ponížilová (E.) u. **Panešová (J.),** Änderungen d. peripheren Blutbildes u. d. Kupfergehaltes im Blutserum u. in d. Leber d. mit hohen Gaben v. $CuSO_4 \cdot 5\,H_2O$ beigefütterten Hühner 2595.
Zelenskij (G. G.), Karavaev (K. G.), Lebel' (L. D.) u. **Margulis (I. A.),** Neue sowjet. Wollziegenrasse 1654.
Želev (A.), Mastfähigkeit v. Kreuzungsferkeln aus Bulgar. Weißen Schwein u. Schwed. Landrasse 1199. — Schweinemast mit Trockenfuttergemischen mit Grün- u. Saftfutteranteil 1514.
Zelfel (S.), Einfluß einer Zufütterung v. Kälpan u. Keimweizen an Besamungsbullen auf d. Spermaqualität u. d. Besamungserfolg 680.
— u. Gottschalk (I.), Untersuchungen über d. Verwendung v. Mischsperma in d. Rinderbesamung 31.
—, Walther (B.) u. **Herrmann (G.),** Stand d. künstlichen Besamung bei Rindern in der DDR 1601.
Zelinka (J.), Hůdec (M.) u. **Pelcová (L.),** Aminosäuren in Mais-Weichwasser 1304.
Zel'ner (V. R.), Milchleistung u. Milchfettgehalt beim Schwarzbunten Rind u. Poln. Rotvieh 1641.
Zelsmann (R.), Schkölener Erfahrungen bei d. Komplettierung v. Offenstallanlagen 1407.
Zelter (S. Z.) s. Charlet-Lery (G.).
Zeman (J.) s. Hojovec (J.).
Zemánek (F.) s. Župka (Z.).
Zemjanis (R.), Larson (L. L.) u. **Bhalla (R. P. S.),** Veränderungen an d. Genitalorganen v. Kühen 680.
Zentner (H.) s. Winzor (D. J.).
Žerebcov (P. I.), Burčenko (E. V.) u. **Poletaeva (N. S.),** Veränderung morpholog. u. einiger physikal. Blutwerte bei Kälbern d. Schwarzbunten Rasse in d. Ontogenese 444.
— u. Solncev (A. I.), Riboflavin beim Stoffwechsel im Tierkörper 359.
— u. Vrakin (V. F.), Motor. Funktion d. dorsalen u. ventralen blinden Ausstülpung d. Pansens 1486.
Žerebkin (M. V.), Einfluß d. Eiweiß-

fütterung auf d. Schlunddrüsen d. Bienen 108. — Translokation v. Bienenlarven u. Eiern 542.
Zervas (N. P.), Collins (W. M.) u. **Skoglund (W. C.),** Genet. Variation u. Covariation hinsichtlich d. Intensität d. Gelbfärbung d. Ständer u. d. 8-Wochen-Gewichtes d. Küken 984.
Zeschke (U.) s. Jenichen (W.).
Zessin (D. A.) s. Urbin (M. C.).
—, Pohl (C. V.), Wilson (G. D.), Weir (C. E.), Breidenstein (B. C.), Breidenstein (B. B.) u. **Garrigan (D. S.),** Wirkung einer Rationseinschränkung vor d. Schlachten auf Eigenschaften u. Schmackhaftigkeit d. Schweinefleisches 1197.
Zezula (M.), Jahreszeitliche Schwankungen im Eiweiß- u. Zuckergehalt v. 6 Arten v. Gras sowie v. Luzerne u. Rotklee in Mittelpolen 1063. — s. Jasiorowski (H.).
Žgun (N.), Vollmilchersatz in d. Kälberaufzucht 67.
Ziborova (V. P.) s. Terechina (M. T.).
Zickler (M.) u. **König (I.),** Anwendung v. Kerblochkarten in d. tierzüchter. Forschung u. Praxis 1802.
Židkich (Z. A.), Besonderheiten d. Wachstums einiger Skeletteile d. Moskauer Bronzeputen 1369.
Ziegler (J.) s. Gordon (W. G.).
Zielińska (B.) u. **Malcowa (H.),** Körperliche Entwicklung v. Küken d. Rassen Sussex u. Rote Rhodeländer 1607.
Zijl (H. J. M. van) s. Schaaf (A. van der).
Zikowsky (F.), Ich soll züchten? 2548.
Žilinskij (A. A.), Problem d. Alters bei d. Zuchtverwendung v. Pferden 1629.
Žiljakova (V. S.), Biolog. Bedeutung d. Färbung bei Karakulschafen vom Sur-Typ 2300.
Zimmerman (D. R.) s. Wiltbank (J. N.).
—, Speer (V. C.), Hays (V. W.) u. **Catron (D. V.),** Injizierbares Eisen-Dextran u. verschied. orale Eisenbehandlungen zur Verhütung d. Eisenmangel-Anämie bei Saugferkeln 355.
—, Spies (H. G.), Rigor (E. M.), Self (H. L.) u. **Casida (L. E.),** Der Einfluß v. eingeschränkter Fütterung, Kreuzung u. Jahreszeit d. Geburt auf d. Geschlechtsreife beim Schwein 969.
Zimmermann, Geschichte u. Methode d. Evolutionsforschung [2]*.
Zimmermann (H.), Sami-Nerze 991. — Pararauschbrand in einer Nerzfarm 1663.
Zimmermann (W.), Domestikation d. Chinchillas 315. — Chinchillazucht 1462.
Zimmermann-Nielsen (C.) u. **Schønheyder (F.),** Rate d. Proteinabnahme im Dünndarm in vivo 1923.
Zindel (H. C.) s. Johnson (H. S.); Makens (J. C.).
Zingg (W.), Angel (A.) u. **Steinberg (M. D.),** Zahl u. Volumen d. Fettzellen im Fettgewebe 893.
Ziołecka (A.), Methoden zur Verdaulichkeitsbestimmung v. Futterstoffen 337.
Zipfel (H.), Grünmehl, ein wertvoller Rohstoff für d. Futtergemischproduktion 382.
Zipper (J.), Variabilität d. Körperform bei Reinzucht u. Kreuzung v. Deutschem Gelbvieh u. Rotem dän. Milchvieh 1635.
Žirnov (I. E.), Gebrauchskreuzung v. Schweinen d. Großen Weißen Rasse mit d. Estn. Schlappohrigen Schwein 2081.
Zitomer (F.) u. **Lambert (J. L.),** Spektrophotometr. Bestimmung v. Ammoniak als Trichloramin 2562.
Zittel (H. E.) s. Goldstein (G.).
Zittle (C. A.) s. Thompson (M. P.).
—, Thompson (M. P.), Custer (J. H.) u. **Cerbulis (J.),** K-Casein-β-Lactoglobulin-Wechselwirkung in Lösung beim Erhitzen 2334.
Živkov (V. I.), Adeninnukleotide in den Spermatozoen v. Widder, Eber u. Hengst 917.
Živković (S.) s. Vukavić.
Zizin, Darwin u. einige Fragen d. Biologie [2]*.
Zjuban (V. I.), Wege zur Beseitigung v. Geflügeltyphus 2311. — Einfluß v. Biomycin auf d. Immunisierung d. Hühner gegen Cholera 2538.
Zločevskaja (K. V.), Bewertung d. Eiqualität bei ganzjähriger Brut 2535.
Zoder (H. F.) s. Eibl (K.).

Żoga (V. V.), Vorratsbunker für d. Beschickung v. Futterverteilern; Futterverteiler für d. Käfighaltung v. Hühner- u. Entenküken 841.
Żółkiewski (A.) s. Bieliński (K.).
Zólkowski (J.) s. Hansson (A.).
Zolli jun. (Z.) s. Donovan (G. A.).
Zolotina (V. A.) s. Cirel'son (N. B.).
Zommere (A.), Stand d. züchter. Arbeit an d. Litauischen Weißen Rasse 1876.
Zoranjan (V. A.) s. Blrcjan (A. A.).
Zowall (H.) s. Jollès (P.).
Zschintzsch (A.) s. Rommel (P.).
Zubareva (L. A.) s. Dobrynina (A. J.).
Zubay (G.), Specifität d. Inkorporation v. Glutaminsäure u. Glutamin in Protein 1492.
Zubcova (R. A.) s. Kurow (B. I.).
Zubrilina (Z. A.) s. Berezovskij (A. A.).
Zucker (H.) s. Becher (A.); Brüggemann (J.).
Zürcher (K.) s. Hadorn (H.).
Zundel (G.), Dekontamination radioaktiv verseuchter Milch 2486.
Żupka (Z.), Zemánek (F.) u. **Másek (N.),** Ergebnisse d. Schlachtanalyse bei Weißen Edelschweinen, geschlachtet im Gewicht v. *20—200* kg 2290.
Żuravok (N. S.), Hybridisation d. Roten Steppenviehs mit Zebu in Askanija-Nowa 1176.
Żuravśkyj (M. G.), Einfluß getrockneter Bierhefe auf d. Ketogenese u. Milchfettleistung bei Kühen 1747.
Zurkowski (M.) s. Jasiorowski (H.).
Zutaut (C. L.) s. Sprague (J. I.).
Zuzuoki-Zirô s. Kobata (A.).
Zvjerjeva (G. V.), Čornomaz (L. A.) u. **Čuchrij (B. M.),** Verwendung v. Trockenmilch-Verdünner für Bullensperma 2024.
—, Čuchrij (B. M.), Savin (P. M.) u. **Grabovyj (M. V.),** Einfluß d. Serums trächtiger Stuten auf d. Bullensperma 1825.
— u. **Spivakov (O. S.),** Spermienkonzentrationsbestimmung mittels photoelektr. Erythrohämometers 465.
Zwaan (J.), Immunoelektrophorese v. Rinderwachstumshormon 1126.
Zwilling (E.) s. Cahn (R. D.).
Zwoliński (J.), Zwillings-Trächtigkeit bei Stuten 2275.
Forschungs- u. Entwicklungsberichte: 248, 277, 299, 301, 313, 367, 388, 503, 1396, 1422, 1424, 1436, 1470, 1517, 1614, 1624, 1658, 1710, 1862, 1951, 2034, 2039, 2068, 2159.

LANDWIRTSCHAFTLICHES ZENTRALBLATT

ABTEILUNG TIERZUCHT · TIERERNÄHRUNG · FISCHEREI

Teil Fischerei

AUTORENREGISTER 1963

Seitenzahl in [ ] bedeutet ein Buch, [ ]* eine Buchbesprechung

Aasen (O.), Wechselbeziehungen zwischen Ankunft u. Ablaichen d. norweg. Winterherings 1759.

Aasted (D. C.) s. Hester (F. J.).

Abakumov (V. A.), Lokale Durchbrechung d. Trennung in d. reproduktiven Phase zwischen Lachs u. Meerforelle 1075. — Systematik u. Ökologie d. fernöstlichen Bachlamprete im Amurgebiet 1971. — Untersuchungsmethodik d. Dynamik d. Gewichts- u. Längenzuwachses d. Fische 2409.

Abdel (R. M. El-Bolock) = El-Bolock (A. R. M.).

Abdel Aleem (A.), Ökologie d. Diatomeen in d. ehemaligen Fayoum-See (Oberägypten) 1549.

Abdul Wahab Saadi = Saadi (A. W.).

Abdurachmanov (J. A.), Bildung d. Ichthyofauna d. Mingetschaurer Talsperre 418.

— u. **Kasymov (A. G.)**, Nahrungsbeziehungen d. Fische d. Kura-Beckens 1080.

Abel (E. F.), Freiwasserbeobachtungen an Fischen im Golf v. Neapel als Beitrag zur Kenntnis ihrer Ökologie u. ihres Verhaltens 855.

Abell (D. L.), Analyse d. Einzugsgebietes in 'biolog. Arbeiten über Flüsse 2420.

Abrosimova (N. M.) u. **Tatarskaja (R. I.)**, Adenosintriphosphatase u. einige andere Fermente d. Phosphorstoffwechsels in d. Homogenisaten u. Extrakten v. Fischeiern 2628.

Achmerov (A. C.), Parasiten u. Krankheiten d. Amurfische während ihrer Akklimatisation in den Teichwirtschaften d. RSFSR 434.

— u. **Gusev (A. V.)**, Über Wirte v. Ancyrocephalus subaequalis 1786.

Ackman (R. G.) s. Jangaard (P. M.).

—, **Gallay (L. R.)**, **Jangaard (P. M.)** u. **Hughes (M. L.)**, Konversion d. freien Fettsäuren d. Kabeljauöls zu Methylestern in situ 2211.

Addison (R. G.) s. Scarborough (B. B.).

Aganova (G. M.) s. Malinovskaja (A. S.).

Agapov (I. D.), Einfluß d. Pegelschwankungen auf d. Fortpflanzungsbedingungen d. Fische in d. Stauseen 2625.

Agnew (J. D.), Neue Leptophlebiidae (Ephem.) aus Transvaal 868.

Agre (A. L.), Wanderung v. Radiocaesium u. Radiostrontium aus schwachfließenden Wasserbecken 2184.

Ahlstrom (E. H.), Verteilung u. Menge d. Eier d. Pazif. Sardine in den Jahren *1952—1956* 183.

Aikawa (T.) s. Isaka (S.).

Akazaki (M.), Ergebnisse d. *4.* Expedition in d. Gebiet d. Amami-Inseln über einen neuen Sparoiden, Gymnocranius japonicus, bes. hinsichtlich seiner Taxionomie 2179.

Akimov (I. K.), Unterlagen über d. fakt. Umgestaltung d. Ufer d. Rybinsker Talsperre 637.

Aksiray (F.) u. **Villwock (W.)**, Populationsdynam. Betrachtungen an Zahnkarpfen d. südwestanatol. Aci-(Tuz-) Gölü 399.

Alabaster (J. S.) u. **Welcomme (R. L.)**, Einfluß des Sauerstoffgehaltes auf d. Lebensfähigkeit v. Forelle u. Plötze bei letalen Temperaturen 844.

Albrecht (M.-L.), Methoden zur Untersuchung d. Makrofauna fließender Gewässer 2431.

Aleem (A. Abdel) = Abdel Aleem (A.).

Aleksandrova (L. P.), Kanygina (A. V.) u. **Pobegajlo (P. I.),** Ergebnisse d. biolog. u. chem. Untersuchung d. Magnitogorsker Talsperre 658.

Alekseev (E. V.) s. Delamure (S. L.).

Alekseev (V. M.), Rolle d. Garnelen bei d. Verbreitung v. Notocotylus 2194.

Aleksejev (A.), Istoshin (B.), Pachorukov (W.), Myrland (P.), Einarsson (H.), Hermann (F.) u. **Stefánsson (U.),** Hydrographische Bedingungen in d. Norweg. See im Juni *1959* 2647.

—, Istoshin (B.) u. **Ponomarenko (L.),** Hydrographische Bedingungen in d. Norweg. See im November—Dezember *1959* 2648.

Al-Gauhari (A. E. I.), Morphologie d. Pankreas d. Teleostei mit bes. Berücksichtigung v. Clarias lazera 1068.

Alhunis (M.) s. Yashouv (A.).

Ali (M. A.), Histophysiologische Untersuchungen an d. Retina juveniler Atlant. Lachse (Salmo salar). *2.* Mitt. Reaktionen auf Lichtintensitäten, Wellenlängen, Temperaturen u. dauernde Beleuchtung oder Dunkelheit 1069. — Einfluß d. Lichtintensität auf d. Adaptation d. Retina einjähriger Atlant. Lachse 1535.

Aliev (A. D.), Postembryonale Entwicklung d. Kura-Hausens 1313.

Allanson (B. R.) u. **Kerrich (J. E.),** Bestimmung d. Zahl v. Tieren in Proben aus verschmutzten Flüssen 2431.

Allen (D. M.) u. **Costello (T. J.),** Sortierung großer Mengen v. lebenden Garnelen für Markierungsversuche 657.

Allen (G. H.), Wachstum v. markierten Silber-Lachsen d. Brut v. *1950* im Puget-Sund 188.

Almquist (E.), Wirkung v. Rotenon-Emulsionen auf Fischnährtiere 1776.

Altuchov (J. P.), Wärmebeständigkeit isolierter Muskeln d. „großen" u. „kleinen" Schwarzmeerstöcker 1070.

Altuchov (K. A.), Wirkung mechan. Einflüsse auf d. reifenden Eier d. Weißmeerherings 1962.

— u. **Erastova (V. M.),** Resultate d. Markierung v. Heringen in d. Karel. Gewässern d. Weißen Meeres 2181.

Alverson (D. L.) s. Pruter (A. T.).

Ambühl (H.), Einfluß d. Strömungsgeschwindigkeit auf d. Organismen d. Wassers 2169. — Fragen d. Cyanophyceen-Systematik in Kastanienbaum, *1961* 2169.

Amman (E.), Forellenaufzucht u. Forelleneinsatz 1776.

Amosov (V. A.), Veränderungen d. Gewichtes u. Größe v. Fischen bei Fixierung in Formalin u. Wässerung 1973.

Ananičev (A. V.) u. **Gomazkov (O. A.),** Jahreszeitliche Charakteristik d. Verdauung d. Quappe 395.

Ancona (U. d'), Alte u. neue Versuche zur Lösung d. Aal-Problems 186.

Andersen (J. K.) s. Cooper (E. L.); McFadden (J. T.).

Andersen (K. P.), Hydrograph. Bedingungen in d. Nordsee *1959* 2425. — s. Filarski (J.).

Andersen (P.), Jansen (J. K. S.) u. **Løyning (Y.),** Langsame u. schnelle Muskelfibrillen beim Inger (Myxine glutinosa) 2620.

Anderson (D. V.), Kanad. Untersuchungsprogramm d. Großen Seen 393.

Andreae (H.) u. **Heck (H.-L.),** Zu einigen aktuellen Problemen d. Hydrologie 633.

Andrews (J. D.) s. Wood (J. L.).

Androsova (E. I.), Bryozoa d. Ostsee 1101.

Annamalay (S.), Nährwert d. gemeinen Karpfens, Labeo fimbriatus 2208.

Anochina (L. E.), Fragen d. Heringsfruchtbarkeit in d. Onega-Bucht 849. — Zusammenhang v. Fruchtbarkeit u. Fettgehalt d. Fische u. d. Größenvariabilität d. Heringseier 2397.

Anraku (M.) u. **Omori (M.),** Verhältnis zwischen Freßgewohnheiten u. Bau d. Mundwerkzeuge mariner Copepoden 2429.

Ansell (A. D.), Funktionelle Morphologie d. brit. Arten d. Veneracea (Eulamellibranchia) 2193. — Funktionelle Morphologie d. Larve u. d. postlarvale Entwicklung v. Venus striatula 2653.

Antonov (A. E.), Voraussage d. Aufenthaltes u. d. Laichbeginn d. Strömlings in d. Weichselbucht 1962.

Antopol (W.) s. Perlmutter (A.).

Anwand (K.), Küstenfischerei Rügens auf Frühjahrs- u. Herbstheringe in den Jahren *1960* u. *1961* 656. — Fleischgrätenzahlen bei einigen Meeresfischen 842. — Kopf- u. Schwanzgabellängen v. Rügenschen Frühjahrs- u. Herbstheringen 1539. — Heringslarven d. Greifswalder Boddens *1960* u. *1961* 2176. — s. Berner (M.).

— u. **Danke (L.)**, Rügenscher Frühjahrsheringsfang u. -bestand *1962* u. *1963* 2660.

— u. **Lieder (U.)**, Ergebnisse u. Perspektiven d. Fischortung in d. Binnenfischerei. *4.* Mitt. Echographenbeobachtung eines Kleinmaränenbestandes während d. Tageszugnetzfischerei 2002.

— u. **Waldmann (J.)**, Laichfischbestand, Larvenmenge u. Jahrgangsstärke beim Rügenschen Frühjahrshering 1323.

Apanovič (S. I.), Saira (Cololabis saira) 617.

Armstrong (F. A. J.) s. Wilson (D. P.).

— u. **Boalch (G. T.)**, Ultraviolett-Absorption d. Meerwassers 2649.

— u. **Butler (E. I.)**, Chemische Veränderungen im Meerwasser v. Plymouth im Jahre *1960* 2650.

— u. **Wickstead (J. H.)**, Konservierung v. Planktonproben mit Formalin 1774.

Arnoult (J.), Natürliche Eiablage u. Schlüpfen bei Polypterus senegalus 624.

Aron (W.), Verbreitung v. Tieren im östlichen Nordpazifik u. ihre Beziehungen zu physikal. u. chem. Bedingungen 1984. — s. Gibbs jun. (R. H.).

Artemova (A. G.) s. **Ėpštejn (J. A.)**.

Artjuch (E. S.), Süßwassermeduse im Alten Kuban 1338.

Asaj (A.), **Fijan (N.)** u. **Malnar (J.)**, Angaben über Stickstoff-, Phosphor- u. Kalziummengen im Wasser verschied. gedüngter Fischteiche 1348.

Aschaev (M.), Amur-Welse in d. Angara 178.

Assman (A. V.), Veränderung d. Zugänglichkeit d. Chironomidenlarven für d. Aufnahme durch Fische 1326. — Angaben über d. Einfluß verschied. Ernährungsbedingungen auf d. morpholog. Zusammensetzung d. Karpfenblutes 1989. — Greifbarkeit d. Chironomidenlarven für Fische 2408.

Astachova (T. V.), Parasitenfauna d. Zanderbrut d. Wolgadeltas u. d. nördlichen Kasp. Meeres 433.

Auerbach (M.) u. **Rottengatter (G.)**, Wasseraustausch d. einzelnen Bekken d. Untersees. Teil *1.* Hydrographie 1086; Teil *2.* Biologie 1087.

Avdošev (V. S.), **Demčenko (I. F.)**, **Karpenko (I. M.)** u. **Kulakovskaja (O. P.)**, Heilung u. Prophylaxe d. Fischegelbefalls bei Hechten 1786.

Avetikjan (B. G.) s. Ėpštejn (J. A.).

Ayers (J. C.) s. Rodgers (G. K.).

Azizova (N. A.), Möglichkeiten d. Fanges v. Kaspigrundeln 1987.

Babajan (K. E.), Neue Süßwasserfische in Ceylon 628. — Fische Ceylons 1323.

Băbuţia (T.) s. Cotta (V.).

Băcescu (M.), Rumän. physiko-chem. u. biolog. Forschungen am Schwarzen Meer in d. Periode v. *1954—1959* 1980.

Bachofen (R.), Method. u. experimentelle Studie über Stoffwandlungen in Seesedimenten 865.

Backus (R. H.), Alter einer kleinen Anzahl v. Pomatomus saltatrix 2637. — Haie d. westlichen Nordatlantiks 1079.

Bahr (K.), Besonderheiten d. Fischerei in Irlands Seen u. Flüssen 200.

Baid (I. C.) s. Krishna (D.).

Bainbridge (R.), Training, Geschwindigkeit u. Ausdauer bei d. Forelle 2624. — Entwicklung v. Ethmalosa dorsalis 2175.

Baird (I. A.) s. Steele (J. H.).

Bajl'ozov (D.) s. Panajotova (M.).

Bajmov (U. A.), Hoden v. Bubyr caucasicus in d. Laichperiode 2175.

Bajnštejn (B. A.), Wassermilben d. Rybinsker Talsperre u. d. umliegenden Gewässer. *2.* Mitt. 1093.

Bakastov (S. S.), Angaben über d. Bodentemperaturen d. Rybinsker Talsperre während d. Eisbedeckung 1091. — Grundwasserverhältnisse in d. Uferzone d. Rybinsker Talsperre 1335.

Baker (B. I.), Effekt d. Adaptation an schwarzen u. weißen Untergrund auf d. Hypophyse v. Knochenfischen 2396.

Bakulina (É. D.) s. Romašov (D. D.).

Balachnin (I. A.), Angaben über Unterschiede d. Blutes verschied. Forellenarten u. d. Bestimmungsmethoden 1533.

Baldwin (W. J.), Fischarten aus d. oberen Golf v. Kalifornien 1541. — Konstruktion u. Funktion einer Klein-Schleppnetzanlage 2003.

Băleanu (N.) s. Cristea (A.); Dumitriu (F.); Ziemiankowski (V.).

Balinsky (B. I.) u. **James (G. V.),** Schlagartige Vermehrung v. Organismen im Kariba-See 1766.

Balogh (I.) u. **Ferenczy (S.),** Jahrbuch d. ungar. Schafeherdbuchführung *1960/61* [2529]*.

Balon (E. K.), Entwicklung d. akklimatisierten Lepomis gibbosus (Linné *1748*) während d. embryonalen Periode in den Donauseitengewässern 851. — Beitrag zur ökolog. Charakteristik d. Ichthyofauna d. tschechoslowak. Donau-Abschnitts 853. — Alter u. Wachstum d. Laichäschen (Thymallus thymallus) aus d. Talsperre am Fluß Hnilec 857. — Ei-Entwicklung d. Schleie, befruchtet mit Sperma d. Karausche 1075. — Entwicklung d. Fische unter ungünstigen Ernährungsbedingungen 1082.

—, Duyvené de Wit (J. J.) u. **Holčík (J.),** Erste Entwicklungsstadien d. intersubfamiliaren Hybriden P. anoplus/R. ocellatus 398.

Bamberg (I.) s. Wohlfahrt (T. A.).

Bandt (H.-J.), Chem. Pflanzenbekämpfungsmittel (Herbizide) u. Fische 881.

Bank (O.), Spritzung BWS-kranker Satzkarpfen mit Leukomycin, Ergebnisse in den Jahren *1960* u. *1961* 661. — Verfütterung des Leukomycins an BWS-kranke Karpfen 886. — Kalk in d. Teichwirtschaft 1348. — Entlandung mit chem. Mitteln 1566. — Außenstelle für Karpfenteichwirtschaft in Höchstadt 1753. — Algen, ihre Bekämpfung mit chem. Mitteln 1780. — Verfütterung d. Leukomycins an BWS-kranke Karpfen 1787. — Abfischungskosten 2196. — Spritzaktion mit Leukomycin im Frühjahr *1962* 2206. — Einstufung d. Wertes v. Fischgewässern u. Vergeltung v. Fischereischäden 2215. — Aktivierung d. Teichböden: Branntkalk 2659.

Banner (A. H.) s. Helfrich (P.).

Baranenkova (A. S.), Sowjet. Untersuchungen über d. kleinen Schellfisch (Gadus aeglefinus) d. Altersgruppen 0—III im Jahre *1959* 2405.

Barannikova (I. A.), Einfluß d. Wasserkraftwerkes an d. Narva auf d. Fischfauna d. Flusses 428. — Biolog. Differenzierung d. Wolga-Kasp. Störbestände (im Zusammenhang mit d. Aufgaben d. Störzucht im Wolga-Delta) 1350.

Baranov (I. V.), Limnolog. Typen d. Seen d. UdSSR [1343].

Baranowski (P.) u. **Dembiński (W.),** Polnische Kombine für Zugnetzfänge unter dem Eise 1345.

Bargetzi (J.-P.), Biochem. Analysenmethoden bei einem taxonom. Problem: d. Coregonen d. Neuchâteler Sees 1758.

Barlow (G. W.), Gobiiden d. Gattung Gillichthys, mit Bemerkungen über d. taxonom. Wert d. sensor. Kanäle 1542. — Ethologie d. Blaubarsches, Badis badis. *3.* Mitt. Angriffsverhalten 1543; *4.* Mitt. Sexualverhalten 1543.

Barnes (H.), Variation d. jahreszeitlichen Wachstumsrate v. Balanus balanoides unter bes. Berücksichtigung d. Anwesenheit endogener Faktoren 2192.

— u. Barnes (M.), Wachstum v. Elminius modestus (Crust., Cirripedia) in Schottland 1983.

Barnes (M.) s. Barnes (H.).

Barsanova (N. G.), Angaben über d. Fauna d. Felslitorals d. Barents-See u. d. Weißen Meeres 1340.

Barsukov (V. V.), Sind Fische fähig, aktiv zu fliegen? 1071.

Barsukov (V. V.) u. **Nizovcev (G. P.),**

Ernährung d. Katfische d. Barents-See 1080.
Barthelmes (D.), Fall v. natürlichem Gelegerückgang 862. — Diaptomussterben durch einen Pilz d. Gattung Aphanomyces 1552. — Zuflußbedingte u. windbedingte Strömungen im Großen Müggelsee 1765. — Notwendigkeit einer weiteren guten Zusammenarbeit zwischen Fischerei u. Wasserwirtschaft bei wasserwirtschaftlichen Projekten 1985. — s. Lieder (U.).
— u. **Lieder (U.),** Ergebnisse u. Perspektiven d. Fischortung in d. Binnenfischerei. *3.* Mitt. Versuche zur Echoortung v. Karpfenbeständen in Flachseen 2001.
Bartholomew (G. A.) u. **Collias (N. E.),** Rolle d. Lautäußerungen im sozialen Verhalten v. Mirounga angustirostris 1546.
Bartholomew (M. A.), Vall (J. di) u. **Morrow (J. E.),** Silber-Hecht, ein atyp. Esox lucius in Alaska 1971.
Baryševa (A. F.), Parasitenfauna d. Fische d. Gorki-Stausees während d. ersten Jahres seines Bestehens 432.
Basu (S. P.), D. aktive Atmung d. Fische in Beziehung zur Konzentration des umgebenden Sauerstoffs u. Kohlendioxyds 844.
Bates (D. M.) s. Kleerekoper (H.).
Batias (A.), Große Maräne des Lac du Bourget (Coregonus lavaretus L.) 841.
Bauer (K.), Nebenwirkungen v. Pflanzenschutzmitteln auf Fische u. Fischnährtiere 1352.
Bauer (O.) u. **Seumenicht (K.),** Verarbeitung v. Seefischen, Schal- u. Krustentieren 887.
Bauer (O. N.) s. Kirpičnikov (V. S.).
— u. **Strelkov (J. A.),** Erkrankungen d. Brut d. Ostseelachses während d. künstlichen Aufzucht 431.
— u. **Uspenskaja (A. B.),** Neue Mittel zur Bekämpfung v. Fischkrankheiten 435.
Baumann (H.), Lebensablauf v. Hypsibius (H.) convergens Urbanowicz (Tardigrada) 2424.
Baxter (J. L.), Pismo-Venusmuschel im Jahre *1960* 404. — s. Ripley (E.).
Baylor (E. R.) u. **Shaw (E.),** Brechungsfehler u. Sehvermögen bei Fischen 1315.
Beal (F. E.), Leichtes Fahrzeug für Fischbesatz. 647.
Becker (C. D.), Vertreter d. Gattung Haemogregarina aus d. Blut eines Süßwasserfisches, Catostomus macrocheilus 2206.
Beer (W.-D.), Methodik u. Problematik d. biolog. Flußgütelängsschnittes 645.
Behnke (R. J.) s. Benson (S. B.).
—, **Koh (T. P.)** u. **Needham (P. R.),** Zugehörigkeit d. Süßwassersalmoniden Formosas mit einer Betrachtung v. Oncorhynchus masou 1970.
— u. **Weizel (R. M.),** Vorläufige Liste d. Süßwasserfische v. Connecticut 852.
Behrend (E. R.) s. Wodinsky (J.).
Beklemišev (K. V.), D. Bedeutung d. Tiefenwassers polaren u. subpolaren Ursprunges für d. Bereicherung d. abyssalen Planktons 1339. — Einfluß d. atmosphär. Zyklonen auf d. Ernährungsgebiet d. Wale in d. Antarktis 1545. — Bedeutung d. Zellkolonien für plankt. Diatomeen 1556.
—, **Petrikova (M. N.)** u. **Semina (G. I.),** Ursache d. Schwimmfähigkeit plankt. Diatomeen 1557.
Belcher (J. H.) s. Fogg (G. E.).
Beljackaja-Potaenko (J. S.), Intensität d. Gasaustauschs bei Wasserbakterien 1334.
Beljaev (L. D.), Fischfauna v. Talsperren an kleinen Flüssen d. Ukraine 417.
Beljaeva (Sečkina) (T.V.), Diatomeen in d. Oberflächenschicht d. Ablagerungen d. Japan. Meeres 1339; dass.: d. nordwestlichen Pazifiks 1556.
Beljaeva (V. N.) s. Romašov (D. D.).
Beljanina (T. N.), Einfluß d. selektiven Wirkung v. Fischnetzen auf d. qualitative Zusammensetzung d. Fischbestände 2400.
Beljavskaja (L. I.), Bodenfauna d. Wolgograder Talsperre im ersten Jahr ihres Bestehens 640.
Bell (G.), Trichodiniden v. d. Kiemen eines neuen Wirtes, Ophiodon elongatus 1996.
Bell (R. R.), Altersbestimmung an

Thunnus germo v. d. kaliforn. Küste 630.
Belogolovaja (L. A.), Zusammensetzung u. Dynamik d. Futterbasis in d. Teichen d. Störzuchtanstalt Kisan 1350.
— u. **Bogdanova (L. S.)**, Hydrobiolog. Charakteristik d. Unterlaufes d. Narwa nach seiner Regulierung 428.
— u. **Krasjukova (Z. V.)**, Abhängigkeit d. Entwicklung d. Wildkarpfens v. den phänolog. Veränderungen im Gewässer 396.
Belsare (D. K.) s. Swarup (H.).
Belter (W. G.) u. **Bernard (H.)**, Behandlung v. radioaktiven flüssigen Abfallstoffen in d. USA 2202.
Belyj (N. D.), Abwandern d. frühen Entwicklungsstadien d. Zanders aus d. Olschanka-Fluß 1974.
Benda (H.), **Bruschek (E.)**, **Schussmann (M.)**, **Schefold (K.)** u. **Tomaschko (G.)**, Naturgeschichte u. Fischereiwirtschaft d. Huchens 1755.
Benda (J.), Rationelle Methode zur Entschlammung u. Trocknung v. Teichen 2658.
Bender (M.) s. Lewis (W. M.).
Bennink (P. J. H.) s. Burgers (A. C. J.).
Benson (B. B.) s. Klots (C. E.).
Benson (S. B.) u. **Behnke (R. J.)**, Salmo evermanni, ein Synonym v. Salmo clarkii henshawi 2633.
Berdičevskij (L. S.), Notwendigkeit d. biolog. Begründung d. Mindestmaße 1346. — Fischereibiologie in d. neuen Etappe 2169. — Biologische Grundlagen eines rationellen Fischfangs 2394.
Berezin (N. T.), Notwendigkeit, d. staatlichen Standards für gefrorenen Fisch zu überprüfen 2210.
Berg (K.), Sauerstoffverbrauch einiger Süßwasserschnecken 1551.
Berg (L. S.), Ichthyologie [1085].
Berger (F.), Grenzflächenerscheinungen, d. d. Lichtmessung unter Wasser beeinflussen 2430.
Berger (T. S.), **Popov (B. A.)** u. **Čeremisina (R. A.)**, Verbreitungsgrenze d. Kabeljau-, Schellfisch-, Rotbarsch- u. Heringsbrut in d. Barents-See 1078.
Berglund jun. (C. O.) s. Hoese (H. D.).
Bergmann (H. H.), Probleme d. wirtschaftlichen Gestaltung v. Fischereifahrzeugen 879. — Kapazitätsermittlung für d. Hochseefischereiflotte 2201.
Berkeley (C.), Toxizität d. Planktons auf Cristispira, einen Bewohner d. Kristallstiels eines Mollusken 1104. — s. Berkeley (E.).
Berkeley (E.) u. **Berkeley (C.)**, Bemerkungen über Polychäten v. Kalifornien bis Peru 197. — Polychaeten aus Brit.-Kolumbien; mit einer Bemerkung über einige westkanad. arkt. Formen 1983.
Bernard (H.) s. Belter (W. G.).
Berner jun. (L.) s. Hand (C. H.).
Berner (M.), Augenblickliche Situation d. Dorschfischerei in d. Ostsee u. Vorschläge zur Veränderung 203.
— u. **Anwand (K.)**, Fanggründe d. Saßnitzer Kutterflotte in d. Ostsee u. deren fischereiliche Bedeutung (*1956—1960*) 656. — Fangplätze d. südlichen Ostsee u. ihre fischereiliche Bedeutung *1956—1960* im Vgl. zu *1953—1955* 1571.
Berry (F. H.) u. **Rivas (L. R.)**, Daten über sechs Beloniden-Arten aus d. westl. Atlantik 1762.
Berval'd (È. A.), Reproduktion d. Nutzfischbestände d. Wesselowsker Stausees u. d. Möglichkeiten zur Steigerung seiner Produktivität 2434.
Beshai (H. M.) s. Drover (D. P.).
Bespalyj (I. I.), Darmcoccidiose d. Karpfen in den Teichwirtschaften d. USSR 438.
Best (E. A.) s. Follett (W. I.).
Beteševa (E. I.), Doggerscharbe (Hippoglossoides platessoides limandoides) d. Kara-Sees 1324.
Bevan (D. E.), Erbrütung v. Salmonideneiern im Kühlschrank 2197.
Bevelander (G.) u. **Goss (R. J.)**, D. Tetracyclin-Einfluß auf d. Kalkablagerung in normalen u. regenerierten Schuppen eines Knochenfisches 395.
Beyers (R. J.) s. Delco jun. (E. A.).
Bezler (F. I.) u. **Trifonova (N. A.)**, Verteilung d. Sauerstoffes in d. Rybinsker Talsperre während d. Winters 1091.
Bhattacharyya (B. N.), Muskulatur d. Schädels u. d. Beckengürtels bei

einigen Fischen d. Gebirgsflüsse Ost- u. Nordost-Indiens 1067.

Bhimachar (B. S.), Binnenfischerei Indiens u. ihre Probleme 1775.

Bianki (V. L.), Raumanalyse u. bilaterale Symmetrie d. Fischhirns. *1.* Mitt. Optische Raumanalyse 1315; *2.* Mitt. Gehör-Raumanalyse 1315. — Physiologische Struktur d. Gesichtsorganes bei Fischen im Zusammenhang mit seiner paarigen Funktionsweise 1756.

Bick (H.) u. **Scholtyseck (E.),** Biolog. u. chem. Untersuchungen an Abwasserteichen 880.

Bigelow (H. B.) u. **Schroeder (W. C.),** Großes Exemplar v. Carcharodon charcharias aus d. Massachusetts-Bucht 859.

Bilinski (E.), Biosynthese v. Trimethylammonium-Verbindungen in Wassertieren. *3.* Mitt. Cholinstoffwechsel bei Meerescrustaceen 1547. — s. Cardin (A.).

Bilyj (M. D.), Laichen d. Dneprzanders 1537.

Bini (G.), Über d. Identität v. Cerna chrysotaenia 399.

Bircă (I.) s. Popescu (E.).

Birger (T.), Futterwert für die Fische d. im Dnepr u. Dnepr-Bug-Liman in Massen auftretenden Wirbellosen [1107].

Birman (I. B.), Nochmals über d. Einfluß d. Kuroshio auf d. Dynamik d. Lachsbestände 1323.

Bishai (H. M.), Einfluß d. Wasserstoffionen-Konzentration auf Überleben u. Verbreitung v. Fischlarven u. Jungfischen 886. — Reaktionen v. Larven u. jungen Salmoniden auf Wasser v. geringer Sauerstoffkonzentration 1535. — Reaktionen v. Larven u. jungen Salmoniden auf verschied. Wasserstoffionen-Konzentrationen 1536. — Wirkung d. Gasgehaltes d. Wassers auf Fischlarven u. Jungfische 1757. — Auswirkung d. Luftdruckes auf d. Lebensfähigkeit u. d. Verteilung d. Larven u. Jungfische 2172.

Bitjukov (È. P.), Ökologie v. Limnocalanus grimaldii im Finn. Meerbusen 1341.

Bitners (I.) s. Idler (D. R.).

Bitterman (M. E.) s. Wodinsky (J.).

Bizjaev (I. N.) s. Černov (P. G.).

Black (E. C.), Connor (A. R.), Lam (Kwok-Cheung) u. **Chiu (Wing-Gay),** Veränderungen im Glykogen-, Pyruvat- u. Milchsäuregehalt bei Salmo gairdneri während u. nach Muskelaktivität 1533.

Blaser (E.), Bekämpfung d. Bisam im Winter. Einzelfang v. Bisam im Eis. Wie erbeuten wir Bisam mit Sammelfallen im Winter? 883. — Sinn u. Unsinn d. Fischotterverfolgung 884.

Block (R. J.), Ungefähre Aminosäurenzusammensetzung v. Wild- u. Zuchtsaiblingen (Salvelinus fontinalis) u. einiger ihrer Hauptnährtiere (Gammarus u. Hexagenia bilineata) 1570.

Boalch (G. T.) s. Armstrong (F. A. J.).

Boccardy (J. A.) s. Cooper (E. L.).

Boddeke (R.), Größe u. Ernährung verschied. Fischtypen 2180.

Bodman (R. H.), Slabaugh (L. V.) u. **Bowen (V. T.),** Vielzweck-Seewasserschöpfer für umfangreiche Proben 645.

Bodrova (I. V.), D. peripheren Nervenapparate d. chem. Wahrnehmung d. Quappe 394.

Bodrova (N. V.), Bau d. Geruchsorgane bei einigen Süßwasserfischen 1313.

— u. **Krajuchin (B. V.),** Über d. Rolle d. Oberflächenrezeptoren während d. Einwirkung v. elektr. Strom auf Fische 394. — Sortierung wirbelloser Wassertiere mit Hilfe d. elektr. Stromes 1106.

Böhlke (J. E.) u. **Grant jun. (H. J.),** Characidae. *17.* Mitt. Moralesia Fowler, d. richtige Gattungsname für Anacyrtus tectifer 1079.

Boeva (T. P.), Materialien über d. Parasiten d. Fische u. d. Menschen in den Niederungen d. Wolga im Gebiet d. Stadt Saratow 437.

Bogačev (V. V.), Geschichte d. Süßwasserfauna Eurasiens [1107].

Bogaevskij (V. T.), Biologie d. Fernöstlichen Nawaga 1959.

Bogatova (I. B.), Teichwirtschaft im Gebiet v. Pskow 653. — D. letalen Grenzen d. Sauerstoffgehalts, d. Temperatur u. des pH-Wertes für einige Vertreter d. Familie Chydoridae 863.

Bogdanov (G. A.), Veränderung d. Fettgehaltes d. Weißmeerheringe in Abhängigkeit v. Zustand d. Geschlechtsprodukte 1073.

Bogdanova (E. A.), Gesundheitszustand d. Nutzfischbestandes d. Wolga im Gebiet d. zukünftigen Wolgograder Stausees 432. — Parasitenkrankheiten d. Brut d. pazif. Lachse in den Fischzuchtanstalten d. Fernen Ostens 660.

Bogdanova (L. S.) s. Belogolovaja (L. A.).

Bogdrova (N. V.) u. **Krajuchin (B. V.),** Bedeutung d. Seitenlinienorgans für d. Reaktion d. Fische auf Einwirkung elektr. Stromes 1326.

Bogolepova-Dobrochotova (I. I.), Dicyemiden d. Fernostmeere. *2.* Mitt. Neue Arten d. Gattung Dicyemennea 1105.

Bohl (E.), Vergleichende Untersuchungen an Otolithen v. Jungheringen d. Nordsee im Frühjahr *1960* 627.

Bohl (H.), Mann (H.) u. **Wünsche (G.),** Fischereiforschung 2617.

Bojko (E. G.), Faktoren d. Schwankung d. Kleinfisch- u. Störbestandes d. Asowschen Meeres 2402.

Bokova (A. N.), Daten zur biolog. Begründung d. Akklimatisation einiger wirbelloser Bodentiere im Aralsee 650.

Boldina (I. K.), Nahrung d. Güster in den Stauseen d. Wolga 400.

Bolster (G. C.), Einfluß v. Wind u. Gezeiten auf d. Treibnetzfänge in d. ostengl. Heringsfischerei *1952—1956* 1572.

Boltt (R. E.), Nahrungsaufnahme d. Einsiedlerkrebses Diogenes brevirostris mit Hilfe d. Antennen 2182.

Bond (C. E.) s. McIntire (C. D.).

Bondarenko (A. F.), Ausbau d. Fischerei im Ob-Becken 1344.

Bonham (K.), Bemerkung über Haie d. Rongelap-Atolls, Marshall-Inseln 1073. — Carapus homei in einer Seegurke v. d. Marshall-Inseln 1078.

Booke (H. A.) s. Phillips jun. (A. M.).

Bordeleau (M. A.) s. Cardin (A.).

Borgstrom (G.), Fish as Food. Vol. *1.* Production, biochemistry, and microbiology [1310]*; Vol. *2.* Nutrition, sanitation, and utilization [1958]*.

Borisov (N. I.), Mechanisierung d. Fluß-, Seen- u. Meeresfischerei [2003].

Borkunov (V. M.), Elektrotrockenofen d. Astrachaner Fischkonserven-Kühl-Kombinats 663.

Boruckij (E. V.), Methodik d. Untersuchung v. Veränderungen d. Makrophytenbiomasse in Talsperren 417. — Nährtierangebot u. d. Ernährung d. Fische 2407. — Schlupfzeiten d. Chironomiden (Diptera) d. Binnengewässer unterschiedlicher Klimazonen als Faktor d. Futterangebotes für d. Fische 2415.

Boschung jun. (H. T.) u. **Couch (J.),** Sandhai, Carcharias taurus, v. Pensacola, Florida 1969.

Bosset (E.), Der See v. Joux. Hydrolog. Studie d. Seebeckens 1765.

Botosaneanu (L.), Zoogeograph. Studie d. Trichopterenfauna Rumäniens 868.

Botros (G.), Fruchtbarkeit d. Dorsches 1072.

Botsch (D.), Dressur- u. Transpositionsversuche bei Karauschen nach partieller Exstirpation d. Tectum opticum 1071.

Bourne (N.) u. **McIver (A.),** Aufnahme d. Bestände v. Seekammuscheln im St. Lorenz-Golf 1547.

Bousfield (E. L.), Süßwasseramphipode aus Oregon 2643.

Bowen (V. T.) s. Bodman (R. H.).

Boyar (H. C.), Blutzelltypen u. verschied. Zellzahlen beim Atlant. Hering, Clupea harengus harengus 1314.

Boyd (C. E.) s. Vinson (S. B.).

Boyd (E. S.) u. **Gardner (L. C.),** Positive u. negative Verstärkung v. intracranialer Stimulation eines Knochenfisches 1757.

Boyd (J. W.) u. **Southcott (B. A.),** Wirkung v. Tetra-Cyclin-Antibiotika auf objektive u. subjektive Fischqualitäts-Tests 2208.

Braem (R. A.) u. **Ebel (W. J.),** Tragbares Elektrogerät zum Fang v. Ammocoeten 2215.

Braginskaja (R. Ja.), Entwicklungsetappen d. Zuchtkarpfens 401.

Braginskij (L. P.) u. **Frolova (I. A.),** Ökolog. Bedeutung d. Stickstoffes in den Teichen d. nördlichen Waldsteppe d. Ukrain. SSR 422.

Bramstedt (F.), Wintertagung d. Ernährungswissenschaftlichen Beirates d. Deutschen Fischwirtschaft in Bad Salzuflen 177. — Aufgaben u. Ziele d. Ernährungswissenschaftlichen Beirats d. Deutschen Fischwirtschaft 177.

Brandenburg (W.), Fischverarbeitungsmaschinen im Bordbetrieb 888. — Herstellung v. Anchosen 2211.

Brandl (Z.) s. Straškraba (M.).

Brandt (A. v.), Fischerei v. Korea 1799; dass.: v. Taiwan 1799.

Branson (B. A.), Verteilung d. Laichausschlages bei einigen Fischen aus d. Familie d. Catostomidae 2626.

—, **McCoy jun. (C. J.)** u. **Sisk (M. E.),** Süßwasserfische v. Sonora mit einem Zusatz zur bekannten Fauna 1078.

— u. **Moore (G. A.),** Lateralis-Komponenten d. Akustico-Lateralis-Systems bei d. Sonnenfischfamilie Centrarchidae 1530.

Bratberg (E.), Norweg. Kabeljauuntersuchungen *1959* 2404. — Norweg. Untersuchungen in grönländ. Gewässern *1959* 2427.

Brawn (V. M.), Lauterzeugung beim Dorsch (Gadus callarias) 855. — Fortpflanzungsverhalten d. Dorsches 1317. — Angriffsverhalten beim Dorsch 1324. — Physikal. Eigenschaften u. hydrostat. Funktion d. Schwimmblase d. Herings (Clupea harengus) 1959.

Bray (J.) s. McCrimmon (H.).

Brehm (V.), Bemerkungen zu vier ind. Entomostraken 1980.

Breit (J. R.) u. **Groot (C.),** Einige Ansichten zu d. olfaktor. u. visuellen Reaktionen beim Pazifik-Lachs 2621.

Breitenstein (W.), Ausbildung d. Elektrofischer 1795.

Brennan (J. K.) s. Murdaugh jun. (H. V.).

Bridges (D. W.) s. Smith (P. W.).

Briggs (J. C.), Fische mit weltweiter (circumtropischer) Verbreitung 1078. — Neue Art d. Gattung Gobiesox v. d. Tres-Marias-Inseln 1079. — Neuer Haftfisch aus d. Gattung Lepadichthys v. d. Neuen Hebriden 1970. — Wiederaufstellung d. Froschfisches, Antennatus reticularis 1971.

Briggs (J. C.) u. **Link (G.),** Neue Fische d. Gattung Lepadichthys aus d. nördlichen Ind. Ozean u. d. Roten Meer 2633.

Bright (D. B.), Bericht über d. Vorkommen v. Lamna nasus bei Cook Inlet, Alaska 853.

Bringmann (G.) u. **Kühn (R.),** Bioma sentiter u. Saprobien, hydrobiolog. Vergleichsanalyse an Nieder-Rhein, Fulda u. Havel 641.

Brinkhurst (R. O.), Wiederbeschreibung v. Peloscolex variegatus (Oligochaeta, Tubificidae) mit einer Betrachtung über d. Diagnose d. Gattung Peloscolex 865. — Wiederbeschreibung v. Tubifex newaensis (Oligochaeta, Tubificidae) mit einer Betrachtung d. taxonom. Stellung innerhalb d. Gattung 866. — Flügel-Polymorphismus bei d. Gerroidea 1333. — Untersuchungen über brit. Tubificidae 1766.

— u. **Kennedy (C. R.),** Einige aquat. Oligochaeten v. d. Isle of Man mit bes. Berücksichtigung d. Silver-Burn-Ästuars 869.

Britov (V. A.), Fische u. Krebse bei d. Übertragung v. Trichinen auf Meeressäugetiere 1788.

Brjuzgin (V. L.), Charakteristik d. Fischwachstums 1973.

Brock (V. E.), s. Randall (J. E.).

Brodskij (K. A.), Gebiete des massenhaften Vorkommens d. Gattung Calanus auf d. südlichen Halbkugel 872. — Versuch einer biometr. Analyse d. morpholog. Veränderlichkeit v. Calanus pacificus (Copepoda) 872.

Brook (A. J.) s. Round (F. E.).

Brown (B. E.), Vorkommen d. Zanders, Stizostedion vitreum, südlich d. Tennessee-Tales in Alabama 1967.

Brown (C. J. D.) s. Johnson (H. E.).

Brown (D. S.), Nahrung d. Larven v. Chloeon dipterum u. Baetis rhodani (Insecta, Ephemeroptera) 192.

Brudastova (M. A.) u. **Kondrat'ev (T. T.),** Mechanisierung d. Arbeiten in d. Teichwirtschaften 1348.

Brümmerstädt (M.), Ist eine Weiter-

entwicklung d. Elektrofischerei möglich? 1796.

Brun (B.), Gammariden d. G.-locusta-Gruppe im Meer- u. Brackwasser-Litoral d. Provence 2646.

Bruschek (E.) s. Benda (H.).

Bryan (G. W.), Radioaktives Caesium in Krabben 2641.

Bryson (R. A.) s. Haines (D. A.); Shulman (M. D.).

Budd (J. C.) u. **Cucin (D.)**, Nutzung v. Coregonus clupeaformis im kanad. Huron-See 1987.

Bückmann (A.), Bedeutung d. Schollenlaichens in d. südöstlichen Nordsee 1319.

Büttner (S.), Deutsche Hochseefischerei im Jahre *1961* 1799.

Bugai (K.), Fortpflanzungsbedingungen d. Halb-Wanderfische im Unterlauf d. Dnjepr 1778.

Buhler (D. R.) u. **Halver (J. E.)**, Ernährung d. Salmoniden. *9.* Mitt. Kohlehydratbedarf v. Oncorhynchus tshawytscha 1568.

Bullivant (J. S.), Unmittelbare Beobachtung d. Laichens d. Austern Pinctada margar. 190.

Bullock (W. L.), Acanthocephalus-Art in Fischen aus Neu-England, mit Beobachtungen über ihre Variabilität 1995.

Bunk (W.), Durch d. Absenken natürlicher Gewässer zu höheren Feinfischerträgen in d. PwF „Plauer See" 420.

Burbanck (W. D.), Biologie v. Cyathura spec., einem Brackwasser-Isopoden d. nordamerikan. Ostküste 1339.

Burd (A. C.), Wachstum u. Rekrutierung d. Herings d. südlichen Nordsee 627.

Burdon-Jones (C.) u. **McIntyre (A. D.)**, Stereobalanus, eine für d. alte Welt neue Gattung 1104.

Burger (J. W.) u. **Hess (W. N.)**, Funktion d. Rectaldrüse bei Squalus acanthias 846.

Burgers (A. C. J.), **Bennink (P. J. H.)** u. **Oordt (G. J. van)**, Regulation d. Pigmentsystems v. Anoptichthys jordani 2396.

Burke (K.), Gelöste Gase in ostafrikan. Seen 2413.

Burmakin (E. V.), Häufigkeit d. Flußbarsches u. sein Bestand in kleineren Seen 2403.

— u. **Tjurin (P. V.)**, Biolog. Klassifikation d. Fische 1324.

Burrage (B. R.), Aquarien-Beobachtungen an Exemplaren v. Pimephales promelas 2618.

Bursa (A. S.), Phytoplankton d. Calanus-Expeditionen in d. Hudson Bay *1953* u. *1954*. „Calanus"-Serie Nr. *18* 870. — D. ozeanograph. Jahreszyklus bei Igloolik in d. Kanad. Arktis. *2.* Mitt. Phytoplankton 871.

Bursche (E.-M.), Die in d. Polenz vorherrschenden Bewuchsdiatomeen 1769.

Buşnita (A.) s. Costea (E.).

Buşnită (T.), Biologie u. Fang d. Meeräsche im rumän. Küstengebiet d. Schwarzen Meeres 1783. — Rumän., ichthyolog. Meeresforschungen in d. letzten *5* Jahren (*1954* bis *1959*) 1958. — Limnolog. Untersuchung d. Donau, ein aktuelles Problem v. internationalem Interesse 1980.

Buss (K.) s. Waite (D.).

Butler (E. I.) s. Armstrong (F. A. J.).

Butler (T. H.), Wachstum u. Altersbestimmung d. pazif. Speisekrabbe Cancer magister 2182.

— u. **Hart (J. F. L.)**, Vorkommen d. Königskrabbe Paralithodes camtschatica u. v. Lithodes aequispina in Brit.-Kolumbien 1977.

Butorin (N. V.), Kurze hydrolog. Charakteristik d. Wolga im Gebiet d. Gorki-Talsperre 641. — Strömung im Abflußgebiet d. Kuibyschewer Talsperre 1090.

Butorina (L. G.), **Kutikova (L. A.)** u. **Luferova (L. A.)**, Rotatorien d. Gattung Notholca in d. Rybinsker Talsperre 1093.

Bychovskaja-Pavlovskaja (I. E.) u. **Petruševskij (G. K.)**, Trematodenlarven in Fischen d. UdSSR 210.

Bychovskij (B. E.) s. Poljanskij (J. I.).

—, **Petruševskij (G. K.)** u. **Poljanskij (J. I.)**, W. A. Dogiel u. seine Rolle bei d. Erforschung v. Parasiten u. Krankheiten d. Fische d. UdSSR 393.

Cahn (P. H.) u. **Shaw (E.),** Darstellung v. Cupulae d. Seitenlinie bei d. Mugiliformes 1531.
Caldwell (D. K.), Fische d. Familie Priacanthidae aus d. Westatlantik 1970.
— u. **Carlin (C. R.),** Ein mikrophotograph. Halter für Binokulare zum Gebrauch bei d. Photographie v. Fischlarven 1309.
Calentine (R. L.), Archigetes iowensis sp. n. v. Cyprinus carpio u. Limnodrilus hoffmeisteri 2205.
Camper (J. E.) s. Snieszko (S. F.).
Candeias (A.), Alfredo de M. Ramalho *1894–1959* 2169.
Caneday (R. H.) s. Craig (W. L.).
Čaplina (A. M.) s. Mel'nikov (G. B.).
Capriotti (A.), Pilze aus d. Gebiet v. Miami, Florida. *3.* Mitt. Aus Meerwasser, Meerestieren u. faulenden Pflanzen 1342.
Capstick (C. K.), Verteilung freilebender Nematoden im Verhältnis zum Salzgehalt in d. mittleren u. oberen Bereichen d. Mündung d. Flusses Blyth 1771.
Cardin (A.), Bilinski (E.), Maltais (F.), Bordeleau (M. A.) u. **Laframboise (A.),** Chem. Charakteristika des gesalzenen Kabeljau 888.
Carlander (K. D.), Überblick über d. techn. Fischereipersonal 1753.
Carlin (C. R.) s. Caldwell (D. K.).
Carlisle (J. G.), Ungewöhnlicher Fang einer großen Zahl v. pazif. Rundheringen v. Long Beach, Kalifornien 1541.
Carlson (I. H.) u. **Holmes (W. N.),** Veränderungen im Hormongehalt d. hypothalamo-hypophysären Systems d. Regenbogenforelle (Salmo gairdneri) 620.
Carufel (L. H.), Gerät zum Durchdringen d. Eises 1984.
— **u. Witt jun. (A.),** Ausdehnung d. Verbreitungsgebietes v. Dorosoma cepedianum nach Norddakota 2631.
Caselitz (F.-H.) u. **Günther (R.),** Weitere Beiträge zum Genus Aeromonas 211.
Caspers (H.) u. **Schulz (H.),** Weitere Unterlagen zur Prüfung d. Saprobiensysteme 875.
Cassie (R. M.), Häufigkeitsverteilungsmodelle in d. Ökologie d. Planktons u. anderer Organismen 1772.
Castenholz (R. W.), Untersuchungen über d. Fraßwirkung marinen, litoralen Diatomeen-Populationen gegenüber 1340.
Cautiş (I.) s. Ionescu (N.).
— u. **Iliescu (M.),** Eigenschaften d. Sprotten-, Sardellen- u. Bastardmakrelenschwärme u. ihr Verhalten unter d. bes. Bedingungen d. Jahres *1961* an d. rumän. Schwarzmeerküste 2630.
Cavaliere (A.), Mitteilung über Biologie u. Fang v. Tetrapturus belone, Angaben über Adulte u. Beschreibung eines seltenen Jugendstadiums 394.
Čečina (A. S.), Blutwurmkrankheit u. ihre Bekämpfung in den Teichwirtschaften d. Beloruss. SSR 437.
Čečuro (E. G.), Zusammensetzung u. d. Entwicklung d. Zooplanktons einiger Teiche im Gebiet Omsk 641.
Ceeb (J. J.) s. Roll (J. V.).
Ceeb (R. J.), Benthosnahrung des Schellfischs 856. — Jährliche Schwankungen d. Ernährung d. Schellfisches an d. Murman-Küste 1081.
Čekunova (V. I.), Einfluß verschied. Konzentrationen v. Kalium u. Kalzium auf Pontogammarus robustoides im Zusammenhang mit seiner Akklimatisation im Aralsee 643.
Čeprakova (J. I.), Fettgehalt unbefruchteter Eier laichreifer Plötzen (Rutilus rutilus caspicus) 2398.
Čepurnov (A. V.), Variabilität d. Zahl d. Pylorusanhänge bei verschied. Formen d. atlant. Herings u. seiner Nahrungsaufnahme 2395.
Čeremisina (R. A.) s. Berger (T. S.).
Čeremisina (V. T.), Versuch zur Anwendung d. Gründüngung in Teichen d. Sowjet-Bukowina 421.
Čerfas (N. B.) s. Romašov (D. D.).
Čermák (J.), Melioration d. Forellengewässer, Bau v. kleinen Wehren 646.
Černjakov (S. A.), Ergebnisse vergleichender Prüfungen d. Netzschüttelmaschinen STM-*225* u. VSTM 219.
Černov (P. G.), Bizjaev (I. N.) u.

Surkov (P. G.), Meliorative Fischzuchtarbeiten in Rumänien 1344.
Cerny (A.), Eutrophierung eines Teiches durch Abwasser d. Kartoffelstärkefabrikation 1565.
Certov (L. F.), Aufzucht wandernder Clupeiden in d. SU 1782.
Chakraborty (S. K.) s. Saha (K. C.).
Chaldinova (N. A.), Biologie d. Ostseedorsches 1077. — Schutz d. jungen Ostseedorsches 1112.
—, **Nazvič (L. G.)** u. **Rejn (M. V.),** Vertikale Verteilung d. Mysidaceen in d. Ostsee 1100.
Chalilov (A. R.) s. Kasymov (A. G.).
Chang (V. M.), Tsuyuki (H.) u. **Idler (D. R.),** Biochem. Untersuchungen an Oncorhynchus nerka während d. Laichwanderung. *13.* Mitt. Verteilung v. Phosphorverbindungen, Kreatin u. Inositol in den hauptsächlichen Geweben 850.
Charčenko (L. N.) s. Ščupakov (I. G.).
Charin (N. N.) s. Troickij (S. K.).
Charitonova (N. N.) s. Špet (G. I.).
Chejsin (E. M.) u. **Zaika (V. E.),** Artenmäßige Zusammensetzung d. Coccidien bei Karpfen 1996.
Cheng (Chen-tyung) s. Lebedev (N. V.).
Chervinski (J.), Wachstum v. Tilapia galilaea in Wasser verschied. Salzgehaltes 2409.
Chiesa (F.) s. Noseda (V.).
Chin (E.) s. Derwalker (J. G. van).
Chitray (B. B.) s. Varma (N. S.).
Chiu (Wing-Gay) s. Black (E. C.).
Chlebevič (V. V.), Systemat. Stellung d. Nereiden d. Kasp. Meeres 2194.
Chmeleva (N. N.), Versuch zur Anwendung radioaktiven Phosphors (^{32}P) bei d. Untersuchung d. Mineraldüngung v. Teichen 423.
Chririlă (V.) s. Serpoianu (G.).
Christie (W. J.) s. Garside (E. T.).
Cichon-Lukanina (E. A.) s. Lukanin (V. S.).
Čihař (J.), Bemerkungen über Nahrung u. Wachstum einiger Fische im Teich Černý bei Průhonice 630.
Clark (J. R.), Entwicklung u. Durchführung v. Fernsehbeobachtungen zum Verhalten v. Fischen in Schleppnetzen 219.
Clarke (G. L.), Conover (R. J.), David (C. N.) u. **Nicol (J. A. C.),** Lumineszenz bei Copepoden u. a. pelag. Meerestieren 2652.
Clothier (W. D.) s. Moyle (J. B.).
Clugston (J. P.), Sicherheits- oder „Überraschungs"-Schalter bei d. Elektrofischerei mit kleinen Booten 1797.
— u. **Cooper (E. L.),** Wachstum v. Noturus insignis in Zentral-Pennsylvania 1084.
Cobb (J. N.), Preliminary report of fishway work [1575]*.
Cocking (A. W.), Wirkungen hoher Temperaturen auf d. Plötze (Rutilus rutilus). *1.* Mitt. Wirkungen konstanter hoher Temperaturen 845; *2.* Mitt. Wirkungen v. Temperatur, d. in bekanntem, konstantem Maß ansteigt 845.
Colas (J.) u. **Devillers (C.),** Freie Aminosäuren während d. Entwicklung d. Forelle (Salmo irideus) 2623.
Cole (G. A.), Einige calanoide Copepoden aus Arizona mit Bemerkungen über gleichzeitiges Vorkommen mehrerer Arten aus d. Gattung Diaptomus 1089.
Collias (N. E.) s. Bartholomew (G. A.).
Collin (A. E.), Ozeanograph. Arbeiten d. Polar-Kontinentalschelf-Projektes 2189.
Collins (G. B.), Gauley (J. R.) u. **Elling (C. H.),** Aufstiegsvermögen v. Salmoniden in hohen Fischtreppen 847.
Collyer (D. M.), Durch Papierchromatographie festgestellte Unterschiede zwischen d. Gastropoden Nassarius reticulatus u. Exemplaren, d. für N. nitida gehalten wurden 2654.
Colton jun. (J. B.) u. **Honey (K. A.),** Eier u. Larvenstadien v. Poronotus triacanthus 2628.
Comfort (A.), Pigment v. Ianthina janthina 2193.
Connor (A. R.) s. Black (E. C.).
Conover (R. J.) s. Clarke (G. L.).
Conway (E.) s. Ress (D. A.).
Cook jun. (S. F.), Ernährung mit Wassermücken bei Corydoras aeneus 1081.
Cooper (E. L.) s. Clugston (J. P.); McFadden (J. T.); Wagner (C. C.).

Cooper (E. L.), Boccardy (J. A.) u. **Andersen (J. K.),** Wachstum des Bachsaiblings in einem kleinen unfruchtbaren Bach bei unterschiedlicher Bestandsdichte 858.
Cooper (L. H. N.), Meßmethoden d. Unterwasserhelligkeit in Küstengewässern 2654.
Corriden (F. E.) s. Darsie (R. F.).
Costea (E.) s. Popescu-Gorj (A.).
— u. **Bușnița (A.),** Matten als Festheftungs- u. Inkubationssubstrat für künstlich befruchtete Karpfeneier 201.
— u. **Cristian (A.),** Aufzucht v. Hybriden zwischen Karpfen u. Karauschen 2658.
Costello (T. J.) s. Allen (D. M.).
Cotta (V.), Gava (M.), Băbuția (T.) u. **Grobnic (G.),** Aufzucht v. Bachforellenbrut in Naturteichen 1781.
Couch (J.) s. Boschung jun. (H. T.).
Cox (K. W.) s. Ripley (E.).
Cox (R. A.), Definition d. „Salzgehalts" d. Seewassers 2189.
Craddock (D. R.), Verbesserte Reuse für d. Fang u. zur Hälterung v. Salmoniden-Setzlingen 2435.
Craddock (J. E.) s. Minckley (W. L.).
Craig (R. E.), Obere Wassertemperatur im nördlichen Minch *1959* 2427. — Hydrograph. Aufnahmen d. nördlichen Nordsee *1959* 2642.
Craig (W. L.) u. **Caneday (R. H.),** Albacore-Vorsaison *1960* im nordöstlichen Pazifik 1540.
Crean (P. B.), Teilweise Entsalzung v. gesalzenem Kabeljau 887.
Creelman (V. M.) u. **Tomlinson (N.),** Biochem. Untersuchungen an Oncorhynchus nerka während d. Laichwanderung. *6.* Mitt. Ribonukleinsäure u. Desoxyribonukleinsäure 849.
Creutzberg (F.), Unterscheidung v. Ebbe u. Flut durch wandernde Glasaale vermittels d. Geruchsempfindung 1757.
Cridland (C. C.), Wachstum v. Tilapia spp. Einfluß v. Licht u. Temperatur auf d. Wachstum v. T. zillii im Aquarium 2409.
Crisp (D. J.), Schwarmbildung bei Planktonorganismen 645. — Meeresforschungslaboratorien Menai Bridge 1957.
Crisp (D. T.), Beobachtungen über d. Biologie v. Corixa germari (Hemiptera Heteroptera) in einem Oberland-Staubecken 865.
Cristea (A.) s. Cristea (E.); Roșca (G.); Ziemiankowski (V.).
— u. **Cristea (E.),** Beobachtungen an d. Brut v. Alosa pontica in d. Donauseen bei Brăila 1763.
—, **Cristea (E.)** u. **Băleanu (N.),** Beobachtungen über d. Schwankungen d. Sauerstoffgehaltes u. d. pH-Wertes in den charakterist. Biotopen d. Unterstromabschnittes d. Insel Braila 200.
Cristea (E.) s. Cristea (A.).
— u. **Cristea (A.),** Forschungsergebnisse über d. Laichreife d. Plötze (Rutilus rutilus) u. d. Rotfeder d. Insel Braila 183.
Cristian (A.) s. Costea (E.); Nicolau (A.).
Cristiea (E.) s. Mircea (O.).
Cronkite (E. P.) s. Tonna (E. A.).
Crossen (J. M.) s. Clark (J. R.).
Crossman (E. J.), Zahlenmäßige Veränderungen u. Asymmetrie d. Radii branchiostegi bei d. Familie d. Esocidae 1067. — Originalbeschreibung v. Malacosteus niger u. spätere Verweise darauf 1079.
— u. **Ferguson (R. G.),** Bericht v. Minytrema melanops aus Kanada 2631.
Crutchfield (J. B. C.), Fischerei Britisch-Kolumbiens ist unergiebig u. unökonom. 223.
Cucin (D.) s. Budd (J. C.).
Čugunova (N. I.), Gesetzmäßigkeiten im Wachstum d. Fische u. ihre Bedeutung für d. Dynamik d. Population 2408. — s. Fortunatova (K. R.).
Cuinat (R.), Gefahren d. Elektrofischerei u. erforderliche Vorsichtsmaßnahmen 1796. — s. Vibert (R.).
Čulickaja (E. V.), Erforschung d. Induktionswirkung d. Mesoderms auf d. Material d. Gehörbläschens bei Aciperseriden u. Amphibien 622.
Cure (V.) u. **Lupan (L.),** Untersuchungen über d. Verwertbarkeit d. Wassernuß (Trapa natans L.) 200.
Curl jun. (H.) u. **Sandberg (J.),** Messung d. Dehydrogenase-Aktivität in marinen Organismen 1106.
Cushing (D. H.), Rekrutierung d.

Nordsee-Heringsbestandes 627. — Methode zur Feststellung d. krit. Tiefe 1773.
Cvetkov (L.), Über d. Mikrobenthos d. bulgar. Strandseen u. d. Bedeutung d. Mikrobenthos für d. fischereiliche Produktivität d. Gewässer 636.

Daiber (F. C.), Beobachtung an Benthobatis marcida 842. — Technik zur Altersbestimmung bei Raja eglanteria 1084.
— u. **Booth (R. A.),** Beiträge zur Biologie v. Gymnura altavela u. G. micrura 842.
Dales (R. P.), Phyllochaetopterus claparedii im Nordost-Pazifik 1562.
Dallakjan (R. S.), Stand d. Fischzucht am Sewan-See 1570.
Dambergs (N.), Extraktstoffe aus Fischmuskeln. *2.* Mitt. Lösungsmittel-Wasser-Verhältnis bei der Extraktion v. Fett u. Wasserlöslichem 217.
Danecker (E.), Atlant. u. pazif. Lachse in biolog.-fischereiwirtsch. Beleuchtung 2171.
Danke (L.), Heringsmarkierungen *1962* in d. Gewässern um Rügen 2639. — s. Anwand (K.).
Darnell (R. M.) u. **Meierotto (R. R.),** Bestimmung d. Freßzeit bei Fischen 1543.
Darsie (R. F.) u. **Corriden (F. E.),** Toxizität v. Malathion auf Cyprinodontidae in Delaware 1785.
Das (N.) u. **Tibbo (S. N.),** Fütterung u. Wachstum v. Jungheringen in Gefangenschaft 1544.
Das (S. M.) u. **Srivastava (V. K.),** Süßwasserplankton. *3.* Mitt. Qualitative Zusammensetzung u. jahreszeitliche Schwankungen d. Planktonbestandteile 1766; *4.* Mitt. Fischnahrung u. Bedeutung d. Planktonbestandteile 1766.
Daubner (J.) s. Mucha (V.).
David (C. N.) s. Clarke (G. L.).
Davies (H. R. J.), Wirkungen d. Wasserhyazinthe im Niltal 1769.
Davydova (J. S.) u. **Treščeva (V. I.),** Walfleisch als Lebensmittel 2212.
Dawson (C. E.), Längen-Gewichts- u. Standardlängen-Gesamtlängenverhältnis v. Trinectes maculatus 631. — Anomale amerikan. Plattfische mit Beschreibungen fünf neuer Meldungen 1576. — Neuer Gobioide, Microdesmus lanceolatus, aus d. Golf v. Mexiko, mit Bemerkungen über M. longipinnis 1969.
Day (L. R.), Bildung d. Opercular-Apparates bei Salvelinus fontinalis 2619.
Dayal (R.) u. **Tandon (R. N.),** Ökolog. Studien über einige im Wasser lebende Phycomyceten 2414.
Dean (F. D.) u. **Jones (I. C.),** Geschlechtssteroide bei Protopterus annectens 848.
Deane (R. E.), Limnolog. u. meteorolog. Beobachtungstürme in d. Großen Seen 2654.
Dechnik (T. V.), Eliminationsmerkmale in d. embryonalen u. Larvenperiode d. Schwarzmeersardelle (Engraulus encrasicholus ponticus) 2399.
Deelder (C. D.), Das Atlant. Aal-Problem 186.
Degrange (C.), Untersuchungen zur Fortpflanzung d. Ephemeropteren 193.
Delamure (S. L.) u. **Alekseev (E. V.),** Fall v. Albinismus beim Schwarzmeerdelphin 1546.
Delavault (R.), Echinaster sepositus im Golf v. Neapel 2193.
Delco jun. (E. A.) s. Hubbs (C.).
— u. **Beyers (R. J.),** Reduzierte Stoffwechsel-Raten bei Milchnern zweier Cypriniden-Arten 2624.
Delisle (G.), Von laichenden Kokanee-Lachsen ertragene Strömungsgeschwindigkeiten 1318.
Dembiński (W.) s. Baranowski (P.).
Demčenko (I. F.) s. Avdošev (V. S.).
Dement'eva (T. F.), Bedeutung d. entscheidenden Faktors im Lichte jährlicher u. mehrjähriger Schwankungen d. Populationen 2400. — Bestimmung d. Kraftaufwandes pro Fangeinheit zur Bewertung d. Schwarmdichte 2438.
—, **Marti (J. J.), Moiseev (P. A.)** u. **Nikol'skij (G. V.),** Gesetzmäßigkeiten d. Populationsdynamik d. Fische 2400.
Deminatti (M.), Histoautoradiograph. Studie d. Prähypophyse v. Caras-

sius auratus nach Applikation v. $^{35}S-Na_2SO_4$ u. v. ^{35}S-Methionin 1532.
Denisova (A. I.) s. Roll (J. V.).
Denton (E. J.), Schwimmvorrichtungen bei Meerestieren 2191.
Dépêche (J.), Entwicklung in vitro d. Eier d. Poeciliidae 2627.
Derwalker (J. G. van) u. **Chin (E.),** Gerät zur Fütterung v. Artemia salina an Fische 1991.
Deržavin (A. N.), Entwicklung d. Mingetschaurer Talsperre an d. Kura 409.
Detlaf (T. A.), Dynamik d. Mitose während d. ersten Teilungen in Stör- u. Forelleneiern 2627.
— u. **Zubova (S. É.),** Verhältnis zwischen d. Dauer d. Reifeperiode u. d. Eientwicklung bei Stör u. Sternhausen 851.
Dettlaff (T. A.), Mitose-Dynamik d. ersten Furchungsteilungen in Eiern v. Acipenser güldenstädti u. Salmo trutta 2627.
Deubler jun. (E. E.) s. Rothschild (B. J.).
— u. **Fahy (W. E.),** Umgekehrtes, beiderseits gefärbtes Exemplar v. Paralichthys dentatus 843.
— u. **White jun. (J. C.),** Einfluß d. Salzgehalts auf d. Wachstum d. postlarvalen Sommerbutts, Paralichthys dentatus 1327.
Deufel (J.), Fütterungsversuche an Regenbogenforellenbrut mit Trokkenfutter 1781.
Devillers (C.) s. Colas (J.).
Devjatkin (E. V.) s. Syčevskaja (E. K.).
Dexter (R. W.) s. Zinn (D. J.).
Dick (M. M.), Bathyclupea schroederi, ein neuer Bathyclupeide aus d. trop. Westatlantik 2633.
Dietrich (G.), Forschungsfahrt zur Untersuchung d. kurzfristigen Schwankungen in d. Schichtung u. Bewegung d. Ostsee im Sommer *1960* 194.
Dietrich (R.), Wechselwirkung d. Alkalien u. Erdalkalien, bes. d. Calciums, auf d. Fischeiweiß 1790.
Dijkgraaf (S.), Gehör d. Knochenfische 1757. — Tonwahrnehmungen bei Scyliorhinus caniculus 2624.
Dikun (P. P.) s. Greckaja (O. P.).
Dimitrieva (E. N.), Analyse d. Entwicklungsetappen d. Zanders d. Wolga, d. Don u. Kuban 1083.
Dingle (H.), Vorkommen u. ökolog. Signifikanz v. Farbreaktionen bei einigen marinen Crustaceen 1560.
Dingle (J. R.), Hines (J. A.) u. **Neelin (J. M.),** Proteine im Fischmuskel. *17.* Mitt. Fraktionierung wäßriger Extrakte mit Zinkazetat 2174.
Dirmhirn (I.) s. Mahringer (W.).
Djačenko (I. P.), Fängigkeit v. Planktonfanggeräten 1343.
Djužikov (A. T.), Reifung u. Fortpflanzung d. Fische unterhalb d. Wolga-Wasserkraftwerkes 623. — Vermehrung d. Winterstörs unterhalb d. Wolga-Wasserkraftwerkes u. d. Perspektiven seiner Verbreitung in d. regulierten Wolga 2398.
Dmitrieva (E. N.), Die Entwicklungsetappen d. einheim. Bleis 402. — Einige Angaben über d. Entwicklung d. Zanders d. Rybinsker Stausees 403.
Dobie (J.), Rolle v. Ambystoma tigrinum in natürlichen Teichen, die in Minnesota zur Zucht v. Catostomus c. commersoni genutzt werden 655.
Dobkowitz (L.), Wandel d. Karausche zum Goldfisch 1076.
Dodd (J. M.) s. Evennett (P. J.).
Dodzina (F. I.) s. Ivanov (M. F.).
Dolgov (G. I.), Über einige vorrangige Aufgaben bei d. Untersuchung v. Talsperren 408.
Domanevskij (L. N.), Einige Grundzüge d. Biologie d. Hechtes d. Zimljansker Talsperre 626.
Donaldson (J. R.) s. Kiser (R. W.).
Doncova (G. V.) s. Nejfach (A. A.).
Dorfner (K.), Einstufung d. Wertes v. Fischgewässern u. Vergeltung v. Fischereischäden 1353.
Dorier (A.), Gattung Prosimulium (Diptera, Simuliidae) im Südosten Frankreichs 2423. — s. Grenier (P.).
— u. **Grenier (P.),** Eine neue Simulium-Art (S. degrangei n. sp.) (Diptera, Simuliidae) aus Savoyen 193. — Beschreibung d. Imago u. d. Larve v. Simulium gaudi Grenier u. Faure 2424.
Dorris (T. C.), Vorrichtung zur Planktonentnahme aus tiefen Fließgewässern 1562.
Dorsett (D. A.), Fortpflanzung u. Be-

stand v. Polydora ciliata bei Whitstable 2193. — Verhalten v. Polydora ciliata. Röhren- u. Höhlenbau 2652.

Doudoroff (P.) s. Herrmann (R. B.); Whitmore (C. M.).

Dow (R. L.), Schwimmgeschwindigkeit v. Pomolobus pseudoharengus 629.

Doxtater (G. D.), Eiswasser zur Verhinderung d. Erbrechens d. Mageninhalts bei Fischen 2636.

Drăgăşanu (Ş.), **Vasilescu-Rarinca (E.)** u. **Stoina (T.)**, Physikal.-chem. Verhältnisse d. Wassers d. unteren Donau im rumän. Sektor 1768.

Drawert (H.) u. **Mix (M.)**, Licht- u. elektronenmikroskop. Untersuchungen an Desmidiaceen. *10.* Mitt. Kenntnis d. „Häutung" v. Desmidiaceen 1978.

Drinkwaard (A. C.), Qualität d. Austern (Ostrea edulis) in Abhängigkeit v. d. Umweltbedingungen in d. Oosterschelde *1959* 2410.

Drover (D. P.) u. **Beshai (H. M.)**, Chem. Bestandteile d. Schlammablagerungen d. Weißen Nils 2421.

Družinin (A. D.), Heringsmarkierungen in den Gewässern Sachalins 632.

Dryfoos (R. L.), Vier Gebietserweiterungen v. Fischen aus d. nordöstlichen Pazifik 2178.

Dubinin (V. B.), Parasitäre Wassermilben 209.

Dubinina (M. N.), Ligula-Befall d. Fische u. seine Bekämpfung 209.

Dumitriu (F.) u. **Baleanu (N.)**, Rationelle Befischung d. Brateş-Sees 1777.

Dumitru (B.), Befall eines Sterlets (Acipenser ruthenus) in d. Donau durch Polypodium hydriforme Ussov *1885* 208.

Dunbar (M. J.), Lebenszyklus v. Sagitta elegans in arkt. u. subarkt. Meeren 1562.

Duncan (D. W.) s. Wood (J. D.).

Dussault (H. P.), Zählung coliformer Bakterien in schwachgesalzenen Fischlaken 1999.

Dutt (S.), Seltener Fisch, Velifer africanus, aus d. Golf v. Bengalen 2632.

Duyvené de Wit (J. J.), Hybridisationsexperimente mit Acheilognathinae (Cyprinidae, Teleostei). Hybriden zwischen weiblichen Acheilognathus lanceolatus u. Rhodeus amarus u. männlichen A. himantegus 625. — Kreuzungsversuche bei Fischen d. Gattung Acheilognathus. Zwischenbastarde v. A. lanceolatus × A. tabira 1075; dass.: Fruchtbare Bastarde v. A. lanceolatus ♀ × A 1075. — s. Balon (E. K.); Holčik (J.).

Dvihally (S. T.), Rudolf Maucha. *1884—1962* 1958.

Dyer (W. J.) s. Mannan (A.).

Dyk (V.), Fischkrankheiten [215]. — Beziehungen zwischen Äsche u. Nase 1540.

Džamusova (T. A.) u. **Šapiro (E. A.)**, Wärmebeständigkeit d. Muskelgewebes bei verschied. Arten u. Populationen v. Süßwassermollusken 1767.

Dzjuban (I. N.) s. Kusnecov (S. I.).

Dzjuban (N. A.), Bildung d. Zooplanktons in Talsperren 412. — Gebietsaufteilung d. Kuibyschewer Talsperre 1334. — Bathometer (neue Konstruktion) 1342.

Dzwillo (M.), Domestikation bei Fischen 1076.

Earley (J.), Schistosomatium douthitti in Manitoba 637.

Earp (B. J.), Mycobakterien in adulten Salmoniden, die zu Staatsbrutanstalten in Washington zurückkehrten 213.

Ebel (W. J.) s. Braem (R. A.).

Ebeling (G.), Einsatz d. Fischereischutzboote (Fischereihilfsschiffe) „Frithjof", „Meerkatze", „Poseidon" u. d. Fischereiforschungsschiffes „Anton Dohrn" im Jahre *1961* 2617.

Eckel (O.), Therm. Untersuchungen im Traunsee u. Fuschlsee 2412.

Eckoldt (M.), Wie ist d. zulässige Belastung eines Flusses mit organ. Stoffen aus dem geforderten Mindestgehalt an Sauerstoff zu ermitteln? 874. — Einführung d. „Vorläufigen Richtlinien zur Aufstellung v. Reinhalteordnungen für d. Bundeswasserstraßen" 1352.

Econom (P. P.) u. **Schumacher (R. E.)**, Einheitliche Verteilung v.

Sulfamerazin in gekörntem Salmonidenfutter 214.
Eddy (S.) u. **Underhill (J. C.)**, Gegenwärtige Veränderungen u. Berichtigungen d. Fischfauna v. Minnesota 852.
Edmondson (W. T.), Sekundäre Produktion u. Abbau 2416. — Veränderungen im Washington-See, d. auf eine Zunahme d. Nährstoffzufuhr folgten 2439.
Edwards (R. W.) s. Owens (M.).
— u. **Learner (M. A.)**, Einfluß einiger Faktoren auf d. O_2-Verbrauch v. Asellus 192.
Egerton (F. N.), Arbeiten v. François Alphonse Forel, Begründer d. Limnologie 2169.
Éggert (V. B.), Steigerung d. Produktivität d. Teiche 653.
Egorov (A. G.), Perspektiven d. fischereilichen Nutzung d. Angarsker Stausees 1346.
Egorova (L. N.), **Treščeva (V. I.)** u. **Kabozov (S. M.)**, Futtermehl aus d. Mageninhalt v. Walen 1999.
Ehlinger (N. F.), Nierenerkrankung (bakteriell) bei Salvelinus namaycush kompliziert durch Lymphosarcom 2207.
Einarsson (H.) s. Aleksejev (A.).
Einsele (W.), Fischereibiologie d. Äsche 1066. — Fischereiwissenschaft 1529. — Am *31.* März *1963* ging d. Eis im Attersee unter! 2641.
Einsle (U.) s. Kiefer (F.).
Eipper (A. W.), Salmonidenproduktion in Farmteichen New Yorks 1988.
Eisler (R.), Partieller Albinismus u. beidseitige Färbung bei Pseudopleuronectes americanus 2624.
Ékzercev (V. A.), Vegetation d. period. überfluteten Zone d. südlichen Teils d. Kuibyschew-Stausees 411. — Gesetzmäßigkeiten in d. Verteilung d. Hygrophytenflora in d. Flachwasserbezirken d. Kuibyschewer Talsperre 1335. — Klassifikation d. Pflanzengruppen in d. Überschwemmungszone d. Uglitscher Talsperre 1335.
— u. **Trifonova (N. A.)**, Zusammenhang einiger Pflanzengruppen d. Iwankowoer Talsperre mit d. Elementen d. umgebenden Mediums 1335.
Elbertzhagen-Beil (R.), Stoffwechselphysiolog. Beitrag zum Heterophyllieproblem bei Wasserpflanzen. Sommer- u. Winterblätter v. Ceratophyllum 1089.
El-Bolock (Abdel R. M.), Bekämpfung v. Ichthyophthirius bei Karpfen mit Malachitgrün 1787. — Schädigungen d. Karpfen bei d. Egelbekämpfung mit Branntkalk 2205. — Starke Wölbung d. Kiemendeckels bei dreisömmerigen Karpfen 2207. — Auffallend kleine reife Rogener beim Karpfen 2437.
Elesin (A. S.), Kühlung u. Transport d. Fische in Behältern auf Schiffen 215.
Elgmork (K.), Bodenproben-Entnahmegerät für weichen Schlamm 2430.
Eliseev (J. I.), Amortisationsberechnungen v. Fanggeräten 1795.
Elling (C. H.) s. Collins (G. B.).
Elliott (J. W.), Empfindliche photometr. Bestimmungsmethode für gelösten Sauerstoff mit möglicher Anwendbarkeit als Feldmethode 1985.
Elson (P. F.), Räuber-Beute-Verhältnisse zwischen fischfressenden Vögeln u. dem Atlant. Lachs 883.
Elster (H.-J.), Seetypen, Fließgewässertypen u. Saprobiensystem 860.
Emšanova (A. V.) s. Greckaja (O. P.).
Enomoto (N.) u. **Tomiyasu (Y.)**, Beeinflussung v. Konservierungsmitteln durch Fischbestandteile. *4.* Mitt. Fäulnisprozeß d. Hautschleims v. Misgurnus anguillicaudatus 216.
Entz (B.), Beziehungen d. Wasserchemie u. primären Produktion in kleinen Bächen d. Balatonsee-Gegend 2422.
Épštejn (J. A.), **Avetikjan (B. G.)**, **Lavrovskaja (N. F.)**, **Rogožnikova (V. M.)** u. **Artemova (A. G.)**, Biochem. Veränderungen im Karpfenorganismus, d. durch Einführung v. Antigenen bewirkt werden 1070.
Épštejn (V. M.), Aufstellung über d. Fischegel (Hirudinea, Piscicolidae) des Bering-, Ochotskischen u. Japan. Meeres 2205.

Erastova (V. M.) s. Altuchov (K. A.); Kuderskij (L. A.).
Erdman (D. S.), Sportfischerei auf Blauen Marlin v. Puerto Rico 1110.
Eremeeva (E. F.), Vergleich d. Entwicklungsetappen d. Wildkarpfens (Cyprinus carpio) d. Kuban u. d. Wolga 401. — Entwicklungsetappen d. Bleie d. Rybinsker Stausees 402. — Übergänge v. einer Entwicklungsetappe zur anderen am Beispiel d. Taran d. Kuban 1082. — Entwicklungsetappen d. Bleis d. Wolga, d. Kuban u. Don 1083. — Etappenmäßige Entwicklung u. Dynamik d. Fischbestände 2400.
Ergens (R.), Pseudochetosoma leucisci n. sp. (Trematoidea) u. Ancyrocephalus cobitis n. sp. (Monogenoidea), zwei neue parasit. Würmer d. Fische Albaniens 2206.
Ermachenko (I. A.) s. Fedosov (M. V.).
Erman (L. A.), Nahrungsmenge u. Nahrungswahl bei Brachionus calyciflorus 863. — Ernährung u. Vermehrung v. Brachionus calyciflorus in Massenkulturen 1089.
Erman (P.), Atmungsmessungen an Geweben u. Gewebehomogenaten d. Miesmuschel (Mytilus edulis L.) aus Brack- u. Meerwasser 189.
Ermolaeva (L. M.), Nahrung v. Gammarus lacustris 2185.
Ermolaeva (L. P.) s. Zbarskij (I. B.).
Erös (P.), Dynam. Zusammenhänge im Wasserlebensraum 2411.
Essapian (F. S.), Werbung bei Delphinus delphis in d. Gefangenschaft 1977.
Esterberg (G. F.) s. Novotny (A. J.).
Evans (R. M.), Purdie (F. C.) u. **Hickman jun. (C. P.),** Einfluß v. Temperatur u. Belichtungsdauer auf d. Atmungsstoffwechsel d. Regenbogenforelle 1534.
Evduščenko (A. V.), Düngung d. Steppenteiche d. Ukraine durch Aufzucht v. Wassergeflügel u. d. Entwicklung d. Phytoplanktons 422.
Evennett (P. J.) u. **Dodd (J. M.),** Endokrinologie d. Fortpflanzung beim Flußneunauge 2175.
Evropejceva (N. V.), Vergleichende Analyse d. Desmoltifikationsprozesses bei Jungfischen verschied. ökolog. Rassen d. atlant. Lachses 396. — Aufzucht v. Jungfischen d. Ostseelachses (Salmo salar) in Teichen bis zum Abwanderungsstadium auf d. durch zonale Düngung geschaffenen Futtergrundlage 424. — Übergang in d. Wanderzustand u. d. Abwanderung d. Lachsjungfische 1328.
Ewing (W. H.), Hugh (R.) u. **Johnson (J. G.),** Studies on the Aeromonas group [215]*.

Fadeev (N. S.), Liste d. Plattfische d. kontinentalen Bänke an d. Ostküste Süd-Sachalins u. ihre kurze biolog. Charakteristik 1323.
Fährmann (W.), Durchschneidung d. Reissnerschen Fadens im Rückenmark v. Salmo irideus 845. — Der Reissnersche Faden nach Durchschneidung d. Rückenmarks bei Salmo irideus (Gibbons) 1959.
Faganelli (A.), Methoden zur Bestimmung d. Nährsalze während d. Untersuchungsfahrten im Internationalen Geophysikal. Jahr 416.
Fager (E. W.) u. **McGowan (J. M.),** Zooplankton - Artengruppen im Nordpazifik. Vorkommen v. Arten kann zur Ableitung v. Gruppen benutzt werden, deren Mitglieder ähnlich auf Wasserkörpertypen reagieren 2651.
Fagerlund (U. H. M.) s. McBride (J. R.).
Fahy (W. E.) s. Deubler jun. (E. E.).
Faktorovič (K. A.), Auftreten d. lipoiden Leberdegeneration bei Regenbogenforellen im Zusammenhang mit d. Anwendung v. Futtermitteln 439.
Falk (U.), Wie schnell schwimmen marine Nutzfische? 1079. — Biolog. Grundlagen d. „Ostkanten-Fischerei“ 2200. — Pelag. Fischerei in d. südlichen Nordsee u. am Ostausgang d. Ärmelkanals 2200.
Fangauf (R.), Vogt (H.) u. **Penner (W.),** Erdnußschrot im Geflügelmastfutter 1750.
Farmer (P.), Bereitung v. Heusilage 1949.
Fastie (W. G.) s. Seliger (H. H.).
Fath (J.) s. Wohlfahrt (T. A.).

Favorite (F.), Oberflächentemperatur u. Salzgehalt an den Küsten v. Washington u. British-Kolumbien im August *1958* u. *1959* 870.
Fedorov (S. S.), Besonderheiten d. Herbst-Winterverteilung d. atlanto-skandinav. Herings 1968.
Fedorova (G. V.), Radioaktive Verseuchung d. Fische 1993.
Fedosov (M. V.) u. **Ermachenko (I. A.),** Siliziumgehalt d. nördlichen Gewässer 2650.
— u. **Zajcev (G. N.),** Wasserhaushalt u. Chemismus d. Ostsee u. ihrer Buchten 1096.
Fel'dman (M. B.) s. Špet (G. I.).
Feldt, Messung d. Kontamination v. Fischen 205.
Fell (B. H.), Überlebender Somasteroide aus d. östlichen pazif. Ozean 1560.
Fender (K.), Rassenproblem d. Ostsee-Dorsches 2179.
Feoktistova (O. I.), Einfluß d. abgestorbenen Wasserpflanzen auf d. Anzahl d. Saprophyten 405.
Ferguson (D. E.) s. Vinson (S. B.).
Ferguson (R. G.) s. Crossman (E. J.).
Fey (F.), Cytochem. Untersuchungen an Selachier-Blutzellen 2623.
Figura (V.), Beobachtungen über d. Strömungen im Sabatino- oder Bracciano-See 634.
Fijan (N.) s. Asaj (A.).
— u. **Habeković (D.),** Beitrag zur Kenntnis d. Blutbildes einsömmriger Karpfen 1314.
Filarski (J.), Postuma (K. H.) u. **Andersen (K. P.),** Hydrograph. Bedingungen in d. südlichen Nordsee im August/September *1959* 2426.
Filatova (G. P.), Vermehrung d. fernöstlichen Lachse 1776.
Filatova (Z. A.) s. Zacepin (V. I.).
Filek (W. v.), Verhaltensstudien an Grundfischen. Beiträge zum Verhalten v. Noemacheilus barbatula L. 1080.
Finkel'štejn (E. A.), Gesetzmäßigkeiten d. Verbreitung v. Geschwülsten bei Fischen 1354.
Fischer (J.-L.), Fischerei auf d. Schlei 203.
Fischler (K. J.), Anteile d. Hudson- u. Connecticut-Flusses am New York — New Jersey-Shad-Fang im Jahre *1956* 184.
Fisenko (N. G.) s. Zenin (A. A.).
Fish (C. J.), Limnolog. Untersuchungen im östlichen u. zentralen Teil d. Erie-Sees *1928—29* 2642.
Fish (M. P.) u. **Mowbray (W. H.),** Erzeugung v. Unterwasserlauten durch d. Weißwal oder Beluga 1764.
Fisher (H. D.) s. Scott (D. M.).
Fisk (L. O.), Versuche mit einem Vertikalfischpaß 883.
Fleming (A. M.) s. Templeman (W.).
Flerova (G. N.) s. Maljukina (G. A.).
Flick (W. A.) u. **Webster (D. A.),** Probleme beim Fang v. wilden u. domestizierten Bachsaiblingsbeständen 1326.
Florin (J.), Hälterung v. Laichforellen 1780.
Flüchter (J.), Funktionsanatom. Untersuchungen am Kieferapparat d. Heringslarven 2620.
Flügel (H.) u. **Schlieper (C.),** Einfluß physikal. u. chem. Faktoren auf d. Cilienaktivität u. Pumprate d. Miesmuschel Mytilus edulis L. 1086.
Focke (E.), Rotatoriengattung Notholca u. ihr Verhalten im Salzwasser 196.
Fogg (G. E.) u. **Belcher (J. H.),** Physiolog. Studien an einer plankt. „μ-Alge" 1549.
Follenius (E.) u. **Porte (A.),** Elektronenmikroskop. Studien am Nucleus praeopticus d. Flußbarsches 1068.
Follett (W. I.) s. Vladykov (V. D.).
—, **McCormick (R. B.)** u. **Best (E. A.),** Erste Berichte über Linksseitigkeit bei Microstomus pacificus u. Glyptocephalus zachirus, Pleuronectiden des westlichen Nordamerika, mit merist. Angaben 843.
Fomenko (N. V.), Neue Oligochaetenarten im Dnepr 869.
Forneris (L.), Beiträge zur Gastrotrichenfauna d. Nord- u. Ostsee 197.
Forney (J. L.), Verbreitung u. Wanderung markierter Exemplare v. Stizostedion v. vitreum im Oneida Lake, N. Y. 2629.
Forster (G. R.), Haliotus-tuberculata-Population v. Guernsey 2653.
Forster (R. P.) u. **Hong (S. K.),** Tubulärtransportmaxima v. PAH u.

Diodrast, einzeln gemessen an d. aglomerulären Niere v. Lophius u. gleichzeitig unter d. Bedingungen äquimolarer Ladung 620.
Fortunatov (M. A.), Luftbeobachtungen u. ihre Anwendung bei d. limnolog. Untersuchung kontinentaler Gewässer 416.
Fortunatova (K. R.), Charakter d. Einflusses d. Raubfische auf d. Populationsstruktur d. Nutzfischarten 2400.
— u. **Čugunova (N. I.),** Abhängigkeit d. Haltbarkeit v. Markierungen v. d. Verhalten u. d. Umweltbedingungen d. Fische 1975.
Fotiev (A. V.), Ergebnisse d. hydrochem. Untersuchungen d. Gorki-Talsperre im ersten Jahr ihres Bestehens 638. — Einfluß schädlichen Grundwassers auf d. Fische 1997.
Fouchardière (G. de la), Physiolog. Auswirkungen v. Explosionen auf Wassertiere 2203.
Francev (A. V.), Reinigungswirkung d. Utscha-Talsperre u. einige Wege zu ihrer Verbesserung 639.
Francuzov (N. I.), Frage d. Umsetzung v. Acipenseriden in d. Wolgograder Staubecken 1986.
Frank (S.), Beitrag zum Wachstum v. Plötze, Rotauge u. Güster in einigen tschechoslowak. u. poln. Gewässern 631.
Frantz (A.), Radioaktivitätsmessungen in österreich. Gewässern 205. — Überwachung d. Radioaktivität v. österreich. Gewässern 426.
Fraser (D. I.) s. Mannan (A.).
Fraser (F. C.) u. **Purves (P. E.),** Anatomie u. Funktion d. Walohrs 1764.
Fraser (J. H.), Fischlarvenaufkommen in d. nördlichen Nordsee im Zusammenhang mit d. Qualität d. Seewassers 2180.
Freeman (J. A.), Geschlechtsbedingte Unterschiede bei einem plötzlichen Sterben v. Lebistes reticulatus durch erhöhte Temperatur 845.
French (R. R.), Regenbogenforellen, Salmo gairdneri, mit anomalen Schwanz- u. Bauchflossen 1785.
Frey (D. G.), Entwicklungsgeschichte d. Schleinsees 2419.
Frey (H. W.), Ausdehnung d. Vorkommens v. Decapterus hypodus bis zur Monterey-Bucht, Kalifornien 1541.
Frey (P. J.), Planförmiger Bodenprobenehmer 1985.
Fridljand (I. G.) s. Vjalov (J. A.).
Fridman (S. L.), Schleppnetz-Stoßdämpfer 1794.
Friedrich (H.), Neuere Auffassungen zur Entwicklung d. Tiefseefauna 2428.
— u. **Lüneburg (H.),** Beiträge zu einer Bibliographie „Abwasser in Meerwasser“ 880.
Frolander (H. F.), Quantitative Schätzungen d. zeitlichen Variationen d. Zooplanktons v. d. Küste v. Washington u. Brit.-Kolumbien 1981.
Frolova (I. A.) s. Braginskij (L. P.).
Frolova (L. K.), Fragen d. Verhaltens radioaktiven Kobalts im Fischorganismus 1757.
Fry jun. (D. H.), Laichbestände v. Oncorhynchus tshawytscha im Central Valley v. Kalifornien, *1940—1959* 2625.
Frydenberg (O.) s. Sick (K.).
Fryer (G.), Evolution d. Fische im Nyassa-See 1076. — Einige Aspekte d. Evolution im Nyassa-See 864, 1076.
Fuhs (G. W.), Cytochem.-elektronenmikroskop. Lokalisierung d. Ribonukleinsäure u. d. Assimilats in Cyanophyceen 1979.
Fullbrook (J. A.), Internationale Meeresforschung 644.
Furshpan (E. J.) u. **Furukawa (T.),** Intra- u. extrazelluläre Reaktionen d. verschied. Regionen d. Mauthner-Zelle d. Goldfisches 2621.
Furtado (J. I.), Darmparasiten bei einigen chines. Karpfen 2204.
Furukawa (T.) s. Furshpan (E. J.).
Futter (É. I.) s. Muragin (F. P.).

Gahimer (G. D.) s. Shanks (W. E.).
Gak (D. Z.), Gehalt an phosphatmobilisierenden Bakterien in einigen Gewässern d. Lett. SSR 634.
Gál (I. K.), Beiträge zur Kenntnis d. Biometrie u. d. Nahrung d. Krauskopfpelikans (Pelecanus crispus) aus d. Donaudelta 205.
Galkin (J. I.), Akklimatisation u. d. Umsetzen d. Kamtschatka-Krabbe 1085.

Galkina (L. A.), Befruchtung u. Entwicklung d. Eier d. Herings Clupea harengus pallasi in Wasser verschied. Salzgehaltes 624.
Gallay (L. R.) s. Ackman (R. G.).
Gambarjan (M. E.) s. Kuznecov (S. I.).
Ganapati (P. N.) s. Rao (D. V. S.).
Gandhi (H. P.), Süßwasser-Diatomeen v. d. Bergstation Lonavla im Staate Bombay (Maharashtra) 2415.
Ganf (L. A.), Automat. Regulator für d. Antriebseinrichtung großer Gefriertrawler mit Verstellpropeller 2199.
Ganguly (D. N.) u. **Mitra (B.)**, Über d. Wirbelsäule v. Teleostei verschied. Arten u. Herkunft. *1.* Mitt. Mugil corsula, Pama pama, Triacanthus brevirostris u. Adamia heteroptera 617.
Gardner (L. C.) s. Boyd (E. S.).
Garrick (P.), Behandlung u. Beseitigung synthet. Detergentien in städt. Abwässern 426.
Garrod (D. J.), Schätzung d. Sterblichkeitsraten in einer Population v. Tilapia esculenta im Viktoria-See, Ostafrika 2629.
Garside (E. T.) u. **Christie (W. J.)**, Experimentelle Hybridisation zwischen drei Coregoninae-Arten 1322.
Gauley (J. R.) s. Collins (G. B.).
Gava (M.) s. Cotta (V.).
Gee (J. H.) u. **Northcote (T. G.)**, Ökologie zweier sympatr. Rhinichthys-Arten aus d. Fraser-Fluß-System, Brit.-Kolumbien 2637.
Geiger (S. E.), **Roberts (E.)** u. **Tomlinson (N.)**, Hornhai-Gelatine 1999.
Geiger (W.), Fischsterben in d. Schweiz im Laufe d. letzten *10* Jahre 882.
— u. **Roth (H.)**, Künstliche Forellenlaichgruben 1538.
Geiser (A. E.) u. **Kneubühler (H.)**, Markieren v. Fischen 1975.
Gejnrich (A. K.), Saisonerscheinungen im Plankton d. Weltozeans. *1.* Mitt. Saisonerscheinungen im Plankton hoher u. mittlerer Breiten 1558. — Vertikale Verteilung d. Copepodenwanderung im Seegebiet südöstlich v. Japan 1559.
Genina (N. V.), Künstliche Zucht d. Hechtes u. d. Möglichkeit seines Transportes 202.
Gennerich (J.), Internationale Arbeitsgemeinschaft zur limnolog. Erforschung d. Donau 867.
Genovese (S.), Ernährung v. Thunnus thynnus 401.
Georgescu (R.) s. Rădulescu (I.).
Gerbil'skij (N. L.), Theorie d. Entwicklung d. Acipenseriden u. ihre Anwendung in d. Störwirtschaft 418. — Entwicklungswege d. innerartlichen biolog. Differenzierung d. anadromen Wanderfische u. Problem d. Wanderimpulses bei Stören 1328. — Hauptarbeitsrichtung d. Expedition zur Hebung d. Fischbestände im Zusammenhang mit d. Wasserbau *1952—1955* 1344. — Variante d. teichwirtsch. Verfahrens bei d. Aufzucht d. Störbrut 1350.
Gerd (S. V.), Versuch zur biolimnolog. Aufteilung d. Gebietes d. UdSSR 633.
Gerking (S. D.), Produktion u. Nahrungsverwertung in einer Population v. Lepomis macrochirus 1972.
Gerlach (S. A.), Freilebende Meeresnematoden v. d. Malediven 1102. — Robbea tenax sp. n., ein merkwürdiger mariner Nematode v. d. Malediven 1983.
Gery (J.), Copella vilmae n. sp. (Pisces, Characoidei) 1971.
Gerzeli (G.), Histomorpholog. u. histochem. Untersuchungen zur Byssusbildung bei Mytilus galloprovincialis 2182.
Gessner (F.), Elektrolytgehalt d. Amazonas 1768.
Gheorghiu (V.) s. Roşca (G.).
Gibbs jun. (R. H.), Stomiatiden-Gattungen Eustomias u. Melanostomias im Pazifik, mit Beschreibungen zweier neuer Arten 1079.
— u. **Aron (W.)**, Astronesthes nigroides, neue Stomiatiden-Art aus dem Ostpazifik 854.
Gilbert (A. B.), Zusammensetzung d. Blutes v. Carcinus moenas in Beziehung zu Geschlecht u. Körpergröße. *1.* Mitt. Leitfähigkeit u. Gefrierpunktserniedrigung d. Blutes 859; *2.* Mitt. Chlorid- u. Sulfatgehalt d. Blutes 860; *3.* Mitt. Nicht-

eiweißgebundener Stickstoff im Blut 860.
Gilbert (C. R.), Vorkommen d. Hammerhaies, Sphyrna tudes, in Gewässern v. d. USA 2178.
Gilbert (P. W.) u. **Kritzler (H.)**, Versuchs-Haifischgehege im Lerner Meereslaboratorium 1959.
Gilchrist (B. M.) u. **Green (J.)**, Carotinoide Pigmente bei Rotatorien 1549. — Pigmente v. Artemia 1770.
Gilkey (R. W.) s. Hester (F. J.).
Gilmartin (M.), Jährliche zykl. Änderungen in d. physikal. Ozeanographie eines Fjords in Brit.-Kolumbien 1555. — s. Wooster (W. S.).
Gils (H.), Abflußhemmung in verkrauteten Gewässern 1770.
Ginecinskaja (T. A.) u. **Stejn (G. A.)**, Besonderheiten d. Parasitenfauna Wirbelloser u. d. Anwendung d. Grundregeln d. ökolog. Parasitologie zur Charakteristik d. Befalls 192.
Ginzburg (A. S.), Verhinderung d. Polyspermie bei d. Befruchtung v. Acipensoriden- u. Salmonideneiern u. d. Bedeutung d. Corticalgranula für diesen Vorgang 1761. — Gametenvereinigung ohne Aktivierung d. Eier bei Salmoniden 2399.
Ginzburg (J. I.), Ursachen d. Nachkommenschaftsschwankungen bei d. Fischen d. Zimljansker Stausees 2629.
Girsa (I. I.), Fähigkeit einiger Fischarten zur Nährtieraufnahme bei verschied. Beleuchtung 2408.
Glöde (C.), Finanzpolit. Förderungsmaßnahmen zur Entwicklung d. See- u. Küstenfischerei 2198.
Glowinska (A.), Polnische hydrograph. Beobachtungen in d. südlichen Ostsee *1959* 2646.
Godward (M. B. E.), Widerstandsfähigkeit v. Algen gegenüber radioaktiver Strahlung 880.
Göbel (G.), Fütterungsversuche an Legehennen mit einigen inländ. Fischpreßsaftpräparaten 1752.
Goedecke (E.), Hydrograph. Beobachtungen in d. westlichen Ostsee *1959* 2425. — Mittelwerte u. Anomalien d. Temperatur u. d. Salzgehaltes auf d. Route Hamburg-Hull *1959* 2426. — Hydrograph. Bedingungen in d. Deutschen Bucht *1959* 2647.
Gol'čik (J.), Systemat. Stellung d. europäischen Bitterlings Rhodeus sericeus amarus 1324.
Goldman (C. R.), Molybden als begrenzender Faktor d. Primärproduktion im Castle Lake, Kalifornien 190. — Primärproduktion u. ihre begrenzenden Faktoren im Brooks-See, Alaska 2413.
Golovin (A. N.), Refraktometr. Bestimmung d. Fettgehalts im Walmehl 2000.
Golovinskaja (K. A.) s. Romašov (D. D.).
Golovkin (A. N.), Vernichtung v. Fischen durch Uria sp. u. Rissa tridactyla während deren Nistperiode im Barents-Meer 2663.
Golubeva (Z. S.), **Korobanov (E. Z.)** u. **Orlova (Z. P.)**, Hydrotechnik u. Melioration in d. Fischwirtschaft [2198].
Golubić (S.), Vrana-See auf d. Insel Cres, ein Chara-See 1548. — Hydrostat. Druck, Licht u. submerse Vegetation im Vrana-See 2413.
Gomazkov (O. A.) s. Ananičev (A. V.).
Gomboşiu (V.) u. **Zane (E.)**, Mechanisierung in d. fischereilichen Betrieben 202.
Gončarenko (K. S.), Möglichkeiten d. Erschließung d. offenen Teiles d. Staubeckens Kuibyschew 650.
Gončarov (G. D.), Rotseuche, eine Viruskrankheit d. Fische d. UdSSR u. d. Auslands 438. — Ergebnisse u. Aufgaben d. Erforschung infektiöser Fischkrankheiten 438. — Blutbild d. Bleies als Kennzeichen seines physiolog. Zustandes in d. Kammatalsperre im Herbst *1957* 1315.
Gončarov (V. N.), **Pateev (A. C.)** u. **Rogova (I. K.)**, Auftauen v. Sprotten mittels Wechselstrom v. üblicher Frequenz 1998.
Gorbunov (K. V.) s. Kuročkin (J. V.).
Gordon (M. S.) u. **Rosen (D. E.)**, Höhlenform d. Poeciliiden Poecilia sphenops v. Tabasco, Mexiko 1313.
Goregljad (C. S.), Veterinär-sanitäre Überwachung u. Beurteilung v. Fischen u. Fischprodukten 1998.
Gorelova (N. D.) s. Greckaja (O. P.).

Goremykin (V. J.), Wege zur Verbesserung d. Fortpflanzungsbedingungen bei d. Fischen d. Wolgadeltas 1318.
Gorjunova (A. I.), Fortpflanzung d. Silberkarausche 1963. — s. Malinovskaja (A. S.).
Gorjunova (S. V.) u. **Ovsjannikova (M. N.),** Methoden zur Isolierung aktiver Chlorella-Stämme aus d. Natur 1331.
— u. **Ržanova (G. N.),** Zustand u. Perspektiven d. Entwicklung d. Methoden d. Fluoreszenzanalyse in d. Hydrobiologie 199.
Gorškova (T. I.), Sedimente d. Ostsee 1097.
Goščevskij (A. N.), Gruppenweises Freilassen markierter Fische auf bestimmten Entfernungen u. Plätzen 1764.
Gosmer (N. A.) s. Vasil'eva (G. L.).
Goss (R. J.) s. Bevelander (G.).
Gottbehüt, Speisekarpfenmarkt im Jahre *1961* aus bayer. Sicht 653.
Gottfried (H.), Hunt (S. V.), Simpson (T. H.) u. **Wright (R. S.),** Sexualhormone beim Fisch, Oestrogene des Dorsches (Gadus callarias) 848.
Gottlieb (E.), Benthos-Amphipoden d. Mittelmeerküste Israels. *1.* Mitt. Geograph. Verteilung 2194.
Gotto (R. V.), Mögliche phylogenet. Interpretation d. auf Anneliden parasitierenden Copepoden Phyllocola petiti 1559.
Gräfe (F.) s. Vauk (G.).
Graham (T. R.), Wachstum, Laich- u. Schlupfzeit beim kanad. Atlantikhering 1539.
Grainger (E. H.), Zooplankton d. Foxe-Basin in d. kanad. Arktis 1981. — Copepoden Calanus glacialis u. Calanus finmarchicus in kanad.-arkt.-subarkt. Gewässern 2194.
Grant jun. (H. J.) s. Böhlke (J. E.).
Grasshoff (K.), Sauerstoffbestimmung im Meerwasser. *1.* Teil 1343.
Grauman (G. B.) s. Tokareva (G. I.).
Greckaja (O. P.), Emšanova (A. V.), Dikun (P. P.) u. **Gorelova (N. D.),** Einfluß d. Rauchgenierung auf d. Gehalt an *3,4* Benzpyren im Rauch u. im geräucherten Fisch 1790.
Green (J.) s. Gilchrist (B. M.).
Green (O. L.), Ablaichen v. Micropterus salmoides auf Nestern 655.
Greenberg (B.), Laich- u. Brutpflegeverhalten bei Weibchenpaaren d. Roten Buntbarsches, Hemichromis bimaculatus 1317.
Greenberg (D. B.), Forellenzucht [2198]*.
Grenier (P.) s. Dorier (A.).
— u. **Dorier (A.),** Zwei neue Simulium-Arten (S. bertrandi n. sp. u. S. carthusiense n. sp.) d. Latipes-Gruppe aus Frankreich u. Spanien 193.
Grey (M.), Beschreibung eines westatlantischen Exemplars v. Scombrolabrax heterolepis u. Bemerkungen über Fische d. Familie d. Gempylidae 1079.
Greze (V. N.), Talsperre am Krasnojarsker Wasserkraftwerk u. Prognose ihrer hydrobiolog. Besonderheiten 409. — Kältebeständigkeit d. Litoralfauna d. Kama-Talsperre u. ihre biolog. Produktivität 1337.
Grice (G. D.), Durch d. Atom-U-Boot Seadragon auf einer Fahrt zum u. v. Nordpol gesammelten Copepoden, mit Bemerkungen über ihre geograph. Verbreitung 1559.
Griffe (J.), Bericht über d. Verunreinigung d. Fließgewässer durch Papierfabriken 881.
Grigoraš (V. A.), Ernährung d. Plötzenlarven in d. Übergangsetappe zur selbständigen Nahrungsaufnahme 2407.
Grimal'skij (V. D.), Zooplankton d. Dnestr u. seine Veränderungen unter den in d. Talsperre v. Dubossary herrschenden Bedingungen 412.
Grjuner (V. S.) u. **Sujne (O. É.),** Einige Eigenschaften d. Agars aus Alge Furcellaria fastigiata 2212.
Grobnic (G.) s. Cotta (V.).
Groening (A. M.), Fischwirtschaftlicher Außenhandel im Jahre *1961* 1800.
Grohmann (G.), Wirkung d. Antibiotika zur Senkung d. Bauchwassersuchtverluste bei Karpfen in d. Teichwirtschaft, dargestellt am Beispiel des VEB Binnenfischerei Königswartha [215].
Gromov (V. V.), Benthos d. Sylwa-

Bucht d. an d. Kama gelegenen Permer Talsperre im Sommer *1955* 412. — Tendipedidenlarven d. Wasserpflanzen in d. Kama-(Permer) Talsperre 1337.
Gromova (A. G.), Bildung d. Bleibestände in d. Talsperre v. Wesjoly 418.
Groot (C.) s. Breit (J. R.).
Grozavu (P.), Biologie d. Fischarten aus d. Ichthyofauna d. Volksrepublik China, d. sich zur Akklimatisierung in d. Rumän. Volksrepublik befinden, u. d. Ergebnisse, d. bei einer solchen Akklimatisierung in anderen Ländern mit ähnlichem Klima erzielt wurden 2618. — s. Manea (G. I.).
Grudinin (P. I.), Einfluß d. Nahrungsangebotes auf d. Überlebensfähigkeit d. Asowsardellenlarven 2407.
Grzenda (A. R.) s. Nicholson (H. P.).
—, Lauer (G. J.) u. **Nicholson (H. P.),** Insektizide Verseuchung eines Farmteiches. *2.* Mitt. Biolog. Erscheinungen 882.
Gudimovič (P. K.), Dornhaifang entwickeln 879.
Günther (R.) s. Caselitz (F.-H.).
Guillard (R. R. L.) u. **Ryther (J. H.),** Marine Planktondiatomeen. *1.* Mitt. Cyclotella nana u. Detonula confervacea 1098.
Guinnebault (M.) s. Whittam (R.).
Guinot (D.), Eine Sammlung v. Crustacea Decapoda Brachyura v. d. Malediven u. d. Roten Meer 1773.
Gulin (V. V.), Vergleich d. Wirksamkeit d. Fischfangs mittels Waden, welche gleichlange Flügel haben, v. einem oder v. zwei Fahrzeugen aus 664.
Gulland (J. A.) u. **Williamson (G. R.),** Transatlant. Reise eines markierten Kabeljaus 1976.
Gundrizer (A. N.), Biologie d. Prawdin-Maräne d. Telezker Sees u. d. Flusses Bija 1065. — s. Ioganzen (B. G.).
Gunkel (W.), Daten zur Bakterienverteilung in d. Nordsee 2430.
Gunter (G.) u. **Ward (J. W.),** Einige Fische, d. schwere Verletzungen überstanden, u. einige Betrachtungen über d. Zähigkeit d. Lebens 1575.
Gurjanova (E. F.), Fauna d. Küste v. Hainan 1340. — Zonal-geograph. Veränderung d. Litoralzonen d. pazif. Küste Asiens 1554.
Gurov (M. M.), Ergebnisse d. Umsetzens v. Stören in d. Zimljansker Talsperre 1107.
Gurvič (V. F.), Über d. Bildung d. Fauna d. Kara-Kul-Sees 405.
Gusev (A. G.), Einfluß v. Abwässern d. Fabrikation synthet. Fettsäuren auf d. Flüsse 659.
Gusev (A. V.) s. Achmerov (A. G.).
Guseva (K. A.), Möglichkeiten d. Vermehrung d. Colibakterien im Wasser 1333.
Guseva (N. V.), Frage d. veterinärsanitären Beurteilung v. Fischen, d. v. Larven d. Grubenkopfbandwurms befallen sind 1995.
Gutschow (W.), Auftauverfahren d. Gegenwart u. Zukunft 887.
Gyurkó (Ş.), Der Aal (Anguilla anguilla) im Schwarzen Kreisch 185.

Habeković (D.) s. Fijan (N.).
Hahn (G.), Ferntastsinn u. Strömungssinn beim augenlosen Höhlenfisch Anoptichthys jordani Hubbs u. Innes im Vgl. zu einigen anderen Teleosteern 2634.
Haines (D. A.) u. **Bryson (R. A.),** Empir. Untersuchung d. Windfaktors im Mendotasee 1548.
Halbich (R.), Erfahrungen bei d. Herstellung v. knotenlosen Netzen 1794.
Halcrow (K.), Temperaturanpassung bei d. marinen Copepoden Calanus finmarchicus 2651. — s. Teal (J. M.).
Hall (R. E.) s. Harrod (J. J.).
Hallam (J. C.), Wohnraum u. zugehörige Fauna v. *4* Fischarten aus Flüssen Ontarios 853.
Halme (E.), Limnolog. Probleme d. Küstengewässer Finnlands. *2.* Mitt. Produktionsbiologie 1094. — Toivo Henrik Järvi *1877* bis *1960* 2169.
Halsband (E.), Biolog. Testmethoden zur Bestimmung d. Abwasserlast eines Gewässers 1784. — Qualitätsverbesserung durch elektr. Tötung 2208.
Halver (J. E.) s. Buhler (D. R.); Shanks (W. E.).
Hama (T.) s. Mori (Y.).

Hamana (K.) s. Sano (Y.).
Hamilton (J. D.), Einfluß v. Sandgruben-Spülwässern auf d. Fauna eines Flusses 2439.
Hand (C. H.) u. **Berner jun. (L.)**, Nahrung d. Pazif. Sardine 188.
Hanna (M. Y.), Einfluß d. Hungerns auf d. Kohlehydratgehalt v. Geweben u. auf d. relative Organgewicht bei Clarius lazera 2174.
Hansen (D. V.) s. Rattray jun. (M.).
Hansen (K.), Seentypen u. Seensedimente 2416.
Hansen (P. M.), Ostgrönländische Kabeljauuntersuchungen *1959* 2630.
Hanson Pritchard (M.) s. Manter (H. W.).
Hantge (E.), Untersuchungen an Chironomiden aus Karpfenteichen 867.
Haqq (S. A.) s. Wood (J. D.).
Harcsar (F.) s. Kleerekoper (H.).
Harder (W.), Anatomie d. Darmtraktes v. Raniceps raninus L. 1312.
Hare (P. E.), Aminosäuren in d. Proteinen aus Aragonit u. Calcit in d. Schalen v. Mytilus californianus 2183.
Harrington jun. (R. W.), Morphometrie u. Ökologie junger Megalops atlantica vom Übergangsstadium bis zum Beginn d. Schuppenbildung 843.
Harrison (R. S.) u. **Moore (K. D.)**, Versand kleiner Oncorhynchus tshawytscha in verschlossenen Plastik-Beuteln 1345.
Harrod (J. J.) u. **Hall (R. E.)**, Methode zur Bestimmung d. Oberfläche v. verschied. Wasserpflanzen 2430.
Hart (J. F. L.) s. Butler (T. H.).
Hartig (E.), Reinhaltung d. Gewässer 2216.
Hartman (W. L.), **Strickland (C. W.)** u. **Hoopes (D. T.)**, Überleben u. Verhalten d. in d. Brooks-See, Alaska, wandernden Brut d. Sockeye-Lachses 1328.
Hartmann-Schröder (G.), Polychaetenfauna v. Peru 1102.
Hartnoll (R. G.) u. **Miller (P. J.)**, Neue Meldungen v. Gobius forsteri 1541.
Hartog (C. den), Faunist. Gliederung im südwest-niederländ. Deltagebiet 193.
Hartung (F.) s. Stengel (H.).
Harvey (H. H.), Bestimmung d. im Fischblut gelösten Stickstoffs 179.
Hasler (A. D.) s. Likens (G. E.).
Hass (G.), Aufzucht- u. Fütterungsverfahren in d. Salmonidenzucht 1780.
Hassall (K. A.), Spezif. Wirkung v. Kupfer auf d. Atmung v. Chlorella vulgaris 1331.
Hattop (H.-W.), Stand d. Verwendung v. Elektrofanggeräten in unseren Fischereibetrieben 1796. — s. Steffens (W.).
Hauer (J.), Rädertiere (Rotatoria) v. Ägypten 2416.
Haus (J. B.) s. Price (R. W.).
Hawkins (W. W.) s. Larsen (B. A.).
Hayes (F. R.), Bakterien im Sediment als Indikator d. Produktivität v. Seen 2418. — s. Hochachka (P. W.).
Hays (H. A.) s. Stockinger (N. F.).
Hazlett (B.) u. **Winn (H. E.)**, Lauterzeugender Mechanismus d. gestreiften Zackenbarsches 1312.
Healby (E. G.), Experimenteller Beweis für d. Regeneration nach Nervdurchschneidung bei d. Elritze (Phoxinus phoxinus) 619.
Heck (H.-L.) s. Andreae (H.).
Heen (E.) u. **Kreuzer (R.)**, Fish in nutrition [2618]*.
Hegemann (M.), Einfluß v. Follikelhormon auf d. Abgabe v. Trimethylamin u. Harnstoff beim Barsch 1536.
Heinrich (A. K.), Biologie d. Planktontiere u. d. Saisonzyklen v. Planktongemeinschaften in den Ozeanen 416. — Produktion v. Copepoden in d. Bering-See 1982.
Helfrich (P.) u. **Banner (A. H.)**, Erzeugung v. Ciguatera-Toxizität bei Fischen durch Fütterung 2625.
Helm (W. T.), Einfache Methode zur Kontrastvergrößerung beim Schuppenlesen 1763.
Henderson (C.) s. Pickering (Q. H.).
Henderson (N. E.), Jahreszyklus d. Hoden d. Bachsaiblings, Salvelinus fontinalis 1537.
Hepher (B.), Zehn Jahre Untersuchungen über Teichdüngung in Israel. *1.* Mitt. Wirkung d. Düngung auf d. Fischertrag 1989.
Herbert (D. W. M.) s. Lloyd (R.).
Herlinveaux (R. H.), Ozeanographie

d. Saanich-Bucht in Vancouver Island, Brit.-Kolumbien 1554.
Herman (S. S.), Plankt. Fischeier u. Larven in d. Narragansett-Bucht 2399.
Hermann (F.), Hydrograph. Bedingungen in d. Davis-Straße *1959* 2427. — Hydrograph. Schnitte v. d. Fär Öer nach Ostgrönland u. v. Kap Farvel nach Irland 2648. — s. Aleksejev (A.).
Herms, Hechtbrutbesatz in Karpfenteichen 1566.
Herold (H.), Steigerung d. Feinfischproduktion durch d. Einführung d. intensiven Bewirtschaftung geeigneter Seen mit Karpfen 419. — Bedeutung d. Mechanisierungskonferenz anläßlich d. Internationalen Tagung d. Binnenfischerei *1961* 1309.
Herrmann, Meeräsche in d. Eider 1541. — Besichtigung v. dän. Forellenteichwirtsch. 1781.
Herrmann (G.), Satzfischproblem in d. schleswig-holstein. Karpfenteichwirtschaft 1564.
— u. **Marre (G.),** Aalfang u. Aalwirtschaft in Schleswig-Holstein 2436.
Herrmann (R. B.), Warren (C. E.) u. **Doudoroff (P.),** Einfluß d. Sauerstoffkonzentration auf d. Wachstum juveniler Coho-Lachse 1328.
Hess (W. N.) s. Burger (J. W.).
Hester (F. J.), Aasted (D. C.) u. **Gilkey (R. W.),** Tauchkymograph, ein Gerät zum Registrieren d. Wassertiefe in Abhängigkeit v. d. Zeit 1984.
Hewetson (A.), Furunkulose bei laichreifen Lachsen 1996.
Hewson (L. C.), Untersuchung über *6* Winterfischereien auf dem Winnipeg-See, *1950—1955* 875. — Siebenjährige Untersuchung über d. Fischerei auf Coregonus clupeaformis im Winnipeg-See 875. — Geschichte d. Fischerei auf Coregonus clupeaformis im Winnipeg-See unter Berücksichtigung ihrer volkswirtsch. Bedeutung 1986.
Hickling (C. F.), Tilapia-Hybriden v. Malacca 854. — Fish culture [1991]*.
Hickman jun. (C. P.) s. Evans (R. M.); Meisner (H. M.).
Hiemstra (W. H.), Bezugstafel zur Bestimmung pelag. Fischeier in Planktonproben 398.
Hines (J. A.) s. Dingle (J. R.).
Hinz (O.), Röhrig (K.) u. **Müller (H.),** Intensive Karpfenwirtschaft im Küchensee in Verbindung mit d. Entenmast 421.
Hinzpeter (H.), Messungen d. Streufunktion u. d. Polarisation d. Meerwassers 1096.
Hirn, Blaufelchen u. Gangfisch-Erbrütung im Zuchtjahr *1961/62* in d. staatlichen Fischzuchtanstalt Nonnenhorn 1570.
Hirsch (A.), Beseitigung v. Treibzeug (Rechengut) an d. Bundeswasserstraßen 2201.
Hitz (C. R.), Laichzeiten d. Sebastodes-Arten in Küstengewässern v. Oregon 1071. — Vorkommen v. *2* juvenilen Klippenfischarten im Queen-Charlotte-Sund 2177.
Hoar (W. S.) s. Mahon (E. F.).
— u. **Robertson (G. B.),** Aufrechterhaltung d. Temperaturresistenz v. Goldfischen unter kontrollierten Belichtungsperioden 1757.
Hoberman (J. M.) u. **Jensen (A. C.),** Wachstumsrate v. Pollachius virens bei Neu-England 1084.
Hochachka (P. W.) u. **Hayes (F. R.),** Einfluß d. Temperaturanpassung auf d. Geschehen d. Glukosestoffwechsels beim Bachsaibling 619.
Höhnk (W.) s. Siepmann (R.).
Hoese (H. D.) u. **Berglund jun. (C. O.),** Färbung v. Trinectes maculatus fasciatus 843.
Hofer (J.), Schwankungen d. Balchenbestandes 2436.
Hofer (P.), Forellenzucht in Nordfrankreich 1570.
Hoffmeister (H.), Jagdrechtsvorschriften für Möweninseln u. Fischgewässer in Schleswig-Holstein 2003. — Schleswig-holstein. Binnenfischerei *1961.* Aus dem Jahresbericht d. Fischereiamtes 650.
Hofmann, Schätzung v. Fischereischäden 1994. — Grundsätze für Zucht- u. Aufzuchtbetriebe 877.
Holčík (J.), Tschechoslowak. Flußneunaugen mit d. Wiederbeschreibung v. Lampetra (Eudontomyzon) vladykovi 2406. — s. Balon (E. K.).
— u. **Duyvené de Wit (J. J.),** Merk-

male d. Hybriden v. Rhodeus ocellatus u. Acheilognathus lanceolatus 1965.
Holden (A. V.), Entfernung v. gelöstem Phosphat aus Seewasser durch Schlammablagerungen 2417.
Holliday (F. G. T.) u. **Parry (G.),** Elektronenmikroskop. Untersuchungen d. acidophilen Zellen in den Kiemen u. Pseudobranchien v. Fischen 618.
Hollis (P. J.) s. Millar (R. H.).
Holmes (W. N.) s. Carlson (I. H.).
Holmgren (U.), Urophysis spinalis u. d. kaudale neurosekretor. System d. Teleosteer 1068.
Holt (R. D.), Morphometrie v. Prosopium williamsoni 1068.
Holzlöhner (S.), Sandaalbestände d. Nordsee als Reserve für d. Fischmehlindustrie 656. — Bemerkungen zum gegenwärtigen Zustand des atlanto-skand. Heringsbestandes 852.
Honey (K. A.) s. Colton jun. (J. B.).
Hong (S. K.) s. Forster (R. P.).
Hood (D. W.) s. Sugiura (Y.); Tatsumoto (M.).
Hoopes (D. T.) s. Hartman (W. L.).
Hopfner (H.), Erfahrungen mit Bachsaiblingen 1310.
Hopkins (T. L.), Variabilität v. Planktonnetzfängen in einem Ästuarsystem 2655.
Horn (D.) s. Reiske (J.).
Houston (A. H.), Veränderungen im Chloridgehalt d. Plasmas v. Jährlingen d. Atlant. Lachses, d. aus Zuchtanstalten stammen, während d. Umwandlung vom Parr- ins Smolt-Stadium u. nachfolgender Übersetzung in Meerwasser 181. — Wassergleichgewicht beim Goldfisch Carassius auratus L. während d. Kältetodes 2622.
Howard (F. J.) s. Snieszko (S. F.).
Howard (G. V.), Thunfischerei: Methoden, Verbreitung u. Häufigkeit 1572.
Howie (D. I. D.), Laichmechanismus d. männlichen Arenicola 1562.
Hruška (V.), Ermittlung d. Einflusses eines Karpfenbestandes auf d. Bodenfauna zweier Teiche 1566.
Hubbs (C.), Geograph. Veränderungen in d. Eizahl bei Percina caprodes u. Etheostoma spectabile 849. — Dauer d. Spermafunktion bei d. Perciden Etheostoma lepidum u. E. spectabile verbunden mit d. Sympatrie d. Elternpopulationen 1074.
Hubbs (C.) u. **Delco jun. (E. A.),** Gattenwahl bei Männchen v. vier Gambusia-Arten 1074. — Balzbevorzugung v. Gambusia affinis in Verbindung mit d. Sympatrie d. Elternpopulationen 1317.
—, Littlejohn (M. J.) u. **Littlejohn (P. G.),** Verringerte Überlebensrate v. jungen Etheostomatinen u. Kaulquappen v. Hyliden durch Ammoniakdünste einer Nagetierkolonie 1785.
Hubbs (C. L.), Stellung d. Afterflosse u. Länge d. Leibeshöhle bei Catostomiden u. Cypriniden 854.
— u. **Miller (R. R.),** Potamarius, neue Gattung d. Ariidae aus den Binnengewässern Mittelamerikas 854.
Hübner (H.), Wirbelsäule d. Karpfens (Cyprinus carpio L.). Beitrag zum Verständnis d. Feinstruktur d. Knochens bei dieser Fischart 1530.
Huet (M.), Anforderungen d. Fischerei an d. Qualität des Wassers 861.
Hugh (R.) s. Ewing (W. H.).
Hughes (G. M.) u. **Wiersma (C. A. G.),** Koordination d. Pleopodenbewegungen bei dem Krebs Procambarus clarkii 189.
Hughes (J. T.) u. **Matthiessen (G. C.),** Biologie d. amerikan. Hummers 2640.
Hughes (M. L.) s. Ackman (R. G.).
Humphrey (G. F.), Konzentration v. Planktonpigmenten in austral. Gewässern 196.
Hunt (S. V.) s. Gottfried (H.).
Hurley (D. E.), Pelag. Hyperiidea (Crustacea: Amphipoda), gesammelt auf d. Magga Dan zwischen Australien u. Antarktika, mit einigen Bemerkungen über ihre Verbreitung 198. — Priapulus-Art aus neuseeländ. Gewässern 1773.

Ibert (E. R.) s. Sugiura (Y.).
Idler (D. R.) s. Chang (V. M.).
— u. **Bitners (I.),** Biochem. Untersuchungen an Oncorhynchus nerka während d. Laichwanderung. 5. Mitt. Cholesterol-, Fett-, Eiweiß- u. Wassergehalt d. Körpers 849; 9. Mitt.

Fett-, Eiweiß- u. Wassergehalt in d. hauptsächlichen inneren Organen u. Cholesterolgehalt v. Leber u. Gonaden 850.
Idler (D. R.) u. **Tsuyuki (H.)**, Biochem. Untersuchungen an Oncorhynchus nerka während d. Laichwanderung 8. Mitt. Androgengehalt d. männlichen Keimdrüsen 850.
Idyll (C. P.) s. Iversen (E. S.).
Igler (K.), Fütterung d. Forellen 202.
Iliescu (M.) s. Cautiş (I.).
Il'in (B. S.), Ichthyofauna Nordamerikas als Quelle für d. Akklimatisation 648.
Il'ina (L. K.), Wachstum u. Alter v. Blei (Abramis brama), Güster (Blicca björkna), Plötze (Rutilus rutilus) u. Zobel (Abramis sapa) d. Gorki-Stausees 403. — Wirksamkeit d. Vermehrung d. Fische u. d. Verbreitung d. Brut im Gorki-Stausee 418.
— u. **Poddubnyj (A. G.)**, Gesetzmäßigkeiten d. Dynamik d. Nutzfischbestände d. Rybinsker Stausees 2401.
Illies (J.), Bedeutung d. Strömung für d. Biozönose in Rhithron u. Potamon 2187. — Gebirgsbäche in Europa u. in Südamerika; ein limnolog. Vgl. 2421.
— u. **Schwabe (G. H.)**, Limnologie u. Ökologie 860.
Ioff, (N. A.), Stimulierung d. Geschlechtszyklus bei d. Elritze 1965.
Ioffe (C. I.) u. **Zil'berkvit (A. A.)**, Umsetzung v. Mysiden (Mesomysis kowalevskyi u. Mesomysis intermedia) in d. Kuibyschewer Talsperre 649.
Ioganzen (B. G.) u. **Gundrizer (A. N.)**, Methodik d. Bestimmung d. Wanderfischbestandes u. d. Grad ihrer Anwendung in Fließgewässern 2401.
— u. **Moiseev (P. A.)**, Unionskonferenz über d. Dynamik d. Fischbestandsdichte 1322.
—, **Petkevič (A. N.)** u. **Podlesnyj (A. V.)**, Probleme d. fischereilichen Erschließung d. Staubecken Sibiriens 2432.
Ionescu (M.) s. Păsculescu (L.).
Ionescu (N.) u. **Cautiş (I.)**, Zusammensetzung d. Bastardmakrelenschwärme u. deren Wanderung längs d. rumän. Küste in d. Periode v. *1953—1959* 1966.
Iordache (I.) s. Manea (G. I.).
Isaka (S.) u. **Aikawa (T.)**, Entwicklungsanregung v. Urechis-Eiern durch Farbstoffe 416.
Isakova-Keo (M. M.), Aufzucht lebender Nahrung in Teichen zur Aufzucht v. Junglachsen bei niedrigen Temperaturen 424.
Iškov (A. A.), Hauptrichtungen d. techn. Fortschritts in d. Fischindustrie 220.
Istoshin (B.) s. Aleksejev (A.).
Ivanenkov (V. N.), Urproduktion im Beringmeer 1555.
Ivanov (A. I.), Quantitative Verbreitung d. Mollusken d. Gattung Modiolus (M. phaseolina u. M. adriatica) an d. Kaukasusküste d. Schwarzen Meeres 1103. — Angaben über d. quantitative Verteilung v. Rapana bezoar im Ostteil d. Schwarzen Meeres u. d. Bucht v. Kertsch u. Verringerung seiner Ausmaße 1561.
Ivanov (A. S.), Aktivität d. Tryptase v. Clupeonella engrauliformis bei Temperatursenkung 2211.
Ivanov (A. V.), Neue Pogonophoren aus d. östlichen Teil d. Stillen Ozeans. 2. Mitt. Heptabrachia ctenophora sp. n. u. Heptabrachia canadensis sp. n. 1103.
Ivanov (B. G.), Ansammlung v. Garnelen im Westteil d. Golfs v. Alaska 632.
Ivanov (D. I.), Wissenschaftliches Forschungsinstitut für Fischereiwirtschaft des Asowschen Meeres (AsNIIRCh) 841.
Ivanov (M. F.) u. **Dodzina (F. I.)**, Histolog. Analyse d. Geschlechtsdrüsen d. Wolga-Wanderheringe in d. Wanderperiode u. Laichzeit 1319.
Ivanov (M. V.), Untersuchung d. Intensität d. Schwefelkreislaufes in d. Seen mit Hilfe v. radioaktivem Schwefel (^{35}S) 405.
Ivanov (S. N.), Erste Erfolge d. Zandereinsatzes in d. Balchaschsee 647.
— u. **Vorob'eva (N. B.)**, Anpassung d. Mysiden an d. erhöhten Mineralgehalt d. Wassers im Ost-Balchasch 863. — Jahreszeitliche Schwankungen d. Restpopulation u. d. Bio-

masse d. Mysiden im Balchasch-See 2184.
Ivanov (V. M.), Konstruktive Vervollständigung im Bau befindlicher Trawler v. Typ „Majakowski" 2199.
Ivanov (V. N.) s. Polikarpov (G. G.).
Ivanova (E. M.) s. Simson (S. A.).
Ivanova (M. B.), Über den Lebenszyklus v. Diaptomus gracilis in einem Humus-See 191. — s. Žadin (V. I.).
Ivanova (M. N.), Über d. Ernährung d. Hechtes in d. Rybinsker Talsperre 629. — Ernährung d. Fische d. Kama-Talsperre 1080.
Ivanova (N. T.), Quantitätsschwankungen bei d. Silberkarauschen d. Wesselowsker Stausees u. Wege zur Vergrößerung ihrer Bestände 2630.
Ivanova-Berg (M. M.) u. **Sokolova (M. M.),** Jahreszeitlich bedingte Veränderungen d. Blutzusammensetzung beim Flußneunauge 1315.
Ivasik (V. M.) u. **Roj (P. E.),** Bauchwassersucht d. Karpfens u. ihre Bekämpfung in d. Fischzuchtbetrieben d. westlichen USSR 439.
Iversen (E. S.) u. **Idyll (C. P.),** Aspekte d. Biologie v. Penaeus duorarum v. d. Tortugas-Gründen 1086.
Ivlev (V. S.), Smoltifikation d. Lachse u. ihre biolog. Bedeutung 621. — Experimental ecology of the feeding of fishes [1329]*. — Prinzip mathemat. Modellierung d. Populationsdynamik v. Nutzfischen 2400. — Schätzung d. Nahrungsbedarfes d. Fische 2408.
Iwaszkiewicz (M.), Künstliche Befruchtung d. Zährtenlaiches (Abramis vimba) u. seine postembryonale Entwicklung 1990.
Izjumova (N. A.), Erreger d. wichtigsten parasitären Erkrankungen d. Fische im Rybinsker Stausee 207. — Jahreszeitliche Veränderungen d. Parasitenfauna d. Fische d. Rybinsker Talsperre. *3.* Mitt. Hecht, Zope, Güster 433. — Bildung d. Parasitenfauna d. Fische in d. Rybinsker Talsperre 1355.
Iżjurova (A. I.), Schwebestoffe u. Bodenablagerungen in d. Kljasmatalsperre 1335.

Jaag (O.), Grenzen d. Selbstreinigungskraft d. Gewässer 2202. — Selbstreinigungsmechanismen in Fließgewässern 2420.
Jablokov (A. V.), Schlüssel zu einem biolog. Rätsel, Wal in *2000* m Tiefe 859.
Jablonskaja (E. A.), Nahrungsbasis d. Fische im Aralsee u. ihre Ausnutzung 635. — Gegenwärtiger Zustand d. Benthos im Aralsee 635.
Jackson (M.) s. Wood (J. D.).
Jacob (O. E.), Über d. kurzfristige Veränderlichkeit in d. Vertikalverteilung ausgewählter chem. Faktoren in d. östlichen u. mittleren Ostsee im Sommer *1960* 194.
Jacobs (J.), Licht u. Turbulenz als Codeterminanten d. relativen Wachstumsrate bei einer zyklomorphen Daphnia 636.
Jacquet (G.), L'appât vivant dans la pêche aux thons [2201].
Järnefelt (H.), Einwirkung d. Sulfitablaugen auf d. Planktonbild 1353.
Jakovlev (A. A.) s. Solev̌ev (B. S.).
Jakovleva (A. N.), Charakteristik d. Fischbestände im Gebiet d. Wolgograder Stausees 2401. — Ichthyofauna d. Wolga im Bereich d. Wolgograder Staubeckens 2402.
James (G. V.) s. Balinsky (B. I.).
Jangaard (P. M.) s. Ackman (R. G.).
— u. **Ackman (R. G.),** Fettalkohole aus Fischölen u. fraktionierten Estern 1791. — Belüften v. Kabeljau-Leberöl u. anderen marinen Ölen 2211.
Jankov (G.), Behandlung d. Ichthyophthirus-Befalles bei Forellen 1356.
Jansen (J. K. S.) s. Andersen (P.).
Janulov (K. P.), Vermehrung v. Macrurus berglax 2175. — Harnsteinkrankheit bei Rotbarschen Sebastes marinus u. Sebastes mentella 2207.
Jarke (J.), Meeresboden als Siedlungsraum für Pflanzen u. Tiere 2428.
Jarošenko (M. F.) u. **Nabereźnyi (A. I.),** Besonderheiten d. Bildung d. hydrobiolog. Verhältnisse in d. Talsperre v. Dubossary 409.
Jean (Y.), Fischbestandsveränderungen durch New-Brunswick-Trawler 2661.
Jeffries (H. P.), Salzgehalt-Raum-Verteilung d. Ästuar-Copepodengattung Eurytemora 1095.

Jelescu (N.), Industrieller Fang v. Delphinen im Schwarzen Meer entlang d. rumän. Küste 1783.
Jenkins (S. H.), Fortschritte auf d. Gebiet d. biolog. Reinigung organ. Abwässer 657.
Jens (G.), Fischpässe an d. Mosel 430. — Vermessungshilfen im Teichbau mit einigen Umschweifen 1567.
Jensen (A. C.) s. Hoberman (J. M.).
Jensen (A. J. C.), Dän. Untersuchungen über d. Dorsch (Gadus morhua) im Raum v. Bornholm *1959* 2405.
Jírovec (O.), Doz. Dr. Rudolf Šrámek-Hušek (*1907—1962*) 2394.
Joensen (J. S.), Kabeljauuntersuchungen d. Fär Öer *1959* 2630.
Johnson (H. E.) u. **Brown (C. J. D.),** Geruchsapparat v. Sebastodes melanops 2621.
Johnson (J. G.) s. Ewing (W. H.).
Johnson (J. H.), Wassertemperaturen u. Vorkommen v. Thunnus germo v. d. Küsten v. Oregon u. Washington 1968.
Johnson (Martin W.), Zooplanktonfänge aus d. hohen Polarbecken unter bes. Berücksichtigung d. Copepoden 2429.
Johnson (Merle W.) u. **Wroblewski (L.),** Mit systemat. Fangkontrollen verbundene Fehlermöglichkeiten 1986.
Johnson (W. E.), Gesichtspunkte zur Ökologie eines pelag., zooplanktonfressenden Fisches 1327.
Johnston (J. A. A.), Einfache Bootsbremse zum Gebrauch bei d. Elektrofischerei 2003.
Jokiel (J.), Geschichte d. poln. Lachs- u. Meerforellenforschung durch Markierung 2639.
Jonas (R. E. E.) s. MacLeod (A. R.).
— u. **MacLeod (R. A.),** Biochem. Untersuchungen an Oncorhynchus nerka während d. Laichwanderung. *10.* Mitt. Glukose, Gesamteiweiß, nichteiweißgebundener Stickstoff u. Aminosäurenstickstoff im Plasma 850.
—, **Sehdev (H. S.)** u. **Tomlinson (N.),** Blut-pH u. Sterblichkeit bei Salmo gairdneri u. Oncorhynchus nerka 2173.
— u. **Tomlinson (N.),** Phosphorlipoid-Gehalt d. Muskulatur v. Ophiodon elongatus während d. Tiefkühllagerung 2209.
Jones (C.), Hormones in fish [1545].
Jones (F. R. H.), Weitere Beobachtungen über d. Bewegung v. Heringsschwärmen (Clupea harengus) in Beziehung zum Gezeitenstrom 187.
— u. **McCartney (B. S.),** Elektron. Sektoren-Prüf-Schall zur Verfolgung d. Bewegungen v. Fischschwärmen: Seeversuche mit RRS „Discovery II“ 1793.
Jones (I. C.) s. Dean (F. D.).
Jones (J. D.), Neue tonometr. Methode zur Bestimmung v. gelöstem Sauerstoff u. Kohlendioxyd in kleinen Proben 874.
Jones (J. W.), Aalwanderung 1764.
Jones (R.), Schott. Untersuchungen über d. Schellfisch (Gadus aeglefinus) d. Nordsee *1959* 2405.
Jones (Rodney), Bionomie v. Gadus aeglefinus. *2.* Mitt. Wachstum d. Schellfisches in d. Nordsee u. bei d. Fär Öer 2638.
Jónsson (J.), Laichbestände d. Kabeljaus (Gadus morhua) in ostgrönländ. u. isländ. Gewässern *1959* 2398.
Joseph (E. B.), Albinot. Kuhnasenrochen, Rhinoptera bonasus (Mitchill), aus d. Chesapeake Bay 2172.
Josephson (R. K.), Kolonie-Reflexe d. Hydroidpolypen 197. — Reaktion eines Hydroidpolypen auf schwache durch d. Wasser weitergeleitete Störungen 873. — Wiederholte Potentiale nach kurzen elektr. Stimuli bei einem Hydroidpolypen 2185.
Judanov (K. I.), Methoden zur Bestimmung d. Fischmenge im Schwarm 2001. — Mengenbestimmung an Ostseedorsch mittels Echolot 2213.
Judd (J. M.) s. Ophel (I. L.).
Judin (V.), Schwimmende Düngerbeete 201.
Juget (J.), Untersuchungen über d. Bodenfauna d. Genfer Sees u. des Lac d'Annecy 864.
Jurovickij (J. G.), Besonderheiten d. Biologie d. Zope d. Rybinsker Talsperre im Zusammenhang mit d. Faktoren, die d. Bestandsdichte be-

stimmen 626. — Gesetzmäßigkeiten d. Reifens u. d. Dynamik d. Fruchtbarkeit bei Fischen 2397.

Kabanov (N. M.), Einige Probleme d. sanitär-biolog. Untersuchung d. Wolga 427.
—, Roždestvenskaja (L. P.) u. **Sokolova (A. P.),** Stoffkreislauf in d. Überschwemmungsgewässern u. seine Bedeutung. Stickstoffgehalt u. d. Umwandlungsprozesse seiner verschied. Formen 642.
Kabozov (S. M.) s. Egorova (L. N.).
Kačanova (A. A.) s. Vlastov (B. V.).
Kaganovskij (A. G.), Wissenschaftliches Forschungsinstitut für Meeresfischerei u. Ozeanographie d. Stillen Ozeans 1754.
Kaiser (P.), „Mißt" d. Köcherfliegenlarve Hydropsyche angustipennis Curt. beim Bau d. Netzes d. Maschenweite? 642. — Studien an Körperformen v. Goldfischen, zugleich ein Beitrag zur Kenntnis d. Metamorphose d. Knochenfische 2619. — Hornzähnchen als Lippenbewaffnung bei Jungfischen v. Cypriniden 2171.
Kalinina (Ė. M.), Besonderheiten d. portionsweisen Ablaichens v. Rhombus maeoticus 1964.
Kalinovskij (N. P.), Stand d. kollektivwirtschaftlichen Fischfanges im Gebiet Tomsk 651.
Kalle (K.), Neuere Anschauungen über d. Entstehung d. Ozeans 2425. — Chem. Umsetzungen am Meeresboden 2428.
Kallman (K. D.), Populationsgenetik eines gynogenet. Teleosteers, Mollienesia formosa 2631.
Kalugina (N. S.), Biologie einiger Chironomiden d. Utscha-Talsperre (Gattung Endochironomus K., Gattung Glyptotendipes K. u. a.) 407.
Kamat (N. D.), Zwei neue Arten v. Chroococcidiopsis aus Indien 2415.
Kamenev (V. P.), Parasitenfauna d. wichtigsten Nutzfische d. Haffe d. Asowschen Meeres 208.
Kampf (W.-D.) s. Schmidt (B.).
Kamšilov (M. M.), Über d. „system." u. „zelluläre" Anpassung 1070. — s. Zelikman (Ė. A.).
Kan (A. V.), Themat. Ausstellung „Kälteanwendung in d. Fischindustrie" 662.
Kanaev (A. I.) u. **Ljajman (Ė. M.),** Gesundheitszustand d. Fischbestände in d. Teichwirtschaften d. RSFSR 435.
Kanaya (T.) s. Simonsen (R.).
Kanygina (A. V.) s. Aleksandrova (L. P.).
Kapoor (A. S.), Sinneskanäle u. dazugehörige Hautknochen im Schädel v. Heteropneustes fossilis 2620.
Karasev (B. E.), Erfahrungen d. Sucharbeit im Seegebiet v. Neufundland 2200.
Karasikova (A.) s. Petrenko (I. N.).
Karbowski (W.) s. Żarnecki (S.).
Karpečenko (J. L.), Schablone zur Bestimmung d. horizontalen Größen d. Fischschwärme nach Echoaufzeichnungen 219.
Karpenko (I. M.), Beseitigung d. infektiösen Bauchwassersucht in d. Teichwirtschaften d. Lwower Fischtrusts durch Sömmerung d. Teiche 439. — s. Avdošev (V. S.).
Karpevič (A. F.), Bioökolog. Charakteristik v. Monodacna colorata d. Bucht v. Taganrog (Angaben zur biolog. Begründung d. Akklimatisation dieser Art im Aral- u. Kaspisee) 633. — Begründung für d. Akklimatisation v. Wasserorganismen im Aralsee 635. — Theoret. Voraussetzungen für d. Akklimatisation v. Wasserorganismen 648. — Biolog. Begründung d. Akklimatisation d. Mysiden im Aralsee u. einigen anderen salzhaltigen Gewässern 649.
Karzinkin (G.), Radioaktive Isotope in d. Fischerei 180.
Kaškin (N. I.), Bedeutung d. jahreszeitlichen Wanderungen v. Calanus finmarchicus für d. Arterhaltung 872.
Kasymov (A. G.), Bodenfauna d. Mingetschaurer Talsperre 412. — s. Abdurachmanov (J. A.).
— u. **Chalilov (A. R.),** Erforschung d. Metamorphose v. Tanytarsus lauterborni im Staubecken v. Warwarinka 866.
Katitch (R.), Möglichkeiten d. Infektion d. Karpfens mit Salmonella typhi murium 662.

Kaushik (D. K.), Satzfisch-Gewinnungs- u. Aufzuchtmethoden in Indien 1350.
Kawamoto (M.) s. Sano (Y.).
Kayser (H.) s. Lüdemann (D.).
Kazakov (B. A.), Hornhecht im Don 1542.
Kazančeev (E. N.), Mögliche Bedeutung d. Hybridisation bei d. Bestandsveränderung d. Wolga-Herings u. d. kasp. Dickwanstes (Caspiola caspia typ.) 2398.
Kazanova (I. I.), Biologie u. Fang d. Sprotte im nördlichen Teil d. Ostsee 1066.
Kazanskij (B. N.), Experimentelle Analyse d. Vermehrung d. Wolgastöre im Zusammenhang mit d. Saisonrassenbildung 397. — Rationalisierung d. Störzucht an d. Kura auf Grund d. Analyse d. innerartlichen biolog. Gruppen 1350. — Wasserströmungsapparat zur Erbrütung d. Störrogens 1350.
Kazarnovskij (M. J.), Ernährung d. wandernden Jungbuckellachse u. Jungmalmasaiblinge in d. Flüssen Sachalins 1544.
Kazarovec (N. M.), Anwendung d. konduktometr. Methode zur Untersuchung d. Verteilung d. Wassermassen in d. Rybinsker Talsperre 1106.
Kazlauskas (R. S.), Beiträge zur Fauna d. Eintrags- u. Steinfliegen d. Litauischen SSR 193.
Keenleyside (M. H. A.), Taucherbeobachtungen an atlant. Lachs u. Bachsaibling im Miramichi-Fluß 2180.
— u. **Yamamoto (F. T.),** Territorialverhalten junger atlant. Lachse (S. salar) 2179.
Keetman (E.) u. **Wollmann (H.),** Messen u. Regeln in Neutralisations- u. Entgiftungsanlagen 1784.
Keiss (R. E.) s. Post (G.).
Keiz (G.) s. Liebmann (H.).
Keleher (J. J.), Wanderung markierter Fische im Großen Sklaven-See 2639.
Kelley (J. W.), Geschlechtsreife u. Fruchtbarkeit v. Micropterus salmoides in Maine 848.
Kempe (O.), Wachstum v. Leuciscus rutilus in einigen schwed. Seen 2638.
Kennedy (C. R.) s. Brinkhurst (R. O.).
Kennedy (W. A.), Wachstum u. Sterblichkeit v. Coregonus clupeaformis in *3* unbefischten Seen Nordkanadas 2629.
Kerényi (P.), Einfluß agrochem. Präparate auf Fische 1785.
Kerr (R. B.), Schuppen-Längen-Verhältnis, Alter u. Wachstum d. Atlant. Lachses in d. Miramichi-Fischerei 857.
Kerrich (J. E.) s. Allanson (B. R.).
Kessler (E.) u. **Langner (W.),** Jahresperiod. Aktivitätsschwankungen bei einer Chlorella 1766.
Kessler (S.), Wohlfahrt (G.), Lahman (M.) u. **Moav (R.),** Getrennter Abwachs v. Milchnern u. Rogenern bei Cyprinus carpio 2437.
Ketchen (K. S.), Beobachtungen über d. Ökologie d. Pazif. Kabeljaus (Gadus macrocephalus) in kanad. Gewässern 842.
— u. **Wilson (R. M.),** Antimora rostrata aus Gewässern Brit.-Kolumbiens 2177.
Key (D.), Abnormes Brutverhalten bei d. Auster 1977.
Kiefer (F.) u. **Einsle (U.),** Vorkommen verschied. Arten d. Gattung Cyclops (s. restr.) in schweizer. Seen 1766.
Kienast (E.), Versuch, d. Arbeitsproduktivität eines Fischereibetriebes mit d. eines landwirtsch. Betriebes zu vergleichen 877. — Probleme u. Methoden d. Ermittlung d. Arbeitsproduktivität 1567.
Kincheloe (J. W.), Einfluß d. desinfizierenden Zusatzes (Anti-germ 77) bei Terramycin Pfizer für Geflügel auf *3* Salmonidenarten 2198.
Kinne (E. M.) s. Kinne (O.).
Kinne (O.), Einfluß d. Salzgehaltes auf verschied. Lebensprozesse d. Knochenfisches Cyprinodon macularius 2396.
— u. **Kinne (E. M.),** Einfluß v. Salzgehalt u. Sauerstoff auf d. Entwicklung v. Cyprinodon macularius 399. — Entwicklungsrate d. Embryonen eines Cyprinodonten unter Einfluß verschied. Kombinationen v. Temperatur, Salzgehalt u. Sauerstoff 621.
Kinzer (J.), Schließmechanismus für d. Planktonröhre „Hai“ 2655.

Kipnick (S.), Meerneunaugen in d. Stör 1078.

Kipper (Z. M.), Ausnutzung d. Schiffsschleusen an Wasserkraftwerken für d. Durchlaß d. Fische aus d. unteren Lauf in d. Staubecken 2663.

Kireeva (A. S.) s. Rutkovskij (V. I.).

Kireeva (M. S.), Berechnung d. v. d. Ostsee angespülten Pflanzenmaterials 1097. — Verbreitung u. Biomasse d. Wasserpflanzen d. Ostsee 1097.

Kirka (A.), Äußere Gehirnform d. Donaunerflings (Rutilus pigus virgo He.) u. ein Vgl. seines Gehirns mit d. der Donauplötze (Rutilus rutilus carpathorossicus Vladykov) u. d. Elbeplötze (Rutilus rutilus friči Mišík 2620. — Bau d. Gehirns d. in d. Donau lebenden Vertreter d. Perciformes u. die Bedeutung d. Gehirnuntersuchungen für d. Systematik u. Ökologie d. Fische 2621.

Kirpičnikov (V. S.), Organisation d. Zuchtarbeit in d. Karpfenteichwirtschaft 651. — Genet. Methoden d. Selektion v. Hybriden bei Fischen 1321.

—, Mosevič (N. A.), Protasova (V. I.) u. **Bauer (O. N.)**, Optimale Verhältnisse in d. Winterteichen für einsömmrige Karpfen, Amur-Wildkarpfen u. deren Hybriden 1347.

Kiselev (I. A.), Algenflora d. am Asowschen Meer gelegenen Haffe 643.

Kiseleva (V. A.), Hydrobiolog. Charakteristik d. Ust-Kamenogorsker Talsperre 409.

Kiser (R. W.), Donaldson (J. R.) u. **Olson (P. R.)**, Einfluß v. Rotenon auf Zooplankton-Populationen in Süßwasser-Seen 2656.

Kisljakov (A. G.), Zusammenhang zwischen hydrolog. Bedingungen u. Bestandsfluktuation d. Kabeljaujahrgänge 2405.

Klapper (H.), Probleme d. biolog. Wasseranalyse. Untersuchungen im Einzugsgebiet Mittlere Elbe-Sude-Elde 2644.

Klausewitz (W.), Centropyge eibli n. sp. v. d. Nikobaren (Pisces, Percoidea, Pomacanthidae 2633. — Rassenkreis v. Istiblennius periophthalmus (Pisces, Salariidae) 2633.

Kleerekoper (H.), Harcsar (F.) u. **Bates (D. M.)**, Bedeutung d. Spurenelemente im Süßwasserplankton für d. Aufklärung d. Mikroschichtung in Seeschlammablagerungen unter bes. Berücksichtigung v. Strontium 2417.

Klenk (E.) u. **Eberhagen (D.)**, Fettsäuregemisch verschied. Fischöle 1751.

Klenova (M. V.), Lavrov (V. M.) u. **Nikolaeva (V. K.)**, Verteilung d. Schwebestoffe im Atlant. Ozean in Abhängigkeit v. Bodenrelief 2190.

Kleva (N.) u. **Zacharova (L.)**, Neue Konservenarten aus Dorschleber 664.

Kliffmüller (R.), Anstieg d. Phosphat-Phosphors als Ausdruck fortschreitender Eutrophierung im Bodensee (Obersee) 634.

Klots (C. E.) u. **Benson (B. B.)**, Löslichkeit v. Stickstoff, Sauerstoff u. Argon in destilliertem Wasser 2183.

Klumov (S. K.), Plankton u. d. Ernährung d. Bartenwale 1545.

Klust (G.), Tex-System als neue Netzgarn-Numerierung 1793. — Polypropylenfasern als Netzmaterial 2002. — Was ist bei d. Auswahl d. Materials v. Fischnetzen zu beachten? 2213.

Knaack (J.), Über d. im Bezirk Potsdam (westliches Brandenburg) auftretenden Fischarten 852.

Knauss (J. A.), Beobachtungen d. internen Wellen v. Tidenperioden mit Neutral-Schwimm-Bojen 1771. — Internationale Expedition in d. Ind. Ozean. Ozeanographen wollen vollständige „Laboratoriums"-Studien d. atmosphär. Bedingungen d. Ozeans durchführen 2188.

Kneubühler (H.) s. Geiser (A. E.).

Knie (K.), Chemismus d. Wässer im Seewinkel d. Salzlackensteppe Österreichs 1553.

Knjazev (A. K.) u. **Mitjuškin (V. A.)**, Gewinnung u. Transport v. Zanderlaich bei Akklimatisierungsarbeiten 1349.

Knöpp (H.), Situation u. Entwicklungstendenzen d. Saprobiologie 874.

Koblickaja (A. F.), Einfluß d. Veränderung verschied. Umweltfaktoren auf d. Charakter u. d. Wirksamkeit d. Laichens d. Wanderfische im unteren Teil d. Wolgadeltas 2397. — s. Kuročkin (J. V.).
Koch (R. B.) s. Strietelmeier (D.).
König (D.) s. Staack (H. H.).
Koh (T. P.) s. Behnke (R. J.).
Kołakowski (E.) s. Podeszewski (Z.).
Kolosova (L. V.) s. Stroganov (N. S.).
Komarov (J. A.), Südatlant. Stöcker 617.
Komissarenko (G.), Arbeit d. Fischerei-Kollektivwirtsch. d. Region Krasnodar unter neuen Bedingungen 1346.
Komlev (A. M.), Abfluß d. Flüsse d. Katunbeckens im Jahresdurchschnitt 2187.
Kondrat'ev (T. T.) s. Brudastova (M. A.).
Kondratovičs (E.) s. Prieditis (A.).
Konenko (A. D.), Hydrochem. Verhältnisse in d. Versuchsteichen d. Fischzuchtanstalt Tschernigowka 422.
Konenko (G. D.), Pidgajko (M. L.) u. **Radzymovškyj (D. O.)**, Teiche d. Polessje-Gebietes in d. Ukraine. Hydrochemie u. Hydrobiologie [1107].
Kononov (V. A.), Verhältnisse d. Fortpflanzung d. Fische u. ihre Ergebnisse in d. Kachowkaer Talsperre im *1.* Jahr ihres Bestehens 623.
Konstantinov (A. S.), Ernährung d. Chironomidenlarven u. einige Wege zur Steigerung d. Nahrungsangebotes d. Gewässer 641. — Giftwirkung einiger anorgan. Säuren, Salze u. Basen auf Chironomidenlarven 1994.
Konstantinov (K. G.), Über lokale Bestände des Schnabelbarsches im Nord-Atlantik 852.
— u. **Ponomarenko (V. P.)**, Gruppenverschiebungen d. Kabeljaus d. Barents-See nach Markierungsversuchen 1084.
Konstantinova (N. A.), Bedeutung d. Hochwasserperiode für d. jahreszeitliche Dynamik d. biolog. Merkmale einiger Fischarten d. unteren Wolga 2395.
Koops (H.), Wanderung d. Aales, Anguilla anguilla L., in Abhängigkeit v. Sommerhochwasser 2638.
Korde (N. W.), Charakterist. Merkmale d. Stratifikation d. Bodenablagerungen in Seen mit verschiedenartigem Zufluß 2418.
Korenevskij (A. G.), Entwicklung d. Fischwirtsch. d. Gebietes Kuibyschew im Zusammenhang mit d. Regulierung d. Wolga 2656.
Korjakov (E. A.), Neoendem. Parasit d. Baikalsees im Flußbecken d. Lena 209.
Korobanov (E. Z.) s. Golubeva (Z. S.).
Korringa (P.), Larven u. Laichen d. Austern (Ostrea edulis) in d. Oosterschelde (Niederlande) *1959* 2410.
Kosareva (N. A.), Parasiten d. Bleis d. Stauseen d. Wolga-Don-Kanals „W. I. Lenin“ 433.
Koševa (A. F.), Einfluß d. Flußbettregulierung d. Wolga auf d. Parasitenfauna d. Fische 432.
Kosler (A.), Bodenfauna d. Gewässer um Hiddensee 2188.
Kosova (A. A.), Jahreszeitliche Veränderungen d. Planktons u. d. Benthos auf d. Hochwasserflächen d. unteren Abschnittes d. Wolgadeltas 1338.
Kosswig (C.), Evolutionsphänomene bei Knochenfischen, genet. betrachtet 2399.
Kostomarov (B.), Zuchtfragen in d. Teichwirtsch. 1779.
Kostomarova (A. A.), Bedeutung gemischter Nahrung für d. Überlebensfähigkeit d. Hechtlarven 2408.
Kothé (P.), „Artenfehlbetrag“, ein einfaches Gütekriterium u. seine Anwendung bei biolog. Vorfluteruntersuchungen 874.
Kotthaus (A.), Rotbarschbrut im zentralen Nordatlantik 184.
Kovaleva (M. P.), Durchlässigkeit großmaschiger Kapronnetze 2214.
Kovalik (T. L.), Über d. Zweckmäßigkeit d. Akklimatisation d. Chines. Barsches u. d. Werchogljads in den Gewässern d. europäischen Teil d. UdSSR 648.
Kowallik (W.) s. Pirson (A.).
Kozhow (M. M.), Biolog. Produktivität d. offenen Regionen d. Baikalsees 2414.

Kozianowski (A.), Kostenermittlung d. künstlichen Hechterbrütung in Brutanstalten 1571.

Kozljaninov (M. V.), Einige Fragen d. Methodik d. hydroopt. Untersuchung v. Gewässern 417.

Kožov (M. M.), Artbildung im Baikalsee 1333. — Biologie d. Baikalsees [1343].

— u. **Tjumencev (N. V.)**, Biolog. Folgen d. Schwankungen d. Baikalspiegels 861.

Kožova (O. M.), Phytoplankton d. Baikalsees im Gebiet d. Listwenitschny-Bucht u. sein Einfluß auf d. Bildung d. Planktonflora d. Irkutsker Stausees 1089. — s. Vasil'eva (G. L.).

Kraack (E.), Verwendung d. bei d. Dorschleberölgewinnung anfallenden Lebergraxe für Futterzwecke als Vitaminträger 1792.

Krajuchin (B. V.) s. Bodrova (N. V.); Bogdrova (N. V.).

Krakatica (V. V.) s. Zajcev (J. P.).

Kralik (U.), Untersuchungen über d. Auswirkungen v. Abwässern d. Rübenzuckerindustrie auf den Gütezustand d. Gewässer 658.

Kramer (R. H.) u. **Smith (L. L.)**, Bildung d. Jahresklassen beim Forellenbarsch 851. — Benutzung d. Nester v. Micropterus salmoides durch Notemigonus crysoleucas 1074.

Kraševinnikova (S. A.), Mikrobiolog. Charakteristik d. Gorki-Stausees im zweiten Jahre seines Bestehens 1092.

Krasjukova (Z. V.), Etappen d. frühen Ontogenese d. Wildkarpfens als eine Anpassungserscheinung zur Erhaltung d. Art 396. — Bestimmungstafel für Larven u. Brut einiger Cypriniden 400. — s. Belogolovaja (L. A.).

Krasnoščekov (S. I.), Ursachen d. Quantitätsschwankungen d. Omuls (Coregonus autumnalis) im Baikalsee 2395.

Krasovskij (G. N.) u. **Spasskij (S. S.)**, Maximalkonzentrationen, d. bei d. Behandlung d. Gewässer mit Polychlorpinen zulässig sind 646.

Krause (C.), Kalkstickstoff als Desinfektions- u. Düngemittel in Brutstreckteichen 1565.

Krause (G.) u. **Siedler (G.)**, Kontinuierliche Bestimmung d. Tiefenlage v. Schleppgerät im Meere 1795.

Krause (H. R.), Abbau organ. Phosphorkomponenten aus totem Süßwasser-Zooplankton 865.

Krauss (W.), Zur trochoidenähnlichen Form d. kurzen fortschreitenden internen Grenzflächenwellen 194.

— u. **Magaard (L.)**, Zum Spektrum d. internen Wellen d. Ostsee 194. — System d. Eigenschwingungen d. Ostsee 2649.

Krefft (G.), Aus d. Tätigkeit d. Fischereiforschungsschiffes „Anton Dohrn“ 177. — Verzeichnis d. wissenschaftlichen, deutschen, engl., norweg., französ. u. span. Namen d. in d. deutschen Fischereistatistiken aufgeführten Tiere 2617.

Kresser (W.), Hydrograph. Betrachtung d. österreich. Gewässer 2421.

Kreuzer (R.) s. Heen (E.).

Krey (J.), Beobachtungen über den Gehalt an Mikrobiomasse u. Detritus in d. Kieler Bucht *1958—1960* 195.

Krishna (D.), Histochemische Untersuchungen über d. Lipoide in Eiern v. Salmo trutta u. Salmo irideus während d. Entwicklung. *3.* Mitt. Phospholipine: Vorkommen u. Bedeutung 1320; *4.* Mitt. Lipoproteine: Vorkommen u. Bedeutung 1321.

— u. **Baid (I. C.)**, Population v. Artemia salina d. Sambhar-Sees, Rajasthan 1770.

Kriss (A. E.), Nansen-Bathometer für die Wasserentnahme aus Meeren u. Ozeanen für mikrobiolog. Untersuchungen 1984.

Kritzler (H.) s. Gilbert (P. W.).

Krivobok (M. N.) u. **Tarkovskaja (O. I.)**, Zeitpunkte d. Laichwanderungen d. Strömlings auf Grund d. Studiums seines Fettstoffwechsels 1072.

Krnjević (K.), Cholinerge Erregungsübertragung im Fischmuskel 846.

Krochin (E. M.), Laichplätze d. Rotlachses (Oncorhynchus nerka). Abriß d. Geomorphologie, Temperaturverhältnisse u. Hydrochemie 1963.

Krömer (E.), Entwicklung d. Fischwilderei im Strafrecht 221.

Krogius (F. V.), Wachstumstempo u. Altersgruppierungen beim Rotlachs (Oncorhynchus nerka) im Meer 1973. — Zusammenhänge zwischen Wachstumstempo u. Bestandsdichte d. Blaurückens (Oncorhynchus nerka) 2403.
Krohn (H.) u. **Piiper (J.)**, Gassekretion in d. Schwimmblase d. Schleie (Tinca tinca [L.]) in Wasser mit erniedrigtem N_2-Druck 2622.
Krohn (K.-H.) s. Krohn (M.).
Krohn (M.) u. **Krohn (K.-H.)**, Markt u. Absatz v. Fischen u. Fischwaren [2000]*.
Krotas (R. A.), Parasiten d. Binnengewässer d. Litauischen SSR 207.
Krüger (G.), Temperaturadaptation d. Bitterlings 1535.
Kruglova (V. M.), Bildung u. Rekonstruktion d. Flora u. Fauna d. Talsperre v. Wessjoly 639. — Bedeutung d. Stausees Wessjoly bei d. Reproduktion d. Wanderfische im Asow-Don-Bassin 2402. — s. Paškov (G. D.).
Krupauer (V.), Hermaphroditismus beim Karpfen 1319.
Krychtin (M. L.), Entwicklung v. Leuciscus brandti 1965.
Krylov (V. I.), Vermehrungszeiten d. Walrosses 632.
Kubů (F.), Heilung d. mit Ichthyophthirius befallenen Fische durch Malachitgrün 1787.
Kuchorenko (K. G.), Neue Gebiete u. Objekte d. Fischfangs im mittleren Atlantik 2661.
Kučkarova (M.), Wasserpflanzen d. Bewässerungssysteme im Gebiet Taschkent 2184.
Kuderskij (L. A.), Versorgung d. Jungzander mit Nahrung in d. Periode d. Übergangs zur Raubfischnahrung 629. — Polychätenfauna d. Weißen Meeres 1102. — Einsatz v. Zandern in d. Karel. Seen 1563.
— u. **Ėrastova (V. M.)**, Biolog. Eigenschaften d. Laichbestände d. Weißmeerherings im Gebiet d. Inseln Ropaki, Gorelka 1962.
Kudinova-Pasternak (R. K.), Einfluß v. Meerwasser mit verringertem Salzgehalt u. unterschiedlicher Temperatur auf d. Larven d. Schiffswurms (Teredo navalis) 873.
Kudrin (V. P.), Klassifikation u. Ursprung d. Talsperrenböden 1334.
Kudrinskaja (O. I.), Kannibalismus bei Larven u. Brut d. Karpfens 857.
Kühl (H.), Meeräschen in d. Unterelbe 185. — Erträge d. Ölheringsfischerei ändern sich *1961* nicht 203. — Starker Rückgang d. Sandspierlingsfänge *1961* 425.
— u. **Mann (H.)**, Über d. Zooplankton d. Unterelbe 868. — Hydrochem. Untersuchungen an d. Mündungen deutsch. Flüsse 2422.
Kühlmann (D. H. H.), Thermodynam. Untersuchungen in Kleingewässern verschied. landschaftlicher Exposition 2186.
Kühn (R.) s. Bringmann (G.).
Kuenzer (E.) u. **Kuenzer (P.)**, Brutpflege d. Zwergcichliden Apistogramma reitzigi u. A. borellii 1325.
Kuenzer (P.) s. Kuenzer (E.).
Kuenzler (E. J.), Zusammensetzung u. Energiehaushalt einer Muschelpopulation in einem Salzwatt Georgias 190.
Kuester (D. R.) s. Poole (R. L.).
Kuindži (N. N.), Gehalt an Ascorbinsäure in einigen Fischarten d. Ob-Bassins 1070.
Kulakovskaja (O. P.), Nelkenwurm u. seine Bekämpfung 209. — Natürliche Gewässer als Quellen d. Parasitenbefalls v. Teichfischen 431. — Neue Art u. Gattung des Bandwurms Breviscolex orientalis (Caryophyllaeidae, Cestodes) aus Fischen d. Amur-Beckens 885. — s. Avdošev (V. S.); Zdun (V. I.).
Kulažko (V. A.) s. Nečiporenko (J. D.).
Kuličenko (N. I.), Blut- u. Hämoglobinmenge bei pelag. u. Grundfischen 1068.
Kuliš (A. P.) s. Nusenbaum (L. M.).
Kulow (H.), Lachsfang d. DDR 879. — Fachschulstudium Binnenfischerei 1309.
Kunst (L.), Gewebekultur mit Karpfennieren 2397.
Kuntz (R. E.) s. Myers (B. J.).
Kunz (H.), Revision d. Paramesochridae 1773.
Kuranova (I. I.), Veränderungen in d. Biologie d. Don-Sichlings 1311.
Kurapcev (P. A.), Wissenschaftliches

Forschungsinstitut für d. Mechanisierung d. Fischindustrie (NIIMRP) 1957.
Kurdin (V. P.), Böden d. Weißen Sees 408.
Kurjo (H.-W.), Absatzförderung 1793.
Kuročkin (J. V.) u. **Gorbunov (K. V.),** Pockenkrankheit d. Wildkarpfen 214.
—, Gorbunov (K. V.) u. **Koblickaja (A. F.),** Fälle v. massenhaften Erkrankungen u. Massensterben d. Fische in den Niederungen d. Wolgadeltas 212.
Kusakina (A. A.), Wärmebeständigkeit d. Muskeln u. d. Cholinesterase in Muskelhomogenaten v. Karauschen aus heißen Quellen u. gewöhnlichen Wasserbecken 2173. — s. Ušakov (B. P.).
Kusnecov (S. I.) u. **Dzjuban (I. N.),** Ausnutzung v. Huminsubstanzen bei d. Entwicklung v. Mykobakterien 1088.
Kutikova (L. A.) s. Butorina (L. G.).
Kuźmin (A. G.), Langjährige Veränderungen d. Zusammensetzung u. Stärke d. Zanderbestandes d. Wolga 2402.
Kuźmina (A. I.), Angaben über d. Frühjahrs-Phytoplankton d. Nordatlantiks. Nach Materialien d. *2.* Fahrt d. Forschungsschiffes „Lomonossow" *1958* 2190.
Kuznecov (A. P.), Angaben über d. quantitative Berechnung d. Bodenfauna d. Kamtschatka-Bucht 1340. — Ökologie einiger massenhaft vorkommender Benthosformen aus d. Gebiet östlich Kamtschatkas u. d. nördlichen Kurilen 1341. — s. Lus (V. J.).
— u. **Sokolova (M. N.),** Charakter d. Ernährung u. Verteilung v. Ophiopholis aculeata 1341.
Kuznecov (S. I.), Wege zur Untersuchung d. Mikroflora in Stauseen 1092.
— u. **Dzjuban (I. N.),** Pektinsubstanzen als Kohlenstofflieferanten bei d. Kultivierung v. Mykobakterien 1337.
— u. **Gambarjan (M. E.),** Bestimmung d. Produktion organ. Stoffe im Prozeß d. Photosynthese im Sewan-See 1330.
Kuznecov (V. V.), Mehrjährige Quantitätsschwankungen beim Hering u. a. period. Erscheinungen im Weißen Meer 2403.
Kuznecova (I. I.) u. **Paškin (L. M.),** Erfahrungen d. Massenumsetzung v. Laich-Stören in d. Wolgograder Talsperre 647.
Kuznetsov (S. I.), Hauptrichtung in d. Erforschung d. Mikroflora d. Wolgastauseen 1551.

Labat (R.) s. Serfaty (A.).
Lablaika (I. A.), Verteilung u. Alterszusammensetzung d. Dorsches (Gadus morhua) im Gotlandtief *1959* 2405.
Laframboise (A.) s. Cardin (A.).
Lagler (K. F.) u. **Wright (A. T.),** Salvelinus malma als Räuber v. Junglachsen, Oncorhynchus spp., in einem Ästuar des südöstlichen Alaskas 857.
Lahman (M.) s. Kessler (S.); Wohlfahrt (G.).
Laird (M.), Mikroökolog. Faktoren bei Austernepidemien 190. — Urceolaria karyodactyla n. sp. (Ciliata: Peritricha) v. Ischnochiton ruber bei Saint Andrews, New Brunswick 196. — Trichodiniden u. andere parasitäre Protozoen aus d. Intertidenzone b. Nanaimo, Vancouver Island 211.
Lam (Kwok-Cheung) s. Black (E. C.).
Lambina (V. A.) s. Osnickaja (L. K.).
Lamsa (A.), Flußabwärts gerichtete Wanderungen v. Eucalia inconstans in einem kleinen Fluß im südlichen Ontario 2638.
Lan (H. an der), Turbellarien-Fauna d. Donau 2645.
Lance (J.), Effekt v. Wasser reduzierten Salzgehalts auf d. Vertikalwanderung v. Zooplankton 2651.
Lander (R. H.), Methode zur Schätzung d. Sterblichkeitsrate aus d. Bestandsveränderung 1762.
Lane (R. K.), Temperatur u. Salzgehaltsstrukturen in d. Umgebung v. Vancouver Island, Brit.-Kolumbien 1555.
Lange (J.), u. **Ljungberg (O.),** Vorkommen v. Furunkulose bei Salmoniden in Schweden v. *1951—1960* 1996.

Lange (K. O.), Besonderheiten d. Bildung d. Ufer d. Zimljansker Sandmassivs (Zimljansker Talsperre) 637. — s. Živago (A. V.).
Lange (N. O.), Entwicklungsetappen d. Plötze in verschied. ökolog. Verhältnissen 1082. — Entwicklungsetappen d. Taran (Rutilus rutilus heckeli) u. d. Kasp. Plötze (Rutilus rutilus caspicus) im Kuban u. Don 402.
Langille (W. M.) s. Young (E. G.).
Langner (W.) s. Kessler (E.).
Lanzing (W. J. R.), Struktur u. Funktion des Saugapparates v. Lampetra fluviatilis 843.
Lapickaja (L. N.) s. Nusenbaum (L. M.).
Lapickij (I. I.), Zahlenmäßige Dynamik d. wichtigsten Wirtschaftsfische d. Zimljansker Stausees u. d. Zustand d. Bestände 1966. — Fischbestände d. Zimljansker Stausees u. ihre wirtschaftliche Bedeutung 2435.
Lapin (J. E.), Gesetzmäßigkeiten d. Strukturveränderung einer Fischpopulation mit kurzem Lebenszyklus 2400.
Lappalajnen (T. N.), Hydrochemische Verhältnisse im Südteil d. Barents-See 1096.
Larsen (B. A.) u. **Hawkins (W. W.),** Fischmehl, Lebermehl u. Eingeweidemehl als Quellen für Nahrungsprotein 1792.
Lasker (R.), Leistungsfähigkeit u. Ausnutzungsrate d. Dotters durch d. Embryonen u. Larven d. pazif. Sardine Sardinops caerulea 1531.
— u. **Theilacker (G. G.),** Sauerstoffverbrauch u. Osmoregulation d. Eier u. Larven v. Sardinops caerulea 395.
Lassleben (P.), Kamloops 1529.
Latta (W. C.), Halbjährliche Einschätzungen d. natürlichen Sterblichkeit gezüchteter Bachsaiblinge in Seen 2629.
— u. **Myers (G. F.),** Nächtlicher Fang v. Forellen in Seen mit einem Gleichstrom-Elektrofanggerät 2215.
Laube (W.) u. **Weißbach (F.),** Haltbarkeitsdauer u. Bekömmlichkeit v. Fischsilagen 1751.
Lauer (G. J.) s. Grzenda (A. R.); Nicholson (H. P.).
Lavrov (V. M.) s. Klenova (M. V.).
Lavrovskaja (N. F.) s. Ėpštejn (J. A.).
Lavrovskij (V. V.), Laichbesonderheiten d. Zander d. Kur. Haffs ermöglichen d. Akklimatisierung 1537.
Lawler (G. H.), Biologie u. Taxonomie d. Quappe, Lota lota, im Heming-See, Manitoba 2618.
Lawrie (A. H.), Wachstum v. Cristivomer namaycush im Oberen See 2637.
Leach (T.), Anspruchsvoller Plan v. Fischereikapitänen für den Bau v. Thun-Seinern 426.
Learner (M. A.) s. Edwards (R. W.).
Lebedev (N. V.), Berechnung d. Freßrate v. Mollusken durch Fische u. Bestimmung d. Zahl d. Fische in fangwürdigen Ansammlungen auf d. Nahrungsplätzen 1972.
— u. **Cheng (Chen-tyung),** Ursachen für d. unterschiedliche Qualität d. Rogens einiger Fische 2398.
Lebedev (V. D.), Einwirkung d. Fischerei auf d. biolog. Merkmale d. Fische 2394.
Lebedeva (L. I.), Einfluß d. Aufzuchtverhältnisse auf d. Blutbild d. Regenbogenforellenbrut 423.
Le Cren (E. D.), Versuche mit Fischpopulationen im Windermere-See 1762.
Ledjaeva (A. I.), Tendipedidenlarven in den Talsperren Usbekistans 640.
Lee (A.), Hydrograph. Beobachtungen in d. Ir. See, Februar-März *1953* 1095.
Lefèvre (M.), Einfluß organ. Substanzen auf d. Art u. Menge des Planktons 863.
Legendre (R.), Künstliche Trocknung v. Fisch aus Kambodscha 2210.
Lei Ching (H.), Trematoden aus Fischen v. Friday Harbor, Washington 1786.
Leitritz (E.), Geschlossenes Wasserversorgungssystem für ein Bruthaus 1568.
Leksutkin (A. F.) u. **Lucik (S. P.),** Einfluß d. Elastizität d. Maschen auf d. Fängigkeit d. Netze 2213.
Lellák (J.), Benthosproduktion u.

ihre Dynamik in drei böhm. Teichen 2186.
Lemanova (N. A.), Eine vgl. u. experimentelle Analyse zwischenartlicher Hybriden d. Gattung Coregonus (♀ C. albula × ♂ C. lavaretus ludoga und ♀ C. lavaretus ludoga × C. albula) 1322.
Lemasson (C.), Kulturversuche an Cladophora 1549.
Lemke (A. E.) s. Pickering (Q. H.).
Lenhard (G.), Ross (W. R.) u. **Plooy (A. du),** Studie d. Methoden zur Klassifizierung d. Bodenablagerungen natürlicher Gewässer 2195.
Lennon (R. E.), Handelektrodensystem für d. Elektrofischerei 2215.
Lépiney (L. de), Aufzucht v. Copepoden im Labor 2643. — Copepoden aus d. Pariser Gegend 2644.
Lepneva (S. G.), Larven d. Köcherfliege Hydropsyche ornatula 1093. — Potamobionten d. Amurs. Puppen d. Macronematinae (Trichoptera, Hydropsychidae) 1338. — Larven d. Rhyacophilidae (Trichoptera) in Fließgewässern d. UdSSR 1980.
Leray (C.), Aufnahme v. mit Schwefel *35* markiertem Cystein im Hypothalamus-Hypophysen-System unter bes. Berücksichtigung d. Adenohypophyse d. Teleosteers Mugil cephalus 2621.
Leroux (M.) s. Tarr (H. L. A.).
Letičeskij (M. A.), Zusammensetzung d. Jungfische in d. Gewässern d. Wolgadeltas 1076.
Levanidov (V. J.), Nahrung u. Nahrungsbeziehungen d. Fische in Vorgebirgszuflüssen d. unteren Amurs 1327.
Levanidova (I. M.), Biolog. Produktivität d. Laichaufzuchtgewässer für pazif. Lachse, am Beispiel d. Teploje-Sees demonstriert 425.
Levašov (M. M.), A. L. Bening *1890* bis *1943* 1310.
Levenštejn (R. J.), Polychaeten d. tiefen Teile d. Beringmeers 1562. — Polychaeten in drei Tiefseegräben d. Stillen Ozeans 2193.
Levieva (L. S.), Einfluß d. Innereien auf d. Reifung v. Salzhering 2210.
Levšina (N. A.) s. Uspenskaja (V. I.).
Lewis (W. M.), Summerfelt (R.) u. **Bender (M.),** Anwendung eines Elektrofanggerätes in Verbindung mit d. Markierungs- u. Wiederfangtechnik zur Schätzung v. Micropterus-salmoides-Populationen 627.
Liebmann (H.), Vorfluter u. Kläranlagen im Einzugsgebiet d. Donau zwischen Ulm u. Passau 1573.
— u. **Keiz (G.),** Teichwirtschaftliche Untersuchungen an d. Bayer. Biolog. Versuchsanstalt *1954–1960* 1754.
Lieder (U.), Beschreibung einer neuen Bosminen-Art, Neobosmina brehmi n. sp., aus Äquatorialafrika u. über d. aus dem Orinoko beschriebene Neobosmina tubicen (Brehm), (Crustacea, Cladocera) 869. — Ergebnisse u. Perspektiven d. Fischortung in d. Binnenfischerei. *1.* Mitt. Echo-Ortung v. Kleinmaränenschwärmen im Schweriner Außensee kurz vor d. Beginn d. Laichzeit 2001. — s. Anwand (K.); Barthelmes (D.); Steffens (W.).
— u. **Barthelmes (D.),** Ergebnisse u. Perspektiven d. Fischortung in d. Binnenfischerei. *2.* Mitt. 2001.
Liem (K. F.), Geschlechtsumkehr als natürlicher Vorgang bei d. Synbranchoiden Monopterus albus 2627.
Liepolt (R.), Limnolog. Forschungen im österreich. Donaustrom 2420.
Likens (G. E.) u. **Hasler (Arthur D.),** Bewegung v. Radionatrium in einem chem. geschichteten See 1978.
Lillie (R. J.), Menge (H.) u. **Denton (C. A.),** Bewertung v. condensed fish solubles als Wachstumsstimulans für Küken 1752.
Lilly (J. C.), Notrufe d. Delphinart Tursiops truncatus: Stimuli u. hervorgerufene Verhaltensantworten 2181.
Lindsey (C. C.), Experimentelle Untersuchung d. merist. Variation in einer Population dreistachliger Stichlinge, Gasterosteus aculeatus 618.
Lindsey (G. G.), Status d. Coregonenart Coregonus nelsonii u. Festlegung eines neuen Typs 2634.
Link (G.) s. Briggs (J. C.).
Linke (E.), Hydrologie d. Flachseen 419.

Linn (D. W.), Gerinnungsverhütung bei d. Entnahme v. Fischblut 1532.
Lisicina (V. P.) s. Ul'jankin (A. P.).
Lisivnenko (L. N.), Einfluß v. Umweltfaktoren auf d. Überlebensrate d. Larven d. Strömlings 1077.
Littlejohn (M. J.) s. Hubbs (C.).
Littlejohn (P. G.) s. Hubbs (C.).
Livingston (D. L.) s. Phillips jun. (A. M.).
Livingstone (F. C.), Notwendige Beschleunigung zur Einführung d. Frostung auf See bei d. Trawlern Brit.-Kolumbiens 2209.
Livingstone jun. (R.), Unterwasser-Fernsehbeobachtungen am Schellfisch (Melanogrammus aeglefinus) im Netz 1795. — s. Clark (J. R.).
Ljachov (S. M.), Das Benthos d. Wolga bei Kuibyschew u. seine Dynamik 415.
Ljajman (É. M.), Neue Angaben über d. Krankheitsdiagnostik bei lebenden Fischen 431. — s. Kanaev (A. I.).
Ljašenko (A. F.) u. **Suchojvan (P. G.),** Ergebnisse d. ichthyolog. Untersuchungen in d. Kachowkaer Talsperre im ersten Jahr ihres Bestehens 1323.
Ljubarskaja (O. D.), Befall d. Fische des nördlichen Ausläufers des Kuibyschew-Staubeckens mit Diphyllobothrium latum 885.
Ljungberg (O.) s. Lange (J.).
Lobovikova (A. A.), Vorkommen d. Telezker Maräne (Coregonus lavaretus pidshian natio Smitti Warpachowski) im Schwarzen See d. mittleren Jennissei-Gebietes 1311.
Lochanina (L. A.), Vorläufige Unterlagen über d. Bildung d. Zooplanktons d. Gorki-Talsperre 639.
Lockwood (A. P. M.), Die osmot. u. Ionenregulation v. Asellus aquaticus 864.
Löffler (H.), Systematik u. Ökologie d. chilen. Süßwasserentomostraken 406. — Neue Maraenobiotus-Art aus trop. Hochgebirgsgewässern Perus 1094. — Ostrakoden- u. Copepodenfauna Ekuadors (mit Beschreibung *6* neuer Arten u. *3* neuer Unterarten) 2416.
Løyning (Y.) s. Andersen (P.).
Logvinovič (D. N.), Fristen d. Überschwemmung d. Donteiche für Zährtenzucht 1782.
Lohniský (K.), Ökologische Variabilität d. Gründlings in böhm. Gewässern 1758.
Lopuchina (A. M.), Erkrankungen d. Coregonen u. d. Amurfische während ihrer Aufzucht in den Teichwirtschaften d. USSR 434.
Lorenzen (H.), Einfluß v. Glukose auf Synchronkulturen v. Chlorella pyrenoidosa 1088.
Love (R. M.), Messung d. „Kondition" v. Nordsee-Kabeljau 396.
Lowe (R. H.) s. Springer (S.).
Lubjanov (I. P.), Einige Gesetzmäßigkeiten d. Veränderungen d. Bodenfauna kleiner Flüsse in d. Steppenzone d. Ukraine im Zusammenhang mit einer dort bestehenden Talsperrenkaskade 415. — Verbreitung d. Bodenfauna in den Gewässern d. Steppenzone d. Ukraine in Abhängigkeit v. d. Art ihres Stoffkreislaufes 633. — Charakteristik d. Bodenfauna d. Flüsse d. Asow-Nordküste, Kalmiuss u. Gruski Jelantschik 868. — Einfluß v. Industrieabwässern auf d. Bodenfauna d. Stausees v. Dnjeprowsk 1993. — s. Mel'nikov (G. B.).
Lubny-Gercyk (E. A.), Verteilung d. massenhaft auftretenden Zooplankter in d. Kamtschatker u. Korfo-Karaginsker Bucht im August/September *1956* nach Untersuchungen d. SRT „Akademik Schuleikin" 1558.
Lucik (S. P.) s. Leksutkin (A. F.).
Ludorff, Bezeichnung v. Konserven aus Thunfisch 218.
Lüdemann (D.) u. **Kayser (H.),** Toxische Wirkung d. insektiziden Wirkstoffes *S 1752* (Baytex, Lebaycid) auf Tiere d. Süßwassers 2662.
Lüling (K.-H.), Süßwasserrochen, Knochenzüngler-Fische u. Piranhas im Rio Pacaya im Inneren Perus 2407.
Lüneburg (H.), Wassermischvorgänge vor d. Weser- u. Elbmündung 2425. — s. Friedrich (H.).
Luferov (V. P.), Verhältnis d. Larven v. Ablabesmyia u. Procladius zu d. abiot. Milieufaktoren 1090. — Acan-

thocephalus lucii im Benthos d. Rybinsker Talsperre 1355.
Luferova (Lochanina) (L. A.), Einfluß d. Wasserkraftwerkes auf d. Zooplankton d. Gorkitalsperre 1354.
Luferova (L. A.) s. Butorina (L. G.).
Lukanin (V. S.), Koprometer für wirbellose Wassertiere 1106.
—, **Poddubnaja (T. L.)** u. **Cichon-Lukanina (E. A.)**, Gefäß zur Untersuchung d. Ernährung v. wirbellosen Wassertieren 1106.
Lukašov (V. N.), Fluktuation d. Plötz-, Blei- u. Zanderbestände d. nördlichen Kasp. Meeres 2402.
Lukin (V. P.) s. Traubenberg (G. A.).
Lukonina (N. K.), Zooplankton d. Aralsees 635.
Lukov (V. Z.), Delikateß-Präserven aus Hering 1791.
Lund (W. G.), Algen d. Windermere-Sees 1766.
Lundbeck (J.), Biolog.-statist. Untersuchungen über d. deutsche Hochseefischerei. *4.* Mitt. Entwicklung d. Hochseefischerei in fangtechn., räumlicher u. biolog. Hinsicht. *5.* Teil. Dampferfischerei in d. Nordsee 204. — Biologisch-statist. Bericht über d. deutsche Hochseefischerei im Jahre *1961* 2662.
Lus (V. J.) u. **Kuznecov (A. P.)**, Quantitative Berechnung d. Bodenfauna im Korfo-Karaginsker Gebiet 1340.
Luscan (S.-V.), Altersmäßige Zusammensetzung d. Plattfischbestände, d. an d. rumän. Küste v. *1959—1961* gefangen wurden 2637.
Luscar (S.) s. Rădulescu (I.).

McAllister (C. D.), Zooplanktonstudien bei d. Ozeanwetterstation „P" im nordöstlichen Pazifik 870.
McAllister (D. E.), Nordwärtsgerichtete Ausdehnung v. Platygobio gracilis u. Percopsis omiscomaycus nach Aklavik, N. W. T. 853. — Einfache Klammer als Hilfe beim Zählen v. Flossenstrahlen 1071.
Macan (T. T.), Kritik d. Fließgewässerstudien 2420.
McAneny (D. C.) s. Richards (S. W.).
McBride (J. R.), **Fagerlund (U. H. M.)**, **Smith (M.)** u. **Tomlinson (N.)**, Wiederaufnahme d. Ernährung u. Überleben v. erwachsenen Blaurücken nach fortgeschrittener Gonadenentwicklung 2625.
McCaig (R. S.) s. Mullan (J. W.).
McCammon (G. W.) u. **Seeley (C. M.)**, Überleben, Sterblichkeit u. Wanderungen v. Ictalurus catus u. Ictalurus nebulosus im Clear-See, Kalifornien 2630.
McCartney (B. S.) s. Jones (F. R.).
McCauley (J. E.), Vertreter d. Familie Ellobiopsidae aus d. Pazif. Ozean 1576.
McCauley (R. W.), Letaltemperaturen d. Entwicklungsstadien d. Meerneunauges, Petromyzon marinus 2628.
McCormick (R. B.) s. Follett (W. I.).
McCoy jun. (C. J.) s. Branson (B. A.).
McCracken (F. D.), Jahreszeitliche Wanderungen d. Winterflunder Pseudopleuronectes americanus an d. Atlantikküste 2638.
McCrimmon (H.) u. **Bray (J.)**, Beobachtungen über d. Isopodenart Mesidotea entomon im westlichen kanad. arkt. Ozean 1982.
McDermott (J. P.), Aluminiumstreifen-Methode zur Fischmessung 631.
McDonald (M. R.), Desoxyribonuklease aus Lachshoden. *1.* Mitt. Reinigung u. Eigenschaften 621.
MacDonald (T. H.), Schätzungen d. Länge d. Larvenlebens bei drei brit. Neunaugenarten 1763.
McElroy (W. D.) s. Seliger (H. H.).
McFadden (J. T.) u. **Cooper (E. L.)**, Ökolog. Vgl. v. sechs Bachforellen-Populationen (Salmo trutta) 626.
—, **Cooper (E. L.)** u. **Andersen (J. K.)**, Geschlechtsverhältnis bei natürlichen Bachforellenpopulationen 622.
McGowan (J. M.) s. Fager (E. W.).
MacGregor (D. G.) s. Trites (R. W.).
MacGregor (J. S.), Verhältnis zwischen Fischkondition u. Populationsgröße bei d. Sardine (Sardinops caerulea) 184.
McGrew (W. C.), Natrix r. rhombifera als Nahrung v. Ictalurus punctatus 2636.
Machedon (G.) s. Păsculescu (L.).
McIntire (C. D.) u. **Bond (C. E.)**, Wirkungen künstlicher Düngung auf Plankton- u. Benthos-Mengen in vier Versuchsteichen 1565.
McIntyre (A. D.), Quantitative Unter-

schiede in d. Fauna borealer Schlammgesellschaften 2652. — s. Burdon-Jones (C.).

McIver (A.) s. Bourne (N.).

McKenzie (R. A.), Meeres- u. Süßwasserfische des Miramichi-Flusses u. seines Mündungsgebietes, New Brunswick 852.

— u. **Tibbo (S. N.),** Heringswanderungen in d. Fundy-Bucht u. im Maine-Golf *1957* u. *1958* 2180.

McKernan (D. L.), Jetziger Stand d. kommerziellen Fischerei in den USA 222.

McLeese (D. W.) s. Wilder (D. G.).

MacLeod (A. R.), Jonas (R. E. E.) u. **Onofrey (E.),** Biochem. Untersuchungen an Coho-Lachsen (Oncorhynchus kisutch), d. in einem Aquarium geschlechtsreif wurden 850.

MacLeod (R. A.) s. Jonas (R. E. E.).

MacNichol jun. (E. F.) s. Wagner (H. G.).

McPhail (J. D.), Micropogon ectenes, ein Synonym für M. altipinnis 1079. — Geograph. Variation bei Pungitius pungitius in Nordamerika 2633.

Maetz (J.) s. Quillier (R.).

Maffi (M.), Triops granarius als ein natürlicher Feind v. Moskito-Larven 1551.

Magaard (L.) s. Krauss (W.).

Magnuson (J. J.), Analyse d. Angriffsverhaltens, Wachstums u. d. Nahrungs- u. Revierwettbewerbs beim Japankärpfling (Oryzias latipes [Pisces, Cyprinodontidae]) 628.

Mahaffy (R. U.), Fischerei in d. kanad. Wirtschaft 222.

Mahon (E. F.), Hoar (W. S.) u. **Tabata (S.),** Nebennierengewebe d. Goldfisches 1069.

Mahringer (W.) u. **Dirmhirn (I.),** Ergänzung zum Durchsichtigkeitsmesser 873.

Majskij (V. N.), Gesetzmäßigkeiten d. Bestandsfluktuationen d. planktonfressenden Fische d. Asowschen Meeres 2400.

Majstrenko (J. G.), Charakteristik d. organ. Stoffe in d. Kachowkaer Talsperre im *1.* Jahr ihres Bestehens 638.

Makarova (N. P.), Fettablagerung beim Wildkarpfen 2395.

Makeeva (A. P.), Embryonale u. larvale Periode d. Entwicklung v. Pseudaspius leptocephalus 1965.

Maksunov (V. A.), Biologie d. Bleis im Farchadsker Stausee 1311. — Materialien zur morpholog.-biolog. Charakteristik d. Fische d. Farchad-Stausees [1329].

Malevickaja (M. A.), Gemischte Erkrankungen d. Karpfens in d. Teichwirtschaften d. USSR 435.

Malinovskaja (A. S.), Gorjunova (A. I.) u. **Aganova (G. M.),** Biolog. Verhältnisse in den Talsperren Zentralkasachstans 410.

Maljukina (G. A.) u. **Flerova (G. N.),** Unterlagen über d. Funktion d. Vorderhirns d. Knochenfische 1315.

Mal'kjavičus (S. K.), Aussichten d. Elektrofischfangs 1796.

Malmberg (S.-A.), Schichtung u. Zirkulation in d. südisländ. Gewässern 1095.

Malnar (J.) s. Asaj (A.).

Maloney (J. E.), Schupp (D. R.) u. **Scidmore (W. J.),** Population u. Ertrag des Forellenbarsches im Gladstone-See, Crow Wing, Minnesota 876.

Malovickaja (L. M.) s. Paškov (G. D.).

Maltais (F.) s. Cardin (A.).

Maltzeff (E. M.) u. **Zimmer (P. D.),** Herbst-Rückwanderungen v. Oncorhynchus tshawytscha zu d. Zuchtanstalten im Gebiet v. Bonneville Dam Pool. *1945—1960* 2638.

Manea (G. I.), Wege zur Steigerung d. fischereilichen Produktion in unseren Binnengewässern 199. — Fischzucht in d. Volksrepublik China 1774. — s. Miricӑ (G.); Nicolau (A.).

—, **Medregan (S.), Grozavu (P.)** u. **Iordache (I.),** Sicherung d. Reserven im Bewirtschaftungsgebiet d. Überschwemmungszone d. Donau im Gebiet v. Constanța 1778.

— u. **Nicolau (A.),** Gelenkte künstliche Fortpflanzung d. Karpfens in industriellem Maßstab in d. Donauseen im Frühjahr *1959* 1775.

Mann (H.), Gewichtsverluste bei d. Hälterung v. Aalen 215. — Bedeutung d. synthet. Waschmittel (Detergentien) für d. Fischerei 427. — Anteil des Eßbaren bei Karpfen,

Schleien u. Forellen 887. — Förderung d. Geschmacksbeeinflussung bei Fischen durch Detergentien 1352. — Mast- u. Hungerformen bei Fischen 1973. — Silowasser, Gefahr für Fischgewässer 1992. — M.S.*222* als Betäubungsmittel 2174. — s. Bohl (H.); Kühl (H.).

Mann (K. H.), Sauerstoffbedarf v. Egeln, betrachtet in Beziehung zu ihrem Habitat 1355.

Mannan (A.), Fraser (D. I.) u. **Dyer (W. J.),** Unmittelbare Zusammensetzung v. Fisch aus d. kanad. Atlantik. *1.* Mitt. Wechsel in d. Zusammensetzung verschied. Teile des Fleisches des Atlant. Heilbutts (Hippoglossus hippoglossus) 181; *2.* Mitt. Makrele, Thun u. Schwertfisch 182.

Mantejfel' (B. P.), Adaptionsbedeutung d. period. Wanderungen v. Wasserorganismen 1328.

Mantel'man (I. I.), Einfluß d. Polychlorpinens auf wirbellose Wassertiere 647.

Manter (H. W.) u. **Hanson Pritchard (M.),** Einige digene Trematoden v. Aalen aus Hawaii 886.

Manujlova (E. F.), Einfluß blaugrüner Algen auf d. Entwicklung des Zooplanktons 863.

Marchetti (R.) s. Noseda (V.).

Markevič (A. P.) u. **Ščerbina (K. A.),** Über den Stand u. d. Aufgaben d. Erforschung v. Fischkrankheiten in den Binnengewässern d. Ukrain. SSR 205.

Markosjan (A. K.), Produktivität d. Benthos d. Sewan-Sees 405.

Markowski (S.), Faunistische u. ökolog. Untersuchungen im Cavendish Dock, Barrow-in-Furness 1553.

Markus (H. C.), In der Zuchtanstalt aufgezogene Salmo salar-Setzlinge in zehn Monaten 1349.

Marlier (G.), Metamorphose v. zwei Limnophiliden (Trichoptera) aus Südamerika 2423.

Marples (T. G.), Gerät für Serienplanktonfänge in Teichen 1773.

Marrable (A. W.), Veränderungen d. frühen Teilungsvorgänge bei Brachydanio rerio 851.

Marre (G.) s. Herrmann (G.).

Marshall (S. M.) u. **Orr (P. A.),** Kohlehydrat als ein Phytoplanktonmaß 2655.

Maršin (V. G.), Bedingte Reflexe bei Acipenseriden 855.

Marti (J. J.), Wanderung u. d. Problem d. Ernährung d. Seefische 2408. — s. Dement'eva (T. F.).

Martin (W. R.) s. Scott (D. M.).

Martinköwitz (H.), Blankaalmarkierungen an d. ostrügenschen Küste u. Möglichkeiten ihrer Nutzung für d. Fangsteigerung durch neuartige Reusenkonstruktionen 2660.

Martinsen (G. V.), Reserven in d. Weltfischerei 2201.

Martynov (V. F.) u. **Salazkin (A. A.),** Verbreitung v. Bithynia leachi in Westsibirien 865.

Mason (M. E.), Sacks (J.) u. **Stephenson (E. L.),** Isolierung u. Natur eines nicht identifizierten Wachstumsfaktors in condensed fish solubles 1751.

Mather (F. J.), Wiederfänge v. Thunnus thynnus, Makaira albida u. Istiophorus albicans, d. im westlichen Nordatlantik markiert wurden 859.

Matheson (C.), Caretta kempi an d. walis. Küste 1977.

Mathews (H. M.) s. Pomeroy (L. R.).

Matsumoto (J.) s. Mori (Y.).

Mattheissen (G. C.) s. Hughes (J. T.).

Mattson (C. R.), Bestände an Oncorhynchus keta in Alaska v. Bristol Bay bis Point Hope 2629.

Matty (A. J.), Hypophyse v. Myxine glutinosa 1068. — Wirkungen d. Wachstumshormons d. Säugetiere auf d. Blut v. Cottus scorpius 1316.

Maucher (W.-D.), Statist. Untersuchungen über Unterschiede in d. Körperproportionen zwischen d. Nord- u. Ostseeform v. Crangon crangon L. 189.

Maxwell (B. E.) s. Pike (G. C.).

Mayer (J.) s. Rozin (P. N.).

Mazepova (G. F.), Morphologie d. Metamorphosestadien bei Cyclops kolensis aus d. Baikalsee 1090.

Medcof (J. C.), Auswirkungen d. Passamaquoddy-Kraftwerkprojek-

tes auf Muscheln, Kammuscheln u. Bohrmuscheln in kanad. Gewässern 1574. — s. Prakash (A.).
Mednikov (B. M.), Terpuge 2170. — Ökolog. Formen d. Fische u. d. Problem d. sympatr. Artbildung 2179.
Medregan (S.) s. Manea (G. I.).
Mehl (S.), Bekämpfung d. Bisamratte mit Köderfallen 2204.
Meierotto (R. R.) s. Darnell (R. M.).
Meijering (M. P. D.), Häutung u. Eiablage bei mikt. Weibchen v. Daphnia magna Straus 1550. — Längenwachstum u. Geschlechtsreife bei Männchen v. Daphnia magna Straus 1550.
— u. **Redfern (J. B.),** Herzschläge als biot. Zeitmaß im Leben v. Daphnien 864.
Meinel (W.), Anatom. u. funktionelle Untersuchungen am Visceralapparat einiger Acipenseridae 2619.
Meisner (H. M.) u. **Hickman jun. (C. P.),** Wirkung v. Temperatur u. Photoperiode auf d. Serumproteine d. Regenbogenforelle, Salmo gairdneri 619.
Meissner (B.), Auswirkungen d. kohleveredelnden Industrie im mitteldeutschen Raum auf d. Vorfluterbeschaffenheit 659.
Meister (A. L.), Produktion an atlant. Lachsen im Cove-Bach, Maine 1318.
Mejer (K. I.), Evolution d. Chromatophoren in Wasserpflanzen 2184.
Mel'nikov (G. B.), Entwicklung d. biolog. Verhältnisse d. Simferopoler Talsperre 410.
— u. **Čaplina (A. M.),** Ichthyofauna d. Staubecken d. Vorgebirgs-Krim u. Möglichkeiten ihrer zielgerichteten Veränderung 2434.
— u. **Lubjanov (I. P.),** Prognose d. biolog. Verhältnisse d. Dneprodsershinsker Stausees 1346.
Mel'nikova (M. N.), Über d. Zwergmännchen beim Lachs 623.
Mendelson (J. R.) s. Rosen (D. E.).
Menon (A. G. K.), Ausdehnung d. geograph. Verbreitungsgebietes v. Colisa chuna, mit einigen Beobachtungen über d. Geographie d. Anabantiden 2632.
Menzel (H. U.), Jahresbericht *1961* über d. Produktion d. Binnenfischerei d. Deutschen Demokrat. Republik 841.
Menzies (R. J.), Nahrung u. Freßgewohnheiten v. Tiefseeorganismen, dargestellt am Beispiel d. Isopoden 1983.
Merla (G.), Beitrag zur Frage d. Nährtiernutzung bei verstärkter Zufütterung d. Karpfen 651. — Untersuchungen über den Einfluß einer Chloronitrin-Injektion auf d. Karpfenwachstum (K_2—K_3) 651. — Karpfenproduktion u. Produktionsfaktoren 877. — Stückverluste bei Satzkarpfen im Wirtschaftsjahr *1961/62* im VEB Binnenfischerei Königswartha 2196.
Mertins (H. O.) s. Walden (H.).
Meschkowa (T. M.), Veränderungen d. biolog. Regimes d. Sewansees im Zusammenhang mit d. Sinken seines Wasserstandes 2414.
Meseck (G.), Ernährungswirtschaftliche Bedeutung d. Fischerei d. Welt, d. Erträge u. deren Verwendung 223.
Meyer (A.), Deutsche Untersuchungen über d. grönländ. Kabeljau (Gadus morhua) *1959* 2404; dass.: Isländ. Kabeljau (Gadus morhua) *1959* 2404; dass.: Arkto-norweg. Kabeljau (Gadus morhua) *1959* 2438; dass.: Isländ. Schellfisch (Gadus aeglefinus) *1959* 2438; dass.: Arkto-norweg. Schellfisch (Gadus aeglefinus) *1959* 2439.
Meyer (F. P.) u. **Stevenson (J. H.),** Untersuchungen zur künstlichen Vermehrung v. Polyodon spathula 655.
Meyer (H. J.), Probleme d. Klassifizierung v. Oberflächengewässern nach Beschaffenheit u. Güte 646.
Meyer-Waarden (P. F.) u. **Tiews (K.),** Ungewöhnliche Häufigkeit d. Wittlings (Gadus merlangus) in d. deutschen Garnelenfängen *1959* 2410.
Miaskowski (M.), Variabilitätsstudien an d. Wirbelsäule v. Cypriniden 842.
Michalčenkov (G. N.), Erfahrungen bei d. Projektierung v. Teichwirtschaften 1108.
Micheev (P.), Nutzung v. flachen Staubecken 200.
Michin (V. S.), Pidschianmaräne d.

Olenek-Flusses 1324. — Besonderheiten d. Ichthyofaunabildung im Narwastausee 2628.
Mihálik (J.), Art d. Aufzucht v. Hechtbrut in „schwimmenden Wiegen" 2437.
Mikeeva (A. P.), Unionskonferenz über d. fischereiliche Nutzung v. Ctenopharyngodon idella u. Hypophthalmichthys molitrix 2618.
Mikulski (J. S.), Ökolog. Studien über d. benth. Lebensgemeinschaften d. Weichsel 2422.
Milejkovskij (S. A.), Morphologie u. Systematik d. Polychaeten d. Familie Chrysopetalidae E. Ehlers, *1864* (Gattungen Paleanotus L. Schmarda, *1861*, Heteropale H. P. Johnson, *1897* u. a.) 873. — Vermehrung u. d. Larvenentwicklung bei Velutina velutina (Gastropoda, Prosobranchia, Lamellariidae) im Weißen Meer, d. Barents-See u. d. Norweg. See 1103.
Mil'ko (E. S.), Untersuchung d. Bedarfs zweier Algenarten (Dunaliella) an mineral. u. organ. Substanz 862.
Millar (R. H.), Austernsterben durch parasitäre Trematoden 2207.
— u. **Hollis (P. J.)**, Verkürztes pelag. Leben v. Ostrea chilensis u. Ostrea lutaria 2641.
Miller (F.) s. Miller (R. B.).
Miller (G. R.), Nothothenioide Fische v. Kap Hallett u. aus d. Ross-See, Antarktika 185.
Miller (P. J.) s. Hartnoll (R. G.).
Miller (R. B.) u. **Miller (F.)**, Nahrung, Glykogenreserven u. Widerstandsfähigkeit gegenüber erhöhter Beanspruchung bei Regenbogenforellen aus Zuchtanstalten. *2*. Mitt. 1569.
Miller (R. J.), Laichverhalten v. Campostoma anomalum pullum 1964.
Miller (R. R.), Systematik u. Biologie v. Dorosoma cepedianum u. verwandten Fischen 178. — Variation, Verbreitung u. Ökologie v. Anchoviella analis, einem Engrauliden v. d. Pazifikküste Mexikos 1066. — s. Hubbs (C. L.); Uyeno (T.).
Miller (R. S.) s. Raymont (J. E. G.).
Min (H. S.) s. Pomeroy (L. R.).
Minckley (W. L.), Frühjahrsnahrung v. juvenilen Ictalurus furcatus aus dem Ohio 856. — Zwei neue Fischarten d. Gattung Gambusia (Poeciliidae) aus Nordost-Mexiko 1969. — s. Stegman (J. L.).
Minckley (W. L.) u. **Craddock (J. E.)**, Neue Phenacobius-Art (Cyprinidae) aus d. oberen Tennessee-Fluß-System 1969.
Minder (L.), Hochgradige Verunreinigung eines Grundwasserstromes durch organ. Abwässer 1573.
Mineeva (L. A.), Einfluß d. Lichtintensität auf d. autotrophe u. heterotrophe Ernährung v. Chorella vulgaris u. Scenedesmus obliquus 1331.
Mircea (O.) u. **Cristea (E.)**, Diatomeenblüte im Unterlauf d. Donau 1769.
Mirică (G.), Aufgaben d. Instituts für Fischereiforschung im Rahmen d. Direktiven d. *3*. Parteitages d. Rumän. Arbeiterpartei 1753; dass.: *1960—1963* 1753. — Projektierung v. Überwinterungsmöglichkeiten in d. Phragmites-Region Typ I-II; im Donaudelta 1777. — Verluste an Karpfenbrut in d. Seen d. Überschwemmungsgebietes u. d. Deltas d. Donau u. Maßnahmen zu ihrer Verhütung 1779.
— u. **Manea (G. I.)**, Fischzucht u. Fischerei in d. Tschechoslowakei 1774.
Mirică (G. H.), Fischereistation „Niwka", eine Versuchsstelle d. Forschungsinstitutes für Binnenfischerei d. Ukrain. SSR 2617. — Bedeutung d. Akklimatisation v. Ctenopharyngodon idella u. Hypophthalmichthys molitrix für unsere Fischerei 2659.
Mironov (P. A.), Kulinarische Erzeugnisse aus Katfisch 1791.
Mironov (V. A.) s. Paruchin (A. M.).
Mišarev (J. J.), Akklimatisation v. Fischen u. Wirbellosen in d. Zeit v. *1948* bis *1958* 649.
Mišarin (K. I.), Fischereiliche Nutzen d. Tschiwyrkuisker Omuls aus d. Baikalsee 1066. — Künstliche Zucht d. Baikal-Omul 1991.
Mišarina (Ė. N.) s. Vasil'eva (G. L.).
Mišík (V.), Zur Kenntnis d. jahreszeitlichen Variabilität d. plast. Merkmale d. Bleis, Abramis brama 618. — Kenntnis d. zahlen- u. ge-

wichtsmäßigen Menge an Fischen in d. Entwässerungskanälen d. Schütt-Insel 2436.
Mitjuškin (V. A.) s. Knjazev (A. K.).
Mito (S.), Pelagische Fischeier aus japan. Gewässern. *4.* Mitt. Trachinina u. Uranoscopina 1761; *5.* Mitt. Callionymina u. Ophidiina 1761.
Mitra (B.) s. Ganguly (D. N.).
Mitson (R. B.) u. **Wood (R. J.),** Automat. Methode zur Zählung v. Fischechos 218.
Mix (M.) s. Drawert (H.).
Mizelle (J. D.), Monogene Trematoden. *22.* Mitt. D. californiensis sp. n. bei Ptychocheilus grandis 2206.
Moav (R.) s. Kessler (S.); Wohlfarth (G.).
Möcklinghoff (G.), Gesetzgebung *1960* 221.
Mohr (H.), Färbung v. Kiemennetzen aus transparenten Drähten u. aus undurchsichtigen Zwirnen 2002.
Mohsen (T.), Das männliche Genitalsystem v. Jenynsia lineata (Cyprinodontiformes, Jenynsiidae) u. d. phylogenet. Verwandtschaft dieser Art mit benachbarten Familien 2174.
Moiseev (P. A.), Wissenschaftliches Unions-Forschungsinstitut für Meeresfischerei u. Ozeanographie 1957. — Gesetzmäßigkeiten d. Dynamik d. Nutzfischbestände d. nordwestlichen Teils d. Stillen Ozeans 2401. — s. Dement'eva (T. F.); Ioganzen (B. G.).
Monakov (A. V.) u. **Morduchaj-Boltovskoj (F. D.),** Methodik d. Untersuchung d. Bodenmikrofauna 1343.
Monan (G. E.), Vorrichtung zum Messen d. Fischlänge 2638.
Monastyrskij (M. G.) s. Traubenberg (G. A.).
Moore (G. A.) s. Branson (B. A.); Riggs (C. D.).
Moore (K. D.) s. Harrison (R. S.).
Morawa (F.), Fettgehaltsschwankungen bei d. Quappe 1314. — Verbreitung, Wachstum u. Lebensgewohnheiten verschied. Hechtarten 2170. — Nährwert d. Stintes 2208.
Morawa (F. W. F.), Schwankungen d. Fettgehaltes v. Fischen 1531.
Morduchaj-Boltovskaja (É. D.), Ernährung d. räuber. Cladoceren Leptodora u. Bythotrephes 1333. — Frage d. Systematik d. Art Bythotrephes Leydig (Cladocera) 1333.
Morduchaj-Boltovskoj (F. D.), Verbreitung v. Paramysis (Metamysis) ullskyi (Crustacea, Mysidacea) im Wolgabecken 1338. — s. Monakov (A. V.).
Morgans (J. F. C.), Ökolog. Bedingungen d. demersen, trop. Fische Ostafrikas 185.
Mori (Y.), Matsumoto (J.) u. **Hama (T.),** Eigenschaften v. Cyprino-Purpur A_2, ein aus Cyprinidenhaut isoliertes Pterin, u. seine Beziehung zu Ichthyopterin oder 7-Hydroxybiopterin 181.
Moriarty (C.), Lachswanderung 1764.
Moroni (A.), Paduli-Stausee (Lagastrello-Paß, Enzatal). Geomorpholog. u. biolog. Untersuchungen 640.
Morosova (P. N.), Stintfänge im Beloje-See (Gebiet Wologda) 651.
Morris (P. A.), Einige New Yorker Meeresmuscheln 1984.
Morris (R. W.), Körpergröße u. Temperaturempfindlichkeit bei dem Cichliden Aequidens portalegrensis 844.
Morrow (J. E.), Variation in d. Form d. Pectoralgürtels beim Blauen Marlin 1530. — s. Bartholomew (M. A.).
Morrow jun. (J. E.), Istiompax indicus, ein älterer Name d. Black Marlin 854.
Morštyn (M. I.), Schnellbestimmung d. Feuchtigkeit v. Fischmehl 2000.
Mortimer (C. H.), Physikalische u. chem. Arbeiten d. Freshwater Biological Association, *1935—57* 1754. — Bewegung in Sprungschichten 2412.
Morton (K. E.), Versuchsweise Beheizung v. Teichwasser zur Gewöhnung d. Regenbogenforellenbrut an Trockenfutter 1568.
Mosevič (N. A.) s. Kirpičnikov (V. S.).
Moskalenko (B. K.), Nachlaß v. K. M. Bär u. d. gegenwärtige fischereiwirtsch. Forschung 1957.
— u. **Votinov (N. P.),** Probleme d. zielgerichteten Fischbestandsentwicklung im künftigen Unterobstausee 2433.
Moss (M. L.), Azelluläre Knochen d. Teleosteer. *1.* Mitt. Morpholog. u.

systemat. Veränderungen 1755; *2.* Mitt. Reaktion auf Bruch unter normalen u. Kalkmangelbedingungen 1755; *3.* Mitt. Intraskeletale Transplantate bei d. Ratte 1756.

Movčan (V. A.), Wachstum einjähriger Peledmaränen (Coregonus peled) u. d. Entwicklung ihrer Gonaden in Versuchsteichen 1108. — u. **Polivannaja (M. F.),** Biolog. Verhältnisse kleiner Stauseen u. ihre fischereiliche Erschließung 2432.

Mowbray (W. H.) s. Fish (M. P.).

Moyle (J. B.) u. **Clothier (W. D.),** Einflüsse d. Bewirtschaftung u. d. winterlichen Sauerstoffgehalts auf d. Fischpopulation eines Prärie-Sees 1762.

Mucha (V.) u. **Daubner (J.),** Limnolog. u. hygien. Forschungen auf dem tschechoslowak. Abschnitt d. Donau 867.

Müller (H.), Wirkung d. Abwassereinleitungen auf den Fischbestand d. fließenden u. stehenden Gewässer in d. DDR 658. — Schleienwirtschaft in Seen 875. — Probleme u. Aufgaben d. Binnenfischerei 2432. — Aalwirtsch. in d. Binnengewässern d. DDR 2436. — s. Hinz (O.).

Müller (H.-M.), Veränderungen d. stofflichen Zusammensetzung v. Scenedesmus obliquus (Turp.) Krüger im Licht-Dunkel-Wechsel 1088.

Mueller (J. W.) u. **Rockett (L. C.),** Auswirkung v. Fang, Wanderung u. Besatz auf d. Laichpotential v. Salmo gairdneri in einem See Wyomings 875.

Müller (K.), Fischpässe in regulierten Flüssen 429. — Stellungnahme zu den Beiträgen v. Jens u. Schmeidler 430. — Tag-Nachtrhythmus v. Baetidenlarven in d. „Organischen Drift“ 2645.

Müller (Winfried), Fischereirecht [222]*.

Müller (Wolfgang), Erste Erfahrungen mit d. Höllensteinmarkierung bei Karpfen 859.

Müller-Liebenau (I.), Capnioneura Ris, *1905*, eine für d. deutsche Fauna neue Plecopteren-Gattung (Insecta, Plecoptera) 2423.

Münkner (W.), Anwendung d. 2-Thiobarbitursäure-Reaktion (TBS-Reaktion) in d. Fischwirtschaft 2211.

Münzing (J.), Farbmarkierungen an Nordseegarnelen 189.

Muir (A. T.), Fischereirat dringt auf *6*-Meilen-Hoheitsgewässer plus *6*-Meilen-Fischereizone 2004.

Mullan (J. W.) u. **McCaig (R. S.),** Abschätzen einer selektiven Vergiftung in einem geschichteten Forellenteich 875.

Munro (W. R.), Einfluß mineral. Düngemittel auf d. Forellen-Wachstum in einigen schott. Seen 1344.

Munshi (D. J. S.), Zusätzliche Atmungsorgane bei Clarias batrachus 1534.

Munteanu (I.) s. Popescu (L.).

Munteanu (G. I.) s. Roşca (G.).

Muragin (F. P.) u. **Futter (È. I.),** Wirksamkeit d. Heringsflotte beim Fang v. Grundfischen mit d. Trawl in d. Frühjahrs- u. Sommerperiode 2661.

Murdaugh jun. (H. V.), Brennan (J. K.), Pyron (W. W.) u. **Wood (J. W.),** Funktion d. Klappe d. Vena cava inferior beim Seehund 2640.

Murdoch (J. J.), Lachs-Aufzucht erwies sich in Fischzuchtanstalten Norwegens als durchführbar 1109.

Murin (V. A.), Ukrain. Forschungsinstitut für Fischerei (UNIIRCH) 1529.

Murina (V. V.) u. **Starobogatov (J. I.),** Systematik u. Zoogeographie d. Priapuliden 1561.

Murphy (G. I.), Das Überleben v. Forellen im Taylor-Bach, einem Zufluß zum Tahoe-See, Kalifornien 2657.

Musselius (V. A.), Prophylaxe u. Behandlung d. Bothriocephalus-Befalls 1355.

Myers (B. J.) u. **Kuntz (R. E.),** Parasitäre Nematoden v. Vertebraten aus Lan Yü, Formosa. *2.* Mitt. Nematoden v. Fischen, Amphibien, Reptilien, Vögeln 1355.

Myers (G. F.) s. Latta (W. C.).

Myers (G. S.), Fischevolution im Njassa-See 1076.

Myrland (P.) s. Aleksejev (A.).

Nabereżnyj (A. I.) s. Jarošenko (M. F.).

Nabiev (A. I.), Biologie v. Varicorhinus capoeta aus d. Kura im Staubecken Mingetschaursk 2394.
Nachtigall (W.), Beobachtungen über d. Fortbewegung d. Dytisciden außerhalb d. Wassers 864. — Lokomotionsmechanik schwimmender Dipterenpuppen 864. — Mechanik d. Schwimmbewegungen bei d. Acilius-Larve 1550.
Nadra (E.) s. Telegut (M.).
Nagabhushanam (R.), Biochem. Studien an d. marinen Bohrmuschel Martesia striata 2192.
Nakatani (R. E.), Methode zur zwangsweisen Fütterung v. Radioisotopen an einjährige Forellen 878.
Nalbant (T.), Zoogeographische Betrachtungen über d. Ichthyofauna d. Schwarzen Meeres 2631. — Pomatoschistus (Bubyr) caucasicus in d. Gewässern d. Donau 2631.
Natarajan (M. V.) u. **Ranganathan (V.),** Bemerkung über d. Möglichkeiten d. Verwendung v. Quinaldin (2-Methyl-Quinolin) beim Lebendfischtransport 1988.
Naumov (A. G.) s. Ponomareva (L. A.).
Naumov (D. V.), Scyphomedusen d. Meere d. UdSSR [1107].
Naumov (V. M.) s. Smirnov (A. N.).
Nauwerck (A.) s. Vollenweider (R. A.).
Navarre (R. J.), Anlage zur Verbesserung d. Gestalt v. Fließgewässern in New Mexico 1994.
Naylor (E.), Spontaner Bewegungsrhythmus bei Carcinus mediterraneus 2182.
Nazarenko (I. V.), Einwirkung d. Formaldehyds auf Wasserorganismen 1353.
Nazvič (L. G.) s. Chaldinova (N. A.).
Neave (F.), Kanad. Lachsmarkierung im Golf v. Alaska 859.
Nebol'sina (T. K.), Einfluß d. Flußbettregulierung d. Wolga auf d. Plötzen-, Blei- u. Zandererträge 2439.
Nečaeva (N. L.), Parasitäre Brutkrankheiten d. Kuralachses in Fischzuchtanstalten u. d. Methoden ihrer Bekämpfung 434. — Frage d. Parasitenfauna d. Mysiden im Wolga- u. Dondelta 649. — Bekämpfung v. Costia u. Gyrodactylus in d. Lachszuchtanstalten 1785.
Nečiporenko (J. D.), u. **Kulažko (V. A.),** Verstärkung d. phagozytären Aktivität d. Leukocyten bei Karpfen unter Einwirkung v. Levomycetin 212.
Needham (P. R.), Beobachtungen über d. natürliche Laichen d. Bachsaiblings 1538. — s. Behnke (R. J.).
Neelin (J. M.) s. Dingle (J. R.).
Negonovskaja (I. T.), Cytomorpholog. Unterlagen über d. Reifungsprozesse bei d. Eiern d. Sewanforelle (Selmo ischchan var. gegarkuni) 1320.
Nehring (D.), Anwendungsmöglichkeit v. Carbidschlamm als Kalkdüngemittel in d. Teichwirtschaft 652. — Wäschereiabwässer u. Fische 659. — Fischsterben in d. DDR während des Abflußjahres *1961* 883. — s. Steffens (W.).
Nejfach (A. A.) u. **Doncova (G. V.),** Radiologische Untersuchungen über d. Rolle d. Kerns bei d. Zunahme d. Cytochromoxydase-Aktivität in Fischembryonen 1320.
Nekrasova (V. A.) u. **Stepanov (V. N.),** Typen d. vertikalen Veränderung d. Wassertemperatur im Weltmeer 869.
Nesis (K. N.), Pantopoden d. östlichen Murman-Küste 1103.
Nesterenko (N. V.) s. Pomerancev (G. P.).
Neuhold (J. M.) s. Workman (G. W.).
Neumann (J.), Maximaltiefe u. Durchschnittstiefe v. Seen 1764.
Neustadt (M. J.), Geschichte d. Seen im Holozän 2419.
Newell (B. S.), Hydrologie d. Viktoria-Sees 1978.
Newman (H. W.), Wirkung d. Polarität des elektr. Feldes beim Scheuchen v. Lachs-Setzlingen (Oncorhynchus kisutch) 220.
Nichiteanu (I.) s. Nicolau (A.).
Nichols (K. B.), Clayton-Fischzuchtanstalt 424.
Nicholson (H. P.) s. Grzenda (A. R.).
—, Webb (H. J.), Lauer (G. J.), O'Brien (R. E.), Grzenda (A. R.) u. **Shanklin (D. W.),** Insektizide Verseuchung eines Farmteiches. *1.* Mitt. Ursprung u. Dauer 881.

Ničiporovič (A. A.), Semenenko (V. E.) u. **Vladimirova (M. G.),** Intensivierung d. photosynthet. Produktivität v. Kulturen einzelliger Wasserpflanzen 862.

Nicol (J. A. C.), Das Tapetum bei Scyliorhinus canicula 2171. — s. Clarke (G. L.).

Nicolau (A.), Versuchsergebnisse, d. in Nucet in d. Jahren *1960, 1961* u. *1962* bei d. Aufzucht u. Überwinterung v. Ctenopharyngodon idella u. Hypophthalmichthys molitrix erzielt wurden 2659. — s. Manea (G. I.).

— u. **Cristian (A.),** Vermehrung d. Teich- u. d. Donaukarpfens 1760.

—, **Manea (G. I.), Şoileanu (B.)** u. **Nichiteanu (I.),** Erste Ergebnisse d. Einbürgerung v. Ctenopharyngodon idella in den Gewässern d. Volksrepublik Rumänien 202.

Niculescu-Duvăz (M.), Auswirkung d. hydrolog. u. bioklimat. Bedingungen d. Jahres *1959* auf d. Fischproduktion im unteren Überschwemmungsgebiet d. Donau 1759.

—, **Roşca (G.)** u. **Rarinca (E.),** Granulierte Futtermittel für d. Zufütterung d. Karpfens bei d. intensiven Aufzucht 2658.

Nielsen (J. T.) = Tønnes Nielsen (J.).

Niesel (W.) s. Röskenbleck (H.).

Nikitin (V. N.), Mengenmäßige Verteilung d. Makrobodenfauna im Schwarzen Meer u. an d. Küste d. Kaukasus 1101.

Nikitinskaja (I. V.), Prakt. Bedeutung d. Qualitätsvariabilität d. Larven d. Sachaliner Herings 2403.

Nikolaev (I. I.), Tägliche Vertikalwanderungen einiger Krebstiere d. Ostsee 1099. — Neueinwanderer in d. Fauna u. Flora d. Nord- u. Ostsee 2195. — Plankton als Verteilungs- u. Produktivitätsfaktor d. planktonfressenden Ostseefische 2408.

Nikolaeva (V. K.) s. Klenova (M. V.).

Nikoljukin (N. I.), Entfernte Hybridisation in d. Fischzucht 1321.

Nikol'skij (G. V.), Selbstregulation d. Bestandsdichte bei Fischen 1762. — Gesetzmäßigkeiten d. Einflusses d. Fischfangs auf d. Populationsstruktur u. d. individuellen Eigenschaften d. Nutzfischbestände 2400. — s. Dement'eva (T. F.).

Nisbet (M.), Chem. Übersicht über einige Vogesenbäche: d. Rabodeau u. seine Zuflüsse 867. — s. Plagnat (F.).

Nizovcev (G. P.) s. Barsukov (V. V.).

Nkueng Tieng K'an s. Zarenkov (N. A.).

Noerenberg (W. H.) s. Thorsteinson (F. V.).

Norden (C. R.), Osteologie d. repräsentativen Salmoniden unter bes. Berücksichtigung d. Äsche (Thymallus arcticus) u. ihrer Phylogenie 2394.

Norris (K. S.), Funktion d. Temperatur in d. Ökologie d. Nagebarsches Girella nigricans 2395.

— u. **Prescott (J. H.),** Kieferstruktur u. Zahnerneuerung bei Girella nigricans, mit Bemerkungen über andere Arten 843.

Northcote (T. G.) s. Gee (J. H.).

Nosal' (A. D.) u. **Tarasova (O. M.),** Erfahrungen beim Transport v. Coregonen über weitere Entfernungen 1349.

Noseda (V.), Chiesa (F.) u. **Marchetti (R.),** Intracardiale Elektrocardiographie bei Fischen 1533. — Vectorcardiogramm v. Anguilla anguilla u. Pleurodeles waltlii 2172.

Novotny (A. J.) u. **Esterberg (G. F.),** Ein Sender als Fisch-Anhängermarkierung 1329.

Novožilova (M. I.), Festlegung d. Fehlergrenze bei d. Bestimmung d. Bakterienmenge in Gewässern durch direkte Auszählung 645.

Novskij (V. A.), Ein Fund v. Dreissena polymorpha in Quartärablagerungen d. Rybinsker Rayons im Gebiet Jaroslawl 1333.

Nümann (W.), Schnelleres Wachstum, größere Fangerträge, jüngere Jahrgänge u. Frühreife bei den Bodenseeblaufelchen als Folge d. Düngung d. Sees durch Abwässer 428. — Anatolische Seen u. ihre fischereiliche Bewirtsch. 2657.

Nuriev (F. N.), Verwendung nasser Kapronfäden beim Handstricken, beim Bau u. bei d. Reparatur d. Fanggeräte 2214.

Nursall (J. R.), Methode zur Analyse des Schwimmens d. Fische 845.

Nusenbaum (L. M.), Verhalten d. Fische vor d. Staudämmen im Zusammenhang mit d. Bau v. Fischdurchlaß- u. Fischschutzanlagen 2407.

— u. **Kuliš (A. P.),** Tagesrhythmus d. Abwanderung d. Jungfische im Zusammenhang damit, daß sie in Wasserabflüsse geraten 1084.

— u. **Lapickaja (L. N.),** Arbeitsergebnisse d. Fischaufzuges d. Wasserkraftwerkes „XXII. Parteitag d. KPdSU“ 1574.

O'Bier (A. H.) s. Scott (W. W.).

O'Brien (R. E.) s. Nicholson (H. P.).

O'Connor (J. S.) u. **Saila (S. B.),** Dokumentationssystem d. Wasser-Wissenschaften 1957.

Okada (S.), Masui (T.), Hoshita (T.) u. **Kazuno (T.),** Isolierung v. *2* Gallensäuren aus d. Galle vom Aal 335.

Olcarius, Neue bayer. Landesfischereiverordnung 221.

Olivari (G. A.) s. Roll (J. V.).

Oliver (D. R.), Makroskop. Bodenfauna d. Sees La Ronge, Saskatchewan 1979.

Olivereau (M.), Cytologie d. Hypophyse v. Carassius auratus 2621.

— u. **Ridgway (G. J.),** Cytologie d. Hypophyse u. Serumantigen in Beziehung zur Geschlechtsreife bei Oncorhynchus spec. 1320.

Ol'šanskaja (O. L.), Mißbildungen beim Jenissei-Sterlet 1997.

Olsen (S.), Beitrag zur Biologie des Herings (Clupea harengus) in Neufundländ. Gewässern 841.

Olson (D. E.) u. **Scidmore (W. J.),** Heiminstinkt bei laichwilligen Exemplaren v. Catostomus commersoni im Many Point Lake, Minnesota 2625.

Olson (P. R.) s. Kiser (R. W.).

Omori (M.) s. Anraku (M.).

Onofrey (E.) s. MacLeod (A. R.).

Oordt (G. J. van) s. Burgers (A. C. J.).

Ophel (I. L.) u. **Judd (J. M.),** Absorption v. Radiostrontium durch d. Kiemen v. Süßwasserfischen 1316.

Orlov (J. I.), Akklimatisierung v. Wasserorganismen in d. Sowjetunion 1775.

Orlova (Z. P.) s. Golubeva (Z. S.).

Orr (P. A.) s. Marshall (S. M.).

Orton (J. H.) u. **Southward (A. J.),** Biologie v. Napfschnecken. *4.* Mitt. Vermehrung v. Patella depressa an d. Küste v. Nord-Cornwall 2653.

Osadčich (V. F.), Das Benthos d. nördlichen Teiles d. Kasp. Meeres unter d. Verhältnissen, d. durch d. Regulierung d. Wolga entstanden sind 2440.

Osmanov (S. O.), Parasiten u. parasitäre Erkrankungen d. Fische d. Aralsees 207.

Osnickaja (L. K.) u. **Lambina (V. A.),** Bakterienbesiedlung d. nördlichen Kasp. Meeres u. ihre Abhängigkeit vom Zustrom d. Flüsse 644.

Ostroumov (A. A.), Fischbestände in d. Uglitscher u. Iwankowoer Talsperre 625.

Ostroumov (L. A.), Dynamik d. wichtigsten Fischarten in d. Stauseen d. oberen Wolga 2401.

Ostroumova (I. N.), Auftreten d. Hämoglobins bei d. Embryonen d. Regenbogenforelle (Salmo irideus) 2623.

Otto (L.), Postuma (K. H.) u. **Zijlstra (J. J.),** Hydrograph. Bedingungen in d. südlichen u. mittleren Nordsee im Juli *1959* 2426.

Overbeck (J.), Phosphathaushalt v. Grünalgen. *1.* Mitt. Phosphathaushalt u. Fortpflanzungsrhythmus v. Scenedesmus quadricauda (Turp.) Bréb. am natürlichen Standort 1330; *2.* Mitt. Verwertung v. Pyrophosphat u. organ. gebundenen Phosphaten u. ihre Beziehung zu d. Phosphatasen v. Scenedesmus quadricauda (Turp.) Bréb. 1330.

Overke (S. M.), Südatlant. Sardinen 2170.

Ovsjannikova (M. N.) s. Gorjunova (S. V.).

Owens (M.) u. **Edwards (R. W.),** Einfluß v. Pflanzen auf d. Verhältnisse im Fließgewässer. *3.* Mitt. Bestandsstudien u. Schätzung d. Nettoproduktivität v. Makrophyten in vier Bächen Süd-Englands 867.

Ožegova (V. E.), Beiträge zur hydrobiolog. Charakteristik d. am Syr-

Darja gelegenen Farchad-Talsperre 410. — Staubecken Tadshikistans u. d. Perspektiven ihrer fischereilichen Nutzung 2435.

Pachorukov (W.) s. Aleksejev (A.).
Pachul'skij (A. I.), Verbreitung v. Ligula durch Vögel 1995.
Pajusova (A. N.), Elementarpopulationen d. Bleibrut im Wolgadelta 1076. — Beobachtung v. jungen Plötzen u. Bleien in d. Elementarpopulationen 2403.
Paloheimo (J. E.), Schätzung d. Sterblichkeit. *1.* Mitt. Vgl. einer Methode v. Beverton u. Holt u. einer neuen Linearformel 2176. — Schätzung d. Fangmöglichkeiten u. Populationsgrößen v. Homarus americanus 2662.
Panajotova (M.) u. **Bajl'ozov (D.)**, Chem. Zusammensetzung d. Salzfische 1790.
Pannier (F.), Physiolog. Reaktionen v. Podostemaceen an ihrem natürlichen Fundort 1338.
Panov (D. A.), Über d. Ernährung d. Bleilarven im Rybinsker Stausee. *1.* Mitt. Experimentelle Untersuchungen 400.
Pantulu (V.), Verwendung d. Pectoraldornen v. Pangasius pangasius zur Bestimmung v. Alter u. Wachstum 1544.
Pape, Ordnung d. Verkehrs auf d. Seen in Österreich 1798.
Pape (A.), Bedeutung des neuen Grundstückverkehrsrechts für d. Fischerei 222.
— u. **Prause (F.)**, Fischereirecht in Schleswig-Holstein [1798]*.
Papenfuß (H.-J.), Außergewöhnlich hoher Fettgehalt beim Hering 217. — Nutzung d. auf See anfallenden Schlachtabfälle für d. Tierernährung 1792. — Fischpülpeherstellung auf See 1792. — s. Wolschon (A.).
Parakecov (I. A.), Schutzfunktion d. Dornen u. Stacheln d. Fische 2395.
Parisot (T. J.) u. **Pelnar (J.)**, Chinook-Krankheit im Sacramento-Fluß. Virusverdächtige Erkrankung bei Oncorhynchus tshawytscha 1997.
Parker (R. R.), Markierungsfehlschlag bei einer Netzfischerei als Quelle experimentellen Irrtums 1975. — Abschätzung d. Sterblichkeitsraten für d. Pazif. Lachs (Oncorhynchus) auf hoher See 2177.
Parry (G.), Chlorid-Regulation bei Triops 1090. — s. Holliday (F. G. T.).
Parsons (T. R.) u. **Strickland (J. D. H.)**, Ozeanischer Detritus 1555.
Paruchin (A. M.), **Mironov (V. A.)** u. **Polosuchin (R. V.)**, Forschungsergebnisse über d. Biologie d. Cestoden im Gebiet d. Baikalsees u. d. Rolle d. Fische bei ihrer Verbreitung 436.
Păsculescu (L.), **Maehedon (G.)** u. **Ionescu (M.)**, Schädlichkeit fischfressender Vögel im Aufzuchtbetrieb Sarinasuf 2663.
Paškin (L. M.) s. Kuznecova (I. I.).
Paškov (G. D.), **Kruglova (V. M.)** u. **Malovickaja (L. M.)**, Besonderheiten d. Bildung d. Wasserpflanzenbestände in d. Talsperre v. Wessjoly 638.
Pasternak (F. A.), Pennatularia (Octocorallia) u. Antipatharia (Hexacorallia), gesammelt auf der sowjet. komplexen Antarktisexpedition v. *1955—1958* 1560. — s. Sokolova (M. N.).
Patalas (K.), Wind- u. morphologiebedingte Wasserbewegungstypen als bestimmender Faktor für d. Intensität d. Stoffkreislaufes in nordpoln. Seen 2411.
Pateev (A. C.) s. Gončarov (V. N.).
Patten (B. C.), Artenwechsel im Netzphytoplankton d. Raritan Bay 2650.
Patten (B. G.), Häufiges Auftreten d. Hybriden Acrocheilus alutaceum × Ptychocheilus oregonense 1075.
Paul (L.), Theorie u. Praxis bei d. Anwendung d. Bundeswasserhaushaltsgesetzes, insbes. seiner Haftungsbestimmungen 1798.
Paulik (G. J.), Anwendung d. Chapman-Robson-Schätzung d. Überlebens für Einzel- u. Massenaussetzungen bei Markierungsexperimenten 632.
Pavlov (D. S.), Aufnahme junger Ährenfische durch Spicara smaris bei verschied. Belichtung 1081.
Pax (F.), Meeresprodukte. Handwörterbuch d. marinen Rohstoffe 1351.

Pearcy (W. G.), Schwanzlose Flunder 1787.
— u. **Richards (S. W.),** Verbreitung u. Ökologie v. Fischen d. Mystic-Fluß-Ästuars, Connecticut 2626.
Pearsall (W. H.), Freshwater Biological Association u. ihr Laboratorium 1754.
Pečen (G. A.) s. Petrovič (G. P.).
Pedersen (A.), Schwanzflosse d. Narwals 1545. — Unterscheidungsmerkmal zwischen d. pazif. Walroß Odobaenus obesus Illiger u. d. grönländ. Walroß O. rosmarus L. 1976.
Pelnar (J.) s. Parisot (T. J.).
Peňáz (M.), Krit. Beitrag zur Methode d. Bewertung d. Beziehung Körper-Schuppen beim Studium d. Wachstums d. Fische 631.
Penrith (J. J.) s. Talbot (F. H.).
Pequin (L.), Gehalt an Ammoniakstickstoff im Blut d. Karpfens (Cyprinus carpio) 2623.
Pera (F.) u. **Ramane (H.),** Hydrochem. Untersuchung im Zusammenhang mit d. Typologie d. Seen d. Lett. SSR 861.
Perceva-Ostroumova (T. A.), Fortpflanzung u. Entwicklung d. fernöstlichen Schollen [1085].
Perkins (F. E.), Futterverteilungs-Einrichtung für Fische im Laboratorium 1972.
Perkins (H. C.), Wiederbeschreibung u. zweite Fundmeldung d. Bothiden Monolene asaedai 2632.
Perlmutter (A.) s. Richards (S. W.).
— u. **Antopol (W.),** Einfluß v. Neotetrazolium auf frisch befruchtete Eier v. Salvelinus fontinalis 2628.
Permitin (I. E.), Über d. Alter u. d. Wachstum v. Abramis sapa aus dem Scheksnafluß 630.
Persov (G. M.), Anatom. u. zytolog. Geschlechtsdifferenzierung bei den Salmoniden d. Gattung Salmo 397. — Methodik d. Arbeit mit Sterlet-Laichfischen 1350.
— u. **Sakun (O. F.),** Gonaden d. im Weißen Meer u. in d. Barents-See akklimatisierten Gorbuscha-Lachse in verschied. Etappen ihres Lebens 397.
Petelin (P. V.), Balt. Forschungsinstitut für Meeresfischerei u. Ozeanographie (BaltNIRO) 2169.
Petkevič (A. N.) s. Ioganzen (B. G.).
Petrenko (A. I.), Erfahrungen beim Delphinfang 1992.
Petrenko (I. N.) u. **Karasikova (A. A.),** Ausnutzung d. Merkmale d. Aminosäurekomplexes d. Strömlings für d. Aufstellung kurzfristiger Fangprognosen 1073.
Petrenko (M. V.), Hydrochem. Verhältnisse d. Nowosibirsker Talsperre im ersten Jahr ihres Bestehens 1335.
Petrikova (M. N.) s. Beklemišev (K. V.).
Petrova (E. G.), Fruchtbarkeit u. Reifung d. Ostseesprotte 1072.
Petrovič (G. P.), Šuškina (Ė. A.) u. **Pečen (G. A.),** Berechnung d. Zooplanktonproduktion 199.
Petrovskaja (M. V.), Ökologie d. Polychaeten d. östlichen Murman-Gebietes sowie einige Angaben über ihre Vermehrung u. über d. Form ihrer Larven 1102.
Petruševskaja (M. G.) s. Petruševskij (G. K.).
Petruševskij (G. K.) s. Bychovskaja-Pavlovskaja (I. E.); Bychovskij (B. E.).
— u. **Petruševskaja (M. G.),** Zuverlässigkeit quantitativer Angaben bei d. Untersuchung d. Parasitenfauna d. Fische 431.
Pettijohn (L. L.) s. Snieszko (S. F.).
Petuchov (A. G.), Berechnung d. Trawlers beim gezielten Trawlen 2661.
Pfeiffer (D.), Hydrogeolog. Probleme (Berichte über Vorträge d. Frühjahrstagung d. Deutschen Geolog. Gesellschaft, Bad Harzburg, *25.* bis *28.* Mai *1960*) 177.
Pfeiffer (W.), Schreckreaktion u. Schreckstoffzellen d. Fische 1971. — Verbreitung d. Schreckreaktion bei nordamerikan. Fischen 1971.
Pfennig (N.), Schwärmen v. Chromatium okenii 1979.
Phillips jun. (A. M.), Livingston (D. L.), Poston (H. A.) u. **Booke (H. A.),** Einfluß v. Futtermischung u. Kalorienquelle auf Wachstum, Sterblichkeit, Nahrungsverwertung u. chem. Zusammensetzung d. Bachsaiblings 2197.
Picciolo (A.), Entwicklung d. vorde-

ren Interhämalzapfens v. Eucinostomus argenteus 1067.
Picciolo (A. R.) s. Winn (H. E.).
Pickering (Q. H.), Henderson (C.) u. **Lemke (A. E.),** Toxizität v. organ. Phosphorinsektiziden gegenüber verschied. Arten v. Warmwasserfischen 882.
Pidgajko (M. L.) s. Konenko (G. D.).
– u. **Radzimovskij (D. A.),** Hydrobiolog. Verhältnisse in den Versuchsteichen d. Fischzuchtanstalt Tschernigowka 422.
Piggins (D. J.), Schilddrüsenverfütterung an einjährige Lachse 1757.
Piiper (J.) s. Krohn (H.).
Pike (G. C.), Wanderung u. Nahrungsaufnahme d. Grauwals 1546. – Erste Meldung v. Carcharodon carcharias aus Brit.-Kolumbien 1968.
– u. **Maxwell (B. E.),** Häufigkeit u. Verbreitung v. Eumetopias jubata an d. Küste Brit.-Kolumbiens 859.
Pillay (T. V. R.), Vorkommen v. Hilsa ilisha in d. Vembanad-Stauwassern (Kerala) 1967. – Fischereistatistik d. Ästuar-Fanges 1992.
Piper (R. G.) u. **Stephens (R. F.),** Untersuchung d. Blutes v. wilden u. in einer Zuchtanstalt aufgezogenen Seesaiblingen 1533.
Pirožnikov (P. L.), Neue Richtung in d. Fischzucht 1107. – Staatliches Forschungsinstitut für Binnenfischerei (GosNIORCh) 1309.
Pirson (A.) u. **Kowallik (W.),** Wirkung d. blauen u. roten Spektralbereiches auf d. Zusammensetzung v. Chlorella bei Anzucht im Licht-Dunkel-Wechsel 1088.
Piskarev (A. I.), Grundfragen d. Gefriertechnologie für Fische 2209.
Piskunov (I. A.), Das Kaspische Wissenschaftliche Forschungsinstitut für Meeresfischerei u. Ozeanographie 1754.
Plack (P. A.), Woodhead (A. D.) u. **Woodhead (P. M. J.),** Vorkommen v. Vitamin A in d. Ovarien d. arkt. Kabeljau, Gadus morhua 2627.
Plagnat (F.) u. **Nisbet (M.),** Verschmutzung d. Rhône durch d. Verunreinigungen d. Wasserkrafttalsperre v. Verbois (Schweiz), in d. sich d. Abwässer v. Genf ansammeln. Biolog. u. chem. Studie 880.
Pleskot (G.), Strömung, Bodenstruktur u. Besiedlungsdichte 2187.
Plooy (A. du) s. Lenhard (G.).
Plotnikov (N. N.), Gegenwärtige Vorstellungen über d. Epidemiologie d. Opisthorchis-Befalls (Winogradow-Krankheit) 437.
Pobegajlo (P. I.) s. Aleksandrova (L. P.).
Počkalov (V. K.), Furcellaria als zusätzliche Rohstoffquelle d. Algenindustrie 2439.
Podarueva (Z. S.), Ernährung d. Kaulbarsches in den Stauseen d. oberen Wolga u. im Weißen See 401.
Poddubnaja (T. L.) s. Lukanin (V. S.).
Poddubnyj (A. G.), Die Maräne im Stausee v. Rybinsk 178. – Über d. lokalen Bleischwärme im Rybinsker Stausee 399. – Sterben d. Jungfische in d. Restgewässern d. Austrocknungszone d. Rybinsker Talsperre 1997. – Ergebnisse d. Fischmarkierungen in d. Rybinsker Talsperre 1329. – s. Il'ina (L. K.).
Podeszewski (Z.) u. **Kołakowski (E.),** Ammoniakbestimmung in Fischrohstoffen 2209.
Podgornyj (L. N.), Ionenaustauschmethode zur Felduntersuchung d. Sulfate in natürlichen Gewässern 1343.
Podlesnyj (A. V.) s. Ioganzen (B. G.).
Podubský (V.), Toxische Wirkungen einiger Metalle auf Fische u. a. Wasserorganismen 2663.
Poglazov (B. F.) s. Zotin (A. I.).
Pokrovskaja (G. L.) s. Romašov (D. D.).
Pokrovskij (J. S.), Das Polare N. M. Knipowitsch-Forschungsinstitut für Meeresfischerei u. Ozeanographie (PINRO) 1529.
Pokrovskij (V. V.), Hauptsächliche Umweltfaktoren, d. d. Bestandsgröße d. Kleinen Maräne bestimmen 2403.
Polikarpov (G. G.), Stabilität d. Anreicherungskoeffizienten v. Strontium^{90}, Yttrium^{91} u. Cerium^{144} in Meerespflanzen 1557.
– u. **Ivanov (V. N.),** Schädliche Wirkung v. Strontium-90 u. Yttrium-90 auf d. Entwicklung in d. Früh-

periode bei Meerbarben, Selenuschki, Makrelen u. Sardellen 660.
Poliščuk (V. V.) u. **Šerstjuk (V. V.)**, Angaben über d. Ernährung d. Flußbarsches (Perca fluviatilis) im Mittellauf d. Dnepr 629.
Polivannaja (M. F.) s. Movčan (V. A.).
Poljakov (G. D.), Anpassungsveränderungen d. Größen-Gewichtsstrukturen bei gleichaltrigen Fischpopulationen im Zusammenhang mit d. Ernährungsbedingungen 1988. — Bedeutung d. Veränderlichkeit v. Merkmalen u. Eigenschaften d. Fischpopulationen 2401.
Poljakova (I. N.), Verteilung v. Mikroorganismen, d. Kohlenwasserstoffe oxydieren, im Wasser d. Newa-Meerbusens 1981.
Poljanskij (J. I.) s. Bychovskij (B. E.).
— u. **Bychovskij (B. E.)**, Ergebnisse u. Perspektiven d. Arbeit d. sowjet. Parasitologen auf dem Gebiet d. Erforschung v. Fischparasiten in den Meeren d. UdSSR 208.
Polosuchin (R. V.) s. Paruchin (A. M.).
Poluljak (S. I.) s. Torban (S. S.).
Pomeisl (E.), Ökolog.-biolog. Untersuchungen an Plecopteren im Gebiet d. niederösterreich. Kalkalpen u. d. diesem vorgelagerten Flyschgebietes 2423.
Pomerancev (G. P.) u. **Nesterenko (N. V.)**, Hybridisation v. Coregonen im Ural 1322.
Pomeroy (L. R.), **Mathews (H. M.)** u. **Min (Hong Shik)**, Exkretion v. Phospha u. löslichen organ. Phosphorverbindungen durch d. Zooplankton 2429.
Ponedelko (B. I.), Über d. Faktoren d. Verbreitung u. d. Zahl d. Eier u. Larven phytophiler Fische d. Ilmensees 397.
Ponomarenko (I. J.), Einfluß d. Ernährung auf d. Anzahl d. Jungdorsche 2407.
Ponomarenko (L.) s. Aleksejev (A.).
Ponomarenko (V. P.) s. Konstantinov (K. G.).
Ponomareva (L. A.), Zooplankton d. Bucht v. Aniwa 1558.
— u. **Naumov (A. G.)**, Verteilung d. Planktonbiomasse in den Gewässern des Arab. Meeres u. des Golfs v. Bengalen zur Zeit des Monsumwechsels 871.
Ponyi (E. J.), Lage d. limnolog. Untersuchungen d. ungar. Natrongewässer u. deren neueste Resultate 1553.
Poole (R. L.), **Kuester (D. R.)** u. **Witt jun. (A.)**, Stand d. Speerfischerei u. Verwendung d. Unterwasser-Atemgerätes Scuba im Fischwirtschaftsprogramm d. Binnengewässer d. USA 2657.
Popescu (E.), Beobachtungen am Plankton im unteren Donaugebiet v. km *1042—957* 1768. — Versuchsergebnisse im Caraorman-Teich d. maritimen Zone d. Donaudeltas über d. Verhalten u. d. Wachstum v. Ctenopharyngodon idella im dritten Sommer 2659.
—, **Roşca (G.)** u. **Bircă (I.)**, Biolog. Versuche zur Ermittlung d. notwendigen Mengen an Mineraldünger in Fischteichen 201.
Popescu (L.), Beiträge zur Kenntnis d. Fruchtbarkeit einiger Arten v. Süßwasser- u. Meeresfischen aus unseren Gewässern 183.
— u. **Munteanu (I.)**, Zusammensetzung u. Verteilung d. Benthos in d. Donau (Sektor Ceatal Ismail-Sf. Gheorghe) 2645.
Popescu-Gorj (A.) u. **Costea (E.)**, Hydrobiolog. u. fischereiliche Forschungen in d. Balten d. Oltina (Donau-Überschwemmungsgebiet) 1987.
Popov (A. V.) u. **Zotin (A. I.)**, Abhängigkeit d. Schlüpfens d. Salmoniden- u. Coregonenlarven v. einigen Umweltfaktoren 1538.
Popov (B. A.) s. Berger (T. S.).
Popov (L. A.), Biologie d. Fortpflanzung d. Walrosses im Laptew-Meer 1330.
Popova (É. I.), Eine vgl. hydrobiolog. Charakteristik d. Flüsse Kolwa u. Kosju (Petschorabecken) 414.
Popova (O. A.), Ökologie v. Hecht u. Barsch im Wolgadelta 1966. — Einfluß v. Hecht u. Barsch auf d. Population einiger Fische im Wolgadelta 2409.
Popp (E.), Semiaquatile Lebensräume (Bülten) in Hoch- u. Niedermooren. I. Standortsfaktoren 1551.

Pora (A. E.) u. **Prekup (O.)**, Studium exkretor. Prozesse bei Süßwasserfischen. *2.* Mitt. Einfluß d. Temperatur auf d. Absonderungs-Prozesse bei Karpfen u. Karauschen 1960; *3.* Mitt. Ausscheidung v. Stoffwechselprodukten bei Karpfen im Hungerzustand bei verschied. Nahrung 1961.

Porte (A.) s. Follenius (E.).

Post (E.), Verbreitung u. Ökologie d. Bostrychia-Caloglossa-Assoziation 2428.

Post (G.) u. **Keiss (R. E.)**, Weitere Laboruntersuchungen über d. Brauchbarkeit v. Furazolidon zur Bekämpfung d. Furunkulose bei Salmoniden 661.

Postolakij (A. I.), Vorkommen v. Lumpenus medius (Pisces, Lumpenidae) im Gebiet d. Insel Kap Breton 2177.

Poston (H. A.) s. Phillips jun. (A. M.).

Postuma (K. H.) s. Filarski (J.); Otto (L.).

Potapov (A. A.), Bedeutung d. Bodenablagerungen für d. Prognosen über d. Verwachsung d. Talsperren 1335. — Bekämpfung d. höheren Wasserpflanzen in d. Talsperren durch Schnitt u. mit Hilfe v. Herbiciden 1344.

Pounds (S.), Ungewöhnlich großes Exemplar v. Selene vomer aus Texas 1974.

Pourriot (R.), Untersuchungen über d. Biologie d. Rädertierchens Eosphora najas 406.

Powers (C. F.) s. Rodgers (G. K.).

Pozdnjakov (J. F.), Entwicklung d. Lodde d. Barents-See 1074.

Prahm (G.), Therm. Verhältnisse im Bodenwasser d. Meeres 2428.

Prakash (A.), Jahreszeitliche Veränderungen in d. Nahrungsaufnahme v. Coho- u. Chinook (Frühjahrs)-Lachsen in d. Gewässern v. Süd-Brit.-Kolumbien 1544.

— u. **Medcof (J. C.)**, Hydrographische u. meteorolog. Faktoren, d. die Muschelgiftigkeit in Head Harbour, Neu-Braunschweig beeinflussen 1547.

Prause (F.) s. Pape (A.).

Pravotorova (E. P.), Fluktuation d. Heringsbestandes im Meerbusen Gishin 2404.

Precht (H.), Temperaturadaptation d. Schwertträgers Xiphophorus helleri Heckel 1535.

Preisler (R.), Werbung für Seefisch *1960* 1793.

Prekup (O.) s. Pora (A. E.).

Prescott (J. H.) s. Norris (K. S.).

Prescott (J. M.) s. Tatsumoto (M.).

Price (J. L.) s. Watson (N. H. F.).

Price (R. W.) u. **Haus (J. B.)**, Hilfsmittel zur Verbesserung d. Fließgewässer 1986.

Prichod'ko (B. I.), Bildungszeit d. ersten Jahresringes auf d. Schuppen u. der Eintritt d. Geschlechtsreife d. kasp. anchovisartigen Kilka 2409.

Prieditis (A.) u. **Kondratovičs (E.)**, Bedeutung v. Spurenelementen, Vitaminen u. antibiot. Stoffen für d. Leistungserhöhung d. Teichwirtsch. in d. Lett. SSR 1108. — Zubereitung angereicherter Kombinationsfuttermittel für Karpfen u. Forellen in d. Lett. SSR 1348.

Prijmačenko (A. D.), Zusammensetzung u. Gesetzmäßigkeit d. Verteilung d. Phytoplanktonbiomasse in den Stauseen d. Niederungsflüsse der UdSSR 411. — Methodik d. techn. Verarbeitung v. Diatomeen 1107.

Printz (H.), Phykochronolog. Untersuchungen in Assoziationen v. Laminaria digitata (L.) Lamour. f. stenophylla (Kütz.) Harv. an d. norweg. Westküste 1981.

Privol'nev (T. I.), Künstliche Vermehrung d. Neunauges 624.

Proctor (V. W.), Verbreitung v. Süßwasseralgen durch wandernde Wasservögel 1766.

Prosjanyj (V. S.), Verfahren zur Aufzucht einsömmriger Karpfen u. ihre seuchenbiolog. Beurteilung 421.

Prosser (C. L.) s. Roots (B. I.).

Protasova (V. L.) s. Kirpičnikov (V. S.).

Pruginin (J.), Wirtschaft mit Tilapia nilotica als Beifisch in Karpfenteichen in Israel aus d. Jahren *1960* u. *1961* 1109.

Pruginin (Y.) u. **Shell (E. W.)**, Tren-

nung d. Geschlechter bei T. nilotica mit Hilfe einer mechan. Sortiereinrichtung 425.
Pruter (A. T.) u. **Alverson (D. L.)**, Häufigkeit, Verteilung u. Wachstum d. Plattfische in d. südöstl. Chukchi-See 394.
Pujdak (J. A.), Methoden d. Frischbestimmung bei Fischen 216.
Purdie (F. C.) s. Evans (R. M.).
Purkett jun. (C. A.), Künstliche Vermehrung v. Polyodon spathula 1990.
Purves (P. E.) s. Fraser (F. C.).
Putjatina (T. N.) s. Vasil'eva (G. L.).
Pyron (W. W.) s. Murdaugh jun. (H. V.).

Qadri (S. S.), Myxosporidien v. Labeo fimbriatus aus Indien. *1.* Mitt. Gyrospora crucifila gen. n., sp. n. 1356; *2.* Mitt. Thelohanellus andhrae sp. n. 1356.
Quayle (D. B.), Voraussage d. Produktionssteigerung v. Haliotis kamtschatkana 1572.
Quillier (R.), Maetz (J.) u. Secondat (M.), Nichtausnutzung stark verdünnter markierter Glukoselösungen durch d. Goldfisch (Carassius carassius auratus L.) 1961.

Radovich (J.), Laichfischbestandsgröße u. Umwelt auf d. Bildung d. Jahrgänge bei d. Sardine 1077.
Rădulescu (I.), Spezifische Parasiten d. aus d. Volksrepublik China zur Akklimatisierung eingeführten Fische, d. Auswirkungen d. Befalls d. einheim. Fische mit diesen Parasiten u. Maßnahmen zu ihrer Bekämpfung 2663. — s. Suceveanu (N.).
— u. **Georgescu (R.)**, Kenntnis d. Parasitenfauna v. Ctenopharyngodon idella im ersten Akklimatisierungsjahr in d. Rumän. Volksrepublik 2663.
— u. **Luscar (S.)**, Patholog.-anatom. Untersuchungen über einige gutartige Tumoren d. Steinbuttes im Schwarzen Meer 206.
— u. **Suceveanu (N.)**, Lipode Leberdegeneration als Ernährungsstörung bei Coregonen 1788. — Wirkung v. Futterhefe als Zusatzfutter auf d. Krankheitsresistenz d. Teichkarpfens 2658.
Radzimovskij (D. A.) s. Pidgajko (M. L.).
Radzinskaja (L. I.), Gesamtmenge an Blut u. Hämoglobin bei jungen Hausen 1960.
Radzymovškyj (D. O.) s. Konenko (G. D.).
Rahat (M.), Zwei Polypen v. Limnotrachylinen aus Israel 2416.
Rahn (J.), Hinweise zur Einführung d. teichwirtschaftlichen Seenbewirtschaftung 419. — Auswertung d. Pumpversuche am Wopacksee u. am Großen Varchentiner See 421.
Raitt (D. F. S.), Bemerkung über d. Pylorusanhänge v. Gadus poutassou Risso 179.
Rajagopalaiengar (A. S.), Neue Art einer marinen Bohrmuschel, Bankia (Neobankia) roonwali (Mollusca: Teredinidae) aus Indien 1561.
Rajkov (I. B.), Interstitielle Infusorienfauna d. Sandlitorals d. Dalneselenezer Bucht 1105.
Rakova (V. M.), Parasitenfauna d. Goldorfe 1355.
Raleigh (R. F.), Zusammensetzung, Mengenentwicklung u. Tiefenverteilung d. Netz-Zooplanktons im Sommer *1957* im Bare-See, Alaska, nach d. Düngung 2642.
Ramalingam (K.), Marine Cercarien u. ihre Gastropoden-Wirte aus d. Gebiet Pamban Mudflat 2194.
Ramane (H.) s. Pera (F.).
Randall (D. J.), Wirkung eines Anaestheticums auf Herz u. Atmung eines Knochenfisches 1316.
Randall (J. E.), Systematik d. Scaridae, unter bes. Berücksichtigung d. geschlechtsbedingten Farbunterschiede 2633.
— u. **Brock (V. E.)**, Ökologie v. Epinephelinen u. Lutjaniden v. d. Gesellschaftsinseln mit Betonung d. Nahrungsgewohnheiten 1080.
Ranganathan (V.) s. Natarajan (M. V.).
Ranke (B.), Über d. nicht-eiweißgebundenen u. eiweißgebundenen Aminosäurenbestände v. Fischen, Mollusken u. Krebsen 847.
Ranke (W.), Hydrograph. Untersuchungen im Seegebiet Westliche Barentssee (Bäreninsel) Spitzbergen *1960/61* 2188.

Rannak (L. A.), Wechselbeziehung zwischen Wachstum u. Geschlechtsreife d. im Frühjahr laichenden Strömlings 2397.

Rao (D. V. Subba) u. **Ganapati (P. N.)**, Primärproduktion v. d. Waltair-Küste 1980.

Rarinca (E.) s. Niculescu-Duvăz (M.).

Rass (I. T.) s. Šapiro (I. M.).

Rathsack-Künzenbach (R.), Cyanophyceenflora d. Westküste v. Rügen. I. 1556.

Rattray jun. (M.) u. **Hansen (D. V.)**, Ähnlichkeitslösung für d. Zirkulation in einem Ästuar 1770.

Rawson (D. S.), Krit. Analyse d. limnolog. Parameter, d. zur Schätzung d. Produktivität d. Seen Nord-Saskatchewans benutzt werden 2413.

Ray (C.), Anwendung d. Regeln v. Bergmann u. Allen bei Poikilothermen 844.

Raymont (J. E. G.) u. **Miller (R. S.)**, Produktion v. marinem Zooplankton in einem gedüngten eingeschlossenen Seewasserkörper 1099.

Reden (K.-A. v.), Sterblichkeitsmaxima bei Daphnia magna Straus 1090.

Redfern (J. B.) s. Meijering (M. P. D.).

Rees (D. A.) u. **Conway (E.)**, Wasserlösliche Polysaccharide v. Porphyra-Arten 1772.

Regier (H. A.), Bass, Bluegills, Shiners u. Farmteiche 1347. — Entwicklung d. Micropterus salmoides-Lepomis macrochirus, Besatzmaßnahmen u. Bewirtschaftungsempfehlungen 1347. — Schätzung d. Sterblichkeitskoeffizienten in bewirtsch. Fischpopulationen nach zwei Bestandsaufnahmen 1967.

Reichel (H.), Tauwerk aus LANON-Polyesterfasern 2002. — Reißfestigkeit d. Netzgarne 2213.

Reichenbach-Klinke (H.), Fischkrankheiten in Bayern im Jahre *1961* 884; dass.: *1962* 2204.

— u. **Riedmüller (S.)**, Fischereiliche Untersuchungsmethodik bei Fischen u. ihre Bedeutung für d. Praxis 1754.

Reichenbach-Klinke (H.-H.), Seuchenfestigkeit unserer Nutzfische d. Süßwassers 1575.

Reid jun. (J. L.), Messungen d. Kalifornien-Gegenstroms in einer Tiefe v. *250* m 1554. — Verteilung v. gelöstem Sauerstoff in d. sommerlichen Temperatursprungschicht 1771.

Reimers (N.), Körperverfassung, Wassertemperatur u. Überlebensfähigkeit während d. Winters bei gezüchteten Exemplaren v. Salmo gairdneri im Convict Creek, California 2659.

Reiske (J.), Auftauen v. gefrorenen Lebensmitteln, insbes. v. Fisch, durch Hochfrequenzenergie 2210.

— u. **Horn (D.)**, Entsalzung v. Salzheringen. *1.* Mitt. Konserven u. Bratmarinaden 1790.

Reisman (H. M.), Vermehrungs-Verhalten bei Apeltes quadracus einschließlich einiger Vergleiche mit anderen Gasterosteiden 2626.

Rejmov (R.), Vermehrung v. Ondatra spec. in Süß- u. Salzwasser 2203.

Rejn (M. V.) s. Chaldinova (N. A.).

Remane (A.), Verschiedenheiten d. biolog. Entwicklung in Meer- u. Süßwasser 2411.

Renzoni (A.), Beobachtungen an d. Gonaden v. Mytilus galloprovincialis. *1.* Mitt. Jahreszeitliche Veränderungen d. Glykogens 2182.

Rgožkin (V. I.) s. Zenin (A. A.).

Rice (A. L.), Reaktionen v. Calanus finmarchicus auf Änderungen d. hydrostat. Druckes 1559.

Richards (S. W.) s. Pearcy (W. G.).

—, **Perlmutter (A.)** u. **McAneny (D. C.)**, Eine taxionom. Untersuchung d. Gattung Ammodytes v. d. Ostküste Nordamerikas 2633.

Richter (G.), Morphogenese d. Gastropodenradula 2429.

Richter (K.), **Cranz (K. L.)**, **Oslage (H. J.)** u. **Schiller (K.)**, Ernährungsphysiologischer Wert v. Tiermehlen (Tierkörpermehlen) u. deren Einsatz in d. Fütterung 1750.

Ricker (W. E.), Clupea sapidissima d. Connecticut-Flusses 1967. — Vergleich v. ozean. Wachstum u. Sterblichkeit v. Oncorhynchus nerka während ihrer letzten zwei Jahre 2176. — Entwicklungsgeschichte d. Theorie d. Dynamik d. Fischbestände in d. Ländern Westeuropas u. Nordamerikas 2401.

Ridgway (G. J.) s. Olivereau (M.).

Riedel (D.), Margheritensee. Beitrag zur Kenntnis d. Abessin. Graben-Seen 1765. — Riesiger Nilbarsch aus d. Margheritensee (Abaya) 1974.

Riedmüller (S.) s. Reichenbach-Klinke (H.).

Rieth (A.), Pflanzengreifer, eine zum Sammeln d. Unterwasservegetation geeignete Abwandlung d. Schlammschöpfers 199.

Riggs (C. D.) u. **Moore (G. A.)**, Neue Meldung v. Moxostoma macrolepidotum pisolabrum u. Ausdehnung d. Verbreitung v. Percina shumardi im Roten Fluß, Oklahoma u. Texas 2632.

Rigler (F. H.), Beziehung zwischen Nahrungskonzentration u. Nahrungsaufnahme bei Daphnia magna 192.

Ringelberg (J.), Versuch z. Erklärung d. Vertikalwanderung auf physiolog. Grundlage 191.

Ripley (E.), **Cox (K. W.)** u. **Baxter (J. L.)**, Zählung d. kaliforn. Seelöwen *1958*, *1960* u. *1961* 2640.

Ritzhaupt (H.), Fangmöglichkeiten an d. westafrikan. Küste 204.

Rivas (L. R.), Subgenera u. Artengruppen d. Poeciliiden-Gattung Gambusia 2633. — s. Berry (F. H.).

Rjabčenko (V. A.) s. Uspenskaja (V. I.).

Rjabčenkov (N. P.), Fischfang im Stausee Rybinsk 2657.

Rjabikov (O. G.), Sauerstoffverhältnisse in d. Ostsee im Gebiet d. Gotlandmulde 1097.

Rjumin (E. P.), Fischwirtschaftliche Vorbereitung d. Bettes d. Kama-Staubeckens 2656.

Robel (R. J.), Gewichtszunahme v. Cyprinus carpio bei verschied. Besatzdichten 877.

Roberts (E.) s. Geiger (S. E.); Tsuyuki (H.).

Roberts (L. S.), Ergasilus nerkae n. sp. (Copepoda: Cyclopoida) aus Brit.-Kolumbien mit einer Diskussion d. Copepoden d. E. caeruleus-Gruppe 2664.

Robertson (G. B.) s. Hoar (W. S.).

Robertson (J. D.), Untersuchung über d. chem. Zusammensetzung d. Muskelgewebes. *1.* Mitt. Muskeln d. Ingers, Myxine glutinosa, u. d. Muräne Muraena helena 182.

Robinson (A. R.) u. **Welander (P.)**, Therm. Zirkulation in einem rotierenden Bereich u. ihre Bedeutung für d. ozean. Thermocline 2188.

Rockett (L. C.) s. Mueller (J. W.).

Rodgers (G. K.), **Powers (C. F.)** u. **Ayers (J. C.)**, Wassertransport im Huronsee 1087.

Rodhe (W.), Dynamik d. limn. Stoff- u. Energiehaushaltes 2411.

Rodina (A. G.), Mikrobiologie gedüngter Teiche 652. — Hefepilze in Teichen u. ihr Futterwert 1337.

Roedel (P. M.), Namen einiger Meeresfische Kaliforniens 628.

Röhrig (K.) s. Hinz (O.).

Röskenbleck (H.) u. **Niesel (W.)**, „Sauerstoffsekretion" in d. Schwimmblase v. Tiefseefischen 846.

Rogalla (E.), Hydrograph. Bedingungen im Raum d. Dogger Bank im Oktober *1959* 2426. — Hydrograph. Bedingungen d. südlichen Nordsee u. d. Engl. Kanals im Januar *1959* 2426. — Ergebnisse d. hydrograph. Untersuchungen zwischen St. Kilda u. d. Rockall-Bank im April *1959* 2648. — Verteilung u. Schichtung d. Wasserkörper in d. Nordsee im Juni/Juli *1959* 2649.

Rogalla (E. H.), Nutzfischkonzentrationen u. biot. Umweltfaktoren. Hydrograph. Verhältnisse in d. südlichen Nordsee u. im Engl. Kanal im Januar *1960* 195.

Rogova (I. K.) s. Gončarov (V. N.).

Rogowski (U.) u. **Tesch (F. W.)**, Erste Nahrung freßfähig gewordener Fischbrut 187.

Rogožnikova (V. M.) s. Ėpštejn (J. A.).

Rohde (W.), Gunnar Alm. *1889—1962* 1958.

Roj (P. E.) s. Ivasik (V. M.).

Rojtman (V. A.) s. Spasskij (A. A.).

Roll (J. V.), **Ceeb (J. J.)**, **Zerov (K. K.)**, **Vladimirova (K. S.)**, **Denisova (A. I.)** u. **Olivari (G. A.)**, Kachowkaer Talsperre im *1.* Jahr ihres Bestehens 639.

Romadina (E. S.), Zooplankton d. Wolga im Gebiet d. Errichtung d. Gorki-Staubeckens nach Proben aus den Jahren *1953—1954* 415.

Romanova (A. P.), Jahreszeitliche

Veränderungen d. Prozesse d. Stickstoffkreislaufes im Wasser u. Boden d. Litorals d. Baikal-Sees 405.
Romašov (D. D.) u. **Golovinskaja (K. A.)**, Gynogenese u. entfernte Hybridisation bei Fischen 1321.
—, **Golovinskaja (K. A.)**, **Beljaeva (V. N.)**, **Bakulina (É. D.)**, **Pokrovskaja (G. L.)** u. **Čerfas (N. B.)**, Durch Bestrahlung hervorgerufene diploide Gynogenese 1321.
Romeu (F. G.), Glykogenkörper im Rückenmark eines Cyprinodontiformen, Jenynsia lineata 1530. — Das caudale neurosekretor. System d. Teleosteers Jenynsia lineata 1960.
Ronald (K.), Parasitäre Metazoen d. Heterosomata d. St. Lorenz-Golfes. 7. Mitt. Nematoda u. Acanthocephala 2205.
Roots (B. I.) u. **Prosser (C. L.)**, Temperaturanpassung u. d. nervöse System beim Fisch 2621.
Roşca (G.) s. Niculescu-Duvăz (M.); Popescu (E.).
—, **Munteanu (G. I.)** u. **Cristea (A.)**, Verwendung v. Relon bei d. Herstellung stationärer fischereilicher Fanggeräte 1794. — Einführung v. Relongarnen zur Herstellung v. Spezialnetzen für d. Fang v. Karpfen u. Maränen 1794.
— u. **Vasilescu-Rarinca (E.)**, Humus, seine Verschiedenheiten u. seine Bedeutung für d. Fischgewässer 1767.
—, **Vasilescu-Rarinca (E.)**, **Gheorghiu (V.)** u. **Stoian (M.)**, Vorläufige Ergebnisse über d. Verwendung bakterieller Biopräparate (Azotobakterin u. Phosphobakterin) als Düngemittel in Karpfenteichen 201.
Rosen (D. E.) u. **Mendelson (J. R.)**, Sinneskanäle d. Kopfes v. Poeciliiden mit Berücksichtigung d. Zahntypen 1067. — s. Gordon (M. S.).
Ross (A. J.), Mycobakterien in adulten Salmoniden, d. zu Bundesbrutanstalten in Washington, Oregon u. Kalifornien zurückkehrten 212.
Ross (D. M.) u. **Sutton (L.)**, Gemeinschaft zwischen d. Einsiedlerkrebs Dardanus arrosor u. d. Seeanemone Calliactis parasitica 2191. — Reaktion d. Seeanemone Calliactis parasitica auf Schalen d. Einsiedlerkrebses Pagurus bernhardus 2191.
Ross (H. H.), Lebensgemeinschaften d. Flüsse u. d. terrestr. Biotope 2644.
Ross (W. R.) s. Lenhard (G.).
Roth (H.) s. Geiger (W.).
Rothschild (B. J.) u. **Deubler jun. (E. E.)**, Paralichthys squamilentus aus Nord-Carolina 1078.
Rott (N. N.) s. Šapiro (I. M.).
Rottengatter (G.) s. Auerbach (M.).
Rouchijajnen (M. I.), Charakter d. Phytoplanktonentwicklung im Mai u. Juni *1958* im Südteil d. Barents-See 1098.
Round (F. E.) u. **Brook (A. J.)**, Phytoplankton einiger ir. Seen u. Einschätzung ihres Trophiestandes 1766.
Roy (H.), Gegenwärtiger Stand d. Aalfischerei in d. Küstengewässern d. DDR 2438.
Royce (W. F.), Meldung v. Carcharodon carcharias aus Südostalaska 2632.
Rozanov (M. P.), Wirtschaftliche Nutzung d. Flachwasserbezirke d. Talsperren v. Wasserkraftwerken 413.
Rozdestvenskaja (L. P.) s. Kabanov (N. M.).
Roženštejn (M. M.), Optimale Geschwindigkeit d. Schleppens mit d. Grundschleppnetz 2660.
Rozin (L.), Mechanisiertes Fließband für zusätzliche Bearbeitung gesalzener Heringe 2210.
Rozin (Paul N.) u. **Mayer (J.)**, Wärmeabwehr u. thermoregulator. Verhalten beim Goldfisch 2635.
Rubinoff (I.) u. **Rubinoff (R.)**, Meldungen v. Küstenfischen d. Atlantikküste Panamas 2631.
Rubinoff (R. W.) s. Rubinoff (I.).
Rudjakov (J. A.), Ostracodenart d. Familie Cytheridae aus d. ultraabyssalen Tiefen d. Java-Grabens 1560.
Rudziński (E.), Karpfen in Polen 2658.
Rutkovskaja (V. A.), Einfluß d. Talsperren auf d. jährliche Wasserverteilung in d. Wolga unterhalb d. Wasserkraftwerkes v. Wolgograd 428.
Rutkovskij (V. I.) u. **Kireeva (A. S.)**, Sauerstoffverhältnisse in d. Rybinsker Talsperre 638.

Rutkowicz (S.), Poln. Dorschuntersuchungen in d. südöstlichen Ostsee *1959* 2404.
Ruttner (F.), Grundriß d. Limnologie [646]*.
Ruttner-Kolisko (A.), Porenraum u. kapillare Wasserströmung im Limnopsammal, ein Beispiel für d. Bedeutung verlangsamter Strömung 2187. — Biotop u. Biozönose d. Sandufers einiger österreich. Flüsse 2422.
Ruud (J. T.), Alf Nicolai Dannevig *1886—1960* 2170.
Ryan (J. H.), Schätzungen d. Angelerträge aus kaliforn. Binnengewässern, *1954*, *1956* u. *1957* 877.
Rybak (B.), Ein Exemplar v. Myxine glutinosa mit Hämoglobinmangel 1068.
Rychlicka (J.) s. Żarnecki (S.).
Rychlicki (Z.) s. Żarnecki (S.).
Rynänen (R.), Die limnolog. Probleme d. Küstengewässer Finnlands. *1.* Mitt. Angewandte Hydrographie 1094.
Ryndič (N. N.), Einige Parameter moderner Vakuum-Büchsenschließmaschinen 218.
Ryther (J. H.) s. Guillard (R. R. L.).
Ryžkov (L. P.), *24*-Stunden-Rhythmus d. Intensität d. Sauerstoffverbrauchs bei Larven u. Brut d. Sewan-Forellen 621, 1071.
Ržanova (G. N.) s. Gorjunova (S. V.).
Ržepiševskij (I. K.), Vermehrung d. Seepocke Balanus balanoides an d. östlichen Murman-Küste 1104.
Rzepishevsky (I. K.), Bedingungen für d. Massenschlüpfen d. Nauplien v. Balanus balanoides an d. östlichen Murman-Küste 1983.
Rzóska (J.), Aspekte d. Hydrobiologie d. Nil 2421.

Saadi (A. W.), Naturnahrung d. Karpfens im ersten Lebensjahr 1108.
Sablina (T. B.), Entwicklungsetappen d. Plötze, des Bleis u. d. Wildkarpfens im Wolgadelta u. nördlichen Kasp. Meer 1083.
Saburenkov (N. M.), Grundfragen d. Entwicklung d. Ringwadenfischerei in d. UdSSR 2215.
Sacharov (V. E.), Neue Maschine für d. Zerteilung v. Saira 2211.
Sachslehner (L.), Verbesserung d. Trinkmilchqualität 1851.
Sadkovskaja (O. D.), Ausführungen über d. Anämie d. Forellen im Schwarzflußgebiet 439.
Sadovnikov (N. P.) s. Traubenberg (G. A.).
Saenkova (A. K.), Farbige Monodakna (M. colorata) im Kasp. Meer 1342.
Säuberlich (E.), Auswertung d. Abpumpens eines Altarmes d. Mulde im Kreis Wurzen 420.
Šagin (V. A.) s. Stepanov (V. N.).
Saha (K. C.), **Sen (D. P.)** u. **Chakraborty (S. K.)**, Behandlung eines neuartigen Parasitenbefalls bei Fischen mit Gammexan 1786.
—, **Sen (D. P.)** u. **Sen Gupta (J. C.)**, Biochem. Schichtung in Fischteichen u. ihre Produktivität 1767.
Sahrhage (D.), Deutsche Untersuchungen über d. Schellfisch (Gadus aeglefinus) d. Nordsee *1959* 2406; dass.: Wittling (Gadus merlangus) d. Nordsee *1959* 2406. — Verbreitung d. Fischarten in d. Nordsee im Sommer *1959/60* u. im Winter *1960/61* 2406.
Saila (S. B.), Einfluß d. vorgeschlagenen Sturmsperren auf d. Wanderungen v. Pseudopleuronectes americanus in d. Narragansett-Bucht 1975. — Wanderungen v. Pseudopleuronectes americanus 2180. — s. O'Connor (J. S.).
Sakovec (I. O.), Ozeanographie d. Asow-Schwarzmeergebietes 1065.
Sakowicz (S.), Seeforelle v. Wdzydze-See 1529.
Sakun (O. F.), Analyse d. Zustandes d. Geschlechtsdrüsen d. Zährten, d. den Fischweg Kegum passieren 1319. — s. Persov (G. M.).
Salazkin (A. A.) s. Martynov (V. F.).
Sale (P. F.), Bemerkung über d. Letaltemperatur d. Aurorasaiblings, Salvelinus timagamiensis 619.
Salmanov (M. A.), Verhältnis zwischen Urproduktion u. Destruktion organ. Substanz in d. Mingetschaurer Talsperre 1091. — Mikrobiologische Prozesse im Mingetschaur-Stausee 1092.

Samarina (A. V.), Unterlagen über d. Sauerstoffproduktion bei d. Photosynthese im Baikalsee 1330.
Sandberg (J.) s. Curl jun. (H.).
Sanen (F. J.) s. Tonna (E. A.).
Sano (Y.), Hamana (K.) u. **Kawamoto (M.),** Segmentale Ausbildung d. Neurophysis spinalis caudalis bei einigen Fischarten 2171.
Šapiro (E. A.) s. Džamusova (T. A.).
Šapiro (I. M.), Rott (N. N.) u. **Rass (I. T.),** Beschädigung d. Kernes durch Bestrahlung als Faktor, d. die Zellteilungsprozesse behindert 1761.
Sara (R.), Light fishing [2003].
Sarig (S.), Fischerei u. Fischzucht in Israel im Jahre *1960* 2393; dass.: *1961* 2393.
Šarina (E. G.), Hygien. Charakteristik d. mit Polychlorpinen vergifteten Fische 662.
Šaronov (I. V.), Rolle des Hechts bei d. Bildung d. Ichthyofauna im Kuibyschew-Stausee 876. — Grundzüge d. Bildung d. Ichthyofauna d. Kuibyschewer Talsperre 1322.
Satchell (G. H.), Reflexmäßige Koordination d. Herzschlages mit d. Atmung beim Hai 179. — Reaktion d. Dornhais (Squalus acanthias) auf Sauerstoffmangel 2172. — Innere Vasomotion in d. Haikieme 2623.
Sathyanesan (A. G.), Extravasation v. Blutzellen in u. um d. Hypophyse des Teleosteers Chela bacaila 884.
Sattler (W.), Über d. Körperbau, d. Ökologie u. Ethologie d. Larve u. Puppe v. Macronema Pict. (Hydropsychidae), ein als Larve sich v. „Mikro-Drift" ernährendes Trichopter aus d. Amazonasgebiet 1770.
Saunders (J. W.) u. **Smith (M. W.),** Physikal. Veränderung d. Gestalt eines Fließgewässers zur Verbesserung d. Bachsaiblingsproduktion 1354.
Saunders (R. L.), Atmung d. atlant. Kabeljau 2622.
Savage (T.), C. girardi, ein Synonym für C. bairdi 2406. — Fortpflanzungsverhalten v. Cottus bairdi 2627.
Saville (A.), Herbstheringslarven in d. nördlichen Nordsee *1959* 2404.
Savilov (A. I.), Ökolog. Eigenschaften d. wirbellosen Benthosgemeinschaften d. Ochotsker Meeres 1341.
Savina (N. O.), Balchasch-Karpfen als Akklimatisierungsobjekt in Staubecken 2409.
Savrasov (V. K.) s. Traubenberg (G. A.).
Sawyer (P. J.), Neue Verbreitungsangabe für d. amerikan. Bachneunauge, Lampetra lamottei 853.
Saxena (D. B.), Einfluß v. Kohlendioxyd auf d. respirator. Bewegungen v. Heteropneustes fossilis 1757. — s. Varma (N. S.).
Saxena (R. S.), Fossiler Fisch v. d. Rajmahal-Bergen, Indien 1066/7.
Saxena (S. C.), Schädelmuskulatur v. Garra mullya 1067.
Scarborough (B. B.) u. **Addison (R. G.),** Bedingte Reflexe bei Fischen: Wirkungen v. Röntgenstrahlen 1537.
Scattergood (L. W.), Menschenhaie, Carcharodon carcharias, in Maine, *1959—1960* 1969. — Isurus oxyrinchus aus d. Gewässern Maines 1970.
Ščerbina (K. A.) s. Markevič (A. P.).
Schadé (J. P.) u. **Weiler (I. J.),** Elektroencephalogramme vom Goldfisch (Carassius auratus) 845.
Schäffer (E.), Fischvergiftung im Neckar 1575.
Schäperclaus (W.), Bedeutung d. Startkondition, insbes. d. Fettgehaltes, für d. Entstehung d. infektiösen Bauchwassersucht beim Karpfen im Frühjahr 2206. — *10* Jahre Institut für Fischerei d. Dtsch. Akad. d. Landwirtschaftswiss. 2393.
Schefold (K.), Ausnützung kleiner Seitenbäche 2437. — s. Benda (H.).
Scheline (R. R.), O-Methylierung beim Fisch 1536.
Schell (K.-D.), Bewirtschaftung v. Seen mit Karpfen im VEB-Binnenfischerei Potsdam 420. — Verwendung v. Netzstrom zur Elektrofischerei im VEB Binnenfischerei Potsdam 1797.
Schelske (C. L.), Eisen, organ. Substanz u. a. Faktoren, die d. Primärproduktion in einem Mergelsee begrenzen 862.
Scheuring (L.) u. **Zehender (C.),** Stoffwechselphysiologie d. „Abwasserpilzes" Fusarium aquaeductuum Lagh 1769.

Schiemenz (F.), Für die Fischtreppen 429. — Verhalten d. Forellen beim Aufstieg über ein Felsenwehr, bedeutungsvoll für d. Konstruktion v. Fischtreppen 1763.
Schiffmann (T.), Regulierungsfolgen, Folgeregulierungen 660.
Schlegel (H. G.), Speicherstoffe v. Chromatium okenii 1979.
Schlieper (C.), Biolog. Wirkungen hoher Wasserdrucke. Experimentelle Tiefsee-Physiologie 2428. — s. Flügel (H.).
Schlüter (M.), Anwendung d. Geräteträgers RS 09 zur Ausbringung v. Herbiziden in d. Teichwirtschaft 653.
Schlumpberger (W.), Probleme d. Zanderwirtschaft in d. Küstengewässern d. DDR 1110. — Möglichkeiten zur Steigerung d. Feinfischertrages in unseren Küstengewässern 1351.
Schmeidler (E.), Flußausbau u. Fischtreppen 430.
Schmid (J.), Aalfischerei in Oberbayern 1563; dass.: Bemerkungen 2196.
Schmidt, Intensivgewässer 1986.
Schmidt (B.) u. **Kampf (W.-D.)**, Quantitative Bestimmung d. Nitrat- u. Nitritreduktion durch Bakterien aus Oberflächenwasser 1552.
Schmidt (H.) s. Ziegler (I.).
Schmidt (W. J.), Carotinoidkristalle bei Artemia salina 1770.
Schmitz (W.), Überwachung d. Gewässergüte in den USA, neue Wege u. Methoden 880.
Schneider (H.), Aufgaben d. Instituts für Hochseefischerei u. Fischverarbeitung u. d. Rolle d. Fachzeitschrift „Fischerei-Forschung, Information für die Praxis" 177.
Schneider (Hans), Labyrinth zweier Arten d. Umberfische 1312.
Schober (B.), Rauchextrakt zur Geschmacksgebung für Sprotten u. Heringskonserven sowie Seelachspräserven in Öl. *1.* Mitt. 1999.
Scholtyseck (E.) s. Bick (H.).
Schreiber (M. R.), Nahrungsuntersuchungen bei juvenilen Acipenser transmontanus 1327.
Schroeder (W. C.) s. Bigelow (H. B.).
Schubert (K.), Deutscher Heringsfang *1958* 204.
Schuberth (A.), Bericht über d. durchgeführte Leistungsvergleichsprüfung mit Schilfschneidemaschinen im Jahre *1961* 652.
Schüßler (K.-H.), Folgen d. Eisbedekkung unserer Seen 2641.
Schütz (L.), Verbreitung u. Verbreitungsmöglichkeiten d. Bohrmuschel Teredo navalis L. u. ihr Vordringen in d. NO-Kanal bei Kiel 198.
Schultz (H.), Fangvorhersage für d. Heringsfangplätze d. Nordsee im Jahre *1962* 426.
Schulz (H.) s. Caspers (H.).
Schumacher (G. J.), Süßwasseralgen v. New York 1332.
Schumacher (R. E.) s. Economon (P. P.).
Schupp (D. R.) s. Maloney (J. E.).
Schussmann (M.) s. Benda (H.).
Schuster (G.), Biochem. Abbaumöglichkeiten v. schwer angreifbaren Inhaltsstoffen industrieller Abwässer 657.
Schwabe (G. H.) s. Illies (J.).
Schwartz (F. J.), Laichverhalten v. Rhinichthys atratulus abtusus 851. — Künstliche Hechthybriden, Esox americanus vermiculatus × E. lucius 1322.
Schwarz (S.), Produktionsbiolog. Untersuchungen am Zooplankton d. Rügenschen, Hiddenseer u. Darßer Bodengewässer (*1953* bis *1955*) 1338.
Schwerin (K.-O.), Aktuelle Probleme bei d. Untersuchung v. Seefischen im Binnenland 1789.
Schwille (F.), Nitrate im Grundwasser 404.
Schwoerbel (J.), Bedeutung d. Wassermilben für d. biozönot. Gliederung 2424.
Scidmore (W. J.) s. Maloney (J. E.); Olson (D. E.).
Scott (D. M.) u. **Fisher (H. D.)**, Befall v. Phocoena phocoena aus d. Fundy-Bucht mit dem parasit. Ascariden Porrocaecum decipiens 887.
— u. **Martin (W. R.)**, Nematodenbefall im Filet kleiner Kabeljau v. Lockeport, Nova Scotia u. dem südwestlichen Golf v. St. Lawrence 885.
Scott (D. P.), Einfluß d. Nahrungsmenge auf d. Fruchtbarkeit d. Regenbogenforelle, Salmo gairdneri 1109.

Scott (M. A.) s. Townsley (P. M.).
Scott (W. W.) u. **O'Bier (A. H.)**, Wasserpilze v. kranken Fischen u. Fischeiern 661.
Scotten (H. L.) u. **Stokes (J. L.)**, Isolierung u. Eigenschaften v. Beggiatoa-Stämmen 1334.
Ščupakov (I. G.) u. **Charčenko (L. N.)**, Anomalien, d. bei zwischenartlichen Coregonenhybriden auftreten, welche im Ural unter Produktionsbedingungen gezogen werden 1349.
Sebestyén (J.), Anwendung v. mathemat. Methoden in d. Untersuchung d. landwirtsch. Produktion [2443].
Secondant (M.) s. Quillier (R.).
Seeley (C. M.) s. McCammon (G. W.).
Segaar (J.), Telencephalon u. Verhalten bei Gasterosteus aculeatus 854.
Segerstråle (S. G.), Einwanderung u. Vorgeschichte d. glacialen Relikte Eurasiens u. Nordamerikas. Übersicht u. Diskussion mod. Gesichtspunkte 636.
Sehdev (H. S.) s. Jonas (R. E. E.).
Seidel (K.), Problematik d. Keim- u. Pflanzgewässer 1549.
Seliger (H. H.), **Fastie (W. G.)**, **Taylor (W. R.)** u. **McElroy (W. D.)**, Biolumineszenz v. marinen Dinoflagellaten. *1.* Mitt. Unterwasser-Photometer für Tag- u. Nachtmessungen 2654.
Semenenko (V. E.) s. Ničiporovič (A. A.).
Semina (G. I.), Phytoplankton d. Mischungszone v. Oyashio u. Kuroshio im Frühjahr *1955* 1556. — Neue Art d. plankt. Diatomeen d. Gattung Chaetoceros aus d. zentralen Pazifik 1557. — s. Beklemišev (K. V.).
Semko (R. S.), Förderung d. Bestände d. Fernost-Buckellachses 1966. — Gegenwärtige Bestandsfluktuation der pazif. Salmoniden u. ihre Hauptursachen 2403.
Sen (D. P.) s. Saha (K. C.).
Sen Gupta (J. C.) s. Saha (K. C.).
Šentjakov (V. A.), Verhalten d. Fische v. d. Schleppnetz bei Einwirkung v. elektr. Wechselstromfeldern u. mechan. Reizen 1325. — Einfluß d. Länge d. Elektrodenkette auf d. Fängigkeit d. elektrifizierten Schleppnetzes 1796.
Serfaty (A.) u. **Labat (R.)**, Druck u. Herzreaktionen bei Süßwasserknochenfischen 395.
Sergeant (D. E.), Biologie v. Globicephala melaena in d. Gewässern v. Neufundland 1085.
Sergeeva (A. I.), Kleinerwerden d. nordkasp. Plötze 2409.
Şerpoianu (G.), Einfluß d. Donauwassers auf d. Hydrologie d. marinen Zone vor den Flußmündungen 193. — u. **Chirilă (V.)**, Schwankungen d. physikalisch-chem. Bedingungen in d. marinen Zone in Höhe v. Constanta im Jahre *1959* 1771.
Šerstjuk (V. V.) s. Poliščuk (V. V.).
Seumenicht (K.) s. Bauer (O.).
Ševčenko (N. N.), Helminthenlarven d. Wasserinsekten d. Flüsse u. Überschwemmungsgewässer d. nördlichen Donez 642.
Severson (B. I.), Fangkasten für Fische 1990.
Seydlitz (H. v.), Tagesperiodizität d. Rotbarsches, Sebastes marinus, auf Grund v. Fanganalysen 2634.
Shanklin (D. W.) s. Nicholson (H. P.).
Shanks (W. E.), **Gahimer (G. D.)** u. **Halver (J. E.)**, Unentbehrliche Aminosäuren d. Regenbogenforelle 1569.
Sharpe (F.), Ernährungsweise d. Bachforelle 1568.
Shaver (J. A.), Ringwadenfischerei auf pazif. Thune 656.
Shaw (E.) s. Baylor (E. R.).
Shaw (J.), Absorption v. Chloridionen durch d. Krebs Astacus pallipes 1086. — Absorption v. Natriumionen durch d. Krebs Astacus pallipes. *1.* Mitt. Wirkung äußerer u. innerer Natriumkonzentrationen 1086; *2.* Mitt. Wirkung des umgebenden Anions 1086; *3.* Mitt. Wirkung anderer Kationen d. umgebenden Lösung 1086.
Shell (E. W.) s. Pruginin (Y.).
Shelton (G.), Atmungszentrum d. Schleie (Tinca tinca). *1.* Mitt. Wirkung v. Gehirndurchtrennung auf d. Atmung 844.
Sheridan (W. L.) u. **Weir (C.)**, Behälter für d. Fisch-Lufttransport 1345.
Sherman (K.), Vorkommen v. frühen

Entwicklungsstadien v. Ranzania laevis im zentralen Nordpazifik 2177.
Shetter (D. S.), Besatz einiger Flüsse Michigans mit Forellen v. fangfähiger Größe zu verschied. Jahreszeiten u. deren Wiederfang durch Angler 1347.
Shilo (Miriam), Phytoplankton in Brackwasser-Fischteichen 2419.
— u. **Shilo (Moshe)**, Osmotische Lysis von Prymnesium parvum durch schwache Elektrolyte 1566.
Shilo (Moshe) s. Shilo (Miriam).
Show (E.) s. Cahn (P. H.).
Shulman (M. D.) u. **Bryson (R. A.)**, Vertikale Unterschiede d. durch Wind verursachten Strömungen im Mendotasee 1087/8.
Sick (K.), Frydenberg (O.) u. **Tønnes Nielsen (J.)**, Hämoglobinuntersuchungen an Scholle u. Flunder u. ihren natürlichen u. künstlichen Hybriden 2396.
—, **Westergaard (M.), Frydenberg (O.)** u. **Tucker (D. W.)**, Hämoglobinmuster u. Chromosomenzahl d. amerikan., europäischen u. japan. Aale 187.
Sidorov (E. G.), Parasitenfauna d. Fische in den Stauseen d. zentralen Kasach. SSR 207.
Sidorov (M. F.), Schema d. fischereilichen Erschließung d. Staubecken d. oberen Amur 2433.
Siedler (G.), Über d. kurzfristige Veränderlichkeit v. Temperatur- u. Salzgehaltsschichtung in d. östl. u. mittleren Ostsee im Sommer *1960* 194. — Zugbeanspruchung d. Einleiterkabels bei Bathysondenmessungen in d. Tiefsee 1106. — s. Krause (G.).
Siepmann (R.), Hefen im Meer 2428.
— u. **Höhnk (W.)**, Hefen u. einige Pilze (Fungi imp., Hyphales) aus dem Nordatlantik 873.
Šilov (A. I.), Jahreszeitliche Veränderungen d. Zahl u. Biomasse d. Tendipediden in d. Rybinsker Talsperre 1337.
Šilova (A. I.), Über jahreszeitliche Änderungen d. Populationen v. Tendipes plumosus u. T. tentans im Rybinsker Stausee 407. — Metamorphose d. Zuckmücke Cryptochironomus burganadzeae 407.
Simonova (L. G.), Angaben über d. Entwicklung d. Ziegen u. Kilki im Staubecken v. Kachowka 2410.
Simonsen (R.), Systematik u. Ökologie d. Bodendiatomeen d. westlichen Ostsee 872.
— u. **Kanaya (T.)**, Marine Arten d. Diatomeen-Gattung Denticula Kütz 1339.
Simpson (T. H.) s. Gottfried (H.).
Simson (S. A.) u. **Ivanova (E. M.)**, Dorschkonserven „Fischsuppe“ 1791.
Singh (G. P.), Karotis-Labyrinth bei Süßwasserknochenfischen 1756.
Singh (V. P.), Algennahrung einiger örtlicher Fische 856.
Sinha (A. A. N.) s. Srivastava (C. M.).
Šišanina (A. D.), Materialien über d. Krankheitsbild u. d. Pathogenese d. Fleckenkrankheit d. Salmonidenlarven 440.
Sisk (M. E.) s. Branson (B. A.).
Šiškova (E. V.), Verhältnis d. Echosignals zur Dauer d. Impulses 2212.
Sivercov (A.), Teiche neben den Wegen 201.
Sivko (T. N.), Entwicklung d. Hydrochem. Verhältnisse in d. Gonolessker Talsperre 1091.
Skadovskij (S. N.), Neue Wege zur Bekämpfung d. Gewässerverunreinigung mit hydrobiolog. Methoden 657.
Skadowskij (S. N.), Hydrobiologie bei d. Reinigung d. Gewässer v. Verschmutzungen u. über d. Entwicklung d. Biozönologie 1351.
Skalski (K.), Selbstreinigung v. Oberflächengewässern, d. mit Abwässern d. Lebensmittelindustrie belastet sind 1573.
Škorbatov (L. A.), Ergebnisse d. hydrobiolog. u. hydrochem. Untersuchung d. Oskolflusses im Zusammenhang mit d. Errichtung d. Krasny-Oskol-Talsperre 414.
Skornjakov (V. I.), Meerbrassen 1755.
Skud (B. E.), Überblick über d. Laichen des Herings in Süd-Ost-Alaska 183.
Slabaugh (L. V.) s. Bodman (R. H.).
Sládečková (A.), Aquatische Deuteromyceten als Indikatoren für d. Ge-

wässerverschmutzung während d. Stärkekampagne 2662.
Slijper (E. J.), Riesen d. Meeres. Eine Biologie d. Wale u. Delphine [1546]*.
Smed (J.), Monatliche Anomalien d. Oberflächentemperatur in d. Arealen d. nördlichen Nordatlantiks *1959* 2647; dass.: an d. Ostküste Schottlands *1959* 2649.
Smirnov (A. I.), Ökologie d. Vermehrung v. Oncorhynchus masu 623. — Lachszucht im Fernen Osten 1349.
Smirnov (A. N.), Einfluß d. biogenen Abflusses d. Dons u. d. Salzgehalts auf d. Zooplanktonentwicklung in d. Tanganrog-Bucht d. Asowschen Meeres 1094.
— u. **Naumov (V. M.),** Wirkung d. Netzfanges u. ihre ökonom. Bedeutung 2214.
Smirnov (N. N.), Gelöste Vitamine u. ihre Bedeutung für d. Wasserorganismen 1332. — Eurycercus lamellatus (Chydoridae, Cladocera): Feldbeobachtungen u. Ernährung 2185. — Verzehr v. Überwasserpflanzen durch Insekten 2415.
Smirnova (K. V.), Dynamik d. Parasitenfauna d. Zimljansker Stausees während seines 5jährigen Bestehens 432.
Smirnova (L. I.), Methodik d. Untersuchung d. geformten Bestandteile d. Fischblutes 1314.
Smirnova (T. S.), Beiträge zur Biologie v. Polyphemus pediculus 1090.
Smíšek (J.), Natürliche Nahrung u. Wachstum d. Zanders während d. ersten Jahres 1782.
Smith (A. C.), Elektrophoretische Charakteristiken d. Augenlinsenproteine v. Thunnus germo, Thunnus saliens u. Paralabrax clathratus 1532. — Hämoglobinvarianten u. elektrophoret. Ganzblutstudien bei zwei Thunfischen u. drei anderen Fischarten 2173.
Smith (D. G.) s. Young (E. G.).
Smith jun. (E. J.), Mechan. Einholvorrichtung für d. Bootsnetzfischerei 2003.
Smith (G. R.), Fischfauna d. Illinoian-Formation d. südwestlichen Kansas u. ihre klimat. Besonderheiten 2619.
Smith (H. D.) s. Thorsteinson (F. V.).
Smith (J. L. B.), Von Lichtenstein im Jahre *1823* beschriebene Fische vom Kap d. Guten Hoffnung 628. — Interessante Fische aus Südafrika 1763.
Smith (L. L.) s. Kramer (R. H.).
Smith jun. (L. L.) s. Kramer (R. H.).
Smith (M.) s. McBride (J. R.).
Smith (M. W.), Bodenfauna in einem gedüngten, natürlichen See u. ihre Nutzung durch Salvelinus fontinalis 1345. — Einfluß einer Teichbildung auf d. Wanderungen v. Salvelinus fontinalis u. auf d. Angelerfolg 2656. — s. Saunders (J. W.).
Smith (P. W.) u. **Bridges (D. W.),** Ichthyolog. Typenexemplare, d. noch aus d. alten Staatslaboratorium für Naturgeschichte v. Illinois vorhanden sind 1079.
Smolej (A. I.), Einfluß d. Absenkens d. Sewan-Sees auf d. Zusammensetzung d. Forellenbestände 2440.
Snieszko (S. F.), Camper (J. E.), Howard (F. J.) u. **Pettijohn (L. L.),** Mikrohämatokrit, eine Methode in Fischereiforschung u. Fischwirtschaft 179.
Snow (J. R.), Aufzuchtmethoden für Setzlinge v. Ictalurus punctatus 1349. — Simazin als Algizid in Barschteichen 1989. — Methode zum Erkennen v. Micropterus-salmoides-♂♂ zur Laichzeit 1990.
Şoileanu (B.) s. Nicolau (A.).
Soin (S. G.), Periode d. Embryonal- u. Larvententwicklung bei Erythroculter erythropterus 1312. — Vermehrung u. Entwicklung v. Ophiocephalus argus warpachowskii 1964.
Sokol (H. W.), Cytologische Veränderungen in d. Hypophyse d. Teleostier in Verbindung mit d. Fortpflanzungszyklus 1532.
Sokolov (L. I.), Nahrung d. Chines. Barsches im Amur 630; dass.: im mittleren Amur 857. — Sommernahrung d. Hechte im Mittellauf d. Amur 1326.
Sokolov (V. A.), Bedingte Reflexe auf Lichtreize beim Seestern Asterias rubens 1105.
Sokolova (A. P.) s. Kabanov (N. M.).

Sokolova (M. M.) s. Ivanova-Berg (M. M.); Žaks (M. G.).
Sokolova (M. N.) s. Kuznecov (A. P.).
— u. **Pasternak (F. A.)**, Quantitative Verbreitung d. Bodenfauna im nördlichen Teil d. Arab. Meeres u. im Golf v. Bengalen 1101.
Sokolova (N. J.), Zur Aufwuchsfauna in Talsperren u. Wasserleitungen 411. — Über d. Tendipedidenfauna d. Utscha-Talsperre u. ihre jahreszeitlichen Veränderungen 640.
Sokol'skaja (N. L.), Neue Arten d. Naididae (Oligochaeta) aus dem Baikalsee 865.
Soleanu (B.), Wasserblüte u. fischereiliche Produktivität d. Teiche d. Station Nucet v. *1957—1959* 1767.
Solovev (B. S.) u. **Jakovlev (A. A.)**, Reaktion d. Fische im Ind. Ozean auf elektr. Unterwasserlicht 2660.
Solovkina (L. N.), Angaben über d. Schnäpel d. Ussa-Flusses während d. Laichperiode 1318.
Someren (V. D. van), Zucht v. T. nigra in Teichen. *8.* Mitt. Einfluß v. Reusenfängen auf den Ertrag bei Zuchtpopulationen 878. — Binnenfischereiforschungsstation Sagana, Kenya 1754.
Sommani (E.), Mißbildung bei einer Schleie 1997.
Sommer (K.), See- u. Küstenfischerei u. d. Fischversorgung d. Bundesrepublik Deutschland im Jahre *1961* 1799.
Sorokin (J. I.), Methan u. Wasserstoff im Wasser d. Wolga-Stauseen 408. — Selbstverminderung d. Strahlungsintensität v. ^{14}C in wirbellosen Organismen 417. — Bakterielle Reduktion d. Sulfate im Kuibyschewer Stausee 1092. — Photosynthet. Produktion d. Phytoplanktons im Schwarzen Meere 1098. — Bestimmung d. Umfanges d. Isotopeneffektes bei d. Photosynthese in Kulturen v. Scenedesmus quadricauda 1331. — Sulfidgehalt in d. Böden d. Tscheremscha- u. Suskabucht d. Kuibyschewer Talsperre 1335. — Erforschung d. bakteriellen Reduktion d. Sulfate im Schwarzen Meer mit Hilfe v. ^{35}S 1342. — Bathometer zur Entnahme v. Wasserproben für bakteriolog. Analysen 1342. — Methodik d. Bestimmung v. Schwefelwasserstoff u. Sulfiden in Schlammablagerungen 1343. — Bestimmung d. Korrekturkoeffizienten für d. Selbstabsorption d. ^{14}C-Strahlung bei d. Bestimmung d. photosynthet. u. chemosynthet. Produktivität in Stauseen 1336. — Biomasse d. Bakterien u. chem. Zusammensetzung d. Bodens in d. Rybinsker Talsperre 1337. — Mikroflora d. Bodens d. Schwarzen Meeres 1981.
Sorokin (J. N.), Methodik d. Bestimmung d. Urproduktion d. Meeres mit Hilfe v. ^{14}C 1342.
Sorokin (S. M.), Verstärkt d. fischereiliche Erschließung d. kleinen Seen d. Leningrader Gebietes 1346.
Soulsby (J. J.), Fischerei im Mweru-Wantipa-See 1108. — Stand d. Fischerei im Mweru-See 1777.
Southcott (B. A.) s. Boyd (J. W.).
Southward (A. J.) s. Orton (J. H.).
Southward (E. C.), Neue Galathealinum-Art aus d. kanad. Arktis 1773.
Southward (G. M.), Photographie v. Heilbutt-Otolithen zur Messung d. Zuwachszonen 1974. — Methode zur Errechnung d. Körperlänge aus Otolithenmessungen beim Pazif. Heilbutt u. ihre Anwendung auf d. Portlock-Albatross-Grounds-Daten zwischen *1935* u. *1957* 1974.
Spaas (J. T.), Beiträge zur vergleichenden Physiologie u. Genetik d. europäischen Salmoniden. *3.* Mitt. Temperaturresistenz in verschied. Alter 844.
Spasskij (A. A.) u. **Rojtman (V. A.)**, Trematoden, Cestoden u. Acanthocephalen d. Fische d. oberen Jenissei 1995.
Spasskij (S. S.) s. Krasovskij (G. N.).
Speare (E. P.), Wachstum v. Etheostoma nigrum nigrum im Augusta-Bach, Michigan 1084.
Sperling (L.), Futterwert neuer Eiweißquellen aus Gewässern u. Abwässern 637.
Špet (G. I.) u. **Charitonova (N. N.)**, Ausnutzung d. Nahrung durch d. Giebel u. d. Karpfen 2636.
— u. **Fel'dman (M. B.)**, Sauerstoffhaushalt d. Karpfenteiche in Zu-

sammenhang mit d. Intensivierung d. Karpfenwirtschaft 413.
Spet (G. I.) u. **Voznesenskij (V. S.)**, Belüftung d. Wassers v. Teichen zur Bekämpfung d. sommerlichen Erstickungsgefahr 1348.
Spoel (S. van der) s. Utrecht (W. L. v.).
Spoljanskaja (A. J.), Erkrankungen v. Fischeiern u. Fischbrut in den sowjet. Fischzuchtbetrieben 206.
Sprague (J. B.), Resistenz v. *4* Süßwasserkrebsen gegenüber hohen Letaltemperaturen u. niedrigem Sauerstoffgehalt 2643.
Springer (S.) u. **Lowe (R. H.)**, Neue Haiart, Mustelus higmani, v. d. atlant. Äquatorialküste Südamerikas 2632.
Springer (V. G.), Blenniiden aus d. Gattung Ophioblennius 1970. — Fischfauna d. Tampa-Bucht-Gebietes in Florida 2178. — Zwei Arten indo-westpazif. Blenniiden, d. irrtümlich aus d. westlichen Atlantik beschrieben wurden 2632.
Squire jun. (J. L.), Marlin u. Schwertfisch in ozean. Gewässern d. westlichen Nordatlantiks 1540.
Squires (H. J.), Decapoden d. Calanus-Expeditionen in d. Frobisher Bay, Baffin Island, *1951* 1982. — s. Templeman (W.).
Srivastava (C. M.) u. **Sinha (A. A. N.)**, Fische u. Fischerei im Ranchi-See, Ranchi (Bihar) 1987.
Srivastava (P. N.), Kontrolle d. Thyreoidea über den Mineralstoffwechsel (^{32}P) bei Lachsen 180. — Kontrolle des Radiophosphor-Stoffwechsels durch d. Schilddrüse bei einjährigen Lachsen, Salmo salar 846. — Einfluß v. Thyroxin auf den Radiojod-Stoffwechsel d. Schilddrüse v. C. auratus in Süßwasser u. jodangereichertem Wasser 846.
Srivastava (V. K.), Süßwasserbodenfauna. *2.* Mitt. Qualitative Zusammensetzung u. Unterschiede im nutzbaren Futterangebot für d. Fische 1766; *3.* Mitt. Beziehung zwischen d. Bodenfauna u. d. Fischnahrung 1766. — s. Das (S. M.).
Staack (H. H.) u. **König (D.)**, Fleischwarenabwässer u. Vorfluter in zwei Beispielen 1352.
Staib (A. H.), Sauerstoffangebot u. -verbrauch beim Goldfisch 1534.
Stainier-Lambrecht (A.), Heterogenität d. L-Meromyosins d. Karpfens (Cyprinus carpio) 2623.
Starikova (N. D.), Organ. Stoffe in Bodenlösungen u. ihre Verteilung in den Ablagerungen d. Meere u. Ozeane 195. — Frage d. Charakters d. organ. Substanzen d. Bodenablagerungen v. Talsperren 410.
Starmühlner (F.), Biolog. Untersuchungen in isländ., mitteleuropäischen u. madagass. Warmbächen 2421.
Starobogatov (J. I.) s. Murina (V. V.).
Starostin (I. V.), Frage d. Entwicklung d. hydrobiolog. Verhältnisse d. Gewässer d. ersten Abschnittes d. Kara-Kum-Kanals Amu-Darja-Murgab 410.
Stascheit (J.), Verbesserung d. Sterilisationseinrichtungen in d. Fischverarbeitungsindustrie 1791.
Staub (R.), Ernährungsphysiolog.-autökolog. Untersuchungen an d. plankt. Blaualge Oscillatoria rubenscens DC 1332.
Steele (J. H.) u. **Baird (I. E.)**, Beziehungen zwischen Primärproduktion, Chlorophyll u. Kohlenstoff 2645.
Steenmann Nielsen (E.), Maximale Menge v. Plankton-Chlorophyll je Flächeneinheit eines Sees oder d. Meeres 1548.
Stefánsson (U.), Hydrograph. Bedingungen in d. isländ. Gewässern im Mai-Juni *1959* 2427. — s. Aleksejev (A.).
Steffens (W.), Der heutige Stand d. Verbreitung v. Plistophora hyphessobryconis Schäperclaus *1941* (Sporozoa, Microsporidia) 211. — Der Karpfen [404]*. — Fütterungsversuche bei Regenbogenforellen (Salmo gairdneri). Vergleichende Untersuchungen über den Futterwert v. rohem Seefisch, Süßwasserfisch u. Rindfleisch 424. — Empfindlichkeit v. Salmonideneiern gegenüber Erschütterungen 654. — Verhütung d. Saprolegnia-Befalls v. Forelleneiern durch Formalin 661. — Ausnutzung v. Fischnahrung

durch d. Zander (Lucioperca lucioperca [L.]) 2408.
Steffens (W.), Lieder (U.), Nehring (D.) u. **Hattop (H.-W.),** Möglichkeiten u. Gefahren d. Anwendung v. Malachitgrün in d. Fischerei 436.
Štegman (B. K.), Vögel als Indikatoren biolog. Besonderheiten d. Gewässer 404.
Stegman (J. L.) u. **Minckley (W. L.),** Vorkommen v. *3* Fischarten im Gesteinszwischenraum im Bereich einer unterird. Strömung 853.
Steinberg (R.), Fängigkeit v. Kiemennetzen für Barsch, Perca fluviatilis (L.) u. Plötze, Rutilus rutilus (L.) in Abhängigkeit v. d. Eigenschaften d. Netzmaterials, d. Netzkonstruktion u. d. Reaktion d. Fische 2002.
Stejn (G. A.) s. Ginecinskaja (T. A.).
Stella (E.), Ökologie u. Biologie einer neuen Art v. Pseudamnicola (Gastropoda, Prosobranchia) aus d. Peschiera-Fluß (Rieti, Italien) 2424.
Stengel (H.), Berechnung d. Bewegung d. Trawlers mit d. Schleppnetz 1112.
— u. **Hartung (F.),** Gegenwärtiger Stand u. d. Wege in d. Entwicklung d. Schleppnetzfischerei 2199.
Steopoe (I.) u. **Teodorescu-Leonte (R.),** Kenntnis d. Struktur d. reifen Gonade u. ihrer letzten Reifestadien bei d. „Donaumakrele“ 1761.
Stepanov (V. N.) s. Nekrasova (V. A.).
— u. **Šagin (V. A.),** Vertikale Veränderung d. Salzgehaltes d. Wassers im Weltmeer 2189.
Stepanova (N. A.), Biolog. Verhältnisse u. d. fischereiliche Bedeutung d. Staubecken Usbekistans 2433.
Stephens (J.), Ausbreitung d. temperierten Blennioiden Neoclinus bryope in d. trop. westlichen Pazifik 2178.
Stephens (R. F.) s. Piper (R. G.).
Šterman (L. J.), Zulässige Kochsalzmenge in den Futterrationen d. Regenbogenforelle 654.
Stevenson (J. C.), Verteilung u. Überleben d. Heringslarven in Gewässern Brit.-Kolumbiens 1539.
Stevenson (J. H.) s. Meyer (F. P.).
Stewart (W. D. P.), Cystoseira tamariscifolia an d. Westküste v. Schottland 1772.
Stieve (H.), Spektrale Empfindlichkeitskurve d. Auges v. Eupagurus bernhardus L. 189.
Stiller (J.), Durch Einwirkung v. Umweltfaktoren entstehende Modifikationen bei peritrichen Ciliaten u. ihre Bedeutung bei d. Beurteilung d. Wassers 1353.
Stock (H.), Frage der Absperrungen in Binnengewässern Niedersachsens 221.
Stockinger (N. F.) u. **Hays (H. A.),** Plankton, Benthos u. Fische in *3* Grubenseen mit verschied. pH-Werten 1987.
Stoian (M.) s. Roşca (G.).
Stoina (T.) s. Drăgăşanu (S.).
Stokes (J. L.) s. Scotten (H. L.).
Stolk (A.), Hämoglobinmangel bei einem Fisch 206. — Histochem. Analyse v. drei Dehydrogenase-Systemen aus dem renalen Adenocarcinom d. Cyprinodonten Aplocheilus lineatus lineatus 214. — Melanome in d. Haut d. schwarzen Skalares Pterophyllum scalare sowie einige theoret. Betrachtungen über Melanome in extrem pigmentierten Fischen. *1.* u. *2.* Mitt. 214. — Arginin u. neurosekretor. Matrial in d. Neurohypophyse des Cichliden Astronotus ocellatus 620. — Hämochromatose bei einem Stamm des Characiden Ctenobrycon spilurus 884. — Fütterung mit stark fetthaltiger Nahrung u. Mastzellenzahl im Myokard v. Lebistes reticulatus, Xiphophorus helleri u. Xiphophorus maculatus 884; dass.: im Mesenterium v. Lebistes reticulatus, Xiphophorus helleri u. Xiphophorus maculatus 884. — Besonderheit des Interphasennucleus in normalen u. Geschwulstzellen bei Fischen, Amphibien u. Reptilien. *1.* Mitt. 886. — Geschwülste bei Fischen. *23.* Mitt. Einige Fälle eines chromophoben Adenoms bei Mollienisia velifera 886; *24.* Mitt. Augenmelanom bei Anoptichthys jordani 886; *27.* Mitt. Guanophorom bei Ctenobrycon spilurus 887; *28.* Mitt. Xanthophorom bei Rivulus xanthonotus 887. — Viscerale u.

vasculäre Umkehrung beim lebendgebärenden Zahnkarpfen Xiphophorus maculatus 1068. — Geschwülste bei Walen. *3.* Mitt. Granuloma malignum (Hodgkinsche Krankheit) beim Finnwal Balaenoptera physalus 1997.

Stommel (H.), Analogie zum antarkt. Zirkumpolar-Strom 1554.

Stone (U. B.), Wie lange leben Fische? 403.

Storen (S. E.), „Nor-Laks", ein norweg. Fischzuchtbetrieb, in d. gefangene Lachse vermehrt werden 1110.

Šťota (Z.) s. Toman (M.).

Strahan (R.), Überleben v. Paramyxine atami in verdünntem Seewasser 1962.

Strasburg (D. W.), Fischlarven d. Carapiden v. Hawaii mit Bemerkungen über d. Ökologie d. Adulten 2178.

Straškraba (M.), Anteil d. Litorals an d. Produktivität eines Teiches 2186.

— u. **Brandl (Z.),** Produktivität d. ufernahen Teichzone 866.

Strelkov (J. A.) s. Bauer (O. N.); Žukov (E. V.).

Strickland (C. W.) s. Hartman (W. L.).

Strickland (J. D. H.) s. Parsons (T. R.).

Strietelmeier (D.) u. **Koch (R. B.),** Veränderungen v. Grünalgen, d. als Futter benutzt werden 1332.

Strøm (K.), Bildung v. Pseudomoränen durch Seeneis 861.

Stroganov (N. S.), Physiological adaptability of fish to the temperature of the surrounding medium [2181].

— u. **Kolosova (L. V.),** Einfluß v. Abwässern aus d. Nylonproduktion auf Wasserorganismen 881.

Stroganow (N. S.), Moderne Probleme d. Wassertoxikologie 1574.

Strojkina (V. G.), Zahl u. Biomasse d. Blaualgen in d. Oberflächenschichten d. Kuibyschewer Talsperre während d. Wasserblüte in d. Jahren *1957* u. *1958* 1336.

Stromenger-Klekowska (Z.), Jahreszyklen d. Cladoceren in Fischteichen 413.

Strotkoetter (E.), Rezeption hydrostat. Drucke bei Fischen u. ihre Mitwirkung an d. Orientierung im Raum 2622.

Šubina (A. V.), Wirkung einiger Faktoren auf d. Phagozytose bei Fischen 1316.

Subklew (H.-J.) u. **Thomaschky (H.),** Bewuchs an Seetonnen im Mündungsgebiet d. Peenestroms 2425.

Šubnikov (D. A.), Besonderheiten d. Längenwachstums d. atlant.-skandinav. Herings in d. Sommerperiode 2409.

— u. **Šubnikova (O. N.),** Seevögel u. Suche v. Heringsschwärmen 2212.

Šubnikova (O. N.) s. Šubnikov (D. A.).

Subrahmanyan (R.), Einfluß d. Monsune auf d. Phytoplankton-Produktion 1098.

Suceveanu (N.) s. Rădulescu (I.).

— u. **Rădulescu (I.),** Angaben über d. Bekämpfung d. infektiösen Bauchwassersucht in einigen Teichwirtschaften d. VR Rumänien mit Antibiotika *1959* u. *1960* 212.

Suchojvan (P. G.) s. Ljašenko (A. F.).

Suchoverchev (F. M.), Erfahrungen im Versand u. in d. Aufzucht v. Amur (Ctenopharyngoden idella) u. Tolstolob (Hypophthalmichthys molitrix) 1110.

Sugiura (Y.), Ibert (E. R.) u. **Hood (D. W.),** Massentransport v. Kohlendioxyd durch d. Meeresoberfläche 2190.

Sujne (O. É.) s. Grjuner (V. S.).

Sukrutov (N. I.), Einsalzung, Aufbewahrung u. Verarbeitung d. Rotbarsches zum Grundmaterial für Räucherrücken 663.

Šuljak (G. S.), Entwicklungsbesonderheiten nichttyp. Karpfendärme 843.

Šul'man (G. E.), Chem. Zusammensetzung d. Asow-Sardelle in d. Vorlaich-, Laich- u. Vorwanderperiode im Lauf d. jährlichen Lebenszyklus. *1.* Mitt. Veränderung d. relativen u. absoluten Fettmenge 1313.

Šul'man (S. S.), Fischparasiten d. östlichen Teils d. Ostsee 434. — s. Svetovidov (A. N.).

Summerfelt (R.) s. Lewis (W. M.).

Sumner (F. H.), Wanderung u. Wachstum v. Salmo clarki clarki in Tillamook, Oregon 858.

Sundararaj (B. I.) u. **Suttkus (R. D.)**, Fruchtbarkeit v. Cynoscion nebulosus im Gebiet des Borgne-Sees, Louisiana 849.

Šuntov (V. P.), Meerschlangen, Hydrophiidae, d. Tonking-Bucht (Nord-Vietnam) 2195.

Šurin (A. T.), Bodenfauna d. Rigaer Bucht u. Bedingungen ihrer Verbreitung 1100.

Surkov (P. G.) s. Černov (P. G.).

Susai (I.), Methode zur wirksamen Steigerung d. Fortpflanzung d. Karpfens 1760.

Suščenja (L. M.), Quantitative Angaben über Nahrung u. Energiebilanz v. Artemia salina 643.

Šuškina (É. A.) s. Petrovič (G. P.).

Sutcliffe (D. W.), Salz- u. Wasserausgleich in Köcherfliegenlarven. *1.* Mitt. Osmo- u. Ionenregulation d. Körperflüssigkeit bei Limnephilus affinis 1552; *2.* Mitt. Osmo- u. Ionenregulation d. Körperflüssigkeit bei Limnephilus stigma u. Anabolia nervosa 1552.

Suttkus (R. D.) s. Sundararaj (B. I.).

Sutton (L.) s. Ross (D. M.).

Šuwalov (V. S.), Versuch zur Verwendung radioaktiven Kalziums (^{45}Ca) bei d. Untersuchung d. Mineraldüngung v. Teichen 423.

Svanidze (G. G.), Anwendung d. „Monte-Carlo-Methode“ bei dem Problem d. Flußregulierung 198.

Svansson (A.), Hydrographie d. Kattegats *1959*, schwed. Gewässer 2425. — Hydrographische Beobachtungen auf schwed. Feuerschiffen u. d. zentralen Ostsee *1959* 2646.

Svetovidov (A. N.), Erinnerung an N. L. Tschugunow (*1889* bis *1939*) 1309.

— u. **Šul'man (S. S.)**, Zusammenhang zwischen d. Zusammensetzung d. Parasitenfauna einiger Fischgruppen u. d. Parallelismus in ihrer Ökologie u. Verbreitung 1355.

Svinkin (V. B.), Wärmebeständigkeit d. Spermien einiger Teichmuscheln 191.

Švob (T.), Ovariographie des Hechts (Esox lucius) u. d. Flußbarsches 2174.

Swarup (H.) u. **Belsare (D. K.)**, Sogenannter Sub-Pharyngal-Sinus bei Fischen 1756.

Swarup (K.), Abnormitäten in d. Gonaden v. Hilsa ilisha 1761. — Hilsa-Fischerei in Allahabad 1783.

Swift (D. R.), Jahreszeitliche Veränderung in d. Aktivität d. Schilddrüse einjähriger Bachforellen 845.

Swingle (H. S.), Fischereilaufbahnen 1753.

Syčevskaja (E. K.) u. **Devjatkin (E. V.)**, Erste Funde v. Fischen aus neogenen u. diluvialen Ablagerungen des Altai-Gebirges 842.

Synowiec (A.), Zahlenmäßige Bestimmung d. Relief- u. Witterungseinflusses auf einen See 2412.

Szabó (E.), Enzymtätigkeit d. Sedimente d. Balaton-Sees 2416.

Szczepański (A.), Opt. Eigenschaften d. Wassers u. Typologie 2412.

Szesztay (K.), Hydrolog. Grundlagen d. Seewasserstandsregulierung 2183.

Tabata (S.) s. Mahon (E. F.).

Tack (E.), Magerfischrogen als Futter für Forellenbrut u. Zuchtforellen 2197.

Tait (J. B.), Hydrographie d. Färö-Bank-Rinne 2648.

Tal (E.), Schwankungen d. Vitamin-B_{12}-Gehaltes in Fischteichen im Beith-Shean-Tal 1093.

Talbot (F. H.) u. **Penrith (J. J.)**, Speerverhalten bei d. Nahrungsaufnahme d. Schwarzen Marlins, Istiompax marlina 1325.

Talling (J. F.), Entstehung einer Schichtung in einem afrikan. Rinnen-See 2641.

Tanaka (S.), Wirkung d. Reduktion d. Fischereiaufwandes auf d. Ertrag 2201.

Tandon (K. K.), Nahrung u. Ernährungsweise v. Selaraides leptolepis 1080.

Tandon (R. N.) s. Dayal (R.).

Taranenko (N. F.), Veränderung biolog. Merkmale u. ihre prakt. Bedeutung im Beispiel d. Schwarzmeer- u. Asowmeersardelle 2402.

Tarasov (M. N.), Salzbilanz d. Balchasch-Sees 1548.

Tarasova (O. M.) s. Nosal' (A. D.).

Tarkovskaja (O. I.) s. Krivobok (M. N.).

Tarr (H. L. A.) u. **Leroux (M.)**, Ursprung u. quantitative Verbreitung d. säurelöslichen Phosphoranteile u. freien Zucker im Fischmuskel 1961.

Tarverdiev (P. B.), Temperaturverhältnisse d. Mingetschaurer Talsperre in d. Periode d. Auffüllung 1091.

Tatarskaja (R. I.) s. Abrosimova (N. M.).

Tatsumoto (M.), **Williams (W. T.)**, **Prescott (J. M.)** u. **Hood (D. W.)**, Aminosäuren in Oberflächenproben v. Seewasser 644.

Taylor (W. R.) s. Seliger (H. H.).

Teal (J. M.) u. **Halcrow (K.)**, Verfahren zur Messung d. Atmung einzelner Copepoden im Meer 1774.

Telegut (M.) u. **Nadra (E.)**, Flußaal im Cerna-Fluß 2618.

Templeman (W.), Meldung v. Lagocephalus lagocephalus, Familie Tetraodontidae, v. Neufundland 1762.

— u. **Fleming (A. M.)**, Kabeljau-Markierungen im Neufundland-Gebiet in d. Jahren *1947* u. *1948* 1976.

— u. **Squires (H. J.)**, Meldung eines Blauen Leng aus d. Neufundlandgebiet 1762. — Drei Meldungen v. Aphanopus carbo aus d. kanad. Region d. westlichen Atlantiks 2632.

Teodorescu-Leonte (R.) s. Steopoe (I.).

Teplova (E. P.), Aufzuchtversuche mit dem Tolstolob in den Kuban-Limanen 878.

Teš = Tesch.

Teš (F. V.), Über hohe Produktivität u. Ertragsfähigkeit v. Cyprinidentalsperren 417.

Tesch (F. W.), Witterungsabhängigkeit d. Brutentwicklung u. Nachwuchsförderung bei Lucioperca lucioperca L. 2656. — s. Rogowski (U.).

Theilacker (G. G.) s. Lasker (R.).

Thiel (H.), Strobilisation v. Aurelia aurita LAM. an einer Population d. Kieler Förde 1773.

Thines (G.), Lichtempfindlichkeit v. Mutanten v. Barbus (Puntius) conchonius Hamilton-Buchanan (Cyprinidae) mit mißgebildeten Augen 2634.

Thomas (E. A.), Chloridzugabe bei Plankton-Test-Loten im Baldeggersee 1090. — Therm. bedingte Horizontalzirkulationen, Wasserchemismus u. Algenwucherungen an Zürichseeufern 2413. — Planktonproduktion in Flaschen u. im Plankton-Test-Lot nach Thomas 2431.

Thomas (M.), Anwesenheit v. Sida crystallina im Plankton u. d. Ursprung d. Süßwasserplanktons 1979.

Thomaschky (H.) s. Subklew (H.-J.).

Thompson (W. F.), Versuch einer Populationsdynamik d. Pazif. Lachses Oncorhynchus nerka 184.

Thomsen (H.), Dänische hydrograph. Beobachtungen im Großen Belt u. d. Ostsee *1959* 2646. — Hydrographie d. Kattegats *1959*, dän. Gewässer 2647.

Thomson (J. A.), Fruchtbarkeit d. pazif. Kabeljau (Gadus macrocephalus aus d. Hecate Strait, Brit.-Kolumbien 1964.

Thomson (J. M.), Markieren v. Meerestieren in Australien 1545.

Thorsteinson (F. V.), **Noerenberg (W. H.)** u. **Smith (H. D.)**, Länge, Alter u. Geschlechterverhältnis v. Oncorhynchus keta aus Alaska Peninsula, Kodiak Island u. d. Gebiet d. Prince William Sound v. Alaska 2637.

Thrailkill (J. R.), Zooplanktonvolumen vor d. Pazifikküste *1958* 196.

Thurow (F.), Fangerträge u. Wachstum des Aales in d. westlichen Ostsee 841. — Dorschmarkierungen in d. westlichen Ostsee 2639.

Tibbo (S. N.), Neue Meldungen über d. Vorkommen v. Pterolamiops longimanus u. Coryphaena hippurus im Nordwestatlantik 1968. — s. Das (N.); McKenzie (R. A.).

Tichij (M. I.), Etappen d. Untersuchung u. d. fischereilichen Nutzung d. Talsperren d. UdSSR 407.

Tiemeier (O. W.), Zusätzliche Fütterung bei Setzlingen v. Ictalurus punctatus 655.

Tiews (K.), Sommerliche Suchfahrten d. Hochseefischkutters „Meta Holst“ auf Edelfische in d. nördliche Nordsee 203. — s. Meyer-Waarden (P. F.).

Timm (R. W.), Marine Nematoden d.

Familie Linhomoeidae aus d. Arab. See bei Karachi 645.
Timm (T. È.), Fauna d. Süßwasser-Oligochaeten d. Estn. SSR 191.
Tjumencev (N. V.) s. Kožov (M. M.).
Tjurin (P. V.), Fischproduktivität d. Seen d. NW-Teils d. UdSSR 1344. – s. Burmakin (E. V.).
Tkačenko (E. S.), Gehalt an Vitamin B_1 im Zanderfleisch, d. mittels Sublimiermethode getrocknet wurde 663.
Tønnes Nielsen (J.) s. Sick (K.).
Tokareva (G. I.) u. **Grauman (G. B.)**, Dorschfischerei in d. Ostsee im Jahre *1958* 1111.
Toman (M.) u. **Šťota (Z.)**, Toxizität d. α-Pentachlorcyclohexans (*1*) gegenüber Fischen 1785.
Tomaschko (G.) s. Benda (H.).
Tomiyasu (Y.) s. Enomoto (N.).
Tomlinson (N.) s. Creelman (V. M.); Geiger (S. E.); Jonas (R. E. E.); McBride (J. R.).
Tomnatik (E. N.), Frage d. Bildung d. Ichthyofauna d. Talsperre v. Dubossary 625.
Tonna (E. A.), **Cronkite (E. P.)** u. **Sanen (F. J.)**, Heilung v. Brüchen nach Behandlung mit Fisch-Desoxyribonukleinsäure 1759.
Topliff (J.) s. Wood (J. D.).
Torban (S. S.) u. **Poluljak (S. I.)**, Traktor-Eisbohrmaschine ILB 1107.
Tortonese (E.), Verwandtschaft u. d. Name v. Centropristis subligarius 1542.
Towarnicki (R.), Blutgefäßsystem d. Hypophyse d. Hechtes (Esox lucius) u. d. allgemeine Bedeutung dieses Organs bei Fischen 1960.
Townsley (P. M.) u. **Scott (M. A.)**, Systaltische Muskelbewegungen d. Nierenkanälchen d. Flunder 2624.
Tranter (D. J.), Zooplanktonhäufigkeit in austral. Gewässern 2651.
Traubenberg (G. A.), **Lukin (V. P.)**, **Savrasov (V. K.)**, **Uchvačev (B. U.)**, **Monastyrskij (M. G.)** u. **Sadovnikov (N. P.)**, Anforderungen an d. fischereilichen Einrichtungen bei Hecktrawlern 2199.
Traut (W.), Ist die Geschlechtsbestimmung d. Flohkrebses Gammarus duebeni Lillj. temperaturabhängig? 1095. – Geschlechtsbestimmung bei Gammarus duebeni Lillj. u. verwandten Arten 1553.
Treščeva (V. I.) s. Davydova (J. S.); Egorova (L. N.).
Tribuš (T. M.), Über Rotatorien d. Familie Asplanchnidae in d. Rybinsker Talsperre 1337.
Triebel (E.), Schalenmerkmale d. Ostracoden-Gattung Oncocypris G. W. Müller *1898* 1980.
Trifonova (N. A.), Über d. winterlichen hydrochem. Verhältnisse im Iwankowski-Stausee 408. – s. Bezler (F. I.); Èkzercev (V. A.).
Trites (R. W.), Temperatur u. Salzgehalt in d. Quoddy-Region d. Fundy-Bucht 1772. – Wahrscheinliche Auswirkungen d. geplanten Passamaquoddy-Energieprojektes auf d. ozeanograph. Verhältnisse 2203.
– u. **MacGregor (D. G.)**, Wasserdurchfluß durch d. Passagen d. Passamaquoddy-Bucht, gemessen mit d. elektromagnet. Methode 1574.
Troickaja (V. I.), Aufzucht v. Hybriden zwischen d. Kleinen u. Großen Maräne d. zweiten u. dritten Generation im Kainkul-See 624.
Troickij (S. K.), Bobyrez im Kuban-Fluß 1311.
– u. **Charin (N. N.)**, Biolog. Klassifizierung d. am Asowschen Meer gelegenen Kubanhaffe u. d. Möglichkeiten ihrer fischereilichen Nutzung 642.
Tromp-Blom (N.), Ovarien v. Gasterosteus aculeatus vor, während u. nach d. Eiablage 1319.
Truchin (N. V.), Reaktion d. plankt. Blaualgenarten auf längere Verdunkelung 1088. – Optimale pH-Werte für d. Wachstum einiger Blaualgen 1332.
Trusov (V. Z.), Probleme d. Reproduktion d. Wolga-Kasp. Stör-Bestände nach d. Bau d. Wolgograder Staubeckens 2434.
Tschek (G.), Antibiotikahaltiges Eis zur Frischhaltung v. Fisch 215. – Verlängerung d. Lagerzeit v. Fischfilet 1998.
Tsivoglou (E. C.), Überwachung radioaktiver Verschmutzungen 2202.
Tsuda (M.), Rolle d. netzspinnenden

Trichopteren-Larven in japan. Fließgewässern 2423.
Tsuyuki (H.) s. Chang (V. M.); Idler (D. R.).
— u. **Roberts (E.)**, Artdifferenzierungen bei einigen Salmoniden auf d. Grundlage ihrer Muskelmyogen-Fraktionen 2624.
Tucker (D. W.), Neue Lösungsmöglichkeiten des Atlant. Aal-Problems 185; 186. — s. Sick (K.).
Tülsner (M.), Beurteilung v. Frisch- u. Frosthering. Anleitung für d. TKO d. Verarbeitungs- u. Fangbetriebe 216.
Tümpling (W. v.), Statist. Probleme d. biolog. Gewässerüberwachung 1563.
Turnbull-Kemp (P. S. J.), Quantitative Schätzungen d. Populationen d. Flußkrabbe Potamon (Potamonautes) perlatus in rhodes. Forellenflüssen 1977.
Tweed (R. D.) s. Woodhead (N.).

Uchvačev (B. U.) s. Traubenberg (G. A.).
Uda (M.), Ozeanographie d. subarkt. Pazifiks 2428.
Uhlig (G.), Folliculiniden (Ciliata; Heterotricha) d. Deutschen Bucht 2428.
Uhlmann (D.), Oxydationsgräben u. Oxydationsteiche 657.
Ulanovskij (P. A.), Becken für d. Aufzucht v. Stör- u. Lachsbrut 654.
Ul'jankin (A. P.) u. **Lisicina (V. P.)**, Verwendung v. Chlorin-Kapron-Gemischen in d. Fischerei 2213.
Ulmer (G.), Trichopteren (Köcherfliegen) aus Ägypten 2423.
Ulomskij (S. N.), Jahreszeitliche Veränderungen d. Zahl u. Biomasse d. Organismen in d. Gewässern d. Ural 1330.
Underhill (J. C.) s. Eddy (S.).
Ušakov (B. P.), **Vinogradova (A. N.)** u. **Kusakina (A. A.)**, Cytophysiolog. Analyse d. innerartlichen Differenzierung bei den Gattungen Coregonus u. Thymallus d. Baikalsees 622.
Uspenskaja (A. B.) s. Bauer (O. N.).
Uspenskaja (A. V.), Nahrung monogener Saugwürmer 211.
Uspenskaja (V. I.), **Levšina (N. A.)** u. **Rjabčenko (V. A.)**, Plankton d. Moskwa im Gebiet d. Biostation Swenigorod 2187.
Utrecht (W. L. v.) u. **Spoel (S. van der)**, Beobachtungen an einem Zwergaal (Mammalia, Cetacea) aus d. Antarktis 1976.
Uyeno (T.) u. **Miller (R. R.)**, Fische d. späten Pleistozän aus einer Terrasse d. Trinity-Flusses, Texas 1959.

Vajnštejn (A. S.), Hebt d. Bestände d. Bachforelle in d. Karpatenflüssen 1344.
Vajnštejn (B. A.), Wassermilben d. Rybinsker Talsperre u. d. umliegenden Gewässer. *1.* Mitt. 1337.
Vall (J. di) s. Bartholomew (M. A.).
Vallentyne (J. R.), Bildungsweise v. schwarzen Kugeln in rezenten Sedimenten 2418. — Isolation v. Pyritkristalliten aus frischen Sedimenten 2418.
Varma (N. S.), **Chitray (B. B.)** u. **Saxena (D. B.)**, Fische d. Kanpur-Gebietes 2631.
Vartapetjan (B. B.), Geschwindigkeit des Wasseraustauschs bei den Knochenfischen des Meeres 847.
Vásárhelyi (I.), Beiträge zur Bestimmung d. Karpfenartigen mit Hilfe d. Schlundknochen 843.
Vasilescu-Rarinca (E.) s. Drăgăşanu (S.); Roşca (G.).
Vasil'eva (G. L.) u. **Kožova (O. M.)**, Unterlagen über d. Bakterio-, Phyto- u. Zooplankton d. Irkutsker Talsperre in d. Jahren ihrer Entstehung, *1957—1958* 1336.
—, Kožova (O. M.), **Gosmer (N. A.)**, **Putjatina (T. N.)** u. **Mišarina (É N.)**, Plankton d. Irkutsker Stausees in d. ersten Jahren seines Bestehens 1336.
Vauk (G.) u. **Gräfe (F.)**, Fisch-Otolithen, ein wichtiges Hilfsmittel zur Nahrungsanalyse bei Lariden 1575.
Vavilkin (A. S.), Ernährung d. Schleie unter d. Bedingungen d. Teichwirtsch. 1326.
Veillet (A.), Über Metamorphose u. Geschlechtsbestimmung d. Cirripediers Scalpellum scalpellum 196.
Velasquez (C. C.), Einige Trematoden aus d. Familie Hemiuridae v. Fischen d. Philippinen 1995.
Venugopalan (V. K.), Verteilung v.

Ribo- u. Desoxyribonukleinsäure in Fischoozyten 183.
Vergun (G. I.), Mollusken d. nördlichen Donez als zusätzliche Wirte v. Trematoden 1786.
Verheijen (F. J.), Gasabgabe bei beunruhigten Fischen stört ihren hydrostat. Gleichgewichtszustand 1537. — Alarm-Substanz bei einigen nordamerikan. Cypriniden 2635.
Verigin (B. V.), Beiträge zur Nahrungsbasis u. Ichthyofauna d. Giriner Talsperre 1093.
Vernidub (M. F.), Experimentelle Analyse d. Prozesse, d. bei den Larven d. atlant. Lachses durch Vergiftung mit Phenolen hervorgerufen werden 427.
Veršinin (A. A.), Gemüsekonserven aus großen u. kleinen Fischstücken 663.
Vertebnaja (P. I.), Photosynthese d. Phytoplanktons d. Kljasma-Talsperre 638. — Beobachtungen über d. Intensität d. Photosynthese u. d. Atmung d. Planktons in d. am Moskwa-Kanal gelegenen Kljasmatalsperre 1335.
Vibert (R.) u. **Cuinat (R.),** Gegenwärtige Möglichkeiten d. Elektrofischerei in Frankreich 220.
Villeret (S.), Metabolismus v. Urëid-Stickstoff bei d. Süßwasseralgen 2642.
Villwock (W.) s. Aksiray (F.).
Vinberg (G. G.), Urproduktion d. Meere u. Binnengewässer [2431]*.
Vincent (R. E.), Verbreitungsgebiet v. Salvelinus namaycush in Montana 2631.
Vinogradov (L. I.), Biologie d. Schnecke Bithynia leachi 1090.
Vinogradov (M. E.) u. **Voronina (N. M.),** Verteilung einiger Copepoden mit massenhaftem Vorkommen im Ind. Ozean 871.
Vinogradova (A. N.) s. Ušakov (B. P.).
Vinson (S. B.), Boyd (C. E.) u. **Ferguson (D. E.),** Widerstandsfähigkeit v. Gambusia affinis gegenüber DDT 2203.
Virgil (V.), Phytoplankton an d. rumän. Schwarzmeerküste im Jahre *1962* als Element einer Prognose für d. Fischfang auf See 2650.
Visk (L. G.), Herstellung v. Heringskonserven bes. Büchsensalzung auf Schiffen v. Typ RR 2211.
Vismanis (K.), Philometra-Befall d. Karpfen in d. Teichwirtsch. d. Lett. SSR 1786.
Višnjakova (R. I.), Einfluß d. Wasserspiegelsenkung im Kuibyschewer Stausee auf d. Überwinterung d. Wildkarpfens 2435.
Vivier (P.), Beispiel alter Akklimatisierung: Coregonen d. Seen des Massif Central 854.
Vjalov (J. A.) u. **Fridljand (I. G.),** Heringe d. Neuschottland-Schelfes 2200.
V'juškova (V. P.), Zooplankton d. Wolgograder Talsperre im ersten Jahr ihres Bestehens 640.
Vladimirov (V. I.), Bedeutung d. räuber. Wirbellosen bei d. zahlenmäßigen Dynamik d. Wanderfische 1994. — Vermehrung d. Herings u. Störs im regulierten Flußlauf 2397. — Morphologie u. Entwicklung d. Eier v. Posthodiplostomum cuticola, dem Erreger d. Schwarzfleckenkrankheit d. Fische 210. — Morphologie u. Biologie d. Miracidiums v. Posthodiplostomum cuticola, dem Erreger d. Schwarzfleckenkrankheit d. Fische 210.
Vladimirova (K. S.) s. Roll (J. V.).
Vladimirova (M. G.) s. Ničiporovič (A. A.).
Vladimirskaja (M. I.), Laichen d. Lachses im Petschora-Fluß in Abhängigkeit v. d. hydrolog. Bedingungen 1963.
Vladykov (V. D.) u. **Follett (W. I.),** Wiederbeschreibung v. Lampetra ayresii aus dem westlichen Nordamerika, einer Petromyzontidenart, d. sich v. Lampetra fluviatilis aus Europa unterscheidet 854.
Vlastov (B. V.) u. **Kačanova (A. A.),** Untersuchung d. Geschlechtes bei lebenden Dreikantmuscheln (Dreissena polymorpha) im Zusammenhang mit einigen Ergebnissen über d. Periodizität d. Fortpflanzung dieser Mollusken 406.
Vollenweider (R. A.) u. **Nauwerck (A.),** Beobachtungen über d. ^{14}C-Methode zur Messung d. Primärproduktion 2430.
Vollmann-Schipper (F.), Möglichkei-

ten d. Technisierung u. Rationalisierung in d. Teichwirtsch. 1567.
Volodin (V. M.), Einfluß d. Temperatur auf d. embryonale Entwicklung d. Hechtes, d. Zope u. d. Güster 398. — Die embryonale Entwicklung d. Quappe 398. — Einfluß v. Temperatur u. Sauerstoffgehalt auf d. Embryonalentwicklung v. Abramis brama 1074. — Einfluß v. Temperatur u. pH-Wert auf d. Embryonalentwicklung v. Lota lota 1074. — Parthenogenetische Eientwicklung bei d. Quappe 1321.
Volodkin (A. V.), Fangbeeinflussende Faktoren im Aral-See 2435.
Vorob'eva (N. B.) s. Ivanov (S. N.).
Voronina (N. M.), Vertikale Verteilung d. Zooplanktons in d. Rybinsker Talsperre 1336. — s. Vinogradov (M. E.).
Vorotnikov (J. A.), Chromatograph. Bestimmung v. Aminosäuren in Fischbrühe 2000.
Votavová (M.), Gewichtsbestimmung d. Phytomasse in Wasserbecken 1093.
Votincev (K. K.), Hydrochemie d. Baikal-Sees 1107.
Votinov (N. P.) s. Moskalenko (B. K.).
Voznesenskij (V. S.) s. Špet (G. I.).
Vynogradova (O. K.) s. Zajcev (J. P.).

Wagner (C. C.) u. **Cooper (E. L.),** Populationsdichte, Wachstum u. Fruchtbarkeit v. Erimyzon oblongus 2631.
Wagner (G.), Totale „Seegfrörne" d. Bodensees im Winter *1962/63* 2641.
Wagner (H. G.), MacNichol jun. (E. F.) u. **Wolbarsht (M. L.),** Reaktionseigenschaften einzelner Ganglionzellen d. Goldfischretina 180.
Wahl (R. W.), Chromosomenmorphologie v. Salvelinus namaycush 848.
Wahlert (G. v.), Ökolog. u. evolutor. Bedeutung d. Fischschwärme 2399.
— u. **Wahlert (H. v.),** Beobachtungen u. Bemerkungen zum Putzverhalten v. Mittelmeerfischen 855. — Trompetenfisch in d. Carib. See 1080.
Wahlert (H. v.) s. Wahlert (G. v.).
Waite (D.) u. **Buss (K.),** Fütterungsautomat für Forellen 2198. — Wasserfilter für Erbrütungsanlagen 2659.
Walden (H.) u. **Mertins (H. O.),** Aus d. Arbeit d. Bordwetterwarten auf d. Fischereischutzbooten „Meerkatze" u. „Poseidon" sowie auf d. Fischereiforschungsschiff „Anton Dohrn" im Jahre *1961* 2617.
Waldmann (J.) s. Anwand (K.).
Wales (J. H.), Einführung v. Hypomesus olidus aus Japan nach Kalifornien 1542.
Walne (P. R.), Aufzucht v. Ostrea chilensis im Laboratorium 2641.
Walter (G.), Aktive u. passive Einwanderung tier. u. pflanzlicher Organismen in einen neuangelegten Durchflußgraben 2187.
Walters (V.), Übersicht über d. lampridiforme Unterordnung Veliferoidei 1079. — Wird d. Plattfisch-Asymmetrie zytoplasmat. vererbt? 2176. — Teleosteer-Familien: Guentheridae (Ateleopodiformes) u. Radiicephalidae (Lampridiformes) 2634.
Ward (J. W.), Beschreibung d. Augen eines blinden Exemplars d. roten Umberfisches, Sciaenops ocellata 1354. — s. Gunter (G.).
Warner (K.), Anteil künstlich erbrüteter Lachse an d. Fischerei d. Fish-River-Seen, Maine 1988.
Warren (C. E.) s. Herrmann (R. B.); Whitmore (C. M.).
Waterman (T. H.), Wechselwirkung zwischen polarisiertem Licht u. Streulicht bei d. Orientierung v. Daphnia u. Mysidium 1090.
Watson (J. E.), Tricain-Methansulfonat als Betäubungsmittel für Hering 182.
Watson (N. H. F.), Sommernahrung v. Coregonus clupeaformis aus d. Heming-See, Manitoba 2636.
— u. **Price (J. L.),** Experimentelle Infektion v. Cyclopiden mit Triaenophorus crassus u. T. nodulosus 885.
Wawrik (F.), Horizontale Verteilung d. Planktondiatomeen im Golf v. Neapel 2190. — Führt d. Donaustrom autochthones Plankton? 2645.
Webb (G. M.), Einfluß therm. Schichtung auf d. Verteilung benth. Protozoen im Esthwaite-Wasser 190.
Webb (H. J.) s. Nicholson (H. P.).

Webster (D. A.), Künstliche Laichgelegenheiten für Bachsaiblinge, Salvelinus fontinalis 1318. — Toxizität v. Notophthalmus viridescens für Salmoniden 1788. — s. Flick (W. A.).
Weiler (I. J.) s. Schadé (J. P.).
Weir (C.) s. Sheridan (W. L.).
Weisel (G. F.), Kopfskelett v. Catostomus macrocheilus, Untersuchung über Adaptation u. natürliche Verwandtschaft 843.
Weizel (R. M.) s. Behnke (R. J.).
Welander (P.) s. Robinson (A. R.).
Welcomme (R. L.) s. Alabaster (J. S.).
Wells (H. W.), Fauna d. Austernbänke mit bes. Berücksichtigung d. Salzgehaltsfaktors 190.
Werner (B.), Wirksamkeit v. Außenfaktoren in d. Entwicklung d. Hydrozoen u. Erörterung ihrer Bedeutung für d. Evolution 2428.
Westergaard (M.) s. Sick (K.).
Westgard (R. L.), Methode zur Entdeckung v. säurefesten Bakterien im Fisch: Vergleichende Studie über d. Aufschlußanreicherungs- u. Ausstrichtechnik 213.
Westoll (T. S.), Ptyctodontide Fische u. d. Abstammung d. Holocephali 2171.
White (A. J.), Vorkommen v. Actinomyceten in d. Wasserversorgung v. Wellington 1334.
White jun. (J. C.) s. Deubler jun. (E. E.).
Whitehead (P. J. P.), Abdominalfortsätze bei Rundheringen 1311.
Whitmore (C. M.), Warren (C. E.) u. **Doudoroff (P.),** Meidereaktionen v. Salmoniden u. Centrarchiden gegenüber niedrigen Sauerstoffkonzentrationen 1071.
Whittam (R.) u. **Guinnebault (M.),** Abgabe v. Kalium aus d. elektr. Platten v. Zitteraalen 1071.
Wickler (W.), Natürliche Augen- u. Ei-Attrappen an Fischen: Innerartliche Mimikry als Sonderfunktion d. Körperfärbung 2396. — Aquarienbeobachtungen an Aspidontus, einem ektoparasit. Fisch 2634. — Klassifikation d. Cichlidae, am Beispiel d. Gattung Tropheus, Petrochromis, Haplochromis u. Hemihaplochromis n. gen. 2634.
Wickstead (J.), Plankton auf d. Nord-Kenya-Bänken 1557. — Plankton aus d. ostafrikan. Gebiet d. Ind. Ozeans 2650.
Wickstead (J. H.) s. Armstrong (F. A. J.).
Wiehr (H.), Binnenfischerei 2656.
Wiersma (C. A. G.) s. Hughes (G. M.).
Wiesner, Fischerei in d. Fließgewässern. Stellungnahme zu d. Beiträgen v. Dr. Singer über Fischhege, Einsatz u. Elektrofischerei in d. Allg. Fischerei-Ztg. Nr. *20/1960*, Nr. *4/1961* und Nr. *2/1962* 1797.
Wigley (R. L.), Mitteilung über d. Verbreitung d. Pandalidae (Crustacea, Decapoda) in den Gewässern v. Neu-England 198.
Wilder (D. G.), Wanderungen, Wachstum u. Überleben v. markierten Hummern in d. Egmont Bay 2640.
— u. **McLeese (D. W.),** Vergleich v. drei Methoden zur Lahmlegung d. Hummerscheren 860.
Williams (G. C.), Ovariengewichte bei Etheostoma-Arten: Prüfung des angeblichen Zusammenhanges zwischen Brutpflege u. reduzierter Fruchtbarkeit bei Fischen 849.
Williams (H.), Beobachtungen an Echeneibothrium maculatum 2664.
Williams (W. D.), Ökologische Ähnlichkeiten zwischen Asellus aquaticus u. Asellus meridianus 2643.
Williams (W. T.) s. Tatsumoto (M.).
Williamson (G. R.) s. Gulland (J. A.).
Willis (H.), Limnolog. Bedingungen d. Truthahn-Flusses u. zweier Teiche in d. Nähe v. Shawnee, Kansas, v. *8.* Juni bis *16.* August *1957* 1768.
Wilson (D. P.) u. **Armstrong (F. A. J.),** Biologische Unterschiede bei Meerwasser: Versuche im Jahre *1960* 2650.
Wilson (R. M.) s. Ketchen (K. S.).
Winn (H. E.) s. Hazlett (B.).
— u. **Picciolo (A. R.),** Gemeinschaftliches Laichen v. Etheostoma vitreum 1074.
Wise (C. D.), Veränderungen d. Größe v. Ostracoden bei Laborkulturen, d. aus trockenem Boden gewonnen wurden 867.
Wit (J. J. D. de) = Duyvene de Wit (J. J.).

Witt jun. (A.), Länge u. Gewicht vorzeitlicher Aplodinotus grunniens, bestimmt nach Otolithen aus indian. Siedlungsresten 1067. — s. Carufel (L. H.); Poole (R. L.).
Witt (J. J. D. de) = Duyvene de Wit (J. J.).
Wittenberg (B. A.) s. Wittenberg (J. B.).
Wittenberg (J. B.), Kohlenmonoxyd-Quelle im Schwimmkörper v. Physalia physalis 197.
— u. **Wittenberg (B. A.)**, Aktive Sauerstoffsekretion im Fischauge 846.
Witzel (G.), Schutz d. oberird. Gewässer u. d. Grundwassers v. d. Folgen d. Lagerung v. Müll, Schutt u. sonstigen Abfällen 1992.
Wodinsky (J.), **Behrend (E. R.)** u. **Bitterman (M. E.)**, Vermeide-Reflexe bei zwei Fischarten 1543.
Wohlfahrt (T. A.), **Fath (J.)** u. **Bamberg (I.)**, Unterscheidung akust. Zeitgestalten durch Elritzen (Phoxinus laevis Agass. 2635.
Wohlfarth (G.) s. Kessler (S.).
—, **Lahman (M.)** u. **Moav (R.)**, Transport lebender Karpfen in Polyäthylen-Beuteln 2437.
Wolbarsht (M. L.) s. Wagner (H. G.).
Wollmann (H.) s. Keetman (E.).
Wolschon (A.) u. **Papenfuß (H.-J.)**, Erhaltung d. auf See anfallenden Fischleberrückstände 1792.
Wood (E. M.), Anlagerung v. radioaktivem Jod in Eiern u. Brut einiger Salmoniden (Salmo fario, S. irideus, S. salar) 851.
Wood (F. E. J.), Methode zur Phytoplankton-Untersuchung 2655.
Wood (J. D.), **Duncan (D. W.)** u. **Jackson (M.)**, Biochem. Untersuchungen an Oncorhynchus nerka während d. Laichwanderung. *11.* Mitt. Gehalt an freiem Histidin in den Geweben 850.
— u. **Haqq (S. A.)**, Fetthydrolyse bei gefrorenen Filets v. Ophiodon elongatus u. Gadus macrocephalus 2209.
— u. **Topliff (J.)**, Meeresfischöle u. Cholesterolstoffwechsel. *3.* Mitt. Hypocholesterinäm. Aktivitäten d. Fischöles u. Vitamins A 1792.
Wood (J. L.) u. **Andrews (J. D.)**, Erkrankung v. Crassostrea virginica durch Haplosporidium costale 1789.
Wood (J. W.), Überblick über d. Tuberkulose bei pazif. Lachsen u. Steelhead-Forellen in Flüssen Oregons im Jahre *1957* 213. — s. Murdaugh jun. (H. V.).
Wood (P. C.), Grundsätze d. Wassersterilisation durch ultraviolettes Licht u. ihre Anwendung bei d. Austernreinigung 216.
Wood (R. J.) s. Mitson (R. B.).
Woodhead (A. D.) s. Plack (P. A.).
Woodhead (N.) u. **Tweed (R. D.)**, Algenflora v. Neufundland. *1.* Mitt. Neue u. interessante Algen v. d. Halbinsel Avalon u. aus Zentral-Neufundland 1978; *2.* Mitt. Betrachtung d. Taxionomie einiger in Neufundland gesammelter Algen 1978.
Woodhead (P. M. J.) s. Plack (P. A.).
Woods (W. R.), **Richardson (H.)**, **Kruse (K.)**, **Gallup (W. D.)** u. **Tillman (A. D.)**, Nährwert v. Baumwollsaatmehl für Wiederkäuer 1749.
Wooster (W. S.) u. **Gilmartin (M.)**, Peru-Chile-Tiefenströmung 644.
Workman (G. W.) u. **Neuhold (J. M.)**, Letale Toxaphenkonzentrationen für Goldfisch, Mosquitofisch u. Regenbogenforelle mit Bemerkungen über d. Detoxifikation 1993.
Woynárovich (E.), Probleme d. wirtschaftlich wichtigen Produktion d. geschlossenen, stehenden Gewässer v. Standpunkt d. Produktionsbiologie 634. — Sauerstoffverbrauch einiger Wassertiere bei verschied. Temperatur 1333. — Erfolgreichere künstliche Befruchtung v. Hechtrogen 1571. — Erbrütung v. Karpfeneiern in „Zuger" Gläsern u. Aufzucht v. Karpfenlarven bis zum Alter v. *10* Tagen 1988.
Woynarowich = Woynarovich.
Wright (A. T.) s. Lagler (K. F.).
Wright (J. C.), Limnologie d. Canyon-Ferry-Stausees. *4.* Mitt. Berechnung d. Primärproduktion aus physikal.-limnolog. Daten 1091.
Wright (R. S.) s. Gottfried (H.).
Wróbel (S.), Sauerstoffverhältnisse in Fischteichen 2643.
Wroblewski (L.) s. Johnson (Merle W.).
Wünsche (G.), Seelachs-Erzeugnis aus Skandinavien ohne Konservierungs-

stoff-Zusatz 217. — Bratheringe mit bitterem Geschmack 217. — s. Bohl (H.).

Wunder (W.), Karpfen mit „Papageienschnabel" 440. — Eigenartige Gestaltsveränderung in d. Gegend d. Kiemendeckels u. d. Brustflosse beim Karpfen 662. — Was kann d. deutsche Karpfenteichwirtschaft tun, um sich im Kampf mit d. Europäischen Wirtschaftsgemeinschaft (EWG) zu behaupten? 878. — Fische auf d. DLG-Ausstellung in München *1962* 1065. — Trockenlegen u. Kalken v. Karpfen-Teichen 1348. — Überwinterung d. einsömmerigen u. zweisömmerigen Karpfen 1564. — Mißbildung d. Unterkiefers beim Karpfen 1788. — Überwinterung d. Karpfens 1989.

Wundsch (H. H.), Zum Gebrauch d. „Aalspeere" an d. Ostseeküste d. DDR 1571. — Barsch u. Zander [2181]*.

Wu Wang Lieu s. Zarenkov (N. A.).

Wyatt (H. V.), Vermehrung, Wachstum u. Verbreitung v. Calyptraea chinensis 2192.

Yamada (M.), Polyp u. Meduse v. Podocoryne hartlaubi (Hydrozoa) aus d. Golf v. Neapel 2191.

Yamamoto (F. T.) s. Keenleyside (M. H. A.).

Yamamoto (T.-O.), Weitere Untersuchung über d. Induktion d. funktionellen Geschlechtsumkehr bei genotyp. Männchen v. Oryzias latipes u. d. Nachkommen solcher Tiere 848.

Yanni (M.), Einfluß des Hungers auf den Wasser- u. Lipoidgehalt d. Gewebe v. Clarius lazera 847.

Yashouv (A.), Forschungsstation für Fischzucht, Dor. Bericht für *1961* 1065.

— u. **Alhunis (M.)**, Dynamik d. biolog. Prozesse im See Tiberias 2642.

Young (E. G.), Smith (D. G.) u. **Langille (W. M.)**, Chem. Zusammensetzung d. Meerwassers in d. Nähe d. Atlantikprovinzen Kanadas 195.

Yuen (H. S. H.), Veränderlichkeit d. Reaktion v. Katsuwonus pelamis auf lebenden Köder 204.

Zacepin (V. I.) u. **Filatova (Z. A.)**, Muschel Cyprina islandica, ihre geograph. Verbreitung u. ihre Rolle in d. Faunen-Gemeinschaften d. Benthos 1561.

Zacharova (L.) s. Kleva (N.).

Žadin (V. I.), Probleme d. biolog. Produktivität d. Gewässer bei d. Düngung v. Fischteichen 652.

— u. **Ivanova (M. B.)**, Übersicht über d. Weltliteratur über Talsperren 407.

Zaika (V. E.) s. Chejsin (E. M.).

Zajcev (G. N.) s. Fedosov (M. V.).

Zajcev (J. P.), Zelezinska (L. M.), Krakatica (V. V.) u. **Vynogradova (O. K.)**, Durchschnittsgewicht d. Vertreter d. Familie Pontellidae (Copepoda) d. Schwarzmeer-Hyponeustons 1105.

Žaks (M. G.) u. **Sokolova (M. M.)**, Bestimmung d. Unterschieds zwischen verschied. Schwärmen v. Oncorhynchus nerka mittels Präzipitations-Reaktion 180.

Zakutškyj (V. P.), Menge d. Zoobenthos im nordwestlichen Teil d. Schwarzen Meeres 2194.

Zane (E.) s. Gomboşiu (V.).

Zarečnaja (S. N.), Eiablage einiger Trichopterenarten in den oberen Wolga-Stauseen 413. — Über d. Zahl d. Generationen bei Hydropsyche ornatula im Gebiet d. Rybinsker Talsperre 1093.

Zarenkov (N. A.), Wu Wang Lieu u. **Nkueng Tieng K'an**, Gesamtcharakteristik d. mengenmäßigen Verteilung d. Planktons u. d. Benthos im Golf v. Tongking u. im angrenzenden Teil d. Südchines. Meeres 1981.

Żarnecki (S.), Rychlicka (J.), Rychlicki (Z.) u. **Karbowski (W.)**, Zuwachs v. Karpfen-Vorwüchsern bei Mischbesatz 1563.

Zəv̌jalov (G. G.), Laichbestand d. Pjasinsker Tschirs als Akklimatisationsobjekt 1963.

Zbarskij (I. B.) u. **Ermolaeva (L. P.)**, Zusammensetzung d. Spermienkerne des Ostseelachses 850.

Zdun (V. I.) u. **Kulakovskaja (O. P.)**, Cercarienbefall bei Fischen 885.

Zehender (C.) s. Scheuring (L.).

Zeiss jun. (F. R.), Einfluß d. Popula-

tionsdichte auf d. Respirationsraten v. Zooplankton 2642.
Zelezinska (L. M.) s. Zajcev (J. P.).
Zelikman (A. L.), Quantitative Charakteristik d. Zooplanktons d. Gewässer d. Wolga-Kostroma-Überschwemmungsgebietes 1338.
Zelikman (E. A.) u. **Kamšilov (M. M.)**, Mehrjährige Dynamik d. Planktonbiomasse im Südteil d. Barents-See u. d. dafür verantwortlichen Faktoren 1098.
Želtenkova (M. V.), Nahrungskonkurrenz zwischen Plötze u. Blei im Kur. Haff 1081. — Ernährung d. Arten, Populationen u. Jahrgänge bei d. Fischen 2407.
Zemskaja (K. A.), Einfluß d. Nahrungsaufnahme u. d. Anzahl d. Laicher auf d. Größe d. Nachkommen d. Kasp. Bleis (Abramis brama) 2402.
Zenin (A. A.), **Rgožkin (V. I.)** u. **Fisenko (N. G.)**, Möglichkeit d. schichtweisen Wasserentnahme aus Stauseen 1091.
Zerov (K. K.) s. Roll (J. V.).
Ziegelmeier (E.), Makrobenthos im Ostteil d. Deutschen Bucht nach qualitativen u. quantitativen Bodengreiferuntersuchungen in d. Zeit v. *1949—1960* 2429.
Ziegler (H.) s. Ziegler (I.).
Ziegler (I.), **Ziegler (H.)** u. **Schmidt (H.)**, Pterine bei Algen 1978.
Ziemianskowski (V.), **Cristea (A.)** u. **Băleanu (N.)**, Rentabilität d. Reusenfischerei im Vgl. zu d. Fischerei mit Zugnetzen 1777.
Zijlstra (J. J.) s. Otto (L.).
Zil'berkvit (A. A.) s. Ioffe (C. I.).
Zimmer (P. D.) s. Maltzeff (E. M.).
Zimmermann (P.), Experimentelle Untersuchungen über d. Einfluß d. Strömungsgeschwindigkeit auf d. Fließwasserbiozönose 1552. — Einfluß d. Strömung auf d. Zusammensetzung d. Lebensgemeinschaften im Experiment 2187.
Zinn (D. J.) u. **Dexter (R. W.)**, Erneutes Auftreten v. Eulimnadia agassizii u. Bemerkungen zu ihrer Biologie u. Lebensgeschichte 2186.
Žiteneva (T. S.), Nahrung d. Bleie im Gorki-Stausee 400.
Žitňan (N.), Erfahrungen mit d. Behandlung d. infektiösen Bauchwassersucht d. Karpfens in d. Ostslowakei 2664.
Živago (A. V.) u. **Lange (K. O.)**, Wichtigste Gesetzmäßigkeiten d. Entwicklung d. Uferzone großer Talsperren 411.
Zlokozov (V. N.), Biolog. Grundlagen d. Regulierung v. Coregonenfängen im Einzugsgebiet d. Ob 2403.
Zobel (H.), Satzfischverluste in d. Forellenzucht d. DDR 1109.
Zoltán (K.), Methode zur künstlichen Vermehrung d. Karpfens 1779.
Zotin (A. I.) s. Popov (A. V.).
— u. **Poglazov (B. F.)**, Erregbarkeit d. Oberflächenschicht d. Cytoplasmas u. d. Teilung d. Eier v. Fischen u. Amphibien 625.
Zottl (A.), Geschiebeführung natürlicher Flußläufe unter Berücksichtigung v. Regulierungsmaßnahmen 1980.
Zubov (A. N.), Chem. Rezeption d. Crustaceen. *1.* Mitt. Veränderlichkeit d. chem. Rezeption bei Amphipoden (Gammarus locusta u. G. lacustris) 1104.
Zubova (S. E.) s. Detlaf (T. A.).
Züllig (H.), Bestimmung v. Myxoxanthophyll in Bohrproflilen zum Nachweis vergangener Blaualgenentfaltungen 2412.
Žukov (E. V.), Parasitenfauna d. Fische d. Tschuktschen-Halbinsel. *1.* Mitt. Monogene Trematoden v. Meer- u. Süßwasserfischen 436.
— u. **Strelkov (J. A.)**, Fischparasiten d. fernöstlichen Meere 208.
Žuravel' (P. A.), Versuch zur Einbürgerung v. Fischnährtieren in Teiche d. Gebietes Dnepropetrowsk 414. — Fauna d. Haff-Komplexes u. d. Aussichten für ihre Verwendung zur Bereicherung d. Nahrungsangebotes d. Fische in Talsperren u. anderen Gewässern der Ukraine 419. — Auftreten d. Hydroidpolypen Cordylophora caspia in d. Samarabucht d. Dnepr-Talsperre 1337. — Besiedlung d. Nikolajewer u. d. Juschnoje-Talsperre in d. Ukraine durch d. Fauna d. Haffkomplexes über d. Kanäle 2185. — Notwendigkeit eines intensiven Fangs d. Kilka im Staubekken Dnepropetrowsk 2196.

Žuravlev (M. V.), Temperaturverhältnisse in d. Mingetschaurer Talsperre in d. ersten fünf Jahren ihres Bestehens 1091.

Žuravleva (F. A.), Abhängigkeit d. Abstandes zwischen d. Zentren zweier benachbarter Netzknoten trockener Manilageräte zu ihren inneren Maßen im nassen Zustande 2214.

Zurbuch (P. E.), Bestandsaufnahme in fünf großen Forellenbächen West-Virginias 876.

Zvereva (O. S.), Einige Besonderheiten d. Verbreitung d. Wasserfauna u. d. Verhältnisse d. biolog. Produktion in nordosteuropäischen Gewässern 415.

Zyrjanova (N. I.), Morphologische Merkmale d. Plötze in Abhängigkeit v. Alter 1313.

Herausgeber: Deutsche Demokratische Republik · Deutsche Akademie der Landwirtschaftswissenschaften zu Berlin, Institut für Landwirtschaftliche Information und Dokumentation, Berlin W 8, Krausenstr. 38/39; Fernsprecher: 22 51 61. Chefredakteur: Dr. Werner Kleeberg, Berlin W 8, Krausenstr. 38/39; Fernsprecher: 22 51 61. Redaktion der Abteilung III — Tierzucht · Tierernährung · Fischerei: Dr. Hans Dieter Hennig, Dr. habil. Bernhard Piatkowski und Dr. habil. Werner Steffens, Berlin W 8, Krausenstraße 38/39; Fernsprecher: 22 51 61. Verlag: Akademie-Verlag GmbH, Berlin W 8, Leipziger Straße 3–4; Fernsprecher: 22 04 41, Telex-Nr. 01 17 73, Postscheckkonto: Berlin 350 21. Bestellnummer dieses Heftes: 1030 III — AR 63. Das Landwirtschaftliche Zentralblatt, Abt. Tierzucht · Tierernährung · Fischerei, erscheint monatlich. Einzelheft MDN 20,—; einseitig bedruckte Ausgabe MDN 24,—. Jahresbezugspreis MDN 240,—; einseitig bedruckte Ausgabe MDN 288,— einschl. Register, zuzüglich Porto- und Versandkosten. Gesamtherstellung: Druckhaus „Maxim Gorki", Altenburg. Veröffentlicht unter der Lizenznummer 1290 des Presseamtes beim Vorsitzenden des Ministerrates der Deutschen Demokratischen Republik.

Bei Fragen zur Produktsicherheit wenden Sie sich bitte an:
If you have any questions regarding product safety,
please contact:

Walter de Gruyter GmbH
Genthiner Straße 13
10785 Berlin
productsafety@degruyterbrill.com